TArch 2014 天正建筑设计从入门到精通

第2版

李波◎编著

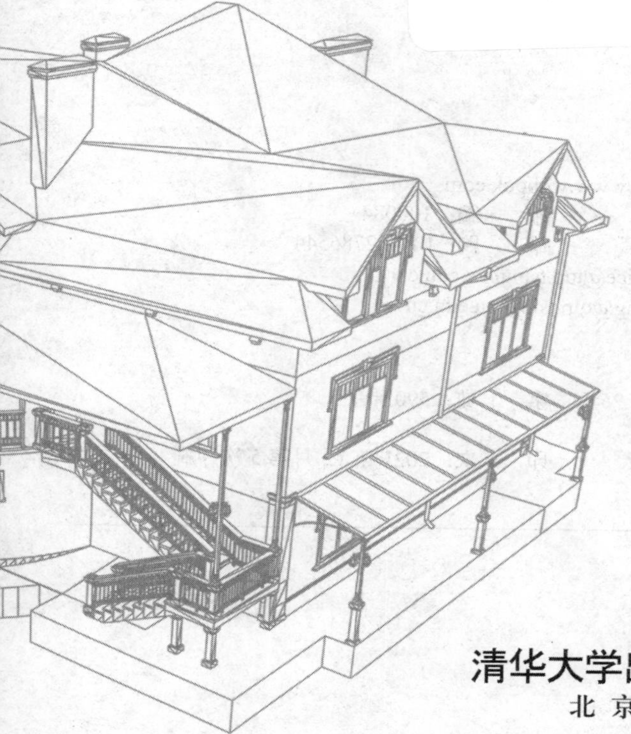

清华大学出版社
北京

内 容 简 介

TArch 2014 是天正建筑系列软件较新也较为常用的版本，以美国 Autodesk 公司开发的 AutoCAD 软件为平台，按照国内当前最新建筑设计和制图规范、标准图集开发，是在国内建筑设计市场占有率长期居于领先地位的优秀国产建筑设计软件。

全书共 16 章，分为 4 部分。第 1 章，主要介绍建筑物结构及建筑制图规范；第 2～13 章，主要讲解 TArch 2014 天正建筑软件的使用方法，包括天正软件基础，轴网与柱子，墙体与门窗，房间与屋顶，楼梯与构件，尺寸、文字与符号的标注，工程管理与三维建模，建筑立面和剖面图的创建与修饰，天正工具，天正图块与图案，图纸布局与格式转换等；第 14～15 章，综合运用 AutoCAD 和天正命令，详细讲解了居民住宅楼、学校教学楼的平面图、立面图、剖面图、门窗表和三维模型图的创建过程和方法；第 16 章，以某室内装潢施工图为例，结合 AutoCAD 与 TArch 天正建筑软件绘制家装施工图，包括建筑平面图、平面布置图、地面材质图、天棚吊顶图、客厅立面图等。

本书结构清晰，内容丰富，图文并茂，通俗易懂，每章均有翔实的典型案例和分析，特别适合初学者学习和实战演练，可作为建筑、城市规划、房地产、土木工程施工等领域设计人员和工程技术人员的培训教材，以及大专院校师生的教学参考用书。

图书在版编目（CIP）数据

TArch 2014 天正建筑设计从入门到精通/李波编著. —2 版. —北京：清华大学出版社，2016（2021.12 重印）
ISBN 978-7-302-43179-4

I. ①T… II. ①李… III. ①建筑设计-计算机辅助设计-应用软件 IV. ①TU201.4

中国版本图书馆 CIP 数据核字（2016）第 034851 号

责任编辑： 贾小红
封面设计： 刘 超
版式设计： 魏 远
责任校对： 王 颖
责任印制： 沈 露

出版发行： 清华大学出版社
网　　址：http://www.tup.com.cn，http://www.wqbook.com
地　　址：北京清华大学学研大厦 A 座　　邮　　编：100084
社 总 机：010-62770175　　邮　　购：010-62786544
投稿与读者服务：010-62776969，c-service@tup.tsinghua.edu.cn
质 量 反 馈：010-62772015，zhiliang@tup.tsinghua.edu.cn

印 装 者： 三河市龙大印装有限公司
经　　销： 全国新华书店
开　　本： 185mm×260mm　　**印　　张：** 27.25　　**字　　数：** 590 千字
（附 DVD 光盘 1 张）
版　　次： 2013 年 1 月第 1 版　2016 年 6 月第 2 版　　**印　　次：** 2021 年 12 月第 5 次印刷
定　　价： 69.80 元

产品编号：063813-01

前　言

TArch 2014 是天正建筑软件较新也较为常用的版本，它以美国 Autodesk 公司开发的 AutoCAD 软件为平台，按照国内当前最新建筑设计和制图规范、标准图集开发，是国内建筑设计市场占有率长期居于第一的优秀国产建筑设计软件。

基本内容

本书以 TArch 2014 For AutoCAD 2014 版本为基础，分为 16 章，共 4 个部分。

第 1 章，首先讲解了建筑物各部分的结构名称、作用和分类，再详细讲解了房屋建筑制图统一标准，从而让用户在学习 TArch 建筑设计之前，对建筑物的结构及制图标准有一个全方位的掌握和了解。

第 2～13 章，全面详细地讲解了 TArch 2014 天正建筑软件的使用方法，包括天正软件基础，轴网与柱子，墙体与门窗，房间与屋顶，楼梯与构件，尺寸、文字与符号的标注，工程管理与三维建模，建筑立面和剖面图的创建与修饰，天正工具，天正图块与图案，图纸布局与格式转换等。

第 14～15 章，综合运用 AutoCAD 和天正命令，以住宅楼建筑施工图、学校教学楼施工图为例，详细讲解其各楼层建筑平面图的绘制，再创建工程文件，并以此来创建立面图、剖面图和三维模型图，然后根据工程来生成建筑门窗表，最后对其工程图进行布局与转换等操作，从而全程指导读者理清思路，积累技巧、方法和经验，并真正应用到实战工作中。

第 16 章，以某室内装潢施工图为例，结合 AutoCAD 与 TArch 天正建筑软件来进行家装施工图的绘制，包括建筑平面图、平面布置图、地面材质图、天棚吊顶图、客厅立面图等，并且使之成为三维模型图。

主要特色

内容丰富，结构清晰：以 TArch 2014 天正建筑版本为基础，从建筑物结构及房屋制图标准开始，到 TArch 2014 软件中各个功能命令的详细讲解，再通过 TArch 天正建筑软件来创建 3 套完整的建筑和室内装修施工图纸。

专家编著，实战演练：由多位专业权威讲师和建筑工程师联合编著，融入作者多年的操作经验和设计心得；每章均有翔实的典型案例与分析，帮助读者学习和实战演练，提高实战能力，灵活应对工作需求。

视频教学，配套实例：随书附赠的 DVD 光盘中，包含近 500 分钟的实例教学录像，手把手教读者学习软件知识和实例操作；提供了近 200 个与图书相关的素材和实例文件，让读者轻松查阅和参考，以提高学习效率。

技巧点拨，交流便捷：关键内容讲解透彻，操作步骤详细明了，图解注释编号明确，专业知识与操作技巧独立讲解；通过 QQ 高级群（15310023）进行互动学习和技术交流，并提供超大云盘资料以供共享下载。

再版特点

自 2013 年 1 月《TArch 8.5 天正建筑设计从入门到精通》出版以来，该图书得到了广大读者的肯定，并被许多大专院校选为教材。随着 TArch 天正建筑软件的不断更新，以及应广大读者的一致要求，本书在《TArch 8.5 天正建筑设计从入门到精通》的基础上取优补缺，做了如下改动：

（1）版本的更新，采用 TArch 2014 版本。

（2）知识要点的更新，天正图库图案、图纸布局与格式转换等操作增加讲解。

（3）版面更新，采用 Visio 软件进行相关图注编号。

（4）补齐视频，针对每个主要的知识点尽量多地配套多媒体操作视频。

（5）补齐 PPT 课件，使院校老师无忧选用。

（6）补齐一套完整的建筑施工图集，让读者能够临摹练习。

读者对象

（1）TArch 天正建筑软件的初学者。

（2）广大建筑、城市规划、土木工程领域的设计和绘图人员。

（3）各大院校师生。

（4）社会计算机培训学校的学员。

本书由李波编著，冯燕、荆月鹏、李松林、江玲、王洪令、刘冰、姜先菊、袁琴、曹城相、牛姜、黄妍、李友、王利、刘小红等也参与了本书的整理与编写工作。

感谢您选择了本书，希望我们的努力对您的工作和学习有所帮助，也希望您把对本书的意见和建议告诉我们，联系邮箱是 Helpkj@163.com。书中难免有疏漏与不足之处，敬请专家与读者批评指正。

李波

目　录

第 1 章　建筑结构与房屋制图统一规范

本章导读

在建筑行业中，为了规范、统一建筑专业制图规则，保证出图质量，提高制图效率，做到图面清晰、简明，符合设计、施工、存档的要求，相关单位制定了建筑专业设计的一些标准，即《房屋建筑制图统一标准》，其最新版本为 GB/T 50001—2010。

用户在进行建筑绘图之前，首先应掌握建筑的基本结构及名称，再掌握建筑物结构的作用及分类，最后掌握建筑制图的统一标注，为后面的建筑制图打下坚实的基础，这样才能使绘制的图形符合建筑需求。

主要内容

- ❑ 掌握建筑物的基本结构
- ❑ 掌握建筑物结构的作用及分类
- ❑ 掌握建筑制图的统一标准规范
- ❑ 掌握建筑材料的常用图例

效果预览

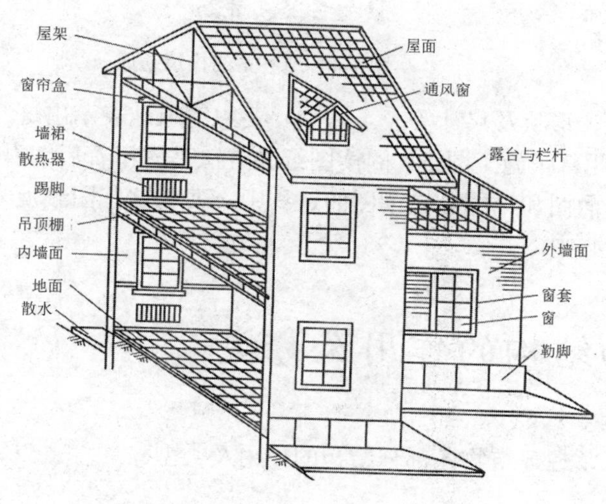

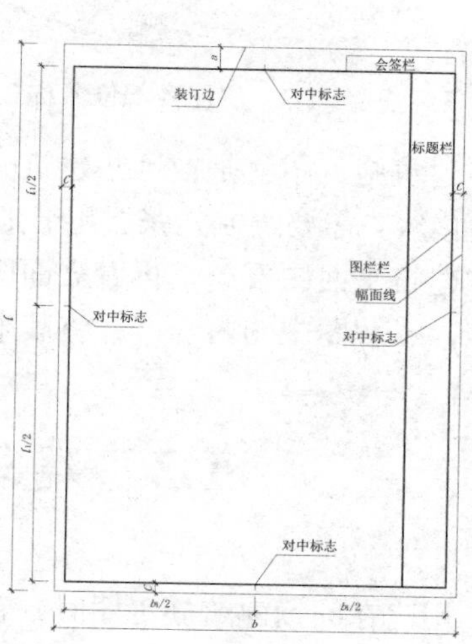

1.1　建筑物的基本结构

建筑物是由基础、墙或柱、楼地层、屋顶、楼梯等主要部分组成，此外还有门窗、采光井、散水、勒脚、窗帘盒等附属部分，如图 1-1～图 1-4 所示。

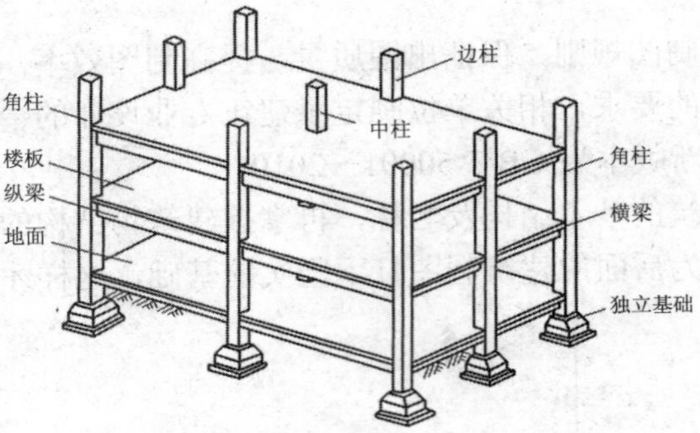

图 1-1　框架结构

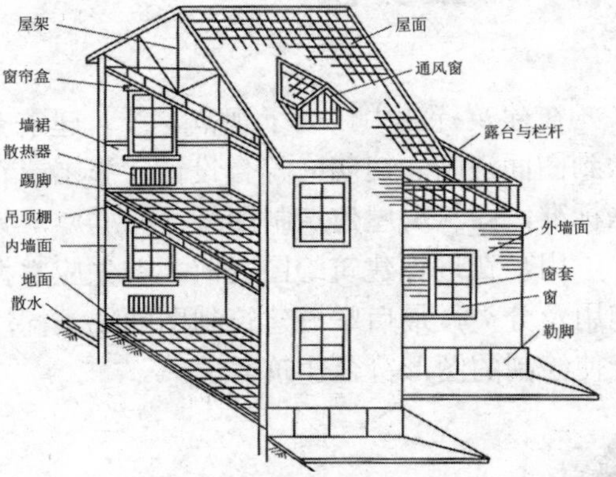

图 1-2　房屋各部位名称 1

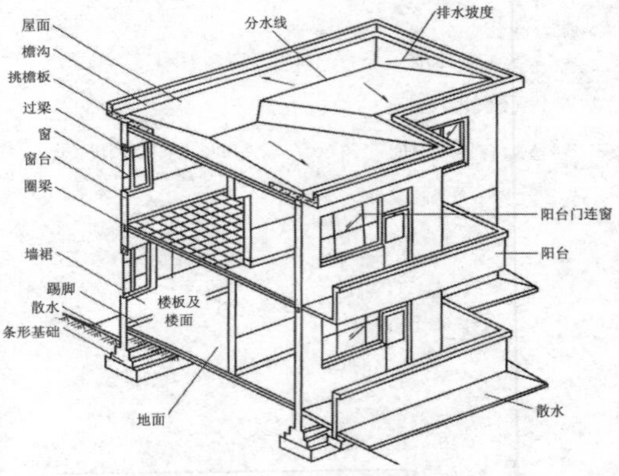

图 1-3　房屋各部位名称 2

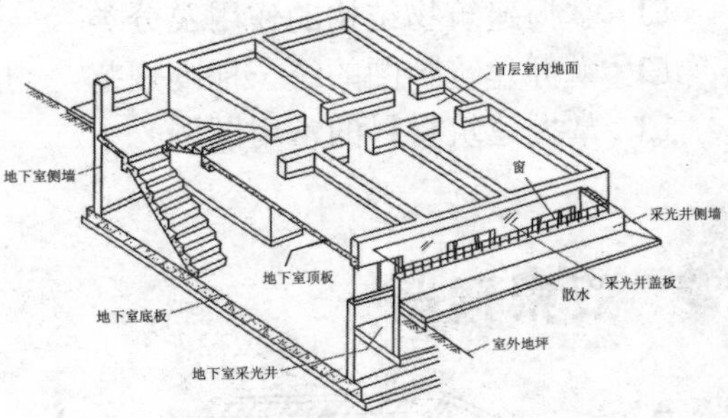

图 1-4　地下室的构造组成

建筑施工图就是把这些建筑的构造、形状及尺寸等表示清楚。要想清晰地表示出这些建筑内容，需要绘制几张、几十张甚至几百张施工图纸。阅读图纸的方法是先粗看后细看，先从建筑平面图看起，再看立面图、剖面图和详图。在读图的过程中，要将这些图纸反复对照，了解图中的内容，并将其牢记在心中。

1.2　建筑物结构的作用及分类

用户在阅读建筑施工图时，首先应掌握建筑物各部分结构的作用及类型。

1.2.1　墙体的分类与厚度

1. 墙体的分类

墙体按其在建筑中的位置可分为内墙和外墙。凡位于房屋四周的墙称为外墙，其中位于房屋两端的墙称为山墙；凡位于房屋内部的墙称为内墙。外墙主要起围护作用，内墙主要起分隔房间作用。另外，沿建筑物短轴布置的墙称为横墙，沿建筑物长轴布置的墙称为纵墙。

- 按墙体受力情况可分为承重墙和非承重墙。直接承受上部传来荷载的墙称为承重墙，而不承受外荷载的墙称为非承重墙。
- 按墙体使用的材料分为砖墙、石墙、土墙及砌块和大型板材墙等。
- 按墙体构造分为实体墙、空心墙和复合墙，如图 1-5 所示。实体墙由普通黏土砖或其他实心砖砌筑而成，空心墙是由实心砖砌成中空的墙体或空心砖砌筑的墙体，复合墙是指由砖与其他材料组合成的墙体。

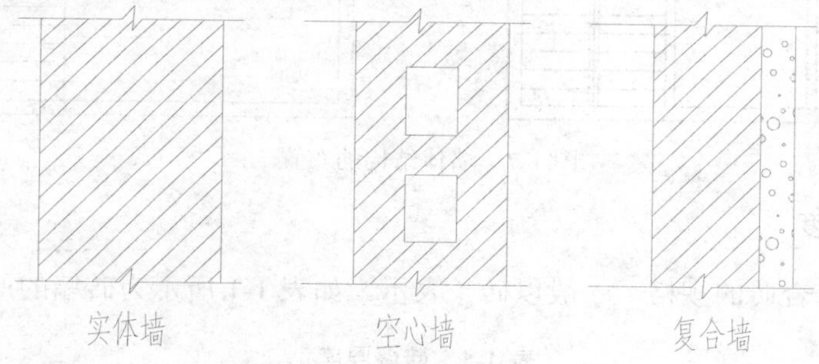

图 1-5　墙体构造形式

- 对墙面进行装修的墙称为混水墙；墙面只做勾缝，不进行其他装饰的墙称为清水墙。
- 按墙体方向分为纵墙和横墙。沿长轴方向布置的墙称为纵墙（内、外纵墙）；相反，沿短轴方向布置的墙为横墙，又称为山墙，如图 1-6 所示。

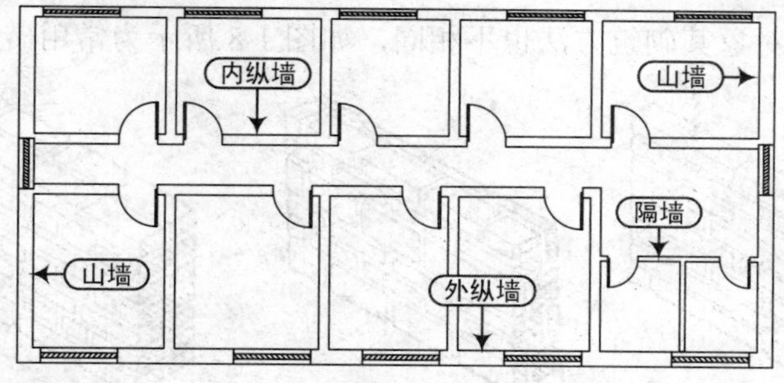

图 1-6　墙体结构的布置

2. 墙体结构的布置方案

一般民用建筑有两种承重方式，一种是框架承重，另一种是墙体承重。墙体承重又可分为横墙承重、纵墙承重、纵横墙混合承重、墙与内柱混合承重等结构布置方案，如图 1-7 所示。

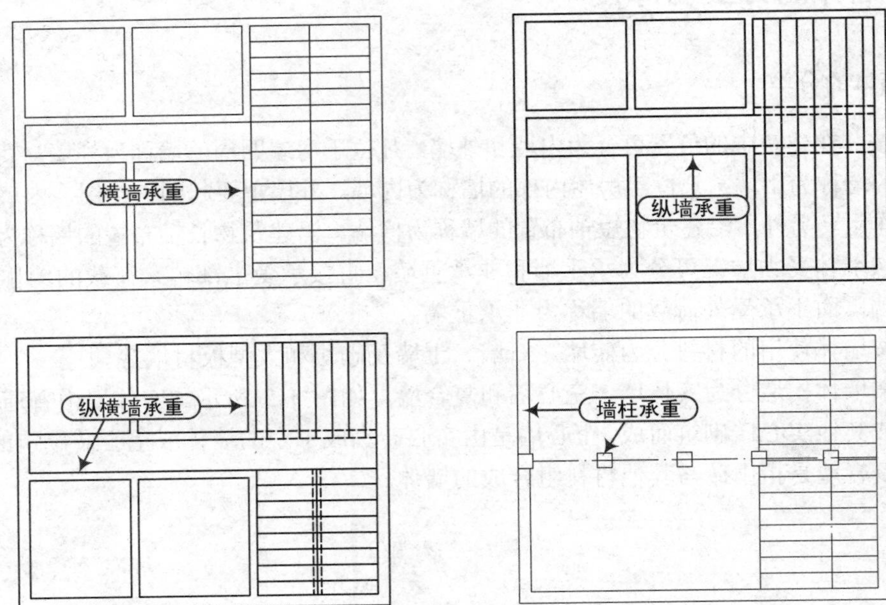

图 1-7　墙体结构的布置

3. 砖墙的厚度

砖墙的厚度符合砖的规格，一般以砖长表示。如表 1-1 所示为砖墙的厚度值。

表 1-1　砖墙厚度

墙 厚 名 称	习 惯 称 法	实际尺寸（mm）	墙 厚 名 称	习 惯 称 法	实际尺寸（mm）
半砖墙	12 墙	115	一砖半墙	37 墙	365
3/4 砖墙	18 墙	178	二砖半墙	50 墙	490
砖墙	24 墙	240	二砖墙	62 墙	615

不同厚度的墙体对象其砌筑方法也不相同，如图 1-8 所示为常用砖墙的砌筑方式。

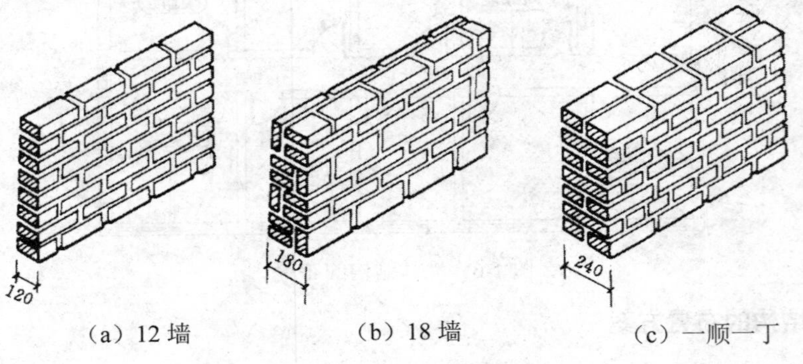

（a）12 墙　（b）18 墙　（c）一顺一丁

图 1-8　砖墙的尺寸及砌法

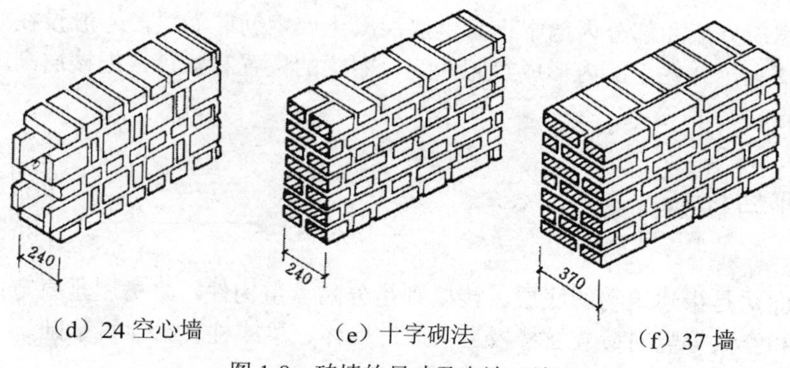

图 1-8　砖墙的尺寸及砌法（续）

提示技巧

墙体的厚度应满足墙体的承载要求，一般来说，墙体越厚，承载能力越强，稳定性越好；墙体的厚度应满足一定的保温、隔热、隔声、防火要求，通常情况下，砖墙越厚，保温隔热效果越好。

1.2.2　过梁与圈梁

1. 过梁

过梁的作用是承担门窗洞口上部荷载，并把荷载传递到洞口两侧的墙上，如图 1-9 所示。

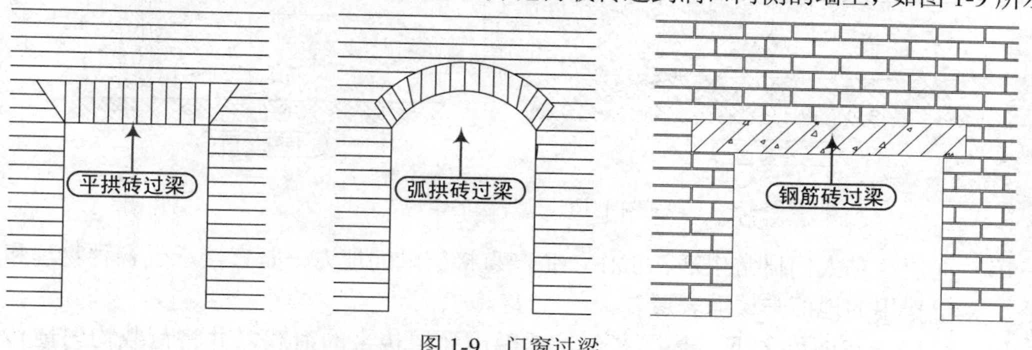

图 1-9　门窗过梁

按使用材料的不同可将过梁分为钢筋混凝土过梁、砖砌过梁和钢筋砖过梁。

- 钢筋混凝土过梁：当洞口较宽（大于 1.5m），上部荷载较大时，宜采用钢筋混凝土过梁，两端深入墙内长度不应小于 240 mm。
- 砖砌过梁：常见的有平拱砖过梁和弧拱砖过梁。
- 钢筋砖过梁：在门窗洞口上方的砌体中，配置适量的钢筋，形成能够承受弯矩的加筋砖砌体。

2. 圈梁

为了增强房屋的整体刚度，防止由于地基不均匀沉降或较大的震动荷载对房屋造成不

利影响，常在房屋外墙和部分内墙中设置钢筋混凝土或钢筋砖圈梁，一般设在外墙、内纵墙和主要内横墙上，并在平面内形成封闭系统。圈梁的位置和数量根据楼层高度、层数、地基等状况确定。

1.2.3 地坪与楼板

地坪即地面，是指建筑物的底层。楼板则是分隔承重构件，将房屋垂直方向分隔为若干层，并把人和家具等竖向荷载及楼板自重通过墙体、梁或柱传给建筑基础。

1. 地坪

地坪的基本组成有面层、垫层和素土夯实层 3 部分。对于有特殊要求的地面，还设有附加层和基层等构造层次，如图 1-10 所示。每层楼板上的面层通常称为楼面，楼板所起的作用类似地面中的垫层和基层。

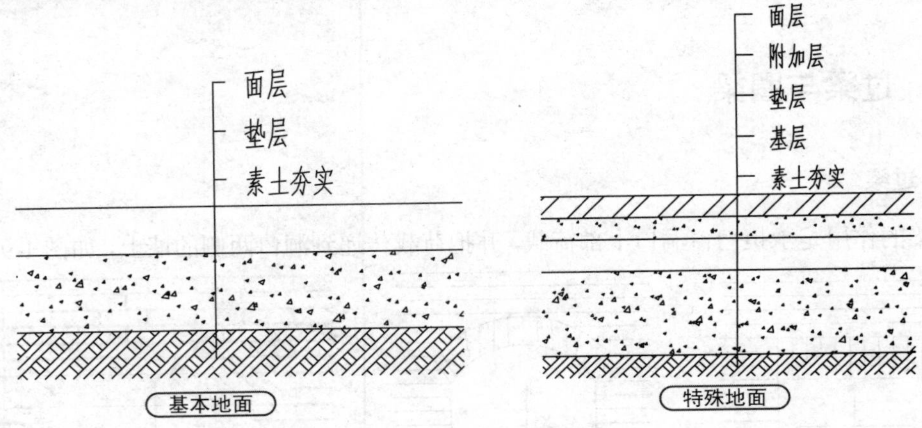

图 1-10　地坪层的组成

- 面层：是人们日常生活、工作、生产直接接触的地方，是直接承受各种物理和化学作用的地面与楼面表层。
- 垫层：在面层之下、基层之上，承受由面层传来的荷载，并将荷载均匀地传至基层。
- 基层：垫层下面的土层就是基层。

2. 楼板

楼板层由面层、结构层、顶棚层 3 部分组成，如图 1-11 所示。

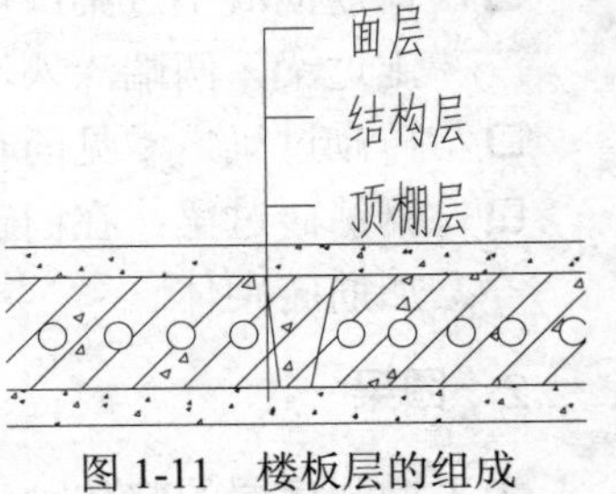

图 1-11　楼板层的组成

楼板按其使用的材料可分为砖楼板、木楼板和钢筋混凝土楼板等。砖楼板的施工复杂，抗震性能较差，楼板层过高，现已很少采用；木楼板自重轻，构造简单，保温性

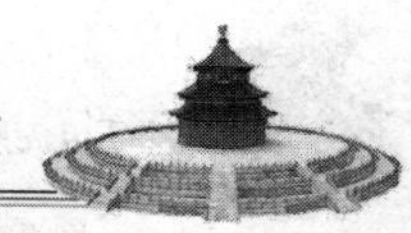

能好，但耐久和耐火性差，一般也较少采用；钢筋混凝土楼板具有强度高，刚性好，耐久、防火、防水性能好以及便于工业化生产等优点，是现在广为使用的楼板类型。

钢筋混凝土楼板按照施工方法可分为现浇和预制两种。

- ❑ 现浇钢筋混凝土楼板：其楼板整体性、耐久性、抗震性好，刚度大，能适应各种形状的建筑平面，设备留洞或设置预埋件都较方便，但模板消耗量大，施工周期长。按照构造不同又可分为如下 3 种现浇楼板。
  - ➢ 钢筋混凝土现浇楼板：当承重墙的间距不大时，如住宅的厨房间、厕所间，钢筋混凝土楼板可直接搁置在墙上，不设梁和柱，板的跨度一般为 2m～3m，板的厚度为 70mm～80mm。
  - ➢ 钢筋混凝土肋型楼板：也称梁板式楼板，是现浇式楼板中最常见的一种形式，由主板、次梁和主梁组成。其中，主梁可以由柱和墙来支撑。所有的板、肋、主梁和柱都是在支模以后整体现浇而成，其一般跨度为 1.7m～2.5m，厚度为 60mm～80mm。
  - ➢ 无梁楼板：其为等厚的平板直接支撑在带有柱帽的柱上，不设主梁和次梁，其构造有利于采光和通风，便于安装管道和布置电线，在同样的净空条件下，可减小建筑物的高度。其缺点是刚度小，不利于承受大的集中荷载。
- ❑ 预制钢筋混凝土楼板：采用此类楼板是将楼板分为梁、板若干构件，在预制厂或施工现场预先制作好，然后进行安装，其优点是可以节省模板，改善制作时的劳动条件，加快施工进度，但整体性较差，并需要一定的起重安装设备。随着建筑工业化的提高，特别是大量采用预应力混凝土工艺以后，其应用范围将越来越广泛。按照其构造可分为如下几种。
  - ➢ 实心平板：实心平板制作简单，节约模板，适用于跨度较小的部位，如走廊板、平台板等。
  - ➢ 槽形板：是一种梁板结合的构件，由面板和纵肋构成。作用在槽形板上的荷载，由面板传给纵肋，再由纵肋传到板两端的墙或梁上。为了增加槽形板的刚度，需在两纵肋之间增加横肋，在板的两端以端肋封闭。
  - ➢ 空心板：上下表面平整，隔音和隔热效果好，大量应用于民用建筑的楼盖和屋盖中。其孔的形状有方孔、椭圆孔和圆孔等。

1.2.4 门与窗

门主要用于交通和疏散，同时具有采光和通风功能，而窗的作用主要是采光与通风，并可用于围护和眺望。门和窗的结构对建筑物的外观也有一定的影响。

1. 门的作用和类型

（1）门的作用：门是建筑物中不可缺少的部分。主要用于交通和疏散，同时也起采光和通风作用。门的尺寸、位置、开启方式和立面形式，应依据人流疏散、安全防火、家具设备的搬运安装以及建筑艺术等方面的要求综合确定。

门的宽度按使用要求可做成单扇、双扇及四扇等多种。当宽度在 1m 以内时为单扇门，1.2m～1.8m 时为双扇门，宽度大于 2.4m 时为四扇门。

（2）门的类型：门的种类很多，按使用材料分为木门、钢门、钢筋混凝土门、铝合金门、塑料门等。日常生活中各种木门的使用仍然比较广泛，钢门则在工业建筑中普遍应用。

- 按用途可分为普通门、纱门、百叶门，以及特殊用途的保温门、隔声门、防火门、防盗门、防爆门、防射线门等。
- 按开启方式分为平开门、弹簧门、折叠门、推拉门、旋转门、卷帘门等，如图 1-12 所示。

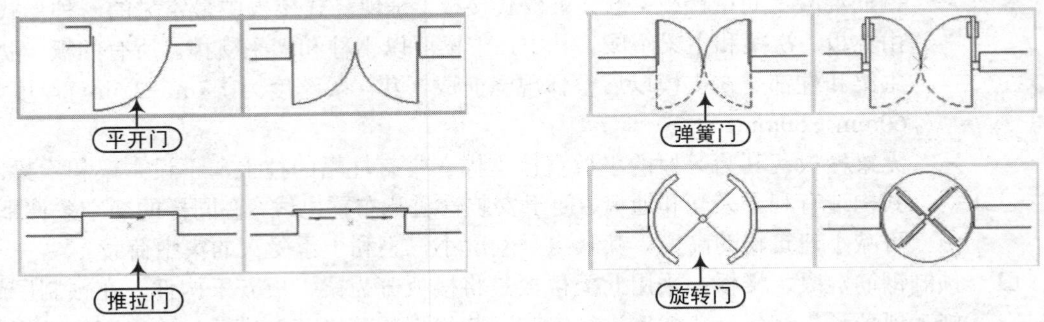

图 1-12　门类型

2. 窗的作用与类型

（1）窗的作用：窗主要用于采光与通风，并可作围护和眺望之用，对建筑物的外观也有一定的影响。

窗的采光作用主要取决于窗的面积。窗洞口面积与该房间地面面积之比称为窗地比。此比值越大，采光性能越好。一般居住房间的窗地比为 1/7 左右。

作为围护结构的一部分，窗应有适当的保温性，在寒冷地区做成双层窗，以利于冬季防寒。

（2）窗的类型：窗的类型很多，按使用的材料可分为木窗、钢窗、铝合金窗、玻璃钢窗等，如图 1-13 所示，其中以木窗和钢窗应用最广。

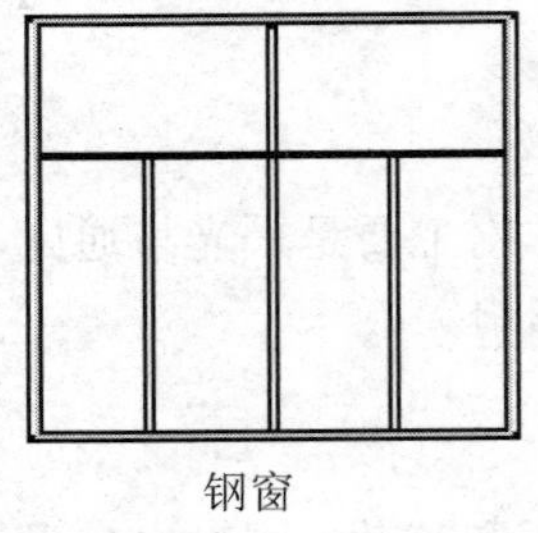

钢窗

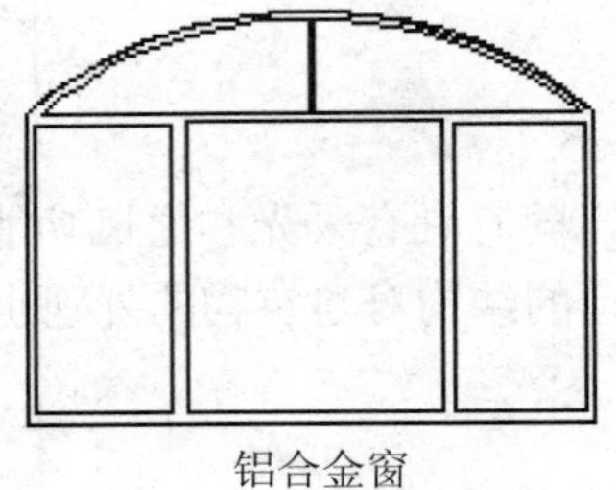

铝合金窗

木窗

图 1-13　窗类型

1.2.5　楼梯

楼梯是房屋各层之间交通连接的设施，一般设置在建筑物的出入口附近。

1．楼梯的种类

- ❑ 按位置：分为室内楼梯和室外楼梯。
- ❑ 按使用性质：室内有主要楼梯和辅助楼梯，室外有安全楼梯和防火楼梯。
- ❑ 按使用材料：分为木楼梯、钢筋混凝土楼梯和钢楼梯。
- ❑ 按楼梯的布置方式：分为单跑楼梯、双跑楼梯、三跑楼梯和双分、双合式楼梯等，如图 1-14 所示。

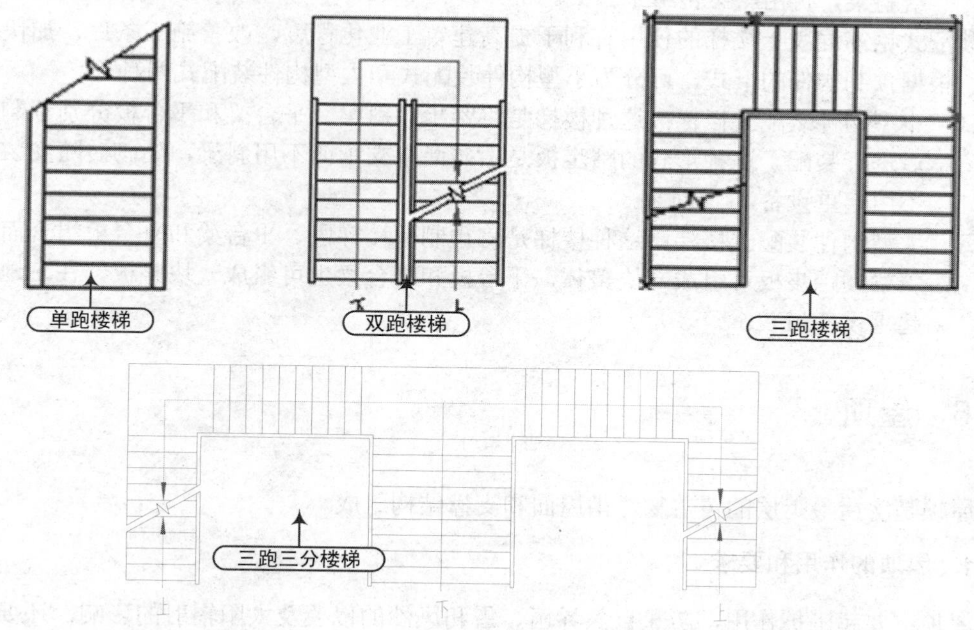

图 1-14　楼梯种类

2．楼梯的组成

楼梯是由楼梯段、休息平台、栏杆、栏板和扶手等部分组成。

- ❑ 楼梯段：是联系两个不同标高平台的倾斜构件，由连续的一组踏步构成，其宽度应根据人流量的大小、家具和设备的搬运以及安全疏散的原则确定，其最大坡度不宜超过 38°，以 26°～33° 为宜。
- ❑ 休息平台：也称中间平台，是两层楼面之间的平台。当楼梯踏步超过 18 步时，应在中间设置休息平台，起缓冲休息的作用。休息平台由台梁和台板组成。平台的深度应使在安装暖气片以后的净宽度不小于楼梯段的宽度，以便于人流通行和搬运家具。

- 栏杆、栏板和扶手：栏杆和栏板是布置在楼梯段和平台边缘的有一定刚度和安全度的拦隔设施。通常楼梯段一侧靠墙，另一侧临空。在栏板上面安装扶手，扶手的高度应高出踏步 900mm 左右。

3. 楼梯的构造

钢筋混凝土楼梯是目前应用最广泛的一种楼梯，有较高的强度，以及耐久性和防火性。按施工方法可分为现浇式和装配式两种。

现浇式钢筋混凝土楼梯是将楼梯段、平台和平台梁现场浇筑成一个整体，其整体性好，抗震性强。按其构造的不同又分为板式楼梯和梁式楼梯两种。

- 板式楼梯：是一块斜置的板，其两端支承在平台梁上，平台梁支承在砖墙上。
- 梁式楼梯：是指在楼梯段两侧设有斜梁，斜梁搭置在平台梁上。荷载由踏步板传给斜梁，再由斜梁传给平台梁。

装配式钢筋混凝土楼梯的使用有利于提高建筑工业化程度，改善施工条件，加快施工进度。根据预制构件的形式，可分为小型构件装配式和大型构件装配式两种。

- 小型构件装配式楼梯：这种楼梯是将踏步、斜梁、平台梁和平台板分别预制，然后进行装配。这种形式的踏步板是由砖墙来支承而不用斜梁，随砌砖随安装，可不用起重设备。
- 大型构件装配式楼梯：这种楼梯是将预制的楼梯段、平台梁和平台板组合而成。斜梁和踏步板可组成一块整体，平台板和平台梁也可组成一块整板，在工地上用起重设备吊装。

1.2.6 屋顶

屋顶是房屋最上层的覆盖物，由屋面和支撑结构组成。

1. 屋顶的作用和要求

屋顶主要起围护作用，防止自然界雨、雪和风沙的侵袭及太阳辐射的影响，还要承受屋顶上部的荷载，包括风雪荷载、屋顶自重及可能出现的构件和人群的重量，并把它传给墙体。因此，对屋顶的要求是坚固耐久，自重要轻，具有防水、防火、保温及隔热的性能，同时要求构件简单、施工方便，能与建筑物整体配合，具有良好的外观。

2. 屋顶的类型

按屋面形式大体可分为 4 类：平屋顶、坡屋顶、曲面屋顶及多波式折板屋顶。

- 平屋顶：屋面的最大坡度不超过 10%，民用建筑常用坡度为 1%～3%。一般是用现浇和预制的钢筋混凝土梁板做承重结构，屋面上做防水及保温处理。
- 坡屋顶：屋面坡度较大，在 10%以上，有单坡、双坡、四坡和歇山等多种形式。单坡用于小跨度的房屋，双坡和四坡用于跨度较大的房屋。常用屋架做承重结构，用瓦材做屋面。

- ❑ 曲面屋顶：屋面形状为各种曲面，如球面、双曲抛物面等。承重结构有网架、钢筋混凝土整体薄壳、悬索结构等。
- ❑ 多波式折板屋顶：是由钢筋混凝土薄板制成的一种多波式屋顶。折板厚约 60mm，折板的波长为 2m～3m，跨度为 9m～15m，折板的倾角为 30°～38°。按每个波的截面形状又有三角形及梯形两种。

1.3　建筑制图统一标准

根据住房和城乡建设部《关于印发〈2008 年工程建设标准规范制订、修订计划（第一批）〉的通知》（建标〔2008〕102 号）的要求，中国建筑标准设计研究院会同有关单位在《房屋建筑制图统一标准》（GB/T 50001—2001）的基础上修订而成该标准的最新版本 GB/T 50001—2010，本标准是房屋建筑制图的基本规定，适用于总图、建筑、结构、给水排水、暖通空调、电气等各专业制图。

为了统一全国房屋建筑制图的规则，便于技术交流，确保出图的质量，提高制图的效果，符合设计、施工、存档的一些要求，建筑制图标准对格式、画法、图例、文字以及尺寸标注等作了统一的规则要求。

1.3.1　图纸幅面规格与编排顺序

在进行建筑工程制图时，其图纸的幅面规格、标题栏、签字栏以及图纸的编排顺序，都是有特别的规定的。

1. 图纸幅面

图纸幅面及图框尺寸，应符合表 1-2 中规定的格式。

表 1-2　幅面及图框尺寸

单位：mm

图纸幅面 / 尺寸代号	A0	A1	A2	A3	A4
$b \times l$	841×1189	594×841	420×594	297×420	210×297
c	10			5	
a	25				

提示技巧

对于需要微缩复制的图纸，其一个边上应附有一段准确米制尺度，4 条边上均附有对中标志，米制尺度的总长应为 100mm，分格应为 10mm。对中标志应画在图纸内框各边长的中点处，线宽为 0.35mm，应伸入内框边，在框外为 5mm。对中标志的线段，于 l 和 b 范围内取中点。

图纸的短边一般不应加长，长边可以加长，但加长的尺寸应符合国标规定，如表 1-3 所示。

表 1-3　图纸长边加长尺寸

单位：mm

幅 面 尺 寸	长 边 尺 寸	长边加长后尺寸
A0	1189	1486、1635、1783、1932、2080、2230、2378
A1	841	1051、1261、1471、1682、1892、2102
A2	594	743、891、1041、1189、1338、1486、1635
A2	594	1783、1932、2080
A3	420	630、841、1051、1261、1471、1682、1892

注：有特殊需要的图纸，可采用 $b \times l$ 为 841mm×891mm 与 1189mm×1261mm 的幅面。

图纸以短边作为垂直边应为横式，以短边作为水平边应为立式。A0～A3 图纸宜横式使用（必要时，也可立式使用）。在一个工程设计中，每个专业所使用的图纸不宜多于两种幅面（不含目录及表格所采用的 A4 幅面）。

2. 标题栏与会签栏

根据制图要求，图纸中应有标题栏、图框线、幅面线、装订边线和对中标志。图纸的标题栏及装订边的位置应符合下列规定。

（1）横式使用的图纸，应按如图 1-15 和图 1-16 所示的形式布置。

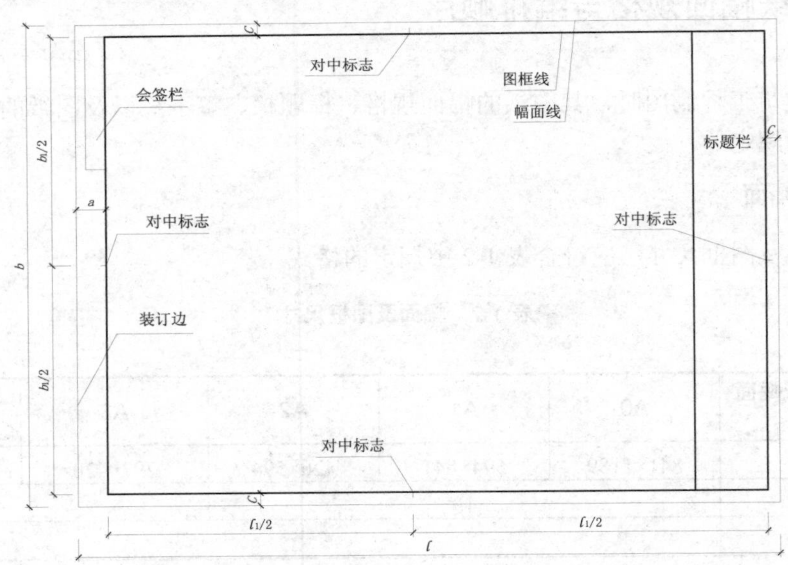

图 1-15　A0～A3 横式幅面 1

（2）立式使用的图纸，应按如图 1-17 和图 1-18 所示的形式布置。

（3）标题栏应按如图 1-19 和图 1-20 所示的形式布置，根据工程的需要确定其尺寸、格式及分区。签字区应包括实名列和签名列，并应符合相关规定。

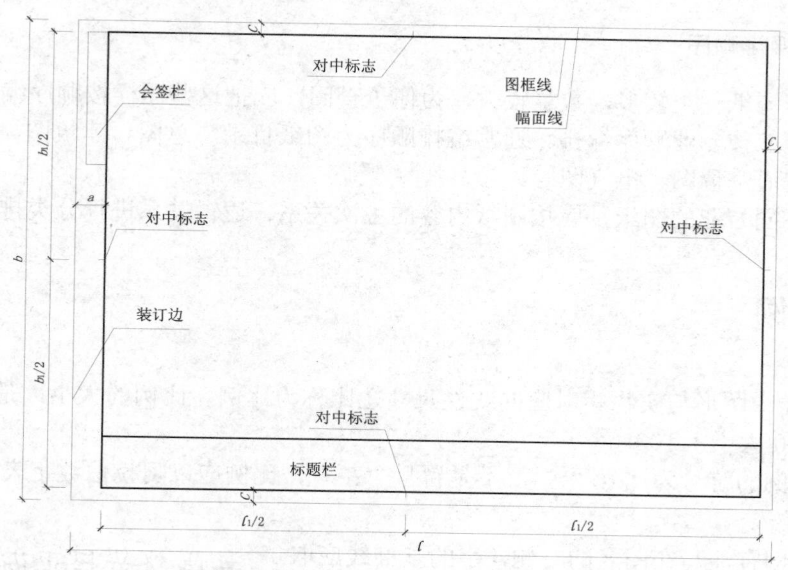

图 1-16　A0～A3 横式幅面 2

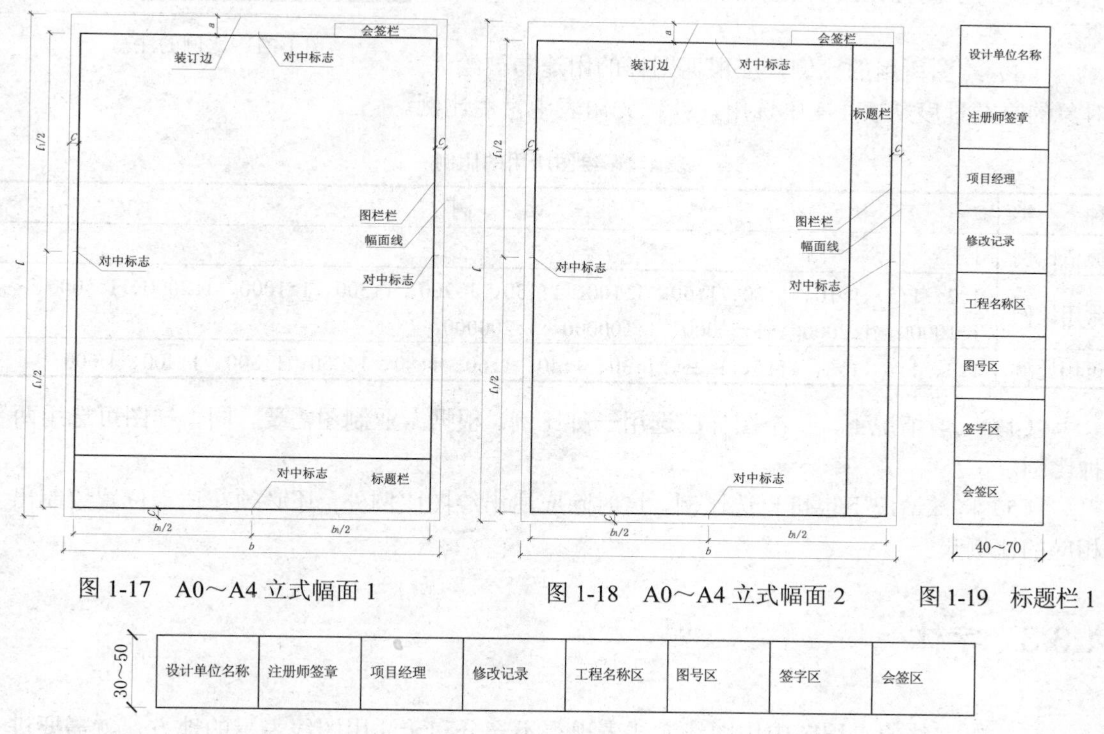

图 1-17　A0～A4 立式幅面 1　　图 1-18　A0～A4 立式幅面 2　　图 1-19　标题栏 1

设计单位名称	注册师签章	项目经理	修改记录	工程名称区	图号区	签字区	会签区

30～50

图 1-20　标题栏 2

提示技巧

涉外工程的标题栏内，各项主要内容的中文下方应附有译文，设计单位的上方或左方应添加“中华人民共和国”字样。在计算机制图文件中使用电子签名与认证时，应符合国家有关电子签名法的规定。

3. 图纸编排顺序

由于工程图纸种类较多，数量较大，为便于查阅，应把这些图样按顺序编排。

工程图纸应按专业顺序编排。通常编排顺序为图纸目录、总图、建筑图、结构图、给水排水图、暖通空调图、电气图等。

另外，不同专业的图纸，应按图纸内容的主次关系、逻辑关系进行分类排序。

1.3.2 比例

工程图样中图形与实物相对应的线性尺寸之比称为比例。比例的大小，是指其比值的大小，如 1:50 大于 1:100。

（1）比例的符号为比号“:”，不是冒号“：”，比例应以阿拉伯数字表示，如 1:1、1:2、1:100 等。

（2）比例宜注写在图名的右侧，字的基准线应取平；比例的字高宜比图名的字高小 1～2 号，如图 1-21 所示。

教学楼首层平面图 1:100

图 1-21 比例的注写

（3）绘图所用的比例，应根据图样的用途与被绘对象的复杂程度从表 1-4 中选用，并优先用表中常用比例。

表 1-4 绘图所用的比例

种 类	比 例
原值比例	1:1
常用比例	1:2、1:5、1:10、1:20、1:50、1:100、1:150、1:200、1:500、1:1000、1:2000、1:5000、1:10000、1:20000、1:50000、1:100000、1:200000
可用比例	1:3、1:4、1:6、1:15、1:25、1:30、1:40、1:60、1:80、1:250、1:300、1:400、1:600

（4）一般情况下，一个图样应选用一种比例。根据专业制图需要，同一样图可选用两种比例。

（5）特殊情况下也可自选比例，这时除应注出绘图比例外，还必须在适当位置绘制出相应的比例尺。

1.3.3 字体

在一幅完整的工程图中用图线方式表现得不充分和无法用图线表示的地方，就需要进行文字说明，如构造方法、材料名、构配件名称等。

文字说明是图样内容的重要组成部分，制图规范对文字标注中的字体、字号、字体与字号搭配等方面作了一些具体规定。

（1）图纸上所需书写的文字、数字或符号等，均应笔画清晰、字体端正、排列整齐；标点符号应清楚正确。

（2）文字的字高以字体的高度 h（单位为 mm）表示，最小高度为 3.5mm，应从如下系列中选用：3.5mm、5mm、7mm、10mm、14mm、20mm。如需书写更大的字，其高度应按 $\sqrt{2}$ 的比值递增。

（3）图样及说明中的汉字宜采用长仿宋体，宽度与高度的关系应符合如表 1-5 所示的规定。大标题、图册封面、地形图等的汉字，也可书写成其他字体，但应易于辨认。

表 1-5　长仿宋体字高宽关系

单位：mm

字　高	20	14	10	7	5	3.5
字　宽	14	10	7	5	3.5	2.5

（4）汉字的简化字书写，必须符合国务院公布的《汉字简化方案》和有关规定。

（5）拉丁字母、阿拉伯数字与罗马数字的书写与排列，应符合如表 1-6 所示的规定。

表 1-6　拉丁字母、阿拉伯数字与罗马数字书写规则

书写格式	一般字体	窄字体
大写字母高度	h	h
小写字母高度（上下均无延伸）	$7/10h$	$10/14h$
小写字母伸出的头部或尾部	$3/10h$	$4/14h$
笔画宽度	$1/10h$	$1/14h$
字母间距	$2/10h$	$2/14h$
上下行基准线最小间距	$15/10h$	$21/14h$
词间距	$6/10h$	$6/14h$

（6）拉丁字母、阿拉伯数字与罗马数字如需写成斜体字，其斜度应是从字的底线逆时针向上倾斜 75°。斜体字的高度与宽度应与相应的直体字相等。

（7）拉丁字母、阿拉伯数字与罗马数字的字高应不小于 2.5mm。

（8）数量的数值注写，应采用正体阿拉伯数字。各种计量单位凡前面有量值的，均应采用国家颁布的单位符号注写。单位符号应采用正体字母。

（9）分数、百分数和比例数的注写，应采用阿拉伯数字和数学符号，例如，四分之三、百分之二十五和一比二十，应分别写成 3/4、25%和 1:20。

（10）当注写的数字小于 1 时，必须写出个位的“0”，小数点应采用圆点，对齐基准线书写，例如 0.01。

（11）长仿宋汉字、拉丁字母、阿拉伯数字或罗马数字，应符合国家现行标准《技术制图——字体》（GB/T 14691）的有关规定，即写成竖笔铅垂的直体字或竖笔与水平线成 75° 的斜体字，如图 1-22 所示。

ABCDEFGHIJKLM
NOPQRSTUVWXYZ
abcdefghijklmnopqrs
tuvwxyz 0123456789
1234567890 IVXϕ
ABCabcdl234IVϕ 75°

图 1-22　字母和数字示例

1.3.4 图线

国标《技术制图——图线》规定了绘制各种技术图样的基本线型，并允许变形及相互组合。下面将详细讲解图线内容。

（1）图线的宽度 *b*，宜从 1.4mm、1.0mm、0.7mm、0.5mm、0.35mm、0.25mm、0.18mm、0.13mm 线宽系列中选取，但图线宽度不应小于 0.1mm。每个图样，应根据复杂程度与比例大小，先选定基本线宽 *b*，再选用表 1-7 中相应的线宽组。

表 1-7 线宽组

单位：mm

线宽比	线宽组			
b	1.4	1.0	0.7	0.5
0.7*b*	1.0	0.7	0.5	0.35
0.5*b*	0.7	0.5	0.35	0.25
0.25*b*	0.35	0.25	0.18	0.13

（2）在工程建设制图时，应选用如表 1-8 所示的图线。

表 1-8 图线的线型、宽度及用途

名称		线型	线宽	一般用途
实线	粗	━━━━	*b*	主要可见轮廓线 剖面图中被剖部分的主要结构构件轮廓线、结构图中的钢筋线、建筑或构筑物的外轮廓线、剖切符号、地面线、详图标志的圆圈、图纸的图框线、新设计的各种给水管线、总平面图及运输中的公路或铁路线等
	中	━━━━	0.5*b*	可见轮廓线 剖面图中被剖着部分的次要结构构件轮廓线、未被剖面但仍能看到而需要画出的轮廓线、标注尺寸的尺寸起止 45°短划线、原有的各种水管线或循环水管线等
	细	────	0.25*b*	可见轮廓线、图例线 尺寸界线、尺寸线、材料的图例线、索引标志的圆圈及引出线、标高符号线、重合断面的轮廓线、较小图形中的中心线
虚线	粗	━ ━ ━ ━	*b*	新设计的各种排水管线、总平面图及运输图中的地下建筑物或构筑物等
	中	━ ━ ━ ━	0.5*b*	不可见轮廓线 建筑平面图运输装置（例如桥式吊车）的外轮廓线、原有的各种排水管线、拟扩建的建筑工程轮廓线等
	细	- - - -	0.25*b*	不可见轮廓线、图例线

续表

名称		线型	线宽	一般用途
单点长划线	粗		b	结构图中梁或框架的位置线、建筑图中的吊车轨道线、其他特殊构件的位置指示线
	中		$0.5b$	见各有关专业制图标准
	细		$0.25b$	中心线、对称线、定位轴线 管道纵断面图或管系轴测图中的设计地面线等
双点长划线	粗		b	预应力钢筋线
	中		$0.5b$	见各有关专业制图标准
	细		$0.25b$	假想轮廓线、成型前原始轮廓线
折断线			$0.25b$	断开界线
波浪线			$0.25b$	断开界线
加粗线			$1.4b$	地平线、立面图的外框线等

（3）同一张图纸内，相同比例的各图样，应选用相同的线宽组。

（4）图纸的图框和标题栏线，可采用如表 1-9 所示的线宽。

表 1-9　图框线、标题栏线的宽度

单位：mm

幅面代号	图框线	标题栏外框线	标题栏分格线、会签栏线
A0、A1	b	$0.5b$	$0.25b$
A2、A3、A4	b	$0.7b$	$0.35b$

（5）相互平行的图线，其间隙不宜小于其中的粗线宽度，且不宜小于 0.7mm。

（6）虚线、单点长划线或双点长划线的线段长度和间隔宜各自相等。

（7）单点长划线或双点长划线，当在较小图形中绘制有困难时，可用实线代替。

（8）单点长划线或双点长划线的两端不应是点。点划线与点划线交接或点划线与其他图线交接时，应是线段交接。

（9）虚线与虚线交接或虚线与其他图线交接时，应是线段交接。虚线为实线的延长线时，不得与实线连接。

（10）图线不得与文字、数字或符号重叠、混淆，不可避免时，应首先保证文字等的清晰。

1.3.5　尺寸标注

为确定图形大小，必须准确、详尽、清晰地标注出其尺寸，作为施工的依据。绘制图形并不仅仅只是为了反映物体的形状，对图形对象的真实大小和位置关系描述更加重要，而只有尺寸标注能反映这些大小和关系。

1. 尺寸标注的三要素

一个标注完整的尺寸由尺寸线、尺寸界线和尺寸数字组成，如图 1-23 所示。

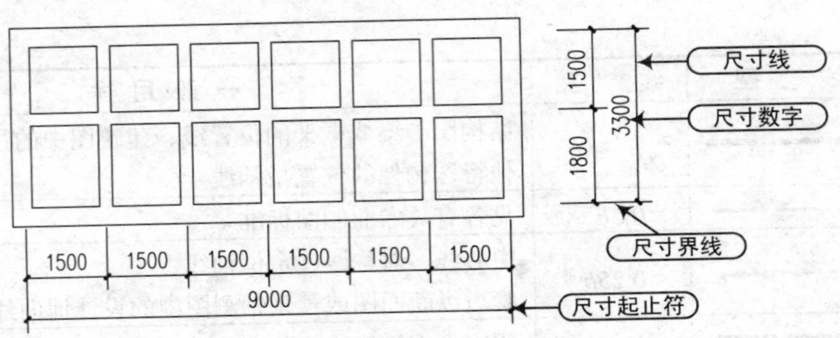

图 1-23　尺寸标注的三要素

- 尺寸线：应与被注对象平行。图样本身的任何图线均不得用作尺寸线。
- 尺寸界线：一般应与被注长度垂直，其一端应离开图样轮廓线不小于 2mm，另一端宜超出尺寸线 2mm～3mm。图样轮廓线可用作尺寸界线，如图 1-24 所示。

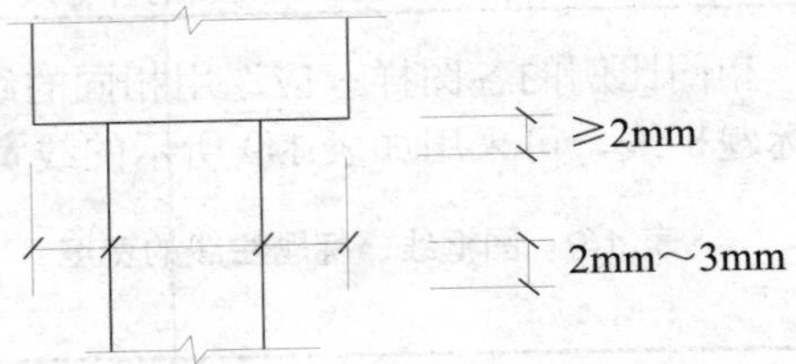

图 1-24　尺寸界线

- 尺寸数字：图样上的尺寸，应以尺寸数字为准，不得从图上直接量取。图样上的尺寸单位，除标高及总平面以米（m）为单位外，其他必须以毫米（mm）为单位。尺寸数字的方向应按如图 1-25 所示的规定注写。

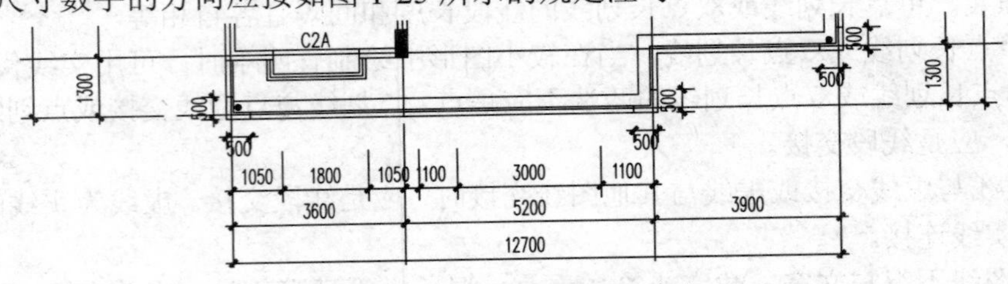

图 1-25　尺寸数字的注写方向

提示技巧

尺寸数字一般应依据其方向注写在靠近尺寸线的上方中部。如没有足够的注写位置，最外边的尺寸数字可注写在尺寸界线的外侧，中间相邻的尺寸数字可错开注写，如图 1-26 所示。

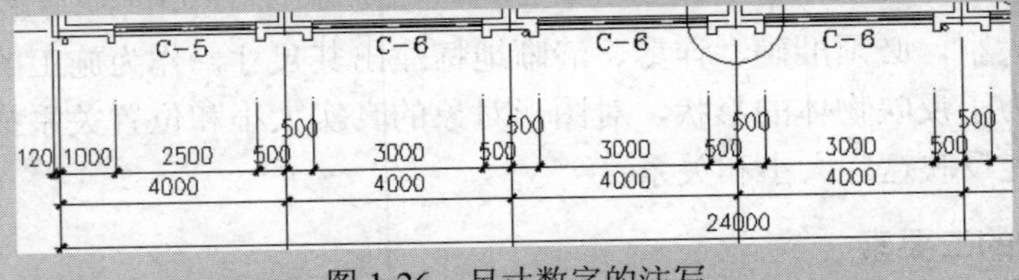

图 1-26　尺寸数字的注写

- ❑ 尺寸起止符号：其倾斜方向应与尺寸界线顺时针成45°角，长度宜为2mm～3mm，如图1-27（a）所示。半径、直径、角度与弧长的尺寸起止符号宜用箭头表示，如图1-27（b）所示。

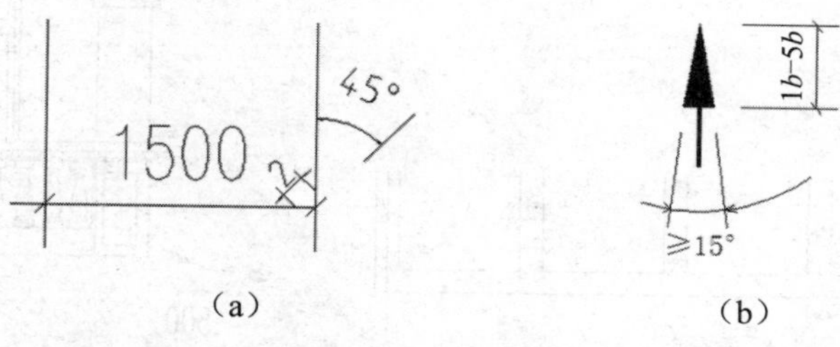

图 1-27　尺寸起止符号

2．圆弧及球体尺寸标注

在建筑图中标注半径、直径和球时，尺寸起止符号不用45°斜短线，而用箭头表示，如图1-28所示。

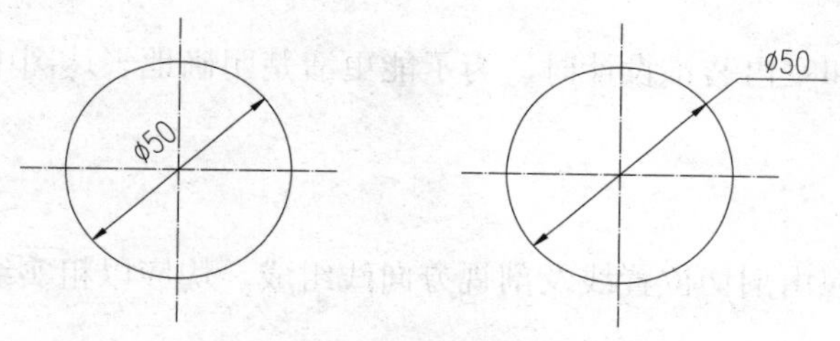

图 1-28　直径标注

提示技巧

在标注圆弧时，如圆弧小于半圆，则应在尺寸数字前加上半径符号 R；如圆弧大于半圆，则在数字前加上直径符号 ϕ。同样，如所标注对象为球体，则在数字前加 SR 或是 Sϕ，如图1-29所示。

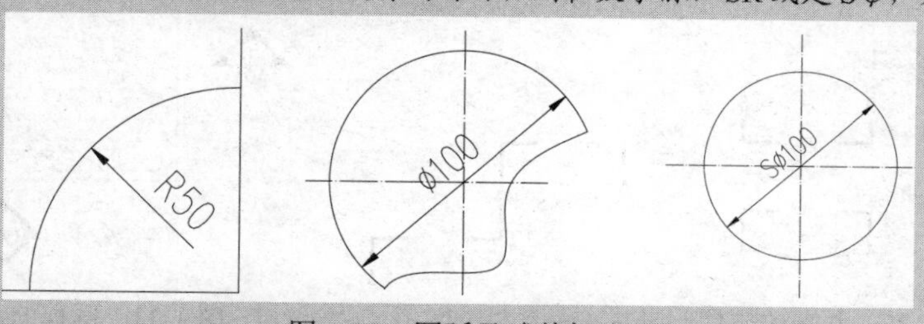

图 1-29　圆弧及球体标注

3．尺寸简化标注

- ❑ 简化标注：对几个相同并相互依赖同一尺寸界线的图形可进行化简标注，用“个数×等长尺寸=总长”的形式标注，如图1-30所示。
- ❑ 对称标注：所绘制物体有一定的对称特性，则可用对称省略画法。该对称构配件的尺寸线应略超过对称符号，仅在尺寸线的一端画尺寸起止符号，尺寸数字应按整体尺寸注写，其注写位置宜与对称符号对齐，如图 1-31 所示。

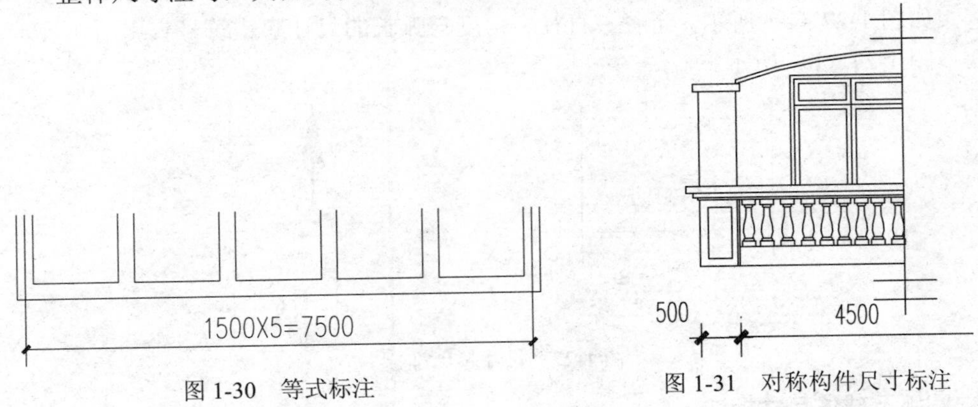

图 1-30　等式标注

图 1-31　对称构件尺寸标注

1.3.6　符号

在进行各种建筑和室内装饰设计时，为了能更清楚明确地表达图中的相关信息，将采用不同的符号来表示。

1. 剖切符号

剖视的剖切符号应由剖切位置线及剖视方向线组成，均应以粗实线绘制。剖视的剖切符号应符合下列规定。

（1）剖切位置线的长度宜为 6mm～10mm；剖视方向线应垂直于剖切位置线，长度应短于剖切位置线，宜为 4mm～6mm，如图 1-32 所示。也可采用国际统一和常用的剖视方法，如图 1-33 所示。绘制时，剖视剖切符号不应与其他图线相接触。

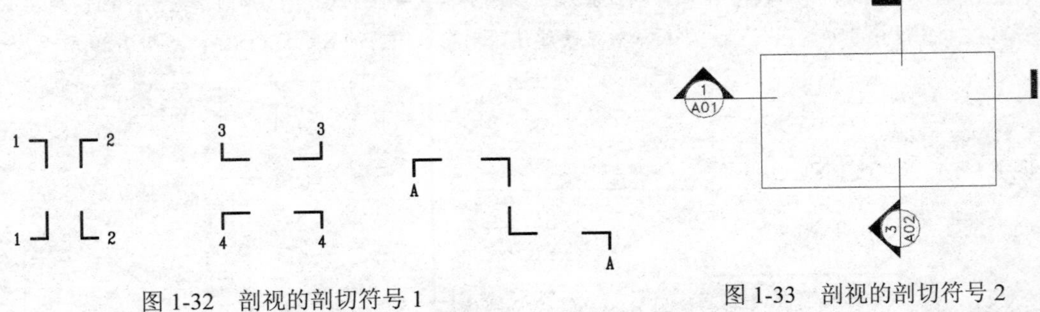

图 1-32　剖视的剖切符号 1

图 1-33　剖视的剖切符号 2

（2）剖视剖切符号的编号宜采用阿拉伯数字，按顺序由左至右、由下至上连续编排，并应注写在剖视方向线的端部。

（3）需要转折的剖切位置线，应在转角的外侧加注与该符号相同的编号。

（4）建（构）筑物剖面图的剖切符号宜注在±0.00 标高的平面图上。

断面的剖切符号应符合下列规定。

（1）断面的剖切符号应只用剖切位置线表示，并应以粗实线绘制，长度宜为 6mm～10mm。

（2）断面剖切符号的编号宜采用阿拉伯数字，按顺序连续编排，并应注写在剖切位置线的一侧；编号所在的一侧应为该断面的剖视方向，如图 1-34 所示。

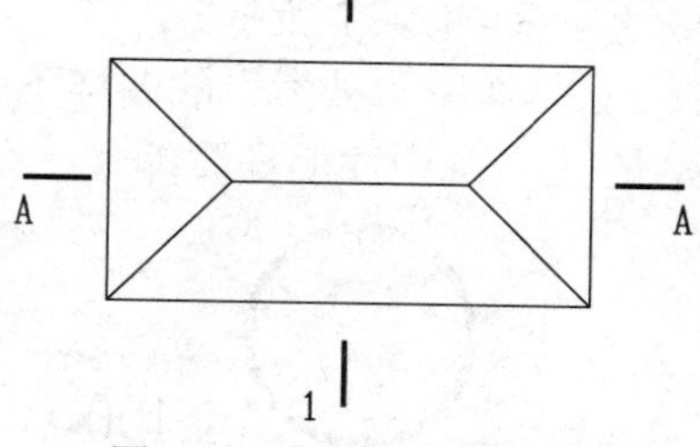

图 1-34　断面的剖切符号

提示技巧

剖面图或断面图，如果与被剖切图样不在同一张图内，可在剖切位置线的另一侧注明其所在图纸的编号，也可以在图上集中说明。

2．索引符号与详图符号

建筑工程图中某一局部或构件如无法表达清楚时，通常用较大的比例将其放大画出详图。为便于查找及对照识读，可通过索引符号和详图符号来反映基本图与详图之间的对应关系。索引符号应按下列规定编号。

- 索引符号是由直径为 10mm 的圆和水平直线组成，如图 1-35（a）所示。
- 索引出的详图，如果与被索引的详图同在一张图纸内，应在索引符号的上半圆中用阿拉伯数字注明该详图的编号，并在下半圆中间画一段水平细实线，如图 1-35（b）所示。
- 索引出的详图，如与被索引的详图不在同一张图纸内，应在索引符号的上半圆中用阿拉伯数字注明该详图的编号，在索引符号的下半圆中用阿拉伯数字注明该详图所在图纸的编号，如图 1-35（c）所示。数字较多时，可加文字标注。
- 索引出的详图，若采用标准图，应在索引符号水平直径的延长线上加注该标准图册的编号，如图 1-35（d）所示。需要标注比例时，文字在索引符号右侧或延长线下方，与符号下对齐。

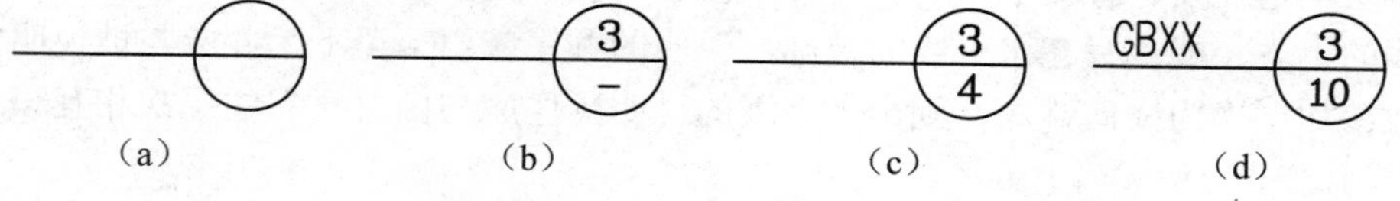

图 1-35　索引符号

- 索引符号如果用于索引剖视详图，应在被剖切的部位绘制剖切位置线，并以引出线引出索引符号，引出线所在的一侧应为剖视方向，如图 1-36 所示。

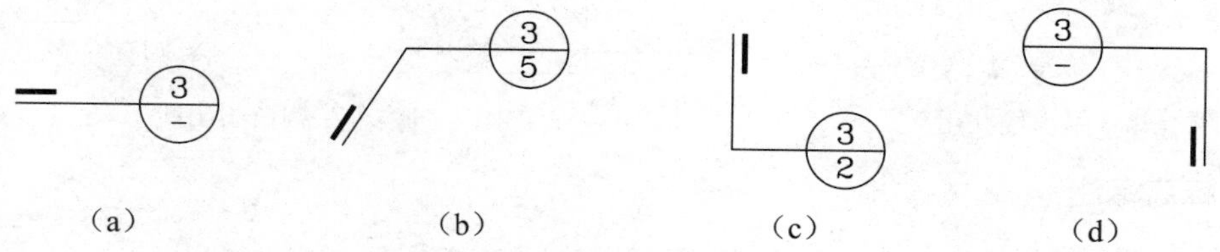

图 1-36　索引剖面详图符号

详图的位置和编号，应以详图符号表示并带有比例大小。详图符号的圆直径为 14mm，

应以粗实线绘制。详图应按下列规定编号。

（1）详图与被索引的图样同在一张图纸内时，应在详图符号内用阿拉伯数字注明详图的编号，如图 1-37 所示。

（2）详图与被索引的图样不在同一张图纸内时，应用细实线在详图符号内画一水平直径，在上半圆中注明详图编号，在下半圆中注明被索引的图纸的编号，如图 1-38 所示。

图 1-37　与被索引图样同在一张图纸内

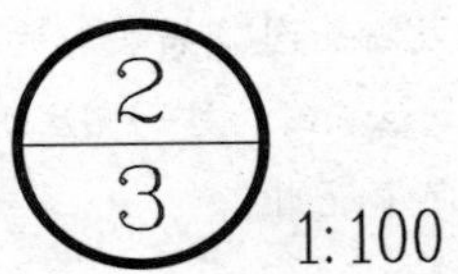

图 1-38　与被索引图样不在同一张图纸内

3. 引出线符号

引出线应以细实线绘制，宜采用水平方向的直线、与水平方向成 30°、45°、60°、90° 的直线，或经上述角度再折为水平线。文字说明宜注写在水平线的上方，也可注写在水平线的端部，索引详图的引出线应与水平直径线相连接，如图 1-39 所示。

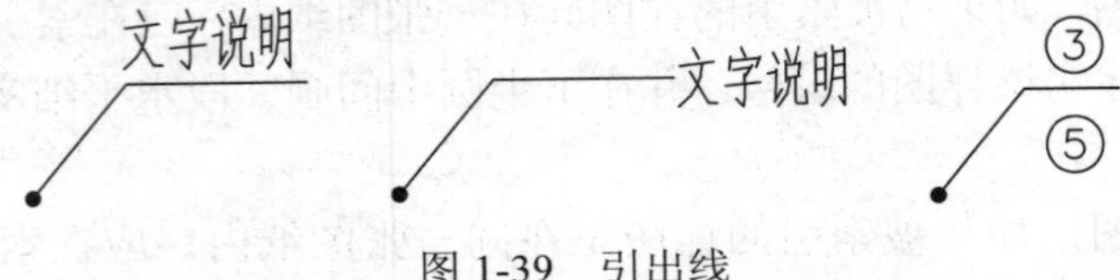

图 1-39　引出线

同时引出几个相同部分的引出线，宜互相平行，也可画成集中于一点的放射线，如图 1-40 所示。

4. 做法标注

当多层构造需要进行文字说明时，可直接采用做法标注。做法标注的文字说明宜注写在水平线的上方，或注写在水平线的端部，说明的顺序应由上至下，并应与被说明的层次相互一致；如层次为横向排序，则由上至下的说明顺序应与由左至右的层次相互一致，如图 1-41 所示。

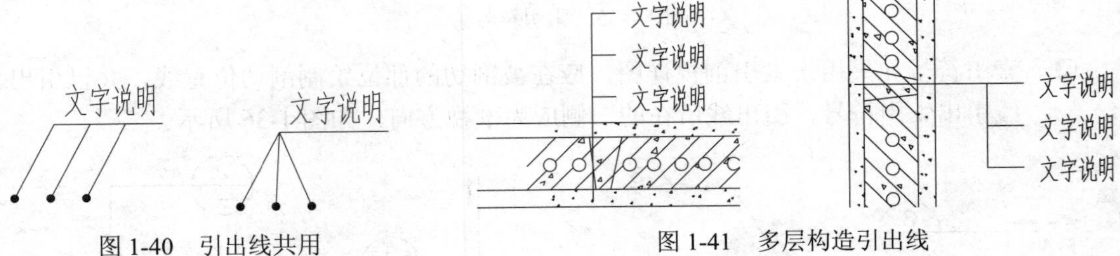

图 1-40　引出线共用

图 1-41　多层构造引出线

5. 标高标注

标高是用来表示建筑物各部位高度的一种尺寸形式。

标高符号用细实线画出，短横线是需注写高度的界线，标高符号均为等腰直角三角形，长横线之上或之下注出标高数字，如图 1-42（a）～图 1-42（c）所示。

总平面图上的标高符号宜用涂黑的三角形表示，如图 1-42（d）所示，标高数字可注写在黑三角形的右上方，也可注写在黑三角形的上方或右面。

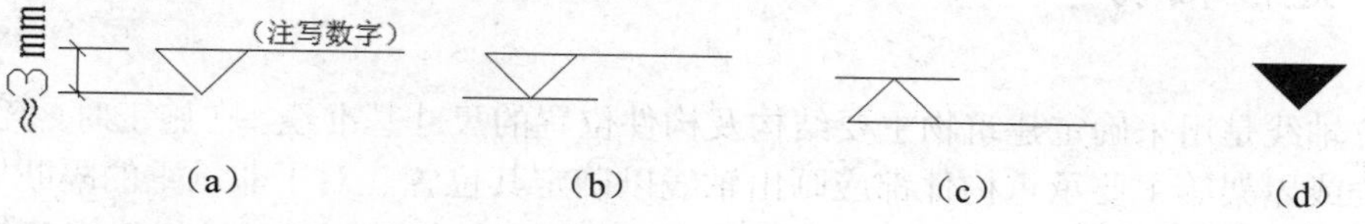

图 1-42　标高符号

标高数字以米为单位，注写到小数点以后第 3 位（在总平面图中可注写到小数点后第 2 位）。零点标高应注写成“±0.000”，正数标高不注“+”，负数标高应注“-”，如 3.000、-0.600。如图 1-43 所示为注写标高的几种格式。

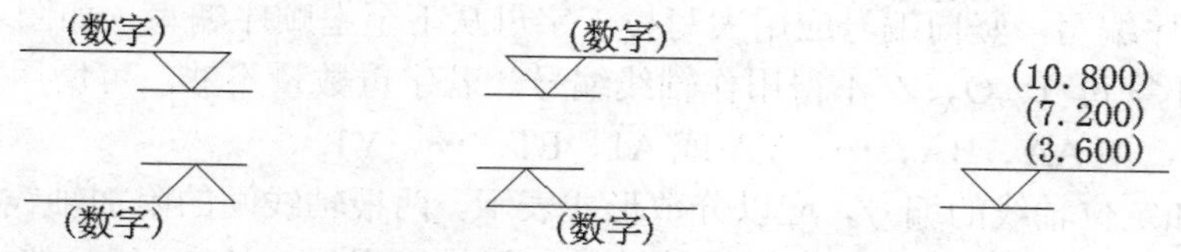

图 1-43　标高数字注写格式

提示技巧

标高有绝对标高和相对标高两种。绝对标高是指把青岛附近黄海的平均海平面定为绝对标高的零点，其他各地标高都以它作为基准。如在总平面图中的室外整平标高即为绝对标高。

6. 其他符号

除上述符号以外，在建筑图中还会有以下其他符号对象。

- 对称符号：由对称线和两端的两对平行线组成。对称线用细点划线绘制；平行线用细实线绘制，其长度宜为 6mm～10mm，每对的间距宜为 2mm～3mm；对称线垂直平分于两对平行线，两端超出平行线宜为 2mm～3mm，如图 1-44 所示。
- 指北针：指示总平面图的方向，其形状如图 1-45 所示，指针头部位应注“北”字或字母“N”。
- 连接符号：应以折断线表示需连接的部位。两部位相距过远时，折断线两端靠图样一侧应标注大写拉丁字母表示连接编号。两个被连接的图样必须用相同的字母编号，如图 1-46 所示。

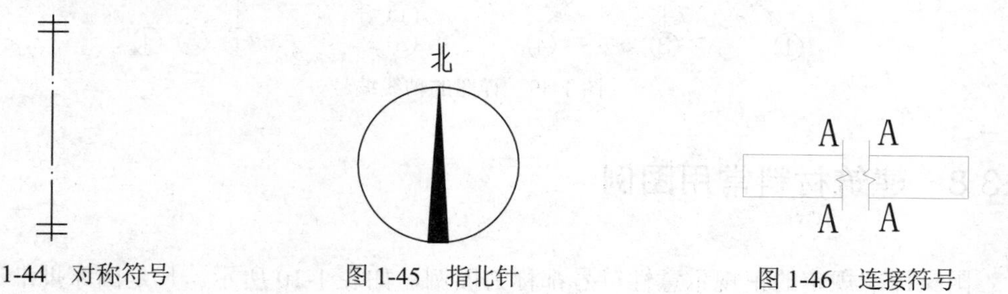

图 1-44　对称符号　　图 1-45　指北针　　图 1-46　连接符号

1.3.7 定位轴线

定位轴线是用来确定建筑物主要结构及构件位置的尺寸基准线。在施工时，凡承重墙、柱、大梁或屋架等主要承重构件都应画出轴线以确定其位置。对于非承重的隔断墙及其他次要承重构件等，一般不画轴线，只需注明它们与附近轴线的相关尺寸以确定其位置。

（1）定位轴线应用细点划线绘制。定位轴线一般应编号，编号应注写在轴线端部的圆内。圆应用细实线绘制，直径为 8mm～10mm。定位轴线圆的圆心应在定位轴线的延长线或延长线的折线上。

（2）平面图上定位轴线的编号，宜标注在图样的下方与左侧。横向编号应用阿拉伯数字从左至右顺序编写，竖向编号应用大写拉丁字母从下至上顺序编写，如图 1-47 所示。

（3）拉丁字母 I、O、Z 不得用作轴线编号。若字母数量不够，可增用双字母或单字母加数字注脚，如 AA、BA、…、YA 或 A1、B1、…、Y1。

（4）附加定位轴线的编号，应以分数形式表示。两根轴线间的附加轴线，应以分母表示前一轴线的编号，分子表示附加轴线的编号，编号宜用阿拉伯数字顺序编写，1 号轴线或 A 号轴线之前的附加轴线的分母应以 01 或 0A 表示，如图 1-48 所示。

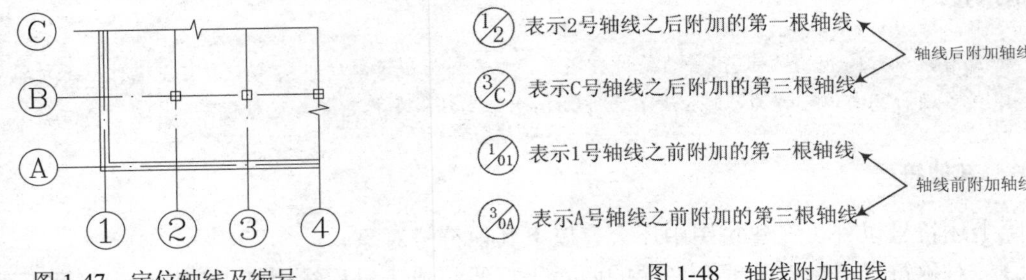

图 1-47　定位轴线及编号

图 1-48　轴线附加轴线

（5）若一个详图适用于几根轴线时，应同时注明各有关轴线的编号，通用详图中的定位轴线一般不注明轴线编号，如图 1-49 所示。

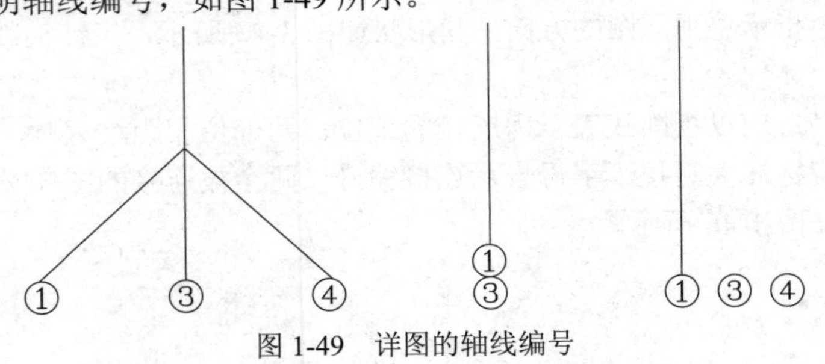

图 1-49　详图的轴线编号

1.3.8 建筑材料常用图例

国家标准规定的正规示意性符号都称为图例，如表 1-10 所示。凡是国家批准的图例，

均应统一遵守，按照标准画法表示在图形中，如果有个别新型材料还未纳入国家标准，设计人员要在图纸的空白处画出并写明符号代表的意义，方便对照阅读。

表 1-10　常用建筑材料图例

图　例	名　称	图　例	名　称
	自然土壤		素土夯实
	砂、灰土及粉刷	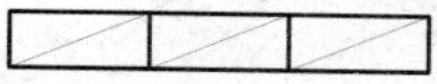	空心砖
	砖砌体		多孔材料
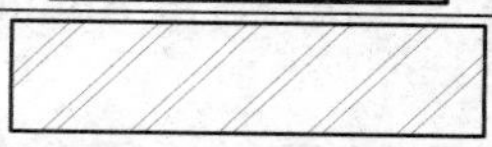	金属材料		石材
	防水材料	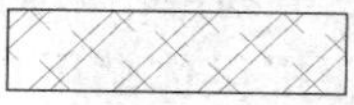	塑料
	石砖、瓷砖		夹板
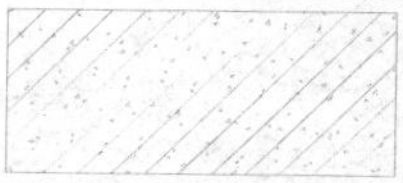	钢筋混凝土	12厚玻璃系数5.345 10厚玻璃系数4.45 3厚玻璃系数1.33 5厚玻璃系数2.227	镜面、玻璃
	混凝土		软质吸音层
	砖		硬质吸音层
	钢、金属		硬隔层
	基层龙骨	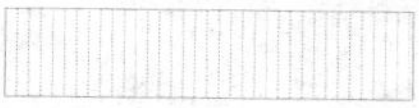	陶质类
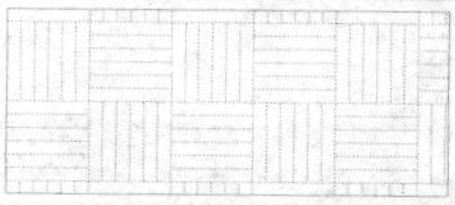	细木工板、夹芯板		石膏板
	实木		层积塑材

第2章 TArch 2014软件基础

本章导读

天正公司是由具有建筑设计行业背景的资深专家成立的高新技术企业，从 1994 年开始，以 AutoCAD 为图形平台成功开发建筑、暖通、电气、给排水等专业软件，是 Autodesk 公司在中国大陆的第一批注册开发商。

天正公司在经过多年刻苦钻研后取得了极大的成功，可以说天正建筑已成为国内建筑 CAD 的行业规范。天正提供体贴用户的操作模式，使得软件更加易于掌握，可轻松完成各个设计阶段的任务，包括体量规划模型和单体建筑方案比较，适用于从初步设计直至最后阶段的施工图设计，同时可为天正日照和节能软件提供准确的建筑模型，大大推动了建筑节能设计的普及。

主要内容

- ❑ 了解 TArch 2014 软件安装的系统配置
- ❑ 熟悉 TArch 2014 软件的启动方法与界面
- ❑ 了解并能运用天正的一些帮助资源
- ❑ 掌握软件的一些基本操作
- ❑ 演练第一个天正建筑施工图

效果预览

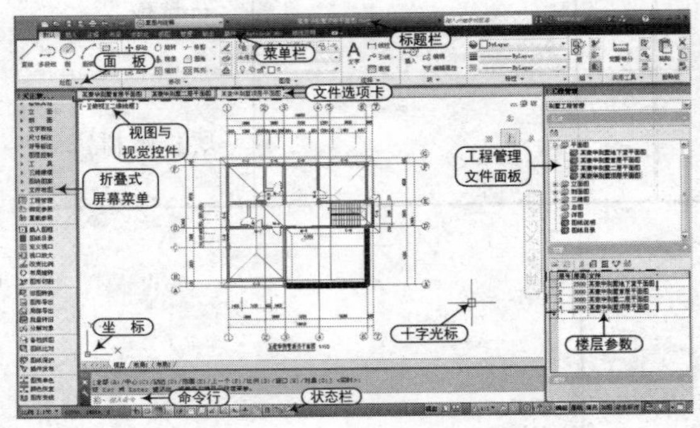

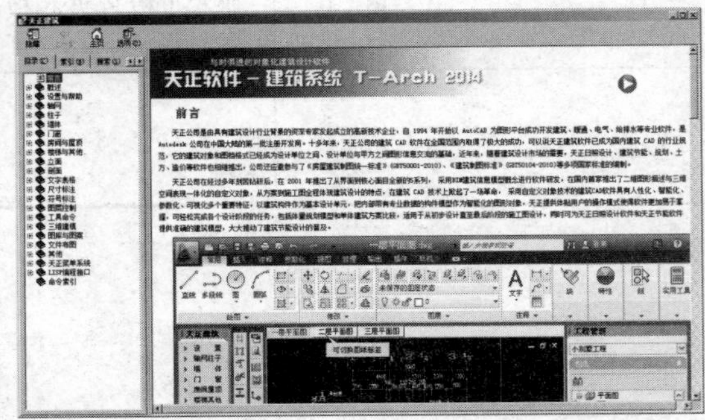

2.1 系统的配置与安装

要使用天正建筑 TArch 2014（以下简称 TArch 2014）软件，须在计算机上成功安装才可使用。当然，TArch 2014 软件对计算机的硬件和软件参数是有一定的要求的。

2.1.1 软件和硬件环境

TArch 2014 完全基于 AutoCAD 2000 以上版本的应用而开发，因此对软硬件环境要求取决于 AutoCAD 平台的要求。只是由于用户的工作范围不同，硬件的配置也应有所区别。对于只绘制工程图，不关心三维表现的用户，Pentium 4+512MB 内存这一档次的机器即可满足要求；如果要用于三维建模，在本机使用 3D Max 渲染的用户，推荐使用双核 Pentium D/2GHz 以上+2GB 以上内存+支持 OpenGL 加速的显卡，例如 NVIDIA 公司 Quadro 系列芯片的显示卡，可以让用户在颇具真实感的着色环境下顺畅进行三维设计。

TArch 2014 多用滚轮进行缩放与平移，鼠标附带滚轮十分重要，没有滚轮的鼠标会使效率大大降低。显示器屏幕的分辨率是非常关键的，应当在 1024×768 像素以上的分辨率下工作。

TArch 2014 支持 32 位 AutoCAD 2004～2014 以及 64 位 AutoCAD 2010～2014 平台。由于 AutoCAD LT 各版本不支持应用程序运行，无法作为平台使用，故 TArch 2014 也不支持 AutoCAD LT 的各种版本。

提示技巧

由于 Windows Vista 和 Windows 7 操作系统不能运行 AutoCAD 2000 ~ 2002，故在上述操作系统中的支持平台限于 AutoCAD 2004 及以上版本。

2.1.2 TArch 2014 的安装

在安装 TArch 2014 之前，请读者购买正版软件，以获取更多的帮助信息和技术支持，以及保证软件的可靠性。

另外，为了保证 TArch 2014 的安装能够顺利进行，首先应确保已安装 2004 及以上版本的 AutoCAD 软件，并能够正常运行。安装步骤如下。

（1）打开 TArch 2014 的安装光盘，运行安装文件 setup.exe，将弹出“许可证协议”界面，选中“我接受许可证协议中的条款”单选按钮，然后单击“下一步”按钮，如图 2-1 所示。

（2）弹出“选择授权方式”界面，根据要求选择授权方式（如选择“试用版”），再单击“下一步”按钮，如图 2-2 所示。

（3）弹出“选择功能”界面，根据要求选中“执行文件”和“普通图库”复选框，并确定安装路径“X:\Tangent\TArch 2014”，然后单击“下一步”按钮，如图 2-3 所示。

（4）弹出“选择程序文件夹”界面，根据要求设置安装程序文件夹，然后单击“下一步”按钮，如图 2-4 所示。

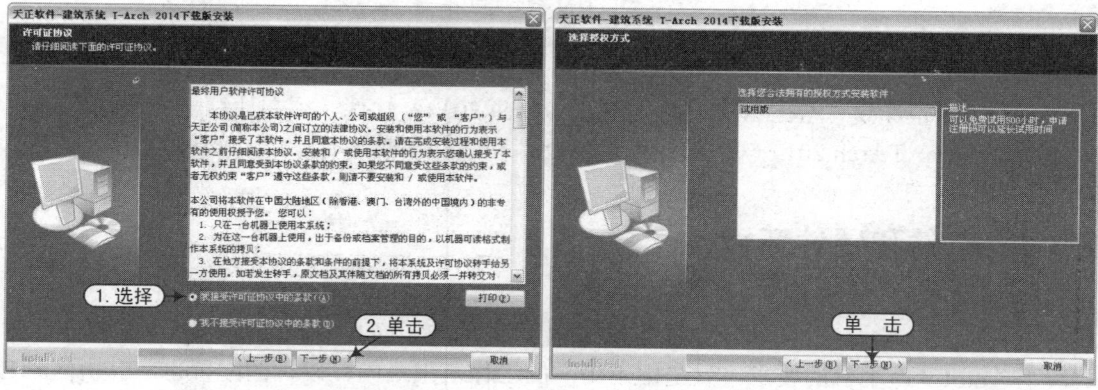

图 2-1　许可证协议

图 2-2　选择授权方式

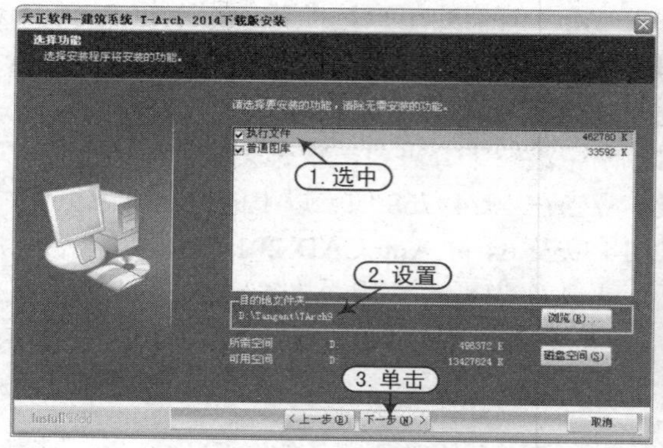

图 2-3　选择安装功能

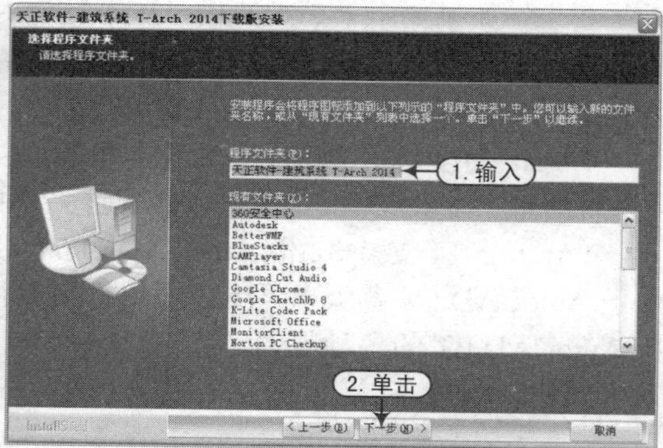

图 2-4　选择程序文件夹

提示技巧

在“选择功能”界面中，根据安装程序的不同，会有不同的选项组件。

- 执行文件：一般是必须安装的部件，除非用户只想修复注册表。
- 工程范例：是系统提供的工程范例文件，供用户参考。
- 普通图库：包括二维图库和欧式图库。
- 贴图文件：用于支持渲染材质的素材文件。
- 多视图库：此图库规模比较大，主要用于室内设计。
- 教学文件：教学动画文件，如果硬盘空间有限，可以暂不安装。

（5）弹出“安装状态”界面，即可开始安装和复制文件，如图 2-5 所示。

（6）根据用户选择项目的情况，大概需要几分钟就可以安装完毕。程序安装完成后，直接单击“完成”按钮即可，如图 2-6 所示。

程序安装完成之后，即可在桌面上建立相应的快捷图标，如图 2-7 所示。在系统的“开始”|“程序”菜单下也显示了该组件，如图 2-8 所示。

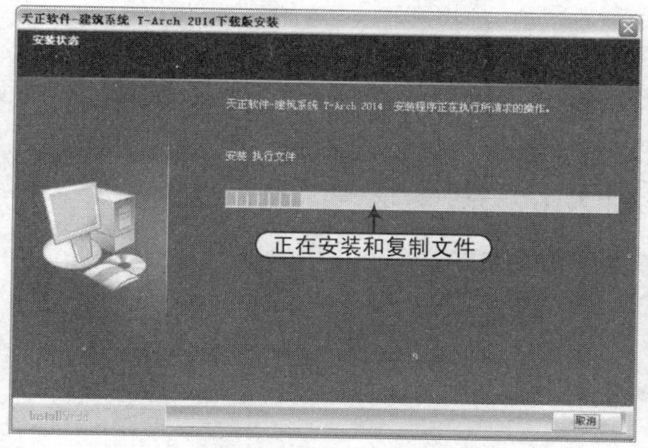

图 2-5　安装状态

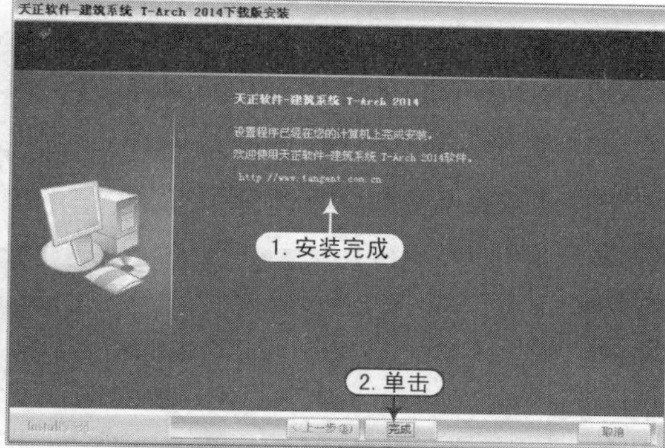

图 2-6　安装完成

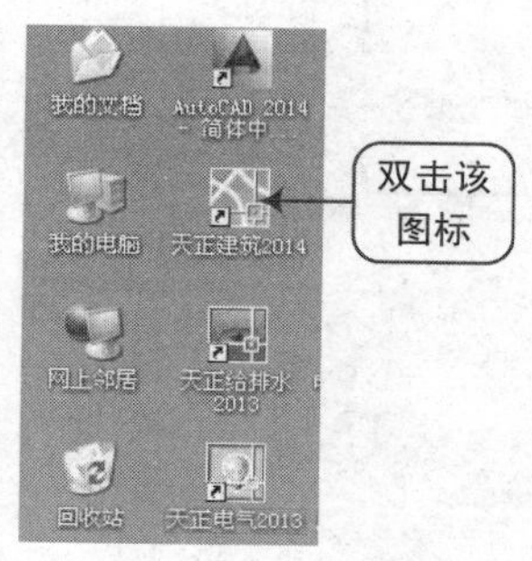

图 2-7　TArch 2014 桌面图标

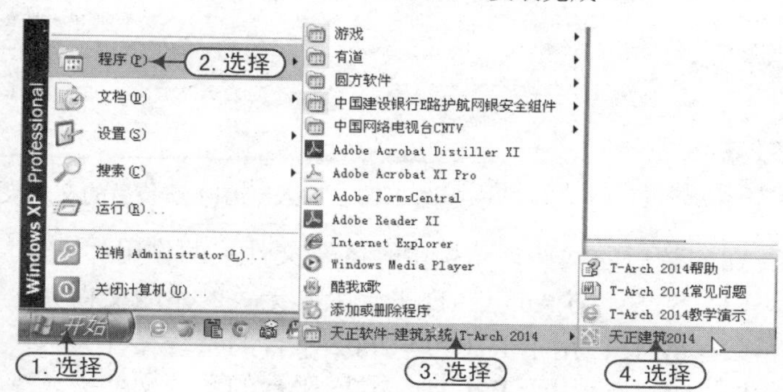

图 2-8　TArch 2014 程序组件

2.1.3　TArch 2014 的卸载

用户如果要卸载 TArch 2014，可在桌面上选择“开始”|“程序”|“添加或删除程序”命令，再在打开的“添加或删除程序”对话框中选择该软件名称或图标，并单击“删除”按钮即可，如图 2-9 所示。

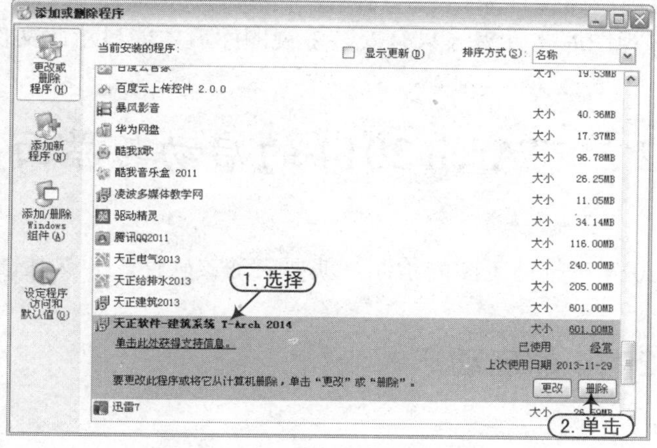

图 2-9　卸载 TArch 2014

2.1.4 TArch 2014 安装后文件夹结构

TArch 2014 安装完毕后，其文件夹结构如图 2-10 所示。

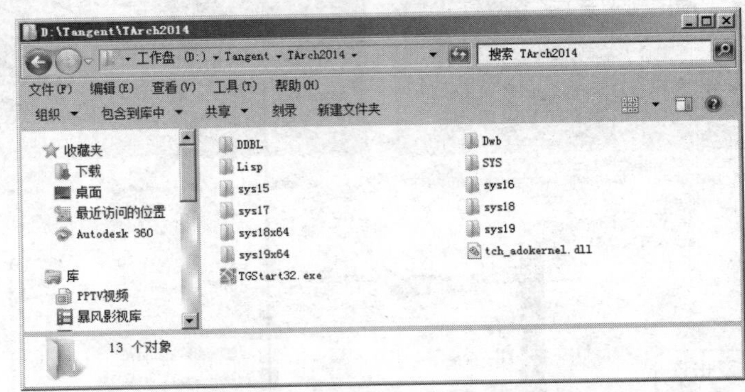

图 2-10　TArch 2014 安装后的文件夹结构

在安装后的文件夹结构中，各子文件夹的作用如下。

- ❑ SYS：与 AutoCAD 平台版本无关的系统文件夹。
- ❑ sys15：用于 R2000～2002 平台的系统文件夹。
- ❑ sys16：用于 R2004～2006 平台的系统文件夹。
- ❑ sys17：用于 R2007～2009 平台的系统文件夹。
- ❑ sys18：用于 R2010～2012 平台的系统文件夹。
- ❑ sys19：用于 R2013～2014 平台的系统文件夹。
- ❑ sys18×64：用于 R2010～2012 的 64 位平台的系统文件夹。
- ❑ sys19×64：用于 R2013～2014 的 64 位平台的系统文件夹。
- ❑ Lisp：AutoLISP 程序文件夹。
- ❑ Dwb：专用图库文件夹。
- ❑ DDBL：通用图库文件夹。
- ❑ LIB3D：多视图库文件夹（只有安装多视图库后才能显示此文件夹）。

2.2 TArch 2014 的启动与界面

要使用 TArch 2014 进行施工图的绘制，就要启动该软件，并熟悉该软件的操作环境。

2.2.1 TArch 2014 的启动

与大多数应用软件的启动一样，用户可以通过 3 种方式启动 TArch 2014。

（1）在桌面上双击“天正建筑 2014”图标。

（2）选择“开始”｜“程序”｜“天正软件-建筑系统 T-Arch 2014”｜“天正建筑 2014”命令。

（3）在软件的安装路径双击运行文件，此处路径为 D:\Tangent\TArch 2014\TGStart32.exe。

通过上述任意一种方法启动 TArch 2014 后，将弹出“天正软件-建筑系统 2014 启动平台选择”对话框，在列表框中列出了当前系统中所安装的 AutoCAD 软件版本，用户在其中选择对应平台，并单击“确定”按钮即可，如图 2-11 所示。

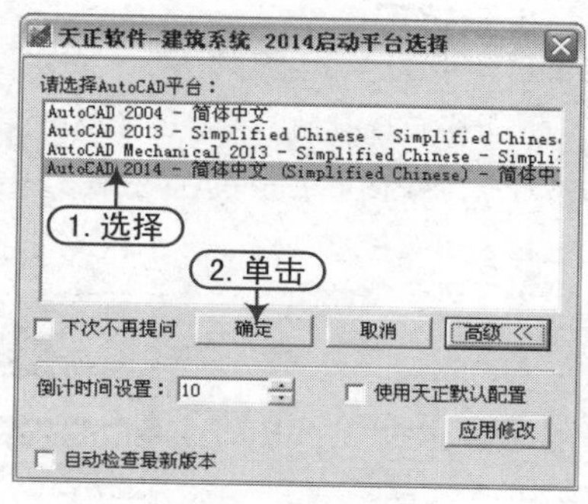

图 2-11 “天正软件-建筑系统 2014 启动平台选择”对话框

提示技巧

天正建筑软件是新型建筑制图软件，也是使用最广泛的制图软件之一。AutoCAD 是天正软件的基础，天正算是一个扩展平台。可以说天正和 AutoCAD 是一对“双胞胎”，如果没有安装 AutoCAD，天正软件是无法单独运行的；但天正软件和 AutoCAD 间依然存在一些区别。

2.2.2 TArch 2014 的操作界面

选择好相应的 AutoCAD 平台后，系统将进入到 TArch 2014 的操作界面。若打开工程文件，并将多个平面图文件打开，则其操作界面效果如图 2-12 所示。

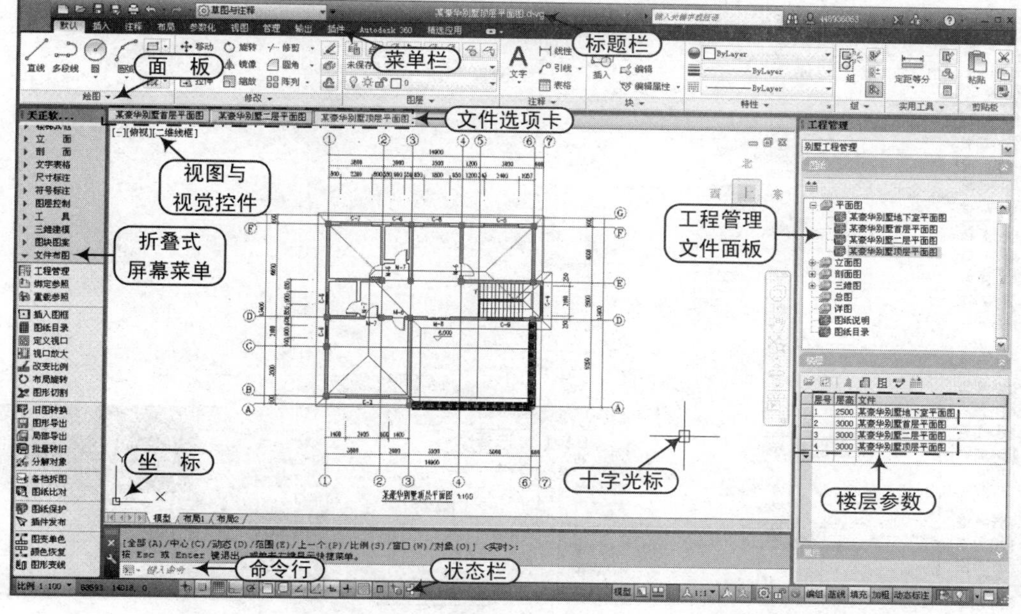

图 2-12 TArch 2014 操作界面

提示技巧

若当前选择的启动平台为AutoCAD 2014，其默认情况下以“草图与注释”工作空间模式显示；而对于习惯使用AutoCAD低版本“经典”模式的用户，也可以将操作界面切换为“AutoCAD 经典”工作空间模式显示，如图2-13所示。

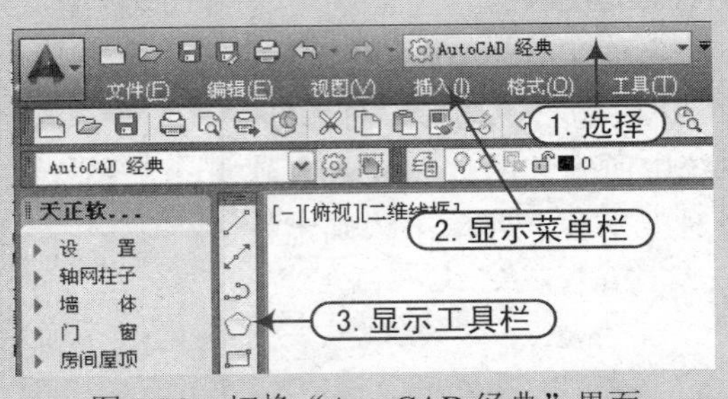

图2-13 切换“AutoCAD经典”界面

1. 折叠式屏幕菜单

TArch 2014的主要功能都列在折叠式屏幕菜单上，此菜单分三级，单击上一级菜单，可以展开下一级菜单，同级菜单互相关联，如图2-14所示。

二级菜单和三级菜单中的菜单项是TArch 2014的可执行命令或者开关项，所有菜单项都提供256色图标，图标设计具有专业含义，以方便用户记忆，更快地确定菜单项的位置。当光标移动到菜单项上时，AutoCAD的状态栏会出现该菜单项功能的简短提示，如图2-15所示。

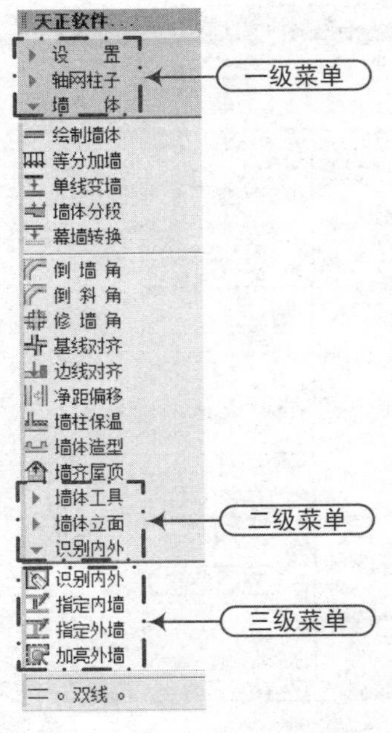

图2-14 折叠式屏幕菜单

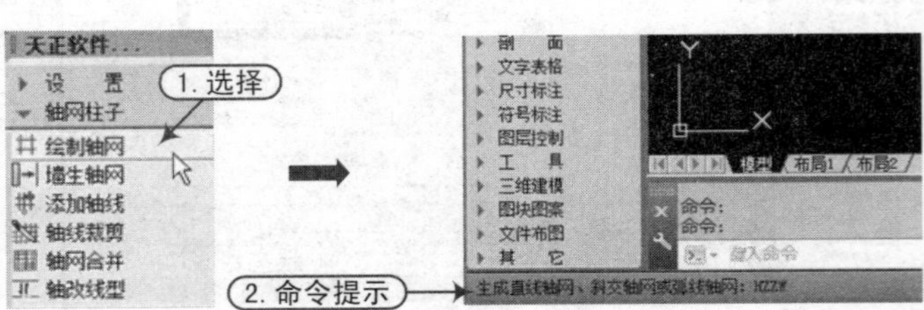

图2-15 “状态栏”提示

提示技巧

使用折叠式菜单效率较高，但由于屏幕的高度有限，在展开较长的菜单后，有些菜单项无法完全显示，此时可滚动鼠标中键快速查看当前不可见的菜单项。

2. 在位编辑框与动态输入

在位编辑框是在 AutoCAD 2006 的动态输入中首次出现的新颖编辑界面，软件把这个界面引入到 AutoCAD 200X 平台上，使得基于这些平台的天正软件都可以使用这个界面。

在位编辑框在 TArch 2014 中广泛用于构件绘制中的尺寸动态输入、文字表格内容的修改、标注符号的编辑等，成为新版本的特色功能之一，动态输入中的显示特性可在状态行中右击 DYN 按钮进行设置，如图 2-16 所示。

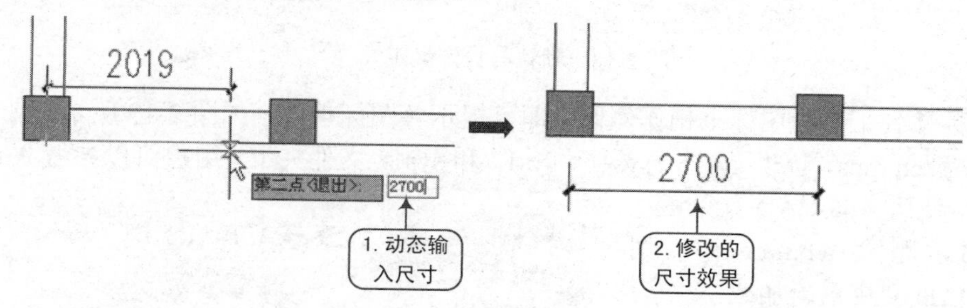

图 2-16　动态输入尺寸

3. 选择预览与智能右键菜单功能

TArch 2014 为 AutoCAD 2000～2005 版本新增了光标选择预览功能，光标移动到对象上方时对象即可亮显，表示要选择该对象，同时智能感知该对象，此时右击鼠标即可激活相应的对象编辑菜单，使对象编辑更加快捷方便。当图形太大，选择预览会影响效率时将会自动关闭，也可以在“自定义”命令的“操作配置”选项卡中手动关闭。

TArch 2014 中新增了在图形空白处慢击右键的操作。可选择“自定义”命令，在“天正自定义”对话框“操作配置”选项卡中设置慢击右键时间间隔，如图 2-17 所示，释放鼠标右键快于该值，相当于按 Enter 键，慢击右键时显示默认右键菜单。

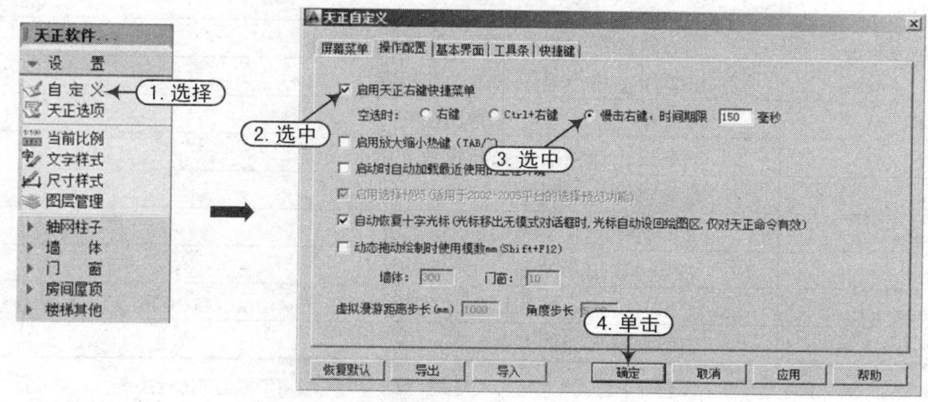

图 2-17　设置鼠标慢击时间

4. 默认与自定义图标工具栏

TArch 2014 图标工具栏兼容的图标菜单，由 3 条默认工具栏以及一条用户自定义工具栏组成，如图 2-18 所示。默认工具栏 1 和 2 使用时停靠于界面右侧，把分属于多个子菜单的常用命令收纳其中，TArch 2014 提供了常用图层快捷工具栏以避免反复切换菜单，进一步提高制图效率。

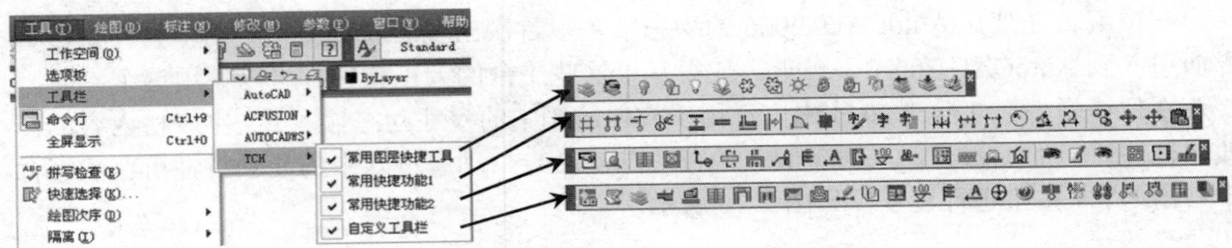

图 2-18　默认与自定义工具栏

将光标移到工具栏图标上稍作停留，即可提示各图标功能，如图 2-19 所示。工具栏图标源文件为 tch.mns，位于 sys15、sys16、sys17 和 sys18 文件夹下。用户可以参考 AutoCAD 有关资料，使用 AutoCAD 菜单语法自行编辑，删除 tch.mnr 后，用 MENULOAD 命令重新加载。

图 2-19　图标功能说明

5. 快捷键

在 TArch 2014 中，除了 AutoCAD 定义的快捷键外，还补充了其他若干快捷键，以加速常用的操作，如表 2-1 所示为常用快捷键的定义与功能说明。

表 2-1　TArch 2014 快捷键说明

快　捷　键	功 能 说 明
F1	AutoCAD 帮助文件的切换键
F2	屏幕的图形显示与文本显示的切换键
F3	对象捕捉开关
F6	状态栏的绝对坐标与相对坐标的切换键
F7	屏幕中栅格点显示状态的切换键
F8	屏幕中光标正交状态的切换键
F9	屏幕中光标捕捉（光标模数）的开关键
F11	对象追踪的开关键
Ctrl++	屏幕菜单的开关键
Ctrl+-	文档标签的开关键
Shift+F12	墙和门窗拖动时的模数开关键（仅限于 AutoCAD 2006 及以下版本）
Ctrl+~	工程管理界面的开关键

注：AutoCAD 2006 以上版本中 F12 键用于切换动态输入，天正提供显示墙基线用于捕捉状态行按钮。

提示技巧

用户可以选择“自定义”命令定义单一数字键作为快捷键，用于激活相应命令，但注意，由于“3”与多个 3D 命令冲突，所以不要用作快捷键。

6. 视口的控制

视口（Viewport）分两种：模型视口和图纸视口。模型视口在模型空间中创建，图纸视口在图纸空间中创建。

为了方便用户从其他角度进行观察和设计，可以设置多个视口，每一个视口可以有平面、立面、三维等不同的视图，如图 2-20 所示。

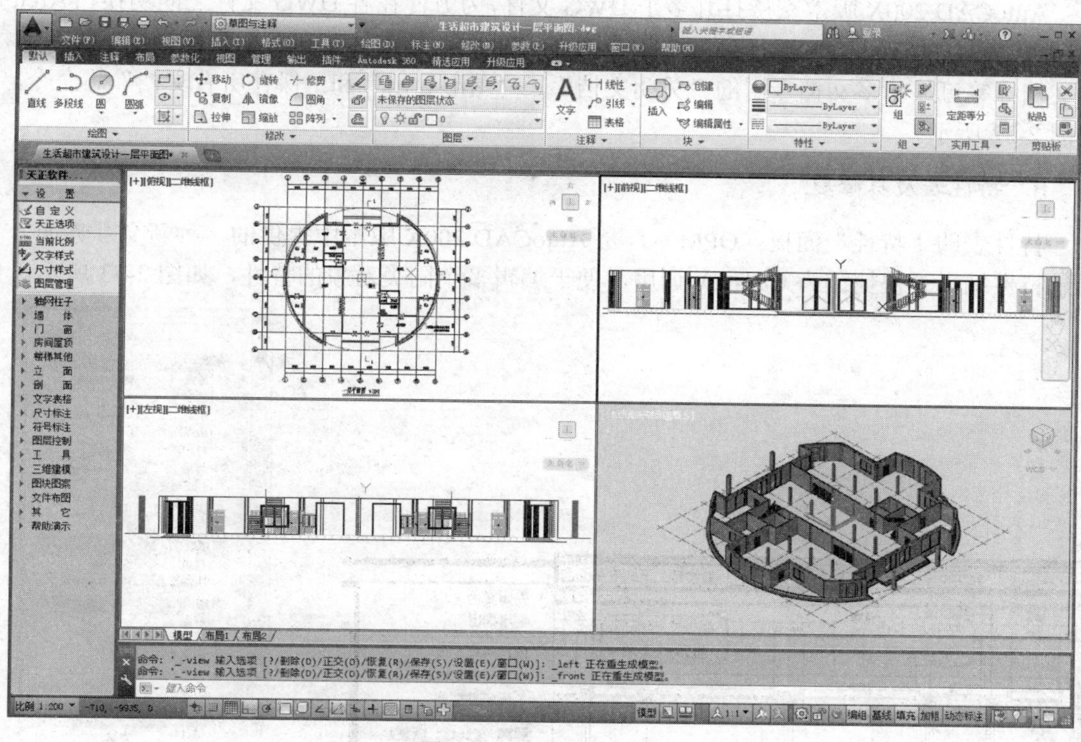

图 2-20　多个视口效果

视口的快捷控制方法介绍如下。

- ❑ 新建视口：当光标移到当前视口的 4 个边界时，其形状发生变化，此时按住鼠标左键拖动，即可新建视口。
- ❑ 改变视口大小：当光标移到视口边界或角点时，其形状会发生变化，此时按住鼠标左键拖动，可以更改视口的尺寸，若不需改变与边界重合的其他视口，可在拖动时按住 Ctrl 或 Shift 键，如图 2-21 所示。
- ❑ 删除视口：更改视口的大小，使其某个方向的边发生重合或接近重合，此时视口自动被删除。

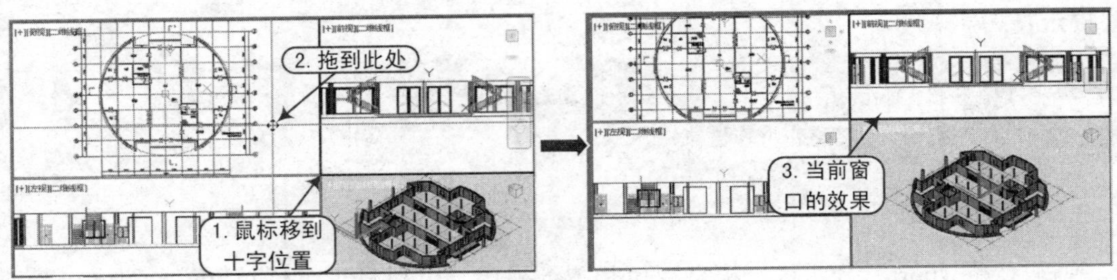

图 2-21　拖动鼠标改变视口

7. 文档标签的控制

AutoCAD 200X 版本支持打开多个 DWG 文件，为方便在各 DWG 文件之间切换，TArch 2014 提供了文档标签功能，显示已打开文件的文件名，单击标签即可切换为当前文件，右击文档标签可显示多文档专用的“关闭文档”、“图形导出”和“保存所有文档”等命令，如图 2-22 所示。

8. 特性表及其修复

特性表即“特性”面板（OPM），是 AutoCAD 200X 版本中提供的一种新交互界面。通过特性编辑（快捷键为 Ctrl+1）调用，便于编辑多个同类对象的特性，如图 2-23 所示。

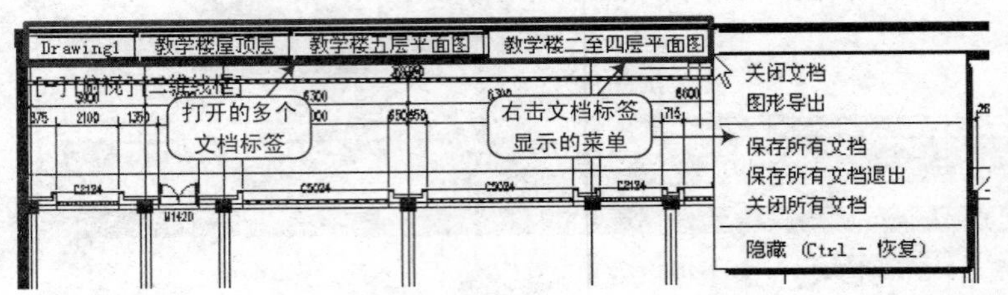

图 2-22　多个文档标签的控制

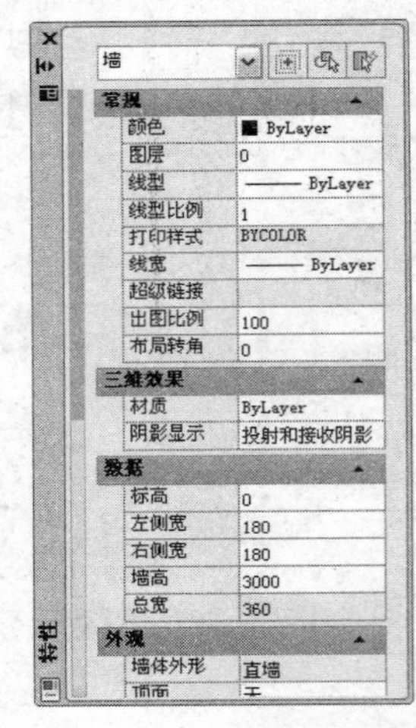

图 2-23　“特性”面板

提示技巧

天正对象支持特性表，并且一些不常用的特性只能通过特性表来修改，如楼梯的内部图层等。天正的“对象选择”功能和“特性编辑”功能可以很好地配合修改多个同类对象的特性参数，而对象编辑只能编辑一个对象的特性。

9. 状态栏

TArch 2014 在 AutoCAD 状态栏的基础上增加了比例设置下拉列表控件以及多个功能

切换开关，实现了编组、基线、填充、加粗和动态标注的快速切换，又避免了与 AutoCAD 2006 及以上版本的快捷键冲突问题，如图 2-24 所示。

图 2-24 TArch 2014 状态栏

2.3 天正建筑软件帮助资源

在天正建筑软件中，提供了独立强大的在线帮助菜单，可方便用户对相关内容进行查看及学习。用户可在 TArch 2014 中的“帮助演示”菜单中选择相应的菜单项来学习，如图 2-25 所示。

帮助演示
在线帮助
教学演示
日积月累
常见问题
问题报告
资源下载
版本信息

图 2-25 帮助演示

2.3.1 在线帮助

在 TArch 2014 菜单下选择“帮助演示”｜“在线帮助”命令，将显示“天正建筑”窗口，如图 2-26 所示，该窗口中介绍了此软件的最新命令和操作方法，是掌握天正软件必不可少的入门读物。

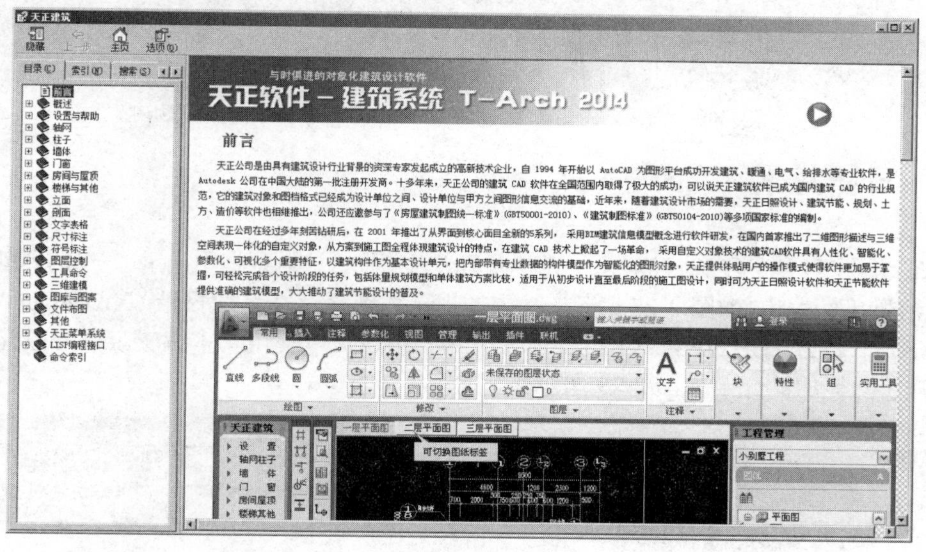

图 2-26 “天正建筑”窗口

提示技巧

如果选择“在线帮助”命令后无法打开帮助窗口，则可以通过其他方式获取帮助文件，例如，在百度中搜索并下载 TArch.chm 文件，然后将其复制到“X:\Tangent\TArch2014\SYS”中即可。

2.3.2 教学演示

在 TArch 2014 中选择“帮助演示”|“教学演示”命令，将显示“天正建筑教学演示”界面，如图 2-27 所示，该界面中提供的实时录制教学演示过程，一般是用动画文件格式存储和播放的。

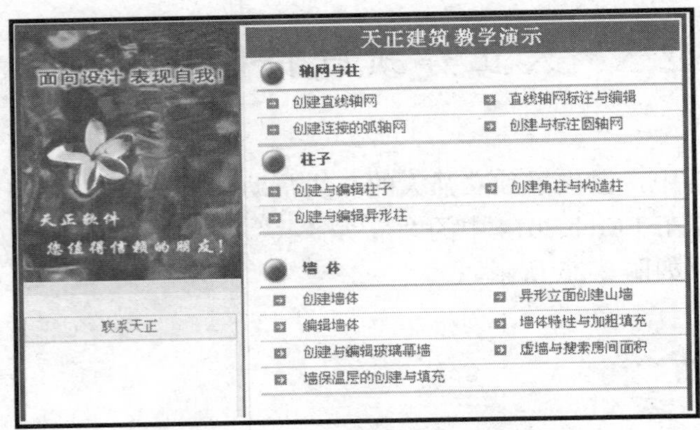

图 2-27 “天正建筑教学演示”界面

提示技巧

本教学演示需要启动 IE 浏览器观看，为 Flash 动画教学，如果在安装 TArch 2014 时没有选择安装教学演示文件，则命令执行无效。从网上下载的试用版本由于文件大小的限制，不包含教学演示内容，用户可以从天正官方网站下载单独的教学演示。

2.3.3 日积月累

选择“日积月累”命令，将弹出“日积月累”对话框，该对话框中显示了一项新功能——幕墙转换的相关说明，如图 2-28 所示，其中的提示内容保存在系统目录（X:\Tangent\TArch 2014\SYS）下名为 TCHTIPS.TXT 的文本文件中，用户可以使用文本编辑工具修改此文件，增加一些新功能的简介，如图 2-29 所示。

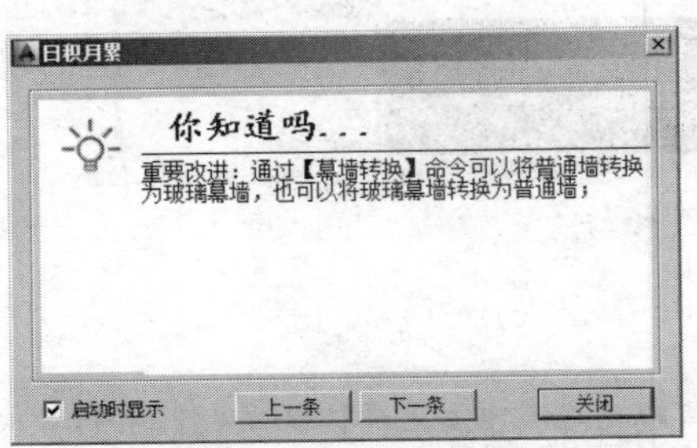

图 2-28 “日积月累”对话框

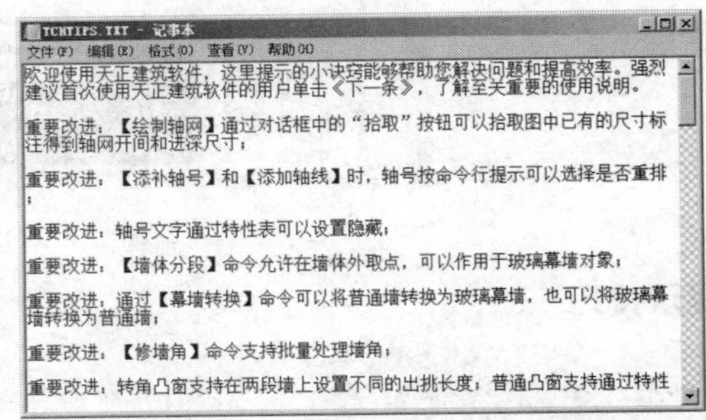

图 2-29 TCHTIPS.TXT 文本文件

2.3.4 常见问题

选择“常见问题”命令，系统会自动打开名为 Faq 的 Word 文件，如图 2-30 所示。此文件位于安装目录下 SYS 文件夹，天正公司为积累用户的反馈意见更新了此文件。用户可在天正网站与特约论坛了解最新的情况。

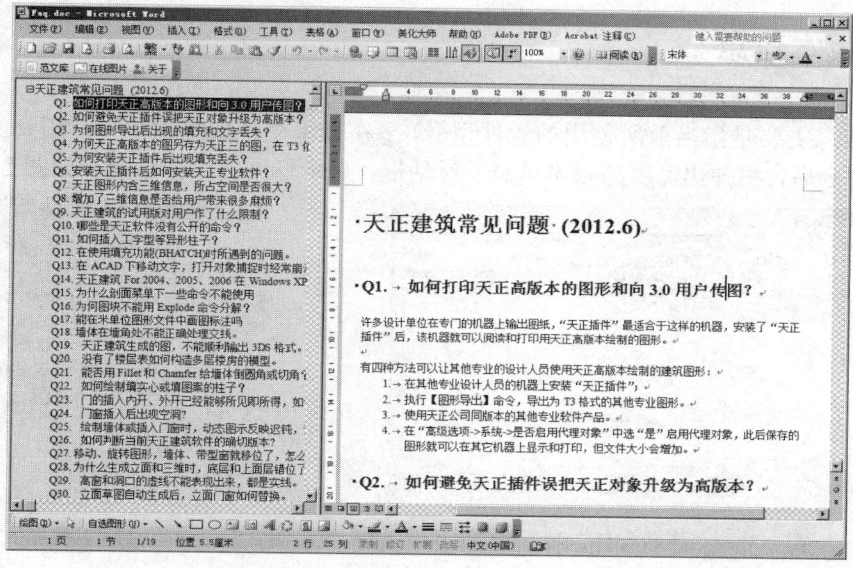

图 2-30　Faq 文件

2.3.5 问题报告

选择“问题报告”命令可以直接发送电子邮件到天正公司的技术部门，天正的技术人员会对提出的问题及时研究并解决。

选择“问题报告”命令，即可弹出如图 2-31 所示的“新邮件”窗口，在其中编写邮件内容，然后单击“发送”按钮即可发送相关信息。

图 2-31　“新邮件”窗口

提示技巧

“问题报告”命令的执行条件是已联网，而且用户的 Outlook 软件已经设置好可发送邮件的账户。

2.3.6 资源下载

“资源下载”命令可以实现通过互联网访问天正网站的资源下载中心，下载中心实时提供天正软件的更新和资源下载。选择“资源下载”命令后弹出如图 2-32 所示的“下载文件”对话框。

2.3.7 版本信息

版本信息主要是指当前所使用的软件型号，多在技术交流或技术咨询时用到。选择“版本信息”命令后，将弹出“产品版本信息”对话框，显示详细的版本信息，如图 2-33 所示。

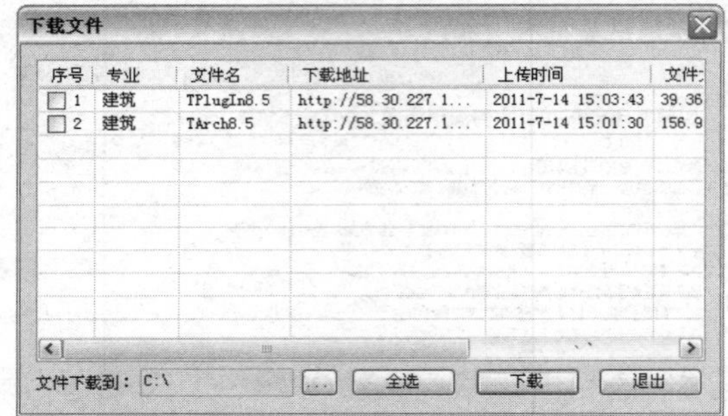

图 2-32 “下载文件”对话框

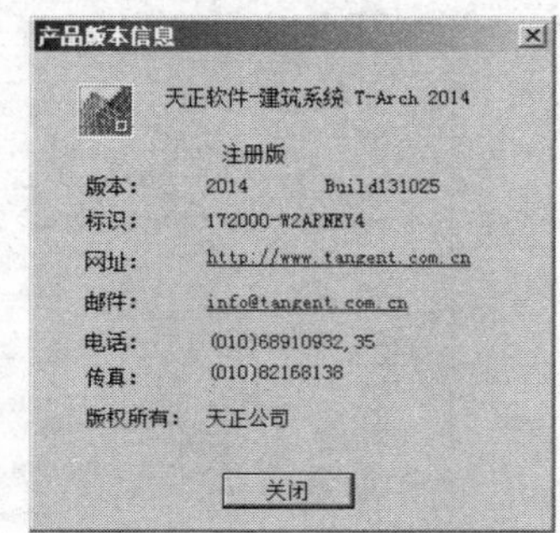

图 2-33 “产品版本信息”对话框

2.4 软件基本操作

用户在使用 TArch 2014 进行建筑设计时，有必要了解相关操作流程，天正建筑的基本操作包括初设“设置基本参数”选项，除了用户熟悉的命令行和对话框外，新提供的交互界面包括“折叠屏幕菜单系统”“智能感知右键菜单”“在位编辑”“动态输入”等都是大家比较生疏的，在此也对新提供的工程管理功能做一个简单介绍，最后介绍了自定义图标与热键的操作。

2.4.1 天正建筑设计流程

TArch 2014 支持建筑设计各个阶段的需求，无论是初期的方案设计，还是最后阶段的施工图设计，设计图纸的详细程度（设计深度）取决于设计需求，由用户自己把握，不需要通过切换软件的菜单来选择，不需要有类似先进行三维建模，后做施工图设计的转换过程，除了具有因果关系的步骤必须严格遵守外，通常没有严格的先后顺序限制。如图 2-34 所示是进行包括日照分析与节能设计在内的建筑设计流程图。

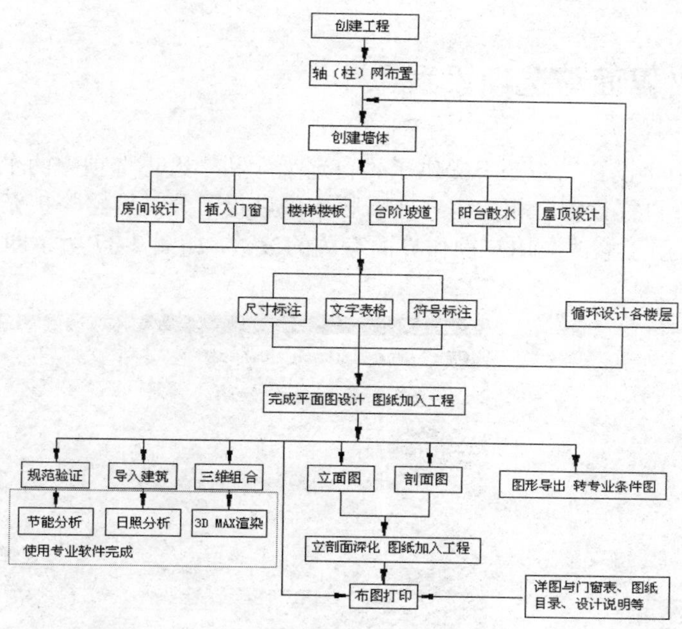

图 2-34　建筑设计流程

2.4.2　天正室内设计流程

TArch 2014 支持室内设计需求，一般室内设计只需要考虑本楼层的绘图，不必进行多个楼层的组合，设计流程也相对简单，如图 2-35 所示是室内设计的流程图。室内装修的立面图可用剖面命令直接生成。

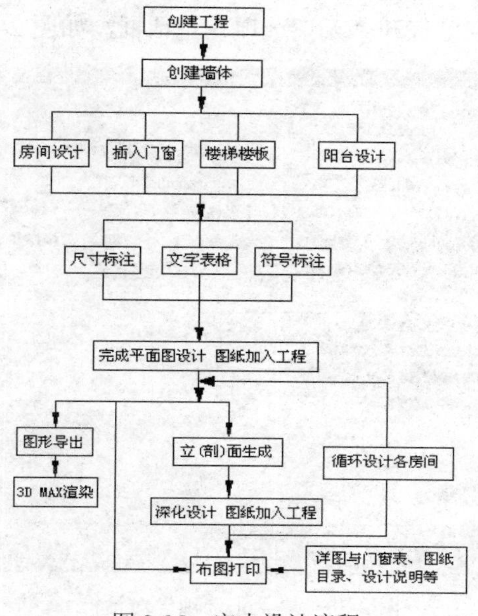

图 2-35　室内设计流程

2.4.3 自定义界面与选项设置

TArch 2014 中“设置”命令下提供了“自定义”和“天正选项”两个命令，如图 2-36 所示，用户可进行自行设置，相关内容在新版本中进行了分类调整与扩充。

- ❑ 自定义：用于修改与用户操作界面有关的参数，如图 2-37 所示即为“天正自定义”对话框。

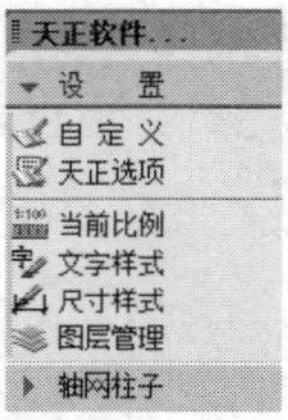

天正软件...
设　置
自 定 义
天正选项
当前比例
文字样式
尺寸样式
图层管理
轴网柱子

图 2-36 “设置”命令

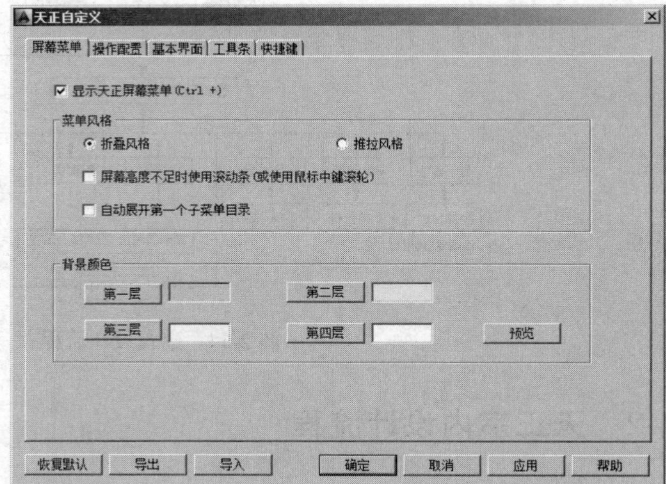

图 2-37 “天正自定义”对话框

- ❑ 天正选项：以前版本的“天正基本设定”和“天正加粗填充”是作为 AutoCAD“选项”命令的两个选项出现的，使用麻烦，TArch 2014 中为用户提供了“天正选项”命令，选择此命令可打开“天正选项”对话框，如图 2-38 所示。

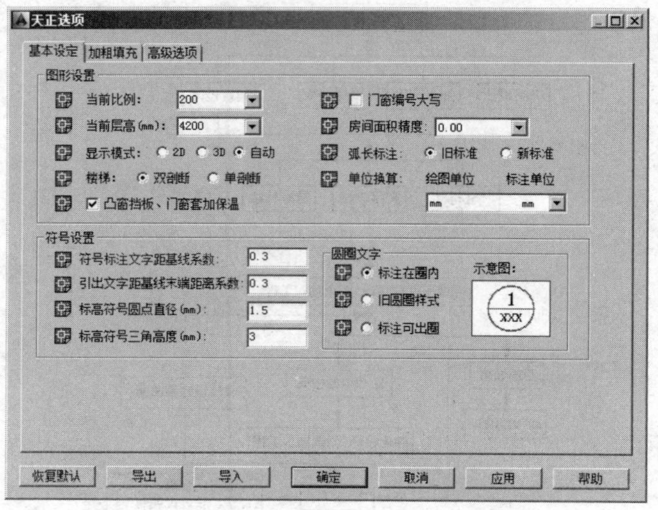

图 2-38 “天正选项”对话框

提示技巧

"天正选项"对话框的"高级选项"选项卡也能作为独立的命令执行。

2.4.4　屏幕菜单的使用

TArch 2014 中屏幕菜单的展开方式可由用户选择，展开屏幕菜单后的效果如图 2-39 所示。

为方便用户使用，TArch 2014 提供了两种不同风格的菜单样式，即折叠式和推拉式，如图 2-40 所示。

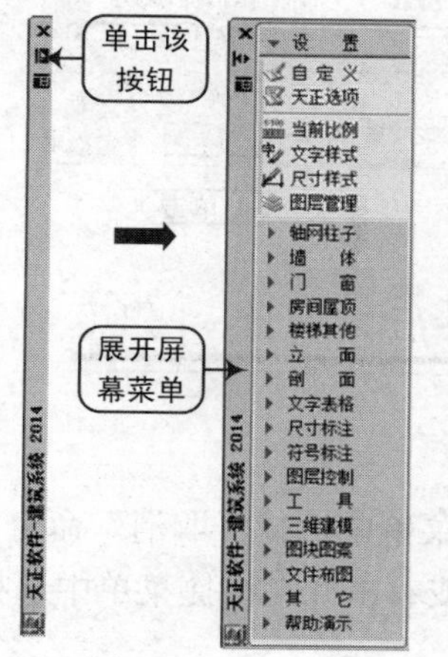

图 2-39　多个文档标签的控制

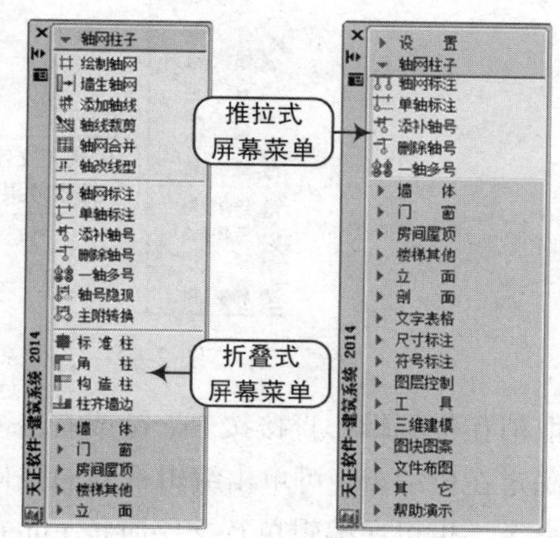

图 2-40　折叠式和推拉式屏幕菜单

提示技巧

每个菜单都有折叠式和推拉式两种风格可选，二者的区别如下。

- 折叠式是使下层子菜单缩到最短，菜单过长时自行展开，切换上层菜单后滚动子菜单。
- 推拉式是使下层子菜单长度一致，菜单项少时补白，过长时使用滚动选取，菜单不展开。

2.4.5　文字的编辑方法

TArch 2014 提供了对象文字内容的在位编辑功能，可不必进入对话框，直接启动在位编辑功能后在该位置双击显示编辑框，在其中输入或修改文字，然后按 Enter 键即可，如图 2-41 所示。

在位编辑的具体操作方法如下。

- 启动在位编辑：对标有文字的对象，双击文字本身即可修改。
- 对象编辑选项：在文字上右击鼠标并选择"对象编辑"命令，将弹出"图名标注"对话框，然后在"图名"文本框内重新输入文字内容，单击"确定"按钮即可，如图 2-42 所示。

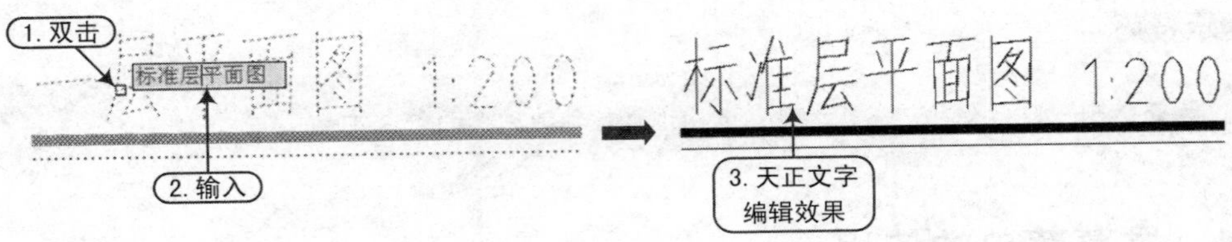

图 2-41　文字编辑

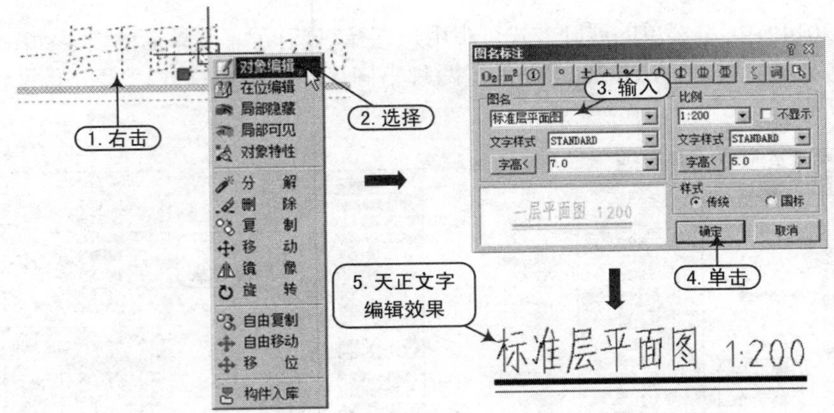

图 2-42　“对象编辑”文字

- 取消在位编辑：直接按 Esc 键或右击，在快捷菜单中选择“取消”命令。
- 确定在位编辑：可单击编辑框外的任何位置，或右击并在快捷菜单中选择“确定”命令，也可在编辑单行文字时按 Enter 键。

2.4.6　三维效果的使用

TArch 2014 中提供了“三维效果”特性，完全支持 AutoCAD 2007 及以上版本的渲染功能。在 AutoCAD 2007 及以上版本中，包括“材质”与“阴影显示”两个属性，如图 2-43 所示。

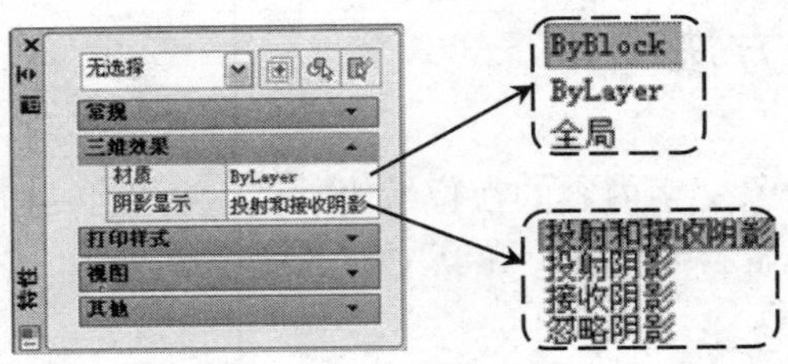

图 2-43　“三维效果”特性

材质与颜色、线型等属性类似，是每个对象的基本属性，可以指定为 ByLayer、ByBlock 和全局。阴影显示则可设置为投射和接收阴影、投射阴影、接收阴影和忽略阴影。

提示技巧

天正对象的材质、阴影特性同时支持格式刷、特性表等通用编辑、查询方法。

2.4.7　电子表格的使用

天正软件中新编制的电子表格编辑界面具有操作灵活、与 AutoCAD 更兼容的优点，如图 2-44 所示为天正表格的一些组成控件。

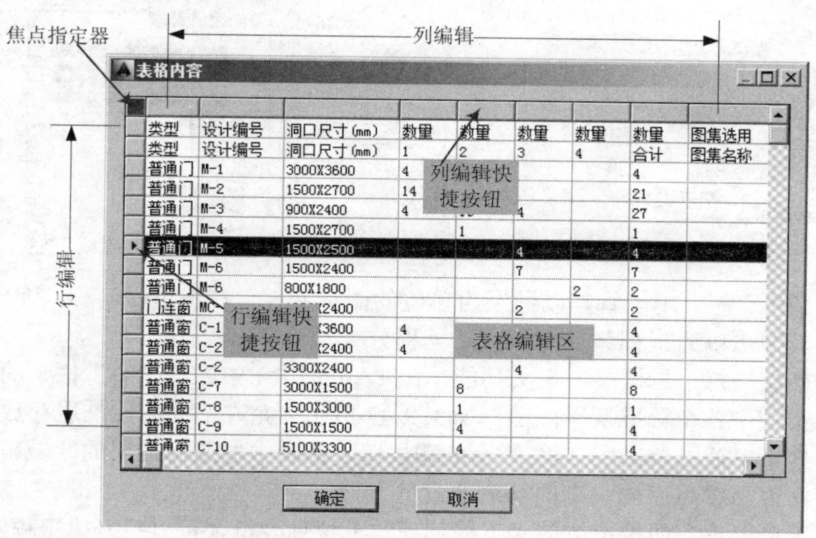

图 2-44　天正电子表格控件说明

天正电子表格界面中各控件的含义如下。

- 焦点指示器：是位于表格左上角的方块，当表格被激活（可接收键盘输入）时显示为蓝色，否则为灰色。
- 行编辑：位于表格左侧，用于行操作命令。在具体应用中定制有行编辑右键菜单。
- 列编辑：位于表格上方，用于列操作命令。在具体应用中定制有列编辑右键菜单。
- 表格编辑区：由单元格阵列组成，可对单元格进行灵活编辑。在具体应用中，单元格也可能定制有特定的右键菜单。

2.4.8　天正工程管理的使用方法

在天正新版本中首次引入了“工程管理”的概念，工程管理工具是管理同属于一个工程下的图纸（图形文件）的工具。

在屏幕菜单中选择“文件布图”｜“在工程管理”命令，将出现“工程管理”面板，在 AutoCAD 2004 以上平台，此面板可以设置为自动隐藏，随光标自动展开。

在“工程管理”面板中包括“图纸”、“楼层”和“属性”栏，如图 2-45 所示。在如图 2-46 所示的“图纸”栏中预设有平面图、立面图等多种图形类别。

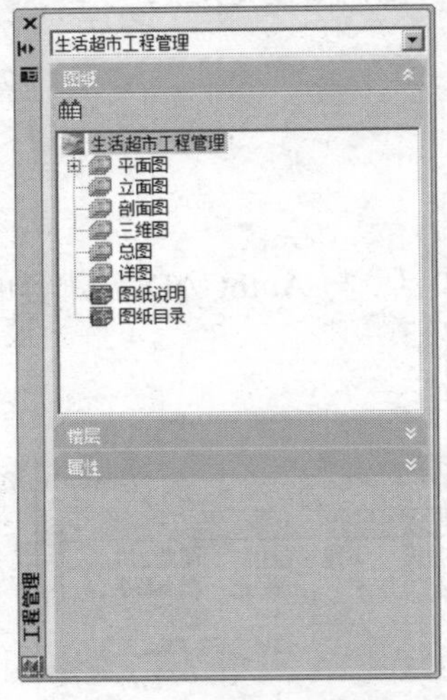

图 2-45 “工程管理”面板

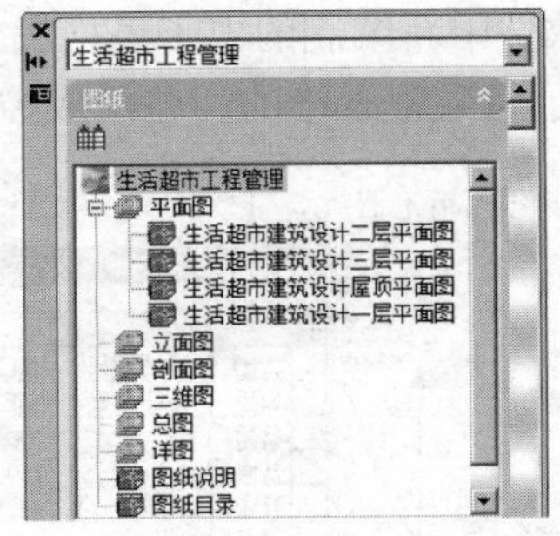

图 2-46 “图纸”栏

- “图纸”栏：用于管理以图纸为单位的图形文件，右击工程名称，弹出快捷菜单，在其中可以为工程添加图纸或子工程分类。
- “楼层”栏：是楼层表定义功能，在 TArch 2014 中以“楼层”栏中的按钮控制同一工程中各个标准层平面图，如图 2-47 所示。允许不同的标准层存放于一个图形文件下，通过单击图 2-47 所示的按钮，在图中框选标准层的区域范围，具体的使用方法详见立面、剖面等命令。

单击“工程管理”面板上方的“工程管理”下拉列表框，可以打开“工程管理”菜单，然后选择“新建工程”“打开工程”等命令，可为当前图形建立一个新的工程，并为工程命名，如图 2-48 所示。

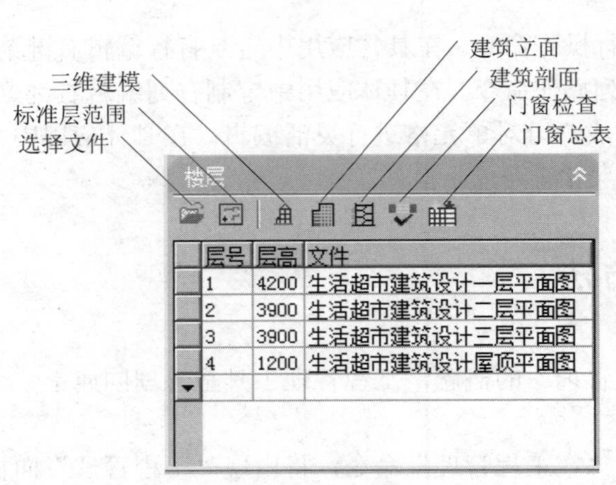

图 2-47 “楼层”栏

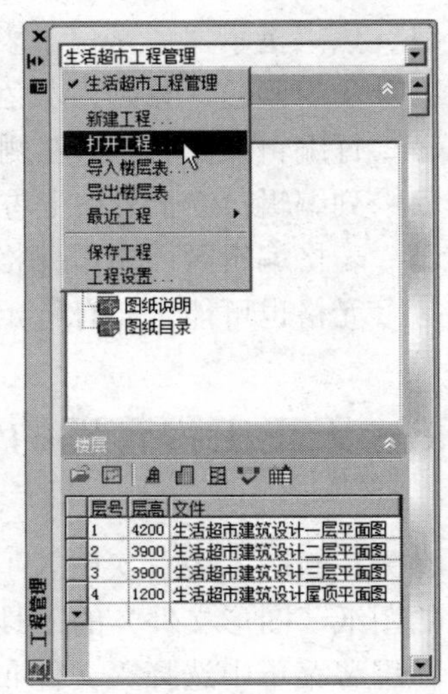

图 2-48 新建与打开工程

提示技巧

在打开“图纸”栏和“楼层”栏时需先导入某一工程的楼层表。

- 打开已有工程的方法：单击“工程管理”菜单中“最近工程”右边的箭头，可以看到最近建立过的工程列表，选择需要打开的工程，单击其工程名称即可打开。
- 打开已有图纸的方法：在“图纸”栏下列出了当前工程打开的图纸，双击图纸文件名即可将其打开。

2.5　实例——第一个天正建筑施工图

素材 视频\02\第一个天正施工图的绘制.avi
案例\02\公共卫生间.dwg

为了使读者对 TArch 天正建筑软件的绘图过程有一个初步的了解，下面以公共卫生间的绘制为例进行讲解，公共卫生间效果如图 2-49 所示。

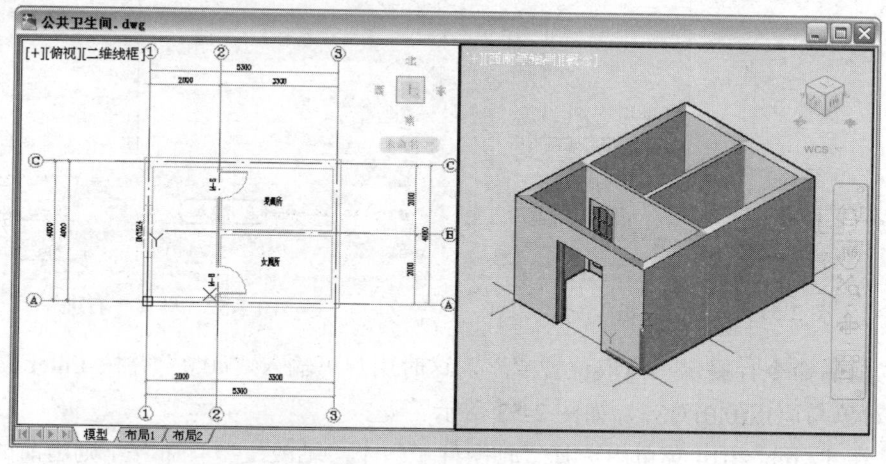

图 2-49　公共卫生间效果

（1）在桌面上双击“天正建筑 2014”图标，在弹出的“启动平台选择”对话框中，根据用户所安装的 AutoCAD 软件来选择运行平台，从而启动 TArch 2014。

（2）在 TArch 2014 中选择“轴网柱子”｜“绘制轴网”命令，将弹出“绘制轴网”对话框，选择“直线轴网”选项卡，选中“上开”单选按钮，再在“键入”文本框中输入“2000 3300”并按空格键，如图 2-50 所示。

（3）选中“左进”单选按钮，再在“键入”文本框中输入“4000”并按 Space 键，如图 2-51 所示。

（4）选中“右进”单选按钮，再在“键入”文本框中输入“2000　2000”并按 Space

键，然后单击“确定”按钮，如图 2-52 所示。

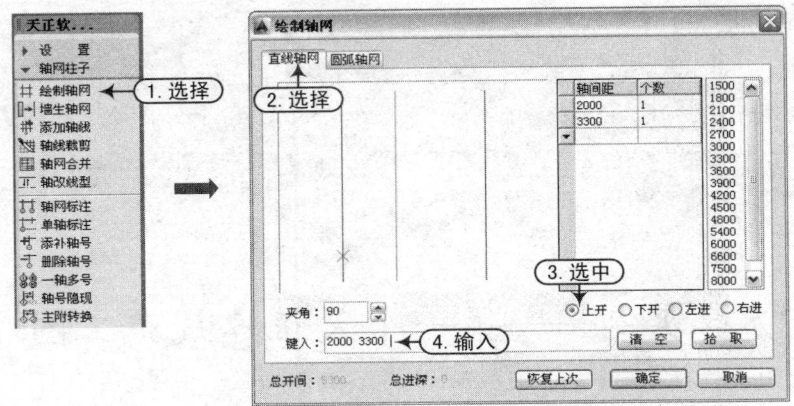

图 2-50　执行“轴网柱子”｜“绘制轴网”命令

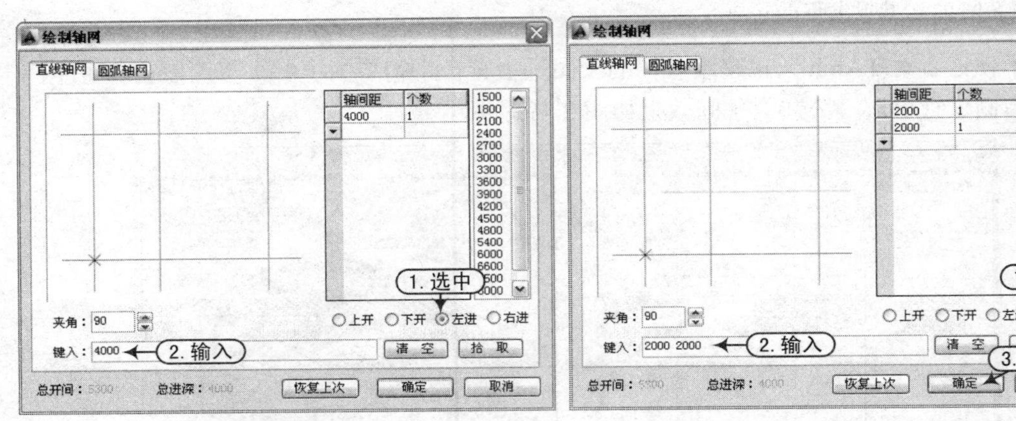

图 2-51　设置“左进”　　图 2-52　设置“右进”

（5）随后命令行提示“点取位置或”，这时用户可输入“#0,0”并按 Enter 键，则将当前轴网对象与原点(0,0)对齐，如图 2-53 所示。

（6）在 TArch 2014 菜单中选择“轴网柱子”｜“轴改线型”命令，则当前的轴网线型自动调整为点划线效果，如图 2-54 所示。

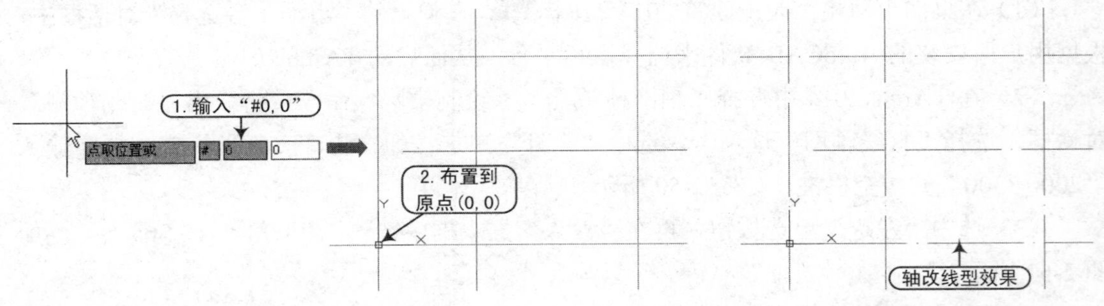

图 2-53　插入轴网与原点对齐　　图 2-54　轴改线型效果

（7）在 TArch 2014 菜单中选择“轴网柱子”|“轴网标注”命令，将弹出“轴网标注”对话框，选中“双侧标注”单选按钮，然后分别选择最左侧和最右侧的垂直轴线，并按 Enter 键结束，从而对其进行上下轴网标注，如图 2-55 所示。

（8）同样，再分别选择最下侧和最上侧的水平轴线，并按 Enter 键结束，从而对其进行左右轴网标注，如图 2-56 所示。

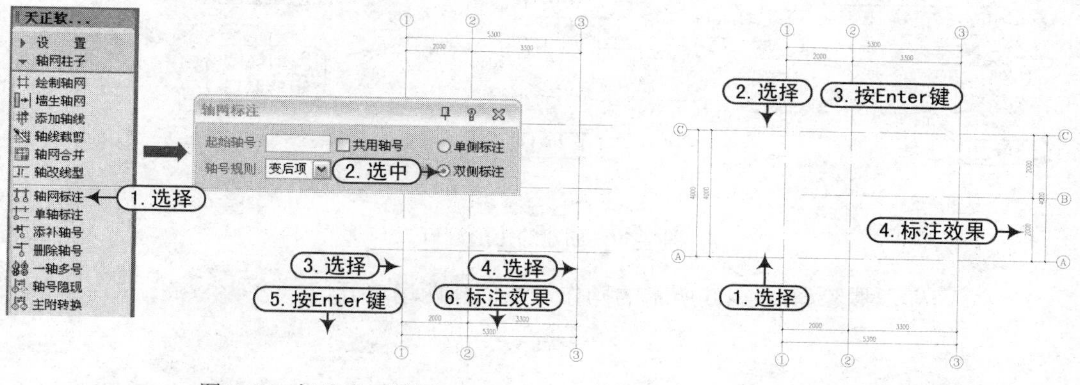

图 2-55　标注上下轴网　　图 2-56　标注左右轴网

（9）在 TArch 2014 菜单中选择“墙体”|“单线变墙”命令，随后弹出“单线变墙”对话框，设置好相应的“外墙宽”、“墙参数”和“轴网生墙”选项，如图 2-57 所示。

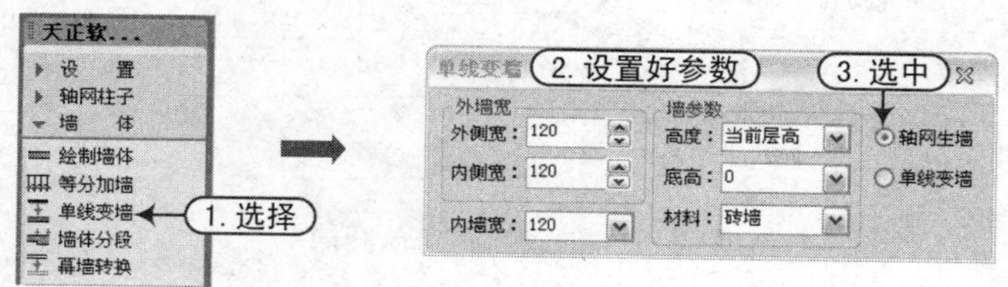

图 2-57　设置“单线变墙”参数

（10）根据命令行提示，框选整个轴网对象，并按 Enter 键结束，则系统将当前的轴网对象智能化地生成墙体对象，如图 2-58 所示。

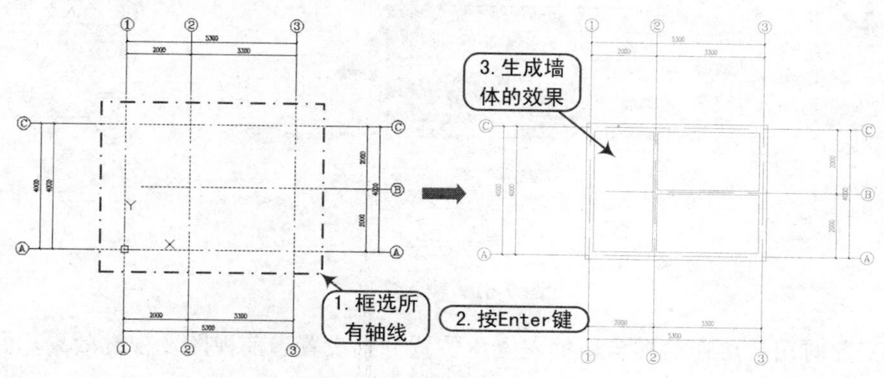

图 2-58　单线变墙效果

（11）在 TArch 2014 菜单中选择“门窗”｜“门窗”命令，然后按照如图 2-59 所示的操作方法创建一个矩形洞口。

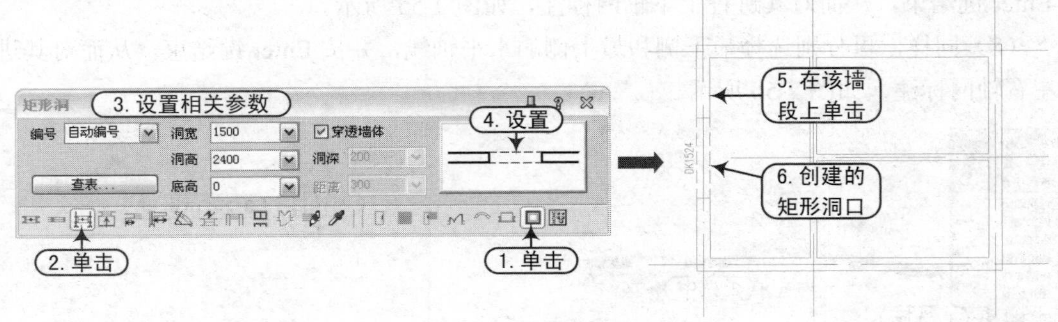

图 2-59　创建的矩形洞口

（12）同样，按照如图 2-60 所示的操作方法创建两扇单开门。

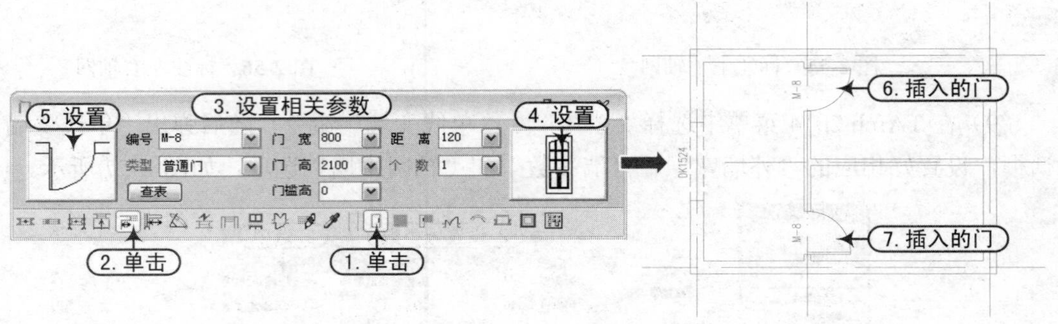

图 2-60　创建的两扇单开门

（13）在 TArch 2014 菜单中选择“文字表格”｜“单行文字”命令，将弹出“单行文字”对话框，然后按照图 2-61 所示在图形的指定位置分别输入不同的文字对象。

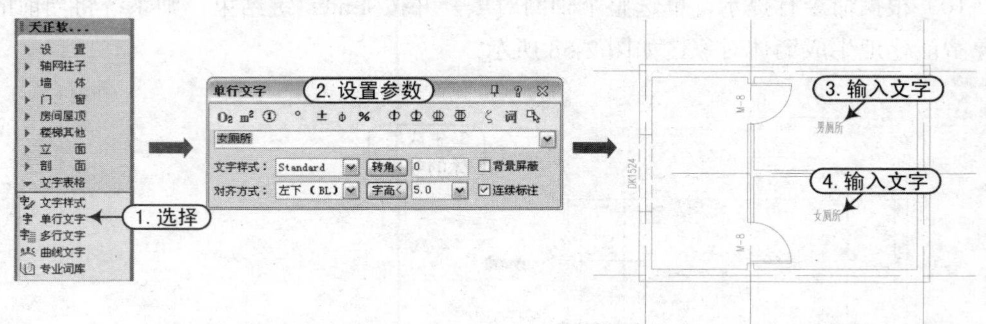

图 2-61　输入文字

（14）此时用户可在绘图窗口的左上角位置分别设置当前视图及视觉效果，并分成左右两个视口，如图 2-62 所示。

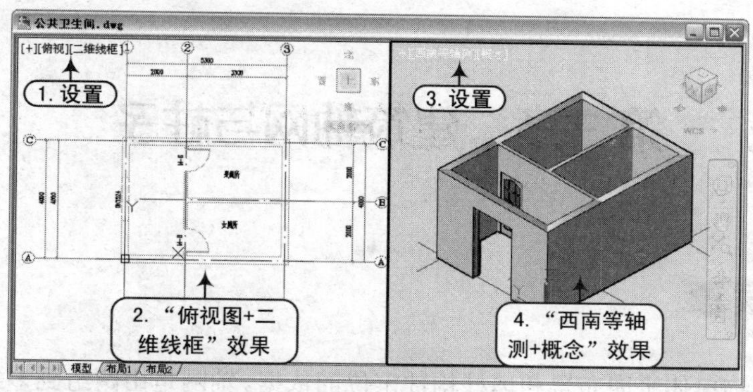

图 2-62　设置视图效果

（15）在左上角的"快速访问"工具栏中单击"保存"按钮，将绘制完成的文件保存为"案例\02\公共卫生间.dwg"，如图 2-63 所示。

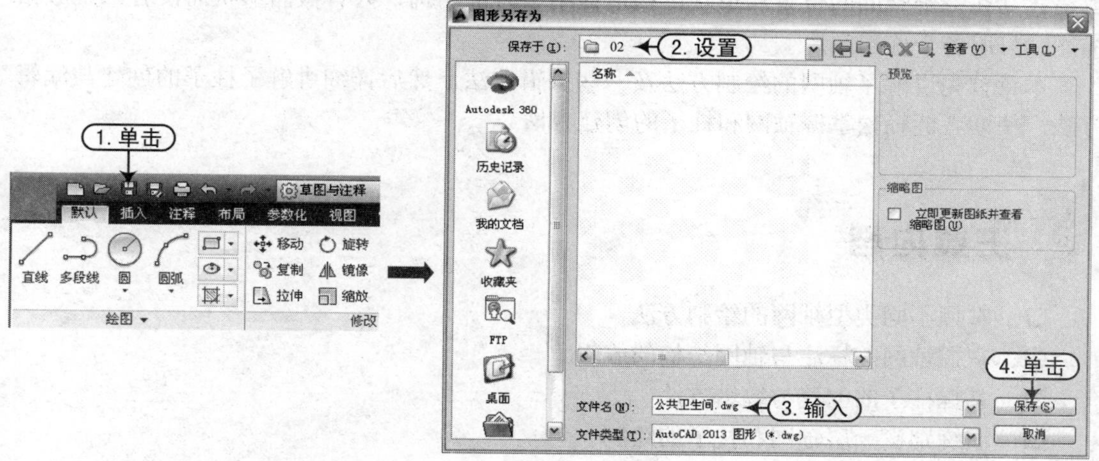

图 2-63　保存文件

第3章 建筑轴网与柱子

本章导读

轴网是建筑物单体平面布置和墙柱构件定位的依据。轴网是由两组到多组轴线与轴号、尺寸标注组成的平面网格，完整的轴网由轴线、轴号和尺寸标注 3 个相对独立的系统构成。

柱子在建筑设计中主要起到结构支撑作用，有时柱子也用于纯粹的装饰。TArch 2014 以自定义对象来表示柱子，但各种柱子对象定义不同，标准柱用底标高、柱高和柱截面参数描述其在三维空间的位置和形状；构造柱用于砖混结构，只有截面形状而没有三维数据描述，只服务于施工图。

本章首先讲解了轴网的绘制方法及一些编辑方法，然后详细讲解了柱子的创建与编辑方法，使读者能轻松掌握轴网和柱子的创建方法。

主要内容

- ❑ 掌握不同类型轴网的绘制方法
- ❑ 掌握轴网的标注与轴网结构的编辑
- ❑ 掌握柱子的创建与编辑方法
- ❑ 演练别墅一层轴网和柱子的绘制

效果预览

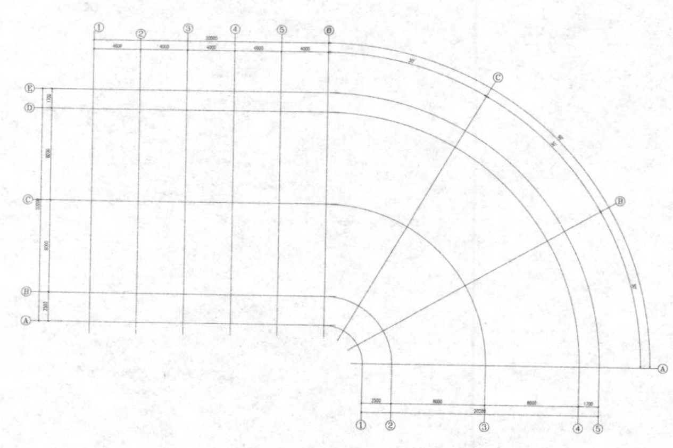

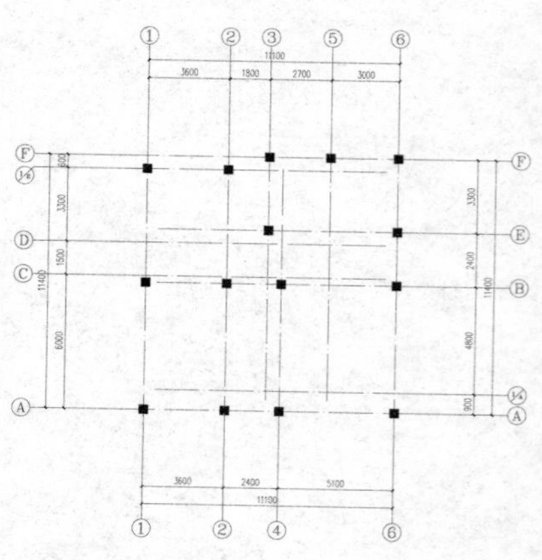

3.1　轴网的绘制

轴网是由两组到多组轴线与轴号、尺寸标注组成的平面网格，是建筑物单体平面布置和墙柱构件定位的依据。完整的轴网是由轴线、轴号和尺寸标注3个相对独立的系统构成，如图3-1所示。

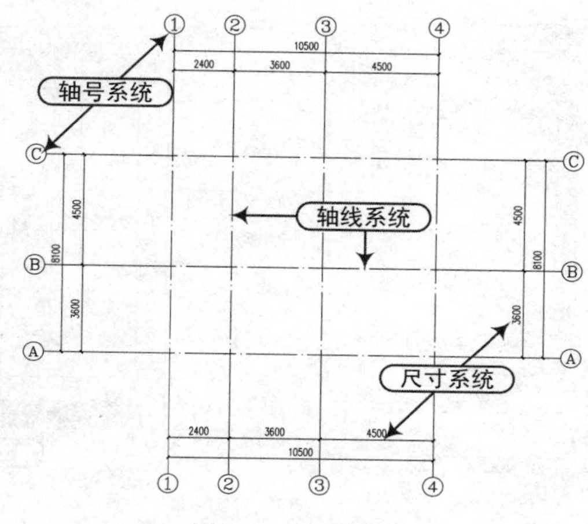

图3-1　轴网结构

根据不同的需要，在建筑中轴网结构分为两大类：直线轴网和弧线轴网。

3.1.1　直线轴网的创建

直线轴网主要用于生成正交轴网、斜交轴网或单向轴网，由命令“绘制轴网”实现，直线轴网结构如图3-2所示。

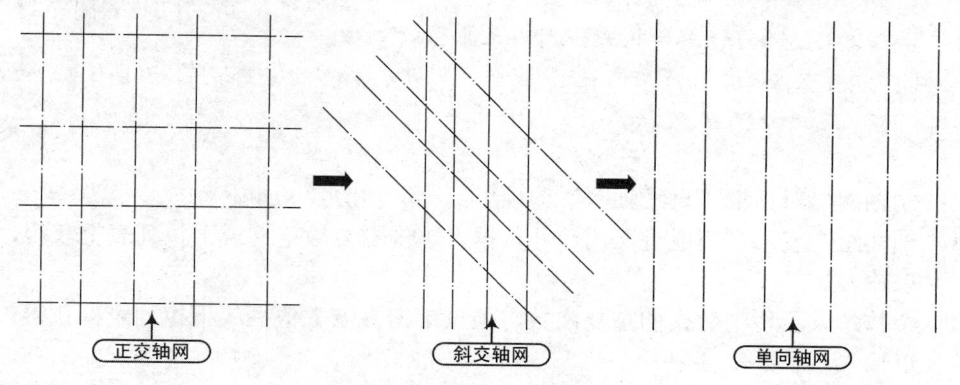

图3-2　直线轴网结构

在屏幕菜单中选择“轴网柱子”｜“绘制轴网”命令，打开“绘制轴网”对话框，在“直线轴网”选项卡中输入相应的开间间距，单击“确定”按钮，然后在视图的指定位置单击放置轴网的基准点即可。例如，按如表 3-1 所示数据绘制直线轴网，其操作步骤如图 3-3 所示。

表 3-1　直线轴网数据

上　开　间	1100、2200、4300、4300、2200、1100
下　开　间	3300、3000、2600、3000、3300
左　进　深	4150、1750、2600、3300
右　进　深	4150、1750、2600、3300

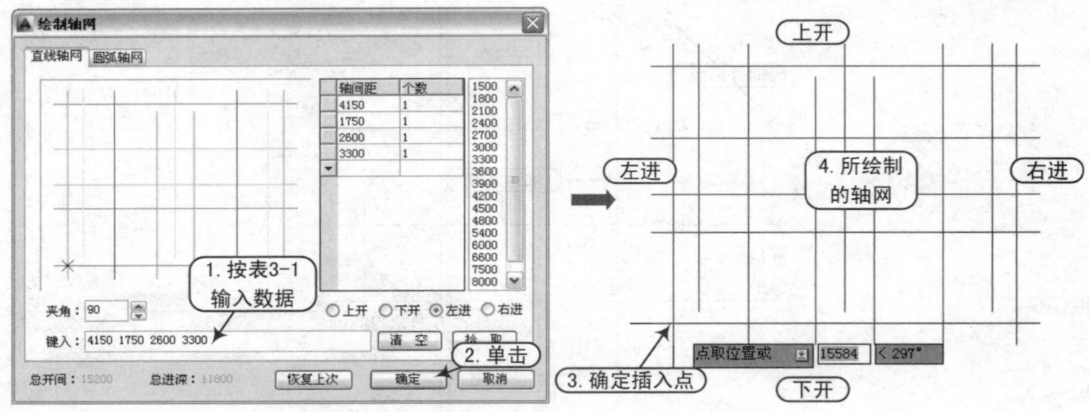

图 3-3　创建直线轴网

提示技巧

用户在输入轴网的上下开间、左右进深数据时，可以采用多种方法。

（1）直接在“键入”文本框内输入轴网数据，每个数据之间用空格或英文逗号（,）隔开，输入完毕后按 Enter 键确认。

（2）在电子表格中输入“轴间距”和“个数”。常用值可直接点取右方数据栏或下拉列表框的预设数据。

（3）选中“绘制轴网”对话框中的“上开”、“下开”、“左进”或“右进”单选按钮，单击“拾取”按钮，在已有的标注轴网中拾取尺寸对象获得轴网数据。

若相邻的几个数据是相同的，可以采用“数量×间距”的方式输入，或者可以直接在电子表格中输入“轴间距”及“个数”值。

“绘制轴网”对话框“直线轴网”选项卡部分选项的含义如下。

- ❑ 轴间距：表示开间或进深的尺寸数据，单击右方数值栏或下拉列表框获得，也可以输入。
- ❑ 个数：表示栏中数据的重复次数，通过单击右方数值栏或下拉列表框获得，也可以输入。
- ❑ 夹角：表示输入开间与进深轴线之间的夹角数据，默认为夹角 90° 的正交轴网。
- ❑ 上开：在轴网上方进行轴网标注的房间开间尺寸。

- 下开：在轴网下方进行轴网标注的房间开间尺寸。
- 左进：表示在轴网左侧进行轴网标注的房间进深尺寸。
- 右进：表示在轴网右侧进行轴网标注的房间进深尺寸。
- 键入：输入一组尺寸数据，用空格或英文逗号（,）隔开，按 Enter 键确认，数据即可输入到电子表格中。
- 拾取：单击此按钮，可以将已有的轴线尺寸数据显示到“绘制轴网”对话框的电子表格中，如图 3-4 所示。

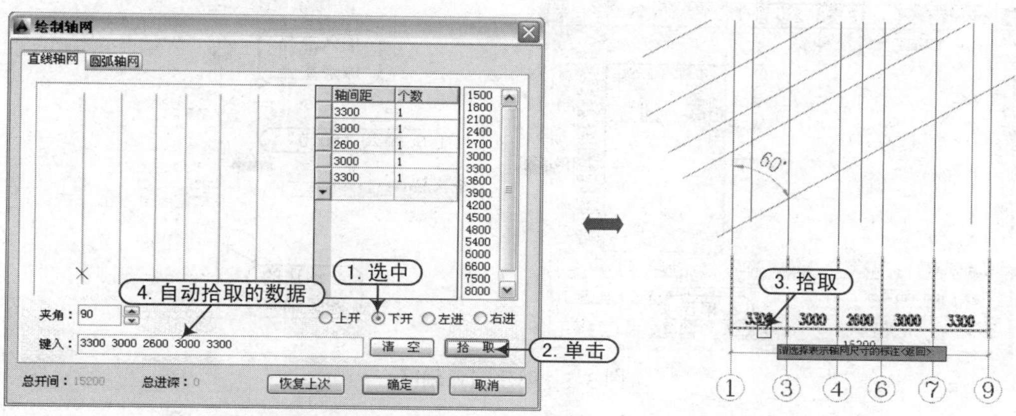

图 3-4　拾取轴网尺寸数据

- 清空：单击此按钮，将把某一组开间或者某一组进深数据栏清空，保留其他组的数据。
- 恢复上次：单击此按钮，将把上次绘制直线轴网的参数恢复到对话框中。
- 确定/取消：单击后开始绘制直线轴网并保存数据，取消绘制轴网并放弃输入数据。

另外，当输入轴网数据，并单击“确定”按钮后，命令行显示如下提示，选择相应选项，即可将当前轴网对象进行旋转、翻转、对齐、改转角、改基点等操作。

点取位置或 [转 90 度(A)/左右翻(S)/上下翻(D)/对齐(F)/改转角(R)/改基点(T)]<退出>:

提示技巧

在天正建筑软件中执行相关命令操作时，用户应养成时刻注意命令行提示的习惯，这对绘制图形和处理问题有相当大的帮助。

3.1.2　圆弧轴网的创建

圆弧轴网是由一组同心弧线和不过圆心的径向直线组成，常与其他轴网组合，端径向轴线由两轴网共用。

在屏幕菜单中选择“轴网柱子”|“绘制轴网”命令，打开“绘制轴网”对话框，在“圆弧轴网”选项卡中输入相应数据。例如，按照表 3-2 所示绘制一圆弧轴网对象，其操

作步骤如图 3-5 所示。

表 3-2　圆弧轴网数据

进　深	4200、3300、4200
圆 心 角	20、3×30
内弧半径	3300
直 起 角	-90

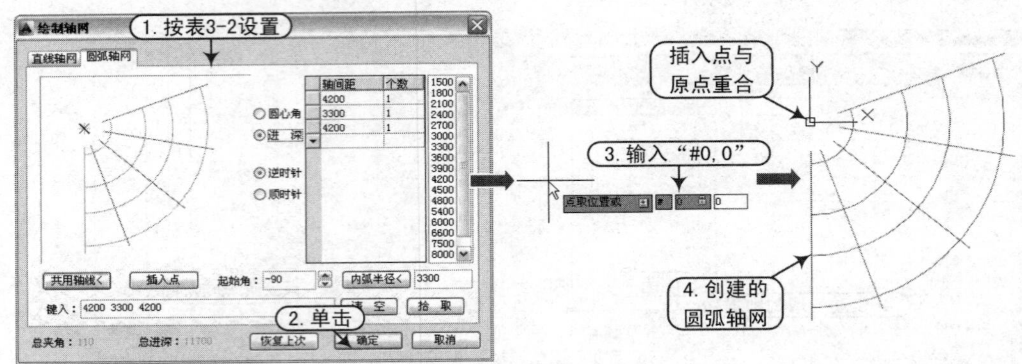

图 3-5　创建圆弧轴网

“圆弧轴网”选项卡部分选项的含义如下。

- 圆心角：由起始角起算，按旋转方向排列的轴线开间序列，单位为角度。
- 进深：在轴网径向，由圆心起算到外圆的轴线尺寸序列，单位为毫米。
- 逆时针/顺时针：用于设置径向轴线的旋转方向。
- 共用轴线：在与其他轴网共用一根径向轴线时，在图中指定该径向轴线不再重复绘出，通过拖动圆轴网确定与其他轴网连接的方向，如图 3-6 所示。

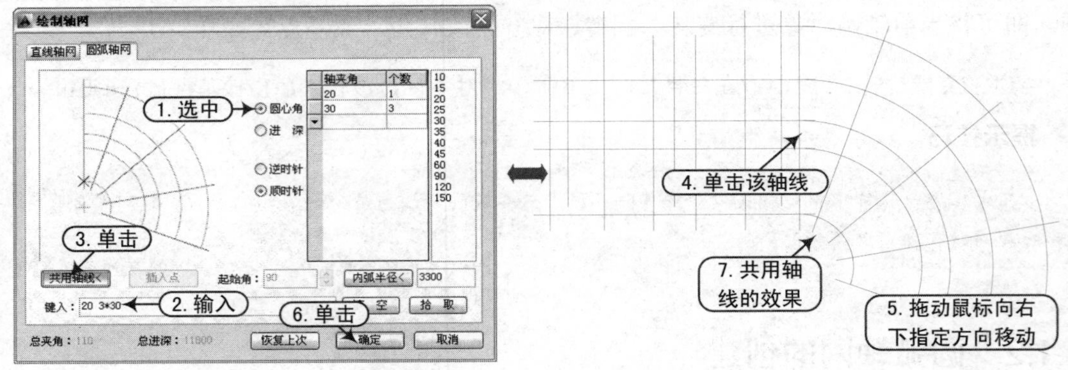

图 3-6　共用轴线效果

- 插入点：单击此按钮，可改变默认的轴网插入基点位置。
- 起始角：X 轴正方向到起始径向轴线的夹角（按旋转方向确定）。
- 内弧半径：从圆心起算的最内侧环向轴线圆弧半径，可从图上取两点获得，也可以为 0，如图 3-7 所示。

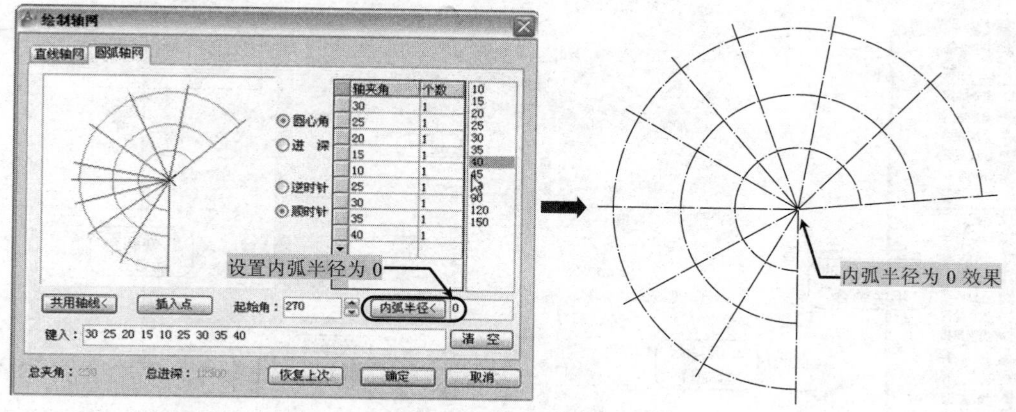

图 3-7　内弧半径为 0

- 键入：输入一组尺寸数据，用空格或英文逗号（,）隔开，按 Enter 键确认，数据即可输入到电子表格中。
- 清空：把某一组圆心角或者某一组进深数据栏清空，保留其他数据。
- 轴夹角：进深的尺寸数据，单击右方数值栏或下拉列表框获得，也可以输入。
- 个数：栏中数据的重复次数，单击右方数值栏或下拉列表框获得，也可以输入。
- 恢复上次：把上次绘制圆弧轴网的参数恢复到对话框中。

提示技巧

当圆心角的总夹角为 360° 时，生成弧线轴网的特例“圆轴网”。

3.2　轴 网 标 注

TArch 2014 轴网的标注包括轴号标注和尺寸标注，轴号可按规范要求用数字、大写字母等方式标注，可适应各种复杂分区轴网的编号规则，系统按照《房屋建筑制图统一标准》7.0.4 条的规定，拉丁字母 I、O、Z 不用于轴号，在排序时会自动跳过这些字母。

轴网标注可通过“轴网柱子”屏幕菜单命令进行操作，如图 3-8 所示。

3.2.1　轴网标注

“轴网标注”命令对始末轴线间的一组平行轴线（直线轴网与圆弧轴网的进深）或者径向轴线（圆弧轴线的圆心角）进行轴号和尺寸标注，自动删除重叠的轴线。

在屏幕菜单中选择“轴网柱子” | “轴网标注”命令，弹出“轴网标注”对话框，根据要求选择相应的选项，再依次选择垂直的起始、终止轴线，即可对其进行纵向轴网标注，如图 3-9 所示。

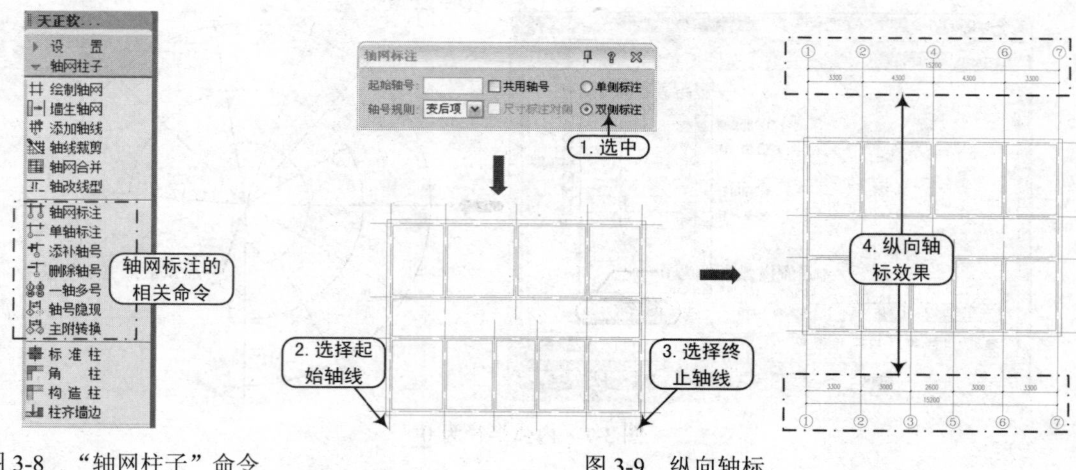

图 3-8 “轴网柱子”命令

图 3-9 纵向轴标

提示技巧

依次选择水平的起始、终止轴线，即可标注出水平轴网标注。

用户在选择起始、终止轴线时，应根据从左至右、从下至上的原则来进行选择；如果选择的方向颠倒，则标注的轴号也会跟着颠倒。

“轴网标注”对话框各选项的含义如下。

- ❑ 起始轴号：当用户希望起始轴号不是默认值 1 或者 A 时，可在此处输入自定义的起始轴号，可以使用字母和数字组合轴号。
- ❑ 共用轴号：选中该复选框，表示起始轴号由所选择的已有轴号后继数字或字母决定。
- ❑ 轴号规则：使用字母和数字的组合表示分区轴号，有“变前项”和“变后项”两个选项，默认为“变后项”。
- ❑ 尺寸标注对侧：用于单侧标注，选中此复选框，尺寸标注不在轴线选取一侧标注，而在另一侧标注。
- ❑ 单侧标注：表示在当前选择一侧的开间（进深）标注轴号和尺寸。
- ❑ 双侧标注：表示在两侧的开间（进深）均标注轴号和尺寸。

3.2.2 单轴标注

“单轴标注”只对单根轴线进行轴号的标注，且轴号是独立生成，不与已经存在的轴号系统和尺寸系统发生关联。

在屏幕菜单中选择“轴网柱子”|“单轴标注”命令，在弹出的“单轴标注”对话框中设置好相应的参数，然后单击要标注的轴线，如图 3-10 所示。

当在“单轴标注”对话框中选中“多轴号”单选按钮后，标注的轴号有如图 3-11 所示的几种效果。

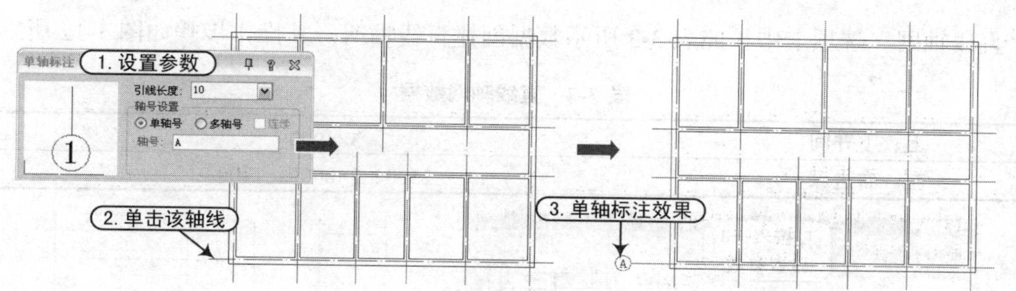

图 3-10　单轴依次标注

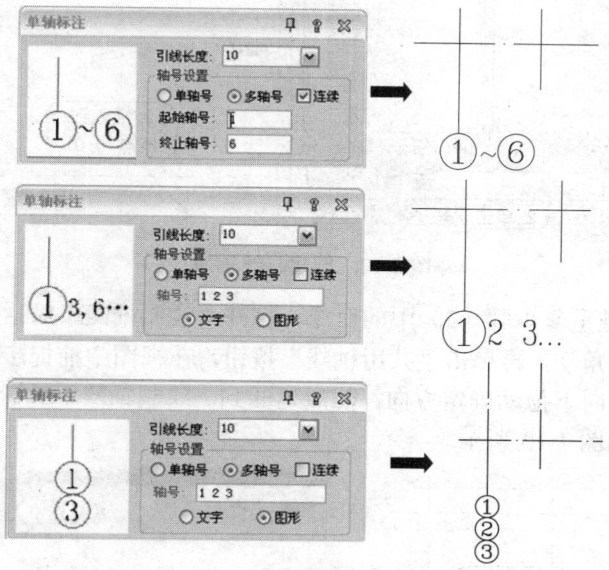

图 3-11　“多轴号”标注效果

提示技巧

该命令不适用于一般的平面图轴网，常用于立面与剖面、详图等个别单独的轴线标注。按照制图规范的要求，可以选择几种图例进行表示，如果轴号编辑框内不填写轴号，则可创建空轴号；该命令创建的对象的编号是独立的，其编号与其他轴号没有关联。

3.2.3　组合轴网的绘制

前面针对轴网的绘制和标注进行了详细讲解，下面通过组合轴网的绘制来巩固所学知识。

（1）正常启动 TArch 2014，系统将自动创建一个 DWG 格式的空白文档，选择“文件”｜“另存为”菜单命令，将该文档另存为“案例\03\组合轴网.dwg”文件。

（2）在屏幕菜单中选择“轴网柱子”｜“绘制轴网”命令，打开“绘制轴网”对话框，在“直线轴网”选项卡中按照表3-3所示数据创建直线轴网，其操作步骤如图3-12所示。

表3-3　直线轴网数据

上、下开间	5×4000
左、右进深	2500、2×8000、1700

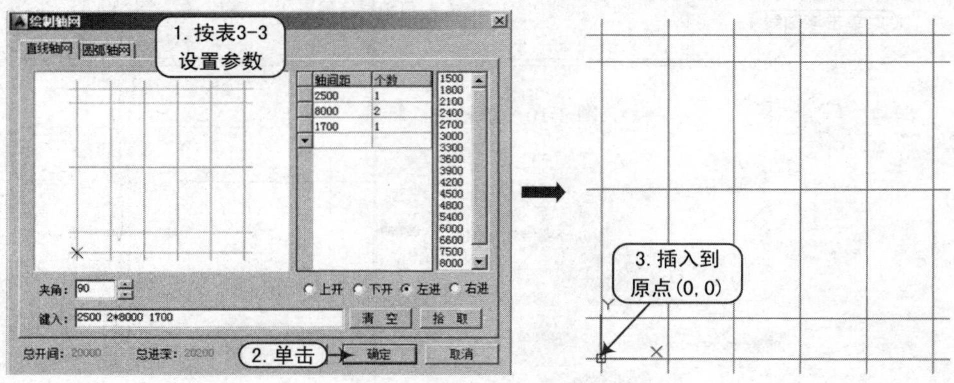

图3-12　创建直线轴网

（3）按Space键重复步骤（2）中的命令，打开“绘制轴网”对话框，在“圆弧轴网”选项卡中设置“圆心角”，再单击“共用轴线”按钮，在视图中捕捉步骤（2）中所绘制轴网的最右侧轴线，并向下拖动确定方向，然后返回到“绘制轴网”对话框中，单击“确定”按钮，其操作步骤如图3-13所示。

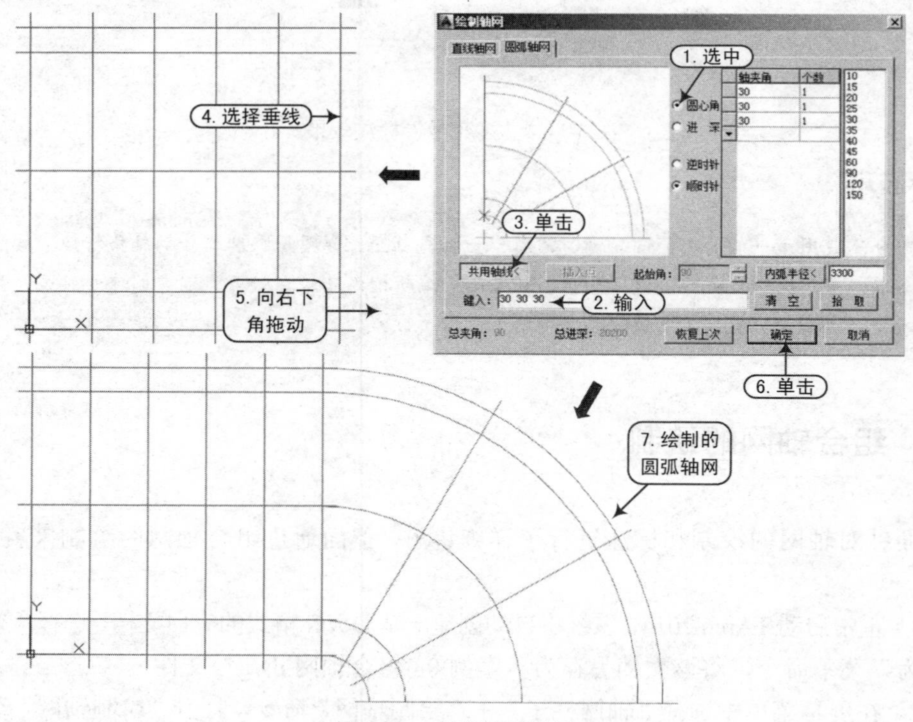

图3-13　创建圆弧轴网

（4）在屏幕菜单中选择“轴网柱子”|“轴网标注”命令，弹出“轴网标注”对话框，选中“单侧标注”单选按钮，再依次选择垂直的起始、终止轴线，并按 Enter 键，即可对其进行纵向轴网标注，其操作步骤如图 3-14 所示。

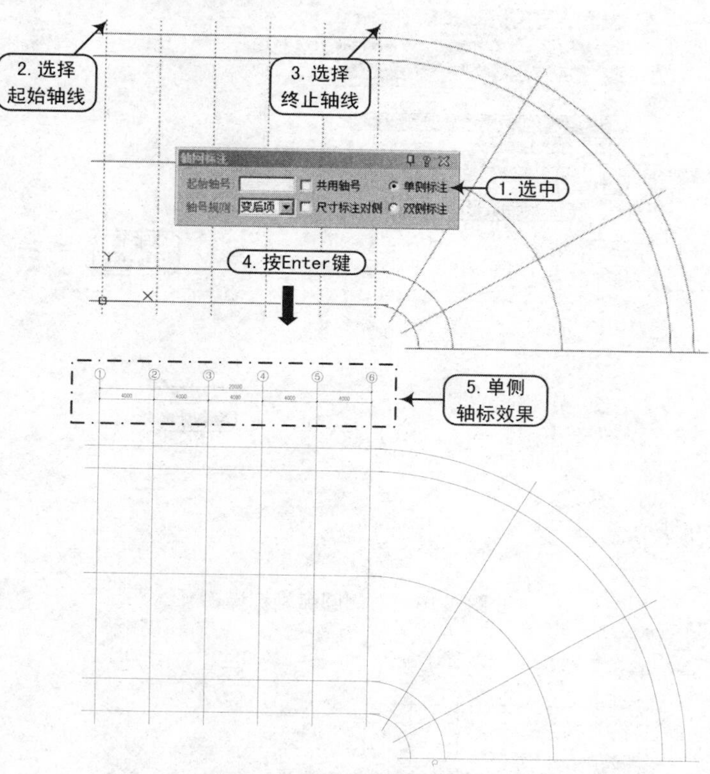

图 3-14　单侧轴标操作

（5）用同样的方法对左侧进行横向轴标操作，效果如图 3-15 所示。

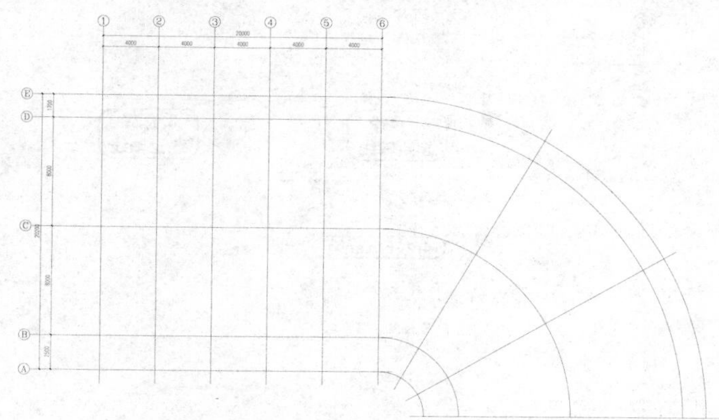

图 3-15　左侧横向轴标效果

（6）对右侧圆弧轴网进行轴标操作，步骤如图 3-16 所示。

（7）对圆弧轴网下侧进行轴标操作，步骤如图 3-17 所示。

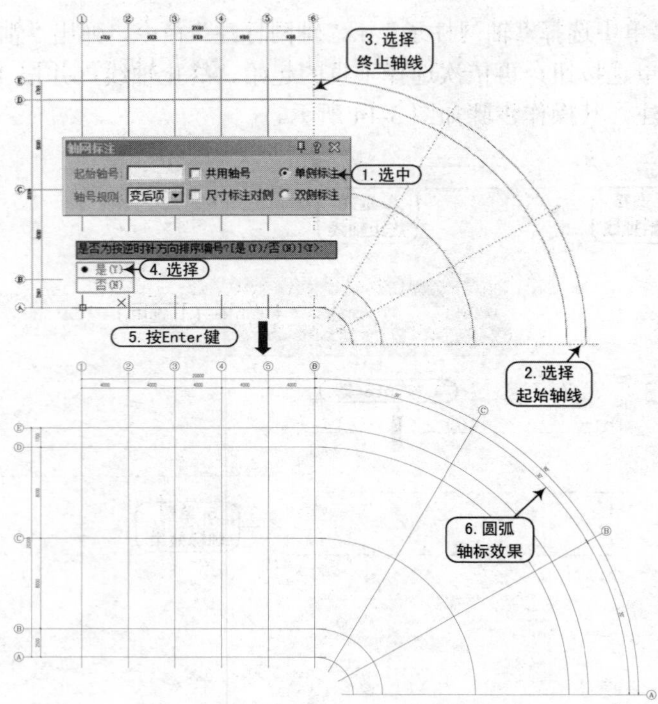

图 3-16　右侧圆弧轴标操作

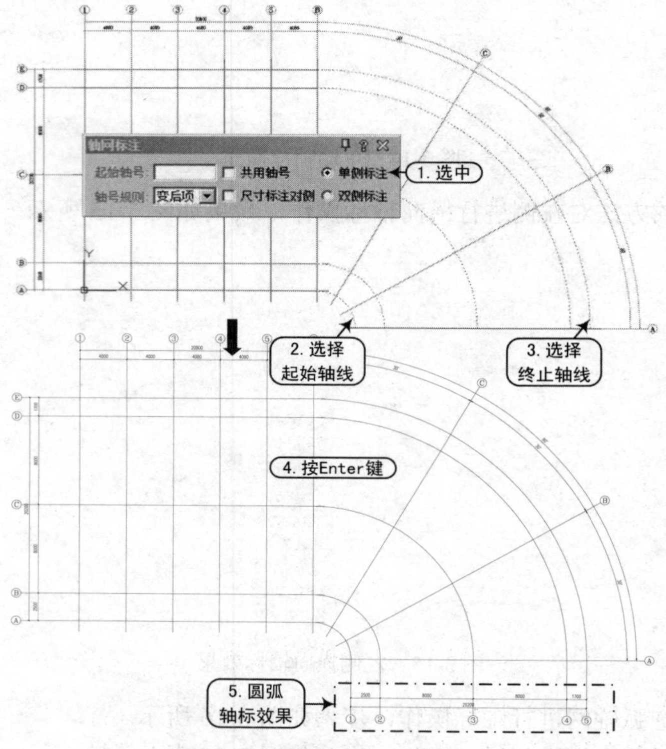

图 3-17　下侧圆弧轴标操作

（8）按 Ctrl+S 快捷键，保存当前创建的轴网和轴标效果。

3.3　轴网与轴号的编辑

轴网与轴号对象是一组专门为建筑轴网定义的标注符号，通常是轴网的开间或进深方向上的一排轴号。

TArch 2014 的轴号对象中任何一个单独的轴号可设置为双侧显示或者单侧显示，也可以一次关闭或打开一侧的全体轴号，不必为上下开间（进深）各自建立一组轴号，也不必为关闭其中某些轴号而炸开对象进行删除。

3.3.1　添加轴线

“添加轴线”命令是参考某一根已经存在的轴线，在其任意一侧添加一根新轴线，同时根据用户的选择赋予新的轴号，把新轴线和轴号一起添加到已存在的参考轴号系统中。

在屏幕菜单中选择“轴网柱子”|“添加轴线”命令，再根据命令行提示选择参考轴线，并指定添加的方向和距离，再确定是否为附加轴号，从而根据要求添加一条新的轴线，其操作步骤如图 3-18 所示。

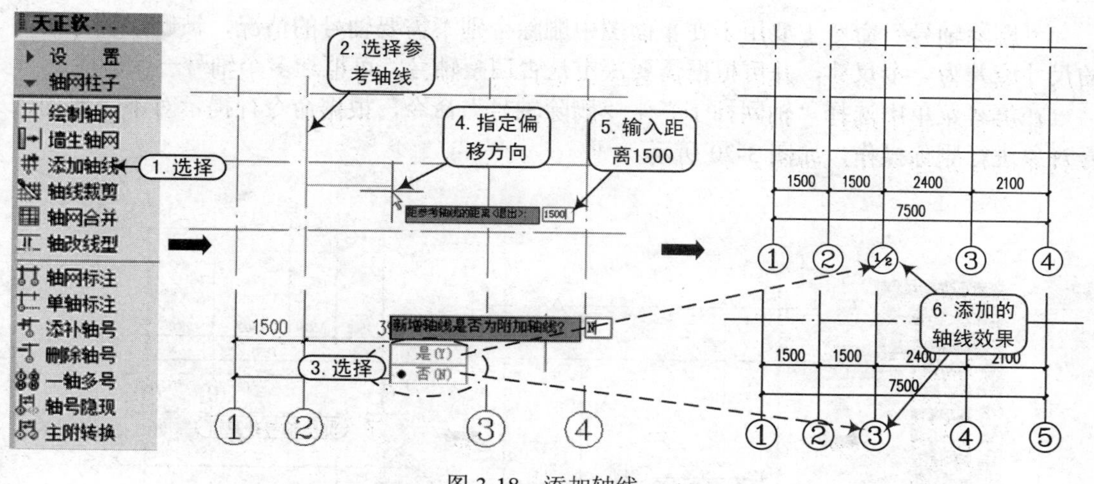

图 3-18　添加轴线

3.3.2　添补轴号

“添补轴号”命令可在矩形、弧形、圆形轴网中对新增轴线添加轴号，新添轴号成为原有轴网轴号对象的一部分，但不会生成轴线，也不会更新尺寸标注，对以其他方式增添或修改轴线后进行的轴号标注比较适合。

在屏幕菜单中选择“轴网柱子”|“添补轴号”命令，再根据命令行提示对轴线进行轴号的添加，如图3-19所示。

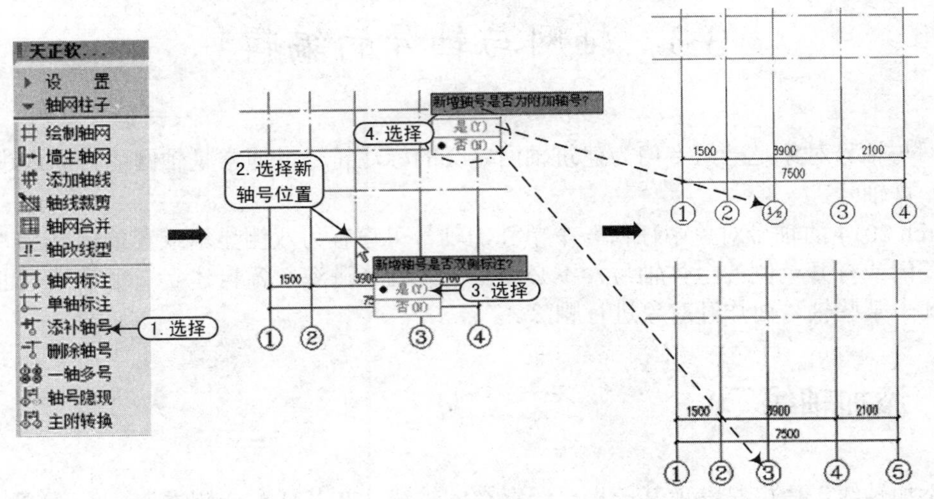

图3-19　添补轴号

3.3.3　删除轴号

“删除轴号”命令主要用于在平面图中删除个别不需要轴号的情况，被删除轴号两侧的尺寸应并为一个尺寸，并可根据需要决定是否调整轴号，可框选多个轴号一次删除。

在屏幕菜单中选择“轴网柱子”|“删除轴号”命令，根据命令行提示对不需要的轴号对象进行删除操作，如图3-20所示。

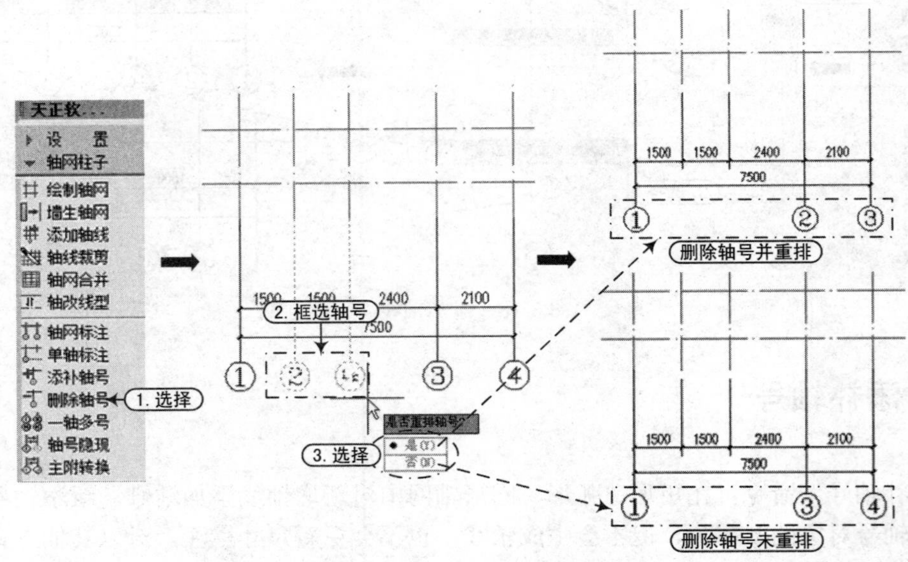

图3-20　删除轴号

3.3.4　轴号编辑

“轴号编辑”命令可方便用户使用在位编辑来修改轴号。直接双击轴号文字，即可进入在位编辑状态，在轴号上出现编辑框。如果要关联修改后续的多个编号，右击并在弹出的快捷菜单中选择“重排轴号”命令即可完成轴号排序，如图 3-21 所示。

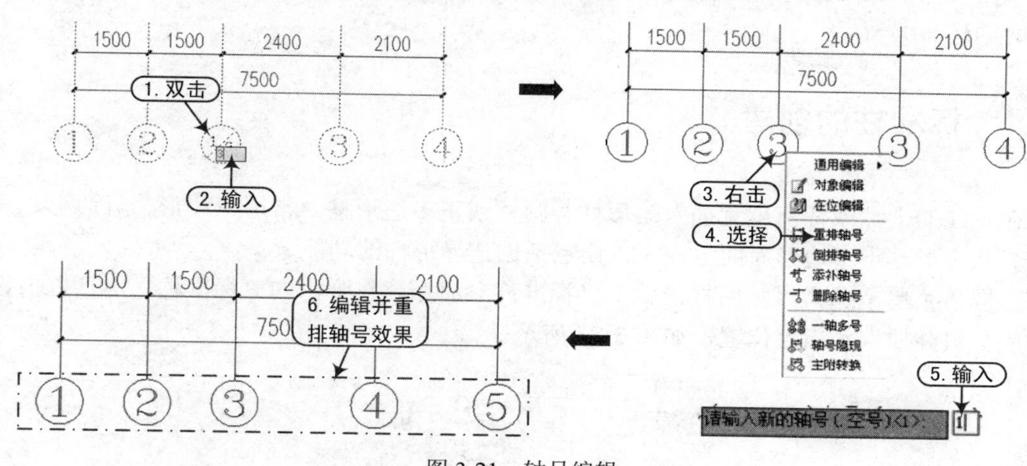

图 3-21　轴号编辑

3.3.5　轴号夹点编辑

轴号对象预设了专用夹点，用户可以用鼠标拖曳这些夹点编辑轴号，解决以前需使用多个命令才能解决的问题。

轴号的外偏与恢复、成组轴号的相对偏移都可通过直接拖动夹点完成。每个夹点对象均在光标靠近时提示夹点预设功能，各夹点功能如图 3-22 所示。

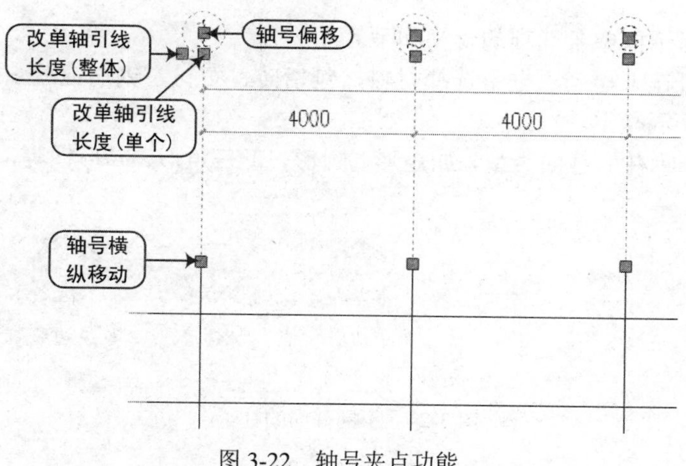

图 3-22　轴号夹点功能

3.4 柱子的创建与编辑

柱子是建筑物中用以支承栋梁桁架的长条形构件，在建筑中起重要的承重作用。建筑中柱子的类型也比较多，常用的柱子有标准柱、构造柱、角柱、异形柱等，下面详细讲解柱子的创建与编辑。

3.4.1 标准柱的创建

在轴线的交点或任何位置插入矩形柱、圆柱或正多边形柱（常用三边形、五边形、六边形、八边形、十二边形断面生成），还包括创建异形柱的功能。

在屏幕菜单中选择“轴网柱子”｜“标准柱”命令，在弹出的“标准柱”对话框内设置相应参数并插入到指定位置，如图 3-23 所示。

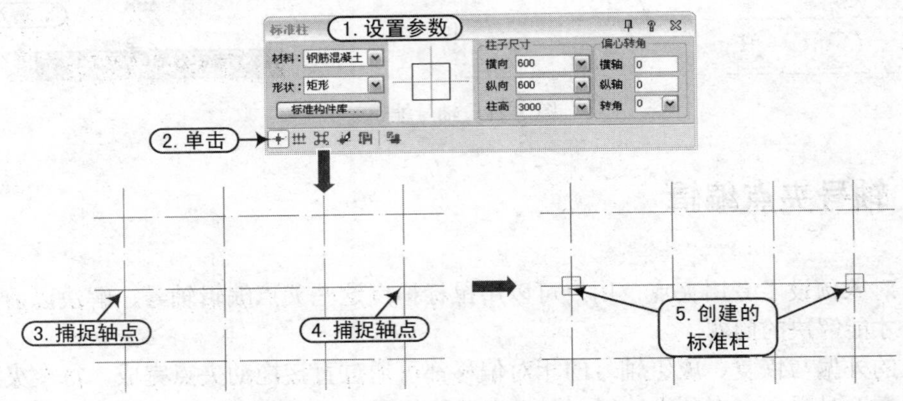

图 3-23 创建标准柱

“标准柱”对话框中各选项的含义如下。

- ❑ 材料：可在下拉列表框中选择材料，包括砖、石材、钢筋混凝土或金属，默认选项为钢筋混凝土。
- ❑ 形状：表示柱的截面类型，如矩形、圆形、正三角形、异形柱等，如图 3-24 所示。

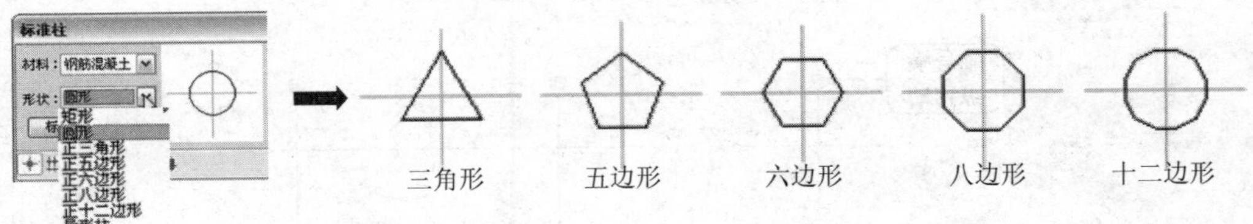

图 3-24 不同截面的柱子

提示技巧

当选择“异形柱”时，系统会自动调出柱子构件库，如图 3-25 所示。用户可根据需要选择不同截面的柱子类型。

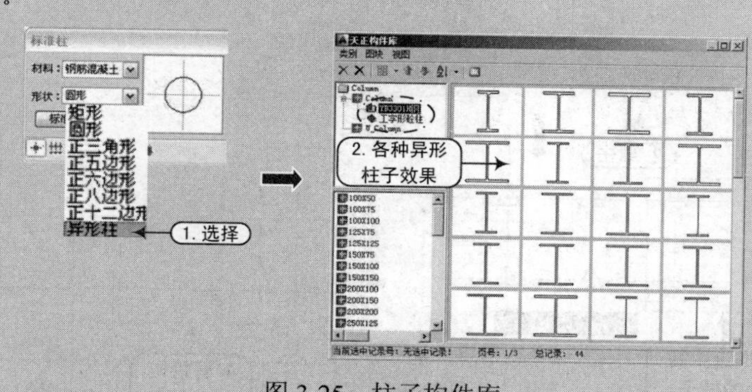

图 3-25　柱子构件库

- 标准构件库：从柱构件库中取得预定义柱的尺寸和样式。
- 柱子尺寸：设置横向、纵向和柱高。
  - 横向/纵向：表示柱子的方向尺寸，其中的参数因柱子形状不同而略有差异。
  - 柱高：柱高默认取当前层高，也可从下拉列表框中选择常用高度。
- 偏心转角：表示旋转角度在矩形轴网中以 X 轴为基准线；在弧形、圆形轴网中以环向弧线为基准线，以逆时针为正，顺时针为负自动设置。
- “点选插入柱子”按钮：表示优先捕捉轴线交点插柱。
- “沿一根轴线布置柱子”按钮：在选定的轴线与其他轴线的交点处插柱，如图 3-26 所示。
- “矩形区域的轴线交点布置柱子”按钮：在指定的矩形区域内所有的轴线交点处插柱，如图 3-27 所示。

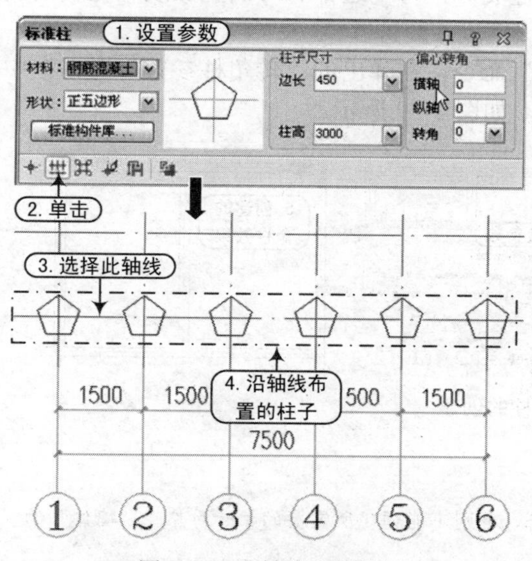

图 3-26　沿轴线布置柱子

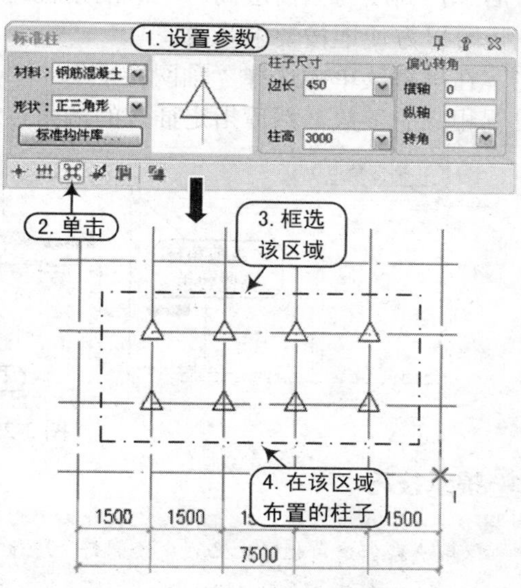

图 3-27　区域布置柱子

❑ “替换图中已插入柱子”按钮：以当前参数的柱子替换图上已有的柱子，可以单个替换或者框选后成批替换，如图 3-28 所示。

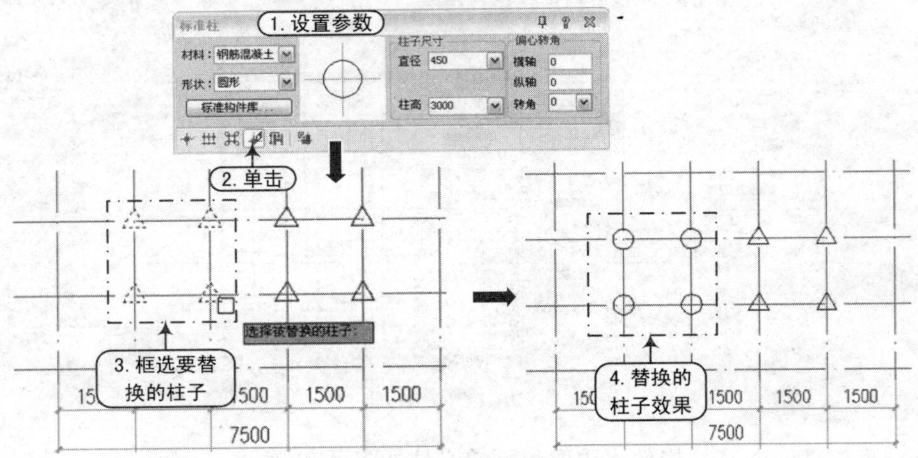

图 3-28　替换已有柱子

❑ “选择 Pline 创建异形柱”按钮：以图上已绘制的闭合 Pline 线就地创建异形柱。

❑ “在图中拾取柱子形状或已有柱子”按钮：以图上已绘制的闭合 Pline 线或者已有柱子作为当前标准柱读入界面，接着插入该柱。

3.4.2　角柱的创建

角柱是指位于建筑角部、与柱的正交的两个方向各只有一根框架梁与之相连接的框架柱。在墙角插入轴线、形状与墙一致的角柱，可改各分肢长度以及各分肢的宽度，宽度默认居中，高度为当前层高。生成的角柱与标准柱类似，每一边都有可调整长度和宽度的夹点，可以方便地按要求修改。

在屏幕菜单中选择“轴网柱子”|“角柱”命令，在弹出的“转角柱参数”对话框中设置相应的参数，然后指定插入的墙角点即可，如图 3-29 所示。

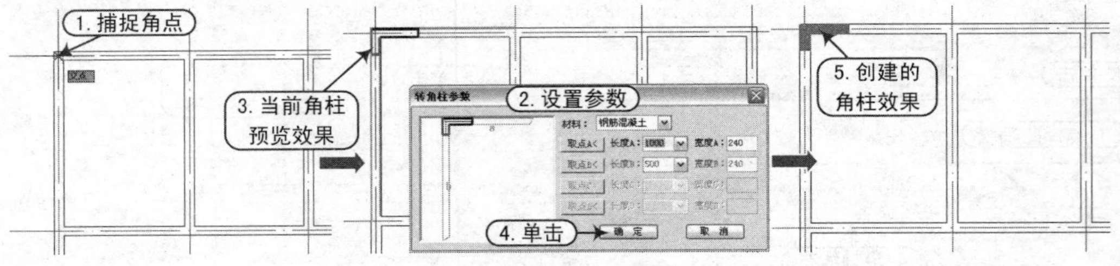

图 3-29　角柱的创建

提示技巧

用户在创建角柱时，必须先绘制好“墙体”对象，否则不能创建所需要的柱子对象。“墙体”的绘制方法可参见本书第 4 章。

“转角柱参数”对话框中部分选项的含义如下。

- ❑ 材料：表示柱子与墙之间的连接形式以两者的材料决定，在下拉列表框中包括砖、石材、钢筋混凝土或金属，默认选项为钢筋混凝土。
- ❑ 长度：其中旋转角度在矩形轴网中以 X 轴为基准线；在弧形、圆形轴网中以环向弧线为基准线，以逆时针为正，顺时针为负自动设置。
- ❑ 宽度：各分肢宽度默认等于墙宽，改变柱宽后默认对中变化。要求偏心变化在完成后可以夹点进行修改。

提示技巧

当用户创建了角柱对象后，用户可以使用鼠标操作柱子对象的夹点来改变角柱的形状，如图 3-30 所示。

1. 角柱的夹点
2. 改变角柱的宽度
3. 改变角柱的长度

图 3-30　操作角柱的夹点

3.4.3　构造柱的创建

构造柱是在墙角交点处或墙体内插入，按照所选择的墙角形状为基准，输入构造柱的具体尺寸，指出对齐方向，默认为钢筋混凝土材质，仅生成二维对象。具体的创建方法如下。

在屏幕菜单中选择“轴网柱子”|“构造柱”命令，然后设定其参数，并指定插入墙角点，如图 3-31 所示。

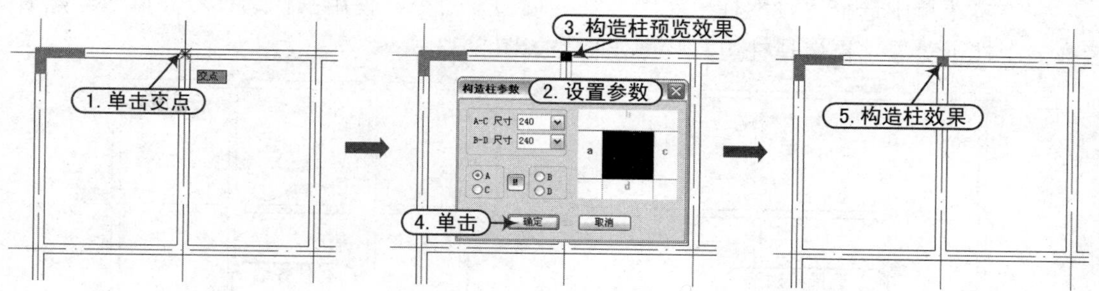

图 3-31　创建构造柱

“构造柱参数”对话框中各选项的含义如下。

- ❑ A-C 尺寸：沿着 A-C 方向的构造柱尺寸，在本软件中尺寸数据不可超过墙厚。
- ❑ B-D 尺寸：沿着 B-D 方向的构造柱尺寸。

- A/C 与 B/D：对齐边的互锁按钮，用于对齐柱子到墙的两边。

提示技巧

用户如果想让构造柱的尺寸超过墙边，可直接拖动构造柱的夹点来进行编辑，如图 3-32 所示。

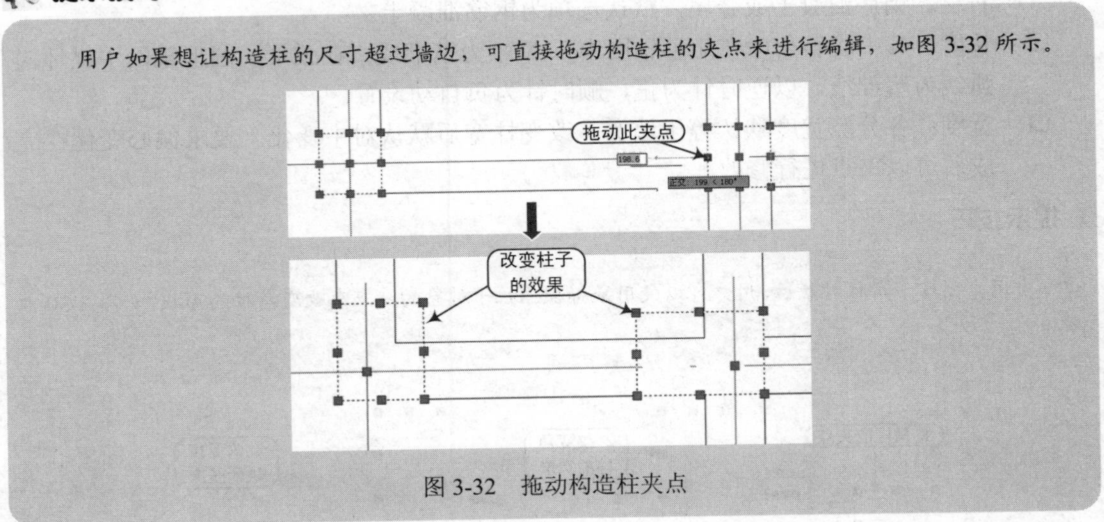

图 3-32　拖动构造柱夹点

3.4.4　柱子的编辑

对图中已经创建好的柱子对象，如需要成批修改，可使用柱子编辑功能内的替换功能或者特性编辑功能，当需要个别修改时应充分利用夹点编辑和对象编辑功能，夹点编辑在 3.4.3 节已介绍。

1. 柱齐墙边

"柱齐墙边"命令是将柱子边与指定墙边对齐，可一次选多个柱子一起完成墙边对齐，条件是各柱都在同一段墙，且对齐方向的柱子尺寸相同。

在屏幕菜单中选择"轴网柱子"｜"柱齐墙边"命令，使用鼠标选择对齐墙边，然后选择多个柱子对象，再选择柱边，其操作步骤如图 3-33 所示。

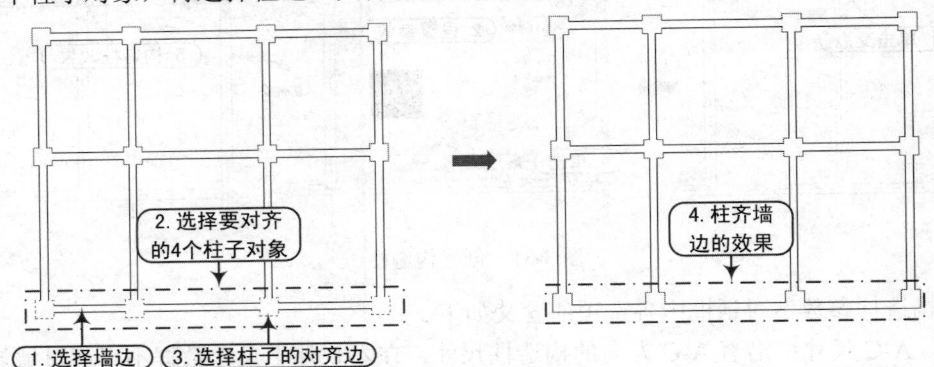

图 3-33　柱齐墙边的操作

2. 编辑柱子参数

双击需要修改的柱子对象，即弹出相应的编辑对话框，与“标准柱”对话框类似，可调整对话框中参数对柱子进行修改，如图 3-34 所示。

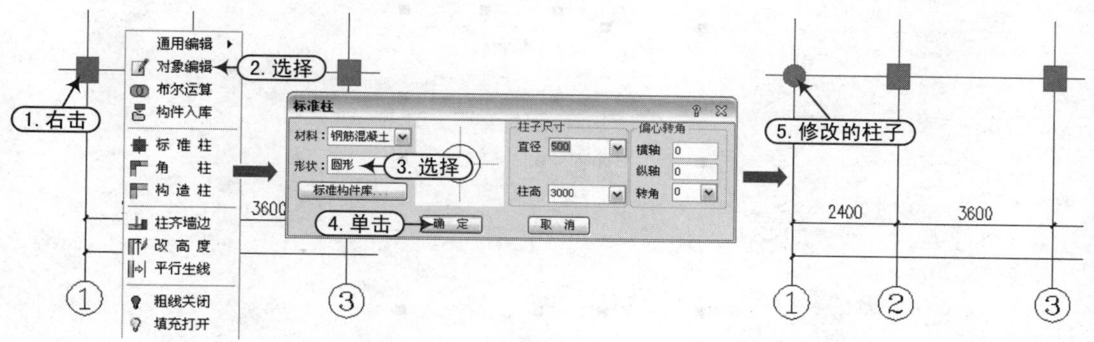

图 3-34 柱子对象的编辑

3. 柱子特性的编辑

在 TArch 2014 中，完善了柱子对象的特性描述，通过 AutoCAD 的“特性”面板，可以方便地修改柱对象的多项专业特性，而且便于成批修改参数，如图 3-35 所示。

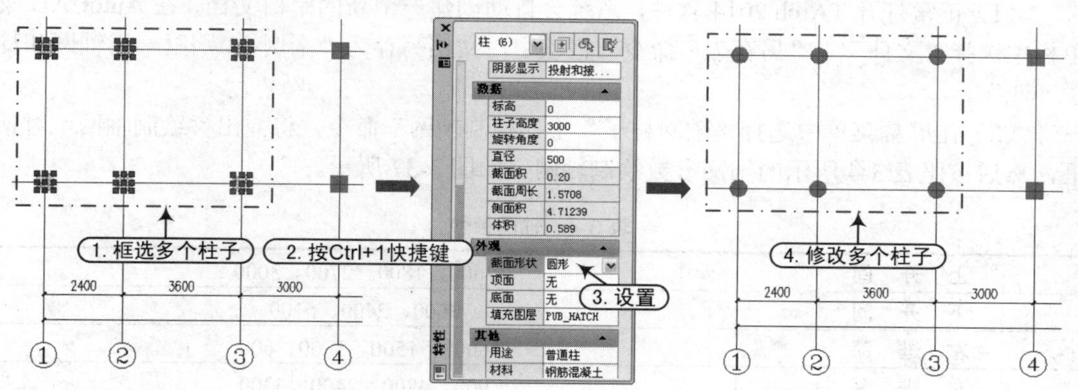

图 3-35 编辑柱子特性

3.5 实例——绘制别墅一层轴网和柱子

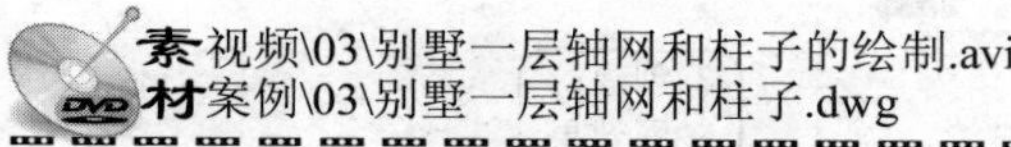
素材 视频\03\别墅一层轴网和柱子的绘制.avi
案例\03\别墅一层轴网和柱子.dwg

本节主要讲解别墅的一层平面图中轴网和柱子的创建方法。首先用“绘制轴网”命令对各个开间的轴线进行绘制与编辑，再用“两点标注”命令对所绘制的轴网进行尺寸、轴号标注，最后用“标准柱”命令对结构柱进行插入，其效果如图 3-36 所示。

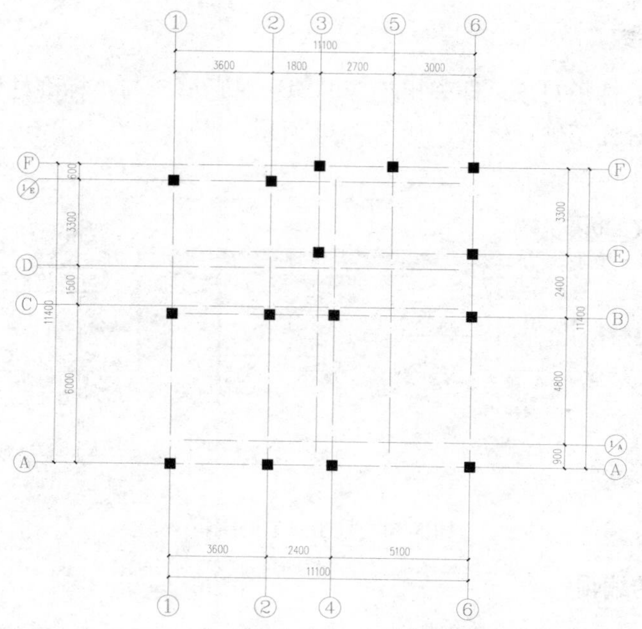

图 3-36　别墅一层轴网和柱子效果

（1）正常打开 TArch 2014 软件，系统会自动创建一个新的空白文档，在 AutoCAD 菜单栏中选择“文件”｜“另存为”命令，将该空白文档另存为“案例\03\别墅一层轴网和柱子.dwg”。

（2）在屏幕菜单中选择“轴网柱子”｜“绘制轴网”命令，将弹出“绘制轴网”对话框，然后参照表 3-4 所示的轴网参数绘制轴网，如图 3-37 所示。

表 3-4　轴网参数

上　开　间	3600、1800、2700、3000
下　开　间	3600、2400、5100
左　进　深	6000、1500、3300、600
右　进　深	900、4800、2400、3300

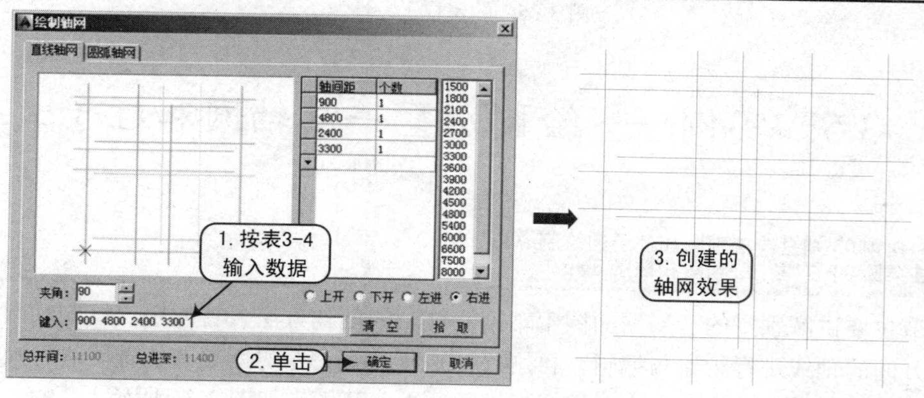

图 3-37　绘制的轴网

提示技巧

当用户创建了轴网对象后，系统自动创建轴网图层(DOTE)，如果用户需要让轴网对象呈点划线，应在屏幕菜单中选择“轴网柱子”|“轴改线型”命令即可，如图3-38所示。再选择“轴改线型”命令，即可改为实线效果。

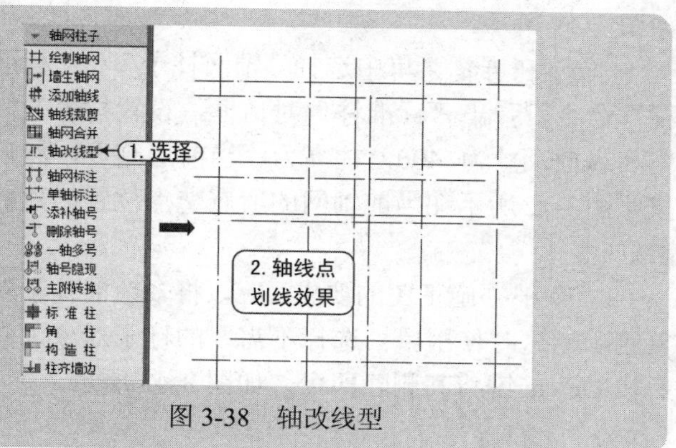

图3-38 轴改线型

（3）在屏幕菜单中选择“轴网柱子”|“轴网标注”命令，在弹出的“轴网标注”对话框中选中“双侧标注”单选按钮，对轴网上下、左右进行轴标操作，如图3-39所示。

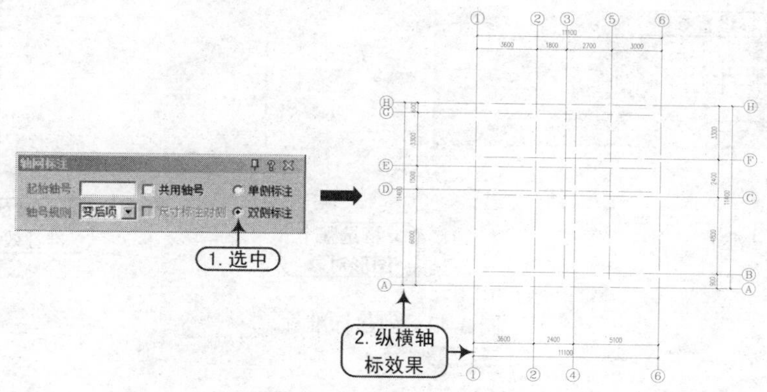

图3-39 轴网标注

（4）在屏幕菜单中选择“轴网柱子”|“主附转换”命令，按图3-40所示将右侧原有的轴号B转换为1/A。

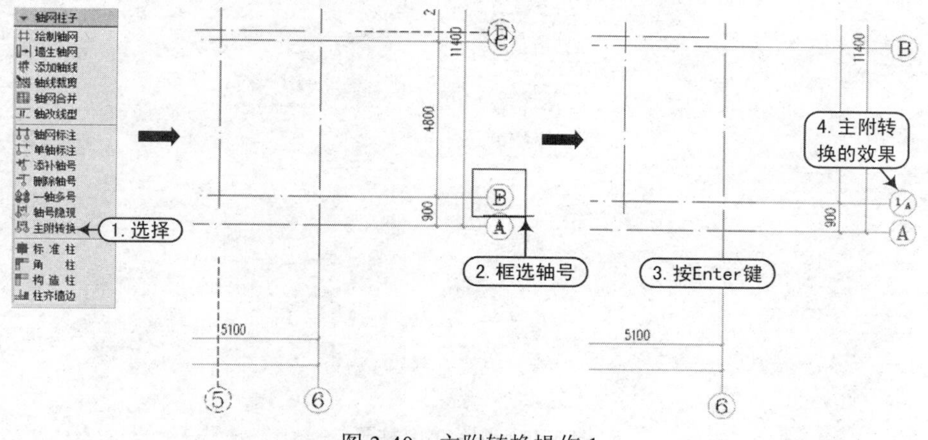

图3-40 主附转换操作1

（5）同样，再将左侧原有的轴号 F 转换为 1/E，如图 3-41 所示。

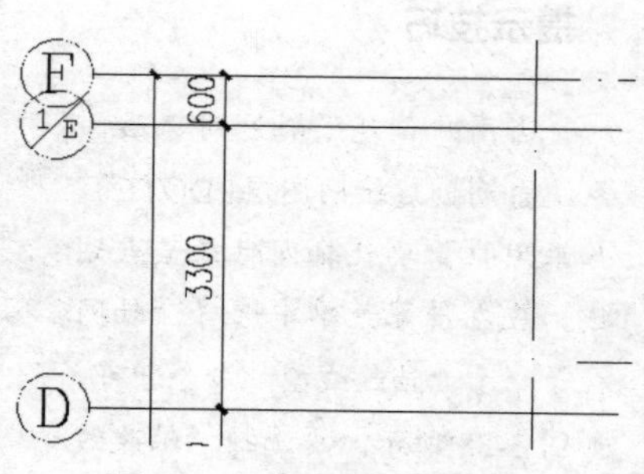

图 3-41　主附转换操作 2

（6）在屏幕菜单中选择“轴网柱子”|“标准柱”命令，弹出“标准柱”对话框，设置柱子的横向和纵向尺寸为 400，柱高为“当前层高”，然后按照图 3-42 所示在当前轴网的所有交点位置创建标准柱。

（7）根据施工图的要求，应该将多余的柱子对象删除，这时使用鼠标选择不需要的柱子对象，然后按 Delete 键将其删除即可，如图 3-43 所示。

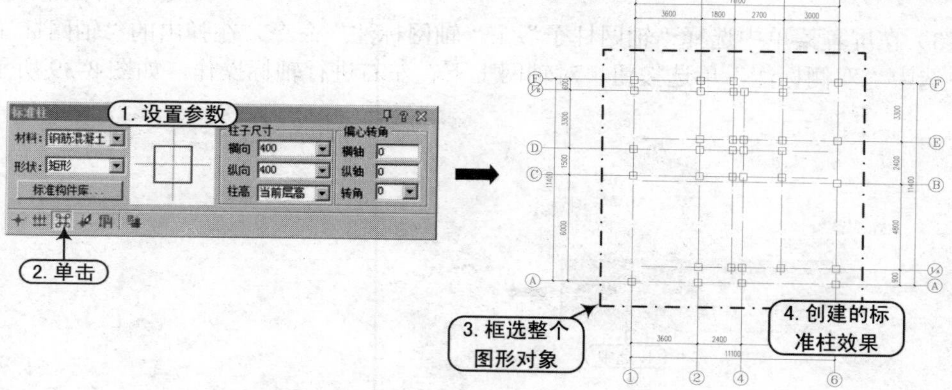

图 3-42　创建标准柱

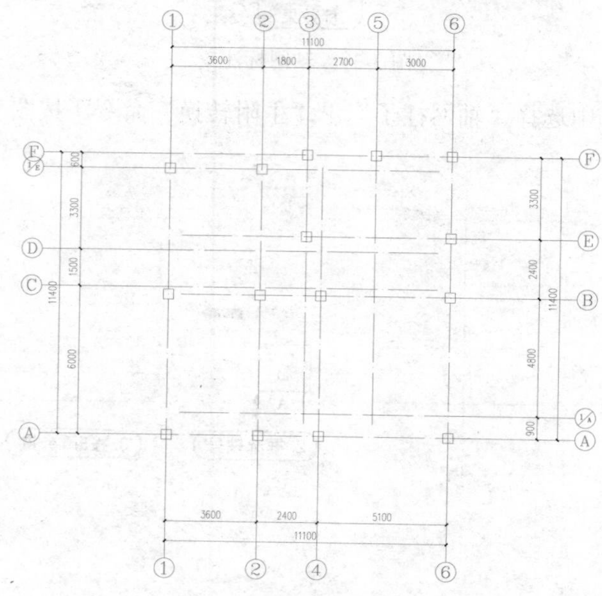
图 3-43　删除多余柱子

提示技巧

目前所创建的柱子对象只是一个白色的方框，用户可以选择“设置”｜“天正选项”命令，打开“天正选项”对话框，在“加粗填充”选项卡中选中“对墙柱进行图案填充”复选框，则当前的柱子对象变为黑色的方框，如图 3-44 所示。

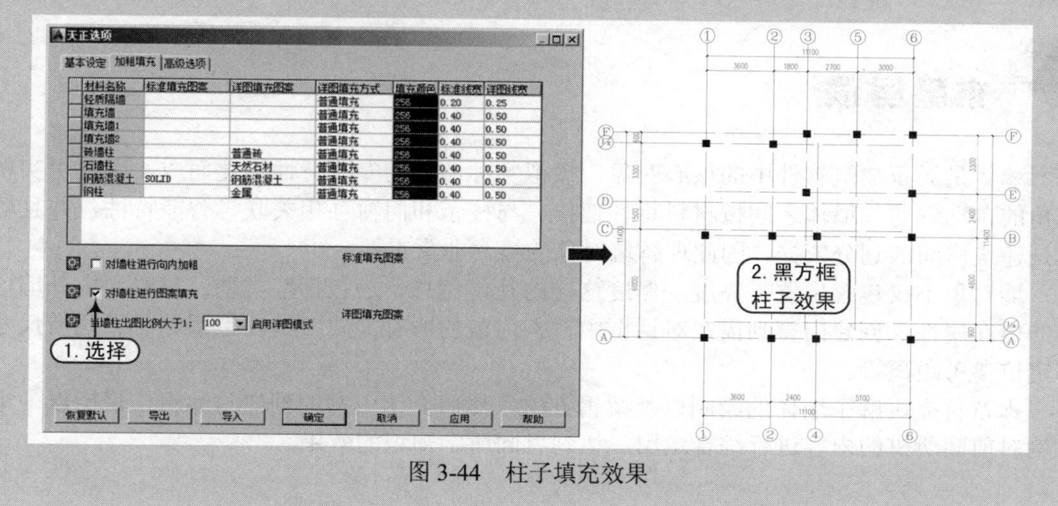

图 3-44　柱子填充效果

（8）从当前图形可以看出，其左上角处的轴号 F 与 1/E 重合了，这时用户可以通过夹点方式来进行调整，如图 3-45 所示。

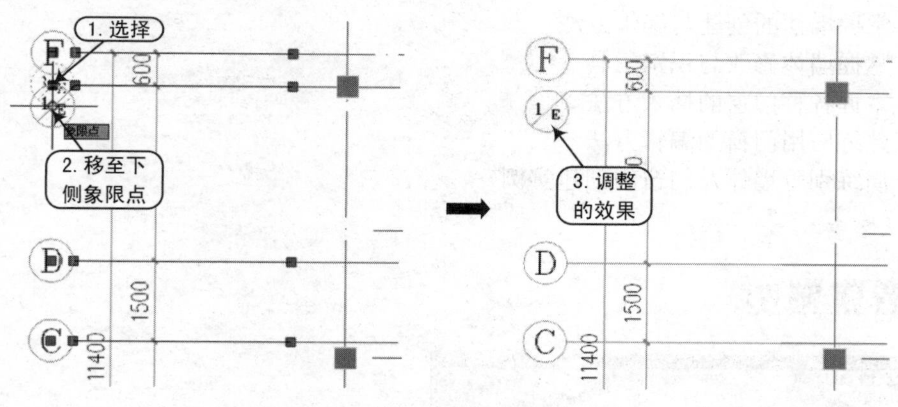

图 3-45　调整附轴号

（9）至此，别墅一层的轴网和柱子对象已经绘制完成，最终效果如图 3-36 所示。

第4章　建筑墙体和门窗

墙体是天正建筑软件中的核心对象，模拟实际墙体的专业特性构建而成，因此可实现墙角的自动修剪、墙体之间按材料特性连接、与柱子和门窗互相关联等智能特性，并且墙体是建筑房间的划分依据，因此理解墙对象的概念非常重要。

墙对象不仅包含位置、高度、厚度这样的几何信息，还包括墙类型、材料、内外墙这样的内在属性。创建门窗则需在对话框中输入门窗的所有需要参数，包括编号、几何尺寸和定位参考距离等。

本章首先讲解了墙体的绘制以及编辑方法，然后介绍门窗的创建与编辑，最后以一个实例对前面所讲的内容进行综合运用，达到巩固所学知识的效果。

- ❑ 掌握墙体的创建与编辑方法
- ❑ 掌握墙体修改与识别工具
- ❑ 掌握各种门窗的插入方法
- ❑ 熟练应用门窗的编辑方法
- ❑ 演练别墅墙体及门窗的创建实例

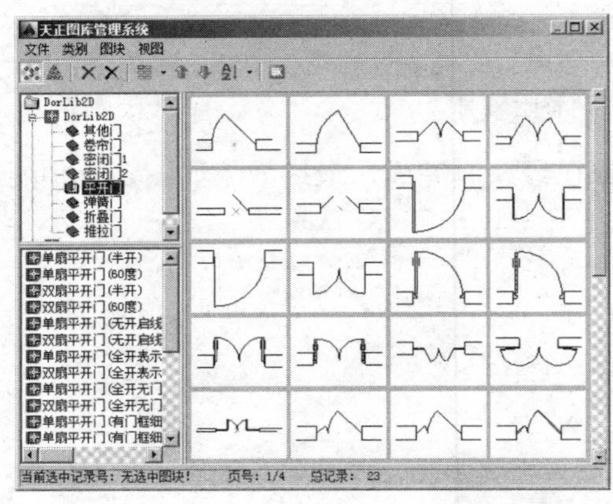

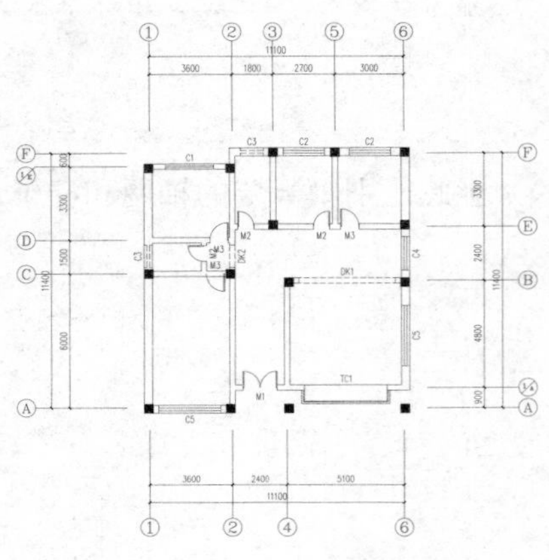

4.1　墙体的绘制

墙体是建筑物的重要组成部分，既是建筑的围护结构，又是建筑主要的竖向承重构件。在 TArch 2014 中，系统专门提供了墙体的绘制命令，其屏幕菜单如图 4-1 所示（用户可打开“案例\04\别墅轴网和柱子.dwg”文件作为参考绘制，如图 4-2 所示）。

天正软件...
▸ 设　置
▸ 轴网柱子
▾ 墙　体
绘制墙体
等分加墙
单线变墙
墙体分段
幕墙转换

图 4-1　“墙体”子菜单

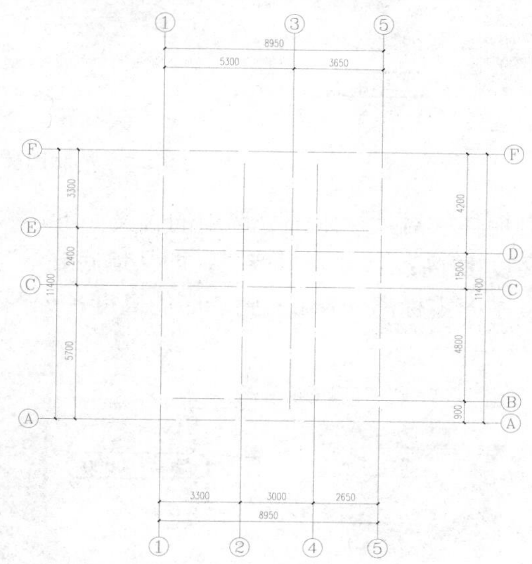

图 4-2　别墅轴网和柱子效果

4.1.1　绘制墙体

在启动“绘制墙体”命令的非模式对话框时，可以设定墙体参数，不必关闭对话框即可直接使用“直墙”、“弧墙”和“矩形布置”这 3 种方式绘制墙体对象，墙线相交处系统会自动处理，墙宽随时定义，墙高随时改变，在绘制过程中墙端点可以回退，用户使用过的墙厚参数在数据文件中按不同材料分别保存。

在屏幕菜单中选择“墙体”｜“绘制墙体”命令，将弹出“绘制墙体”对话框，从而可设置墙体的高度、材料、用途、宽度等，还可选择不同的绘墙模式，然后在视图中捕捉相应的轴网交点绘制墙体即可，如图 4-3 所示。

提示技巧

为了准确地定位墙体端点位置，天正软件内部提供了对已有墙基线、轴线和柱子的自动捕捉功能。必要时用户也可以按 F3 键打开 AutoCAD 的捕捉功能和 F8 键打开正交模式。

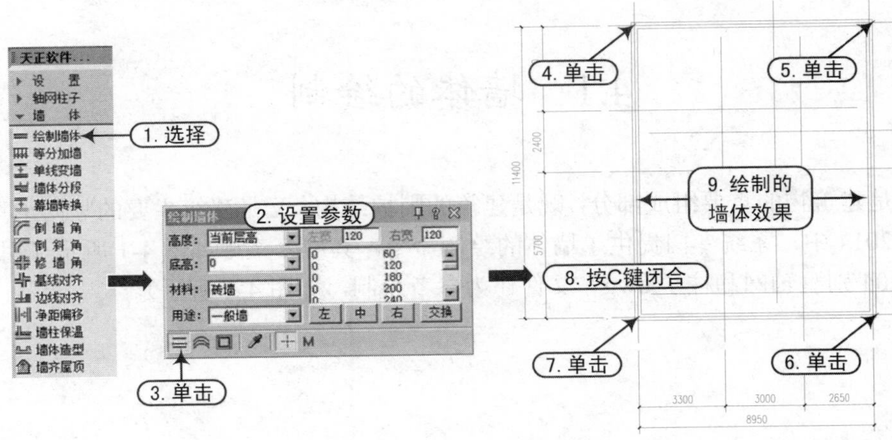

图 4-3　绘制墙体

“绘制墙体”对话框中部分选项的含义如下。

- 高度/底高：高度表示墙高，即从墙底到墙顶计算的高度。而底高是墙底标高，即从本图零标高（Z=0）到墙底的高度，如图 4-4 所示。

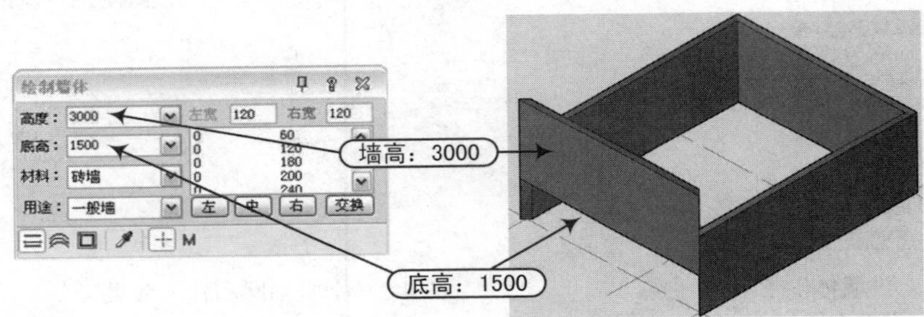

图 4-4　墙体的高度与底高比较

提示技巧

在“高度”下拉列表框中有一个“当前层高”，此数值用户可以选择“设置”|“天正选项”命令，打开“天正选项”对话框，在其中的“当前层高”下拉列表框中进行设置，如图 4-5 所示。系统默认的当前层高为 3000。

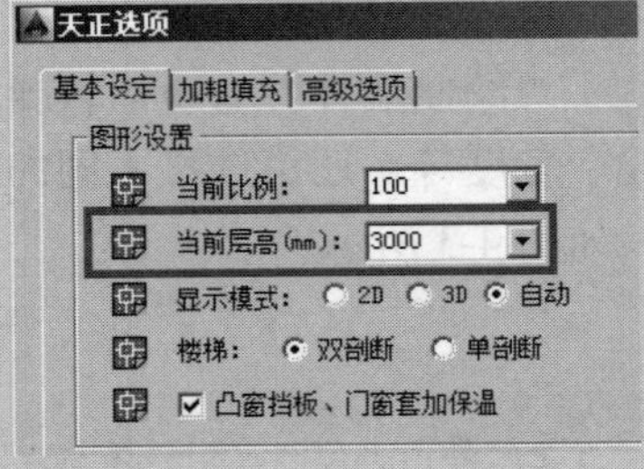

图 4-5　设置当前层高

- ❑ 材料：表示墙体的材质，包括轻质隔墙、玻璃幕墙、填充墙到钢筋混凝土等 8 种材料，按材质的密度预设了不同材质之间的遮挡关系，可通过设置材料绘制玻璃幕墙。
- ❑ 用途：表示墙体的用途，有一般墙、卫生隔断、虚墙和矮墙 4 种类型，其中矮墙是新添加的类型，具有不加粗、不填充、墙端不与其他墙融合的新特性。
- ❑ 左宽/右宽：是以轴线为中线分为左宽（内宽）、右宽（外宽）两个参数，其中，左宽、右宽都可以为正数、负数或 0。
- ❑ “绘制直墙”按钮：沿指定点绘制水平或竖直的墙体对象。
- ❑ “绘制弧墙”按钮：按给定的点绘制弧形墙体，如图 4-6 所示。

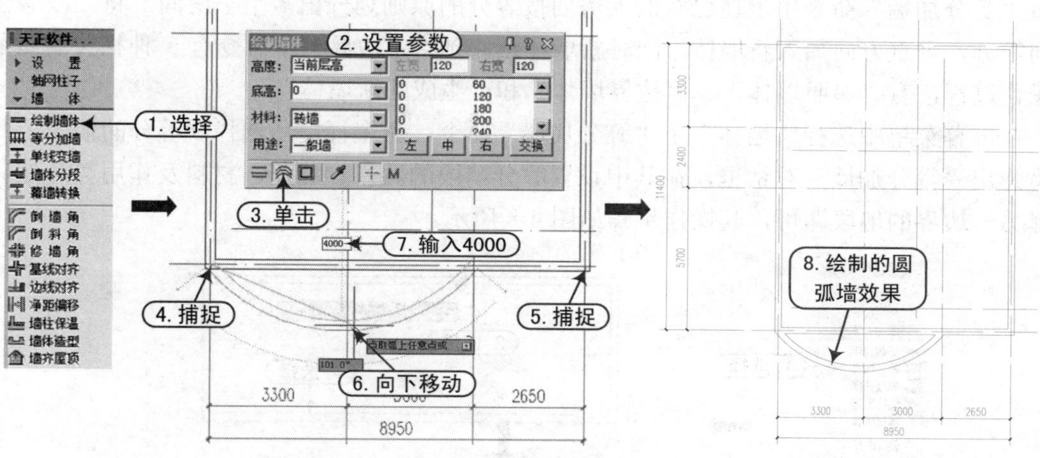

图 4-6　绘制弧形墙

- ❑ “矩形绘墙”按钮：可按指定的矩形区域绘制墙体，如图 4-7 所示。

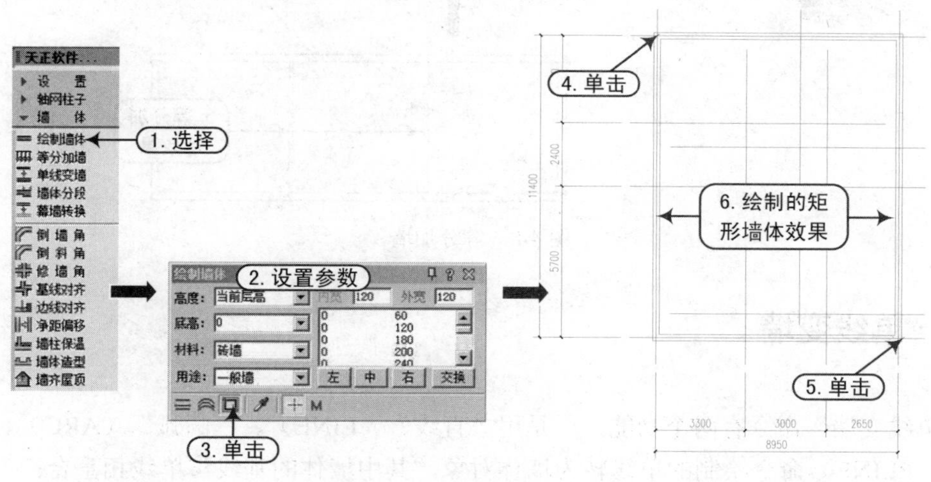

图 4-7　矩形绘墙

- ❑ “拾取墙体参数”按钮：用于从已经绘制的墙中提取其中的参数到“绘制墙体”

对话框，按与已有墙一致的参数继续绘制。

- “自动捕捉”按钮：用于自动捕捉墙体基线和交点绘制新墙体，不单击此按钮时执行 AutoCAD 默认捕捉模式，单击后可捕捉墙体边线和保温层线。
- “模数开关”按钮：打开模数开关，墙的拖动长度按“自定义”|“操作配置”页面中的模数变化。

4.1.2 等分加墙

“等分加墙”命令用于在已有的大房间按等分的原则划分出多个小房间。将一段墙在纵向等分，垂直方向加入新墙体，同时新墙体延伸到给定边界。本命令有 3 种相关墙体参与操作过程，有“参照墙体”、“边界墙体”和“生成的新墙体”。

在屏幕菜单中选择“墙体”|“等分加墙”命令，命令行提示选择要等分的墙段，此时将弹出“等分加墙”对话框，在其中设置等分墙段的数目、墙厚、材料及作用等，然后选择另一边界的墙段即可，其操作步骤如图 4-8 所示。

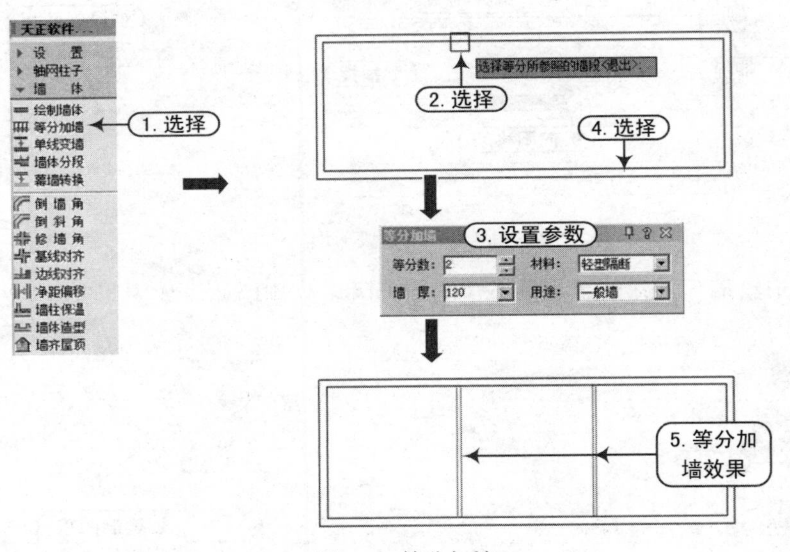

图 4-8 等分加墙

4.1.3 单线变墙

“单线变墙”命令有两个功能：一是用“直线”（LINE）、“圆弧”（ARC）、“多段线”（PLINE）命令绘制的单线转为墙体对象，其中墙体的基线与单线相重合；二是基于设计好的轴网创建墙体，然后进行编辑，创建墙体后仍保留轴线，智能判断并清除轴线的伸出部分，此命令可以自动识别新旧两种多段线。

在屏幕菜单中选择“墙体” | “单线变墙”命令，在弹出的对话框中设置参数，在视图中框选并按 Enter 键，将轴网自动生成墙体，如图 4-9 所示。

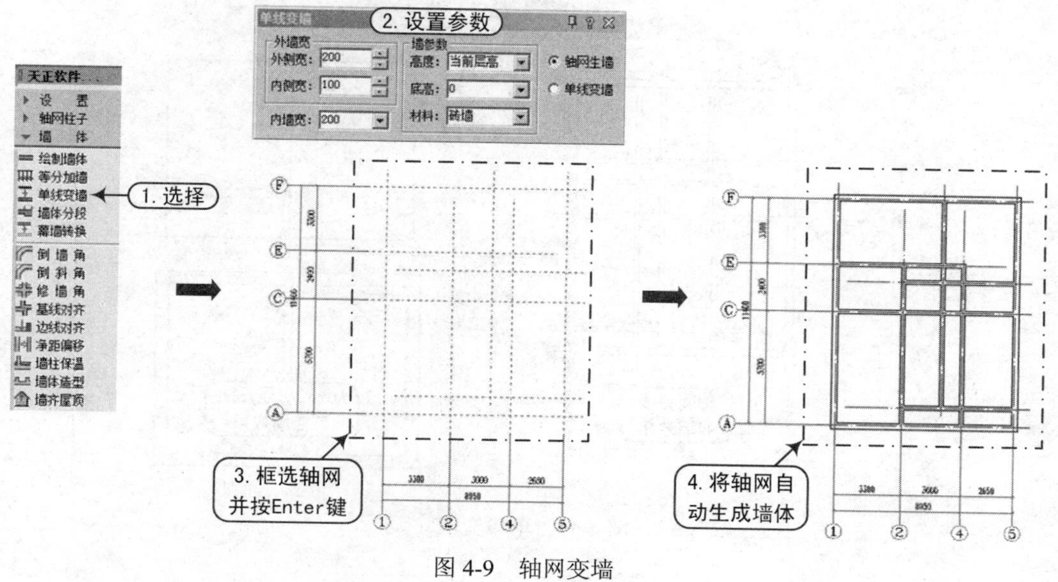

图 4-9　轴网变墙

提示技巧

为了显示墙体的整体效果，用户可在图层控制栏内将 DOTE 图层暂时关闭，如图 4-10 所示。

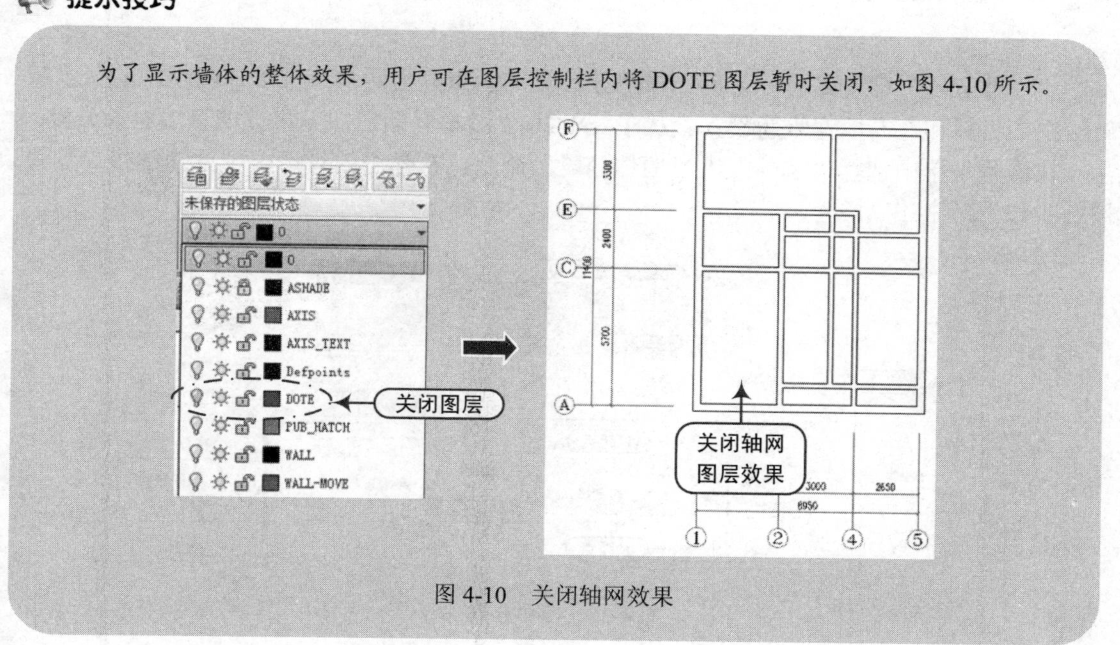

图 4-10　关闭轴网效果

当用户在“单线变墙”对话框中选中“单线变墙”单选按钮时，即可将轴线，也可将直线段、圆弧、矩形、多段线等对象变换成墙体，如图 4-11 所示。

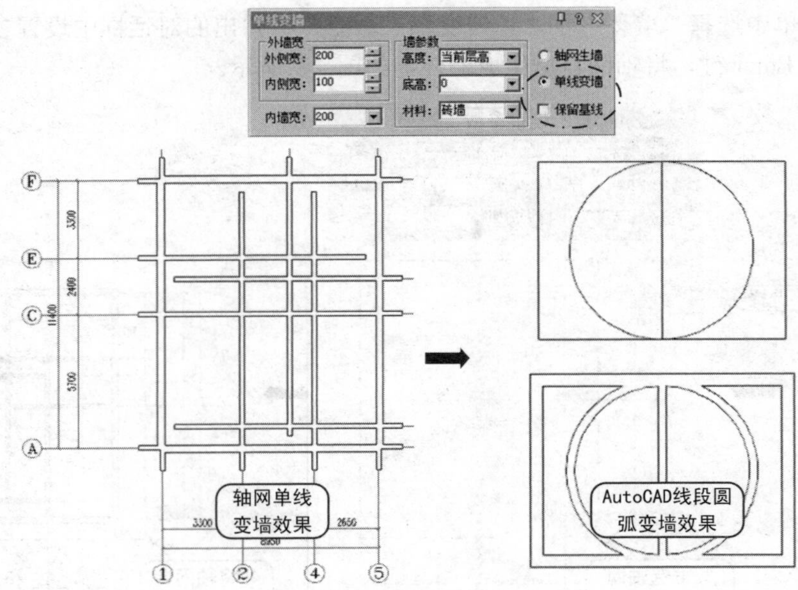

图 4-11　单线变墙

4.1.4　墙体分段

“墙体分段”命令是将原来的一段墙按给定的两点分为两段或三段，两点间的墙段按新给定的材料和左右墙宽重新设置。从 TArch 2014 版本开始，即可将玻璃幕墙对象分段。

在屏幕菜单中选择“墙体”｜“墙体分段”命令，在弹出的对话框中设置一些参数并按图 4-12 所示操作即可。

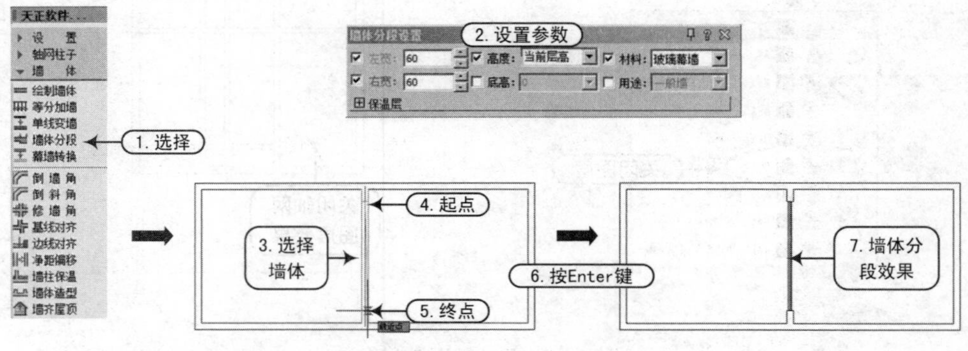

图 4-12　墙体分段

提示技巧

当用户需要修改或编辑分段的墙体对象时，可以双击该墙体，将弹出“墙体编辑”对话框，可修改墙体参数。双击不同的墙体，将弹出不同的对话框，如图 4-13 所示。

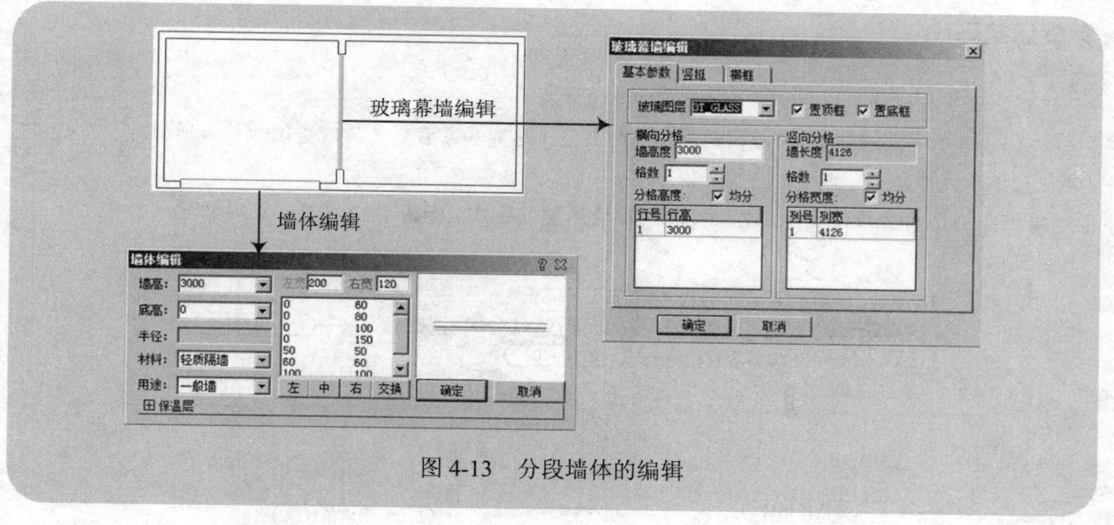

图 4-13　分段墙体的编辑

4.2　墙体的编辑

墙体对象支持 AutoCAD 的通用编辑命令，可使用包括“偏移”（O）、“修剪”（T）、“延伸”（Ex）等命令进行修改，对墙体执行以上操作时均不必显示墙基线。另外还可直接使用“删除”（E）、“移动”（M）和“复制”（C）命令进行多个墙段的编辑操作。

4.2.1　倒墙角

“倒墙角”命令与 AutoCAD 的“圆角”命令相似，专门用于处理两段不平行的墙体的端头交角，使两段墙以指定圆角半径进行连接，圆角半径按墙中线计算。

在屏幕菜单中选择“墙体”|“倒墙角”命令，根据命令行提示设置圆角半径，再选择相邻的两段墙体即可，其操作步骤如图 4-14 所示。

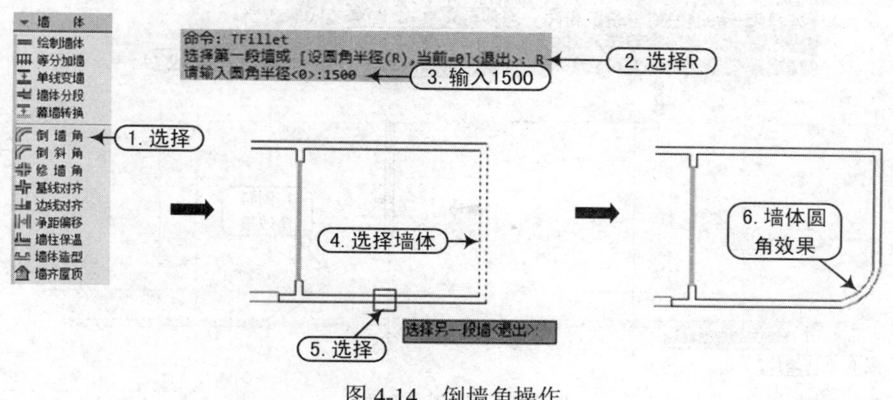

图 4-14　倒墙角操作

提示技巧

用户在进行倒墙角操作时，需要注意以下3点。

（1）当圆角半径不为 0 时，两段墙体的类型、总宽和左右宽（两段墙偏心）必须相同，否则不进行倒角操作。

（2）当圆角半径为0时，自动延长两段墙体进行连接，如图4-15所示，此时两墙段的厚度和材料可以不同。

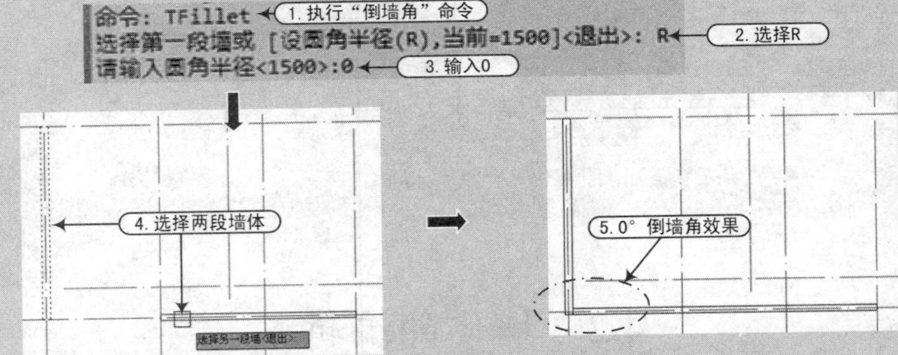

图4-15　墙体自动连接

（3）在同一位置不应反复进行半径不为 0 的圆角操作，在再次圆角前应先把上次圆角时创建的圆弧墙删除。

4.2.2 倒斜角

“倒斜角”命令与AutoCAD的“倒角”命令相似，专门用于处理两段不平行的墙体的端头交角，使两段墙以指定倒角长度进行连接，倒角距离按墙中线计算。

在屏幕菜单中选择“墙体”|“倒斜角”命令，首先选择“设距离”选项，再设置倒斜角的两段距离值，然后分别选择两段墙即可，如图4-16所示。

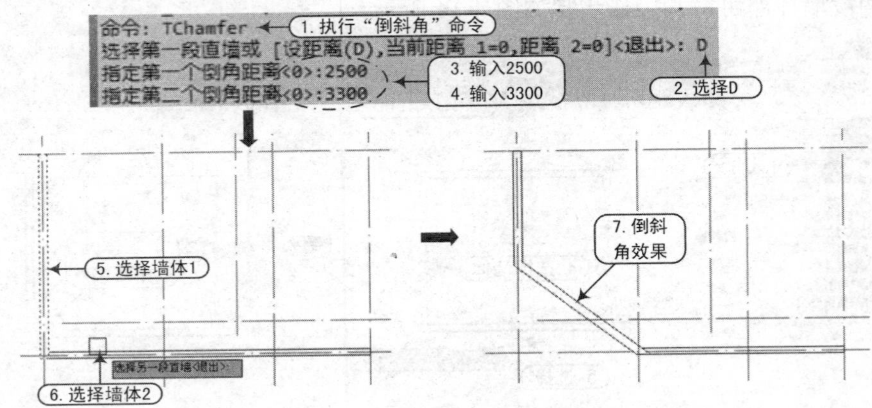

图4-16　倒斜角操作

4.2.3　修墙角

“修墙角”命令提供对属性完全相同的墙体相交处的清理功能。当用户使用 AutoCAD 的某些编辑命令，或者拖动夹点对墙体进行操作后，墙体相交处有时会出现未按要求打断的情况，采用该命令框选墙角即可对其轻松处理，此命令也可以更新墙体、墙体造型、柱子以及维护各种自动裁剪关系。

在屏幕菜单中选择“墙体”｜“修墙角”命令，再框选需修剪的区域即可，如图 4-17 所示。

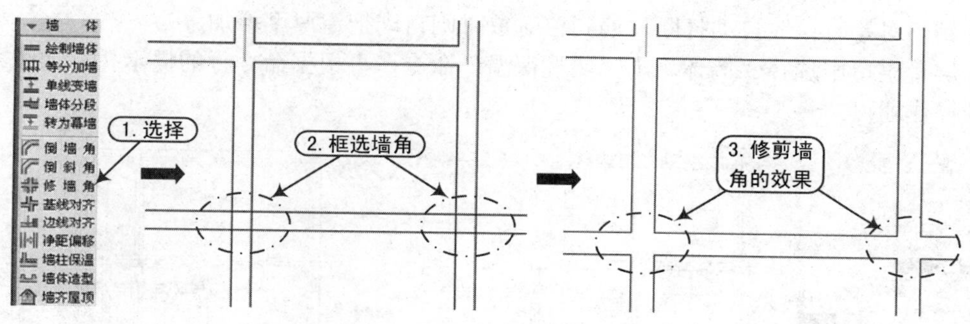

图 4-17　修墙角操作

4.2.4　边线对齐

“边线对齐”命令用来对齐墙边，并维持基线不变，将边线偏移到指定的位置。通常用于处理墙体与某些特定位置的对齐，特别是和柱子的边线对齐。

在屏幕菜单中选择“墙体”｜“基线对齐”命令，首先选取作为对齐点的一个基线端点（不应选取端点外的位置），再选择要对齐该基线端点的墙体对象，然后按 Enter 键退出，如图 4-18 所示。

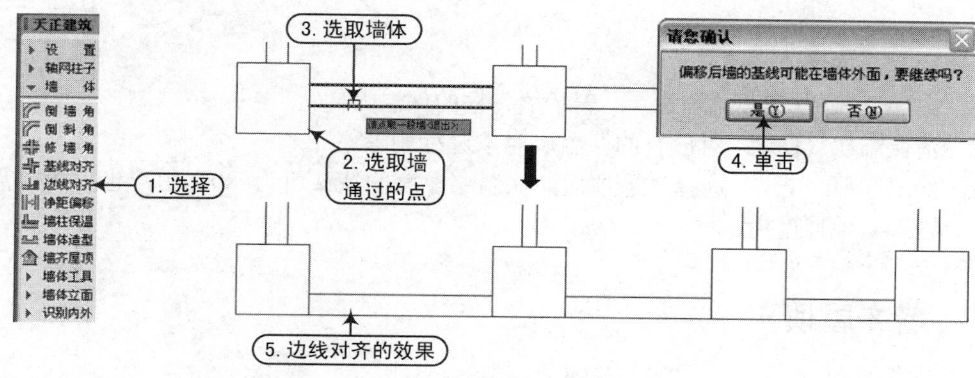

图 4-18　边线对齐操作

提示技巧

墙体与柱子的关系并非都是中线对中线，要把墙边与柱边对齐，无非两个途径，直接用基线对齐柱边绘制，或者先不考虑对齐，而是快速地沿轴线绘制墙体，待绘制完毕后用“边线对齐”命令处理。后者可以把同一延长线方向上的多个墙段一次取齐。

4.2.5 墙柱保温

“墙柱保温”命令可在图中已有的墙段、墙体造型或柱子指定一侧加入或删除保温层线，遇到门对象时该线自动打断，遇到窗对象时则自动把窗厚度增加。

在屏幕菜单中选择“墙体”|“墙柱保温”命令，再根据命令行的提示执行如图 4-19 所示的操作即可。

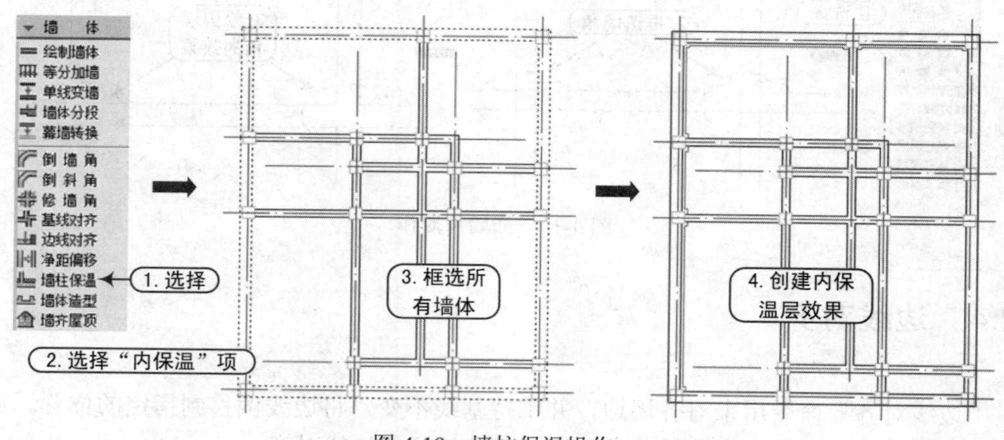

图 4-19 墙柱保温操作

选择“墙柱保温”命令后，将出现如下命令行提示。

指定墙、柱、墙体造型保温一侧或 [内保温(I)/外保温(E)/消保温层(D)/保温层厚(当前=80)(T)] <退出>:

各选项含义如下。

- 内保温（I）/外保温（E）：表示墙、柱的保温方向。
- 消保温层（D）：对已有的保温层对象进行删除。
- 保温层厚（T）：选择该选项后，保温层厚度的默认值为 80，用户也可根据需要输入其他厚度值。

4.2.6 墙齐屋顶

“墙齐屋顶”命令用来向上延伸墙体和柱子，使原来水平的墙顶成为与天正屋顶一致

的斜面（其柱顶还是平的）。使用该命令前，屋顶对象应在墙平面对应的位置绘制完成，屋顶与山墙的竖向关系应经过合理调整，但要注意，该命令暂时不支持圆弧墙。

在屏幕菜单中选择“墙体”|“墙齐屋顶”命令，首先在立面图上选择天正屋顶，再选择墙体或者柱子，然后按 Enter 键结束选择，其操作步骤如图 4-20 所示。

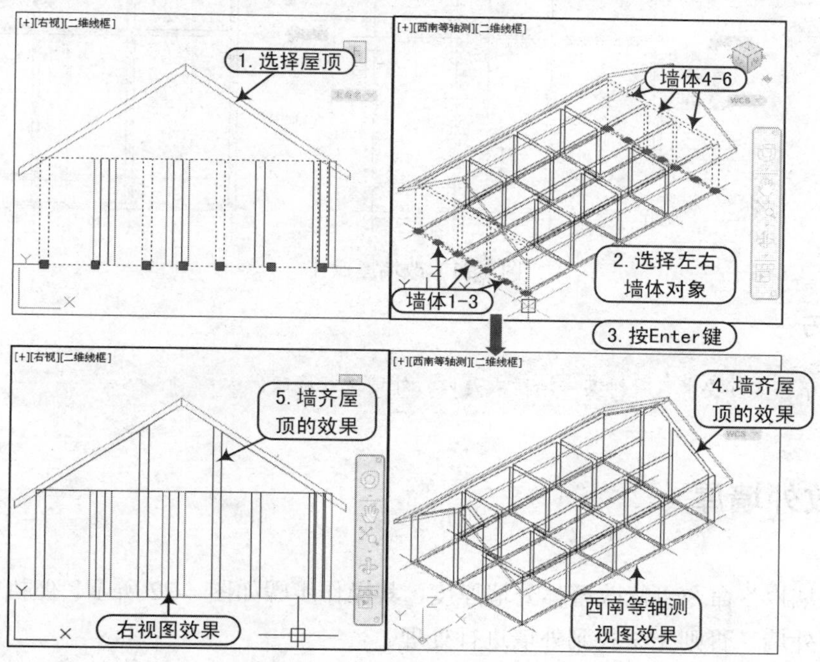

图 4-20　墙齐屋顶操作

提示技巧

用户在使用“墙齐屋顶”命令时，可将当前视图切换至“西南等轴测”视图进行操作，再切换至“前视图”观看墙齐屋顶的效果。

4.3　墙 体 工 具

创建墙体后，可以双击进行本墙段的对象编辑修改，但对于多个墙段的编辑，使用以下墙体编辑工具更有效。

4.3.1　改墙厚

单段墙厚的修改可直接使用“对象编辑”命令实现，该命令按照墙基线居中的规则批量修改多段墙体的厚度，但不适合修改偏心墙，其操作步骤如图 4-21 所示。

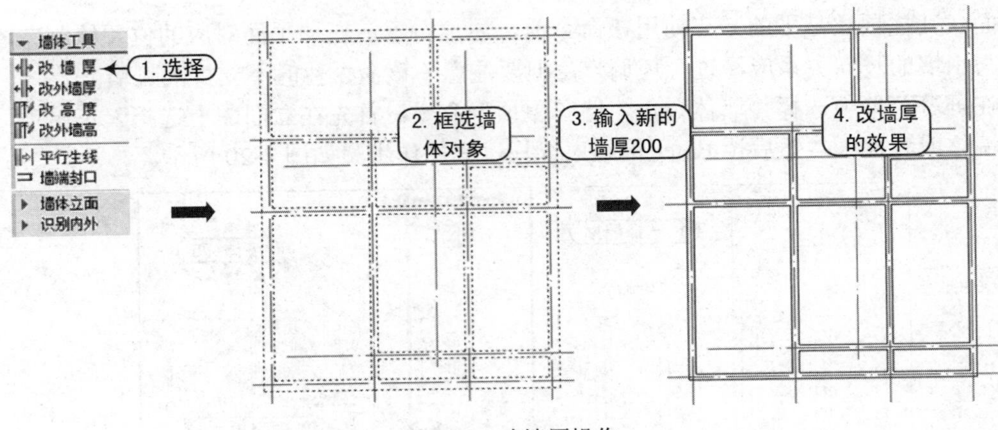

图 4-21　改墙厚操作

提示技巧

用户可根据实际要求只针对某一墙段或是内、外墙进行修改。

4.3.2　改外墙厚

“改外墙厚”命令可修改整体外墙厚度，其操作步骤如图 4-22 所示。但执行该命令前应事先识别外墙，否则无法找到外墙进行处理。

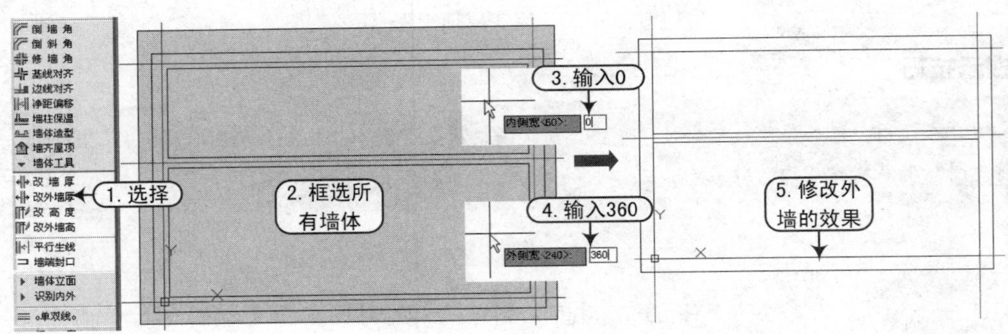

图 4-22　改外墙厚操作

4.3.3　改高度

“改高度”命令可对选中的柱、墙体及其造型的高度和底标高成批进行修改，是调整这些构件竖向位置的主要手段。修改底标高时，门窗底的标高可以和柱、墙联动修改，如图 4-23 所示。

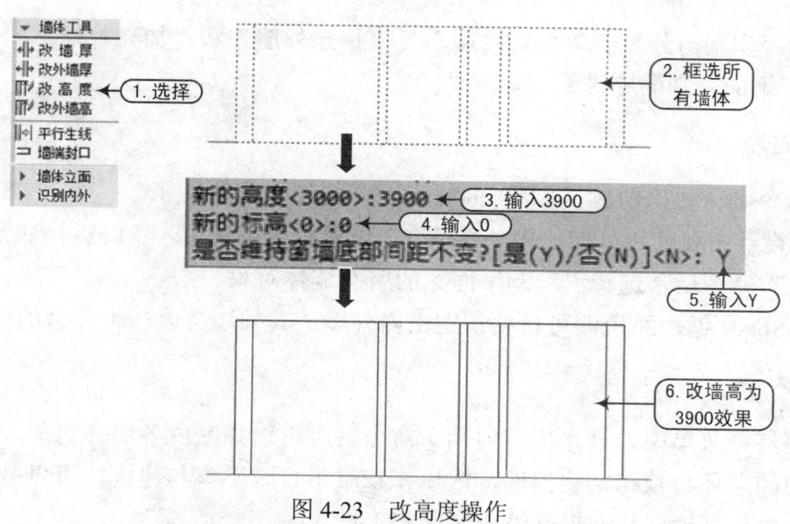

图 4-23 改高度操作

4.3.4 改外墙高

“改外墙高”命令可修改整体外墙高度，但执行该命令前应事先识别外墙，否则无法找到外墙进行处理，如图 4-24 所示。

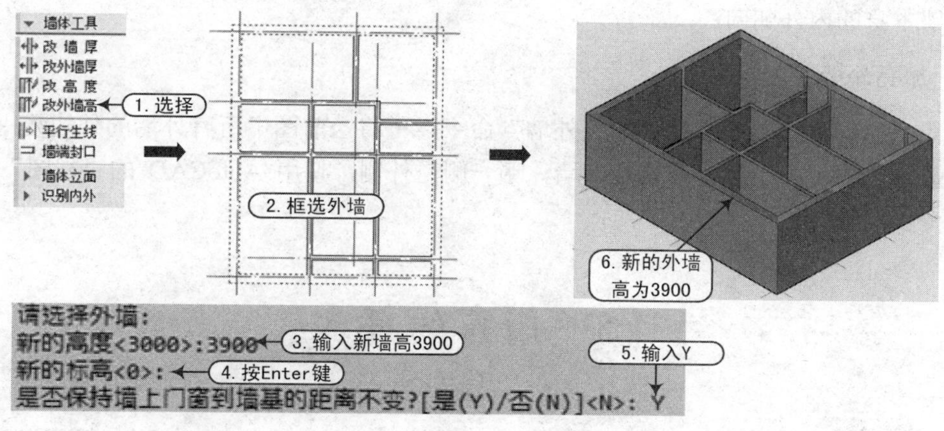

图 4-24 改外墙高操作

提示技巧

用户也可对某一墙段或是柱子对象进行单独修改。

4.4 识别内外

TArch 2014 还提供内外墙识别功能，展开屏幕菜单中的“墙体” | “识别内外”子菜

单，即可看到“识别内外”、“指定内墙”、“指定外墙”和“加亮外墙”4 个命令，如图 4-25 所示。下面分别简要讲解。

1．识别内外

利用此命令可自动识别内、外墙，同时可设置墙体的内外特征，在节能设计中要使用外墙的内外特征。在屏幕菜单中选择“识别内外”命令后，选择已绘制平面图的所有墙体对象，按 Enter 键或 Space 键，系统即可自动识别出内外墙，其外墙会以一个闭合的线框表示。

图 4-25 “识别内外”工具

2．指定内墙

若用户在屏幕菜单中选择“指定内墙”命令后，再选择室内各墙体对象，并右击结束选择，被选中的墙体将被指定为内墙，内墙在三维组合时不参与建模，可以减少三维渲染模型的大小与内存开销，从而提高渲染速度和工作效率。

3．指定外墙

若用户在屏幕菜单中选择“指定外墙”命令后，再选择建筑物外围墙体，并右击结束选择，被选中的墙体将被转换为外墙，同时，该命令还能指定墙体的内外特性用于节能计算，也可以把选中的玻璃幕墙两侧翻转，适用于设置了隐框（或框料尺寸不对称）的幕墙，调整幕墙本身的内外朝向。

4．加亮外墙

若用户在屏幕菜单中选择“加亮外墙”命令，可将当前图中所有外墙的外边线用红色虚线亮显，以便用户了解哪些墙是外墙，哪一侧是外侧，使用 AutoCAD 的“视图”|“重画”命令可消除亮显虚线。

4.5 门窗的插入

门窗是天正建筑软件中的核心对象之一，类型和形式非常丰富，然而大部分门窗都使用矩形的标准洞口，并且在一段墙或多段相邻墙内连续插入，规律十分明显。创建这类门窗，只需要在墙上确定其位置即可。

在门窗对话框中提供插入门窗所需的所有参数，包括编号、几何尺寸和定位参考距离。如果把门窗高参数改为 0，系统在三维立体模型下不开该门窗。在新推出的版本中门窗模块增加了多项比较实用的功能，如连续插入门窗、同一洞口插入多个门窗等，前者用于幕墙和入口门等连续门窗的绘制，后者解决了多年来防火门和户门等的需要。

“门窗插入”提供了多种定位方式，以便用户快速在墙内确定门窗的位置，新增动态输入方式，在拖动定位门窗的过程中按 Tab 键和 Shift 键可切换门窗定位的当前距离参数或

改变方向，用键盘直接输入数据进行定位，适于在各种门窗定位方式中混合使用（以“案例\04\单元楼平面图”为例）。

4.5.1　插入门

普通门、普通窗、弧窗、凸窗和矩形洞等的定位方式基本相同，使用“插入门”命令即可创建这些门窗类型。

在屏幕菜单中选择“门窗”|“门窗”命令，在弹出的对话框中单击“插入门”按钮□，然后设置门的相关参数，并插入到指定位置即可，其操作如图 4-26 所示。

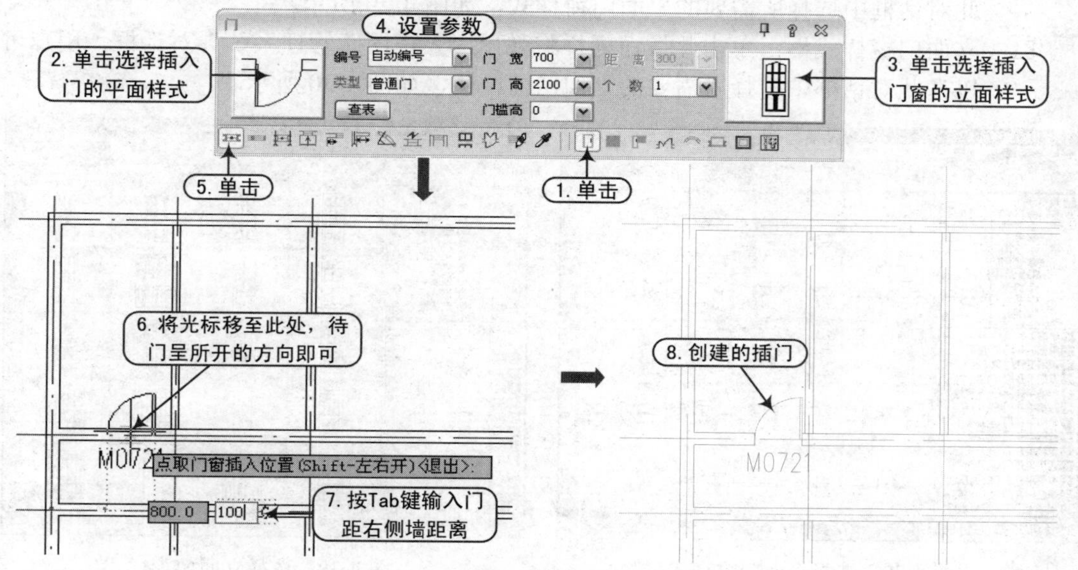

图 4-26　插入门的操作

“门”对话框中各参数的含义介绍如下。

- 编号：表示为门指定的一个代号名称，用户可以选择“自动编号”，这时系统将自动根据门窗的相关参数尺寸命名。例如，在图 4-26 中设置的门宽为 700，高度 2100，则将门命名为 M0721。
- 类型：在天正系统内门的类型设置如图 4-27 所示。
- 门宽/门高：指门的尺寸距离。
- 门槛高：表示门底部与地面的垂直距离。
- 距离：当以“垛宽”或“定距”方式插入门时，此选项可用，表示指定门与墙垛的水平间距，可输入具体尺寸。

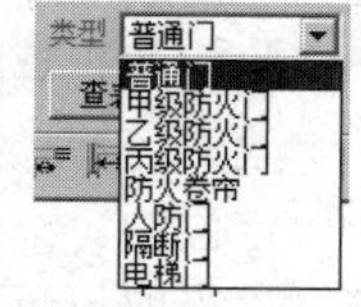

图 4-27　门的类型

- 个数：表示在当前墙段上可以插入门窗的个数。
- 查表：单击该按钮，可以随时查看当前图中已经插入的门窗参数，如图 4-28 所示。

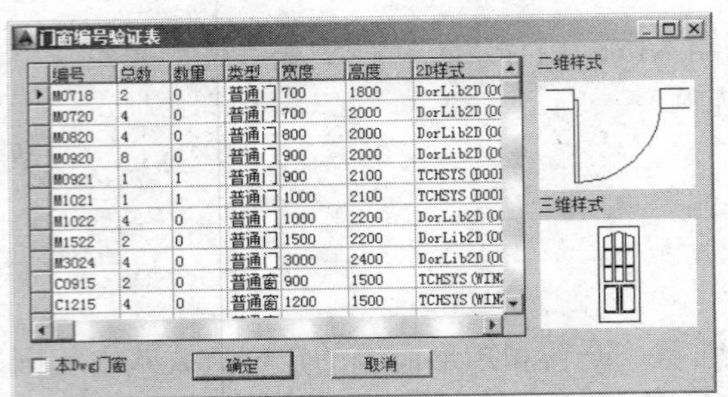

图 4-28 “门窗编号验证表”对话框

- 平面门窗样式框：单击此按钮将弹出“天正图库管理系统”对话框，用户可以在此对话框中选择所需要的平面门窗样式，如图 4-29 所示。
- 立面门窗样式框：单击此按钮同样将弹出“天正图库管理系统”对话框，用户可以在此对话框中选择所需要的立面门窗样式，如图 4-30 所示。

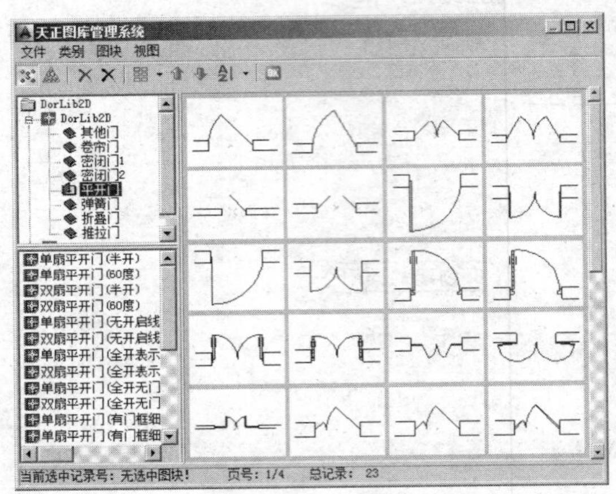

图 4-29 选择平面门窗样式

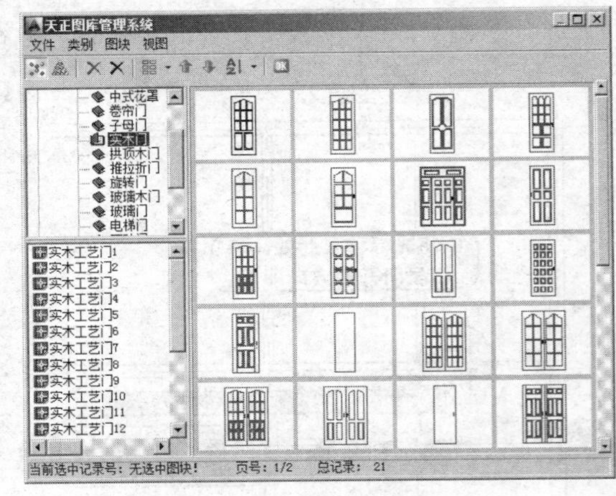

图 4-30 选择立面门窗样式

另外，在“门”对话框中，其下侧给出了门窗的各种定位方式，当选择不同的定位方式时，对话框内将显示不同的参数。

- “自由插入”按钮：单击此按钮后，使用鼠标左键点取门窗插入墙体中的位置即可，按 Shift 键改变开向。
- “沿墙顺序插入”按钮：以距离点取位置比较近的墙边端点或基线为起点，按给定的距离插入选定的门窗，此后顺着前进方向连续插入，插入过程中可以随意改变门窗类型和参数。将弧墙对象顺序插入门窗时，门窗是按照墙基线弧长进行定位的。
- “点取位置按轴线等分插入”按钮：可将一个或多个门窗按两根基线间的墙段等分中间插入，如果该墙段没有轴线，则会按墙段基线等分插入，操作过程如图 4-31 所示。
- “点取位置按墙段等分插入”按钮：与轴线等分插入相似，是按照某一墙段上该段墙体较短的一侧边线插入一个或多个门窗，使各个门窗之间墙垛的间距相等。

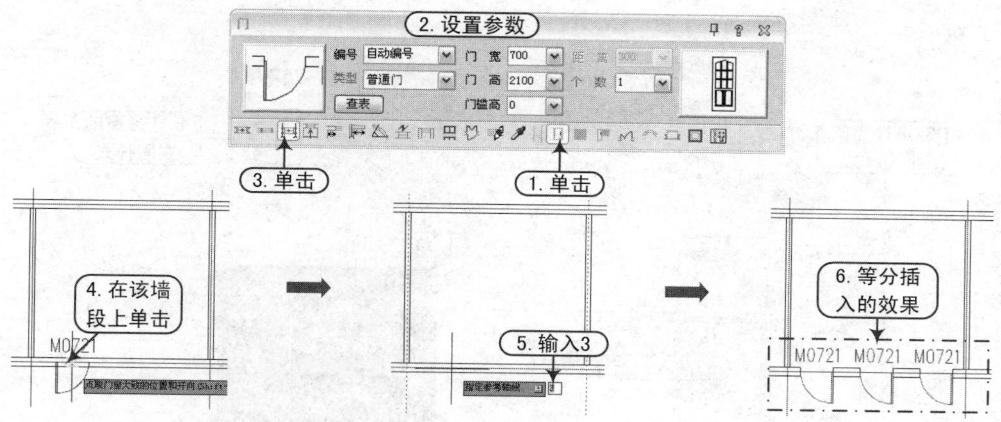

图 4-31　按轴线等分插入操作

- “垛宽定距插入”按钮：单击该按钮，“门”对话框中“距离”文本框中即可输入一个数值，该值就是垛宽，指定垛宽后，再在靠近该距离的墙垛的墙体上单击即可插入门窗。
- “轴线定距插入”按钮：单击该按钮，“门”对话框中“距离”文本框中即可输入一个数值，该值就是门窗左侧到基线的距离，再在墙体上单击即可插入门窗。
- “按角度插入弧墙上的门窗”按钮：本命令专用于弧墙插入门窗，按给定角度在弧墙上插入直线型门窗。
- “根据鼠标位置居中或定距插入门窗”按钮：单击该按钮，命令行会提示“键入”Q，选择按墙体或轴线定距插入门窗，同时，系统会给出标识，位置大致居中，用户自行选择插入门窗的位置。
- “充满整个墙段插入门窗”按钮：表示门窗在宽度方向上完全充满一段墙，单击该按钮，门窗宽度参数由系统自动确定，如图 4-32 所示。

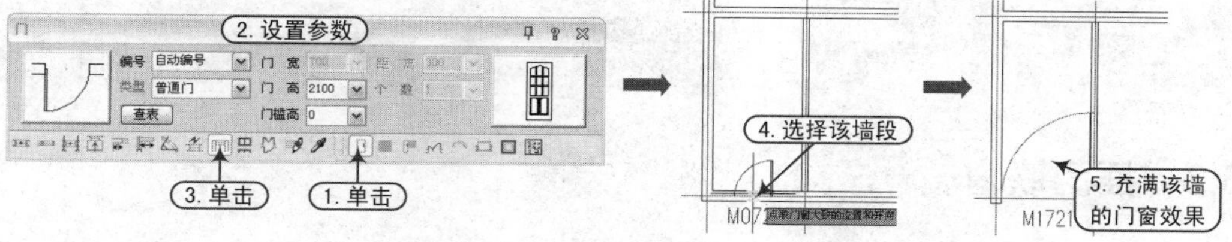

图 4-32　充满整个墙段插入门窗

4.5.2　插入窗

窗的插入与门的插入类似，在屏幕菜单中选择“门窗”|“门窗”命令（MC），在弹出的对话框中单击“插窗”按钮，设置窗的相关参数，并插入到指定位置即可，其操作

如图 4-33 所示。

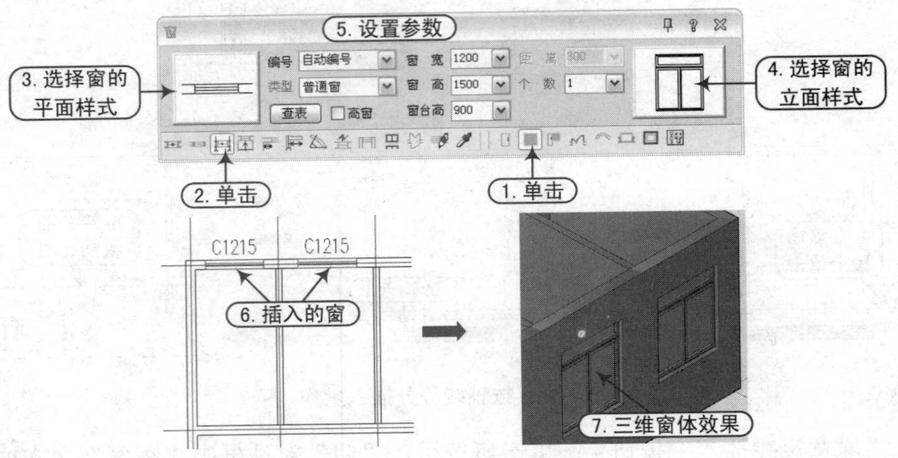

图 4-33　插入窗的操作

提示技巧

在天正软件中绘制普通的窗时全是实线，而绘制高窗时则是虚线，主要还是考虑卫生间的常用构造，这样画出来的图形比较容易分辨，如图 4-34 所示。

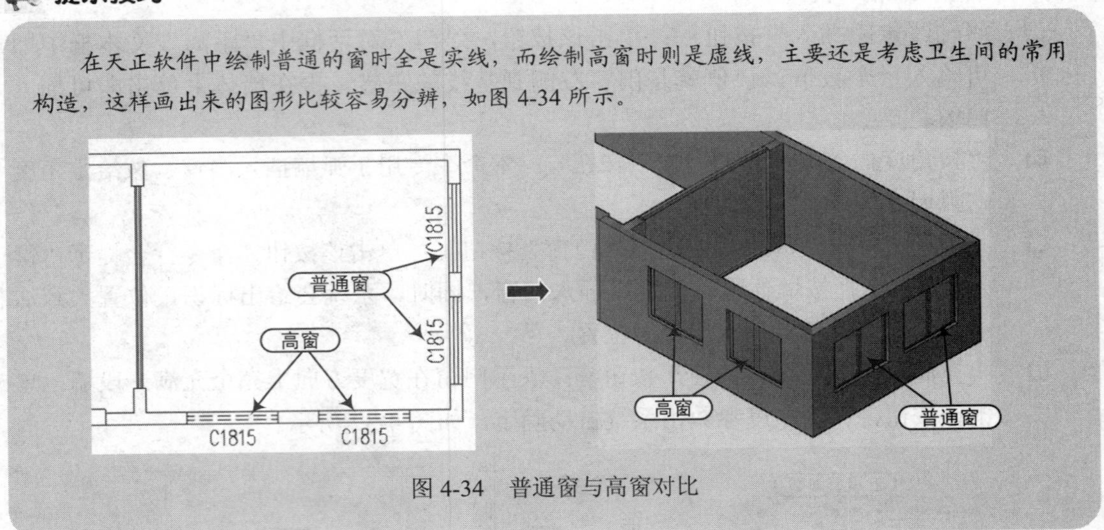

图 4-34　普通窗与高窗对比

4.5.3　插门联窗

门联窗是一个门和一个窗的组合，在门窗表中作为单个门窗进行统计，其缺点是门的平面图例固定为单扇平开门，若需要选择其他图例，可以使用组合门窗命令代替。

在屏幕菜单中选择“门窗”｜“门窗”命令，在弹出的对话框中单击“插门联窗”按钮，然后设置总宽、门宽、门高和窗高等参数，并插入到指定位置即可，其操作如图 4-35 所示。

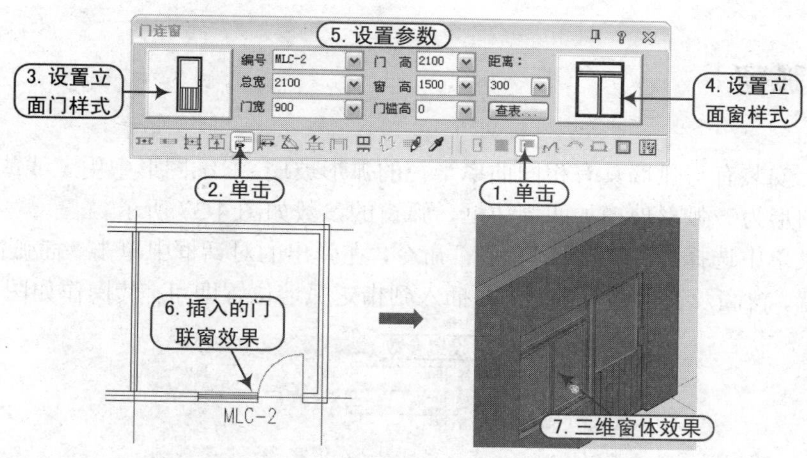

图 4-35 创建门联窗的操作

4.5.4 插子母门

子母门是两个平开门的组合，在门窗表中作为单个门窗进行统计，缺点同插门联窗，优点是参数定义比较简单。

在屏幕菜单中选择“门窗”｜“门窗”命令，在弹出的对话框中单击“插子母门”按钮，然后设置总门宽、大门宽和门高等参数，并插入到指定位置即可，其操作如图 4-36 所示。

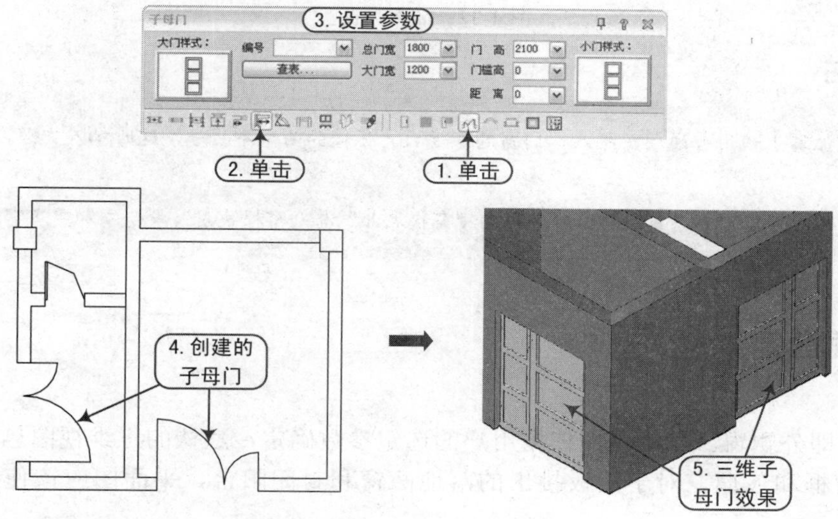

图 4-36 插入的子母门

4.5.5 插弧窗

在弧墙上安装有与弧墙具有相同曲率半径的弧形玻璃。二维图形中用三线或四线表示，默认的三维图形为一弧形玻璃加四周边框，弧窗的参数如图 4-37 所示。

在屏幕菜单中选择“门窗”|“门窗”命令，在弹出的对话框中单击“插弧窗”按钮，然后设置窗宽、窗高及窗台高等参数，并插入到指定弧墙位置即可，其操作如图 4-37 所示。

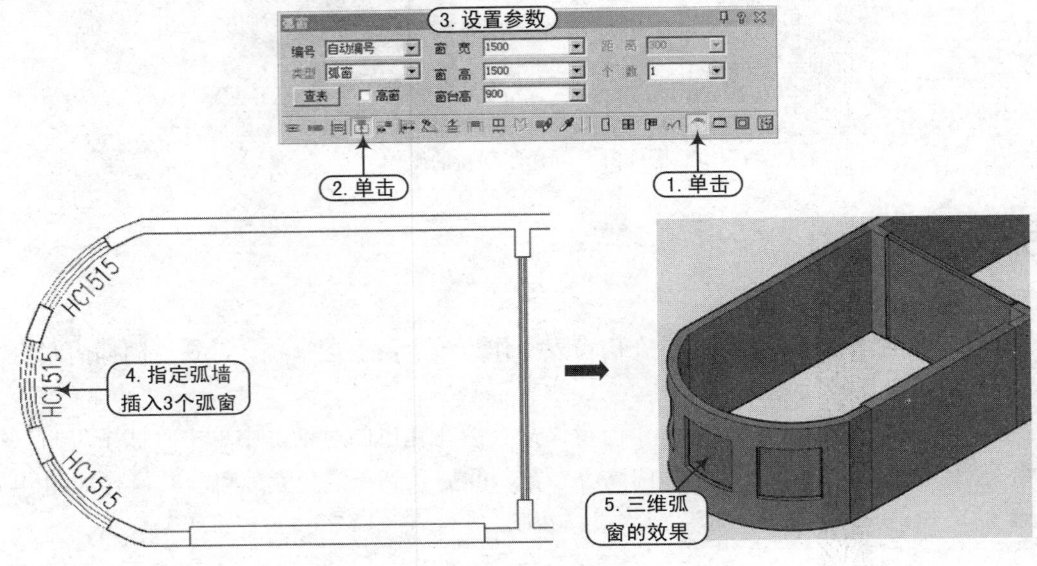

图 4-37 插入弧窗

提示技巧

如果在弧墙上使用普通门窗插入，门窗的宽度大，弧墙的曲率半径小，这时插入失败，可改用弧窗类型。

另外，用户可以用“门窗工具”命令内的“窗棂展开”与“窗棂映射”命令添加更多窗棂分格。

4.5.6 插凸窗

凸窗，即外飘窗。二维视图依据用户的选定参数确定，默认的三维视图包括窗楣与窗台板、窗框和玻璃。对于楼板挑出的落地凸窗和封闭阳台，平面图应该使用带形窗实现。

在屏幕菜单中选择“门窗”|“门窗”命令，在弹出的对话框中单击“插凸窗”按钮，然后设置凸窗型式、宽度、高度、窗台高，并设置出挑长度与距离，以及是否添加左侧、

右侧挡板，其操作如图 4-38 所示。

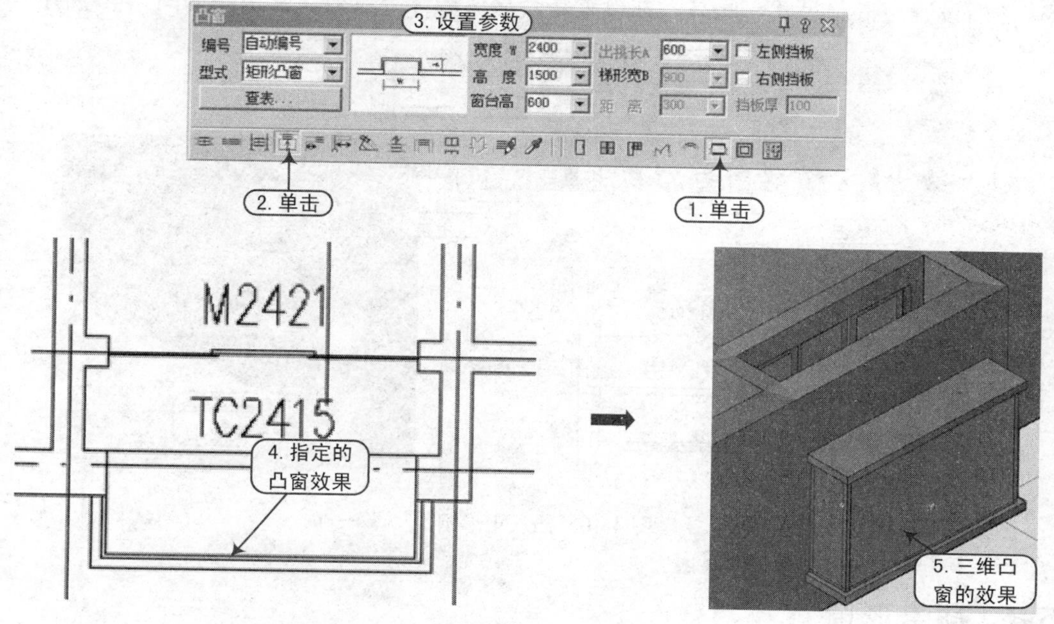

图 4-38　插入凸窗

提示技巧

TArch 2014 中设置了多种凸窗型式，包括梯形凸窗、三角凸窗、圆弧凸窗和矩形凸窗 4 种，另外可设置左侧、右侧挡板效果，并设置挡板厚度，效果如图 4-39 所示。

挡板效果

图 4-39　凸窗的挡板效果

4.5.7　插矩形洞

插矩形洞，即表示墙上的矩形空洞，可以穿透墙体，也可以不穿透墙体，有多种二维形式可选。

在屏幕菜单中选择“门窗”|“门窗”命令，在弹出的对话框中单击“插矩形洞”按钮，然后设置矩形洞尺寸、底高，并设置是否穿透墙体等参数，其操作如图 4-40 所示。

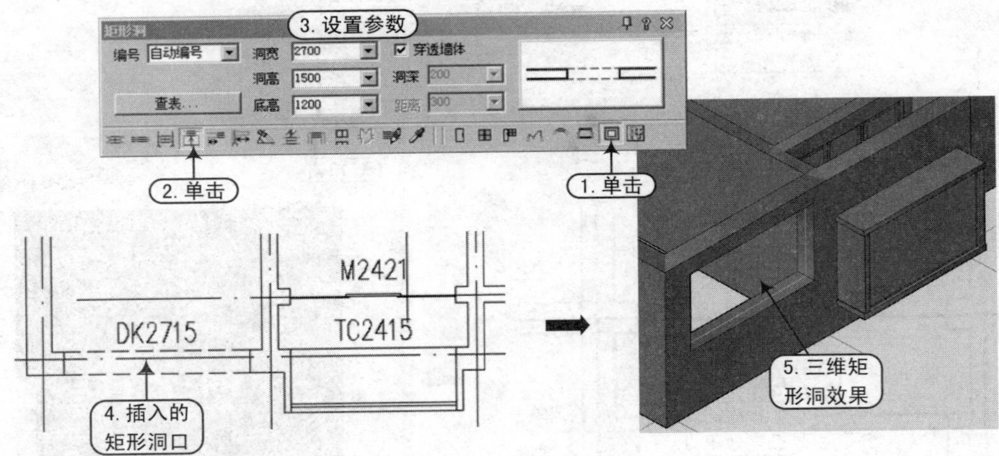

图 4-40　插入矩形洞

4.5.8　插带形窗

“带形窗”命令可以创建窗台高与窗高相同并且沿墙连续的带形窗对象，按一个门窗编号进行统计，且带形窗转角可以被柱子、墙体造型遮挡。

在屏幕菜单中选择“门窗”|“带形窗”命令，在弹出的“带形窗”对话框中设置参数，在带形窗开始墙段点取准确的起始位置，再在带形窗结束墙段点取准确的结束位置，然后选择带形窗经过的多个墙段，最后按 Enter 键结束命令，其操作方法如图 4-41 所示。

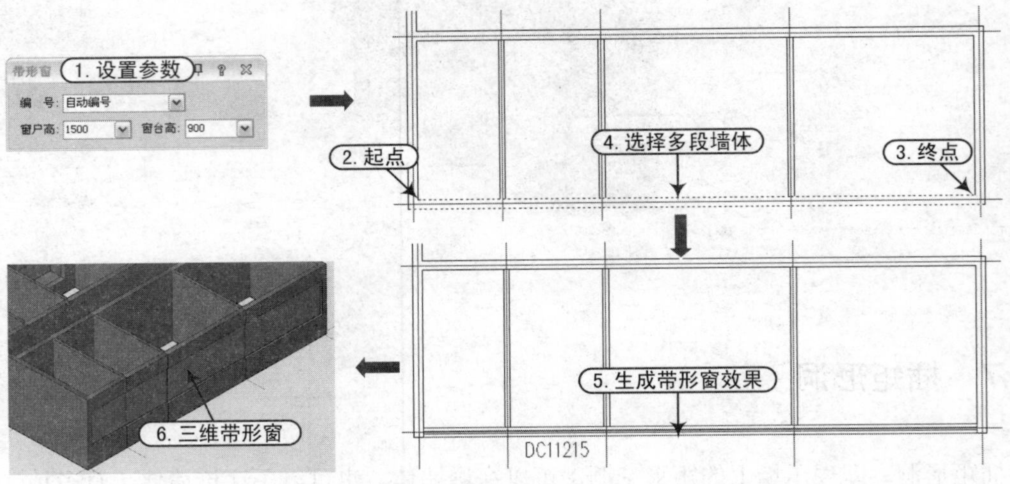

图 4-41　创建带形窗

提示技巧

在插入带形窗时，应注意以下 5 点。

（1）如果在带形窗经过的路径存在相交的内墙，应把其材料级别设置得比带形窗所在墙低，才能正确表示窗墙相交。

（2）玻璃分格的三维效果要使用“窗棂展开”与“窗棂映射”命令处理。

（3）带形窗暂时还不能设置为洞口。

（4）带形窗本身不能被“拉伸”命令拉伸，否则会消失。

（5）转角处插入柱子可以自动遮挡带形窗，其他位置应先插入柱子后创建带形窗。

4.5.9 转角窗

“转角窗”命令是创建在墙角位置插入窗台高、窗高相同、长度可选的一个角凸窗对象，可以设角凸窗两侧窗为挡板，挡板厚度参数可以设置，转角窗支持外墙保温层的绘制。

在屏幕菜单中执行“门窗”|“转角窗”命令，在弹出的“绘制角窗”对话框中设置好参数，使用鼠标点取转角窗所在墙内角，再分别输入距离 1 和距离 2（当前墙段变虚），然后按 Enter 键退出，其操作方法如图 4-42 所示。

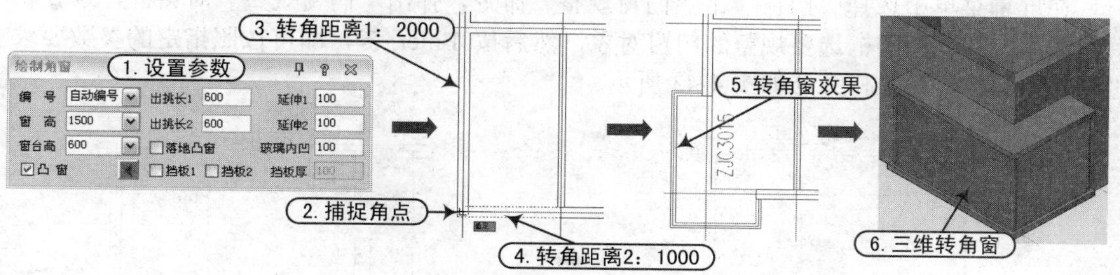

图 4-42 插入转角窗

在弹出的“绘制角窗”对话框中，部分参数的含义如下。

- ❑ 出挑长：凸窗窗台凸出于墙面外的距离，在外墙加保温时从结构面起算。
- ❑ 延伸 1/延伸 2：窗台板与檐口板分别在两侧延伸出窗洞口外的距离，常作为空调搁板花台等。
- ❑ 玻璃内凹：表示玻璃窗到窗台外缘的距离。
- ❑ 凸窗：选中后，单击箭头按钮可绘制角凸窗。
- ❑ 落地凸窗：选中后，墙内侧不画窗台线。
- ❑ 挡板 1/挡板 2：选中后凸窗的侧窗改为实心的挡板，挡板的保温厚度默认按 30 绘制。
- ❑ 挡板厚：挡板厚度默认为 100，选中挡板后可在这里修改。

提示技巧

在插入转角窗时，应注意以下4个要点：

（1）在侧面碰墙、碰柱时角凸窗的侧面玻璃会自动被墙或柱对象遮挡。

（2）默认不按下“凸窗”按钮，就是普通角窗，窗随墙布置。

（3）按下“凸窗”按钮，不选中“落地凸窗”复选框，就是普通的角凸窗，如图4-42所示。

（4）按下“凸窗”按钮，再选中“落地凸窗”复选框，就是落地的角凸窗。

4.6 门窗的编辑

门窗编辑最简单的方法就是点取门窗激活门窗夹点，拖动夹点进行夹点编辑，不必使用任何命令，批量翻转门窗可使用专门的门窗翻转命令处理。

4.6.1 门窗规整

“门窗规整”命令是调整在做方案时粗略插入墙上的门窗位置，使其按照指定的规则整理获得正确的门窗位置，以便生成准确的施工图。

在屏幕菜单中选择“门窗”|“门窗规整”命令，弹出“门窗规整”对话框，设置相关参数后，在视图中框选要规整的门窗对象，然后按Enter键，即可按照指定的参数要求进行规整操作，其操作方法如图4-43所示。

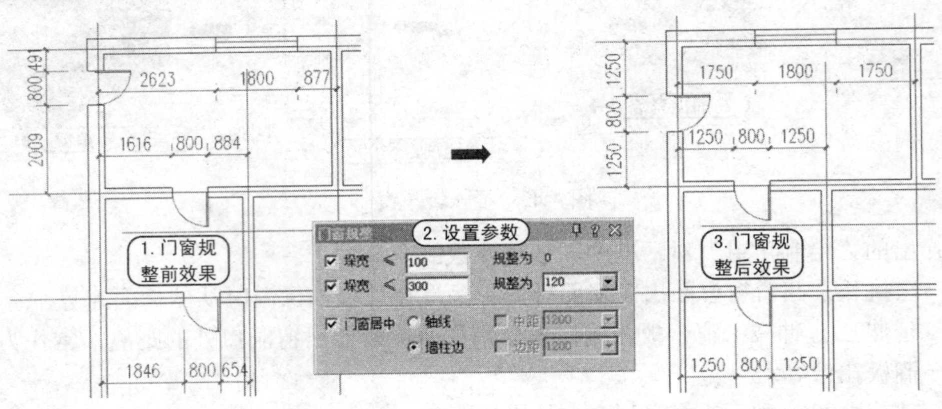

图4-43 门窗归整

4.6.2 门窗翻转

选择需要内外或是左右翻转的门窗，统一以墙中为轴线进行翻转，适用于一次处理多个门窗的情况，方向总是与原来相反。

在屏幕菜单中选择“门窗”|“内外翻转”或“左右翻转”命令，根据命令行提示，选择需要翻转的门窗对象，按 Enter 键确认即可，如图 4-44 所示。

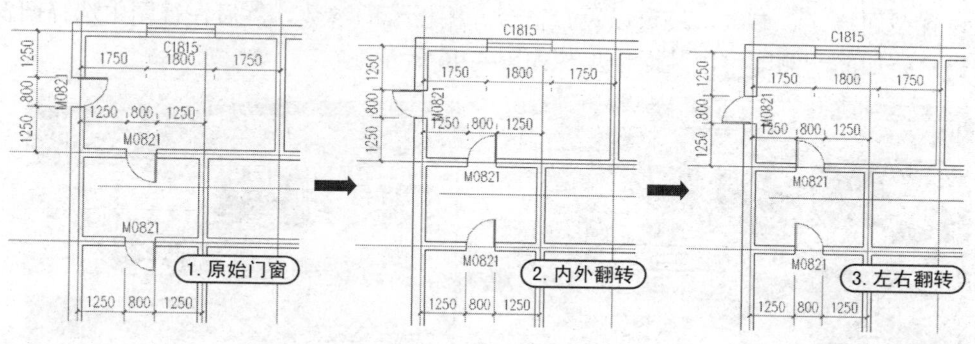

图 4-44　门窗的翻转效果

4.6.3　门窗套

门窗套是在外墙窗或者门联窗两侧添加向外突出的墙垛，三维视图中显示为四周加全门窗框套，也可删除添加的门窗套。

在屏幕菜单中选择“门窗”|“门窗套”命令，弹出“门窗套”对话框，设置门窗套的材料、宽度以及伸出墙长度，然后在视图中选择要添加的门窗套对象，再单击添加窗套的一侧即可，其操作方法如图 4-45 所示。

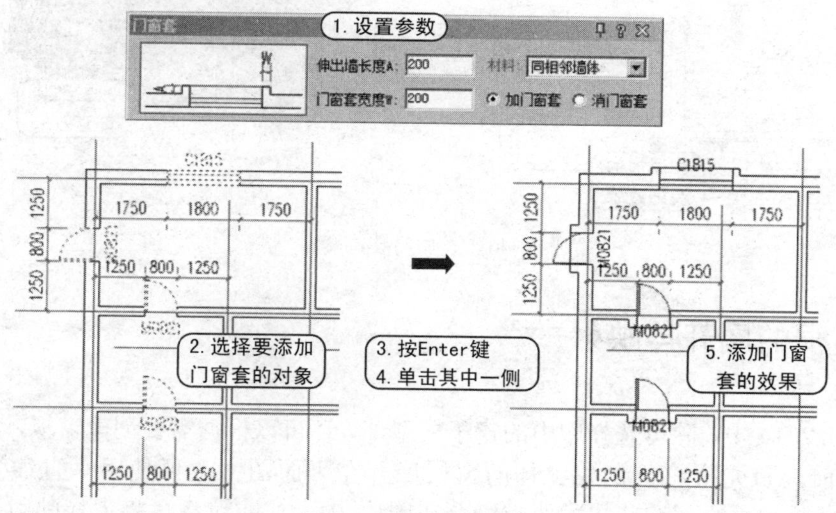

图 4-45　添加门窗套

4.6.4　加装饰套

“加装饰套”命令用于添加装饰门窗套线，选择门窗后在“门窗套设计”对话框中选择各种装饰风格和参数的装饰套。如果不要装饰套，可直接删除装饰套对象。

在屏幕菜单中选择“门窗”|“加装饰套”命令，弹出“门窗套设计”对话框，在其中可以设置截面样式、参数，还可以设置窗台、檐板等的参数，然后在视图中选择门窗对象，并指定添加的一侧即可，其操作步骤如图 4-46 所示。

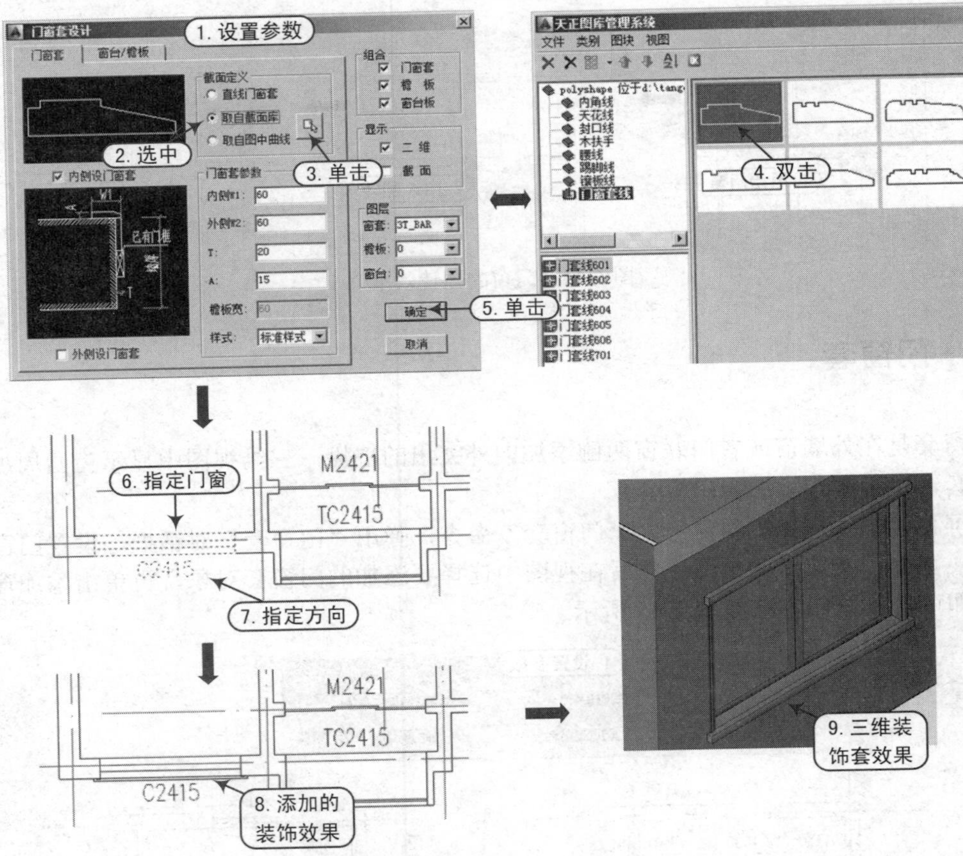

图 4-46　添加门装饰套

4.6.5　窗棂的展开与映射

在 TArch 2014 中，除可选择库中的窗子模型外，还可以根据需要创建窗棂，在创建新的窗棂样式前，首先应将已创建窗体的窗棂展开在平面图中，再使用“直线”命令在展形的窗棂上绘制直线（这些线段要求绘制在图层 0 上），然后再将窗棂映射到窗体对象上。

在屏幕菜单中选择“门窗”|“门窗工具”|“窗棂展开”命令，选择要展开的天正门窗，再点取图中一个空白位置用于放置展开的窗棂，此时用户可以使用“直线”“圆”“圆弧”等命令添加窗棂分格，如图 4-47 所示。

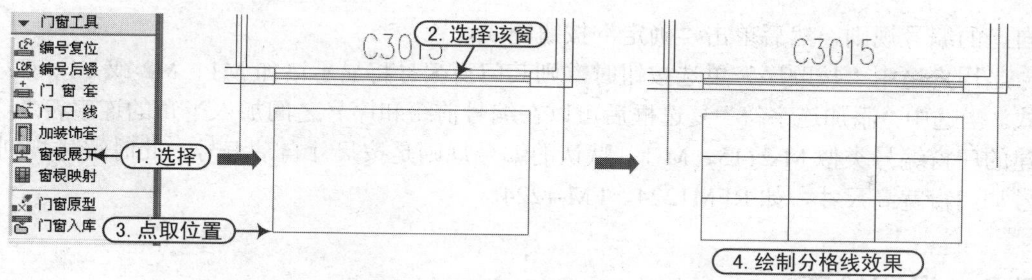

图 4-47　窗棂展开及画分格线

此时用户再选择“门窗”｜“门窗工具”｜“窗棂映射”命令，选择待映射的窗（可多选），按 Enter 键结束选择，然后选择用户定义的窗棂分格线（按 Enter 键结束选择），最后在展开图上点取窗棂展开的基点，则窗棂将附着到指定的各窗中，其操作方法如图 4-48 所示。

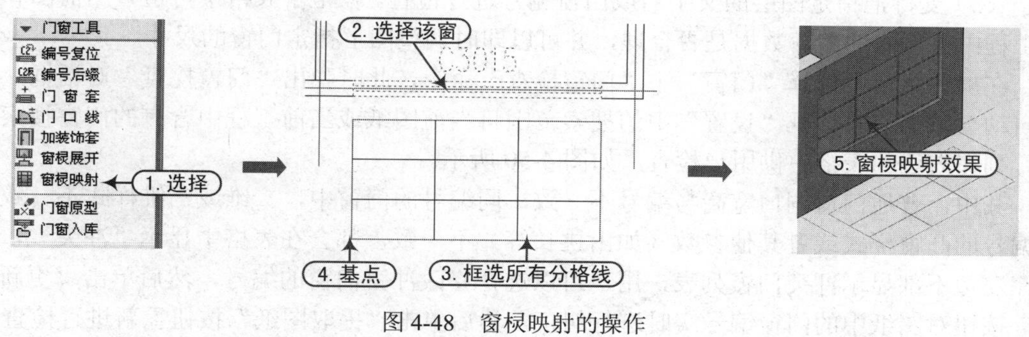

图 4-48　窗棂映射的操作

4.7　门窗的编号与门窗表

在创建门窗时，在“门窗参数”对话框中会要求用户输入门窗编号或选择自动编号，当门窗都创建完成后，为了方便查询，用户可自行创建门窗表，从门窗表中可以看出门窗的数量和尺寸等。

4.7.1　编号设置

“编号设置”命令是从 TArch 8.5 版本中开始提供的命令，用于设置门窗自动编号时的编号规则。

在屏幕菜单中选择“门窗”｜“编号设置”命令，将会弹出“编号设置”对话框，如图 4-49 所示。在对话框中已经按最常用的门窗编号规则加入了默认的编号设置，用户可以根据单位和项目的需要增

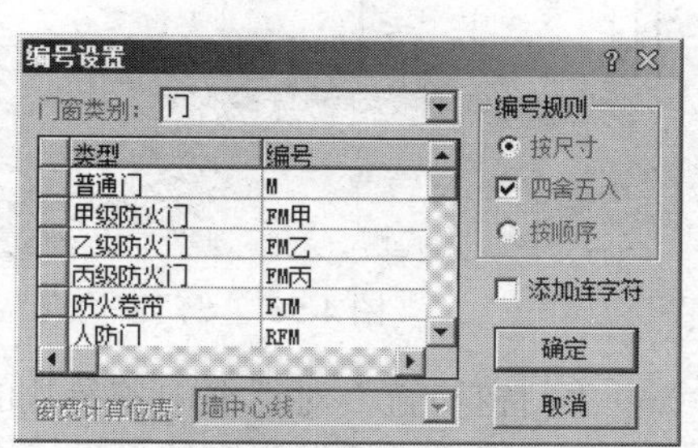

图 4-49　“编号设置”对话框

添自己的编号规则，然后单击“确定”按钮完成设置。

当用户选中“按顺序”单选按钮时，则其门窗编号将显示诸如M1、M2或C1、C2的格式。当选中“添加连字符”复选框后可以在编号前缀和序号之间加入半角的连字符“-”，创建的门窗编号类似M-2115、M-1。默认的编号规则是按尺寸自动编号，此时编号规则是编号加门窗宽高尺寸，如RFM1224、FM-1224。

4.7.2 门窗检查

在TArch 2014中重新编写了“门窗检查”命令，实现了以下几项功能。

（1）“门窗检查”对话框中的门窗参数与图中的门窗对象可以实现双向的数据交流。

（2）可以支持块参照和外部参照内部的门窗对象。

（3）支持把指定图层的文字当成门窗编号进行检查。在电子表格中可检查当前图和当前工程中已插入的门窗数据是否合理，并可以即时调整图上指定门窗的尺寸。

在屏幕菜单中选择“门窗”|“门窗检查”命令，此时弹出“门窗检查”对话框，系统自动会按当前对话框“设置”中的搜索范围将当前图纸或当前工程中含有的门窗搜索出来，列在右边的表格中供用户检查，如图4-50所示。

其中，普通门窗洞口宽高与编号不一致，同编号的门窗中，二维或三维样式不一致，同编号的凸窗样式或者其他参数（如出挑长等）不一致，都会在表格中显示“冲突”，同时在左边下部显示冲突门窗列表，用户可以选择修改冲突门窗的编号，然后单击“更新原图”按钮对图纸中的门窗编号实时进行纠正，然后单击“提取图纸”按钮重新进行检查。

当单击“设置”按钮时，将打开“设置”对话框，如图4-51所示。

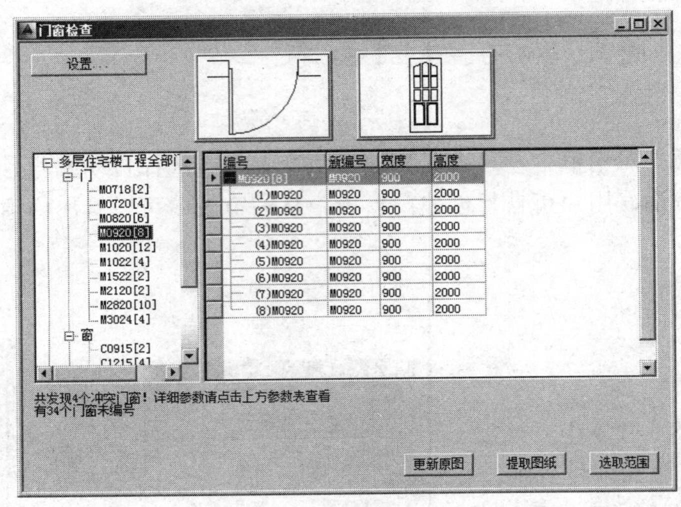

图4-50 “门窗检查”对话框

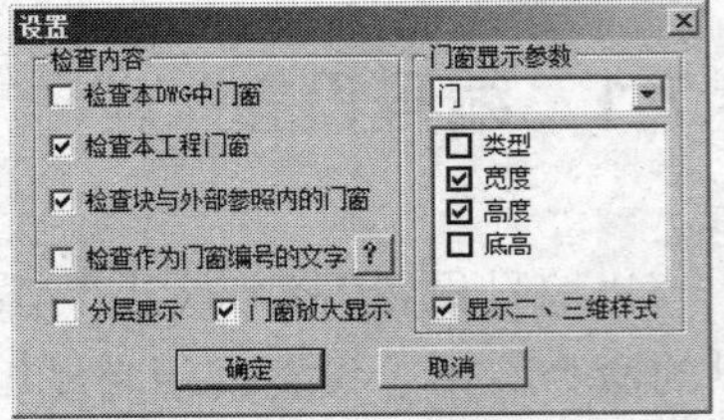

图4-51 “设置”对话框

“门窗检查”对话框中各参数的含义如下。

- ❑ 编号：根据门窗编号设置命令的当前设置状态对图纸中已有门窗自动编号。

- 新编号：显示图纸中已编号门窗的编号，没有编号的门窗此项空白。
- 宽度/高度：搜索到的门窗洞口宽高尺寸，用户可以修改表格中的宽度和高度尺寸，单击原图对图内门窗即时更新，转角窗、带形窗等特殊门窗除外。
- 更新原图：在电子表格中修改门窗参数、样式后单击此按钮，可以更新当前打开的图形，包括块参照内的门窗。
- 提取图纸：单击“提取图纸”按钮后，树状结构图和门窗参数表中的数据按当前图中或当前工程中现有门窗的信息重新提取，最后调入“门窗检查”对话框中的门窗数据受设置中检查内容中 4 项参数的控制。
- 平面图标/3D 图标：对话框上方显示的门窗的二维与三维样式预览图标，双击可以进入图库修改。

提示技巧

文字作为门窗编号要满足 3 个要求。

（1）该文字是天正或 AutoCAD 的单行文字对象。

（2）该文字所在图层是天正建筑当前默认的门窗文字图层（如 WINDOW_TEXT）。

（3）该文字的格式符合“编号设置”中当前设置的规则。

在“门窗检查”对话框右边的表格中修改门窗的宽高参数，再单击“更新原图”按钮可以更新图形的门窗宽高，但不会自动更新这些门窗的编号，建议在表格中修改门窗宽高后接着修改新编号，然后单击“更新原图”按钮。

4.7.3　门窗表

“门窗表”是为了统计本图中使用的门窗参数，从 TArch 8.0 版开始提供的命令，各设计单位可以根据需要定制自己的门窗表格样式。

在屏幕菜单中选择“门窗”|“门窗表”命令，再在绘图区中框选全部的门窗对象（用户可直接框选包括门窗对象的墙体），按 Enter 键，然后指定门窗表的插入位置即可，如图 4-52 所示。

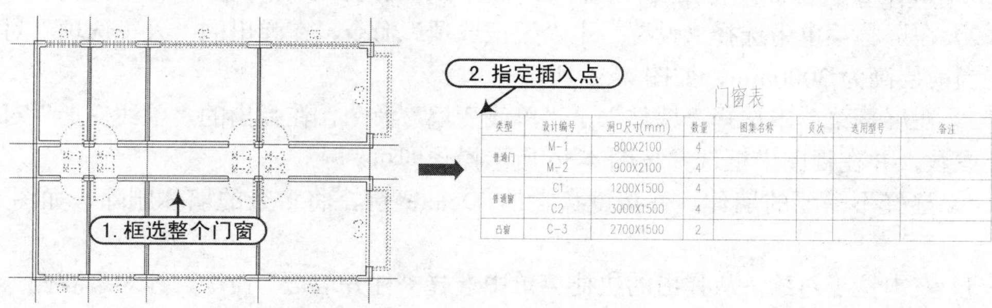

类型	设计编号	洞口尺寸(mm)	数量	图集名称	页次	选用型号	备注
普通门	M-1	800X2100	4				
	M-2	900X2100	4				
普通窗	C1	1200X1500	4				
	C2	3000X1500	4				
凸窗	C-3	2700X1500	2				

图 4-52　创建门窗表

提示技巧

在选择“门窗表”命令后，可直接选择“设置”项，将弹出“选择门窗表样式”对话框，在其中选择新的表头样式，如图 4-53 所示。

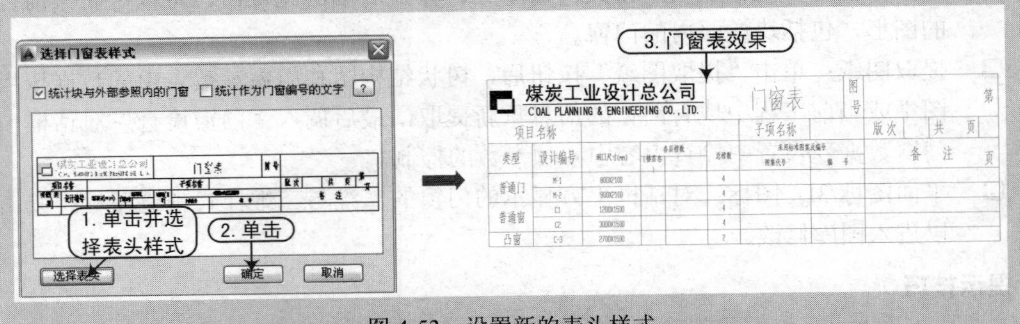

图 4-53　设置新的表头样式

“门窗表”命令是用于统计某工程中多个平面图使用的门窗编号，生成门窗总表，可由用户在当前图上指定各楼层平面所属门窗。适用于在一个 DWG 图形文件上存放多楼层平面图的情况，也可指定分别保存在多个不同 DWG 图形文件上的不同楼层平面。

4.8　实例——绘制别墅平面图墙体与门窗

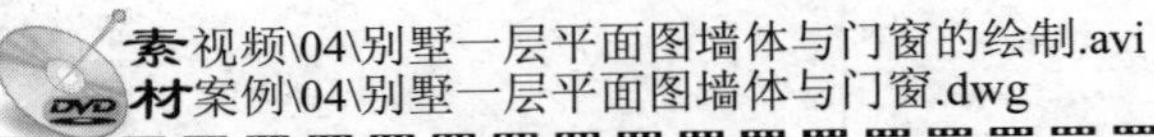

素材　视频\04\别墅一层平面图墙体与门窗的绘制.avi
案例\04\别墅一层平面图墙体与门窗.dwg

在绘制该别墅一层平面图墙体与门窗之前，可将事先绘制好的“别墅一层轴网和柱子”平面图打开，然后在此基础上绘制墙体和门窗。按照建筑绘图方法，首先对墙体进行创建，再对门窗进行插入，然后对其进行尺寸标注，从而完成整个别墅一层平面效果，如图 4-54 所示。

（1）正常启动 TArch 2014 软件，将打开“案例\03\别墅一层轴网和柱子.dwg”文件；再按 Ctrl+Shift+S 组合键，将该文件另存为“案例\04\别墅一层平面图墙体与门窗.dwg”。

（2）在屏幕菜单中选择“设置”｜“天正选项”命令，在弹出的“天正选项”对话框中设置当前层高为 3000mm，如图 4-55 所示。

（3）在屏幕菜单中选择“墙体”｜“单线变墙”命令，在弹出的“单线变墙”对话框中设置参数，并在视图中框选并按图 4-56 所示操作即可。

（4）选择不需要的墙体，并按键盘上的 Delete 键，将多余的墙体删除，如图 4-57 所示。

（5）右击柱子对象，从弹出的快捷菜单中选择“柱齐墙边”命令，针对最右侧一条纵向轴线上的柱子与其外墙边对齐，如图 4-58 所示。

（6）按照相同的方法，对其他柱子对象也进行“柱齐墙边”操作，如图 4-59 所示。

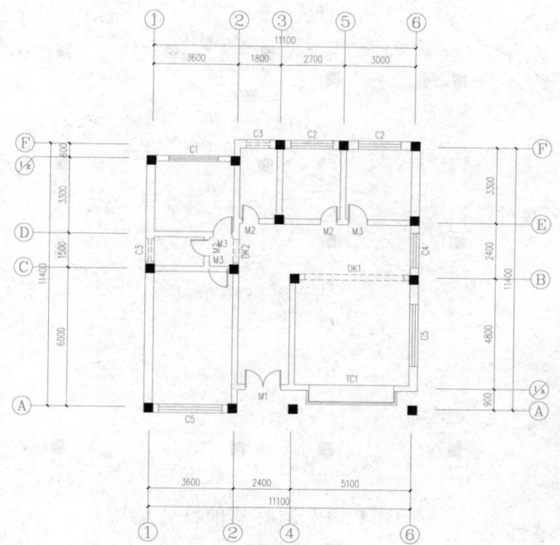

图 4-54　绘制的墙体及门窗

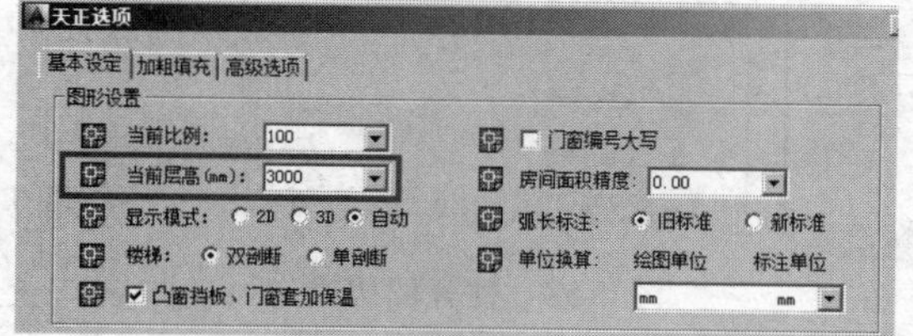

图 4-55　设置当前层高

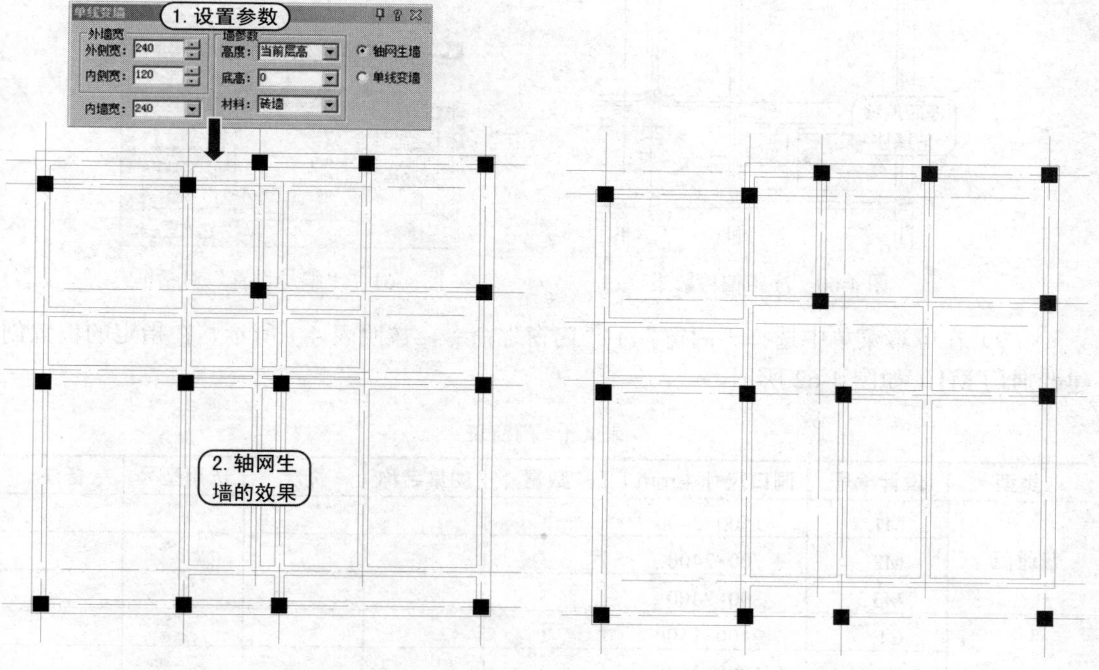

图 4-56　轴网生墙

图 4-57　删除多余墙体

（7）在屏幕菜单中选择“墙体”|“净距偏移”命令，输入偏移距离 1000，并指定偏移的方向即可，如图 4-60 所示。

（8）在屏幕菜单中选择“门窗”|“编号设置”命令，在打开的“编号设置”对话框中选中“按顺序”单选按钮，如图 4-61 所示。

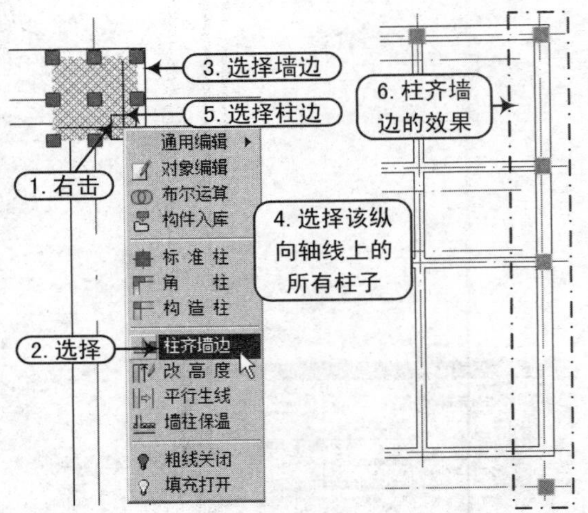

图 4-58　柱齐墙边操作

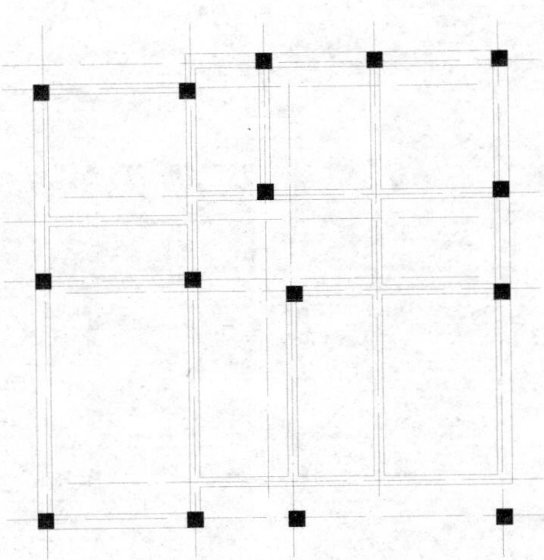
图 4-59　调整其他柱齐墙边

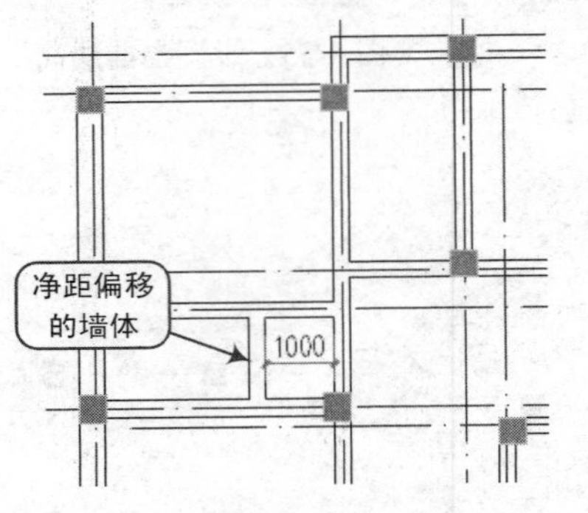

图 4-60　净距偏移效果

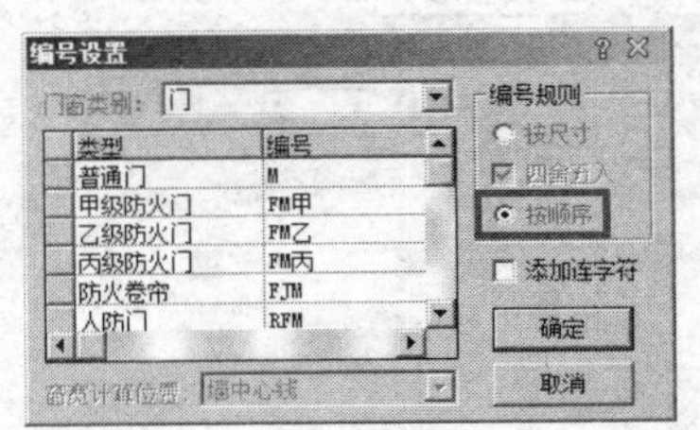

图 4-61　“编号设置”对话框

（9）在屏幕菜单中选择“门窗”｜“门窗”命令，按照表 4-1 所示，在指定的位置创建普通门 M1，如图 4-62 所示。

表 4-1　门窗表

类型	设计编号	洞口尺寸（mm）	数量	图集名称	页次	选用型号	备注
普通门	M1	1500×2400	1				
	M2	700×2400	3				
	M3	800×2400	3				
普通窗	C1	2100×1500	1				
	C2	1800×1500	2				
	C3	1000×1500	2				
	C4	1500×1500	1				
	C5	2700×1500	2				
凸窗	TC1	3600×1500	1				
洞口	DK1	4200×2500	1				
	DK2	1000×2500	1				

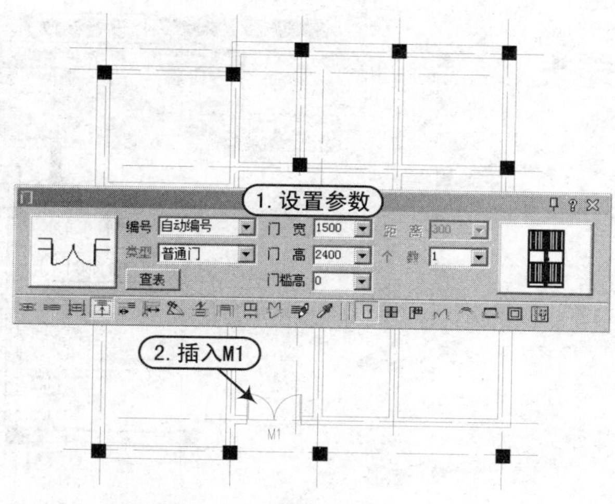

图 4-62　插入普通门 M1

提示技巧

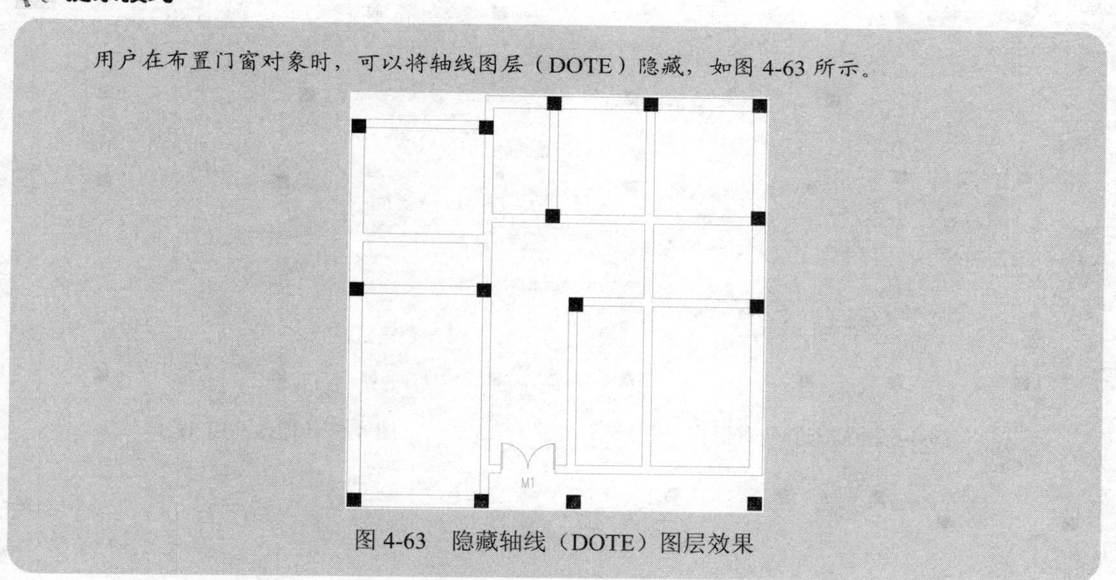

用户在布置门窗对象时，可以将轴线图层（DOTE）隐藏，如图 4-63 所示。

图 4-63　隐藏轴线（DOTE）图层效果

（10）使用相同的方法，对 M2、M3 的门对象进行插入，如图 4-64 所示。

（11）继续选择“门窗”｜“门窗”命令，在弹出的对话框中单击“插窗”按钮，按照表 4-1 所示创建普通窗 C1，步骤如图 4-65 所示。

（12）根据相同方法，按表 4-1 所示的数据插入其他窗对象，效果如图 4-66 所示。

（13）同样，再针对不需要的墙体进行删除，再在下侧插入凸窗 TC1，如图 4-67 所示。

（14）同样，在指定的墙段上插入洞口 DK1、DK2，如图 4-68 所示。

（15）在屏幕菜单中选择“门窗”｜“门窗表”命令，框选整个图形对象，然后在视图的指定位置插入门窗表，如图 4-69 所示。

（16）至此，某别墅平面图墙体及门窗对象已经创建完毕，最终效果如图 4-54 所示，用户直接按 Ctrl+S 快捷键保存即可。

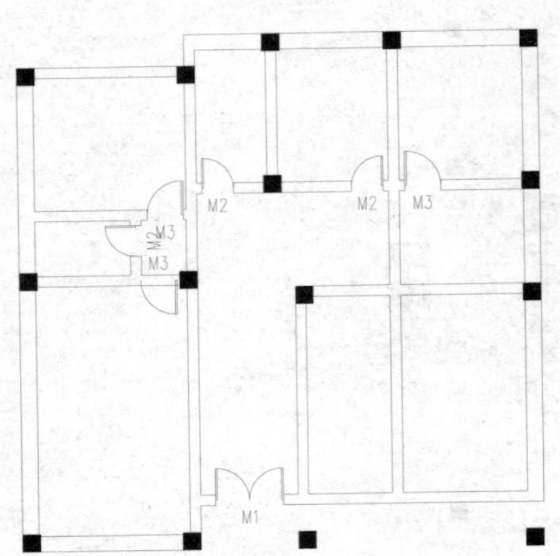

图 4-64　插入的门对象

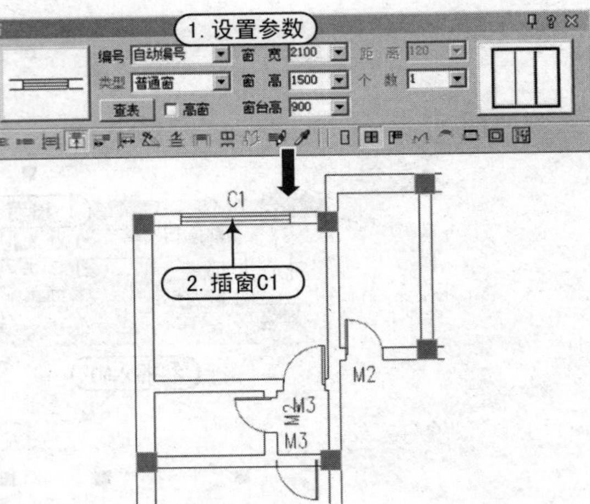

图 4-65　插入窗 C1 效果

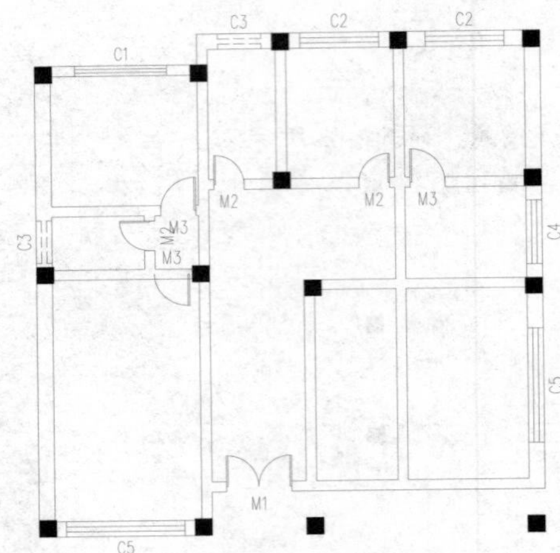

图 4-66　插入其他普通窗

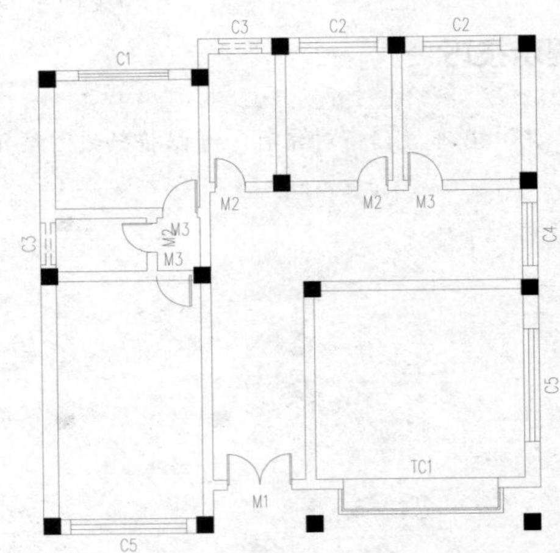

图 4-67　插入凸窗 TC1

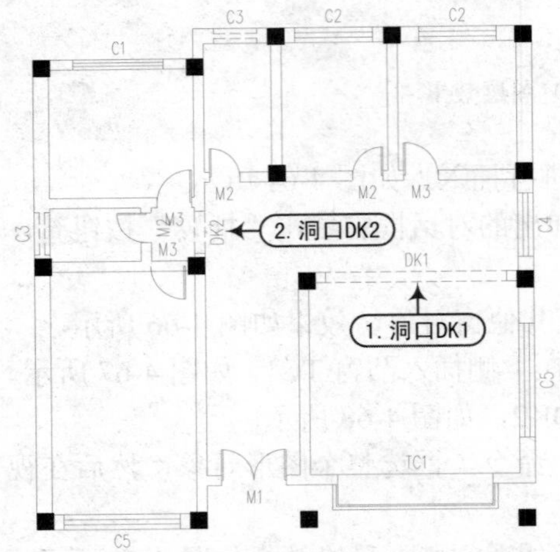

图 4-68　插入洞口 DK1、DK2

门窗表

类型	设计编号	洞口尺寸(mm)	数量	图集名称	页次	选用型号	备注
普通门	M1	1500X2400	1				
	M2	700X2400	3				
	M3	800X2400	3				
普通窗	C1	2100X1500	1				
	C2	1800X1500	2				
	C3	1000X1500	2				
	C4	1500X1500	1				
	C5	2700X1500	2				
凸窗	TC1	3600X1500	1				
洞口	DK1	4200X2500	1				
	DK2	1000X2500	1				

图 4-69　插入的门窗表

第 5 章　建筑房间与屋顶

本章导读

房间一般指上有屋顶，周围有墙，能防风避雨、御寒保温，供人们在其中工作、生活、学习、娱乐和储藏物资，并具有固定基础，层高一般在 2.2m 以上的永久性场所。

屋顶也称屋盖，是建筑物最上层的覆盖构件，其主要作用是抵御自然界风、雨、雪、太阳辐射、气温变化等不利因素的影响，保证建筑内部有一个良好的使用环境，是体现建筑风格的重要手段。

本章首先讲解了房屋面积的搜索以及面积的统计，然后介绍了房间和卫生间的布置方法以及不同屋顶的创建方法，最后以别墅屋顶的创建实例来巩固前面所讲的知识点，达到熟能生巧的效果。

主要内容

- ❑ 了解并掌握房间面积的查询与统计方法
- ❑ 掌握房间的布置方法
- ❑ 熟悉并掌握不同屋顶的创建方法
- ❑ 掌握老虎窗的添加方法
- ❑ 别墅屋顶的创建实例

效果预览

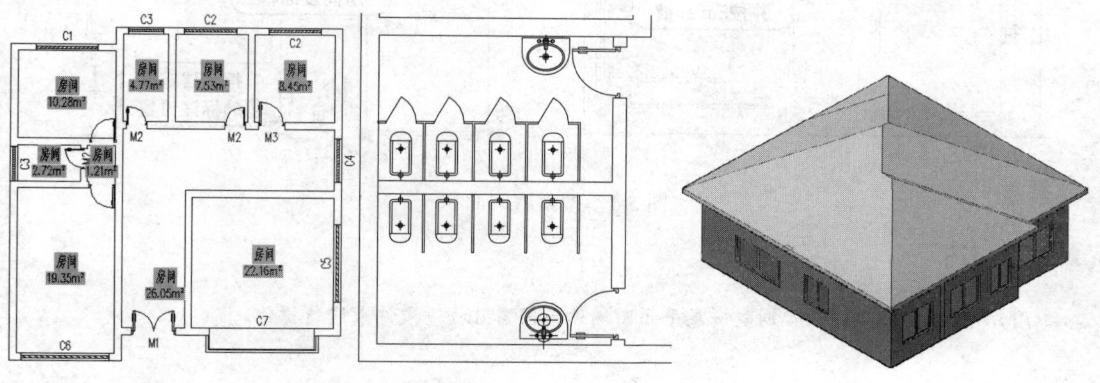

5.1 房间面积

房间面积可通过 TArch 2014 软件中的多种命令标注，按要求分为建筑面积、使用面积和套内面积，按国家 2005 年颁布的最新建筑面积测量规范，在搜索面积时可忽略柱子、墙垛超出墙体的部分。房间通常以墙体划分，可以通过绘制虚墙划分边界或者楼板洞口，如客厅上空的中庭空间。

5.1.1 搜索房间

“搜索房间”命令可用来批量搜索建立或更新已有的普通房间和建筑面积，建立房间信息并标注室内使用面积，标注位置自动置于房间的中心。

在屏幕菜单中选择“房间屋顶”|“搜索房间”命令，在弹出的对话框中设置好参数，框选要搜索的房间对象并按 Enter 键，即可对房间进行标注，如图 5-1 所示。

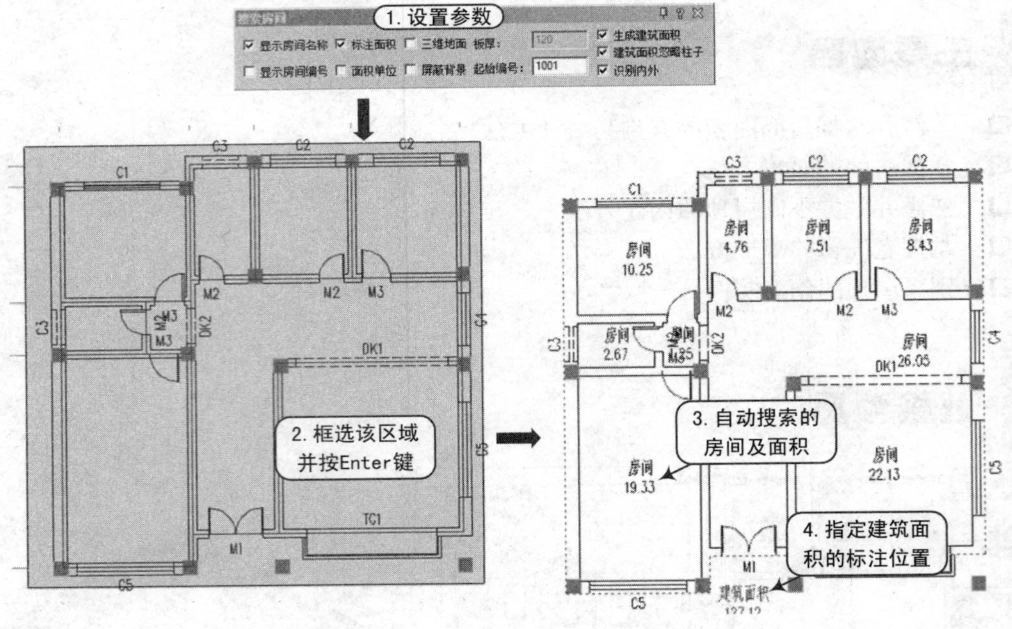

图 5-1 搜索房间面积

提示技巧

用户可以打开“案例\04\别墅一层平面图墙体与门窗.dwg”文件来进行操作。

“搜索房间”对话框中各参数的含义如下。

- ❑ 显示房间名称/显示房间编号：房间的标识类型，建筑平面图标识房间名称，其他专业标识房间编号，也可以同时标识。
- ❑ 标注面积：房间使用面积的标注形式，用于设置是否显示面积数值。
- ❑ 面积单位：用于设置是否标注面积单位，默认以平方米（m^2）单位标注。
- ❑ 三维地面：选中则表示同时沿着房间对象边界生成三维地面。
- ❑ 屏蔽背景：选中该复选框可以利用 Wipeout 的功能屏蔽房间标注下面的填充图案。
- ❑ 板厚：生成三维地面时，给出地面的厚度，默认值为 120。
- ❑ 起始编号：当选中“显示房间编号”复选框时，此文本框中默认显示编号顺序，也可输入。
- ❑ 生成建筑面积：在搜索生成房间的同时，计算建筑面积。
- ❑ 建筑面积忽略柱子：根据建筑面积测量规范，建筑面积包括凸出的结构柱与墙垛，选中该复选框可以忽略凸出的装饰柱与墙垛。
- ❑ 识别内外：选中该复选框可以同时执行识别内外墙功能，主要用于建筑节能。

5.1.2 房间编辑

在使用“搜索房间”命令后，当前图形中生成房间对象显示为房间面积的文字对象，可根据需要对默认的名称重新命名。双击房间对象可进入在位编辑直接命名，也可以选中后右击，在弹出的快捷菜单中选择“对象编辑”命令，会弹出“编辑房间”对话框，可用于编辑房间编号和房间名称。选中“显示填充”复选框后，可以对房间进行图案填充。可过滤指定最小、最大尺寸的房间不进行搜索。具体操作方法如图 5-2 所示。

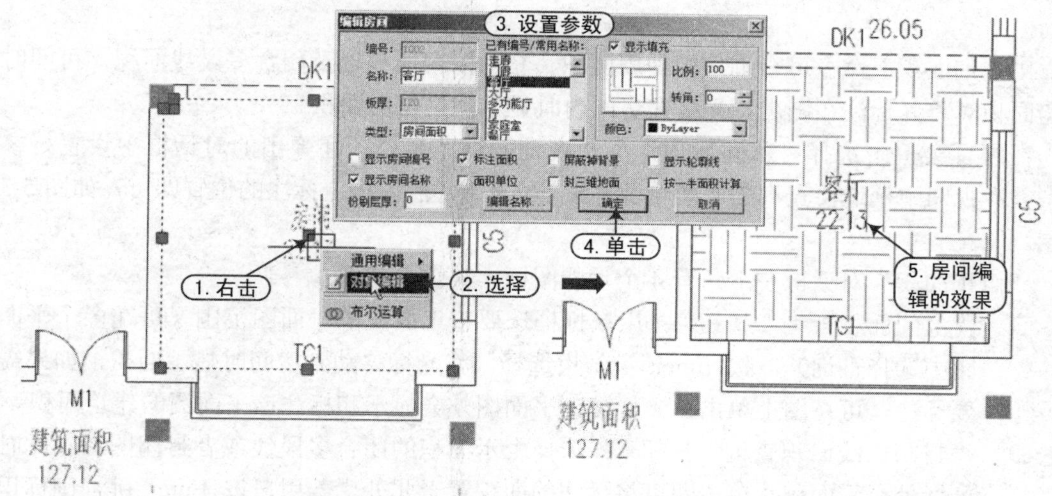

图 5-2　房间的编辑

“编辑房间”对话框中部分参数的含义如下。

- 编号：对应每个房间的自动数字编号，用于其他专业标识房间。
- 名称：用户对房间给出的名称，可从右侧的常用房间列表选取，房间名称与面积统计的厅室数量有关，类型为洞口时默认名称是“洞口”，其他类型为“房间”。
- 类型：可以通过该下拉列表框修改当前房间对象的类型为“套内面积”、“建筑轮廓面积”、“洞口面积”、“分摊面积”和“套内阳台面积”。
- 封三维地面：选中该复选框表示同时沿着房间对象边界生成三维地面。
- 显示轮廓线：选中该复选框后显示面积范围的轮廓线，否则选择面积对象才能显示。
- 按一半面积计算：选中该复选框后该房间按一半面积计算，用于净高小于 2.1m 并大于 1.2m 的房间。
- 屏蔽掉背景：选中该复选框可以利用 Wipeout 的功能屏蔽房间标注下面的填充图案。
- 编辑名称：光标置入“名称”编辑框时，该按钮可用，单击该按钮进入对话框列表，修改或者增加名称。
- 显示填充：选中该复选框后可用当前图案对房间对象进行填充，图案比例、颜色和图案可选，单击图像框进入图案管理界面，选择其他图案或者在颜色下拉列表中修改颜色。
- 粉刷层厚：在该文本框中可以输入房间墙体的粉刷层厚度，用于扣除实际粉刷厚度，更加精确地统计房间面积。

5.1.3 查询面积

“查询面积”命令可查询房间使用面积、套内阳台面积以及闭合多段线面积，可即时创建面积对象并标注在图上，光标在房间内时显示的是使用面积。

在屏幕菜单中选择“房间屋顶” | “查询面积”命令，在弹出的对话框中设置好参数，并在视图中框选要查询的房间轮廓并按 Enter 键，然后指定标注的位置即可，如图 5-3 所示。

“查询面积”对话框左下角有 4 个功能图标，其含义如下。

- “房间面积查询”按钮：用鼠标框选要查询面积的平面图范围（可在多个平面图中选择查询），按 Enter 键结束选择。将光标移动到房间时显示面积，如果需要标注，可在图上单击，光标移到平面图外会显示和标注该平面图的建筑面积。
- “封闭曲线面积查询”按钮：选择表示面积的闭合多段线或者封闭图形，此时光标处显示面积，单击即可将标注的面积置于此处。若用户按 Enter 键，则标识的面积将在该闭合多段线的中心位置标注面积。

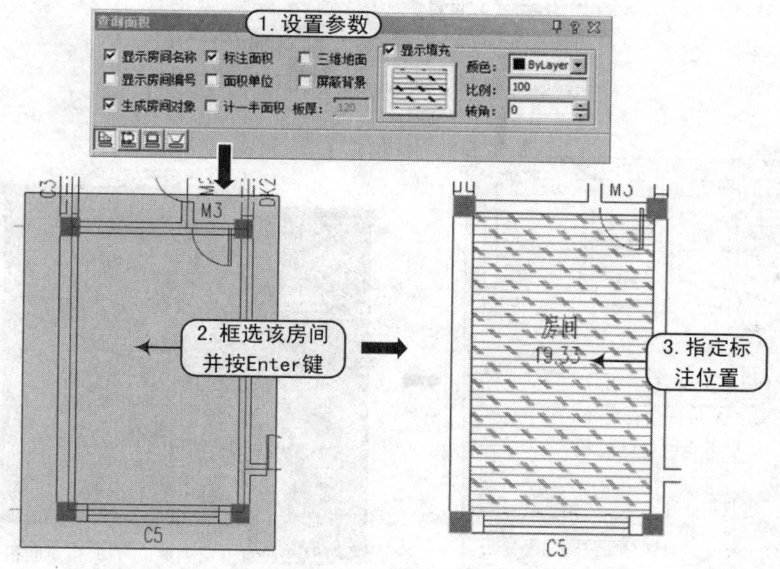

图 5-3　房间面积查询

- "阳台面积查询"按钮：选取天正的阳台对象，光标处显示阳台面积，此时可在面积标注位置单击，或者按 Enter 键在该阳台中心标注面积。
- "任意多边形面积查询"按钮：使用鼠标分别点取要查询的多边形的各个角点，按 Enter 键封闭需要查询的多边形，然后创建多边形面积对象。

提示技巧

"查询面积"命令获得的建筑面积不包括墙垛和柱子凸出部分，从 TArch 8.5 版本起提供了"计一半面积"复选框，房间对象可以不显示编号和名称，仅显示面积。

5.1.4　套内面积

"套内面积"命令是用于计算住宅单元的套内面积，并创建套内面积的房间对象。按照房产测量规范的要求，自动计算分户单元墙中线计算的套内面积，选择时注意仅仅选取本套套型内的房间面积对象（名称），而不要把其他房间面积对象（名称）包括进去，此命令获得的套内面积不含阳台面积，选择阳台面积对象的目的是指定阳台所归属的户号。

在屏幕菜单中选择"房间屋顶"｜"套内面积"命令，在弹出的"套内面积"对话框中设置好参数，再使用鼠标选择同一套住宅的所有房间面积对象与阳台面积对象，按 Enter 键结束，然后确定套内面积的标注位置即可，如图 5-4 所示。

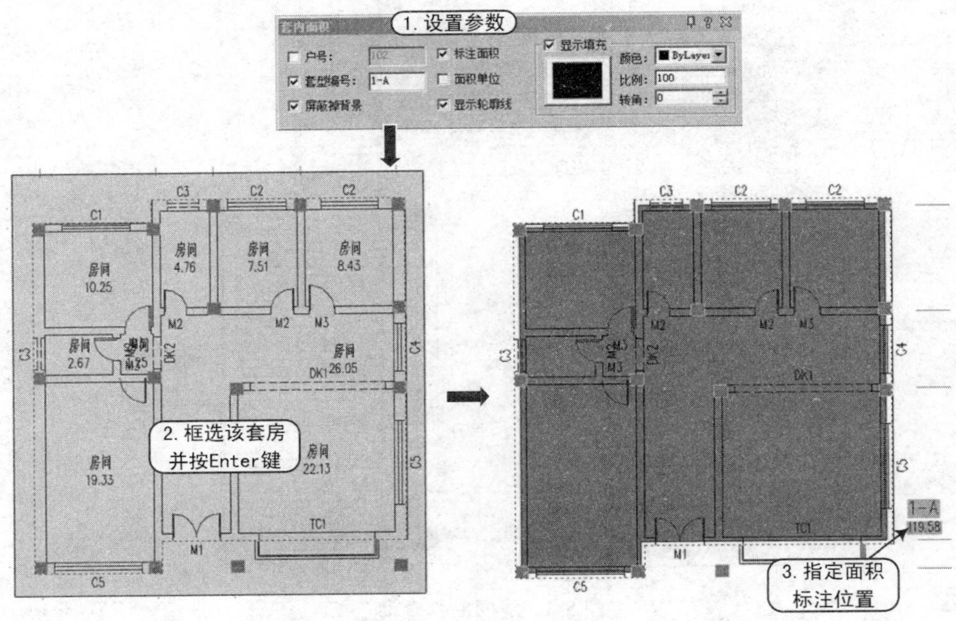

图 5-4　查询套内面积

5.1.5　面积统计

“面积统计”命令按《房产测量规范》《住宅设计规范》以及建设部限制大套型比例的有关文件，统计住宅的各项面积指标，为管理部门进行设计审批提供参考依据。下面将对“面积统计”命令进行讲解。

在屏幕菜单中选择“房间屋顶”|“面积统计”命令，将弹出如图 5-5 所示的对话框，用户可选择不同的面积统计方式。

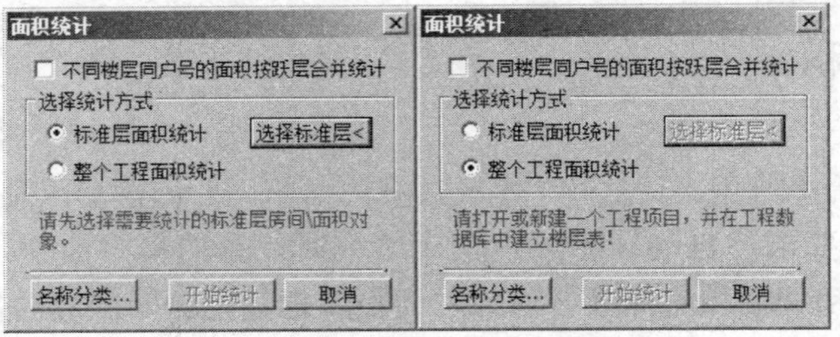

图 5-5　两种面积统计方式

在面积统计中，房间面积是按名称分类的，名称的分类可以由用户自定义，单击“名称分类...”按钮可进入“名称分类”对话框定义分类，如图 5-6 所示。

当单击“选择标准层”按钮后，在图中选择建筑面积和套内面积对象，并单击“开始统计”按钮，系统会生成“统计结果”对话框，如图 5-7 所示。

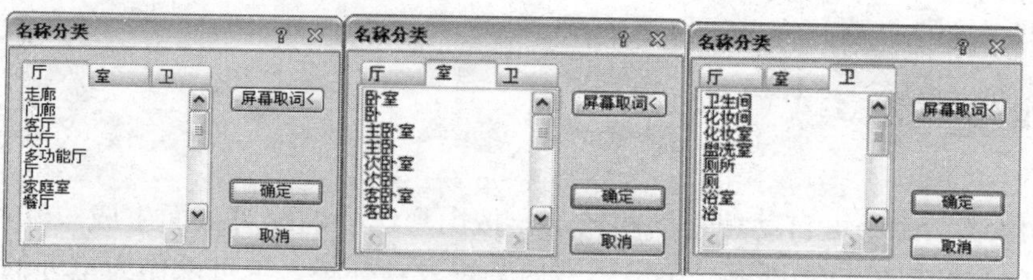

图 5-6　房间名称定义

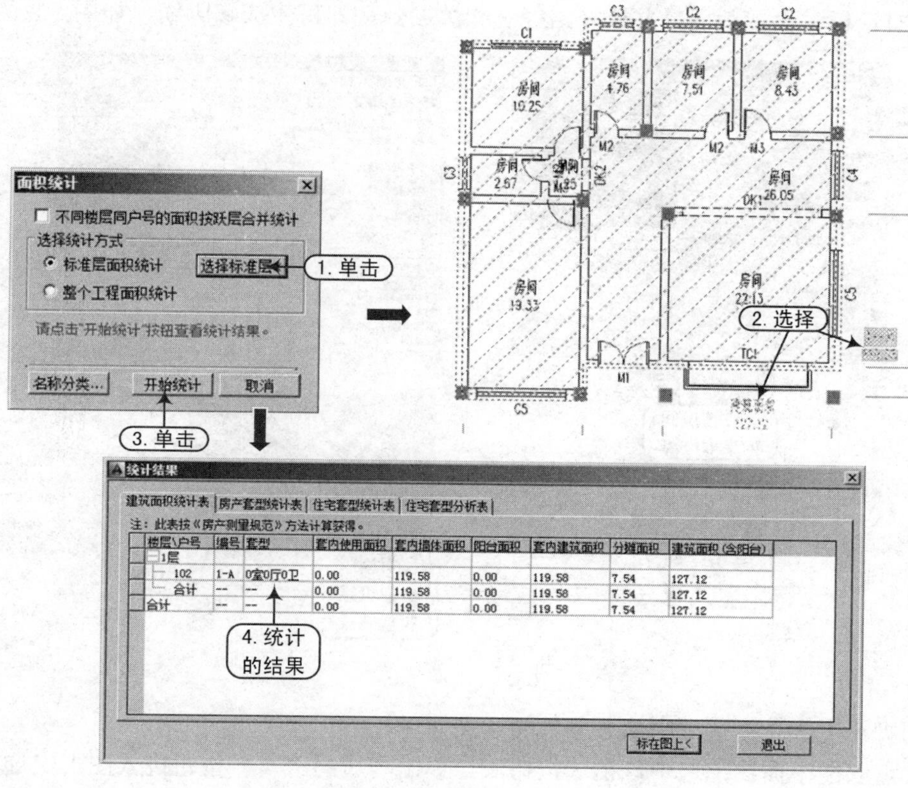

图 5-7　查询套内面积

提示技巧

用户如果预先没有执行“套内面积”和“建筑面积”命令对房间进行分户，系统将提示“未找到已分户房间”并退出“面积统计”命令。

5.2　房间及卫生间的布置

房间布置菜单中提供了多种命令，用于房间、天花、卫生间的布置，添加踢脚线等适用于装修建模。下面将对房间布置命令进行讲解。

5.2.1 加踢脚线

“加踢脚线”命令可自动搜索房间轮廓，按用户选择的踢脚截面生成二维和三维一体的踢脚线，门和洞口处自动断开，可用于室内装饰设计建模，也可以作为室外的勒脚使用。

在屏幕菜单中选择“房间屋顶”|“房间布置”|“加踢脚线”命令，将弹出“踢脚线生成”对话框，设置截面，并选择路径和相关参数，即可生成踢脚线，如图 5-8 所示。

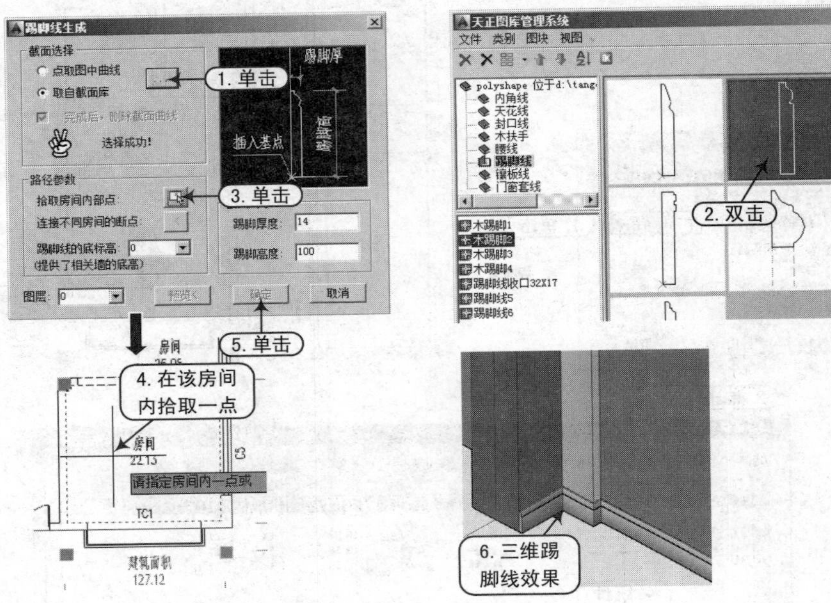

图 5-8　加踢脚线

“踢脚线生成”对话框中部分参数的含义如下。

- 点取图中曲线：选中该单选按钮后，单击右边的“…”按钮进入图形中选取截面形状。
- 取自截面库：选中该单选按钮后，单击右边“...”按钮进入踢脚线图库，如图 5-9 所示，在右侧预览区双击选择需要的截面样式。
- 拾取房间内部点：单击此按钮，命令行提示如下信息：

```
请指定房间内一点或 [参考点(R)]<退出>:    //在加踢脚线的房间里点取一个点
请指定房间内一点或 [参考点(R)]<退出>:    //按 Enter 键结束取点，创建踢脚线路径
```

- 踢脚线的底标高：用户可以在对话框中选择或输入踢脚线的底标高，在房间内有高差时在指定标高处生成踢脚线。
- 预览：该按钮用于观察参数是否合理，此时应切换到三维轴测视图，否则看不到三维显示的踢脚线。
- 截面尺寸：截面的高度和厚度尺寸，默认为选取的截面的实际尺寸，用户可修改。

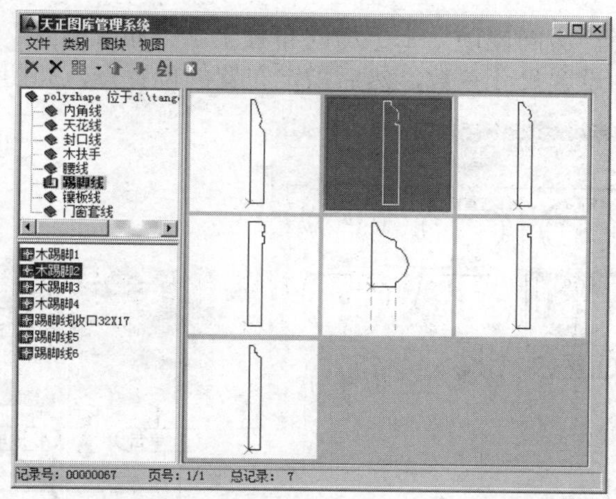

图 5-9　踢脚线图库

5.2.2　奇、偶数分格

“奇、偶数分格”命令用于绘制按奇数分格的地面或天花平面，分格使用 AutoCAD“直线”命令绘制。

在屏幕菜单中选择“房间屋顶”｜“房间布置”｜“奇数分格”或“偶数分格”命令后，根据命令行提示对指定房间进行分格操作，如图 5-10 所示。

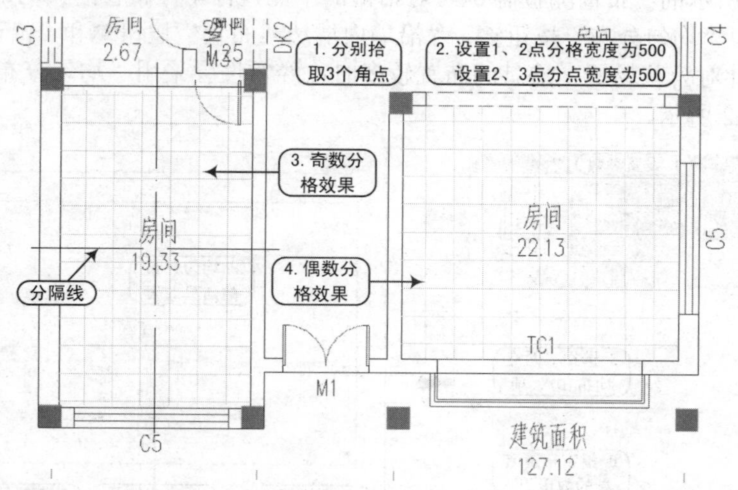

图 5-10　房间分格

5.2.3　布置洁具

“布置洁具”命令按选取的洁具类型不同，沿天正建筑墙对象等距离布置卫生洁具等设施（用户可参考“案例\05\办公楼二层平面图.dwg”文件布置洁具）。

在屏幕菜单中选择“房间屋顶”｜“房间布置”｜“布置洁具”命令，在弹出的天正图库中选取洁具图块并设置尺寸参数，然后指定布置的位置点，如图 5-11 所示。

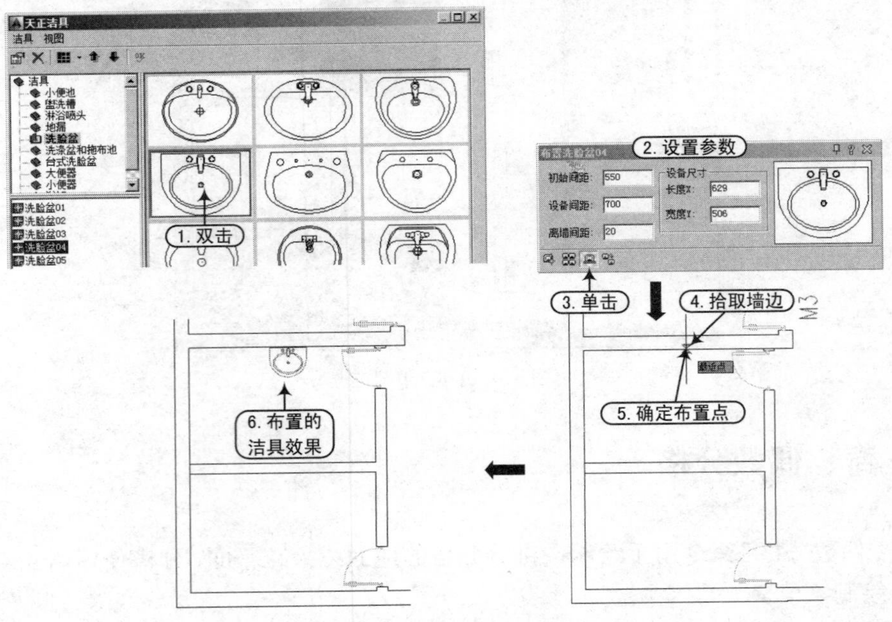

图 5-11　布置洁具

在图 5-11 所示的“布置洗脸盆 04”对话框的下侧，有 4 种布置洁具的方法，即“自由插入”按钮、“均匀分布”按钮、“沿墙内墙边线布置”按钮和“沿已有洁具布置”按钮。如果针对公共场所，洁具的布置较多时，经常性会采用“均匀分布”方式，其具体操作如图 5-12 所示。

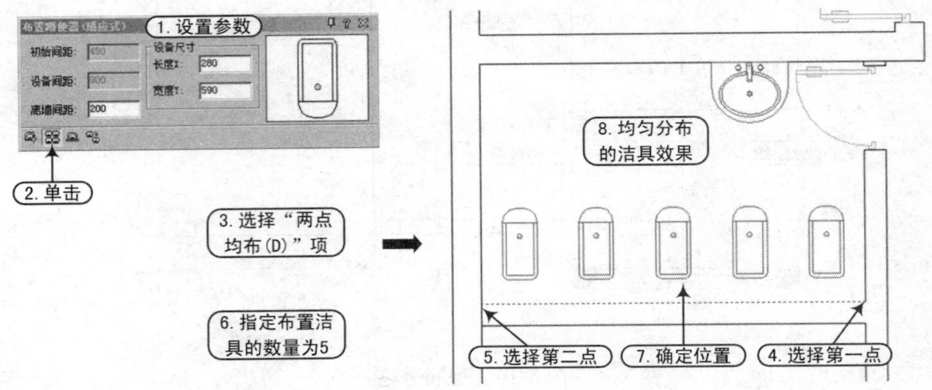

图 5-12　均匀分布的操作

5.2.4　布置隔板、隔断

“布置隔板”命令是通过两点选取已经插入的洁具，布置卫生洁具，主要用于小便器

之间的隔板。

“隔断”命令是通过两点选取已经插入的洁具，布置卫生间隔断，要求先布置洁具才能执行，隔板与门采用了墙对象和门窗对象，支持对象编辑；墙类型由于使用卫生隔断类型，隔断内的面积不参与房间划分与面积计算。

在屏幕菜单中选择“房间屋顶”|“房间布置”|“布置隔断”命令，将提示布置隔断的起点与终点，然后输入隔断的长度和门宽即可，其操作步骤如图 5-13 所示。

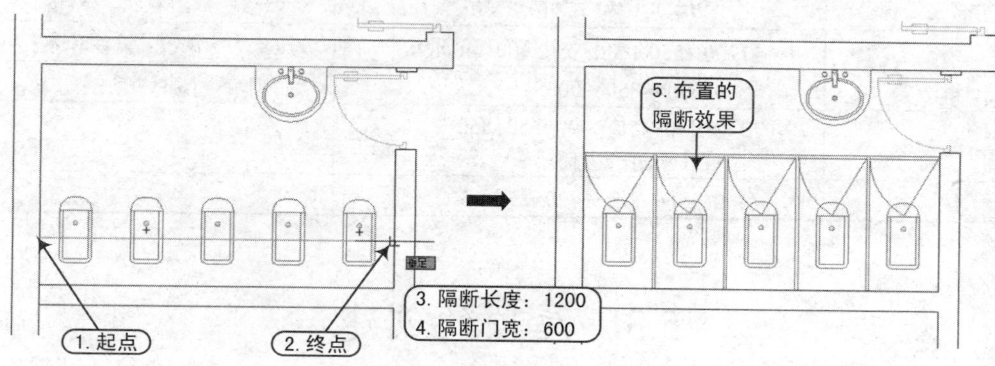

图 5-13　隔断的布置

提示技巧

用户在通过选择起点和终点的方式来框选卫生洁具时，其起点与终点的顺序不同，则创建的隔断门开启方向也不同。

另外，在指定起点与终点时，一定要经过布置的洁具对象，否则将创建失败。

同样，在屏幕菜单中选择“房间屋顶”|“房间布置”|“布置隔板”命令，将提示布置隔板的起点与终点，然后输入隔板的长度和门宽即可，其操作步骤如图 5-14 所示。

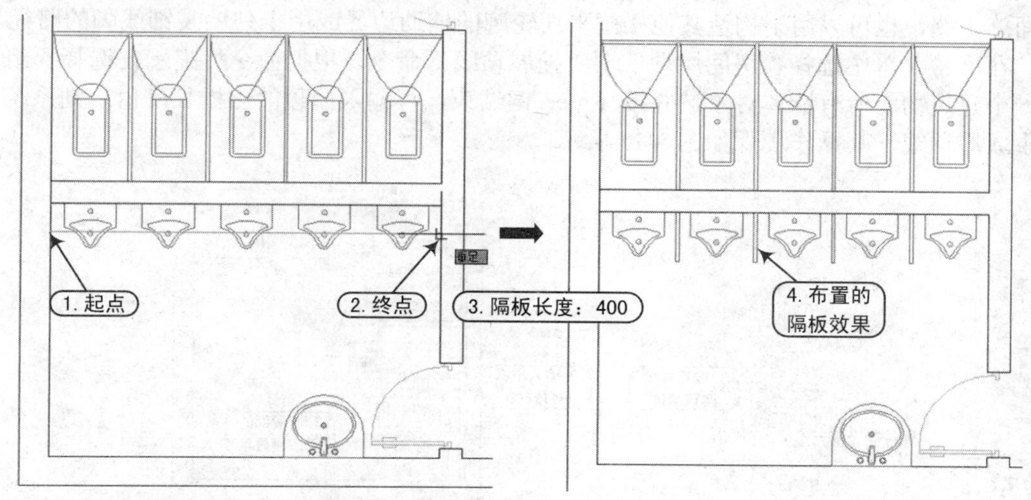

图 5-14　隔板的布置

提示技巧

在框选卫生洁具时，其起点与终点的顺序不同，则创建的隔断门开启方向也不同。另外，起点与终点的线段一定要经过布置的洁具对象，否则将不产生隔断。一般正常情况下，浴室或卫生间用具的尺寸如表 5-1 所示。

表 5-1 浴室厕所用具尺寸参考

名　　称	尺寸（长×宽×高）mm	材　　质
浴缸	1200/1550/1680×750×400/440/460	分压克力、钢板、铸铁和木材
淋浴器	850～900×850～900×120	地砖砌筑、搪瓷
坐便器	340×450×450、490×650×850（与低水箱组合尺寸）	瓷质
洗脸盆	360～560×200～420×250～302	瓷质

5.3 屋顶的创建

TArch 2014 中提供了多种屋顶造型功能，其中，人字坡顶包括单坡屋顶和双坡屋顶，任意坡顶是指任意多段线围合而成的四坡屋顶、矩形屋顶，包括歇山屋顶和攒尖屋顶，用户也可以利用三维造型工具自建其他形式的屋顶。

5.3.1 搜屋顶线

“搜屋顶线”命令是搜索整栋建筑物的所有墙线，按外墙的外皮边界生成屋顶平面轮廓线。屋顶线在属性上为一个闭合的多段线，可以作为屋顶轮廓线，进一步绘制出屋顶的平面施工图，也可以用于构造其他楼层平面轮廓的辅助边界或用于外墙装饰线脚的路径。

在屏幕菜单中选择“房间屋顶”｜“搜屋顶线”命令，根据命令行提示，选择要组成同一个建筑物的所有墙体对象，并按 Enter 键结束，再输入屋顶的出檐长度值，则系统自动生成屋顶线，其操作步骤如图 5-15 所示。

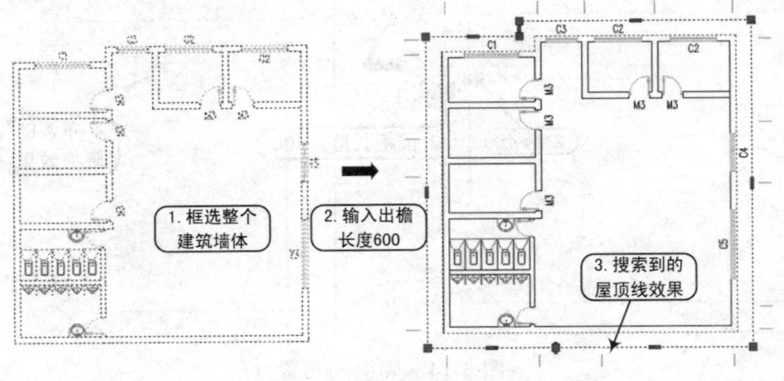

图 5-15　搜索屋顶线操作

提示技巧

有时创建屋顶线会失败，可以使用“多段线”命令，围绕外墙绘制封闭的线段，然后通过“偏移”命令偏移出檐长度。

5.3.2 任意坡顶

任意坡顶是由封闭的任意形状多段线生成指定坡度的坡形屋顶，可采用对象编辑单独修改每个边坡的坡度，可支持布尔运算，而且可以被其他闭合对象剪裁。

在屏幕菜单中选择“房间屋顶” | “任意坡顶”命令，然后按命令行提示选择封闭的多段线对象，并输入坡角度及出檐长，其操作步骤如图 5-16 所示。

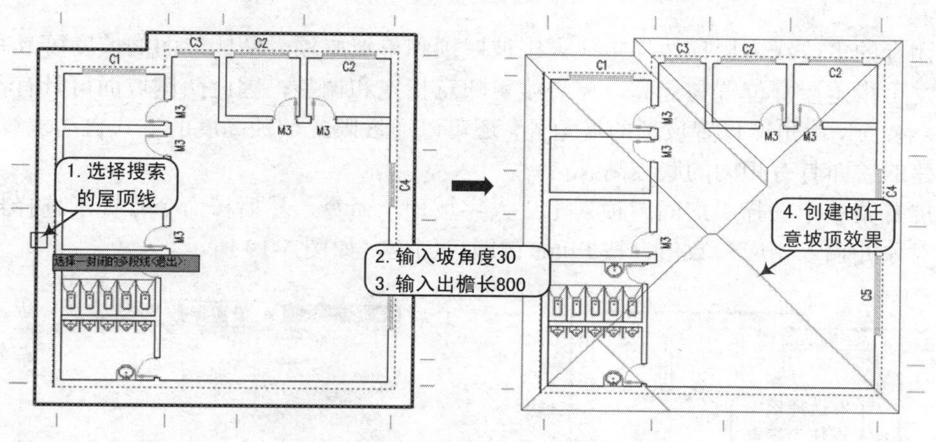

图 5-16 任意坡顶操作

在生成任意坡顶时，系统会自动按照当前所选择屋顶线所在的标高来创建，用户可以将其切换到“西南等轴测”+“概念”视图环境中查看；当然，作为坡顶，一般来说，是在最顶层，目前用户可以使用 AutoCAD 软件的移动命令，将该坡顶垂直向 Z 轴正方向上移，其移动的距离即为墙体的高度，如图 5-17 所示。

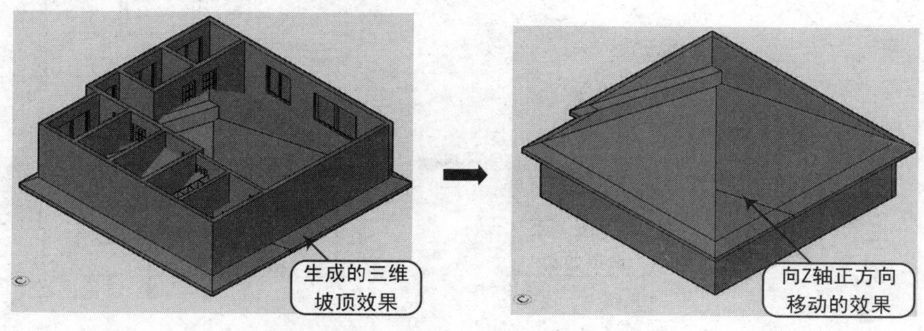

图 5-17 三维坡顶的效果

提示技巧

双击坡顶可弹出“任意坡顶”对话框，如图 5-18 所示，可对各个坡面的坡度进行修改，单击首行可看到图中对应该边号的边线显示红色标志，可修改坡度参数，把端坡的坡角设置为 90°（坡度为“无”）时为双坡屋顶，修改参数后单击新增的“应用”按钮，可以马上看到坡顶的变化。其中，底标高是坡顶各顶点所在的标高，由于出檐的原因，这些点都低于相对标高 ±0.00。

任意坡顶

边号	坡角	坡度	边长
1	30.00	57.7%	4920.00
2	30.00	57.7%	1.26
3	30.00	57.7%	7620.00
4	30.00	57.7%	12838.7
5	30.00	57.7%	8940.00
6	30.00	57.7%	600.00
7	30.00	57.7%	3600.00

底标高: 2653.589

全部等坡 应用 确定 取消

图 5-18　任意坡顶的编辑

5.3.3　人字坡顶

以闭合的多段线为屋顶边界生成人字坡屋顶和单坡屋顶。两侧坡面的坡度可具有不同的坡角，可指定屋脊位置与标高，屋脊线可随意指定和调整，因此两侧坡面可具有不同的底标高，除了使用角度设置坡顶的坡角外，还可以通过限定坡顶高度的方式自动求算坡角，此时创建的屋面具有相同的底标高。

在屏幕菜单中选择“房间屋顶”|“人字坡顶”命令，然后按命令行提示选择封闭的多段线对象并输入相应参数值，按 Enter 键即可创建，如图 5-19 所示。

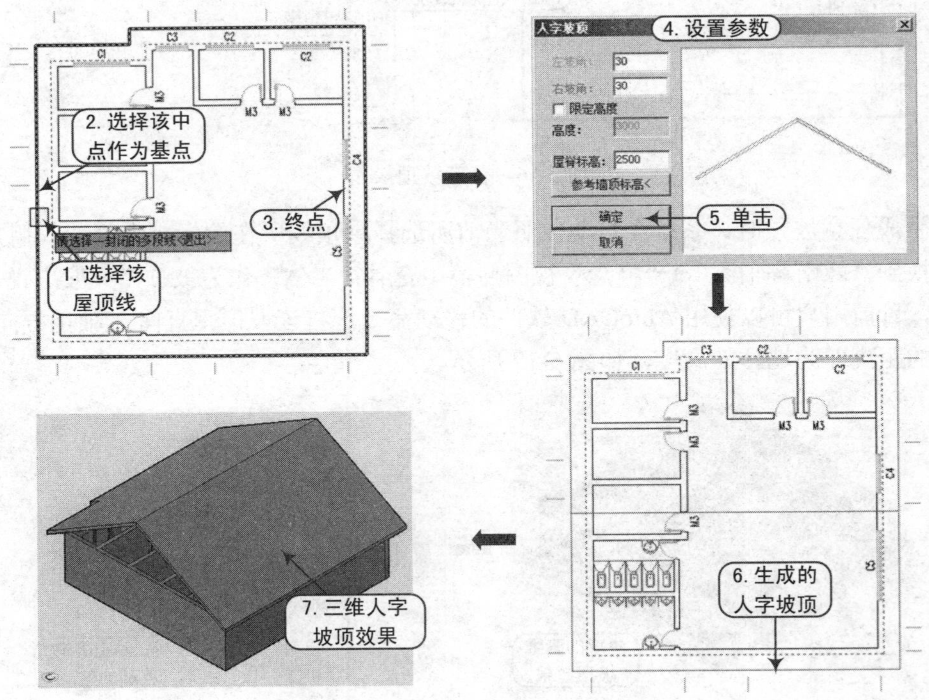

图 5-19　人字坡顶的创建

"人字坡顶"对话框中各参数的含义如下。

- ❑ 左坡角/右坡角：在各文本框中分别输入坡角，无论脊线是否居中，默认左右坡角都是相等的。
- ❑ 限定高度：选中"限定高度"复选框，用高度而非坡角定义屋顶，脊线不居中时左右坡角不等。
- ❑ 高度：选中"限定高度"复选框后，在此文本框中输入坡屋顶高度。
- ❑ 屋脊标高：以本图 Z=0 起算的屋脊高度。
- ❑ 参考墙顶标高：选取相关墙对象可以沿高度方向移动坡顶，使屋顶与墙顶关联。
- ❑ 图像框：在其中显示屋顶三维预览图，拖动光标可旋转屋顶，支持滚轮缩放、中键平移，如图 5-20 所示。

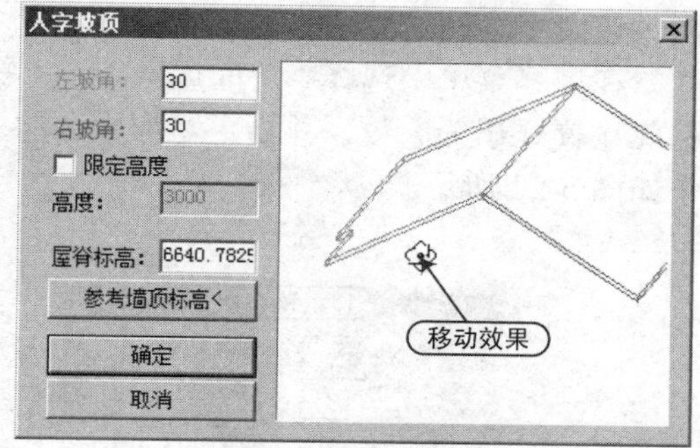

图 5-20　图像框移动

5.3.4　攒尖屋顶

"攒尖屋顶"命令可构造攒尖屋顶三维模型，但不能生成曲面构成的中国古建建筑亭子顶。

在屏幕菜单中选择"房间屋顶"｜"攒尖屋顶"命令，然后按命令行提示选择中心位置，并指定第二点即可创建，如图 5-21 所示。

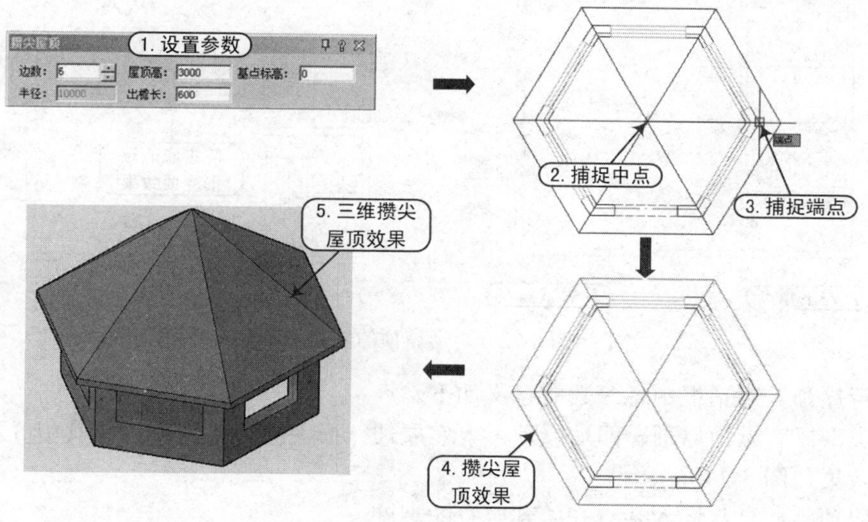

图 5-21　攒尖屋顶的创建

"攒尖屋顶"对话框中各参数的含义如下。

- ❑ 边数：屋顶正多边形的边数。
- ❑ 屋顶高：攒尖屋顶净高度。

- ❑ 基点标高：与墙柱连接的屋顶上皮处的屋面标高，默认该标高为楼层标高 0。
- ❑ 半径：坡顶多边形外接圆的半径。
- ❑ 出檐长：从屋顶中心开始偏移到边界的长度，默认为 600，可以为 0。

5.3.5 矩形屋顶

“矩形屋顶”命令可绘制歇山屋顶、四坡屋顶、双坡屋顶和攒尖屋顶，与人字屋顶不同，该命令绘制的屋顶平面限于矩形。

在屏幕菜单中选择“房间屋顶”|“矩形屋顶”命令，随后弹出“矩形屋顶”对话框，在此设置好相关参数，并指定矩形屋顶的 3 个角点，将自动创建一个矩形屋顶效果，其操作如图 5-22 所示。

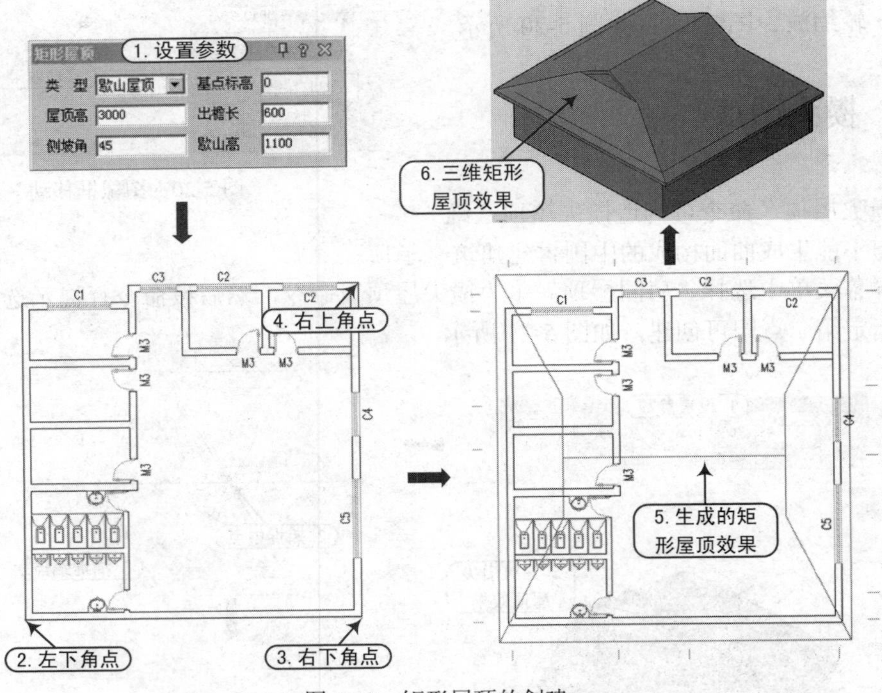

图 5-22 矩形屋顶的创建

“矩形屋顶”对话框中各参数的含义如下。

- ❑ 类型：有歇山屋顶、四坡屋顶、人字屋顶、攒尖屋顶 4 种类型，其中 3 种屋顶的效果如图 5-23 所示。
- ❑ 屋顶高：是从插入基点开始到屋脊的高度。
- ❑ 侧坡角：位于矩形短边的坡面与水平面之间的倾斜角，该角度受屋顶高的限制，两者之间的配合有一定的取值范围。
- ❑ 基点标高：默认屋顶单独作为一个楼层，默认基点位于屋面，标高是 0，屋顶在其下层墙顶放置时，应为墙高加檐板厚。

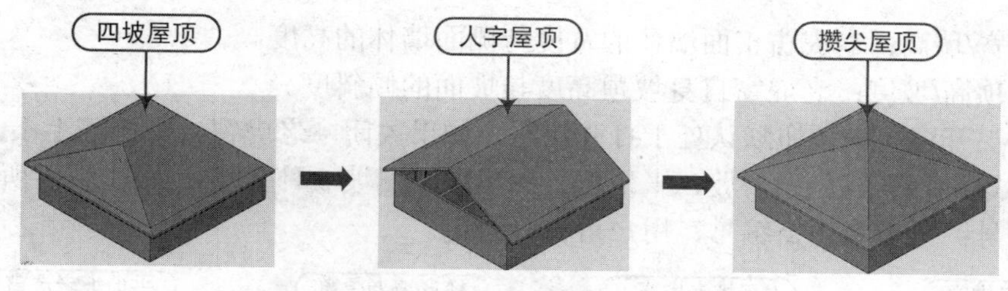

图 5-23　不同屋顶类型

- ❑ 出檐长：屋顶檐口到主坡墙外皮的距离。
- ❑ 歇山高：歇山屋顶侧面垂直部分的高度，为 0 时屋顶的类型退化为四坡屋顶。

5.3.6　加老虎窗

“加老虎窗”命令可在三维屋顶中生成多种老虎窗形式，老虎窗对象提供了墙上开窗功能，并提供了图层设置、窗宽、窗高等多种参数，可通过对象编辑修改，该命令支持米单位的绘制，便于日照软件的配合应用。

在屏幕菜单中选择“房间屋顶”｜“加老虎窗”命令，根据命令行提示选择屋顶并设置对话框中相应的参数进行创建，其操作步骤如图 5-24 所示。

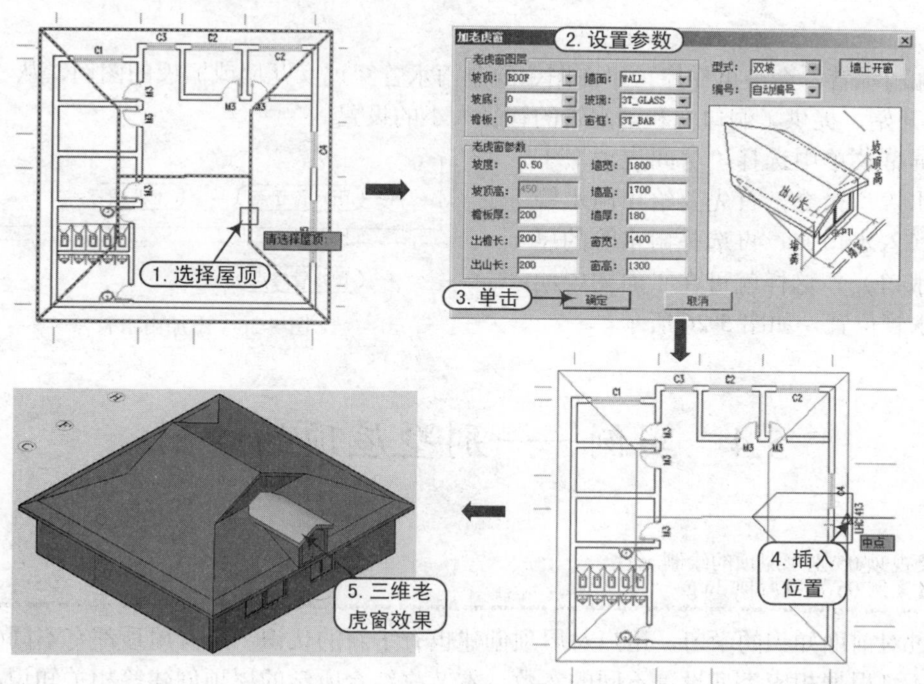

图 5-24　老虎窗的创建

“加老虎窗”对话框中部分参数的含义如下。

- ❑ 窗高/窗宽：老虎窗开启的小窗高度与宽度。

- 墙宽/墙高：老虎窗正面墙体的宽度与侧面墙体的高度。
- 坡顶高/坡度：老虎窗自身坡顶高度与坡面的倾斜度。
- 墙上开窗：该按钮默认处于打开状态，如果关闭，老虎窗自身的墙上不开窗。
- 型式：有双坡、三角坡、平顶坡、梯形坡和三坡 5 种类型，如图 5-25 所示。
- 编号：可为老虎窗编号，用户可自行给定。

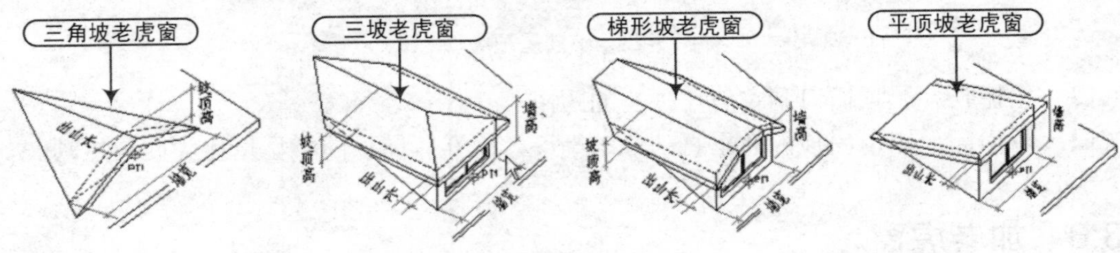

图 5-25　不同老虎窗类型

提示技巧

用户在创建任意屋顶时，必须先搜索屋顶线，否则在创建屋顶时系统不予以生成。

5.3.7　加雨水管

“加雨水管”命令可在屋顶平面图中绘制雨水管穿过女儿墙或檐板的图例，从 TArch 8.2 版本开始，提供了洞口宽和雨水管的管径大小的设置。

在屏幕菜单中选择“房间屋顶”|“加雨水管”命令，首先要给出雨水管的起点（入水口），再选择雨水管的尾点（出水口），这样就可在平面图中绘制好雨水管位置，如图 5-26 所示。

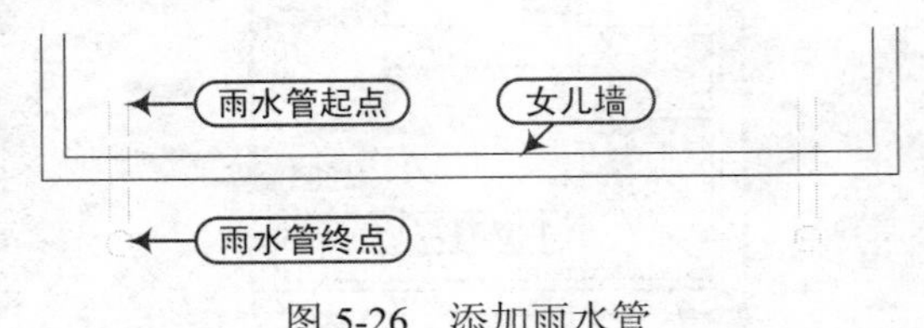

图 5-26　添加雨水管

5.4　实例——别墅屋顶的绘制

素 视频\05\别墅屋顶的绘制.avi
材 案例\05\别墅屋顶.dwg

通过对前面知识的学习，用户对屋顶创建也有了新的认识，所有屋顶都有不同的类型划分，还可根据相应类型设置不同的参数，本节将结合所学的屋顶创建等相关知识，完成别墅屋顶的创建以及面积查询等操作，其效果如图 5-27 所示。

（1）正常启动 TArch 2014 软件，选择“文件”|“打开”命令，将打开“案例\04\别墅一层平面图墙体与门窗.dwg”文件，并将该文件另存为“案例\05\别墅屋顶.dwg”。

（2）将 DOTE 和 AXIS 图层关闭，并将其他对象删除，效果如图 5-28 所示。

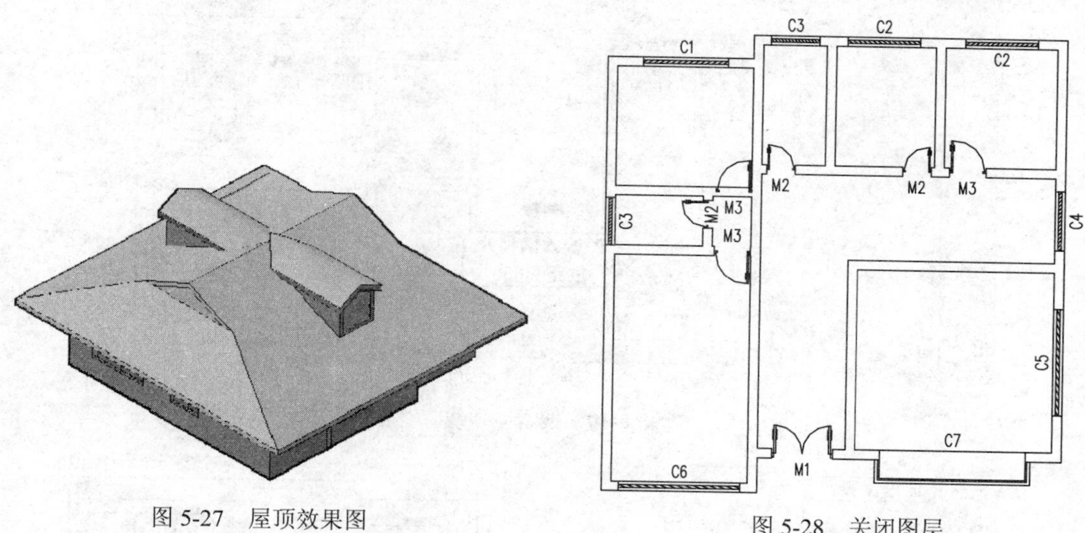

图 5-27　屋顶效果图　　　图 5-28　关闭图层

（3）在屏幕菜单中选择“房间屋顶”｜“搜索房间”命令，将弹出“搜索房间”对话框，设置好相应参数，然后按照命令行提示，框选整个图形对象，系统自动将各房间进行名称、编号、面积的标注，指定建筑面积的标注位置，如图 5-29 所示。

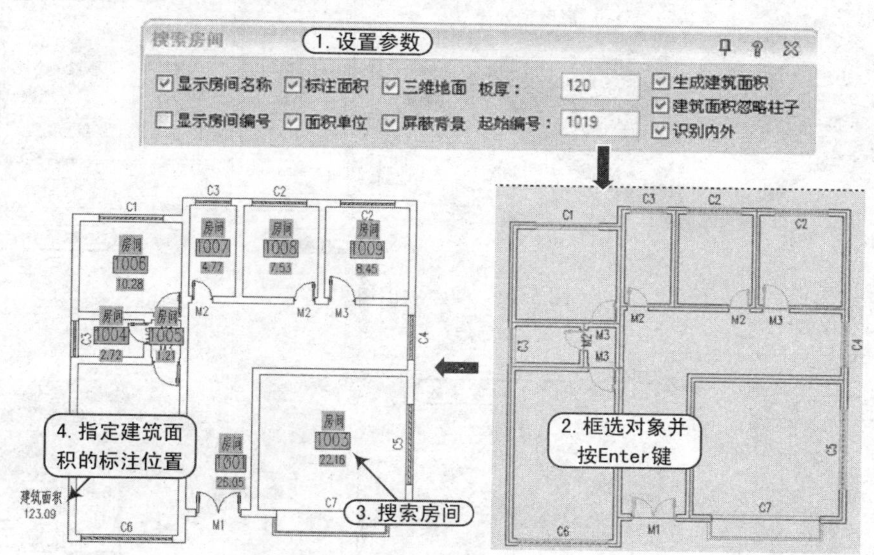

图 5-29　搜索房间

（4）选择“房间屋顶”｜“搜屋顶线”命令，根据命令行提示，选择当前所有墙体对象，并输入偏移的外皮距离为 600，即可得到屋顶线效果，如图 5-30 所示。

（5）选择“房间屋顶”｜“矩形屋顶”命令，在弹出的对话框中选择“歇山屋顶”项，并指定屋顶的 3 个角点，从而创建屋顶效果，如图 5-31 所示。

（6）执行“房间屋顶”｜“加老虎窗”命令，根据命令行提示，选择屋顶并设置对话框中相应的参数，然后进行创建，如图 5-32 所示。

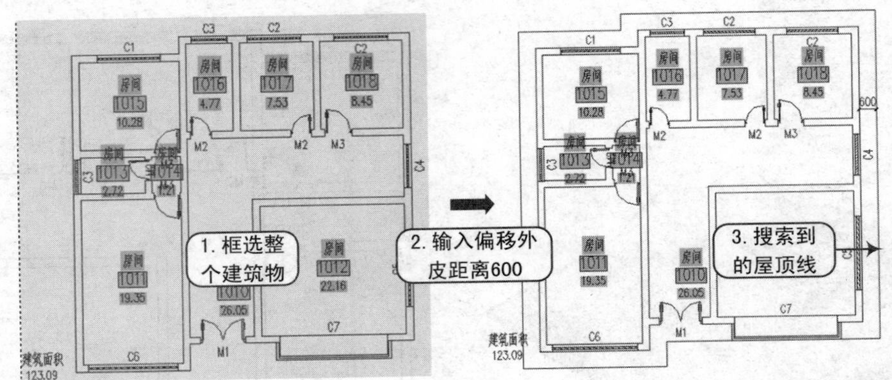

图 5-30　搜索屋顶线

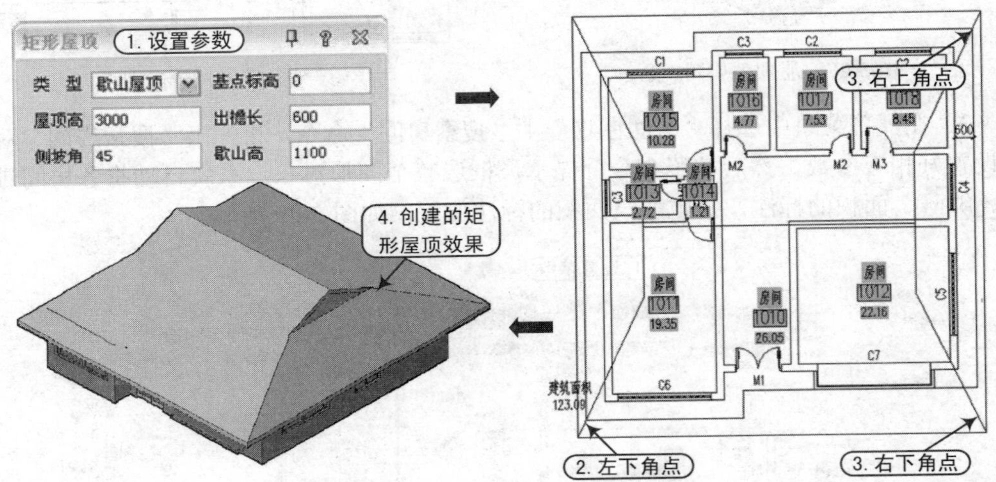

图 5-31　创建歇山屋顶

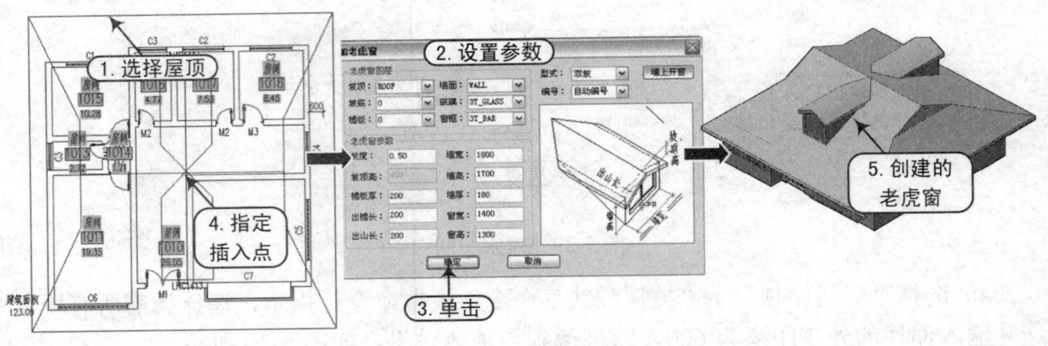

图 5-32　创建老虎窗

（7）至此，别墅屋顶已创建完毕，用户直接按 Ctrl+S 快捷键进行保存即可。

第6章 建筑楼梯与构件

本章导读

在现代建筑物中，垂直交通设施主要包括楼梯、电梯、自动扶梯以及坡道等。当用户创建好房屋墙体、门窗、屋顶对象后，还需对其他室内外构件进行布置，这些设施包括楼梯、扶手、栏杆、阳台、台阶、坡道、散水等。

本章主要讲解建筑室内外构件设施的创建方法，首先讲解了各种楼梯的创建及编辑方法，然后讲解了楼梯扶手及栏杆的创建及编辑方法，再讲解了电梯、自动扶梯及其他构件的创建及编辑方法，最后通过一个综合实例对本章所学的知识进行演练，从而达到举一反三的效果。

主要内容

- ❑ 了解并掌握各种楼梯的创建方法
- ❑ 掌握楼梯扶手与栏杆的创建方法
- ❑ 掌握建筑物中其他附属设施的创建方法
- ❑ 别墅楼梯与其他构件的布置实例

效果预览

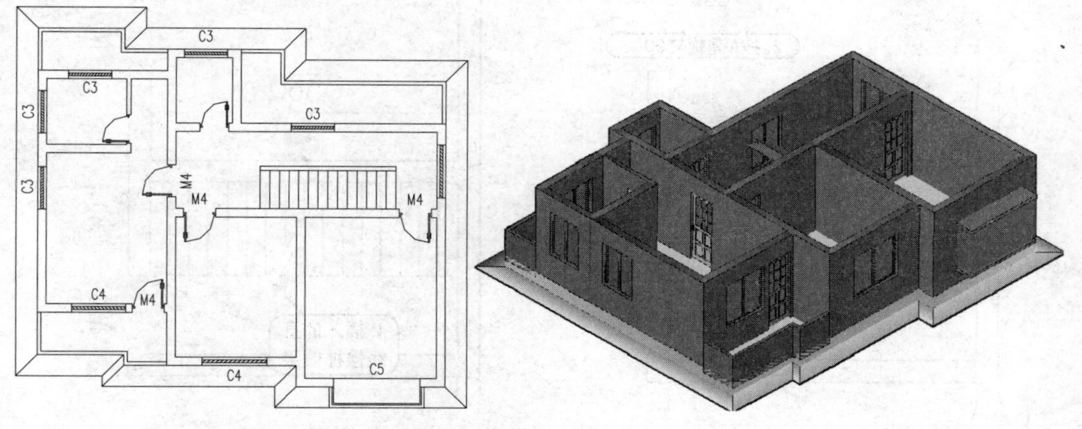

6.1 各种楼梯的创建

TArch 2014 提供了自定义对象来建立基本梯段对象，包括“直线梯段”、“圆弧梯段”与“任意梯段”等命令，如图 6-1 所示。由梯段组成了常用的双跑楼梯对象、多跑楼梯对象，考虑了楼梯对象在二维与三维视口下的不同可视特性。双跑楼梯具有梯段方便地改为坡道、标准平台改为圆弧休息平台等灵活可变特性，各种楼梯与柱子在平面相交时，楼梯可以被柱子自动剪裁。从 TArch 8 开始，双跑楼梯的上下行方向标识符号可以随对象自动绘制，剖切位置可以预先按踏步数或标高定义。

楼梯其他
直线梯段
圆弧梯段
任意梯段
添加扶手
连接扶手
双跑楼梯
多跑楼梯
双分平行
双分转角
双分三跑
交叉楼梯
剪刀楼梯
三角楼梯
矩形转角

图 6-1　楼梯其他命令

6.1.1 直线楼梯

直线单跑楼梯一般设计在不高的单层室内空间中，是众多楼梯类型中最简单的一种，这种直线单跑楼梯可单独使用，也可用于组合复杂的梯段或坡道。

在屏幕菜单中选择“楼梯其他”｜“直线梯段”命令，将弹出“直线梯段”对话框，在其中设置好直线楼梯的相关参数，并根据命令行提示指定插入的具体位置即可，如图 6-2 所示。

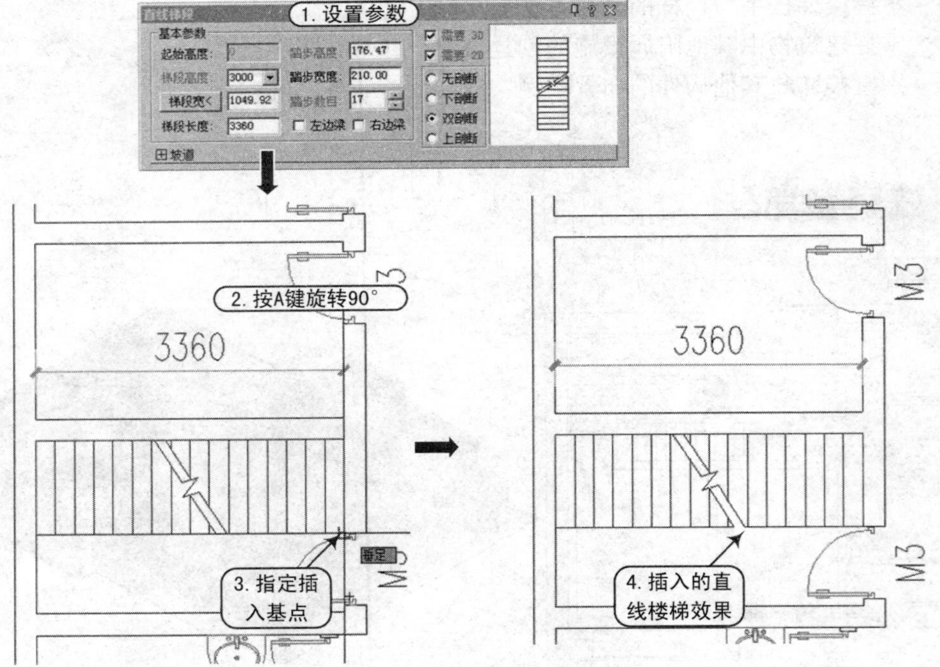

图 6-2　插入直线楼梯

“直线梯段”对话框中各参数的含义如下。

- 起始高度：该数值表示相对于本楼层地面算起的楼梯起始高度。
- 梯段高度：在该文本框中输入直线楼梯的总高，该值应等于踏步高度的总和。如果梯段高度被改变，系统会自动按当前踏步高调整踏步数，最后根据新的踏步数重新计算踏步高。
- 梯段宽：用户可直接在该文本框中输入一个值表示楼梯的宽，也可直接单击此按钮。
- 梯段长度：梯段的踏步宽度×（踏步数）=平面投影的梯段长度，用户可根据需要更改该数值。
- 踏步高度：输入一个踏步高度值，由楼梯高度推算出最接近该值的设计值。由于踏步数目是整数，梯段高度是一个给定的整数，因此踏步高度并非总是整数。用户可参考楼梯常用数值，不要随意修改默认值。
- 踏步宽度：输入一个数值，可确定楼梯段每个踏步板的宽度。
- 踏步数目：由梯段高和踏步高概略值推算取整获得，同时修改踏步高，也可改变踏步数，与梯段高一起推算踏步高。
- 左边梁：选中该复选框后，在创建的梯段左侧将会有梁，梁的宽度是以梯段左侧向右偏移的。
- 右边梁：与左边梁方向相反。
- 需要 3D 或需要 2D：用来控制梯段的二维视图和三维视图，某些梯段只需要二维视图，某些梯段则只需要三维视图，用户可根据需要选择。
- 无剖断/下剖断/双剖断/上剖断：在平面图中为了能清楚地表示楼梯图形，可根据需要选择是否剖断楼梯。各平面剖断及梁样式如图 6-3 所示。

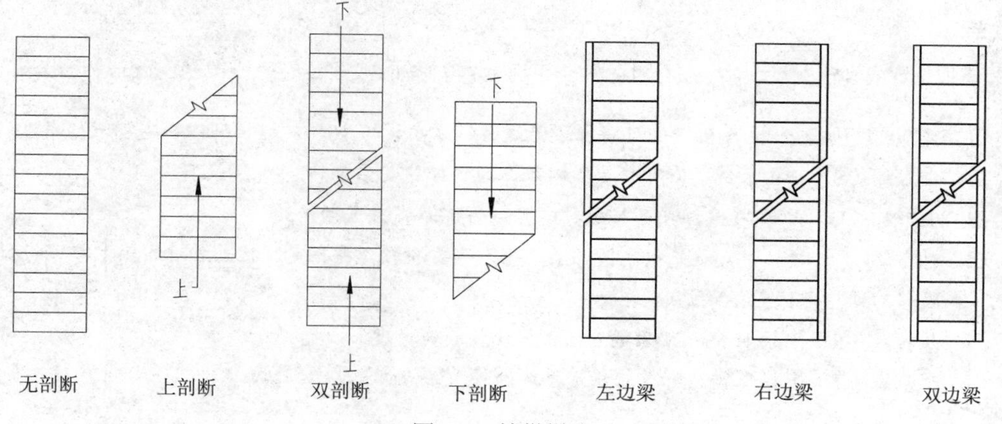

图 6-3　楼梯样式

- 坡道：单击此图标，踏步作防滑条间距，楼梯段按坡道生成。有“加防滑条”和“落地”两个复选框。

用户单击梯段可直接对其进行编辑，如图 6-4 所示，编辑时各夹点功能说明如下。

- 改梯段宽：梯段被选中后亮显，点取两侧中央夹点改梯段宽，即可拖移该梯段改变宽度。

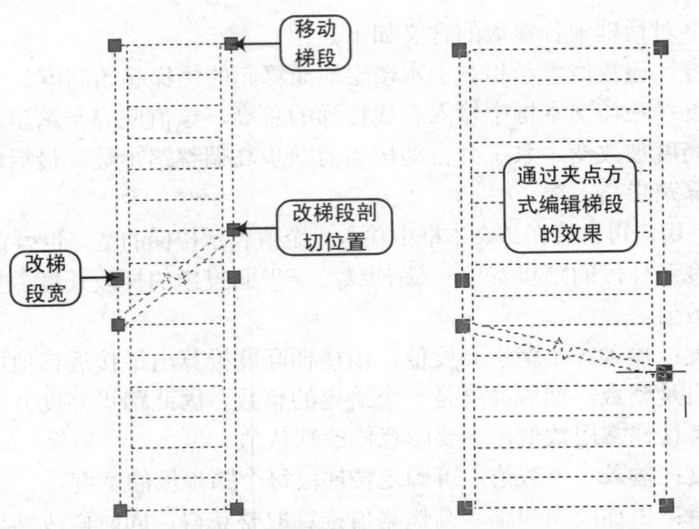

图 6-4 夹点编辑楼梯

- ❑ 移动梯段：在显示的夹点中，居于梯段 4 个角点的夹点为移动梯段，点取 4 个夹点中任意一个，即表示以该夹点为基点移动梯段。
- ❑ 改梯段剖切位置：在带有剖切线的梯段上，剖切线的两端还有两个夹点为改梯段剖切位置，可拖移该夹点改变剖切线的角度和位置。

提示技巧

当选择“直线梯段”命令后，在弹出“直线梯段”对话框的同时，其命令行中也有相应的提示选项，如下所示。

点取位置或 [转 90 度(A)/左右翻(S)/上下翻(D)/对齐(F)/改转角(R)/改基点(T)]<退出>:

- ❑ 转 90 度（A）：按 A 键，即可将梯段沿逆时针方向旋转 90°，这样可以确定梯段的角度。
- ❑ 左右翻（S）：按 S 键，即可将梯段以基点为镜像线左右翻转。
- ❑ 上下翻（D）：按 D 键，即可将梯段以基点为镜像线上下翻转。
- ❑ 对齐（F）：按 F 键，首先指定楼梯上的基点和对齐轴，再指定目标点和对齐轴，即可将梯段移动到指定位置。
- ❑ 改转角（R）：按 R 键，可为插入的楼梯设置旋转角度。
- ❑ 改基点（T）：按 T 键，可重新指定楼梯的插入基点。

6.1.2 圆弧楼梯

“圆弧楼梯”命令用于创建单段弧线型梯段，适合单独的圆弧楼梯，也可与直线梯段组合创建复杂楼梯和坡道，如大堂的螺旋楼梯与入口的坡道等。

在屏幕菜单中选择“楼梯其他” | “圆弧梯段”命令，将弹出“圆弧梯段”对话框，设置好相应的参数，再根据命令行提示对圆弧梯段进行旋转，以及改变插入基点的位置，最后确定插入位置即可，如图 6-5 所示。

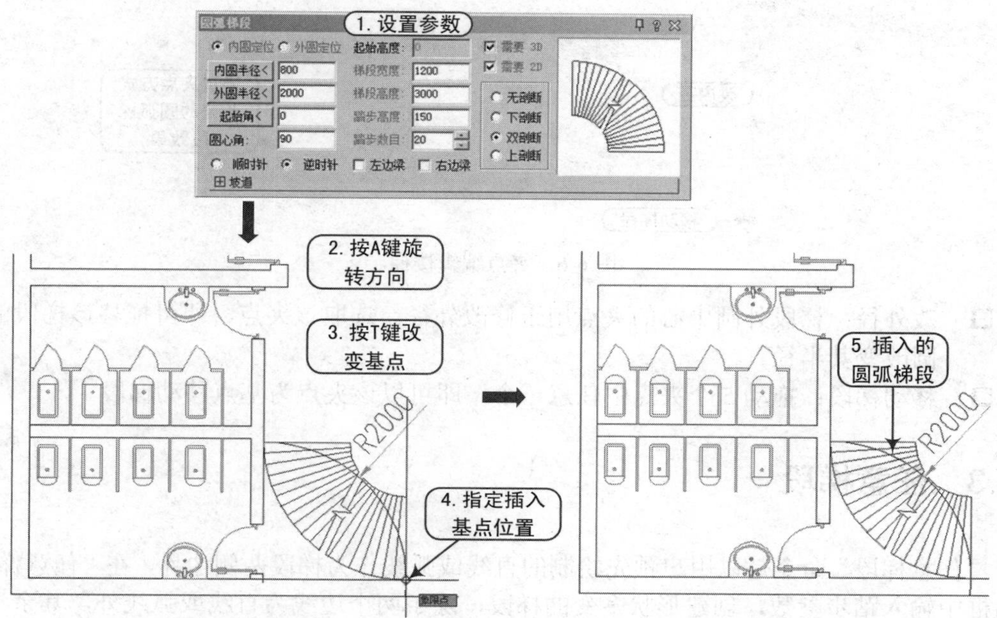

图 6-5 插入圆弧楼梯

“圆弧梯段”对话框中各参数的含义如下。

- 内圆定位：由于“外圆半径=内圆半径+梯段宽度和（梁宽）”，用户选中“内圆定位”单选按钮，更改外圆半径时，梯段宽度就会自动计算。当改变梯段宽度时，外圆半径就会自动计算。
- 外圆定位：若用户选中“外圆定位”单选按钮，更改内圆半径时，梯段宽度就会自动计算。当改变梯段宽度时，内圆半径就会自动计算。
- 内圆半径：用于确定圆弧梯段的内圆弧半径，也可直接单击“内圆半径”按钮后，在绘图区中指定半径大小。
- 外圆半径：用于确定圆弧梯段的外圆弧半径，也可直接单击“外圆半径”按钮后，在绘图区中指定半径大小。
- 起始角：用于确定圆弧梯段弧线的起始角度。
- 圆心角：用于确定圆弧梯段的夹角，值越大，弧线梯段也就越长。

其他选项与“直线梯段”对话框中相同。同“直线梯段”命令一样，也可直接编辑夹点进行修改操作，如图 6-6 所示，各夹点功能如下。

- 改内径：梯段被选中后亮显，同时显示夹点，如果该圆弧梯段带有剖断，在剖断的两端还会显示两个夹点。在梯段内圆中心的夹点用于修改内径。选取该夹点，即可拖移该梯段的内圆改变其半径。

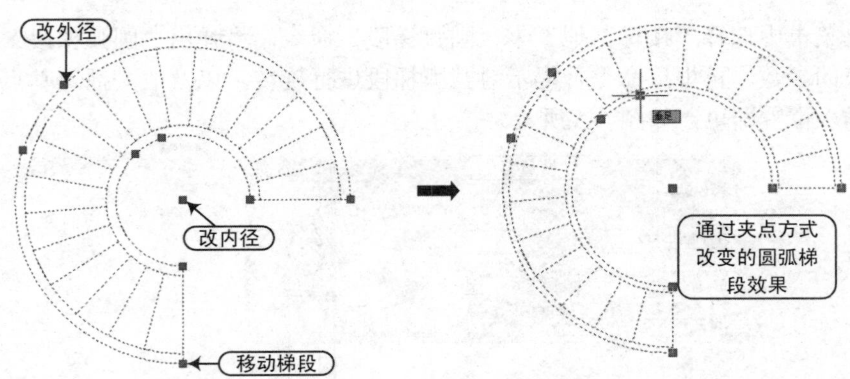

图 6-6　夹点编辑楼梯

- 改外径：梯段外圆中心的夹点用于修改外径。选取该夹点，即可拖移该梯段的外圆改变其半径。
- 移动梯段：拖动 5 个夹点中任意一个，即可以该夹点为基点移动梯段。

6.1.3　任意梯段

“任意梯段”命令是以用户预先绘制的直线或弧线作为梯段两侧边界，在“任意梯段”对话框中输入踏步参数，创建形状多变的梯段，除了两个边线为直线或弧线外，其余参数与直线梯段相同。

在执行该命令前先用“直线”“圆弧”等其他命令绘制梯段轮廓，再选择“楼梯其他”|“任意梯段”命令，在弹出的“任意梯段”对话框中设置圆弧楼梯参数即可，如图 6-7 所示。

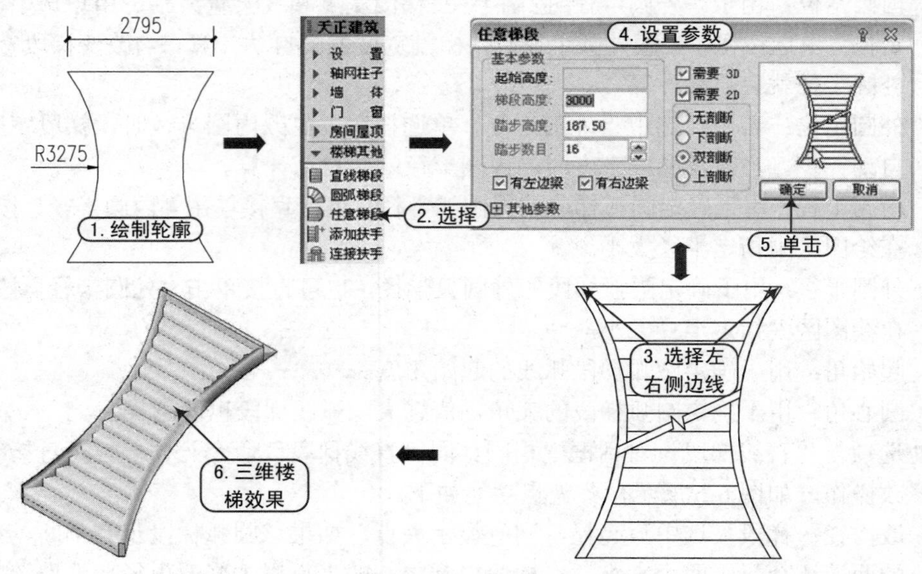

图 6-7　任意楼梯创建

用户可直接通过编辑夹点的方式进行修改操作，如图 6-8 所示，各夹点功能如下。

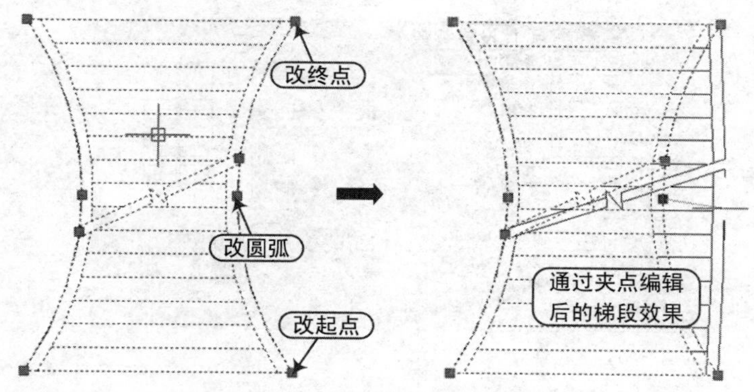

图 6-8　夹点编辑楼梯

- 改起点：起始点的夹点为“改起点”，控制所选侧梯段的起点。如两侧同时改变起点，则可改变梯段的长度。
- 改终点：终止点的夹点为“改终点”，控制所选侧梯段的终点。如两侧同时改变终点，则可改变梯段的长度。
- 改圆弧/平移边线：中间的夹点为“平移边线”或者“改圆弧”，按边线类型而定，控制梯段的宽度或者圆弧的半径。

6.1.4　双跑楼梯

双跑楼梯是最常见的楼梯形式，由两跑直线梯段、一个休息平台、一个或两个扶手和一组或两组栏杆构成的自定义对象，具有二维视图和三维视图。

双跑楼梯对象内包括常见的构件组合形式变化，如是否设置两侧扶手、中间扶手在平台是否连接、设置扶手伸出长度、有无梯段边梁（尺寸需要在特性栏中调整），休息平台是半圆形或矩形等，尽量满足建筑的个性化要求。

在屏幕菜单中选择“楼梯其他”|“双跑楼梯”命令，弹出“双跑楼梯”对话框，设置好楼梯的相关参数，并指定插入位置即可，如图 6-9 所示。

“双跑楼梯”对话框中部分选项的含义如下。

- 楼梯高度：双跑楼梯的总高，默认自动取当前层高的值，相邻楼层高度不等时应按实际情况调整。
- 踏步总数：默认踏步总数为 20，是双跑楼梯的关键参数。
- 梯间宽：双跑楼梯的总宽。单击该按钮可从平面图中直接量取楼梯间净宽作为双跑楼梯总宽。
- 梯段宽：默认宽度或由总宽计算，余下二等分作梯段宽初值，单击该按钮可从平面图中直接量取。
- 井宽：设置井宽参数，井宽=梯间宽-（2×梯段宽），最小井宽可以等于 0，这 3 个数值互相关联。
- 一跑步数：以踏步总数推算一跑与二跑步数，总数为奇数时先增加二跑步数。
- 二跑步数：二跑步数默认与一跑步数相同，两者都允许用户进行修改。

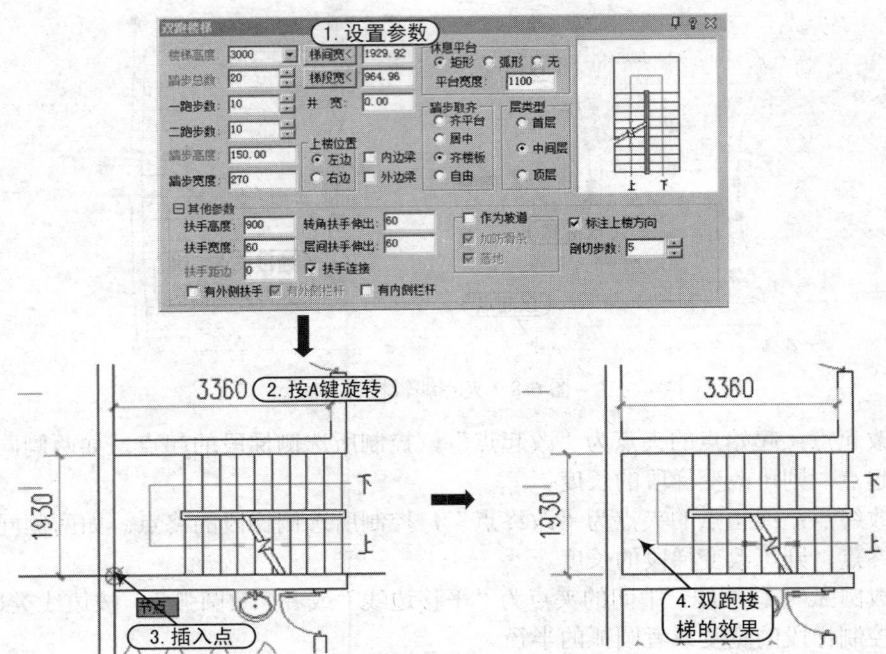

图 6-9　双跑楼梯的创建

- ❑ 踏步高度：用户可先输入大约的初始值，由楼梯高度与踏步数推算出最接近初值的设计值，推算出的踏步高有均分的舍入误差。
- ❑ 踏步宽度：踏步沿梯段方向的宽度，是需要优先决定的楼梯参数，但在选中“作为坡道”复选框后，仅用于推算出的防滑条宽度。
- ❑ 左边/右边：上楼的方向，可以从左侧或右侧上楼。
- ❑ 内边梁/外边梁：表示楼梯内部有无梁承重，与“直线楼梯”梁相同。
- ❑ 休息平台：其中，有“矩形”、“弧形”和“无”3 个单选按钮，用于设置不同平台样式，如图 6-10 所示，为非矩形休息平台时，可以选“无”平台，以便用平板功能设计休息平台。“平台宽度”文本框中用于设置宽度值。按建筑设计规范，休息平台的宽度应大于梯段宽度，在选弧形休息平台时应修改宽度值，最小值不能为 0。

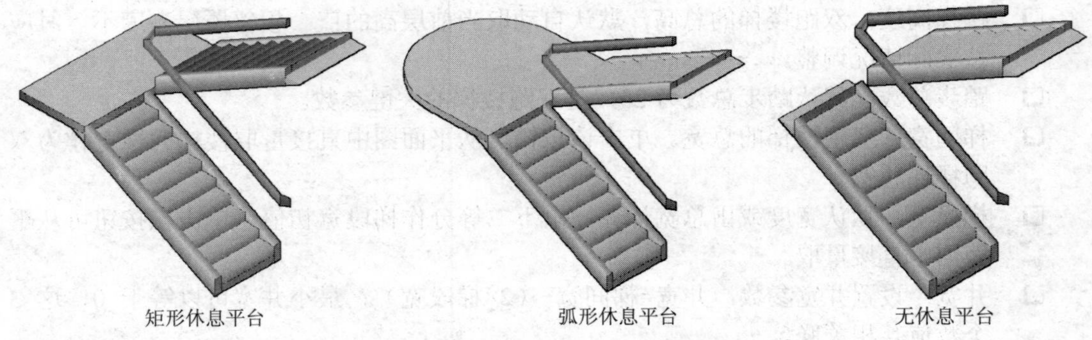

图 6-10　楼梯休息平台类型

- ❑ 踏步取齐：除了两跑步数不等时可直接在“齐平台”“居中”“齐楼板”中选择

两梯段相对位置外，也可以通过拖动夹点任意调整两梯段之间的位置，此时“踏步取齐”设为“自由”。

- 层类型：在平面图中按楼层分为 3 种类型绘制，如图 6-11 所示。首层只给出一跑的下剖断；中间层的一跑是双剖断；顶层的一跑是无剖断。

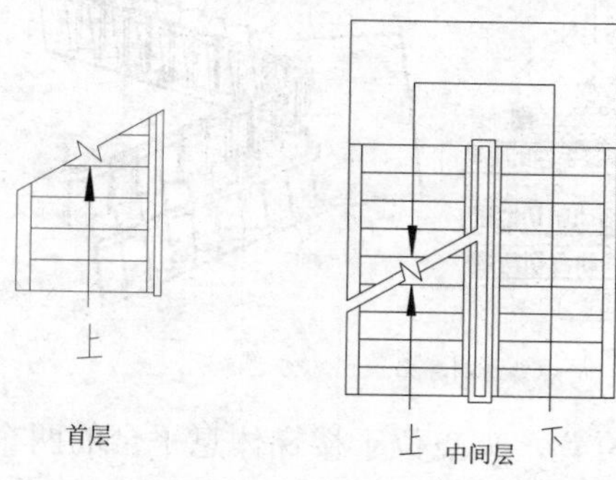

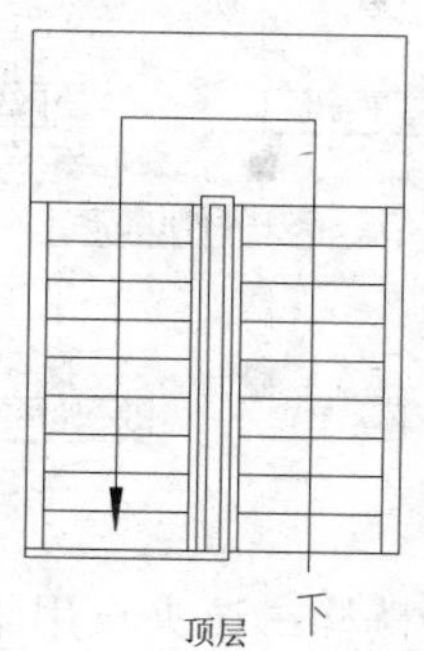

图 6-11　楼层类型

- 扶手高度：默认值为 900。
- 扶手宽度：默认值为 60。
- 扶手距边：在 1:100 图上一般取 0，在 1:50 详图上应标以实际值。
- 转角扶手伸出：设置在休息平台扶手转角处的伸出长度，默认为 60，为 0 或者负值时扶手不伸出。
- 层间扶手伸出：设置在楼层间扶手起末端和转角处的伸出长度，默认为 60，为 0 或者负值时扶手不伸出。
- 扶手连接：默认选中此复选框，扶手过休息平台和楼层时连接，否则扶手在该处断开。
- 有外侧扶手：选中该复选框，在外侧添加扶手，但不会生成外侧栏杆。
- 有外侧栏杆：在外侧绘制扶手也可选择是否绘制外侧栏杆，边界为墙时常不用绘制栏杆。
- 有内侧栏杆：默认创建内侧扶手，选中此复选框自动生成默认的矩形截面竖栏杆。
- 作为坡道：选中此复选框，楼梯段按坡道生成，对话框中会显示出“单坡长度”文本框用于输入长度。
- 单坡长度：选中“作为坡道”复选框后，显示此文本框，此处输入其中一个坡道梯段的长度，但精确值依然受踏步数和踏步宽度的制约。
- 标注上楼方向：默认选中此复选框，在楼梯对象中，按当前坐标系方向创建标注上楼、下楼方向的箭头和“上”“下”文字。
- 剖切步数（高度）：作为楼梯时按步数设置剖切线中心所在位置，作为坡道时按相对标高设置剖切线中心所在位置。

提示技巧

（1）选中“作为坡道”复选框前，要求楼梯的两跑步数相等，否则坡长不能准确定义。

（2）坡道防滑条的间距用步数来设置，要在选中“作为坡道”复选框前设置好。

使用鼠标选择已经生成的双跑楼梯对象，将出现各个夹点，如图 6-12 所示，各夹点的功能含义如下。

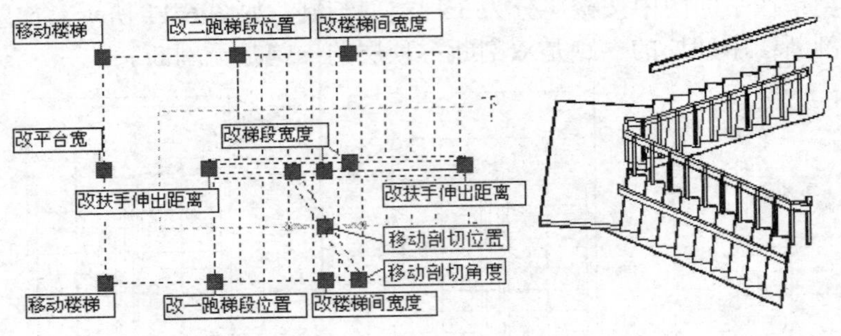

图 6-12　夹点编辑楼梯

- 移动楼梯：该夹点用于改变楼梯位置，夹点位于楼梯休息平台的两个角点。
- 改平台宽：该夹点用于改变休息平台的宽度，同时改变方向线。
- 改梯段宽度：拖动该夹点可对称改变两梯段的梯段宽，同时改变梯井宽度，但不改变楼梯间宽度。
- 改楼梯间宽度：拖动该夹点可改变楼梯间的宽度，同时改变梯井宽度，但不改变两梯段的宽度。
- 改一跑梯段位置：该夹点位于一跑末端角点，纵向拖动夹点可改变一跑梯段位置。
- 改二跑梯段位置：该夹点位于二跑起端角点，纵向拖动夹点可改变二跑梯段位置。
- 改扶手伸出距离：两夹点各自位于扶手两端，分别拖动可改变平台和楼板处的扶手伸出距离。
- 移动剖切位置：该夹点用于改变楼梯剖切位置，可沿楼梯拖动改变位置。
- 移动剖切角度：该夹点用于改变楼梯剖切位置，可拖动改变角度。

6.1.5　多跑楼梯

多跑楼梯创建由梯段开始且以梯段结束，梯段和休息平台交替布置，各梯段方向自由的多跑楼梯对象。TArch 2014 在对象内部增加了上楼方向线，用户可定义扶手的伸出长度，剖切位置可以根据剖切点的步数或高度设定，可定义有转折的休息平台。

在屏幕菜单中选择“楼梯其他”｜“多跑楼梯”命令，在弹出的对话框中设置参数并插入到指定位置即可，如图 6-13 所示。

提示技巧

在创建多跑楼梯的过程中，当光标提示为“10,20/30”时单击，这是确定梯段的长度，再次确定下一点距离时是指定休息台的长度。“10,20/30”意思是指“当前梯段的踏步数，已绘制梯段的踏步数/楼梯的总踏步数”。

多跑楼梯其他样式效果如图 6-14 所示。

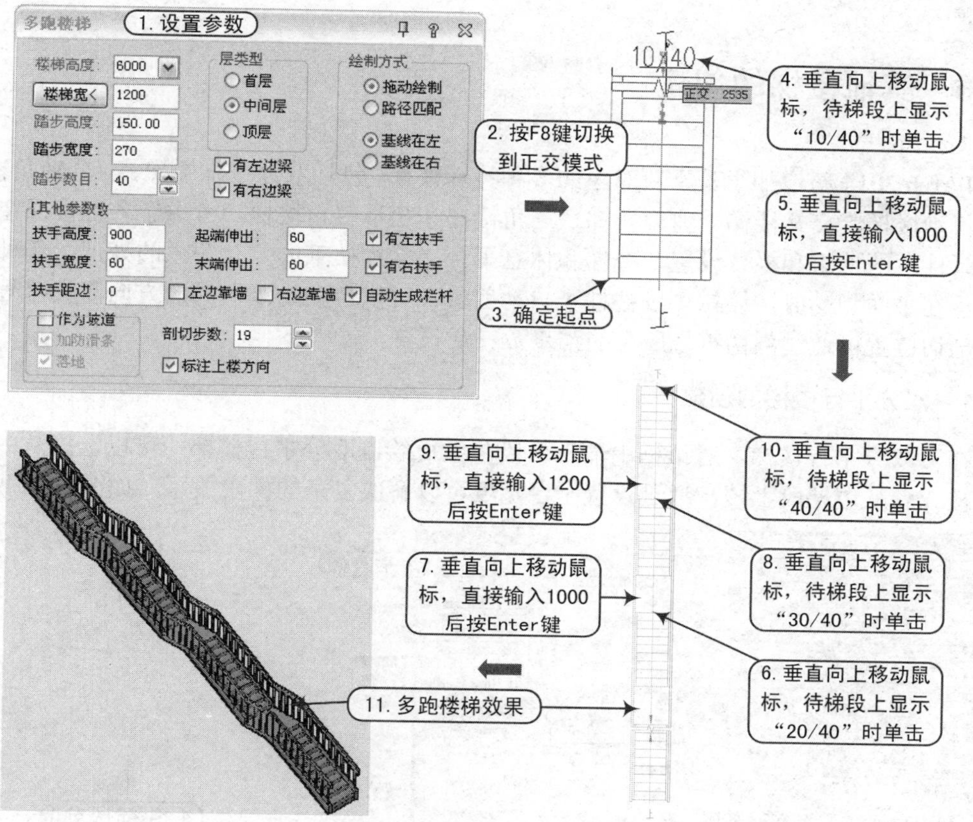

图 6-13　多跑楼梯创建

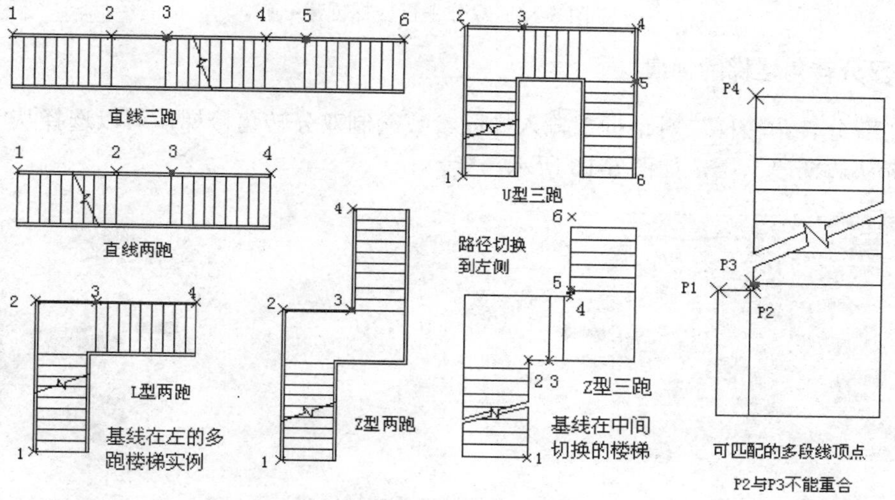

图 6-14　多跑楼梯其他样式

提示技巧

"●"表示选取该点后，按 Enter 键（或输入"T"）拖动绘制梯段。

6.1.6 其他楼梯的创建

TArch 2014 新增加了基于新对象的多种特殊楼梯，包括双分平行楼梯、双分转角楼梯、双分三跑楼梯、交叉楼梯、剪刀楼梯、三角楼梯和矩形转角楼梯，考虑了各种楼梯在不同边界条件下的扶手和栏杆设置，楼梯和休息平台、楼梯扶手的复杂关系的处理。各种楼梯与柱子在平面相交时，楼梯可以被柱子自动剪裁；可以自动绘制楼梯的方向箭头符号，楼梯的剖切位置可通过剖切符号所在的踏步数灵活设置。

1. 双分平行楼梯的创建

在“双分平行楼梯”对话框中输入梯段参数可绘制双分平行楼梯，可以选择从中间梯段上楼或者从边梯段上楼，通过设置平台宽度可以解决复杂的梯段关系，如图 6-15 所示。

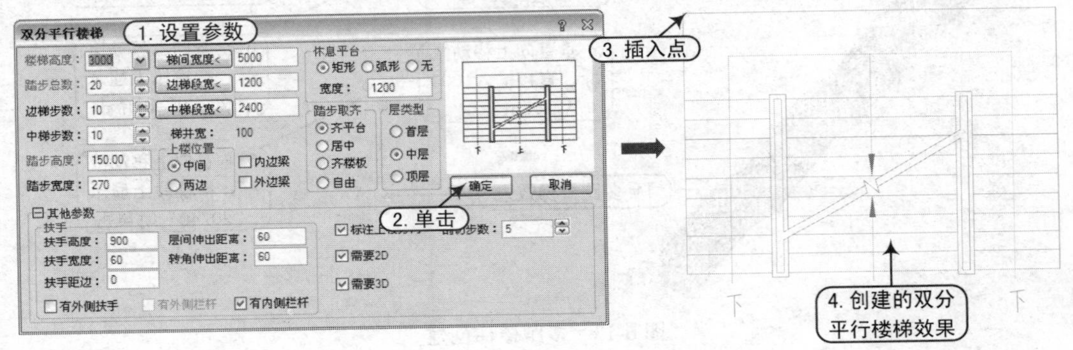

图 6-15 双分平行楼梯创建

2. 双分转角楼梯的创建

在“双分转角楼梯”对话框中输入梯段参数绘制双分转角楼梯，可以选择从中间梯段上楼或者从边梯段上楼，如图 6-16 所示。

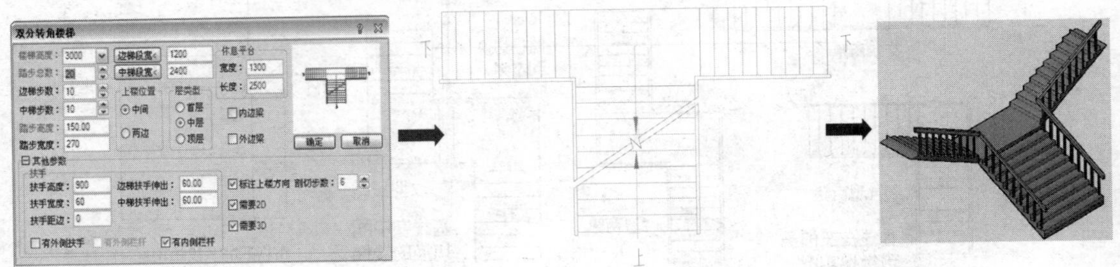

图 6-16 双分转角楼梯创建

3. 其余楼梯创建

其余楼梯的创建方法及效果如图 6-17~图 6-21 所示。

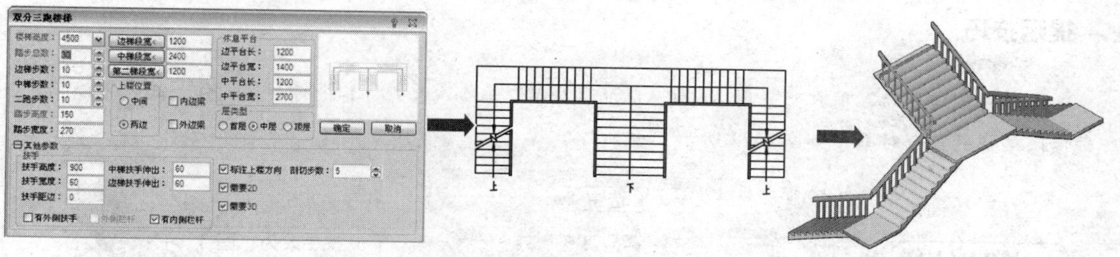

图 6-17　双分三跑楼梯

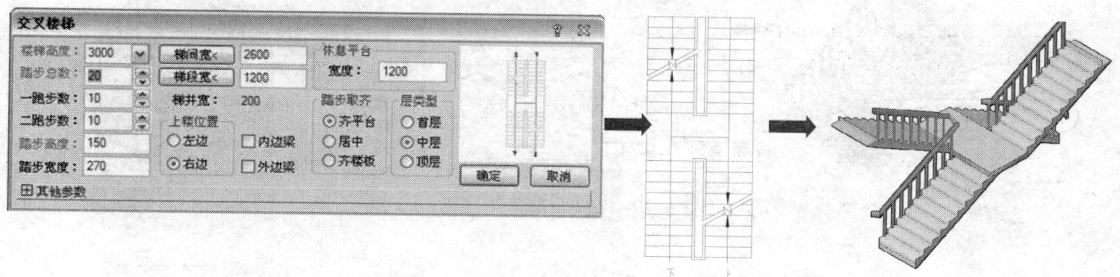

图 6-18　交叉楼梯

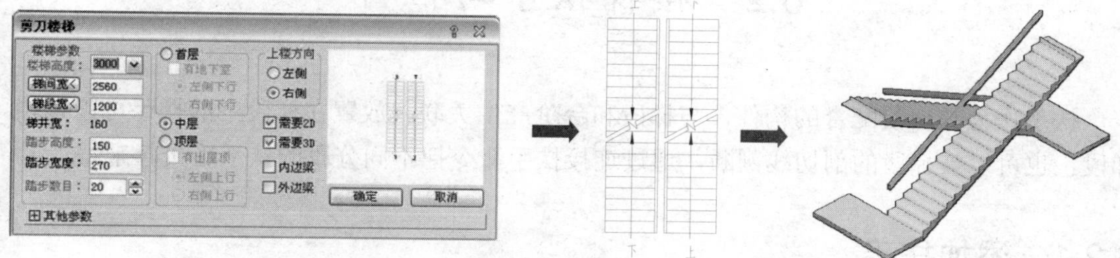

图 6-19　剪刀楼梯

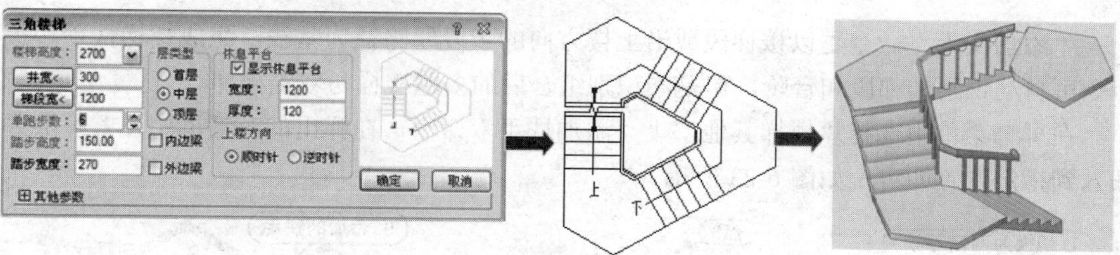

图 6-20　三角楼梯

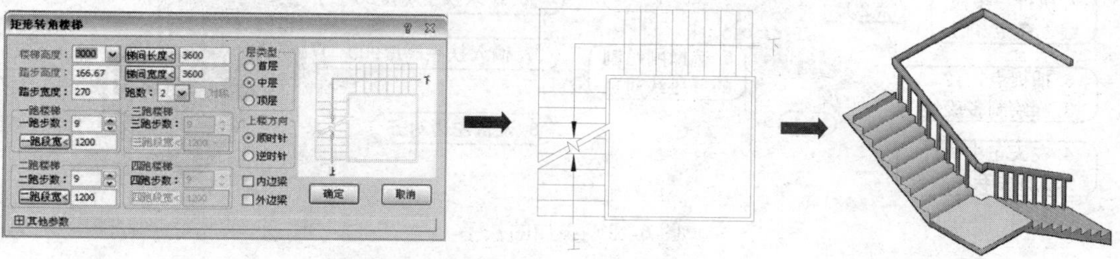

图 6-21　矩形转角楼梯

提示技巧

当楼梯创建好后，用户可采用 AutoCAD 的“分解”命令（X）将其进行打散操作，此时可以单独修改楼梯的各个对象，如图 6-22 所示。

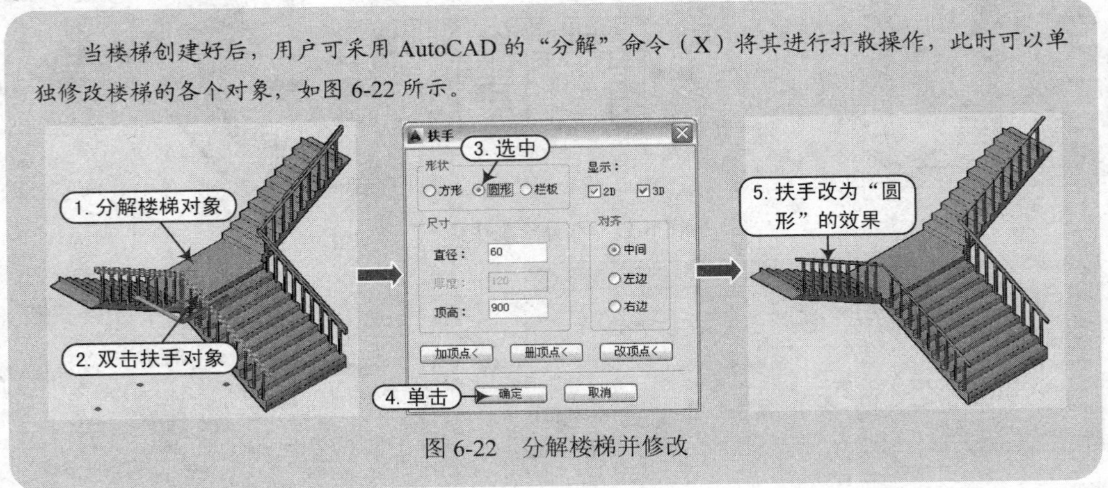

图 6-22　分解楼梯并修改

6.2　楼梯扶手与栏杆

扶手作为与梯段配合的构件，与梯段和台阶产生关联。放置在梯段上的扶手可以遮挡梯段，也可以被梯段的剖切线剖断，通过连接扶手命令把不同分段的扶手连接起来。

6.2.1　添加扶手

“添加扶手”命令是以楼梯段或沿上楼方向的多段线路径为基线，生成楼梯扶手，该命令可自动识别楼梯段和台阶，但是不识别组合后的多跑楼梯与双跑楼梯。

在屏幕菜单中选择“楼梯其他”|“添加扶手”命令，在弹出的对话框中设置参数并插入到指定位置即可，如图 6-23 所示。

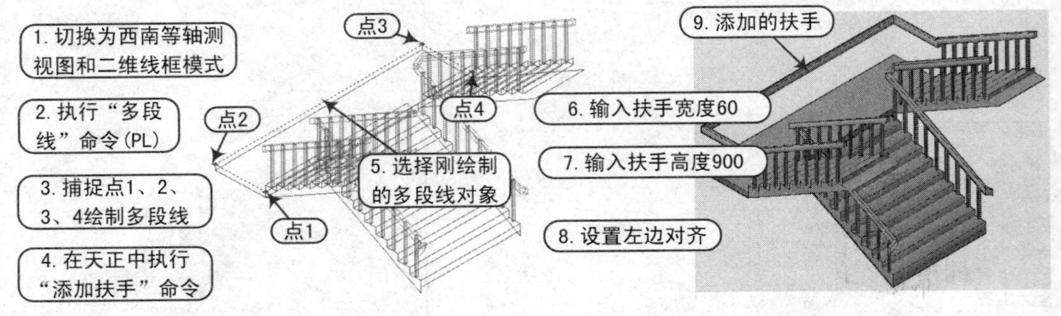

图 6-23　添加的扶手

6.2.2　连接扶手

“连接扶手”命令是把未连接的扶手彼此连接起来，如果准备连接的两段扶手的样式不同，连接后的样式以第一段为准；连接顺序要求是前一段扶手的末端连接下一段扶手的始端，梯段的扶手则按上行方向为正向，需要从低到高顺序选择扶手的连接，接头之间应留出空隙，不能相接和重叠，如图 6-24 所示。

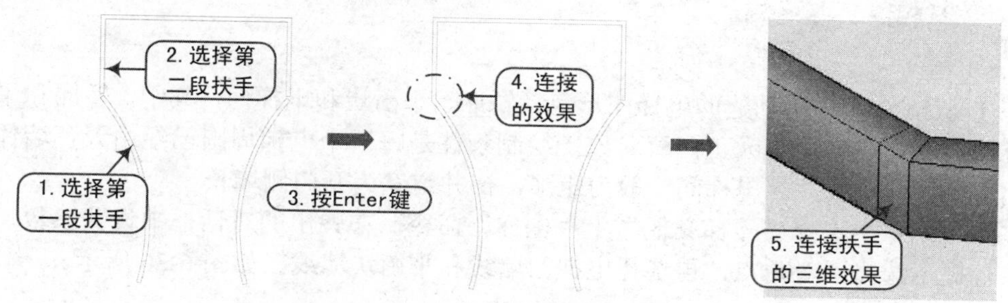

图 6-24　连接扶手

6.2.3　楼梯栏杆

在 TArch 2014 中只有“双跑楼梯”对话框有自动添加竖栏杆的设置，但有些楼梯命令仅可创建扶手或者栏杆与扶手均不可创建，此时可先按“添加扶手”方法创建，然后使用“三维建模”下“造型对象”菜单的“路径排列”命令绘制栏杆。

由于栏杆在施工平面图中不必表示，主要用于三维建模和剖面图，在平面图中没有显示栏杆时，注意选择视图类型。楼梯栏杆的创建步骤如下。

（1）先用“三维建模”下“造型对象”菜单的“栏杆库”命令选择栏杆的造型效果，如图 6-25 所示。

（2）在平面图中插入合适的栏杆单元（也可用其他三维造型方法创建栏杆单元）。

（3）使用“三维建模”下“造型对象”菜单的“路径排列”命令构造楼梯栏杆。

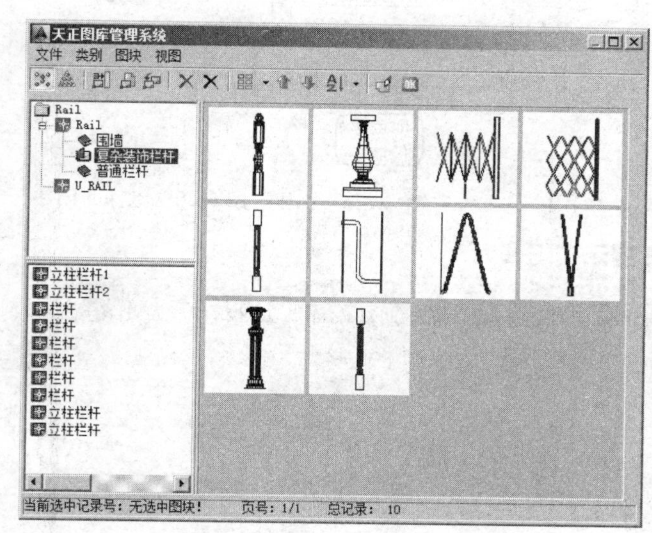

图 6-25　栏杆库

6.3 其他设施的创建

在 TArch 2014 中，其他设施包括电梯、阳台、坡道、散水等，本节将对这些设施进行详细讲解。

6.3.1 电梯

在 TArch 2014 中所创建的电梯图形包括轿厢、平衡块和电梯门，其中，轿厢和平衡块是二维线对象，电梯门是天正门窗对象；绘制条件是每一个电梯周围已经由天正墙体创建了封闭房间作为电梯井。电梯间一般为矩形，梯井道宽为开门侧墙长。

在屏幕菜单中选择“楼梯其他”|“电梯”命令，在弹出的对话框中设置参数，再根据命令行提示选择两对角点，再选择电梯门墙线和平衡块墙线，如图 6-26 所示。

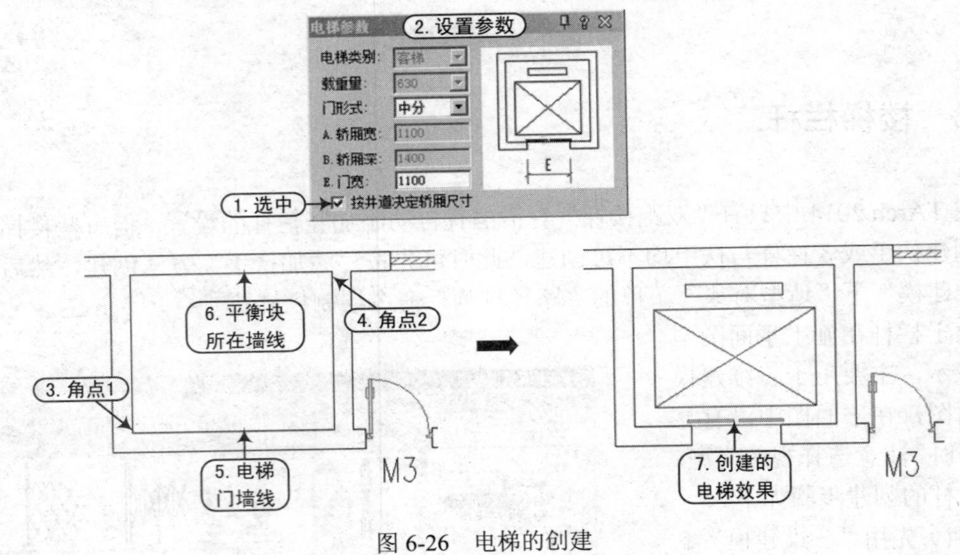

图 6-26　电梯的创建

提示技巧

由于目前电梯对象还没有设计成三维模型，因此在立面和剖面命令执行后不会生成电梯相应的立面和剖面图形，有待新版本中完善。

6.3.2 自动扶梯

使用“自动扶梯”命令，在“自动扶梯”对话框中输入自动扶梯的类型和梯段参数，可以用于绘制单梯、双梯及其组合，在顶层还设有洞口选项，拖动夹点可以解决楼板开洞

时，扶梯局部隐藏的问题。

在屏幕菜单中选择“楼梯其他”|“自动扶梯”命令，将弹出“自动扶梯”对话框，选择不同的楼梯类型，然后单击“确定”按钮并放置到指定位置，如图 6-27 所示。

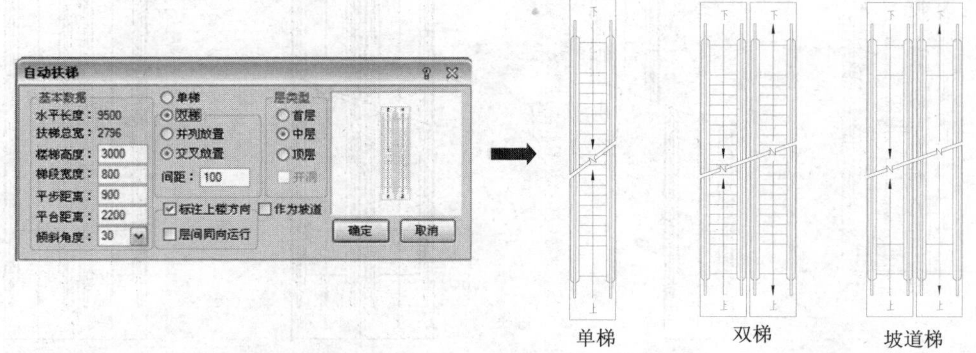

图 6-27　自动扶梯的创建

“自动扶梯”对话框中部分选项的含义如下。

- 楼梯高度：自动扶梯第一工作点起，到第二工作点止的设计高度。
- 梯段宽度：指活动踏步净长梯段的净宽（不算两侧裙板）。
- 平步距离：扶梯工作点到踏步端线的距离，当为水平步道时，平步距离为 0。
- 平台距离：扶梯工作点到扶梯平台安装端线的距离，当为水平步道时，用户需重新设置平台距离。
- 倾斜角度：扶梯的倾斜角，一般商品扶梯为 30°、35°，坡道为 10°、12°，当倾斜角为 0 时作为步道，交互界面和参数相应修改。
- 单梯/双梯：可以一次创建成对的自动扶梯或者单台自动扶梯。
- 并列放置/交叉放置：双梯两个梯段的倾斜方向可选方向一致或者方向相反。
- 间距：双梯之间相邻裙板之间的净距离。
- 标注上楼方向：默认选中此复选框，标注扶梯上下楼方向，默认选中“中层”单选按钮时剖切到的上行和下行梯段运行方向箭头表示相对运行（上楼/下楼）。
- 作为坡道：选中该复选框，扶梯按坡道的默认角度 10°或 12°取值，长度重新计算。
- 层间同向运行：选中此复选框后，选中“中层”单选按钮时剖切到的上行和下行梯段运行方向箭头表示同向运行（都是上楼）。
- 层类型：表示当前扶梯处于首层、中层或顶层。
- 开洞：开洞功能可绘制顶层板开洞的扶梯，隐藏自动扶梯洞口以外的部分，选中“开洞”复选框后遮挡扶梯下端，可拖动一个夹点改变洞口长度，如图 6-28 所示。

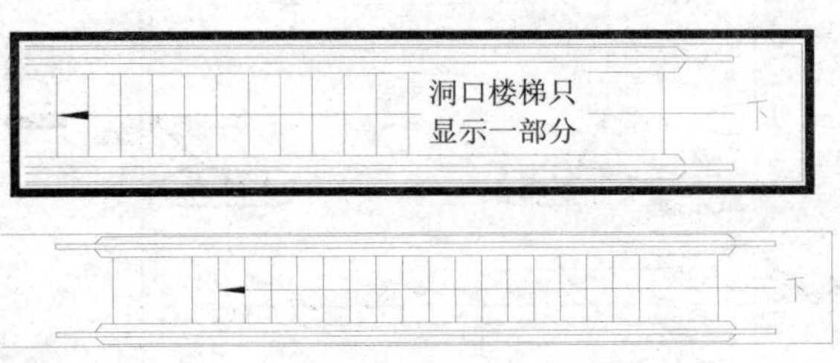

图 6-28　顶楼开洞扶梯与完整楼梯的区别

自动扶梯其他效果类型，如图 6-29 所示。

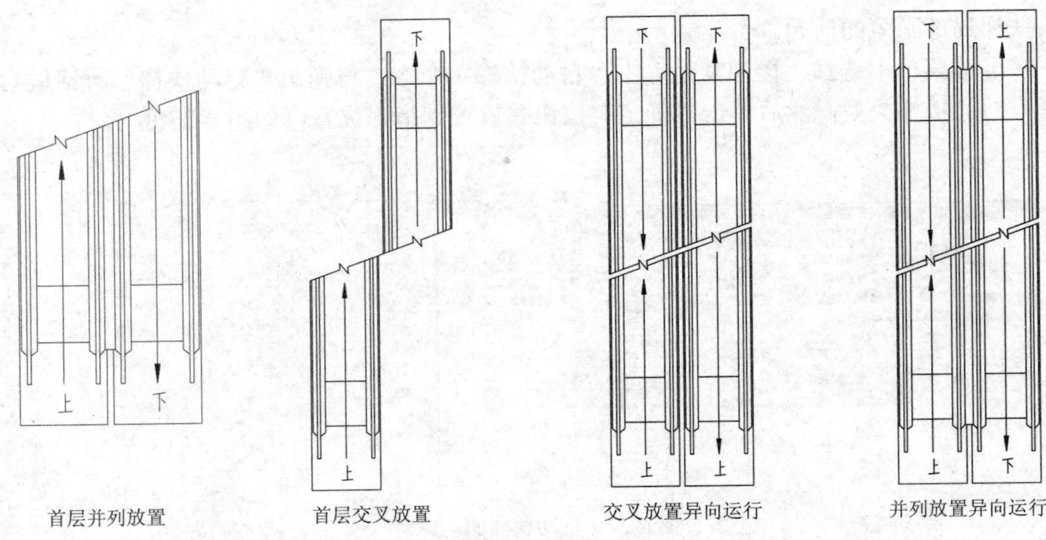

图 6-29　自动扶梯类型

6.3.3　阳台

阳台是建筑物室内空间的延伸，是居住者接受光照，吸收新鲜空气，进行户外锻炼、观赏、纳凉、晾晒衣物的场所。具有永久性的上盖、护栏和台面，并与房屋相连。

阳台命令以几种预定样式绘制阳台，或选择预先绘制好的路径转成阳台，以任意绘制方式创建阳台；一层的阳台可以自动遮挡散水，阳台对象可以被柱子局部遮挡。

在屏幕菜单中选择“楼梯其他”|“阳台”命令，将弹出“绘制阳台”对话框，若用户单击“阴角阳台”按钮，并设置好阳台参数，然后在视图中指定阳台的起点和终点即可，如图 6-30 所示。

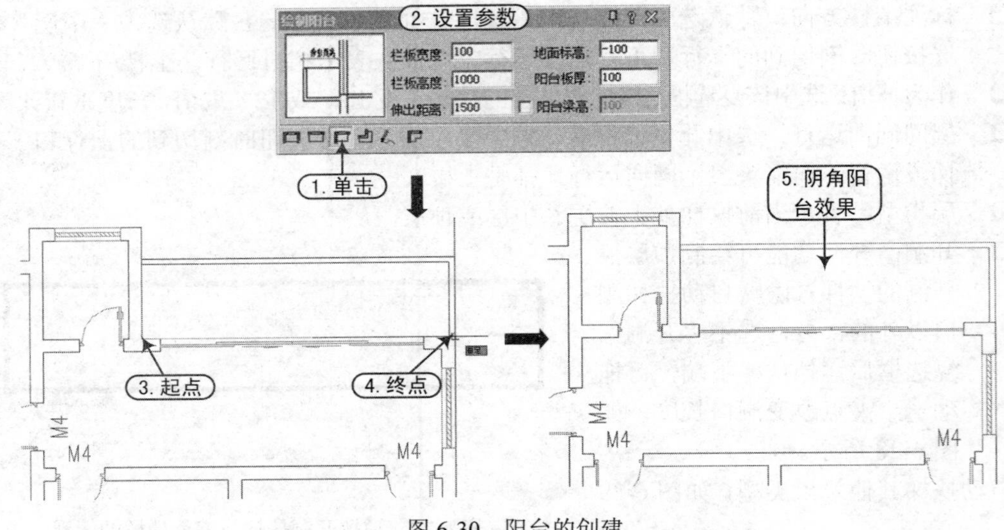

图 6-30　阳台的创建

提示技巧

用户在创建阳台对象时，可以随时按 F 键翻转到另一侧。

在“绘制阳台”对话框中左下侧按钮分别为“凹阳台”按钮、“矩形阳台”按钮、“阴角阳台”按钮、“偏移生成”按钮、“任意绘制”按钮、“选择已有路径绘制”按钮，即 6 种阳台绘制方式。部分阳台的效果如图 6-31～图 6-33 所示。

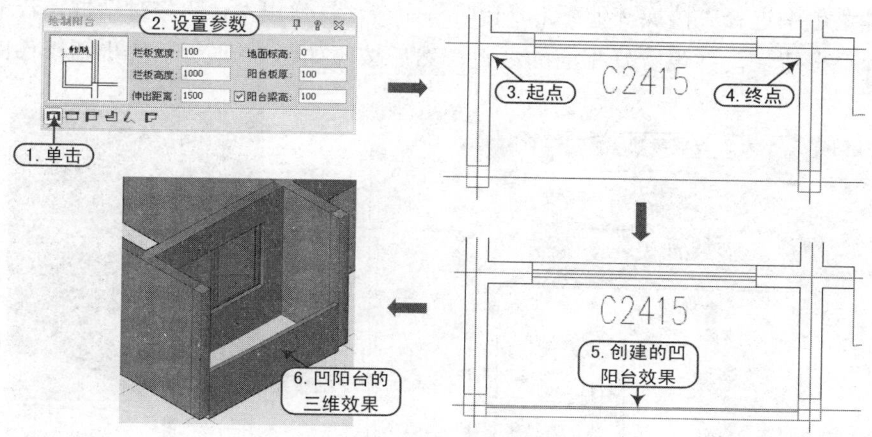

图 6-31　凹阳台的创建

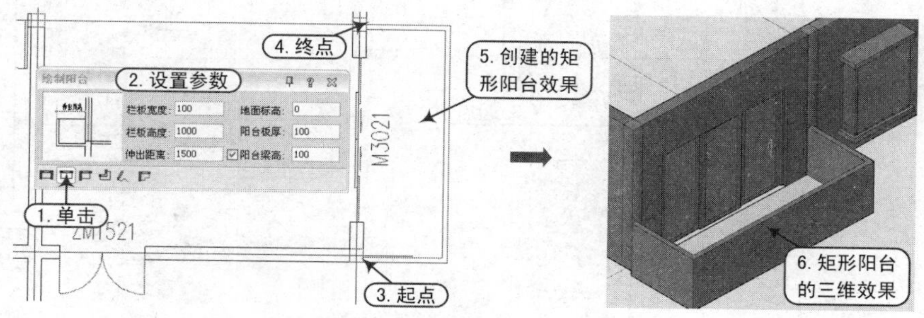

图 6-32　矩形阳台的创建

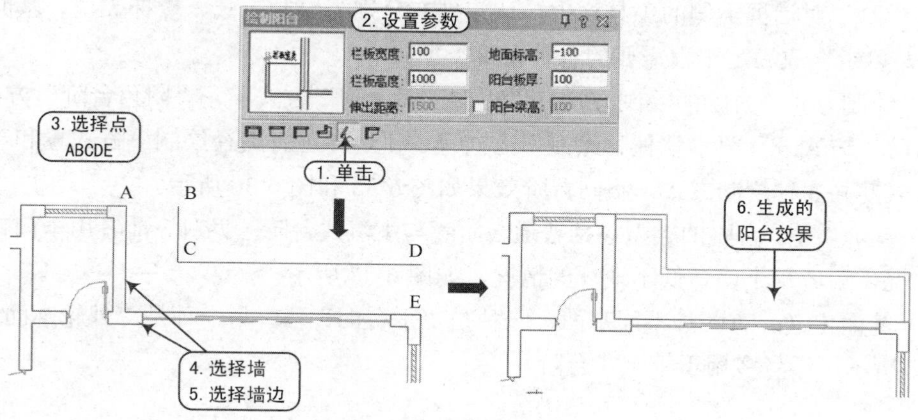

图 6-33　绘制任意阳台

6.3.4 台阶

“台阶”命令可直接绘制矩形单面台阶、矩形三面台阶、阴角台阶、沿墙偏移等预定样式的台阶，台阶可以自动遮挡之前绘制的散水。

在屏幕菜单中选择“楼梯其他”|“台阶”命令，将弹出“台阶”对话框，若单击“矩形单面台阶”按钮，并设置好相应的参数，然后按照如图 6-34 所示的步骤操作即可。

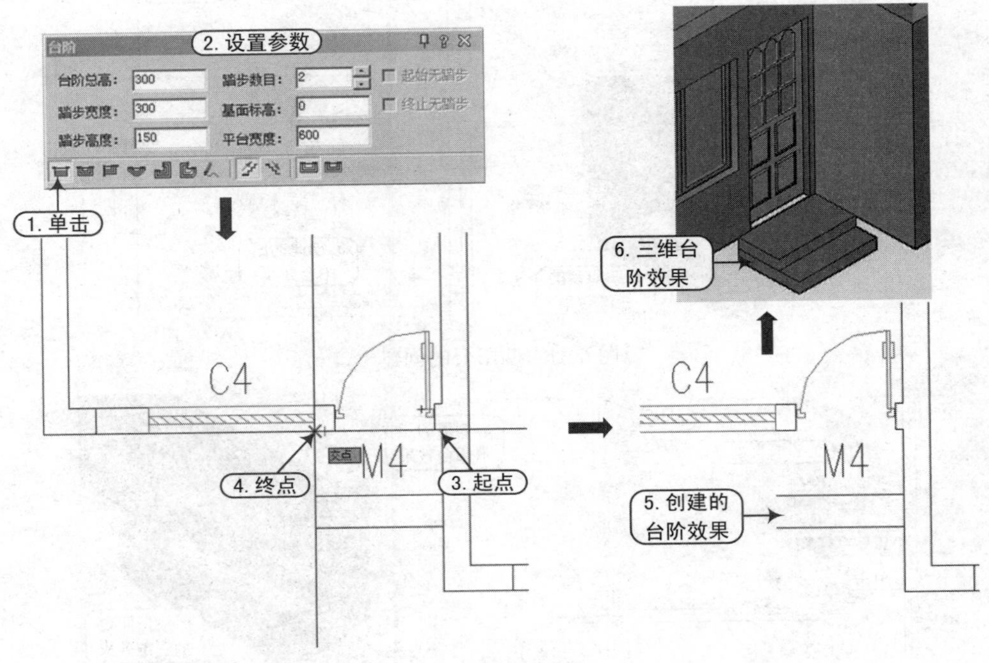

图 6-34　矩形台阶的创建

在“台阶”对话框下侧的工具栏中，从左到右分别为绘制方式、楼梯类型、基面定义 3 个区域，可组合成满足工程需要的各种台阶类型。

（1）绘制方式。台阶的绘制方式有“矩形三面台阶”方式、“阴角台阶”方式、“弧形台阶”方式、“沿墙偏移绘制”方式、“选择已有路径绘制”方式和“任意绘制”方式共 6 种绘制方式，不同台阶效果如图 6-35 和图 6-36 所示。

（2）台阶类型。台阶的类型包括普通台阶与下沉式台阶两种，前者用于门口高于地坪的情况，后者用于门口低于地坪的情况，如图 6-37 所示。

（3）基面定义。有两种不同基面，一种是“平台面”；另一种是“外轮廓面”，如图 6-38 所示，后者多用于下沉式台阶。

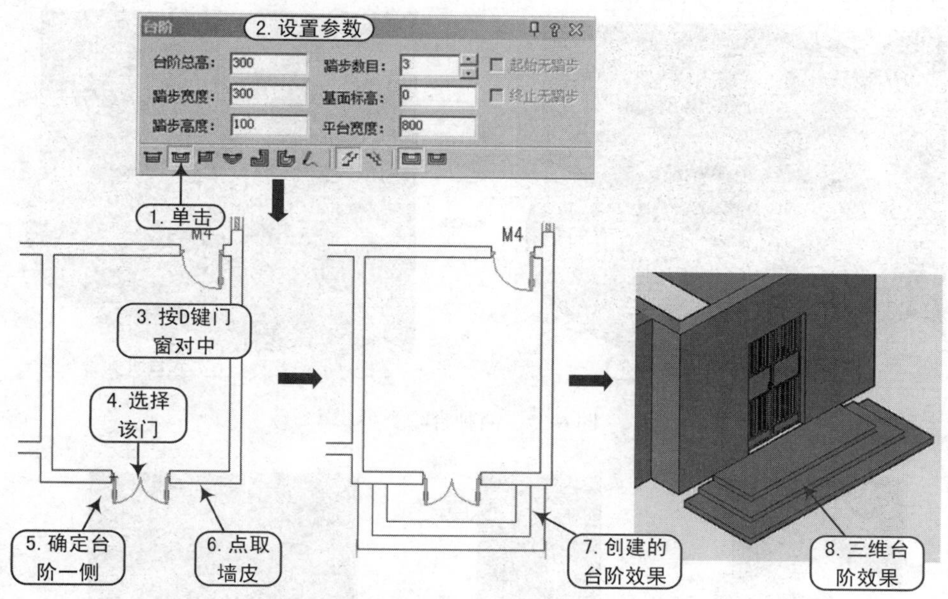

图 6-35　矩形三面台阶的创建

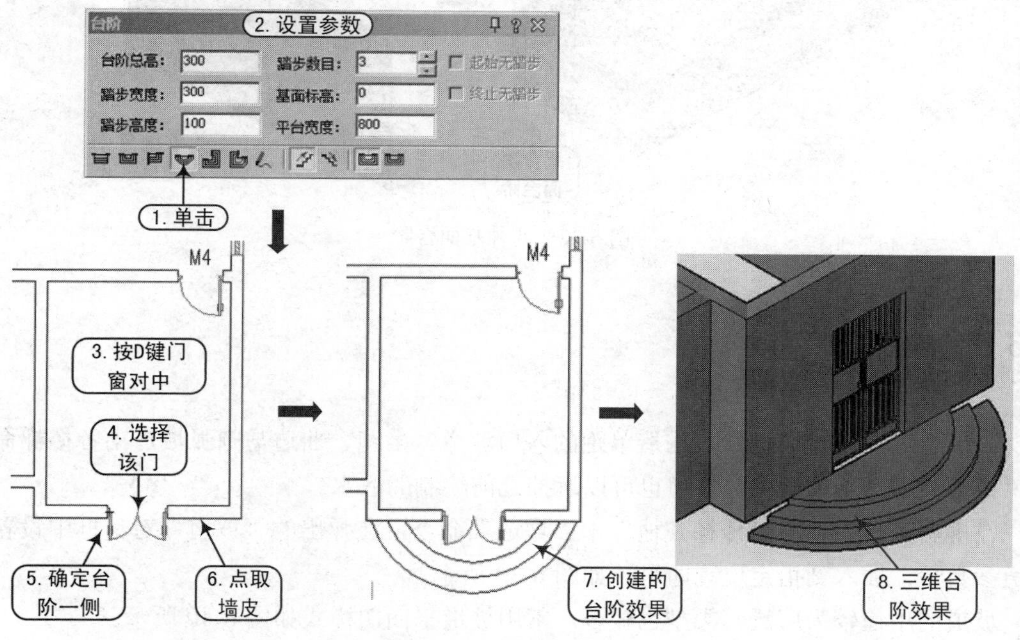

图 6-36　弧形台阶的创建

提示技巧

一般情况下，台阶顶部平面的宽度应大于所连通门洞宽度的尺寸，最好是每边宽出 500mm；另外，因室外台阶常受风雪和雨水的影响，为确保用户安全，需将台阶的坡度减小，并且台阶的单踏步宽度不应小于 300mm，单踏步的高度不应大于 150mm。

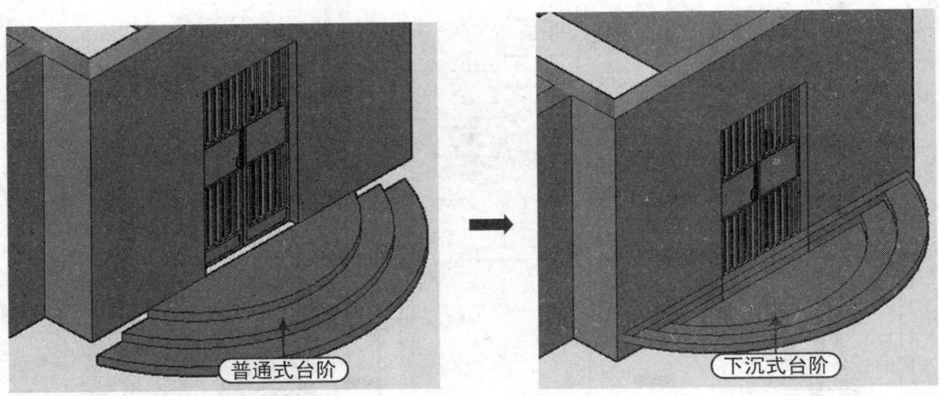

图 6-37　两种台阶类型

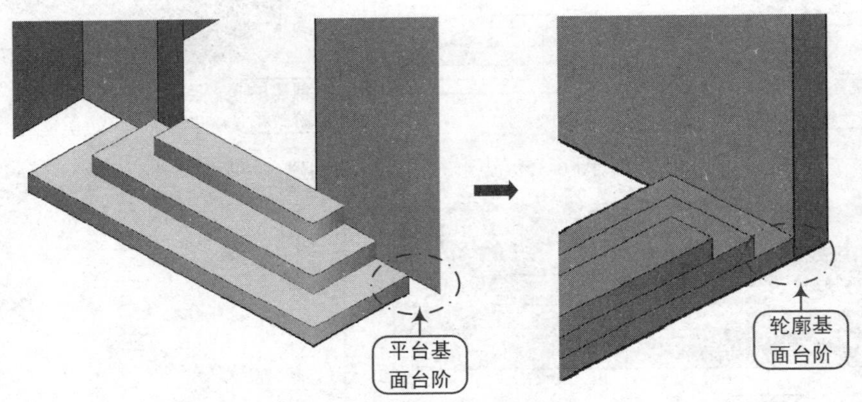

图 6-38　两种基面台阶

6.3.5　坡道

“坡道”命令是通过参数构造单跑的入口坡道，多跑、曲边与圆弧坡道由各楼梯命令中“作为坡道”选项创建，坡道也可以遮挡之前绘制的散水。

在屏幕菜单中选择“楼梯其他”｜“坡道”命令，在弹出的“坡道”对话框中设置好坡道参数后，插入到指定位置即可，如图 6-39 所示。

坡道的用途较为广泛，类型也较多，常用坡道平面图样式如图 6-40 所示。

提示技巧

坡道宽度应大于所连通的门洞口宽度，一般每边至少宽 500mm，坡道的坡度与建筑室内外高差及坡道的表面层处理方法有关。光滑材料坡道的坡度与建筑室内外高差比应≤1:12；粗糙材料坡道的坡度与建筑室内外高差比应≤1:6；带防滑齿坡道的坡度与建筑室内外高差比应≤1:4。

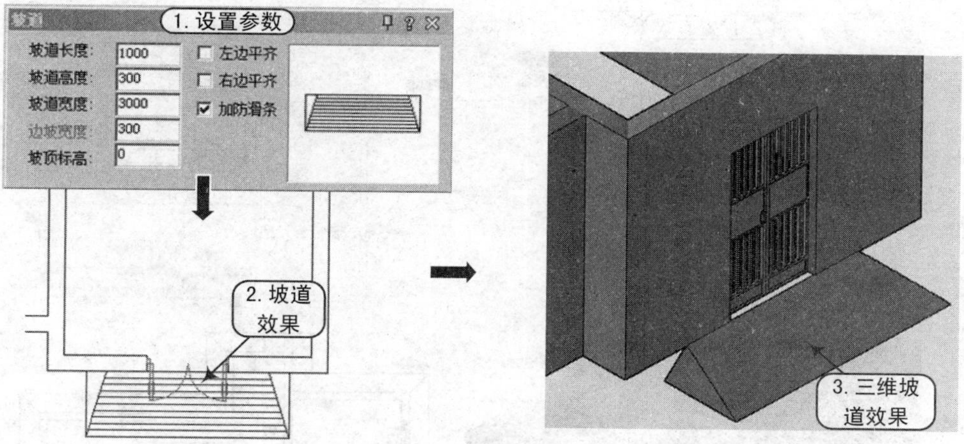

图 6-39　坡道的创建

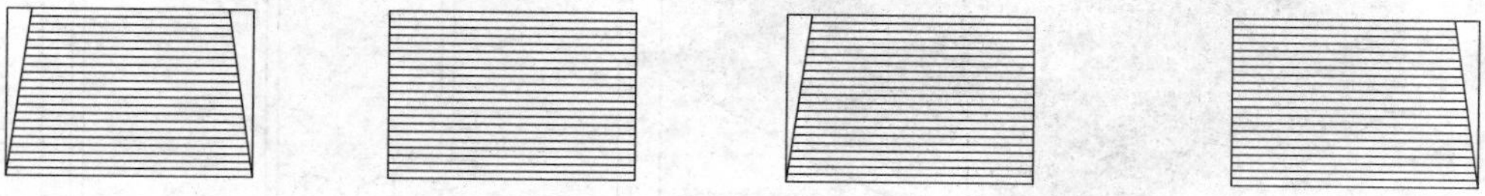

有防滑条的坡道

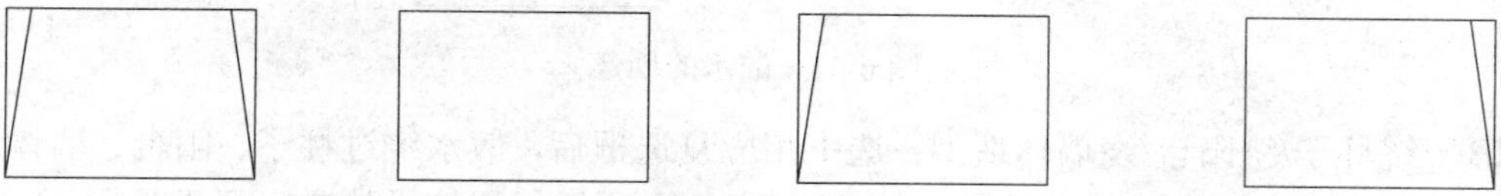

无防滑条的坡道

图 6-40　两种基面台阶

6.3.6　散水

“散水”命令可通过自动搜索外墙线绘制散水对象，可自动被凸窗、柱子等对象裁剪，也可以通过选中复选框或者对象编辑，使散水绕壁柱、绕落地阳台生成；阳台、台阶、坡道、柱子等对象自动遮挡散水，位置移动后遮挡自动更新。

由于散水的创建是根据外墙进行的，因此在创建散水前，应先识别内外墙，当识别内外墙后，在屏幕菜单中选择“楼梯其他”｜“散水”命令，将弹出“散水”对话框，然后框选所有建筑物对象，再按 Enter 键即可创建散水对象，如图 6-41 所示。

“散水”对话框中各参数的含义如下。

- 散水宽度：输入新的散水宽度，默认为 600。
- 偏移距离：输入本工程外墙勒脚对外墙皮的偏移值。
- 室内外高差：输入本工程范围使用的室内外高差，默认为 450。
- 创建室内外高差平台：选中复选框后，在各房间中按零标高创建室内地面。

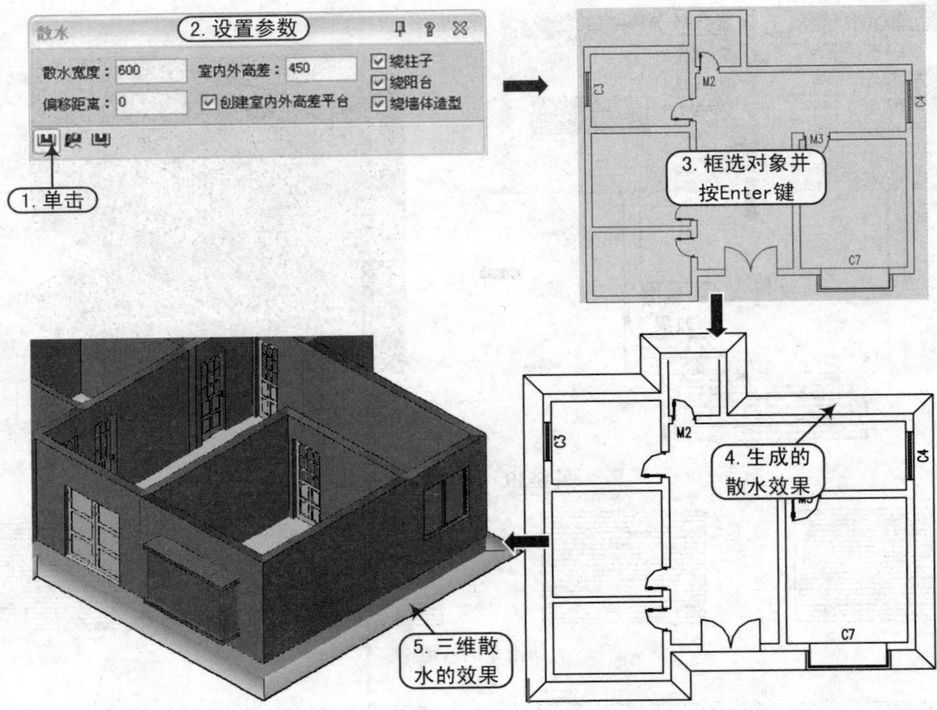

图 6-41 散水的创建

- 绕柱子/绕阳台/绕墙体造型：选中相应复选框后，散水绕过柱子、阳台、墙体造型创建，否则穿过这些构件创建，如图 6-42 所示，需按设计实际要求设置。

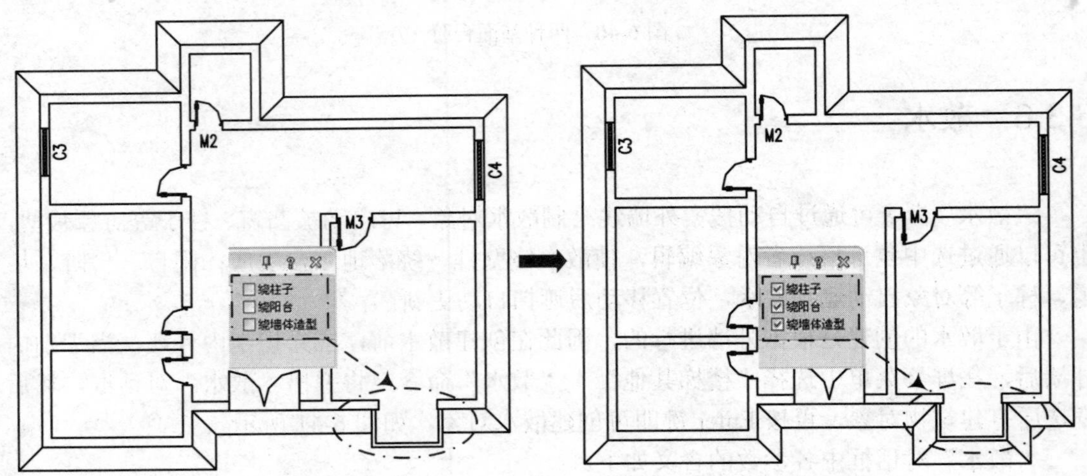

图 6-42 散水是否绕阳台、柱子和墙体造型

- "搜索自动生成"按钮：该按钮用于搜索墙体并自动生成散水对象。
- "任意绘制"按钮：表示逐点给出散水的基点，动态地绘制散水对象，注意散水在路径的右侧生成。

- "选择已有路径生成"按钮：表示选择已有的多段线或圆作为散水的路径生成散水对象，多段线不要求闭合。

6.4　实例——别墅楼梯、阳台及散水的绘制

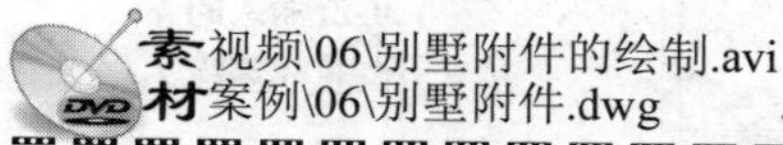

素材 视频\06\别墅附件的绘制.avi
案例\06\别墅附件.dwg

在绘制别墅其他附件时，用户可将事先准备好的"别墅二层平面图"打开，然后在此基础上绘制楼梯、台阶和散水对象。首先创建好楼梯，再绘制阳台，最后创建整个散水效果，从而完成别墅二层平面附件的布置效果，如图 6-43 所示。

（1）启动 TArch 2014，打开事先准备好的"案例\06\别墅二层平面图.dwg"文件，并将该文件另存为"案例\06\别墅附件.dwg"。

（2）将打开的图形文件中 DOTE、AXIS、AXIS-TEXT 图层关闭，关闭后的图形效果如图 6-44 所示。

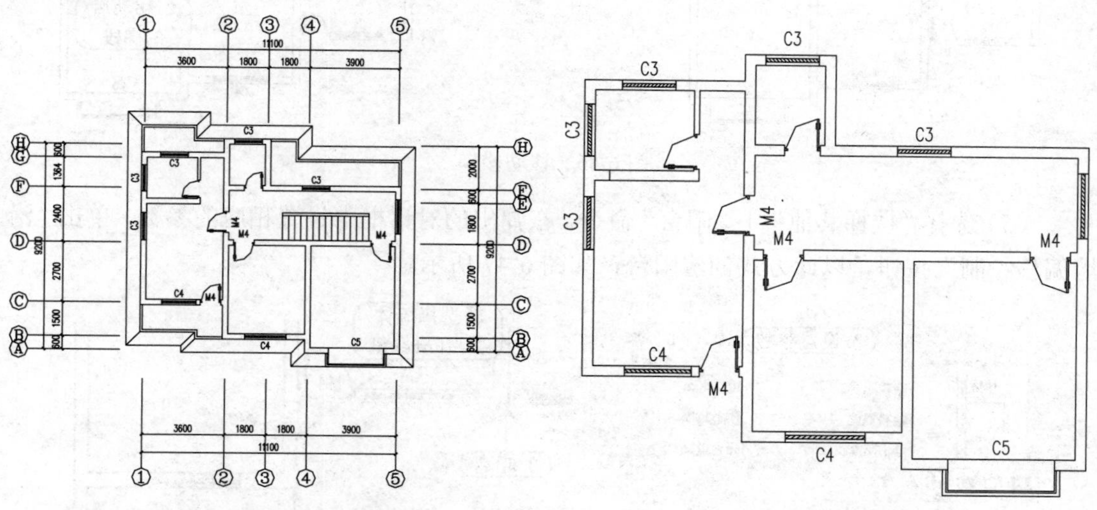

图 6-43　别墅二层平面附件布置效果　　　图 6-44　关闭图层

（3）在屏幕菜单中选择"楼梯其他"｜"直线梯段"命令，在弹出的对话框中设置相应的参数，并放置到指定位置处，如图 6-45 所示。

提示技巧

用户在插入楼梯时，可以根据命令行提示选择"转 90 度(A)"选项将插入的楼梯对象进行旋转。

（4）使用"旋转"命令将楼梯逆时针旋转 90°，再使用"移动"命令将旋转后的楼梯移动到准确位置，如图 6-46 所示。

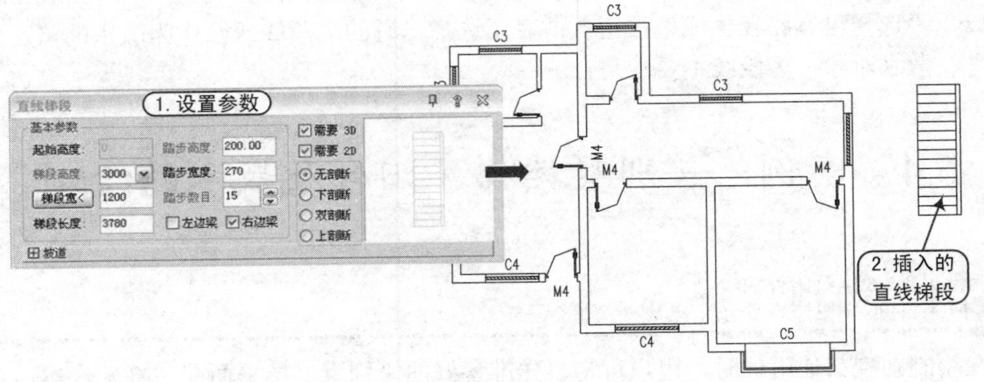

图 6-45　插入楼梯

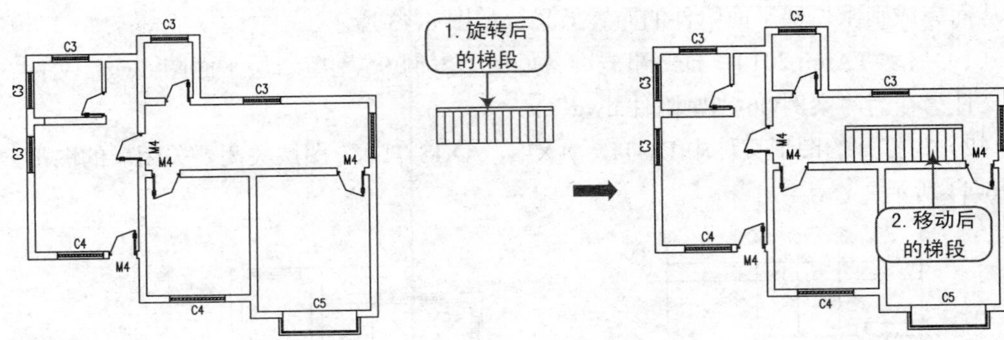

图 6-46　移动楼梯

（5）选择“楼梯其他”｜“阳台”命令，在弹出的对话框中设置相应的参数，单击“沿墙偏移绘制”按钮，以此方式创建阳台，如图 6-47 所示。

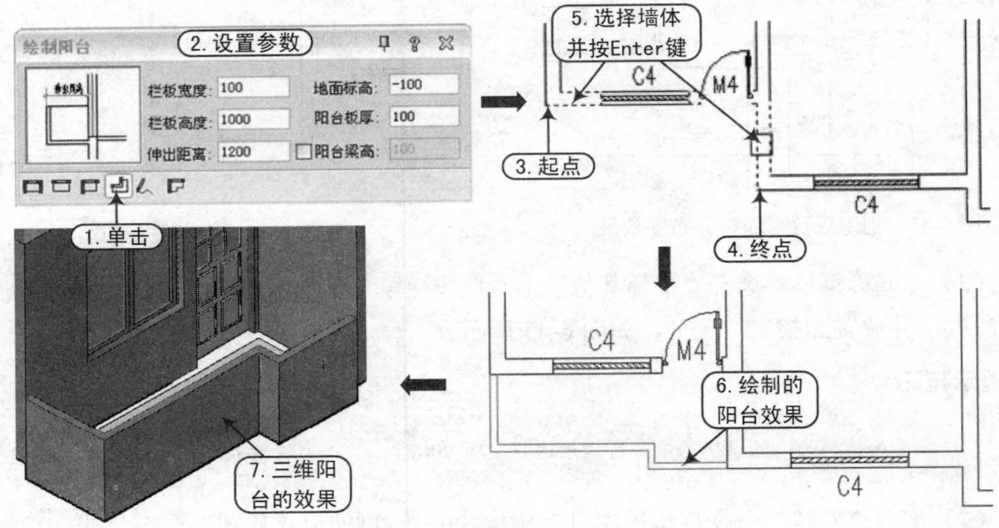

图 6-47　阳台的创建

（6）继续采用相同的方法对上侧阳台进行创建，其结果如图 6-48 所示。

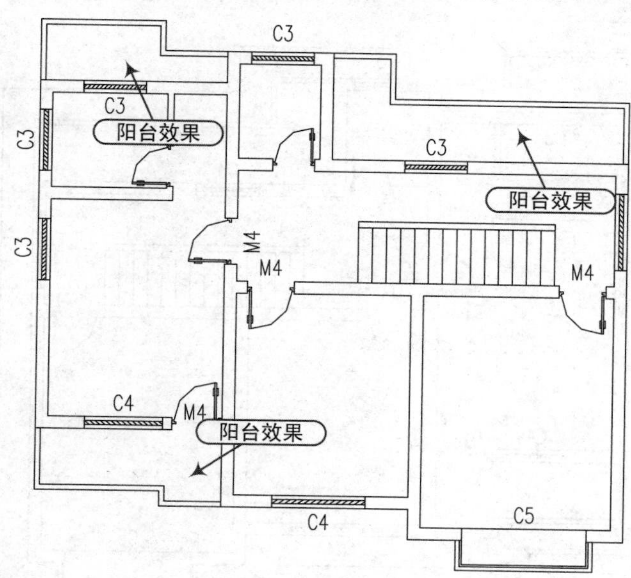

图 6-48　其余阳台的创建

（7）阳台创建好后，创建散水对象。选择“楼梯其他” | “散水”命令，将弹出“散水”对话框，单击“搜索自动生成”按钮并设置相关参数，然后框选所有建筑物对象，再按 Enter 键即可创建散水对象，如图 6-49 所示。

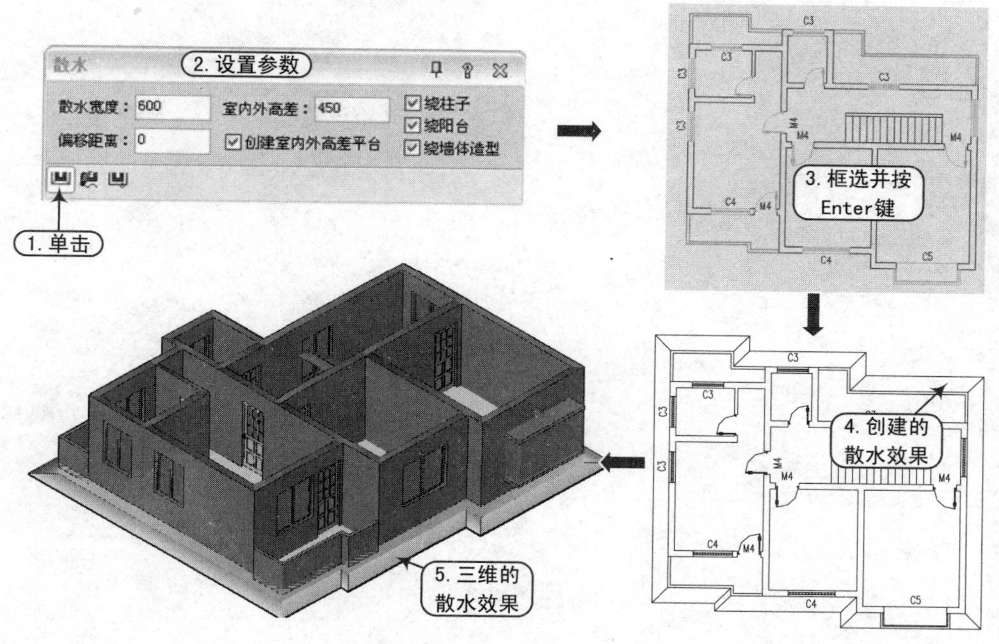

图 6-49　散水的创建

（8）至此，别墅的附件绘制完成，如图 6-50 所示，用户按 Ctrl+S 快捷键保存即可。

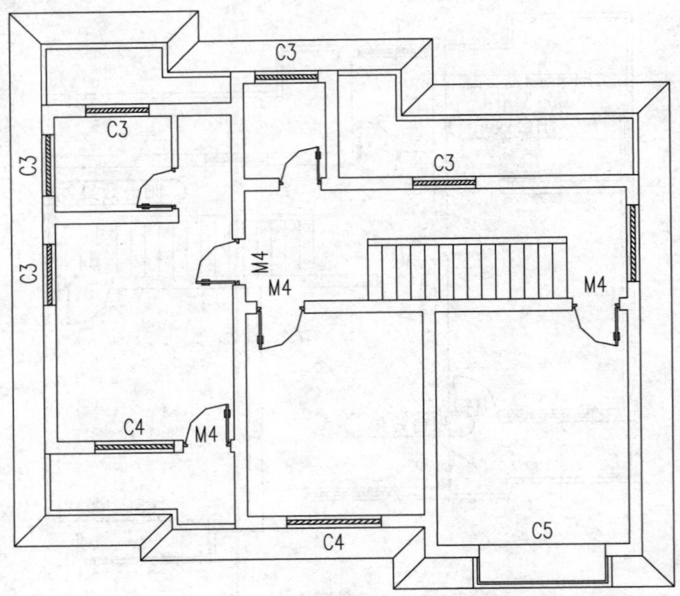

图 6-50　别墅附件的创建效果

第7章　尺寸、文字和符号的标注

本章导读

标注是设计图纸中的重要组成部分，图纸中的尺寸标注在国家颁布的建筑制图标准中有严格的规定，直接沿用 AutoCAD 本身提供的尺寸标注命令不适合建筑制图的要求，特别是编辑尺寸显得不便，为此 TArch 2014 提供了自定义的尺寸标注系统，完全取代了 AutoCAD 的尺寸标注功能。

本章主要讲解 TArch 2014 的尺寸和符号等标注方法，首先讲解了尺寸标注的方法和编辑、符号和坐标的创建和检查方法以及各种工程符号的标注方法等，最后以一个实例讲解让读者能轻松地对所学知识进行巩固和掌握。

主要内容

- ❑ 熟练掌握 TArch 2014 的尺寸标注方法
- ❑ 掌握尺寸标注的编辑方法
- ❑ 掌握天正坐标标高符号的标注
- ❑ 能熟练使用各种工程符号的标注方法
- ❑ 别墅一层平面图的标注实例

效果预览

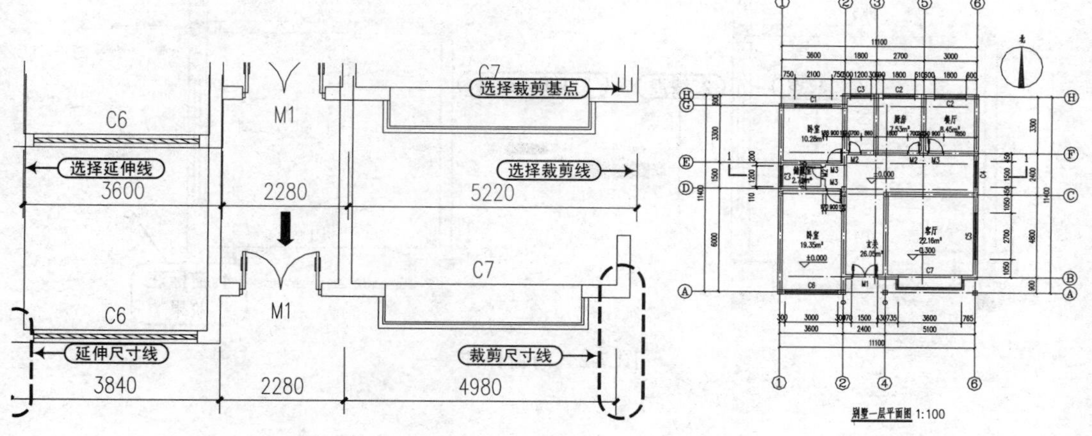

7.1 尺寸标注

尺寸标注是设计图纸中的重要组成部分，图纸中的尺寸标注在国家颁布的建筑制图标准中有严格的规定，直接沿用AutoCAD本身提供的尺寸标注命令不适合建筑制图的要求，编辑尺寸时尤其显得不便，为此，TArch 2014 提供了自定义的尺寸标注系统，完全取代了AutoCAD的尺寸标注功能，分解后退化为AutoCAD的尺寸标注。

7.1.1 标注的类型

TArch 2014 中标注工具种类较多，如图 7-1 所示，本节将详细讲解（用户可打开“案例\04\别墅一层平面图墙体与门窗.dwg”文件为参照）。

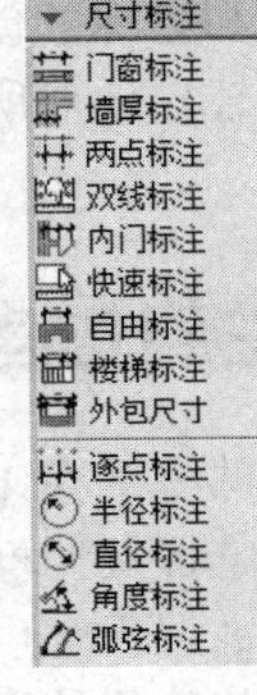

图 7-1　标注工具

1. 门窗标注

“门窗标注”命令适合标注建筑平面图的门窗尺寸，有两种使用方式：

- ❑ 在平面图中参照轴网标注的第一、二道尺寸线，自动标注直墙和圆弧墙上的门窗尺寸，生成第三道尺寸线。
- ❑ 没有轴网标注的第一、二道尺寸线时，在用户选定的位置标注出门窗尺寸线。

在屏幕菜单中选择“尺寸标注”|“门窗标注”命令，根据命令行提示指定待标注窗的起点和终点即可，如图 7-2 所示。

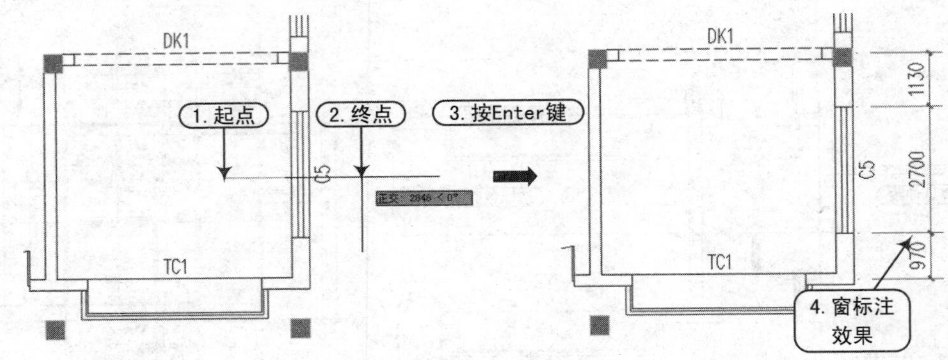

图 7-2　门窗标注

2. 墙厚标注

“墙厚标注”命令可在图中一次标注两点连线经过的一至多段天正墙体对象的墙厚尺寸，标注中可识别墙体的方向，标注出与墙体正交的墙厚尺寸，在墙体内有轴线存在时标注以轴线划分的左右墙宽，墙体内没有轴线存在时标注墙体的总宽。

在屏幕菜单中选择“尺寸标注” | “墙厚标注”命令，根据命令行提示指定待标注窗的起点和终点即可，如图 7-3 所示。

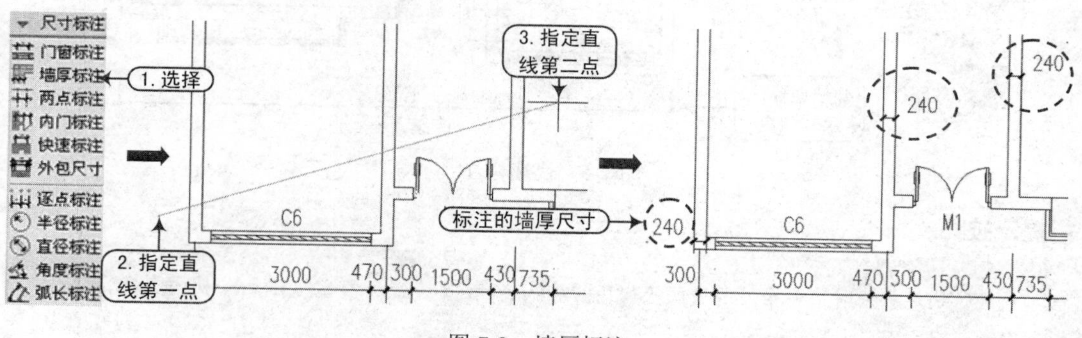

图 7-3　墙厚标注

3. 两点标注

“两点标注”命令为两点连线附近有关系的轴线、墙线、门窗、柱子等构件标注尺寸，如图 7-4 所示，并可标注各墙中点或者添加其他标注点，按快捷键 U 可撤销上一个标注点。

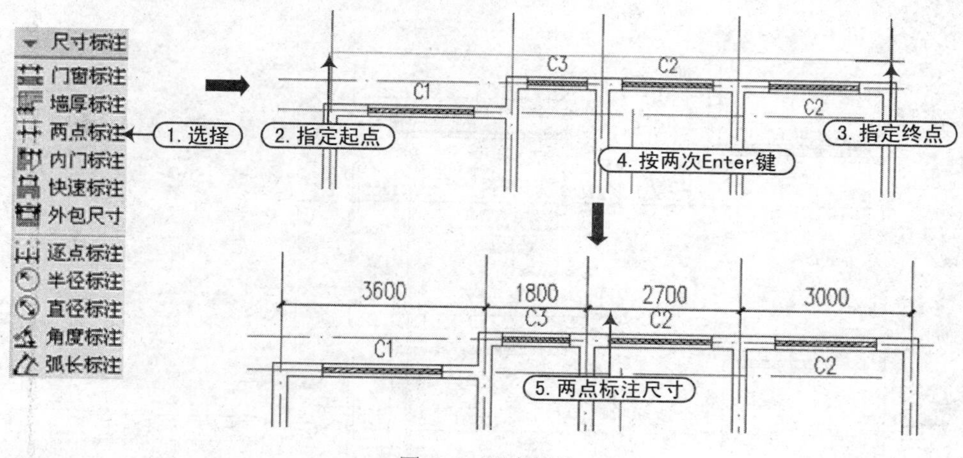

图 7-4　两点标注

4. 快速标注

“快速标注”命令类似 AutoCAD 的同名命令，适用于天正对象，对于选取平面图后快速标注外包尺寸线尤为适用。

在屏幕菜单中选择“尺寸标注” | “快速标注”命令，根据命令行提示选择一个矩形对象进行标注，如图 7-5 所示。

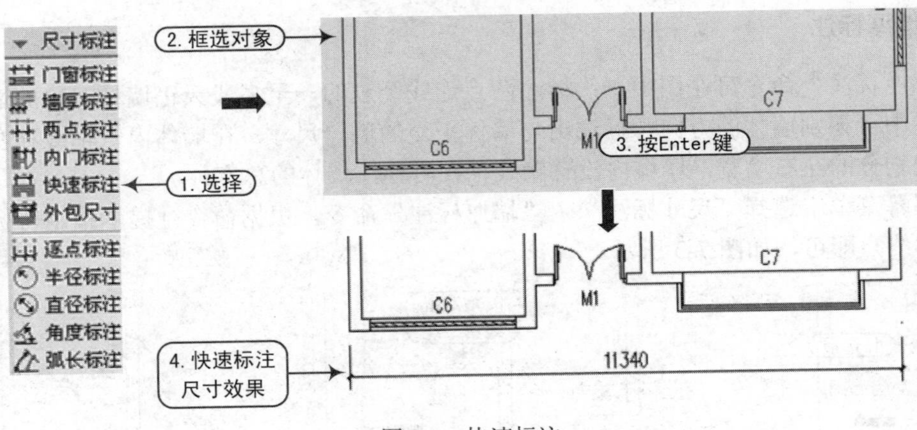

图 7-5　快速标注

提示技巧

在进行快速标注时，命令行将会提示“[整体(T)/连续(C)/连续加整体(A)]”，用户可根据提示选择不同的标注方式，如图 7-6 所示。

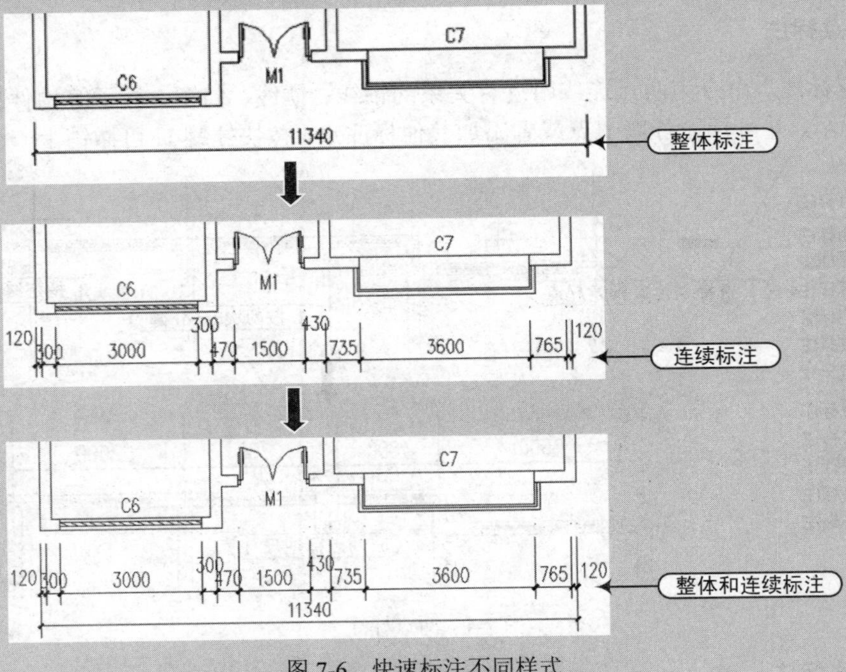

图 7-6　快速标注不同样式

5. 逐点标注

“逐点标注”命令是一个通用的灵活性标注工具，对选取的一串给定点沿指定方向和选定的位置标注尺寸。特别适用于没有指定天正对象特征，需要取点定位标注的情况，以及其他标注命令难以完成的尺寸标注。

在屏幕菜单中选择“尺寸标注” | “逐点标注”命令，根据命令行提示逐个选择交点进行标注，如图 7-7 所示。

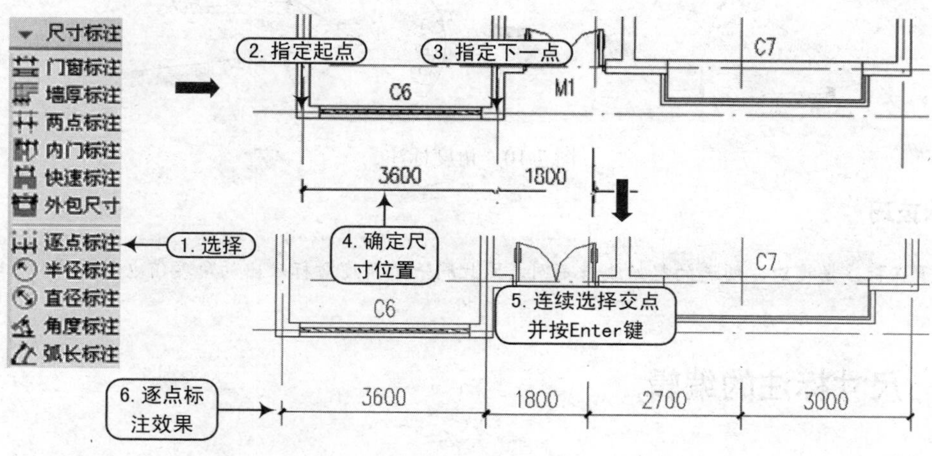

图 7-7　逐点标注

6. 直径标注和半径标注

与 AutoCAD 提供的半径和直径标注功能一样，可以对一段弧线或圆弧墙进行半径和直径的标注。

在屏幕菜单中选择“尺寸标注” | “半径标注”或“直径标注”命令，然后根据要求选择待标注的弧线或圆弧墙体，如图 7-8 所示。

提示技巧

根据平面图标注要求，当圆弧大于半径时应标注“直径”，当圆弧小于半径时应标注“半径”。

7. 弧长标注

由国家建筑制图标准规定的弧长标注画法分段标注弧长，保持整体的一个角度标注对象，可在弧长、角度和弦长 3 种状态下相互转换，如图 7-9 所示。

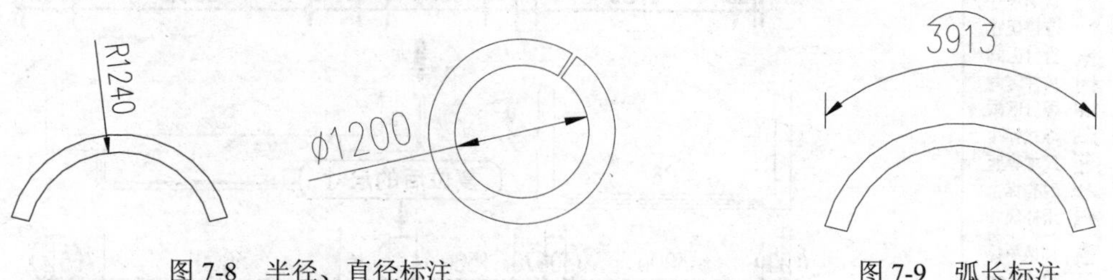

图 7-8　半径、直径标注　　　　图 7-9　弧长标注

8. 角度标注

“角度标注”命令可按逆时针方向标注两根直线之间的夹角，按逆时针方向选择要标注的直线的先后顺序，如图 7-10 所示。

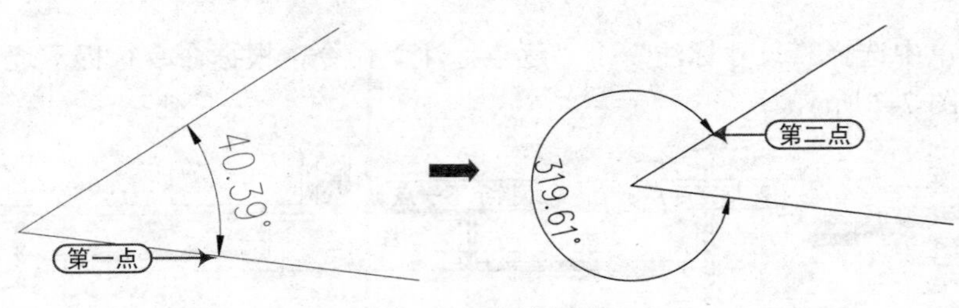

图 7-10　角度标注

提示技巧

由于在标注角度时，所选的起始线段不同，因此同一个角度所标注出的角度值也不一样。

7.1.2　尺寸标注的编辑

尺寸标注对象是天正自定义对象，支持裁剪、延伸、打断等编辑命令，使用方法与 AutoCAD 尺寸对象相同。以下介绍的是 TArch 2014 提供的专用尺寸编辑命令（如图 7-11 所示）的详细使用方法，除了尺寸编辑命令外，双击尺寸标注对象，即可进入对象编辑的增补尺寸功能。

1. 文字复位

“文字复位”命令是将尺寸标注中被拖动夹点移动过的文字恢复回原来的位置，可解决夹点拖动不当时与其他夹点合并的问题。

在屏幕菜单中选择“尺寸标注”|“尺寸编辑”|“文字复位”命令，再选择要恢复的天正尺寸标注（可多选），按 Enter 键结束命令即可，如图 7-12 所示。

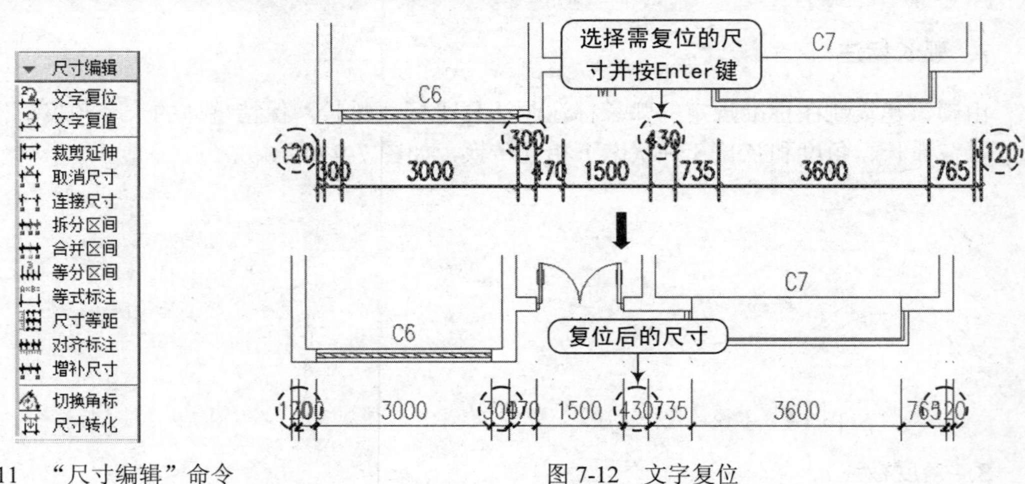

图 7-11　“尺寸编辑”命令　　图 7-12　文字复位

2. 裁剪延伸

“裁剪延伸”命令在尺寸线的某一端，按指定点裁剪或延伸该尺寸线。该命令综合了

“裁剪”和“延伸”两个命令，自动判断对尺寸线的裁剪或延伸，如图 7-13 所示。

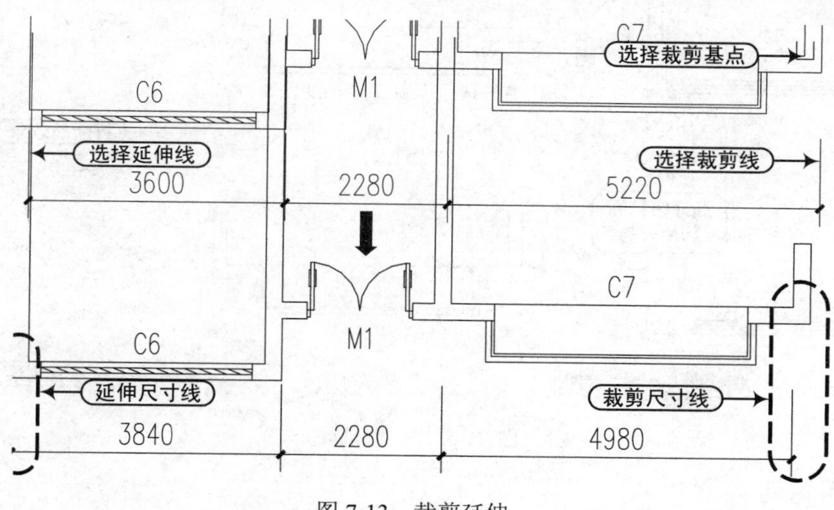

图 7-13 裁剪延伸

3. 取消和连接尺寸

“取消尺寸”和“连接尺寸”命令都是将天正里的标注尺寸进行适当的删除和合并。取消是将标注对象所指定的尺寸线区间进行删除。而连接是将两个独立的尺寸对象合并在一起。

在屏幕菜单中选择“尺寸标注”|“尺寸编辑”|“取消尺寸”或“连接尺寸”命令，选择要删除或连接的尺寸线即可，如图 7-14 所示。

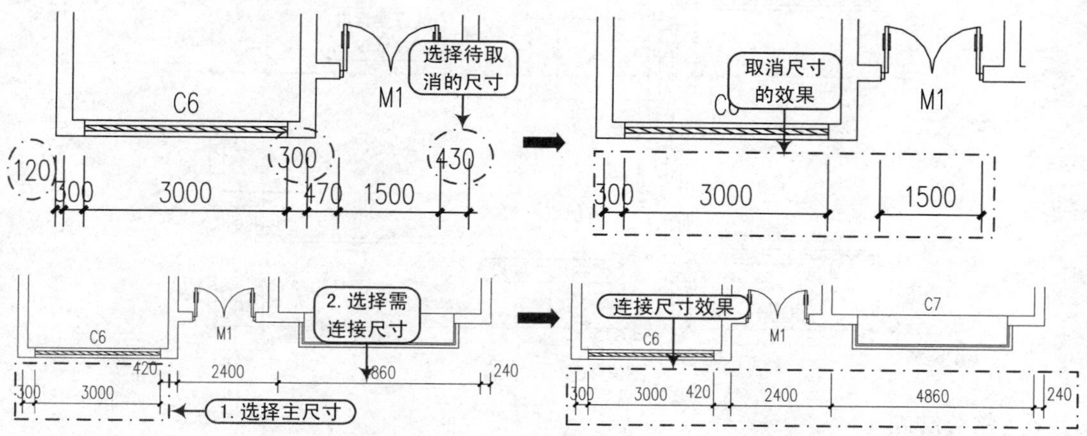

图 7-14 尺寸的取消和连接

4. 尺寸打断

“尺寸打断”命令可以把整体的天正自定义尺寸标注对象在指定的尺寸界线上打断，成为两段互相独立的尺寸标注对象，如图 7-15 所示，可以各自拖动夹点、移动和复制。

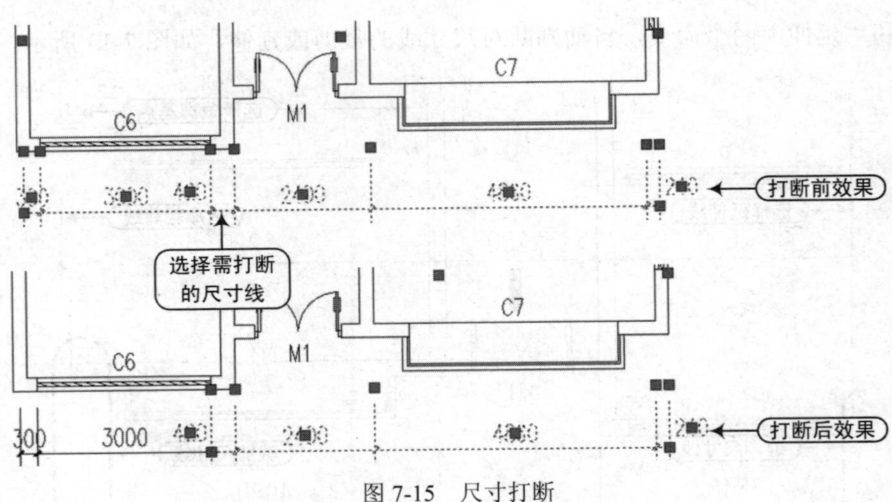

图 7-15　尺寸打断

5. 合并区间

“合并区间”命令新增加了一次框选多个尺寸界线箭头的命令交互方式，可大大提高合并多个区间的效率。

在屏幕菜单中选择“尺寸标注”｜“尺寸编辑”｜“合并区间”命令，选择需要合并的尺寸区间并按 Enter 键即可合并尺寸，如图 7-16 所示。

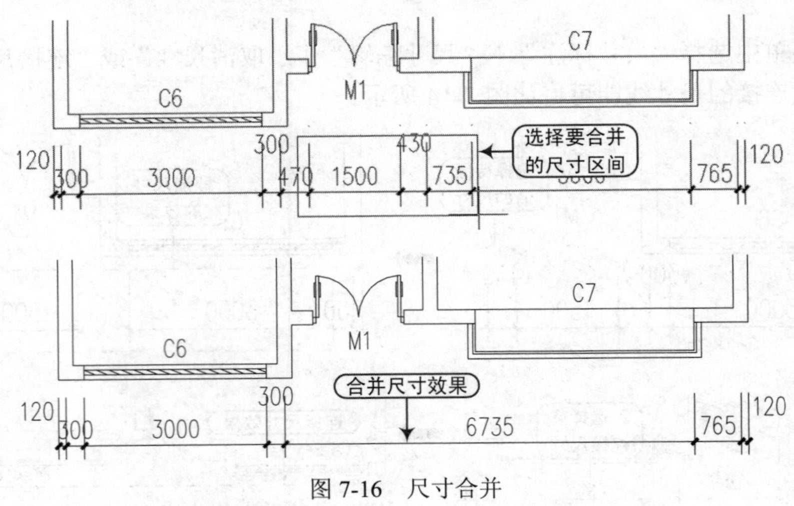

图 7-16　尺寸合并

6. 等分区间

“等分区间”命令用于等分指定的尺寸标注区间，如图 7-17 所示，可提高标注效率。

7. 等式标注

“等式标注”命令是以数学公式的方式将尺寸标注在尺寸线上的上方，如图 7-18 所示。这样可以不必一一标注，既节约了时间，也提高了工作效率，除不尽的尺寸可以保留一位小数。

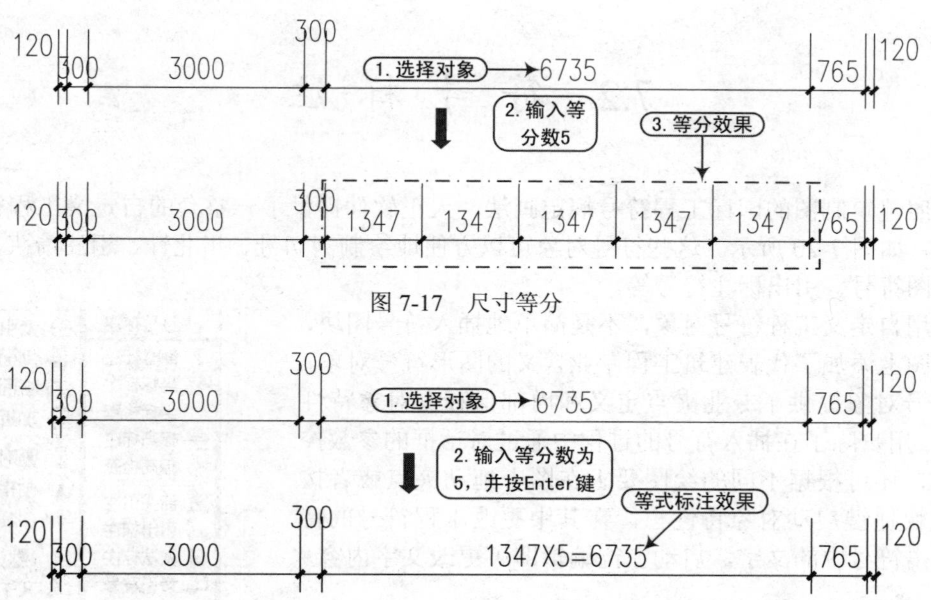

图 7-17　尺寸等分

图 7-18　尺寸的等式标注

8. 对齐标注

"对齐标注"命令是将混乱的尺寸按制图规范、要求进行统一的标注方法，使图纸更加美观、专业。对齐后各个尺寸标注对象按参考标注的高度对齐排列，如图 7-19 所示。

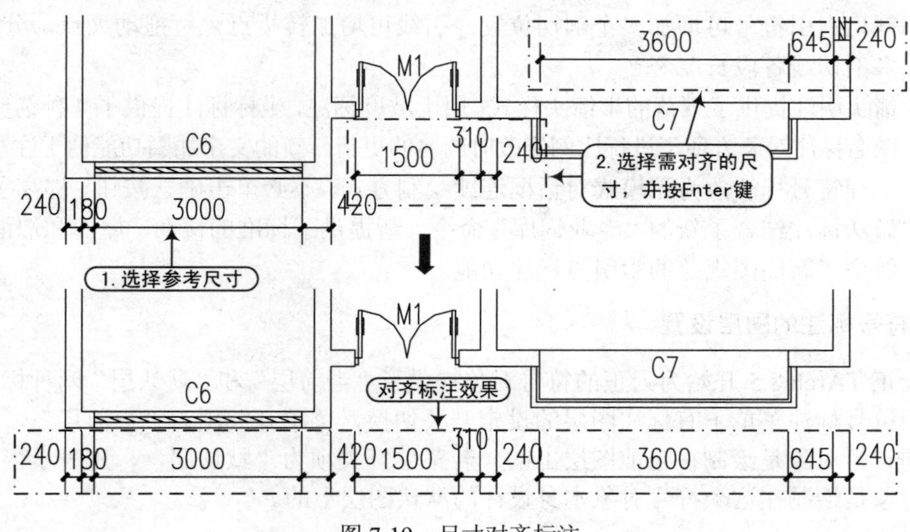

图 7-19　尺寸对齐标注

提示技巧

用户在使用"对齐标注"命令前，所标注的单独尺寸之间不能共用基准线，否则"对齐标注"命令不能使用。

7.2 符 号 标 注

按照建筑制图的国标工程符号规定画法，天正软件提供了一整套的自定义工程符号对象命令，如图 7-20 所示。这些符号对象可以方便地绘制剖切号、指北针、引注箭头，绘制各种详图符号、引出标注符号等。

使用自定义工程符号对象，不是简单地插入符号图块，而是在图上添加了代表建筑工程专业含义的图形符号对象，工程符号对象提供了专业夹点定义和内部保存有对象特性的数据，用户除了在插入符号的过程中通过对话框的参数控制选项，还可根据不同的绘图要求在图上拖动夹点或者按 Ctrl+1 快捷键启动对象特性栏，在其中更改工程符号的特性，双击符号中的文字，启动在位编辑即可更改文字内容。

符号标注	索引图名
静态标注	剖面剖切
坐标标注	断面剖切
坐标检查	加折断线
标高标注	画对称轴
标高检查	画指北针
箭头引注	图名标注
引出标注	。默认层。
做法标注	文字复位
索引符号	

图 7-20 天正“符号标注”命令

1. 符号标注的功能特点

- ❑ 引入了文字的在位编辑功能，只要双击符号中涉及的文字进入在位编辑状态，无需输入任何命令即可直接修改文字内容。
- ❑ 索引符号提供多索引，拖动“改变索引个数”夹点可增减索引号，还提供了在索引延长线上标注文字的新功能。
- ❑ 剖切索引符号可增加多个剖切位置，引线可增加转折点，可拖动夹点，分别改变多剖切线各段长度。
- ❑ 箭头引注提供了规范的半箭头样式，用于坡度标注，坐标标注提供了 4 种箭头样式。
- ❑ 图名标注对象方便了进行比例修改时图名的更新，新的文字加圈功能便于注写轴号。
- ❑ 工程符号标注改为无模式对话框连续绘制方式，不必单击确认按钮，提高了效率。
- ❑ 做法标注结合了新的“专业词库”命令，新提供了标准的楼面、屋面和墙面做法，新增了新制图规范的索引点标注功能。

2. 符号标注的图层设置

在天正 TArch 8.5 开始为天正的符号对象提供了“当前层”和“默认层”两种标注图层选项，由符号标注菜单下有标注图层的设定开关切换，菜单开关项为“当前层”，表示当前绘制的符号对象是绘制在当前图层上的。若菜单开关项为“默认层”，则表示当前绘制的符号对象是绘制在这个符号对象本身设计的默认图层上的。

7.2.1 标注状态的设置

标注的状态分动态标注和静态标注两种，移动和复制后的坐标符号受状态开关菜单项的控制。

- 动态标注状态下：移动和复制后的坐标数据将自动与世界坐标系一致，适用于整个 DWG 文件仅仅布置一个总平面图的情况。
- 静态标注状态下：移动和复制后的坐标数据不改变原值，例如，在一个 DWG 文件上复制同一总平面，绘制绿化、交通等不同类别的图纸，此时只能使用静态标注。

在 AutoCAD 2004 及以上平台，软件提供了状态行的按钮开关，可单击切换坐标的动态和静态两种状态，新提供了固定角度的选项，使插入坐标符号时能方便地确定坐标文字的标注方向。

7.2.2　坐标和标高

“坐标标注”在工程制图中用来表示某个点的平面位置，一般由政府的测绘部门提供。而“标高标注”则是用来表示某个点的高程或者垂直高度。

标高有“绝对标高”和“相对标高”两种。绝对标高的数值来自当地测绘部门，相对标高的数值则是设计单位设计的，一般是室内一层地坪，与绝对标高有相对关系。天正分别定义了坐标对象和标高对象来实现坐标和标高的标注，这些符号的画法符合国家制图工程符号图例的规范。

1. 坐标标注

“坐标标注”用于在总平面图上标注测量坐标或者施工坐标，取值根据世界坐标或者当前用户坐标 UCS 确定。TArch 2014 新增加了坐标引线固定角度的设置功能。

在屏幕菜单中选择“符号标注”|“坐标标注”命令，然后在平面图的空白区域位置处直接单击并拖动即可进行坐标标注，如图 7-21 所示。

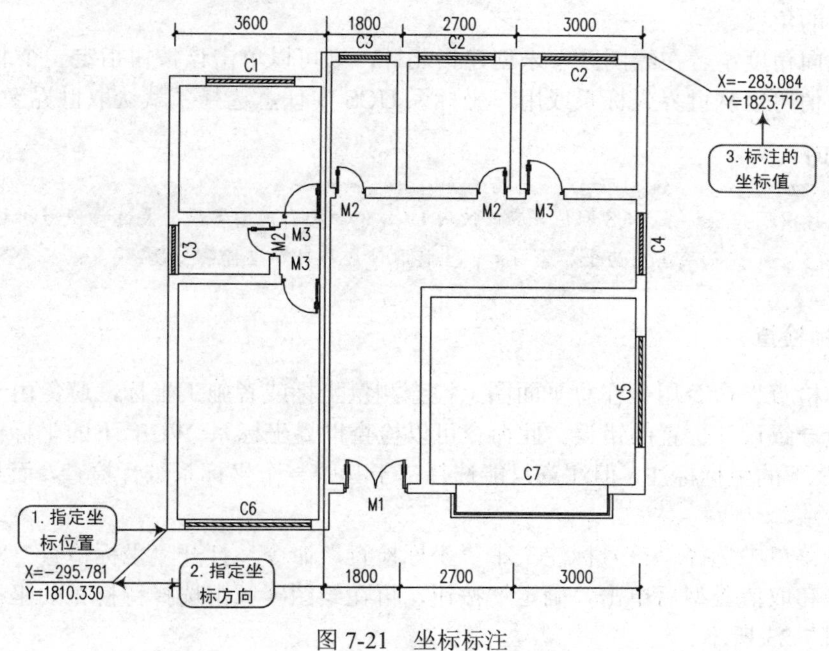

图 7-21　坐标标注

用户在进行坐标标注时，首先要了解当前图形中的绘图单位是否为毫米，图形的当前坐标原点和方向是否与设计坐标系统一致；如果有不一致之处，需要输入S设置绘图单位、坐标方向和坐标基准点，显示标注坐标点。

当用户选择“坐标标注”命令后，命令行提示如下。

```
当前绘图单位:mm，标注单位:M；以世界坐标取值；北向角度 90 度
请点取标注点或 [设置(S)]<退出>:
```

用户选择“[设置(S)]”选项时，会弹出“坐标标注”对话框，如图7-22所示。

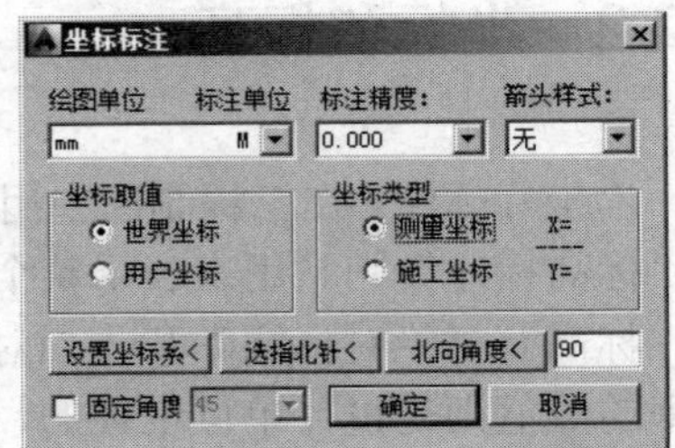

图7-22 “坐标标注”对话框

“坐标标注”对话框中各选项的含义如下。

- ❑ 绘图单位/标注单位：在该下拉列表框中可选择绘图时所使用的单位以及标注单位。
- ❑ 标注精度：可选择标注的小数精确位数，例如，“0.00”表示精确到2位小数。
- ❑ 箭头样式：在该下拉列表框中有引线的箭头样式，如“无”“圆点”“箭头”“十字”等。

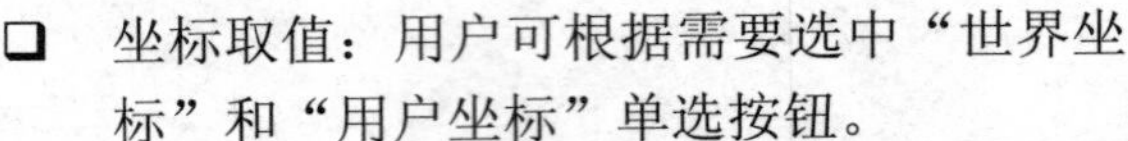

- ❑ 坐标取值：用户可根据需要选中“世界坐标”和“用户坐标”单选按钮。
- ❑ 坐标类型：用户可根据需要选中“测量坐标”和“施工坐标”单选按钮。
- ❑ 设置坐标系：在默认情况下系统采用世界坐标系，单击该按钮后，可在绘图区中指定用户坐标系原点。
- ❑ 选定指北针：单击该按钮后，在绘图区中单击已创建好的指北针，即可获取指北针的角度。
- ❑ 北向角度：若在绘图区中未创建指北针，则可以单击该按钮指定一个北向角度。

坐标取值可以从世界坐标系或用户坐标系UCS中任意选择（默认取世界坐标系）。

提示技巧

如果选择以用户坐标系UCS取值，应该使用UCS命令把当前图形设为要选择使用的UCS（因为UCS可以有多个）。如果当前为世界坐标系，坐标取值应与世界坐标系一致。

2. 坐标检查

“坐标检查”命令用于在总平面图上检查测量坐标或者施工坐标，避免由于人为修改坐标标注值导致设计位置的错误。此命令可以检查世界坐标系WCS下的坐标标注和用户坐标系UCS下的坐标标注，但注意只能选择基于其中一个坐标系进行检查，而且应与绘制时的条件一致。

在屏幕菜单中选择“符号标注”|“坐标检查”命令，打开“坐标检查”对话框，设置坐标单位和取值类型后单击“确定”按钮，再在绘图区域中选择待检查的坐标即可进行检查，如图7-23所示。

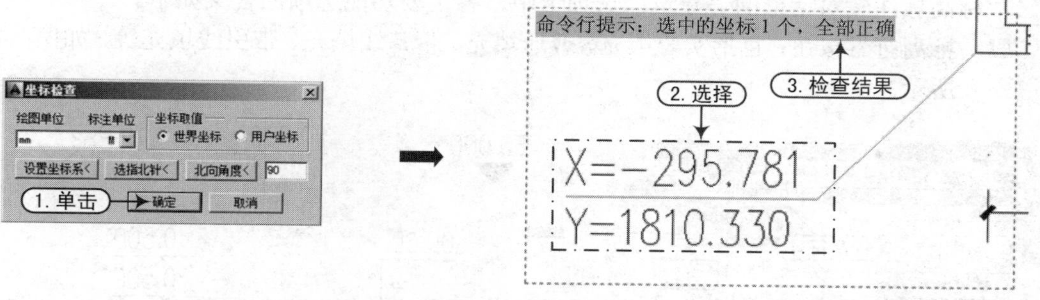

图 7-23 坐标检查

提示技巧

当出现“坐标检查”错误时，命令行会出现如下提示：

选中的坐标 1 个，其中 1 个有错！第 1/1 个错误的坐标，正确标注(X=46.410,Y=73.397)或 [全部纠正(A)/纠正坐标(C)/纠正位置(D)/退出(X)]<下一个>:

各部分功能选项的含义如下。

- 全部纠正（A）：全部错误的坐标值都进行纠正。
- 纠正坐标（C）：纠正错误的坐标值，程序自动完成坐标纠正。
- 纠正位置（D）：不纠正坐标值，而是移动原坐标符号，在该坐标值的正确坐标位置进行坐标标注。

3. 标高标注

在 TArch 2014 中对“标高标注”命令进行了较大的改进，在界面中分为两个页面，分别用于建筑专业的平面图标高标注、立剖面图楼面标高标注以及总图专业的地坪标高标注、绝对标高和相对标高的关联标注，地坪标高符合总图制图规范的三角形、圆形实心标高符号，提供两种可选的标注排列，标高数字右方或者下方可加注文字，说明标高的类型。标高文字新增了夹点，需要时可以拖动夹点移动标高文字。

在屏幕菜单中选择“符号标注”|“坐标标注”命令，打开“标高标注”对话框，根据提示选择相应标注点，再选择标高标注方向即可，如图 7-24 所示。

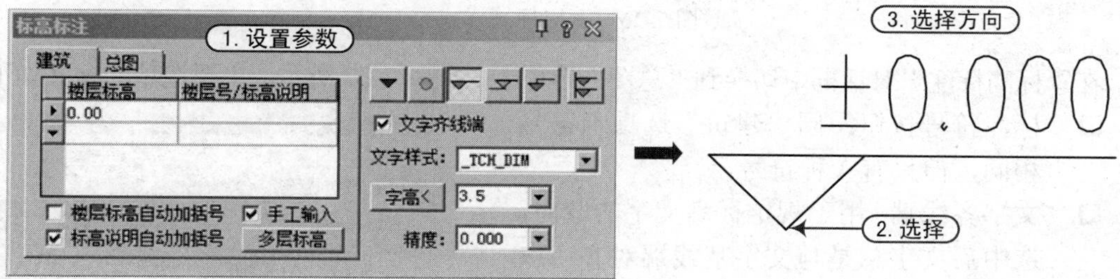

图 7-24 标高标注

“标高标注”对话框的“建筑”选项卡中，各主要功能选项的含义如下。

- 标高符号按钮：包括实心填充、普通填充、带基线填充、带引线填充等，如图 7-25 所示。

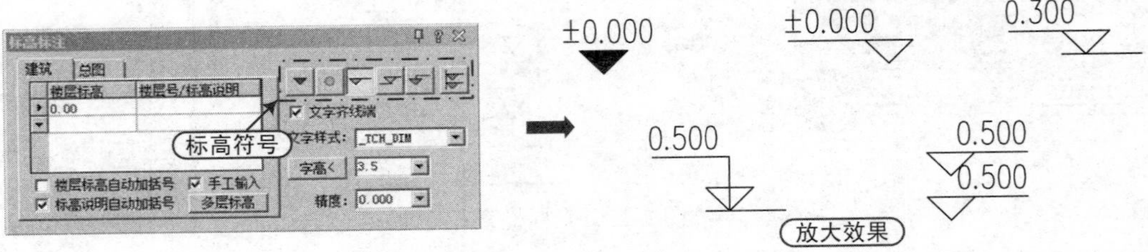

图 7-25　标高样式

- 楼层标高自动加括号：根据《房屋建筑制图统一标准》的规定绘制多层标高，选中后除第一个楼层标高外，其他楼层的标高均加括号。
- 标高说明自动加括号：用于设置是否在说明文字两端添加括号，选中后说明文字自动添加括号。
- 手工输入：默认不选中，系统自动进行标注。选中该复选框后，即可在编辑框中输入标高值。
- 多层标高：单击该按钮将弹出“多层楼层标高编辑”对话框，在其中设置多个楼层的标高值，例如，在“层数”下拉列表框中选择 5，则左侧的表格自动根据当前层高数值进行填写，若选中“自动填楼层号到标高表格”复选框，则系统以楼层顺序自动添加标高说明，如图 7-26 所示。
- 精度：在该下拉列表框中可选择标高值的精度。

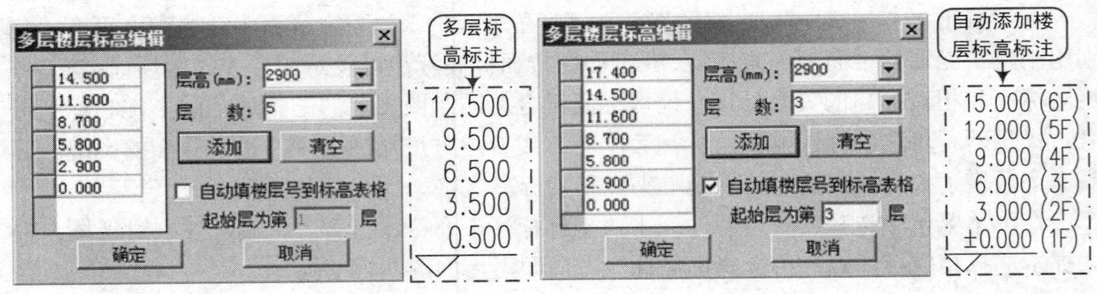

图 7-26　多层标高样式

在“标高标注”对话框中切换到“总图”选项卡，如图 7-27 所示，主要选项的含义如下。

- 标注符号按钮：同“建筑”选项卡符号相同，但只有 3 种符号。
- 文字齐线端：用于规定标高文字的取向，选中后文字总是与文字基线端对齐；取消选中，表示文字与标高三角符号一端对齐，与符号左右无关。

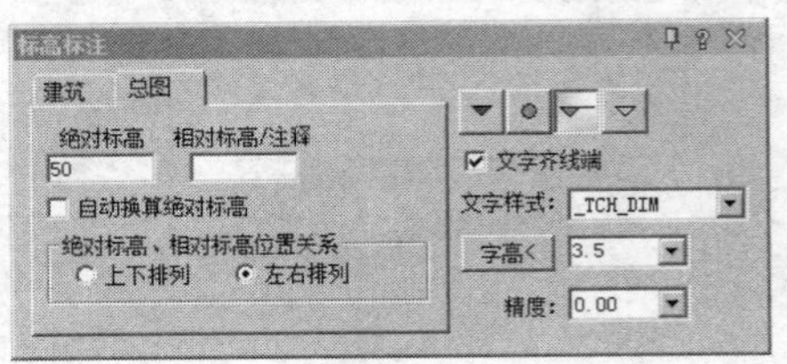

图 7-27　“总图”选项卡标注标高

- 自动换算绝对标高：选中该复选框，将显示“换算关系”文本框，在“换算关系”文本框中输入标高关系，绝对标高自动算出并标注两者的换算关系，当注释为文字时自动添加括号作为注释。
- 相对标高/注释：在该文本框中输入相对标高，系统自动计算出绝对标高框的内容。
- 上下排列/左右排列：用于标注绝对标高和相对标高的关系，有两种排列方式供用户选择。

提示技巧

双击标高对象的文字，即可进入在位编辑状态，从而可直接修改标高数值。若双击标高对象的非文字部分，即可进入对象编辑状态，弹出相应的对话框，然后单击“确定”按钮完成修改。

4. 标高检查

“标高检查”适用于在立面图和剖面图上检查天正标高符号，避免由于人为修改标高标注值导致设计位置的错误，该命令可以检查世界坐标系 WCS 下的标高标注和用户坐标系 UCS 下的标高标注，但注意只能选择基于其中一个坐标系进行检查，而且应与绘制时的条件一致。

提示技巧

“标高检查”命令不适用于检查平面图上的标高符号。

7.2.3　工程符号的标注

TArch 2014 提供了一套较为完整的工程符号对象，可以为建筑设计以及构件信息进行特别的解释，能使读者更能详细地了解图纸。下面讲解各种工程符号的创建方法。

1. 箭头引注

“箭头引注”命令用于绘制带有箭头的引出标注，文字可从线端标注，也可从线上标注，引线可以多次转折，用于楼梯方向线、坡度等标注，共提供 5 种箭头样式和两行说明文字。

在屏幕菜单中选择“符号标注”|“箭头引注”命令，在弹出的对话框中输入文字内容，然后插入到指定位置即可，如图 7-28 所示。

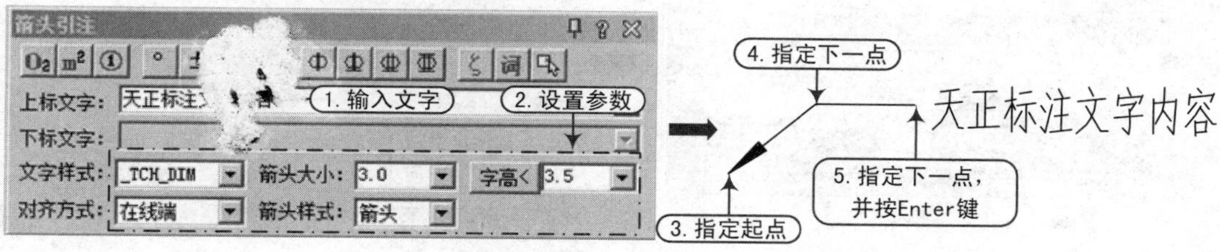

图 7-28　箭头引注

提示技巧

在进行箭头引注标注时，要随时进行“正交模式”的切换（快捷键 F8）。

根据箭头引注的样式和不同的文字说明，其他标注类型如图 7-29 所示。

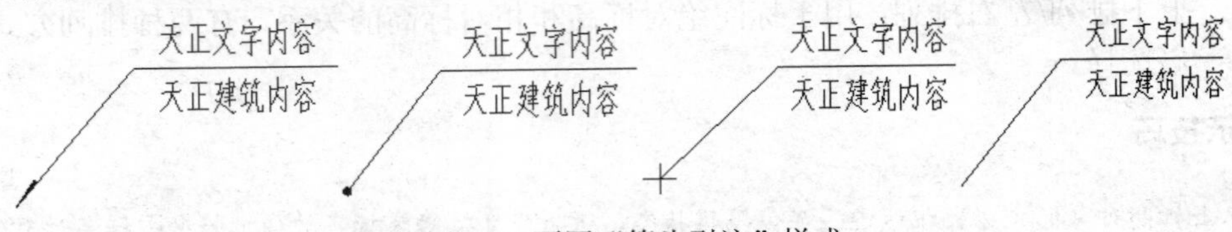

图 7-29　不同“箭头引注”样式

2. 引出标注

“引出标注”命令用于对多个标注点进行说明性的文字标注，自动按端点对齐文字，具有拖动自动跟随的特性，如图 7-30 所示。新增“固定角度”、“多行文字”与“多点共线”功能，默认是单行文字，需要标注多行文字时在特性栏中切换，标注点的取点捕捉方式完全服从命令执行时的捕捉方式，以 F3 键切换捕捉方式的开关。

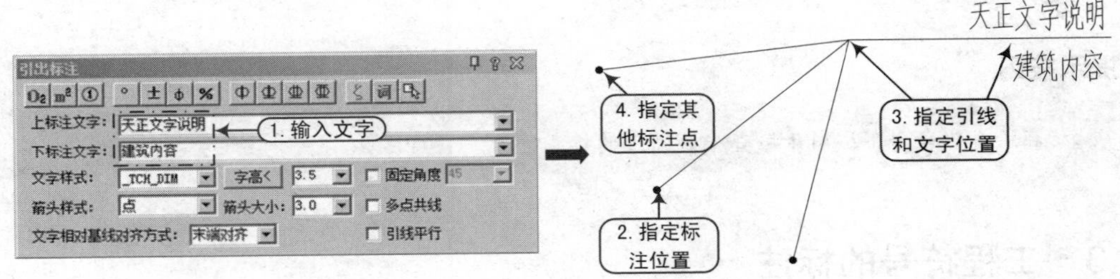

图 7-30　“引出标注”样式

3. 做法标注

“做法标注”命令用于在施工图纸上标注工程的材料做法，通过专业词库可调入北方地区常用的 88J1-X1（2000 版）的墙面、地面、楼面、顶棚和屋面标准作法。

在屏幕菜单中选择“符号标注”｜“做法标注”命令，在弹出的“做法标注”对话框中输入或通过词库选择内容，然后设置文字样式和字高大小，再在视图中指定标注位置和引线长度，如图 7-31 所示。

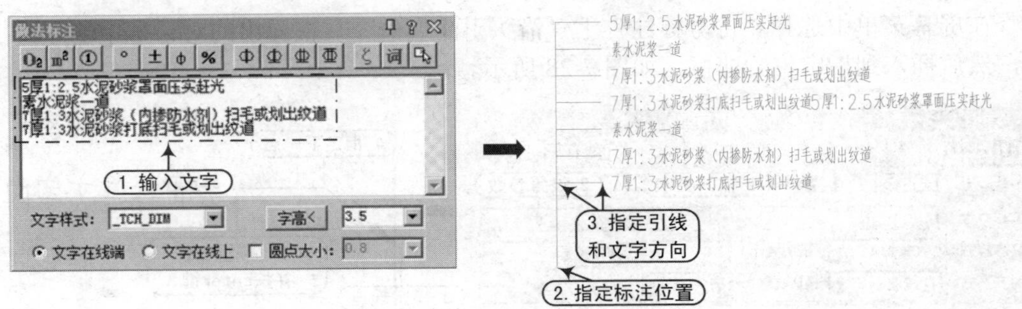

图 7-31　“做法标注”样式

“做法标注”对话框中主要参数的含义如下。

- ❑ 多行编辑框：供输入多行文字时使用，按 Enter 键结束的一段文字写入一条基线上，可随宽度自动换行。
- ❑ 文字在线端：文字内容标注在文字基线线端为一行表示，多用于建筑图。
- ❑ 文字在线上：文字内容标注在文字基线线上，按基线长度自动换行，多用于装修图。
- ❑ 圆点大小：选中“圆点大小”复选框，可以在引出线上增补分层标注圆点。
- ❑ 圆点直径：在“圆点直径”下拉列表框中选取以毫米为单位的标注圆点直径。

提示技巧

用户可以双击所标注的文字对象进行修改。为了提高工作效率，在以上标注文字与天正词库相同时，都可调用天正词库中的文字内容，直接单击“词”按钮 词 即可，如图 7-32 所示。

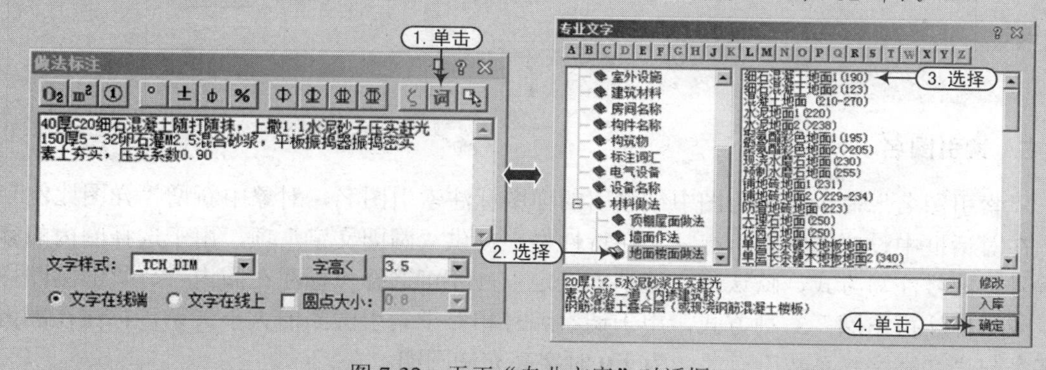

图 7-32 天正“专业文字”对话框

4. 索引符号

“索引符号”命令为图中另有详图的某一部分标注索引号，指出表示这些部分的详图在哪张图上，分为“指向索引”和“剖切索引”两类。

索引符号的对象编辑提供了增加索引号与改变剖切长度的功能，为满足用户需求，新增加“多个剖切位置线”和“引线增加一个转折点”复选框，还为符合制图规范的图例画法增加了“在延长线上标注文字”复选框。

在屏幕菜单中选择“符号标注”｜“索引符号”命令，将弹出“索引符号”对话框，输入文字内容并在图形区域进行操作即可，如图 7-33 所示。

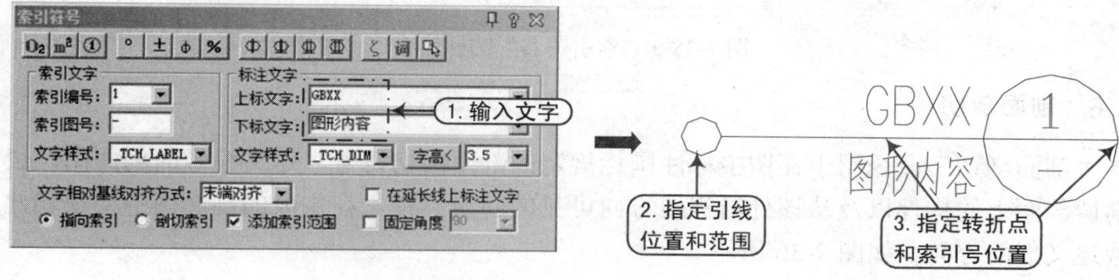

图 7-33 “索引符号”标注

提示技巧

当用户创建了索引符号后，双击索引标注或文字对象，均可进入编辑对话框。索引符号的其他表示方法如图 7-34 所示。

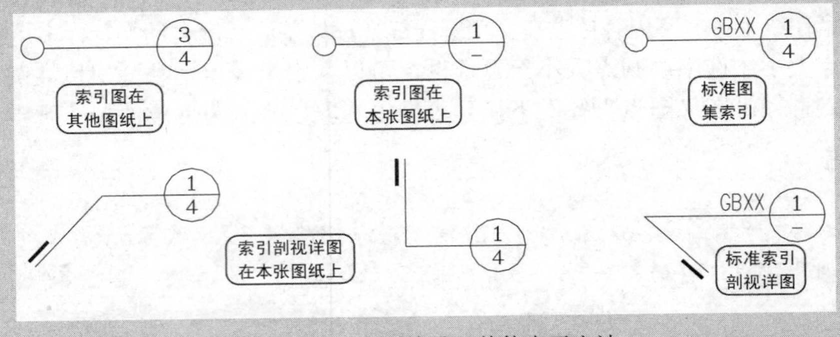

图 7-34 “索引符号”其他表示方法

5. 索引图名

“索引图名”命令用于为图中被索引的详图标注索引图名，对象中新增“详图比例”项，在对话框中设置比例即可标注，在特性栏中提供“圆圈文字”项，用于选择圈内的索引编号和图号注写方式，默认为“随基本设定”，还可选择“标注在圈内”、“旧圆圈样式”或“标注可出圈”3 种方式，用于调整编号相对于索引圆圈的大小关系，标注在圈内时字高与“文字字高系数”有关，为 1.0 时字高充满圆圈。

在屏幕菜单中选择“符号标注”|“索引图名”命令，在弹出的对话框中设置索引编号、索引图号、详图比例和文字样式等，如图 7-35 所示。

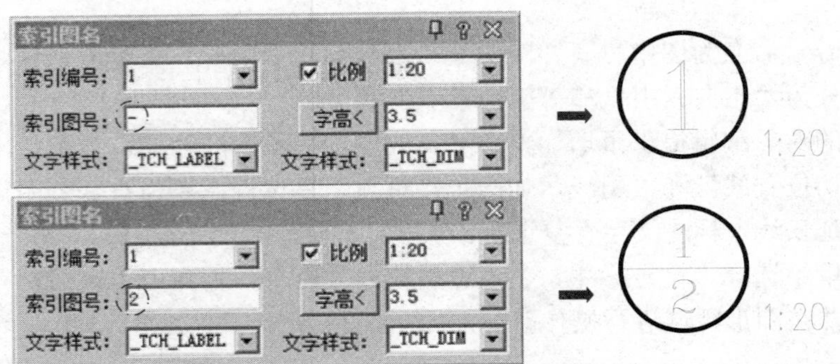

图 7-35 “索引图名”的标注

6. 剖面剖切

“剖面剖切”命令用于在图中标注国标规定的剖面剖切符号，定义编号的剖面图，表示剖切剖面上的构件以及从该处沿视线方向可见的建筑部件，在生成的剖面图中要依赖此符号定义剖面方向，如图 7-36 所示。

剖切符号其他表示方法如图 7-37 所示。

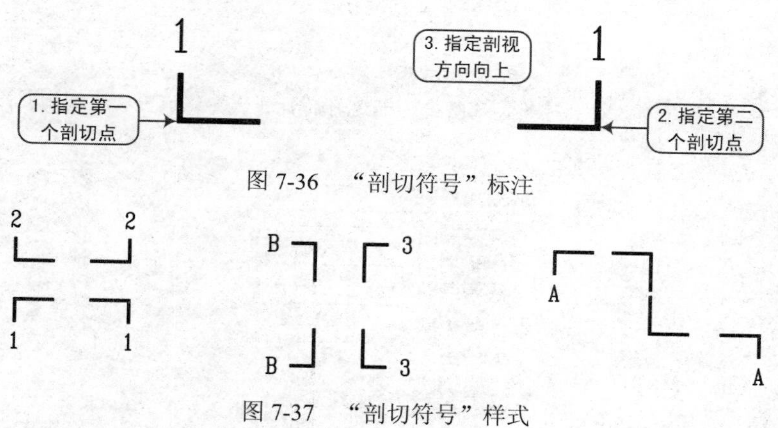

图 7-36　“剖切符号”标注

图 7-37　“剖切符号”样式

7．断面剖切

“断面剖切”命令用于在图中标注国标规定的断面剖切符号，指不画剖视方向线的断面剖切符号，以指向断面编号的方向表示剖视方向，在生成的剖面中要依赖此符号定义剖面方向，如图 7-38 所示。

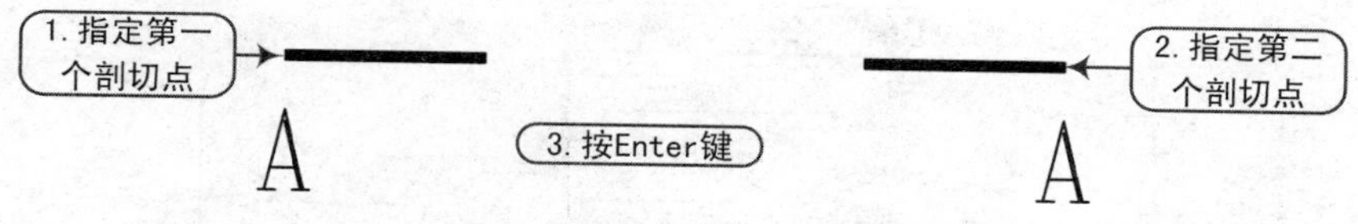

图 7-38　“断面符号”标注

8．加折断线

折断线是根据制图规范的要求在断裂处绘制的线形。使用“加折断线”命令绘制的折断线，其形式符合制图规范的要求，并可以依照当前比例更新其大小。

在屏幕菜单中选择“符号标注”|“加折断线”命令，根据命令行的提示在视图中选择折断线的起点和终点，然后按 Enter 键即可，如图 7-39 所示。

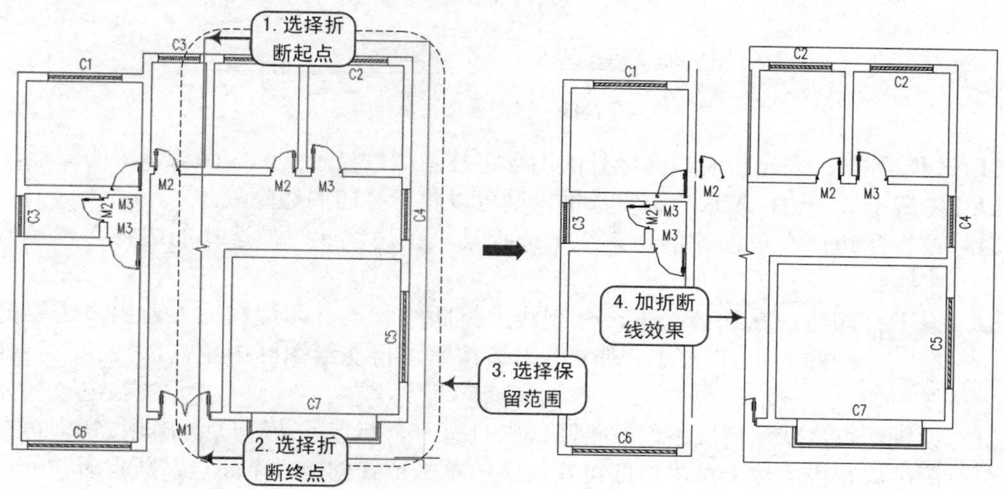

图 7-39　加折断线

提示技巧

用户要对已创建的折断线进行编辑，可双击已创建好的折断线，将弹出“编辑切割线”对话框，如图 7-40 所示。

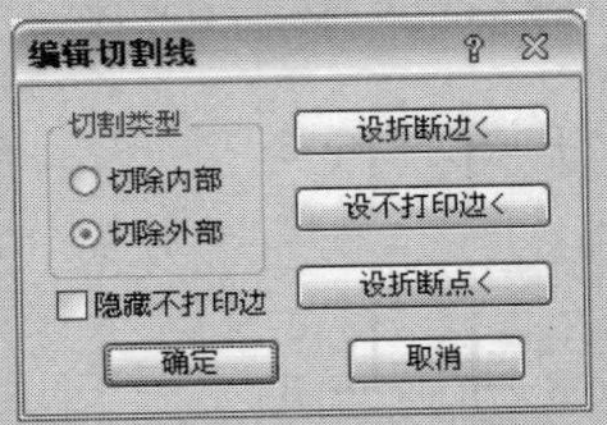

图 7-40 “编辑切割线”对话框

“编辑切割线”对话框中各参数的含义如下。

- 切除内部：表示折断线区域内的图形将被隐藏，显示折断线区域以外的图形，如图 7-41 所示。

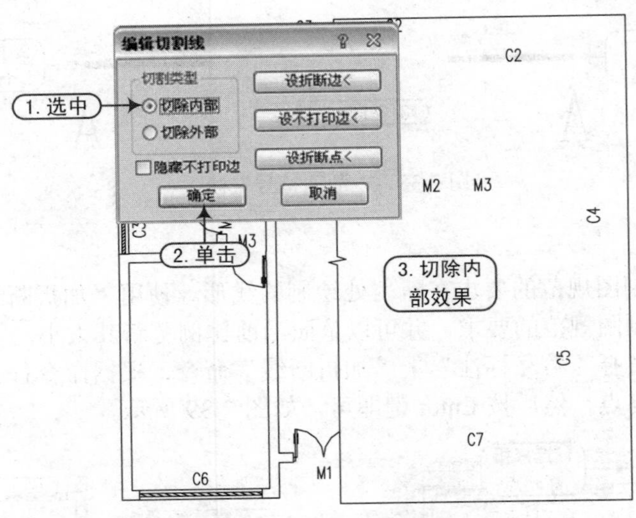

图 7-41 切除内部区域

- 切除外部：表示折断线区域外的图形将被隐藏，显示折断线区域以内的图形。
- 隐藏不打印边：若选中该复选框，则可以将不打印的边隐藏。
- 设折断边：在已创建的切割线上选择某一条边，此时被选择的边将会转换为折断线。
- 设不打印边：默认情况下，分割线由折断线和不打印边构成，若用户需要另外指定分割线的不打印线，则可单击该按钮，再在绘图区中单击需转换为不打印线的边。
- 设折断点：默认情况下，在折断线上只有一个断点，若用户单击此按钮，再在绘图区中相应的边上单击，即可在线段的单击位置创建一个断点，断点所在的边自动转为折线。

9. 画对称轴和指北针

对称轴是用于在施工图纸上标注表示对称轴的自定义对象，其创建方法如图 7-42 所示。

指北针主要起指示北向坐标的作用。在 TArch 2014 自定义工具栏内已有国标规定的指北针符号，直接插入到相应的位置即可，如图 7-43 所示。

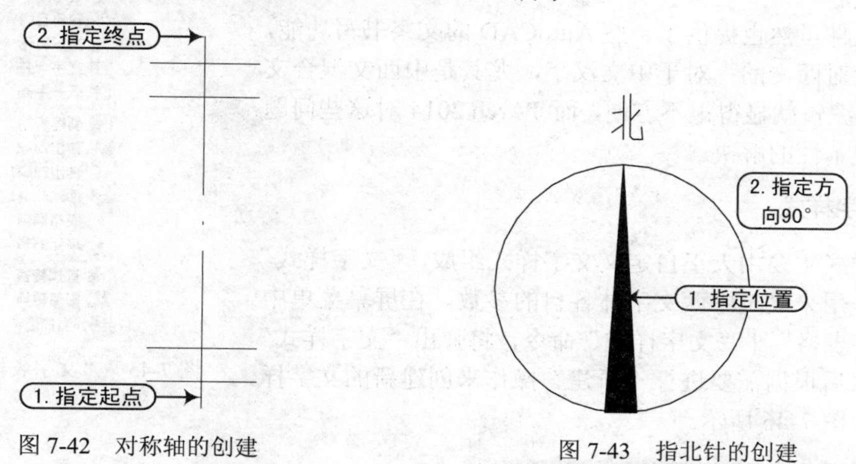

图 7-42 对称轴的创建　　图 7-43 指北针的创建

10. 图名标注

一个图形中绘有多个图形或详图时，需要在每个图形下方标出该图的图名，并且同时标注比例，如图 7-44 所示。比例变化时会自动调整其中文字的合理大小，新增特性栏“间距系数”项，为图名文字到比例文字间距的控制参数。

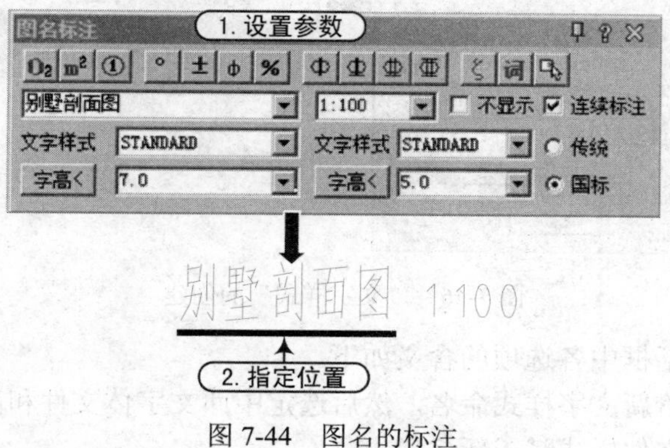

图 7-44 图名的标注

7.3 文字表格

文字表格的绘制在建筑制图中很重要，所有的符号标注和尺寸标注的注写都离不开文字内容，而必不可少的设计说明整个图面主要是由文字和表格组成。在 TArch 2014 中提供

了大量的文字和表格命令，如图 7-45 所示。

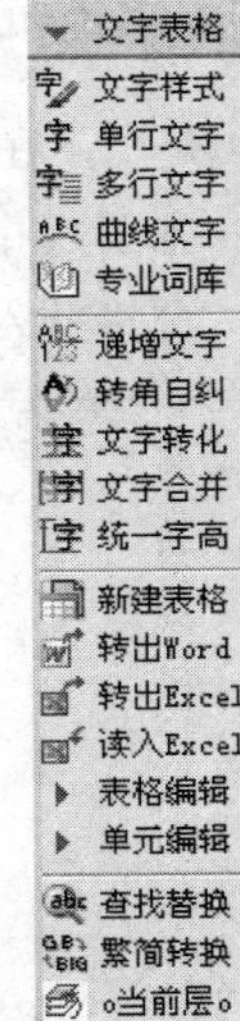

图 7-45 “文字表格”命令

7.3.1 文字的创建

天正软件虽然也提供了一些 AutoCAD 的文字书写功能，但主要是针对西文的；对于中文汉字，尤其是中西文混合文字的书写，编辑就显得很不方便，而 TArch 2014 对这些问题却进行了根本性的解决。

1. 文字样式

文字样式主要由天正自定义文字样式组成，“文字样式”命令主要是用来设定中西文字体各自的参数。在屏幕菜单中选择“文字表格” | “文字样式”命令，将弹出“文字样式”对话框，然后根据需要进行“新建”操作来创建新的文字样式名等，如图 7-46 所示。

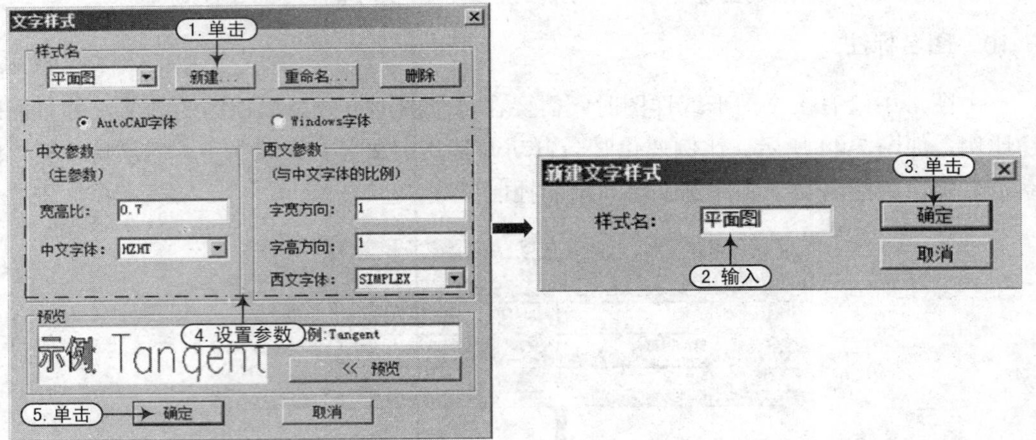

图 7-46 “文字样式”的创建

“文字样式”对话框中各选项的含义如下。

- 新建：首先给新文字样式命名，然后选定中西文字体文件和高宽参数。
- 重命名：给文件样式赋予新名称。
- 删除：删除图中没有使用的文字样式，已经使用的样式不能被删除。
- 样式名：显示当前文字样式名，可在其下拉列表框中切换其他已经定义的样式。
- 宽高比：表示中文字宽与中文字高之比。
- 中文字体：设置组成文字样式的中文字体。
- 字宽方向：表示西文字宽与中文字宽的比。
- 字高方向：表示西文字高与中文字高的比。
- 西文字体：设置组成文字样式的西文字体。

- ❑ Windows 字体：使用 Windows 的系统字体 TTF，这些系统字体（如“宋体”等）包含中文和英文，只需设置中文参数即可。
- ❑ 预览：使新字体参数生效，浏览当前字体效果。

2. 单行文字

使用已经建立的天正文字样式，输入单行文字，可以方便地为文字设置上下标、加圆圈、添加特殊符号，导入专业词库等。

在屏幕菜单中选择“文字表格”|“单行文字”命令，将弹出“单行文字”对话框，输入文字对象并插入到图形区域，如图 7-47 所示。

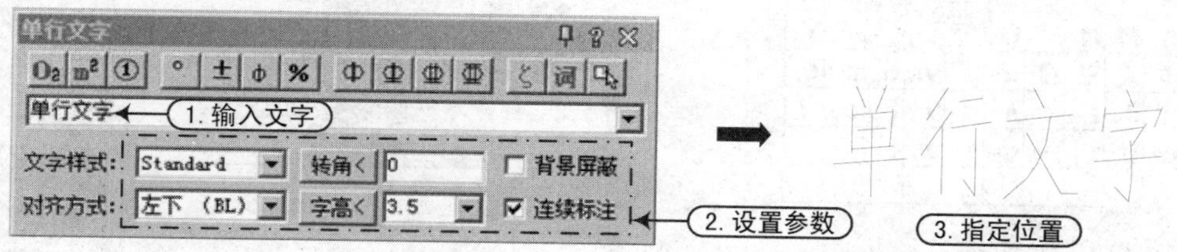

图 7-47　单行文字标注

“单行文字”对话框中部分选项的含义如下。

- ❑ 文字输入列表：可输入文字符号；在列表中保存已输入的文字，方便重复输入同类内容，在下拉列表框中选择其中一行文字后，该行文字复制到首行。
- ❑ 文字样式：在该下拉列表框中选用已由 AutoCAD 或天正文字样式命令定义的文字样式。
- ❑ 对齐方式：选择文字与基点的对齐方式。
- ❑ 转角：输入文字的转角。
- ❑ 字高：表示最终图纸打印的字高，而非在屏幕上测量出的字高数值，两者间有一个绘图比例值的倍数关系。
- ❑ 背景屏蔽：选中该复选框后文字可以遮盖背景，例如填充图案，该选项利用 AutoCAD 的 WipeOut 图像屏蔽特性，屏蔽作用随文字移动存在。
- ❑ 连续标注：选中该复选框后单行文字可以连续标注。
- ❑ 上下标：用鼠标选定需变为上下标的部分文字，然后单击上下标按钮。
- ❑ 加圆圈：用鼠标选定需加圆圈的部分文字，然后单击加圆圈，如图 7-48 所示。

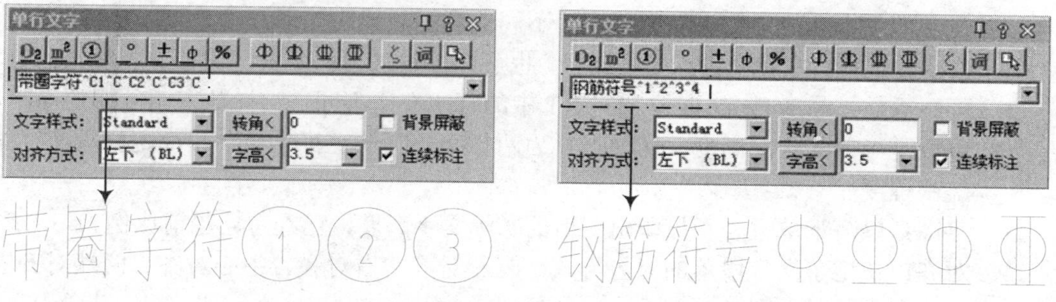

图 7-48　单行文字加圆圈、钢筋标注

- ❑ 钢筋符号：在需要输入钢筋符号的位置单击相应的钢筋符号按钮。
- ❑ 特殊符号：单击“特殊符号”按钮进入特殊字符集，如图 7-49 所示，在弹出的对话框中选择需要插入的符号。
- ❑ 词库：单击“词库”按钮进入天正词库，如图 7-50 所示，可借用天正词库的文字内容。

图 7-49　特殊字符

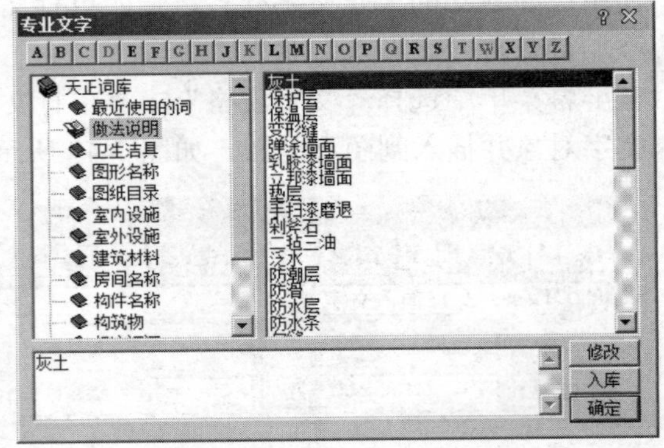

图 7-50　天正词库

3. 多行文字

使用已经建立的天正文字样式，按段落输入多行中文文字，可以方便地设定页宽，并可随时拖动夹点改变页宽。

在屏幕菜单中选择“文字表格”｜“多行文字”命令，将弹出“多行文字”对话框，然后输入文字对象并插入到图形区域，如图 7-51 所示。

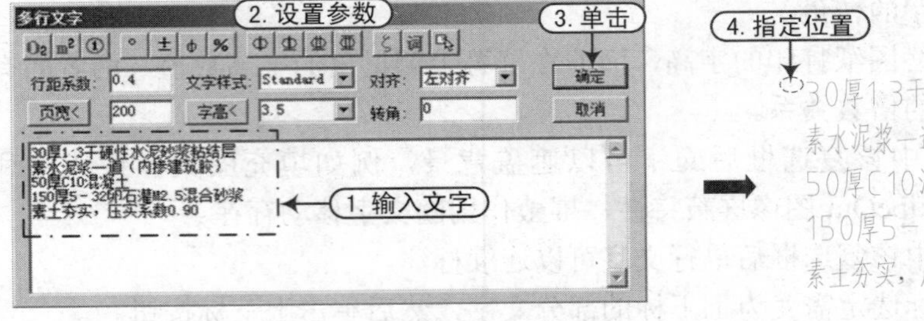

图 7-51　多行文字标注

多行文字的个别功能与单行文字相同，不同的功能项说明如下。

- ❑ 文字输入区：在其中输入多行文字，也可以接收来自剪贴板的其他文本编辑内容。
- ❑ 行距系数：与 AutoCAD 的 MTEXT 中的行距有所不同，该参数表示行间的净距，单位是当前的文字高度，例如，1 为两行间相隔一空行，该参数决定整段文字的疏密程度。
- ❑ 字高：以毫米单位表示打印出图后的实际文字高度，已经考虑当前比例。
- ❑ 对齐：决定了文字段落的对齐方式，有左对齐、右对齐、中心对齐、两端对齐 4 种对齐方式，如图 7-52 所示。

水池灰土弹涂墙面喷〈刷、辊〉面浆饰面
2厚纸筋灰罩面
5厚1:0.5:3水泥石灰膏砂浆打底扫毛或划出纹道
素水泥浆一道 甩毛〈内掺建筑胶〉

居中对齐

水池灰土弹涂墙面喷〈刷、辊〉面浆饰面
2厚纸筋灰罩面
5厚1:0.5:3水泥石灰膏砂浆打底扫毛或划出纹道
素水泥浆一道 甩毛〈内掺建筑胶〉

右对齐

水池灰土弹涂墙面喷（刷、辊）面浆饰面
2厚纸筋灰罩面
5厚1:0.5:3水泥石灰膏砂浆打底扫毛或划出纹道
素水泥浆一道 甩毛（内掺建筑胶）

左对齐与两端对齐

图 7-52　多行文字对齐方式

4. 曲线文字

“曲线文字”命令有两种功能：直接按弧线方向书写中英文字符串，或者在已有的多段线上布置中英文字符串，可将图中的文字改排成曲线。

在屏幕菜单中选择“文字表格”|“曲线文字”命令，然后根据命令行提示选择曲线文字创建方法，并按操作步骤进行创建，如图 7-53 所示。

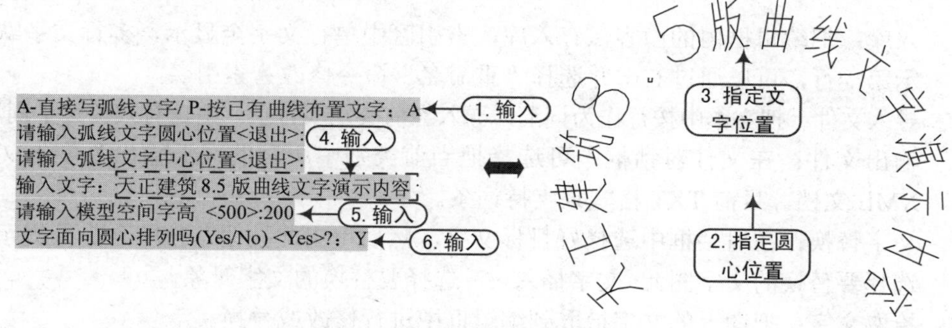

图 7-53　曲线文字创建

5. 专业词库

TArch 2014 为用户扩充了专业词库内容，提供了一些常用的建筑专业词汇和多行文字段落，可随时插入图中，如图 7-54 所示。词库还可在各种符号标注命令中调用，其中做法标注命令可调用北方地区常用的 88J1-X12000 版工程做法的主要内容。

“专业词库”对话框中各选项的含义如下。

- ❑ 字母按钮：以汉语拼音的韵母排序检索，用于快速检索到词汇表中与之对应的第一个词汇。
- ❑ 词汇分类：在词库中按不同专业提供分类机制，也称为分类或目录，一个目录下可以创建多个子目录，列表中可存放很多词汇。
- ❑ 词汇索引表：按分类组织词汇索引表，对应一个词汇分类的列表存放多个词汇或者索引，材料做法中默认为索引，右击词汇索引表名并在弹出的快捷菜单中选择

“重命名”命令即可修改。

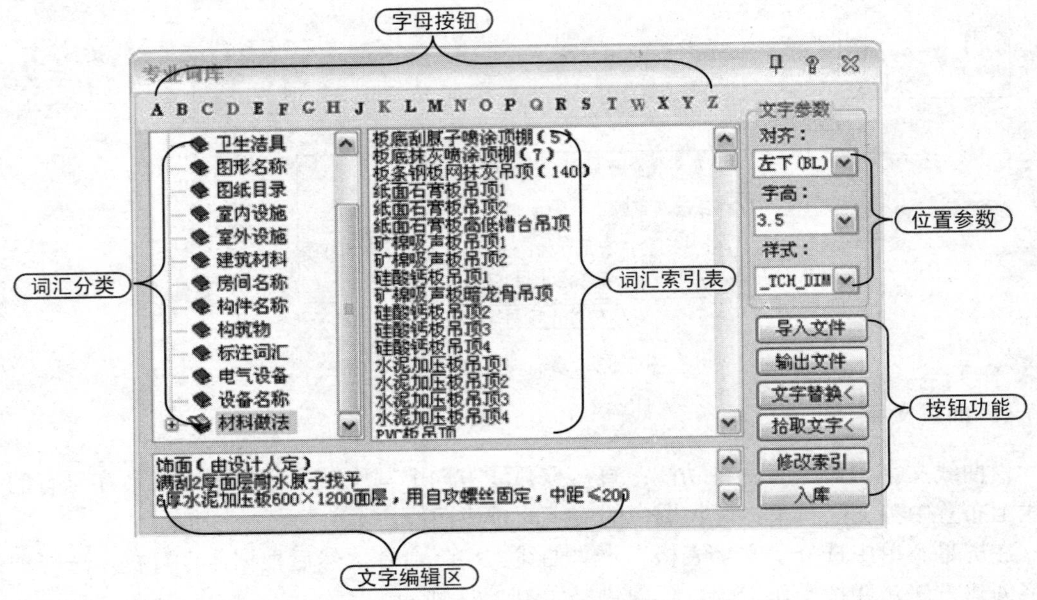

图 7-54　专业词库内容

- 入库：把编辑框内的内容保存入库，索引区中单行文字全显示，多行文字默认显示第一行，可以通过右击并选择“重命名”命令修改为索引名。
- 导入文件：把文本中按行作为词汇，导入当前类别（目录）中，有效扩大了词汇量。
- 输出文件：在文件对话框中可选择把当前类别中所有的词汇输出为文本文档或 XML 文档，目前 TXT 格式只支持词条。
- 文字替换：在对话框中选择好目标文字，然后单击此按钮，按照命令行提示“请选择要替换的文字图元<文字插入>:”选择要替换的文字对象。
- 拾取文字：把图上的文字拾取到编辑框中进行修改或替换。
- 修改索引：在文字编辑区修改打算插入的文字（按 Enter 键可增加行数），单击此按钮后更新词汇列表中的词汇索引。

提示技巧

在 TArch 2014 中，词汇可以在文字编辑区进行内容修改（更改或添加多行文字），单击“修改索引”按钮把原词汇作为索引使用，单击“入库”按钮可直接保存多行文字段落。

7.3.2　文字的编辑

本节介绍 TArch 2014 提供的常用文字编辑命令的详细使用方法。除了文字编辑命令外，双击文字标注对象即可直接对文字进行编辑。

1. 递增文字

“递增文字”命令可用于附带有序数的天正单行文字、AutoCAD单行文字、图名标注、剖面剖切、断面剖切以及索引图名，支持的文字内容包括数字，如1、2、3；字母，如A\B\C，a\b\c；中文数字，如一、二、三，同时对序数进行递增或者递减的复制操作，如图7-55所示。

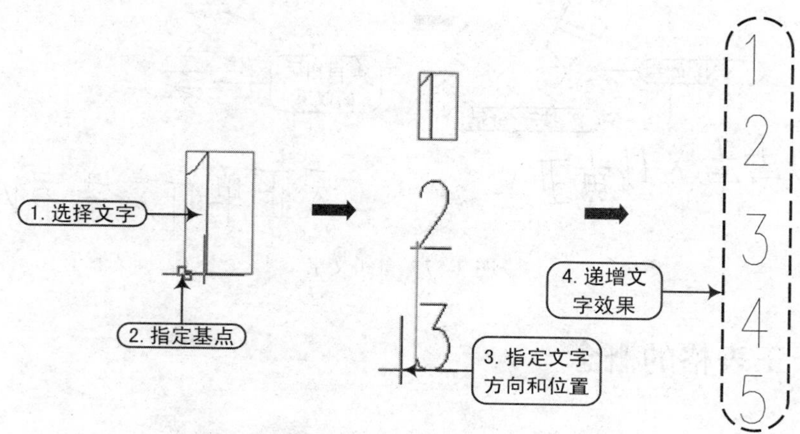

图7-55 递增文字创建

提示技巧

在对汉字执行此操作时，只能以复制的形式对文字对象进行逐一复制。而递增的方向可以按正交模式进行上下、左右相继递增，当用户按F8键切换正交模式后，也可以随意对文字按不同方向递增，如图7-56所示。

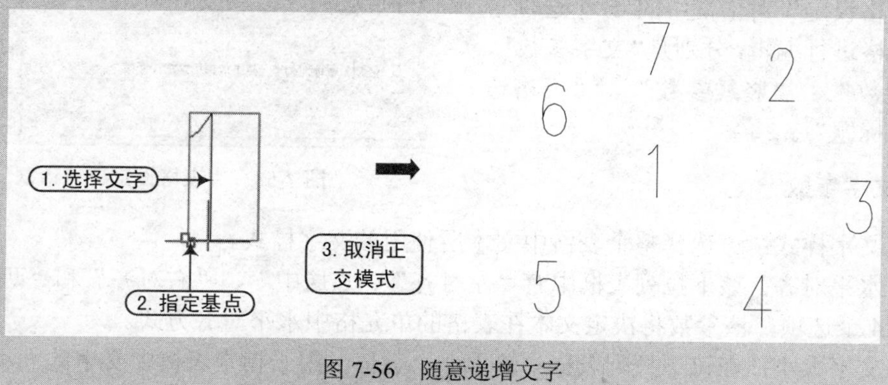

图7-56 随意递增文字

2. 转角自纠

“转角自纠”命令用于翻转调整图中单行文字的方向，符合制图标准对文字方向的规定，可以一次选取多个文字一起纠正，如图7-57所示。

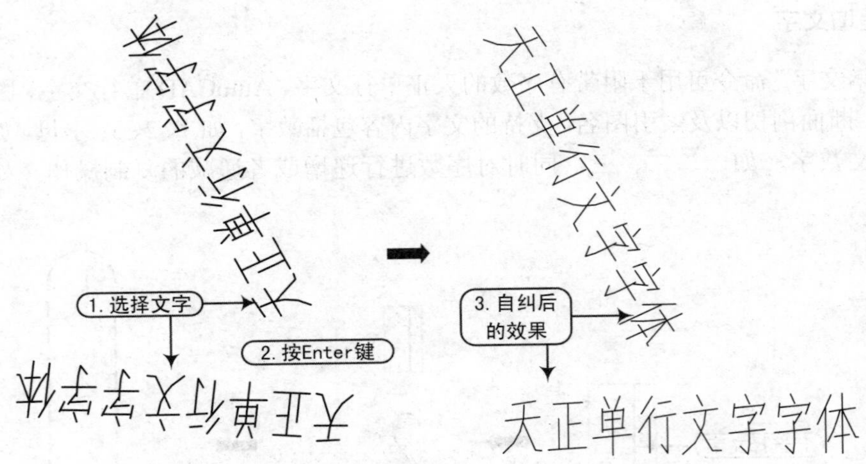

图 7-57 自纠文字

7.3.3 天正表格的概念

天正表格是一个具有层次结构的复杂对象，用户应该完整地掌握如何控制表格的外观表现，制作出美观的表格。天正表格对象除了独立绘制外，还在门窗表和图纸目录、窗日照表等处应用。

双击创建好的表格边框进入“表格设定”对话框，如图 7-58 所示，可以对标题、表行、表列和内容等全局属性进行设置。

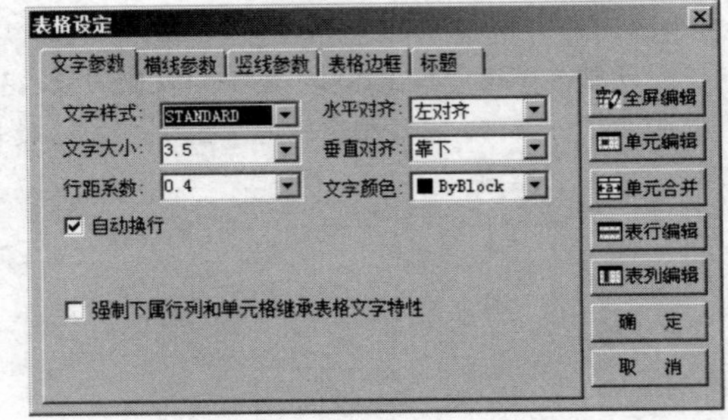

图 7-58 “表格设定”对话框

“表格设定”对话框中的 5 个选项卡均可对表格进行编辑，分别是“文字参数”、“横线参数”、“竖线参数”、“表格边框”和“标题”。

1. 文字参数

- 文字样式：可选择整个表格中文本所使用的文字样式。
- 水平对齐：该下拉列表框中有“左对齐”、“居中”、“右对齐”和“两端对齐”4 个选项，该参数将决定文本在表格的单元格中水平对齐方式。
- 文字大小：在该下拉列表框中输入一个数值，用于指定表格中文字的大小。
- 垂直对齐：该下拉列表框中有“靠上”、“居中”和“靠下”3 个选项，该参数将决定文本在表格的单元格中垂直对齐的方式。
- 行距系数：在该下拉列表框中输入一个数值，表示行间的净距，单位是当前的文字高度（如当前行距系数为 0.4，则表示行间净距离为文字高度的 40%），该参数决定整段文字的疏密程度。
- 文字颜色：在该下拉列表框中有多种颜色供用户选择，若用户选择了 ByBlock 选

项，则文字的颜色将会随文字所在图层的颜色变化而变化。

- 自动换行：选中该复选框后，若单元格中的内容超过单元格宽度时，文字将自动换行显示。
- 强制下属行列和单元格继承表格文字特性：当用户选中该复选框后，单元格内的所有文字强行按本页设置的属性显示，未涉及的选项保留原属性；若不选中，进行过单独个性设置的单元格文字保留原设置。

2. 横、竖线参数

在“横线参数”和“竖线参数”选项卡中，可以设置表格中横、竖线的线型、线宽以及行高等参数，如图 7-59 和图 7-60 所示。

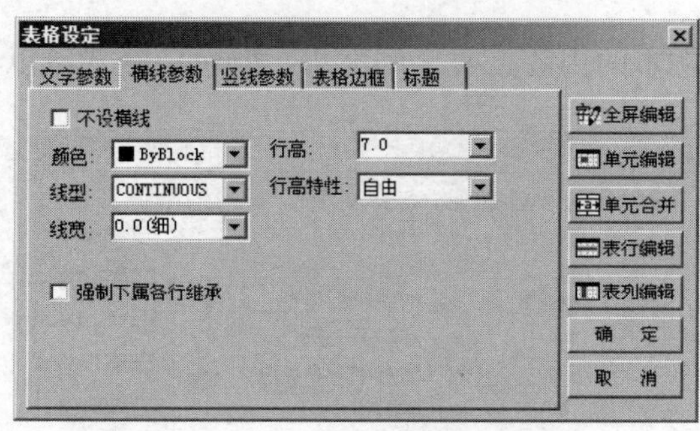

图 7-59　“横线参数”选项卡

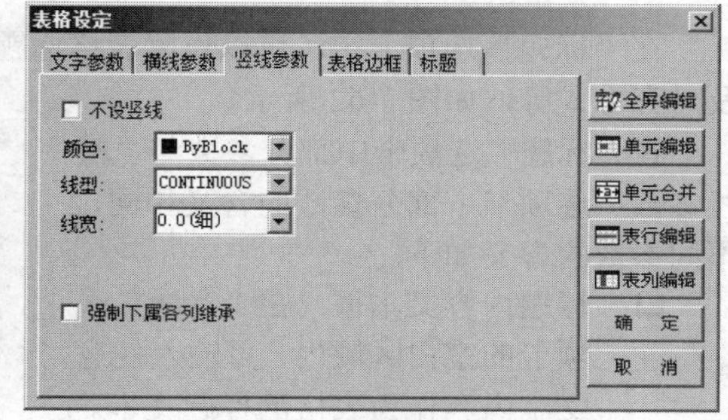

图 7-60　“竖线参数”选项卡

- 不设横（竖）线：选中对应复选框后，整个表格的所有行均没有横（竖）线，其下方参数设置无效。
- 颜色：在该下拉列表框中选择一种颜色作为表格横、竖线的颜色。
- 线型：在该下拉列表框中可选择表格横、竖线的线型。
- 线宽：在该下拉列表框中可选择任意值，来确定表格横、竖线的宽度。
- 行高：只有横线参数有此选项，在该下拉列表框中可选择多种行高值，也可根据需要输入一个值确定行高。
- 行高特性：在该下拉列表框中有“固定”（固定行高，多余的文本不会在单元格中显示出来）、“至少”（无论用户怎么调整表格行高，其高度不得小于“横线参数”选项卡中指定的行高）、“自由”（用户可通过表格上的控制点自由调整行高）和“自动”（行高随字号和文字的多少自动换行而变化）4 个选项，用户可根据需要进行选择。
- 强制下属各行（列）继承：选中相应复选框，整个表格的所有表行（列）按本页设置的属性显示；不选中，进行过单独个性设置的单元格保留原设置。

3. 表格边框

“表格边框”选项卡中可以设置表格上、下、左、右 4 条边线的颜色、线型和线宽，如图 7-61 所示。

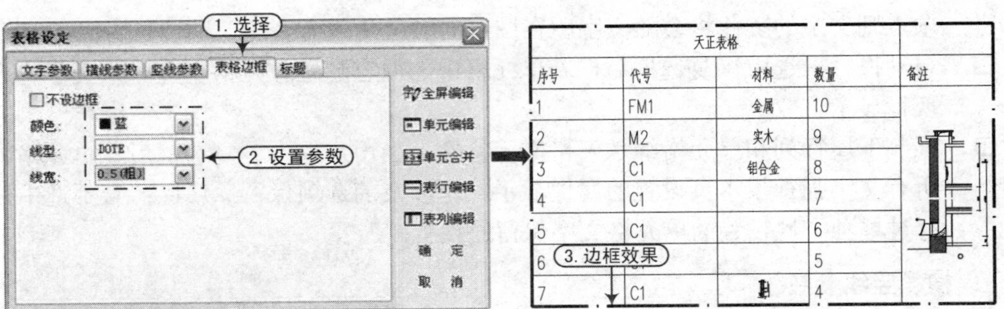

图 7-61　表格边框修改

4. 表格标题

在“标题”选项卡中，可以设置表格标题文本的内容、文字的大小、颜色、样式，以及对齐方式等，如图 7-62 所示。

在“标题”选项卡中部分参数与“横线参数”选项卡中部分参数的含义相同，不同参数的含义如下。

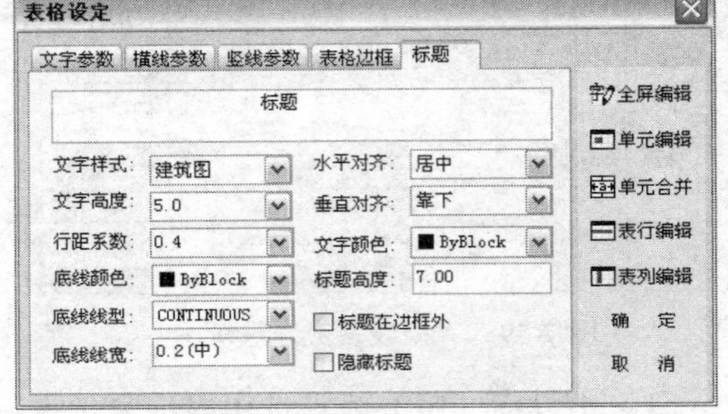

图 7-62　“标题”选项卡

- ❑ 标题内容文本框：在“标题”选项卡的空白区域内，可输入任意文字内容作为表格的标题文本。
- ❑ 文字样式：在该下拉列表框中选择一种样式作为表格标题文本的样式，若选择为空，则继承“文字参数”选项卡中的文字样式。
- ❑ 底线颜色：在该下拉列表框中选择一种颜色作为标题行下方横线的颜色。
- ❑ 底线线型：在该下拉列表框中选择一种线型作为标题行下方横线的线型。
- ❑ 底线线宽：在该下拉列表框中选择一个值作为标题底线的宽度值。
- ❑ 标题在边框外/隐藏标题：选中这两个复选框，则不会显示表格标题行的边框或隐藏标题，如图 7-63 所示。

标题在外 → 天正表格

材料	数量	备注
金属	10	
实木	9	
铝合金	8	
	7	
	6	
	5	
	4	

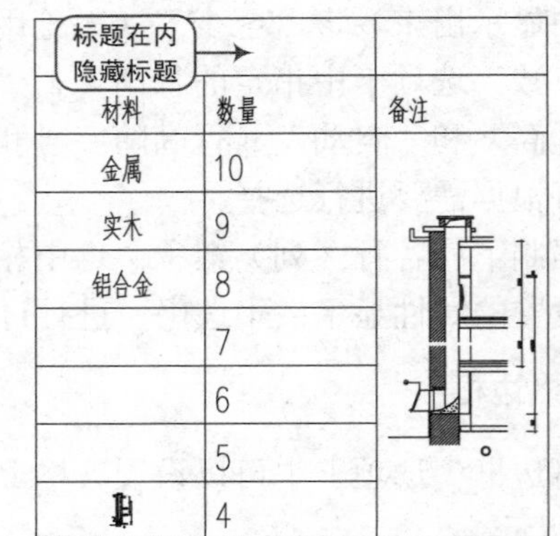

图 7-63　“标题”不同位置

7.3.4　表格的创建

天正表格是一个具有层次结构的对象，用户应该完整地掌握如何控制表格。天正表格对象除了独立绘制外，还可在门窗表和图纸目录处应用。

1. 新建表格

根据已知行列参数，通过“新建表格”对话框新建一个表格，提供以最终图纸尺寸值（毫米）为单位的行高与列宽的初始值，考虑了当前比例后，系统将自动设置表格尺寸，操作过程如图 7-64 所示。

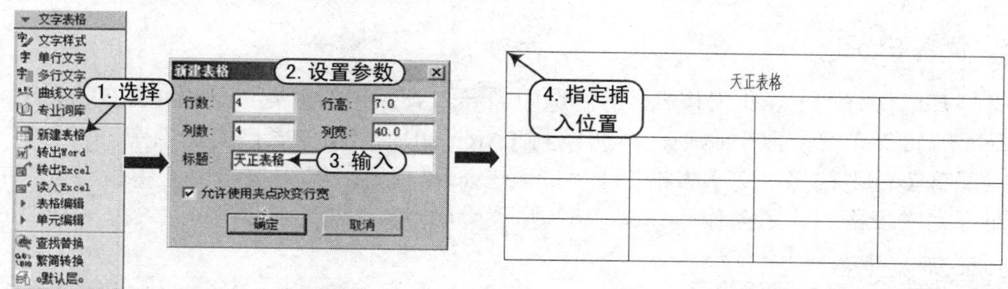

图 7-64　表格的建立

2. 转出 Word

天正提供了与Word之间导出表格文件的接口，把表格对象的内容输出到Word文件中，供用户在其中制作报告文件，如图 7-65 所示。

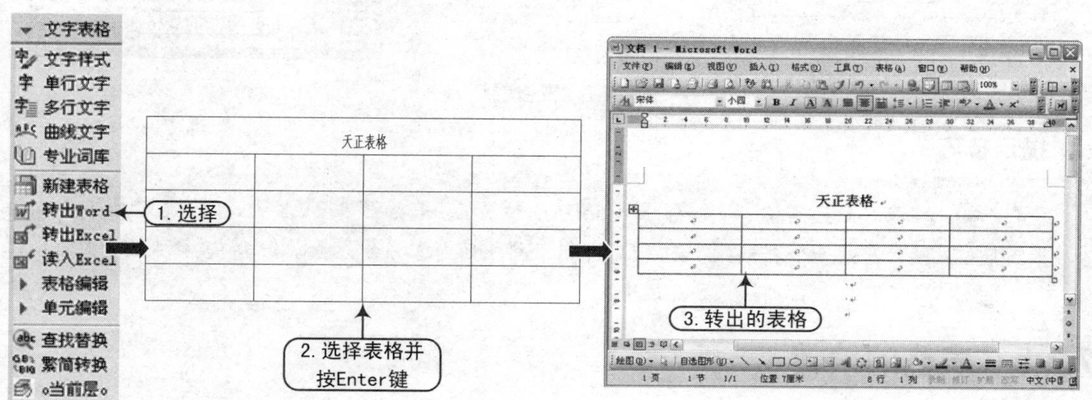

图 7-65　表格转出 Word

3. 转出 Excel

当表格创建好需导出到 Excel 中时，可选择“文字表格”|“转出 Excel”命令，此时 Excel 软件将会自动启动，并在一个新的页面中显示所转出的表格对象，如图 7-66 所示。

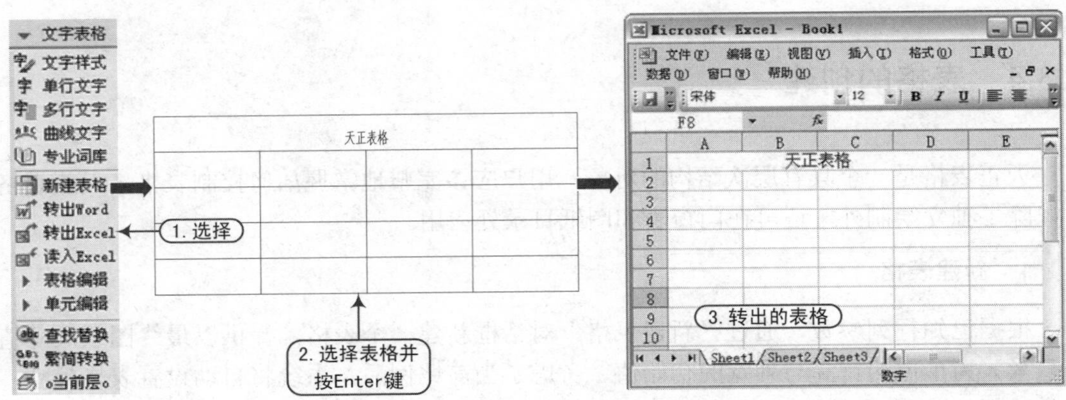

图 7-66　表格转出 Excel

4. 读入 Excel

先打开已做好的 Excel 工作表，然后选中需导入到天正的所有单元格。再在 Excel 菜单中选择“编辑”｜“复制”命令，再切换到 TArch 2014 需添加表格的文档中。

在屏幕菜单中选择“文字表格”｜“读入 Excel”命令，最后在绘图区中指定表格的插入点即可完成表格的读入操作，如图 7-67 所示。

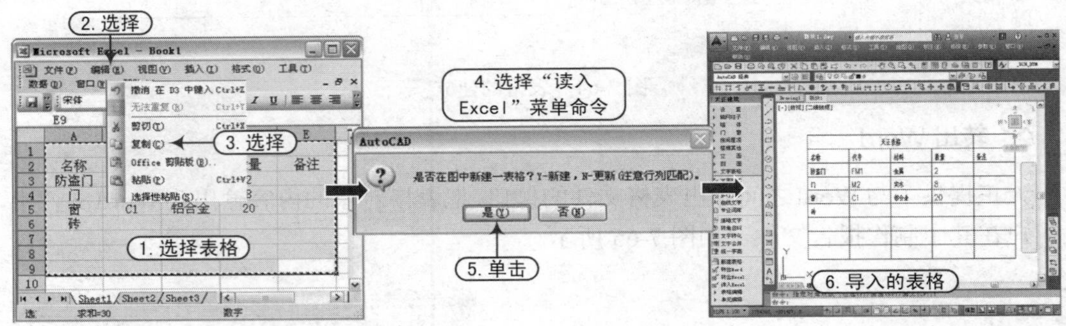

图 7-67　表格的读入

提示技巧

在选择“读入 Excel”命令后，将弹出 AutoCAD 对话框，若单击“否”按钮，则需在 TArch 2014 绘图窗口中选择已有的一个表格对象，此时 Excel 表格中的内容将会自动替换当前表格中的内容。

7.3.5　表格的编辑

用户在天正环境里创建好所用的表格后，可根据需要对其进行修改，在“文字表格”｜“表格编辑”子菜单中选择所需的修改命令即可。

1. 全屏编辑

“全屏编辑”命令用于从图形中取得所选表格，在对话框中进行行列编辑以及单元编

辑，单元编辑也可由在位编辑实现，如图 7-68 所示。

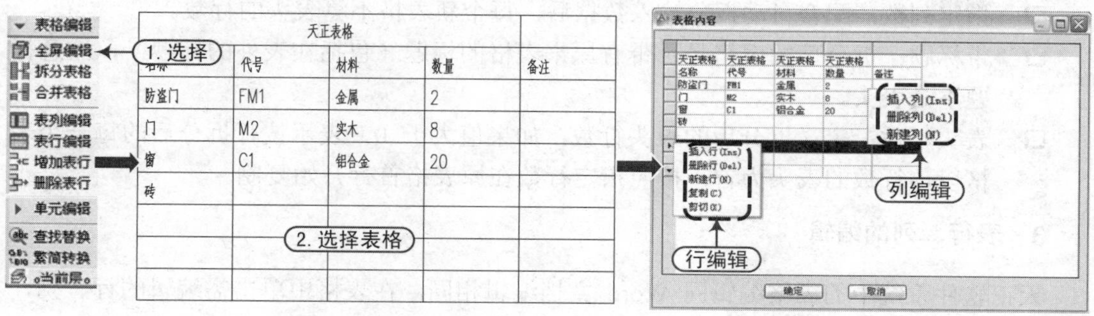

图 7-68　全屏编辑

2. 拆分表格

"拆分表格"命令可将表格按行或者按列拆分为多个表格，也可以按用户设定的行列数自动拆分，有丰富的选项供用户选择，如保留标题、规定表头行数等，如图 7-69 所示。

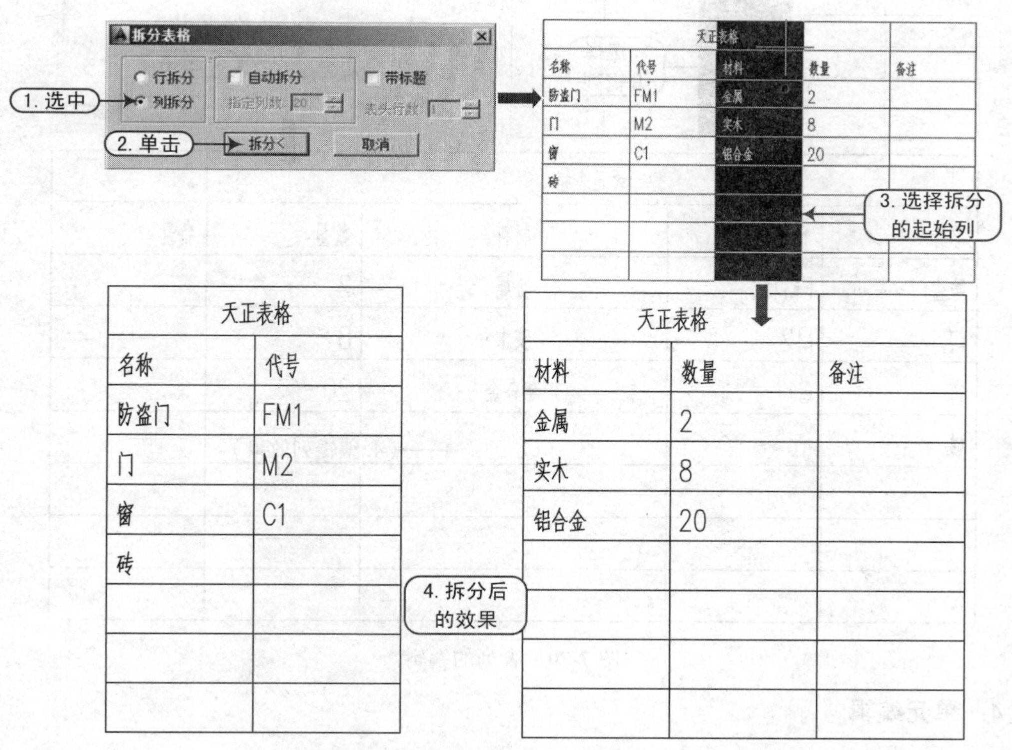

图 7-69　拆分表格

"拆分表格"对话框中各参数的含义如下。

- 行（列）拆分：选择表格的拆分是按行或者按列进行。

- 自动拆分：按指定行数自动拆分表格。
- 指定列数：配合自动拆分输入数据后，每个新表格不算表头的行数。
- 带标题：拆分后的表格是否带有原来表格的标题（包括在表外的标题），注意标题不是表头。
- 表头行数：定义拆分后的表头行数，如果值大于 0，表示按行拆分后的每一个表格以该行数的表头为首，按照指定行数在原表格首行开始复制。

3. 表行、列的编辑

天正软件系统中的表格编辑同 Word 文档编辑相同。在表格中单击需编辑的行、列，将弹出“行设定”或“列设定”对话框，通过相应对话框可单独为指定的行、列设置文字样式、颜色以及边框线等，如图 7-70 所示。

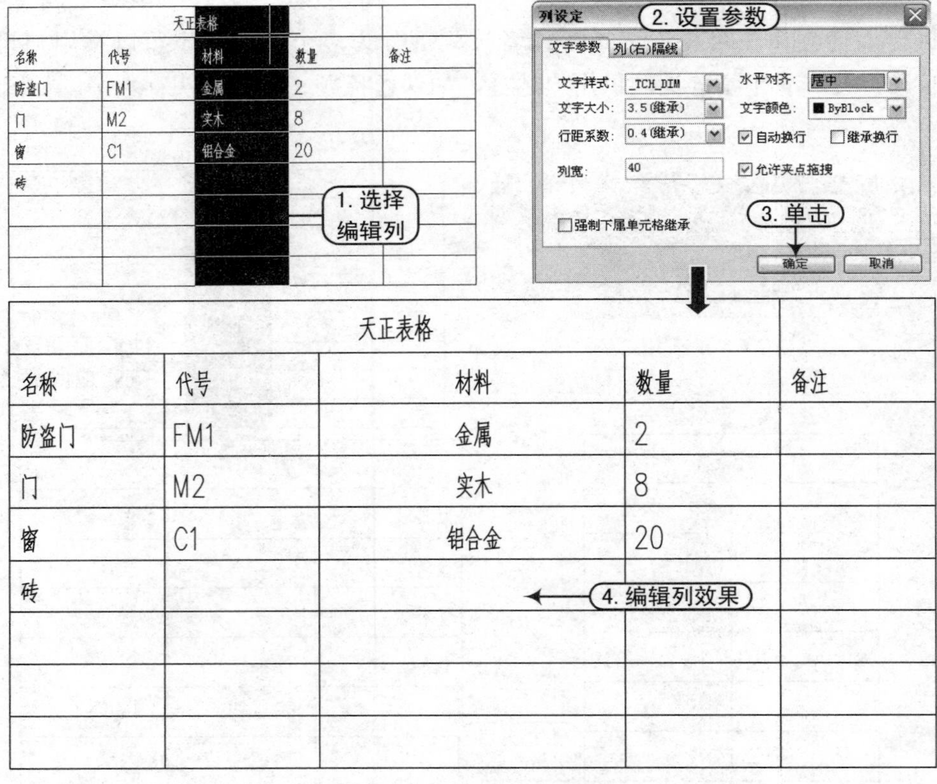

图 7-70　表列的编辑

4. 单元编辑

选择“单元编辑”|“单元编辑”命令启动“单元格编辑”对话框，可方便地编辑该单元内容或改变单元文字的显示属性，也可以使用在位编辑实现，双击要编辑的单元即可进入在位编辑状态，直接对单元内容进行修改，如图 7-71 所示。

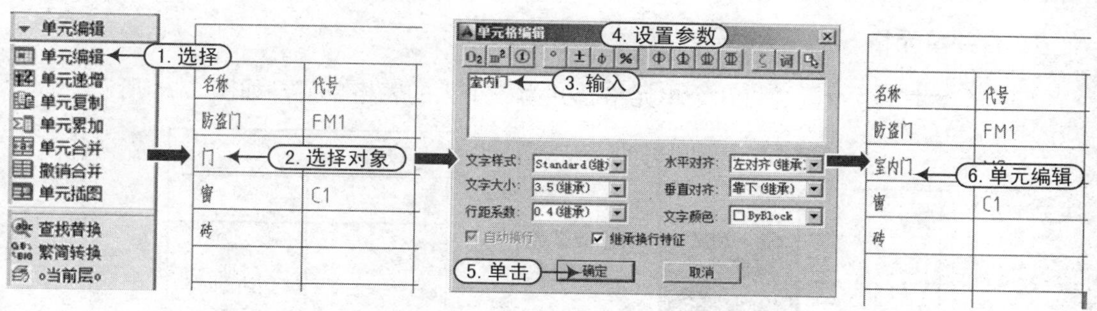

图 7-71　单元格编辑

5. 单元递增

单元递增是将含数字或字母的单元文字内容在同一行或一列复制，并同时将文字内的某一项递增或递减，如图 7-72 所示。

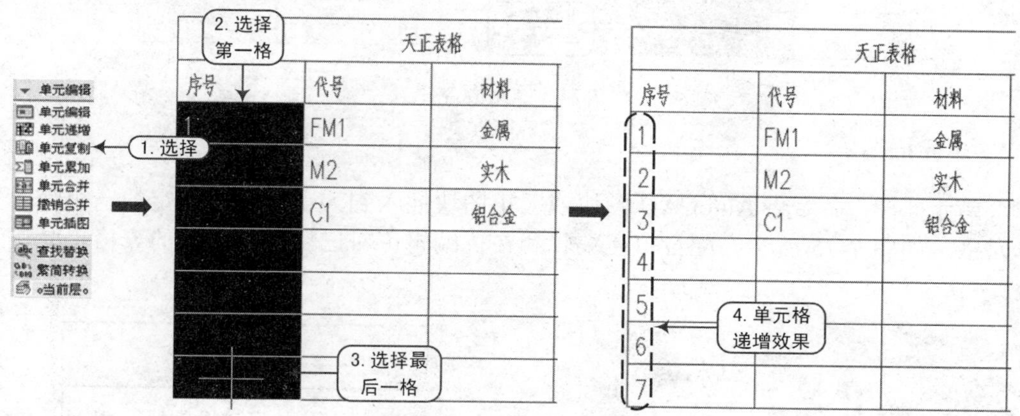

图 7-72　单元格递增

提示技巧

在执行“单元递增”命令时，若按 Shift 键则为直接复制，按 Ctrl 键为递减，如图 7-73 所示。

天正表格				
序号	代号	材料	数量	备注
1	FM1	金属	10	
2	M2	实木	9	
3	C1	铝合金	8	
4	C1		7	
5	C1		6	
6	C1		5	
7	C1		4	

图 7-73　单元格其他效果

6. 合并单元格

“单元合并”命令就是将几个单元格合并为一个大的表格单元，如图 7-74 所示。

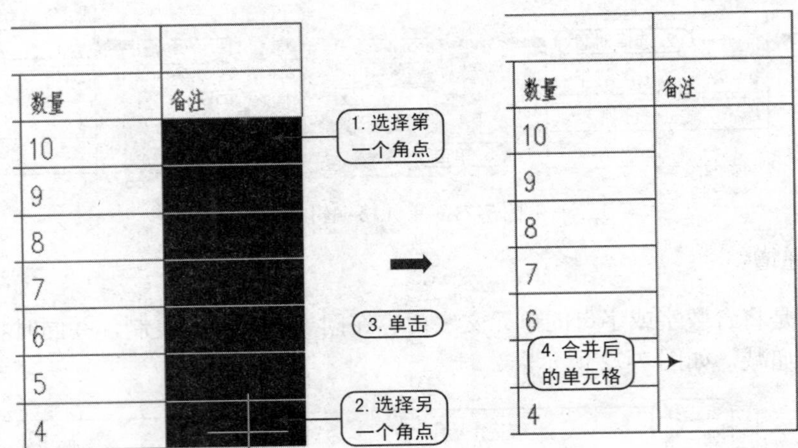

图 7-74　单元格合并

7. 单元插图

“单元插图”命令将 AutoCAD 图块或天正图块插入到天正表格中指定的一个或者多个单元格，如图 7-75 所示。配合单元编辑和在位编辑可对已经插入图块的表格单元进行修改。

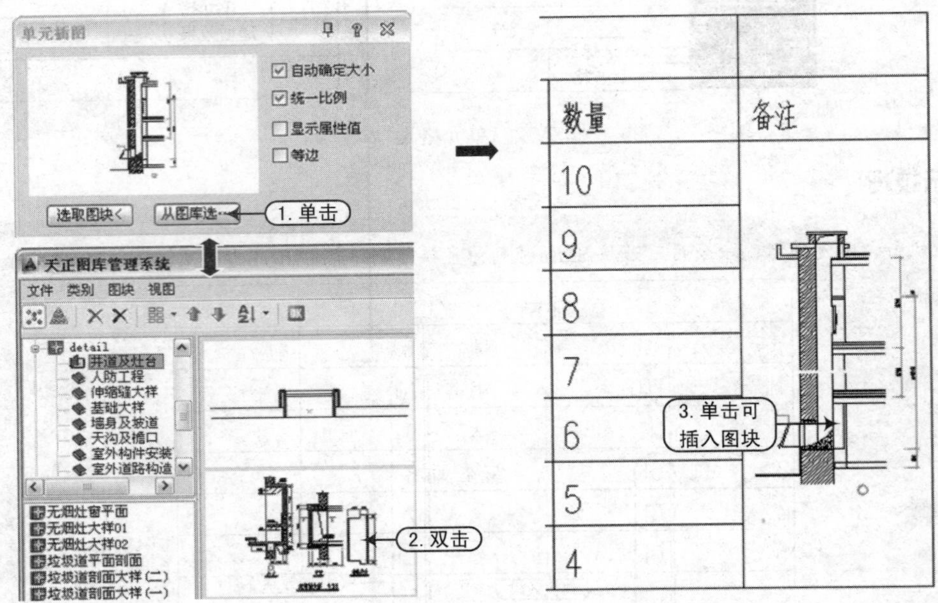

图 7-75　单元插图

“单元插图”对话框中各选项的含义如下。

- ❑ 自动确定大小：使图块在插入时充满单元格。

- ❑ 统一比例：插入单元时保持 X 和 Y 方向的比例统一，改变表格大小时图块比例不变。
- ❑ 显示属性值：插入包含属性的图块，插入后显示属性值。
- ❑ 等边：插入时自动缩放图块，使得图块 XY 方向尺寸相等。
- ❑ 选取图块：从图面已经插入的图块中选择要插入单元格的图块，包括 AutoCAD 图块或天正图块。
- ❑ 从图库选：进入天正图库，从其中选择要插入单元格的图块。

8. 夹点编辑

对于表格的尺寸调整，除了用命令外，也可以通过拖动图中的夹点获得合适的表格尺寸。

在生成表格时，总是按照等分生成列宽，通过夹点可以调整各列的合理宽度，行高根据其特性的不同，可以通过夹点、单元字高或换行来调整。角点缩放功能可以实现按不同比例任意改变整个表格的大小，行列宽高、字高随着缩放自动调整为合理的尺寸，如图 7-76 所示。

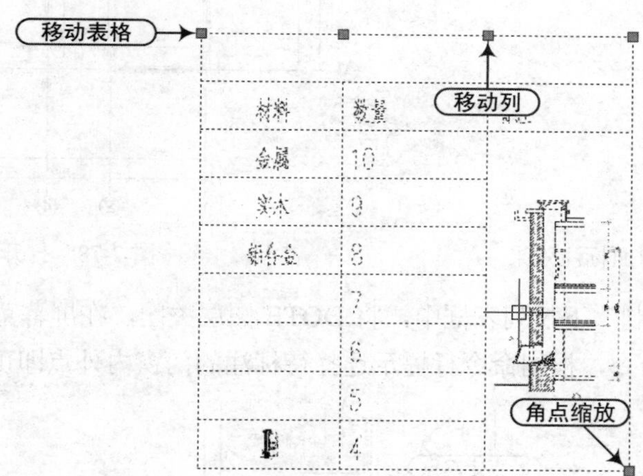

图 7-76　夹点编辑

提示技巧

在用夹点编辑表格时，不能改变其行参数。

7.4　实例——别墅平面图的标注

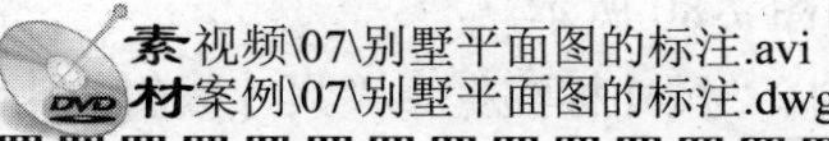

素视频\07\别墅平面图的标注.avi
材案例\07\别墅平面图的标注.dwg

在对别墅平面图进行标注前，将前面所绘制好的平面图例打开，在原来已标注尺寸

的基础上进行其他标注，包括单行文字、标高、指北针、图名标注等，最终效果如图 7-77 所示。

（1）启动 TArch 2014，选择“文件”｜“打开”命令，将前面绘制的“案例\04\别墅一层平面图墙体与门窗.dwg”文件打开，如图 7-78 所示，然后将其另存为“案例\07\别墅平面图的标注.dwg”。

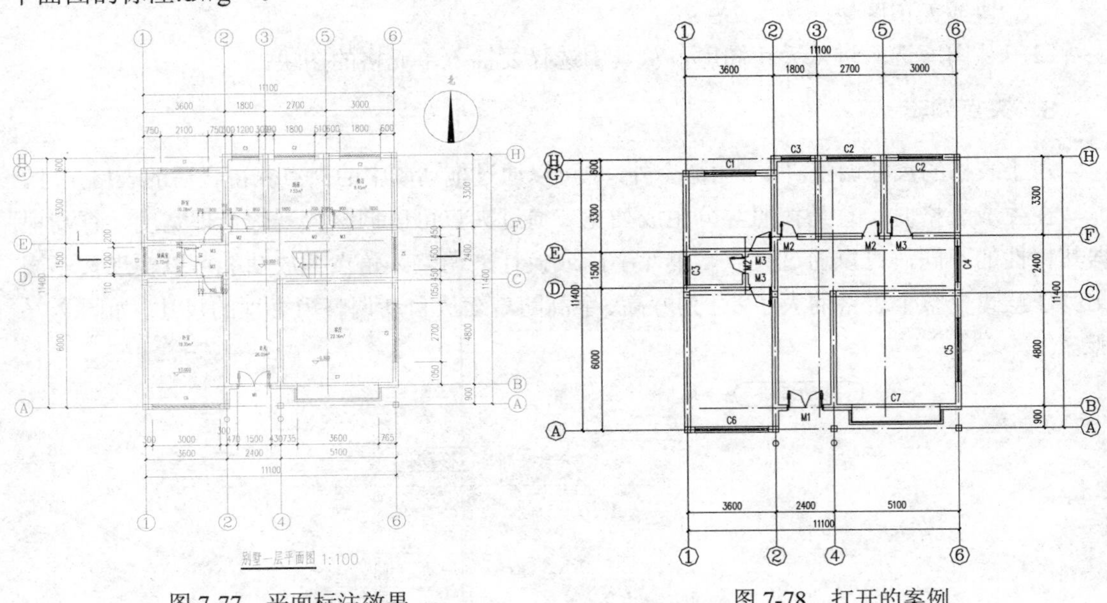

图 7-77　平面标注效果　　　图 7-78　打开的案例

（2）在“图层控制”下拉列表框中，将 DOTE 图层关闭，在屏幕菜单中选择“尺寸标注”｜“门窗标注”命令，根据命令行提示选择待标注的门窗内外点即可，如图 7-79 所示。

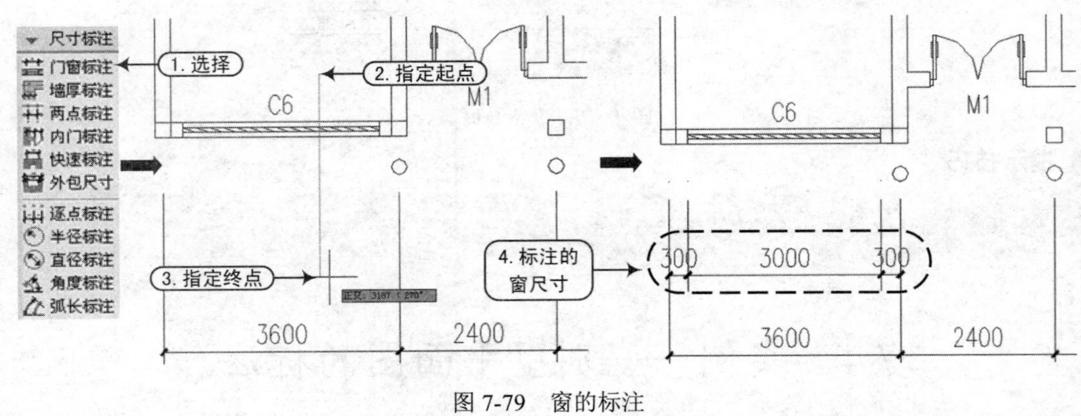

图 7-79　窗的标注

（3）采用相同方法对其他窗对象进行尺寸标注，如图 7-80 所示。

（4）根据平面图可看出窗户尺寸比较乱，这时可选择“尺寸标注”｜“尺寸编辑”｜“对齐标注”命令，将所有窗户尺寸对齐，如图 7-81 所示。

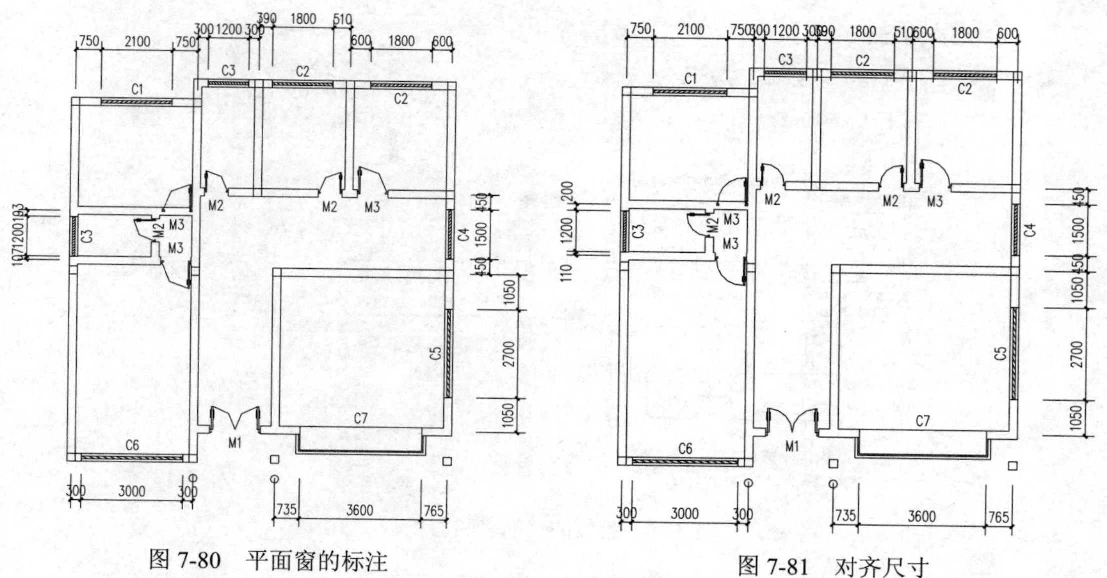

图 7-80 平面窗的标注　　图 7-81 对齐尺寸

（5）用相同方法对门对象进行尺寸标注，如图 7-82 所示。

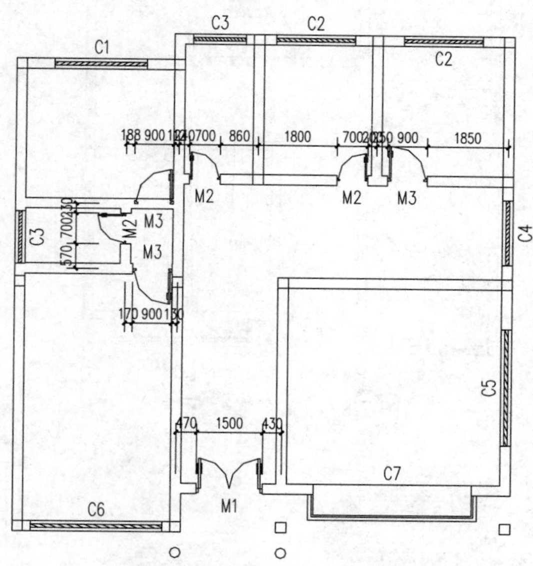

图 7-82 标注门对象尺寸

（6）在“图层控制”下拉列表框中可以将图层 AXIS、AXIS-TEXT、PUB-DIM 关闭，然后在屏幕菜单中选择“房间屋顶”|“搜索房间”命令，在弹出的对话框中设置相应的参数并框选所有房间对象，按 Enter 键，如图 7-83 所示。

（7）直接双击需修改的文字对象，然后进行文字的重新输入，如图 7-84 所示。

（8）选择“符号标注”|“标高标注”命令，在弹出的“标高标注”对话框中设置标高值，直接插入即可，如图 7-85 所示。

（9）用同样方法对其他需要标注标高的位置进行创建，效果如图 7-86 所示。

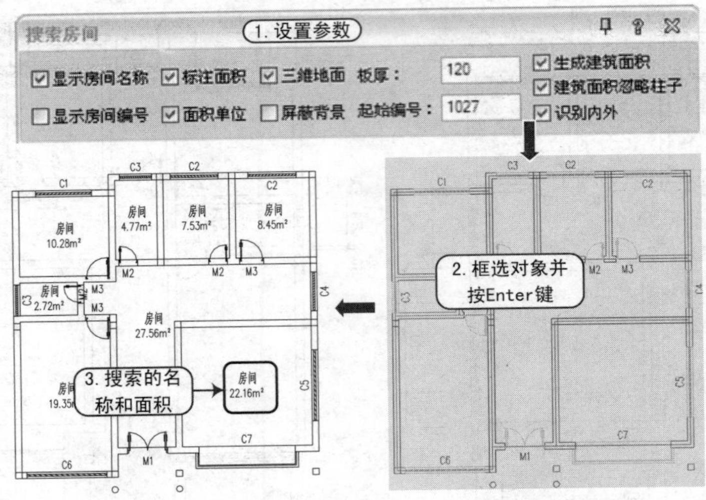

图 7-83　搜索的房间名和面积

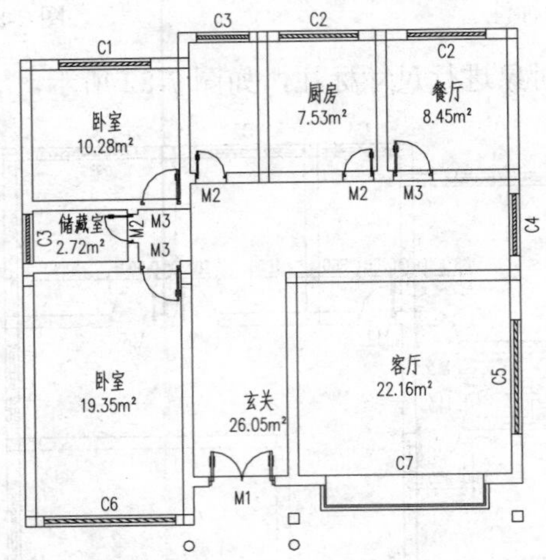

图 7-84　文字修改标注

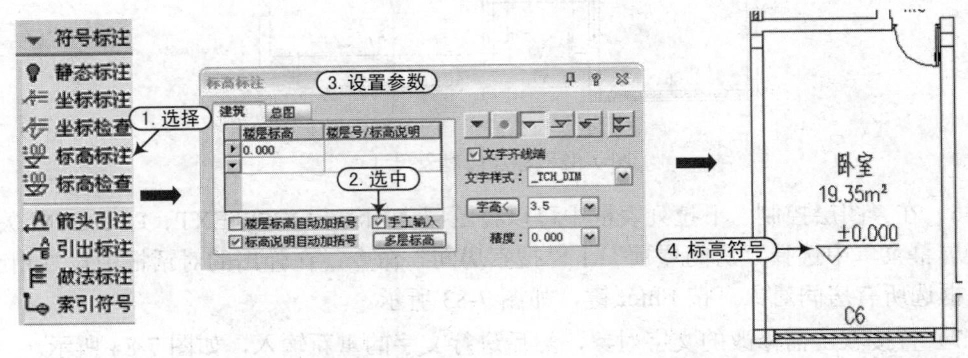

图 7-85　标高标注

（10）在屏幕菜单中选择“符号标注”｜“剖面剖切”命令，在平面图中指定剖切起点、终点并按要求操作即可，如图 7-87 所示。

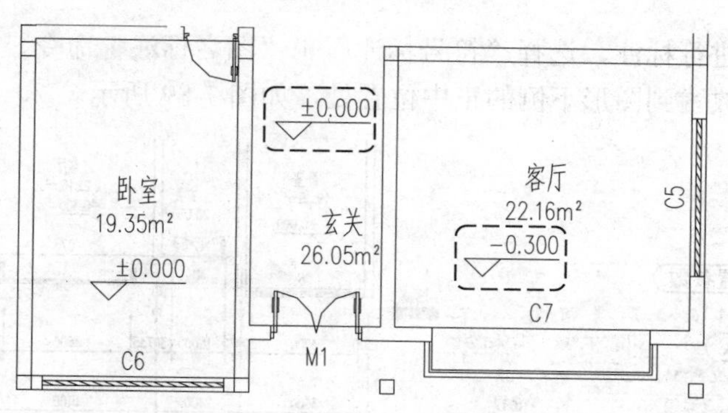

图 7-86　其他标高标注

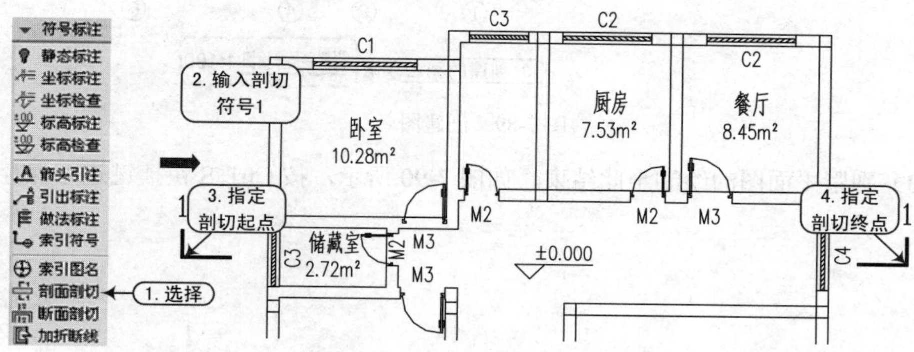

图 7-87　剖切符号的创建

（11）将前面关闭的图层打开，选择“符号标注”｜“画指北针”命令，在平面图右上角创建指北针并确定指北针的方向，如图 7-88 所示。

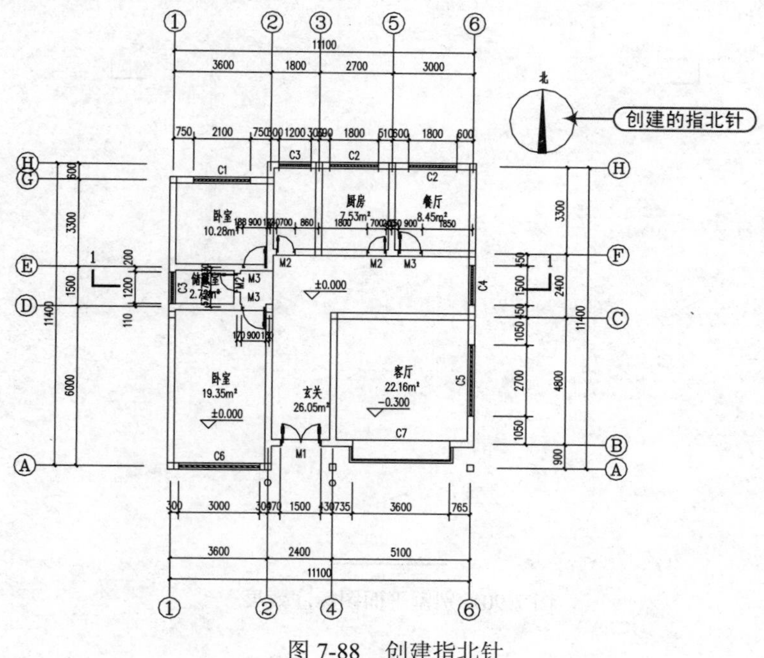

图 7-88　创建指北针

（12）对图名进行标注，选择“符号标注”｜“图名标注”命令，在“图名标注”对话框中输入图名并放置到图形下侧的正中位置处，如图 7-89 所示。

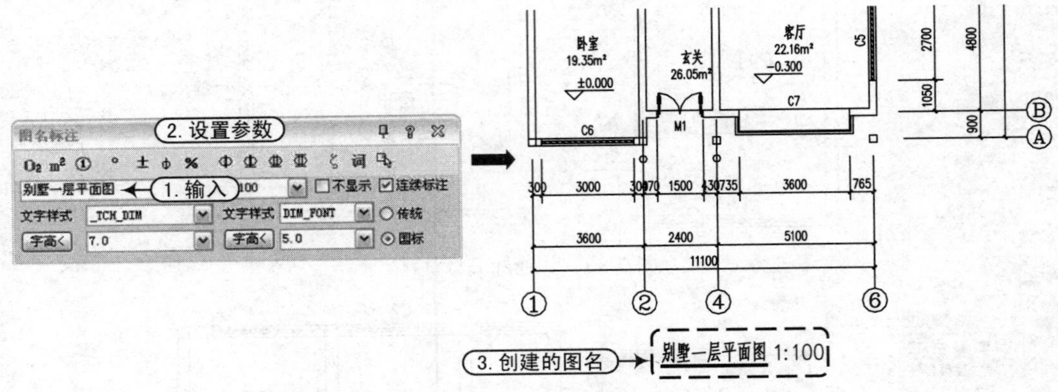

图 7-89　创建图名

（13）别墅平面图的绘制至此结束，如图 7-90 所示，按 Ctrl+S 快捷键进行保存。

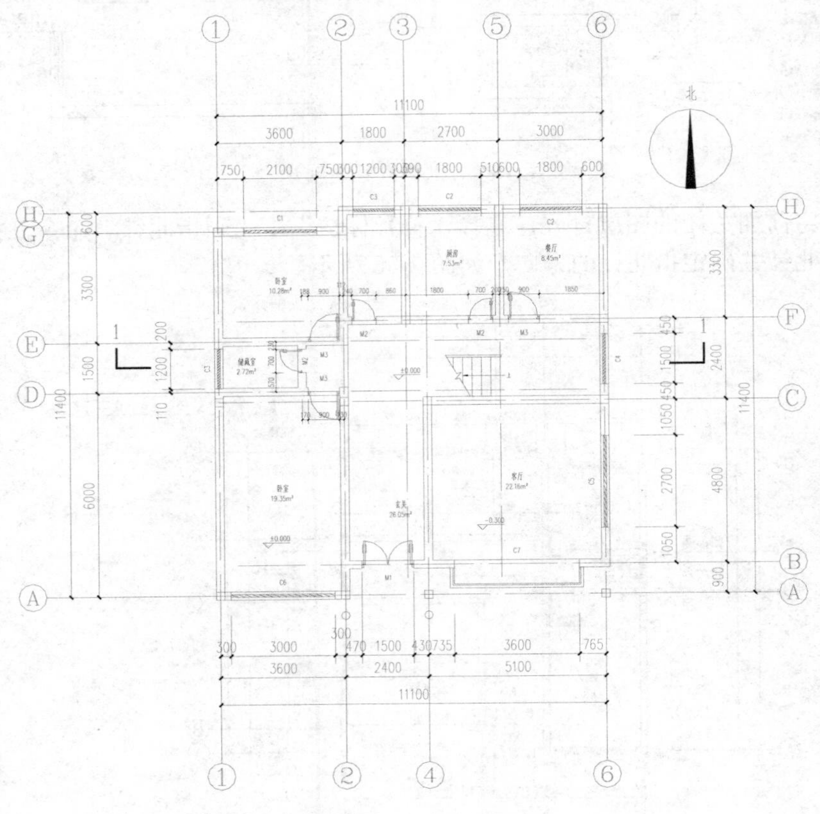

图 7-90　别墅平面图标注效果

第 8 章　工程管理与三维建模

本章导读

天正建筑引入了工程管理的概念，工程管理工具是管理同属于一个工程下的图纸（图形文件）的工具，使用工程管理不仅能更方便地管理绘制的图纸文件，在天正工程管理中设置好各楼层的参数后，通过相关命令还可以自动生成相应的三维模型对象，以及建筑立面、剖面图等。

本章首先讲解天正工程管理的概念，再讲解天正工程管理的操作方法，并通过银行办公大楼的创建实例来具体讲解，然后讲解天正三维造型对象的操作方法，包括平板、竖板、路径曲面、变截面体、等高建模、三维网架、栏杆库和路径排列等工具，最后讲解别墅三维模型的创建方法。

主要内容

- ❑ 了解工程管理的概念
- ❑ 掌握工程管理的操作方法
- ❑ 掌握三维造型的操作方法
- ❑ 别墅三维模型的创建实例

效果预览

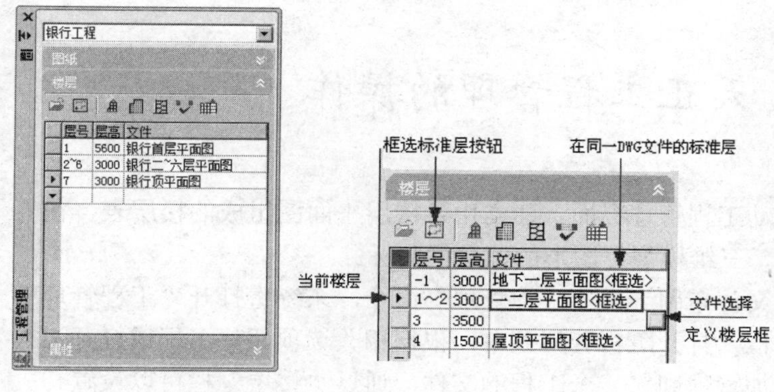

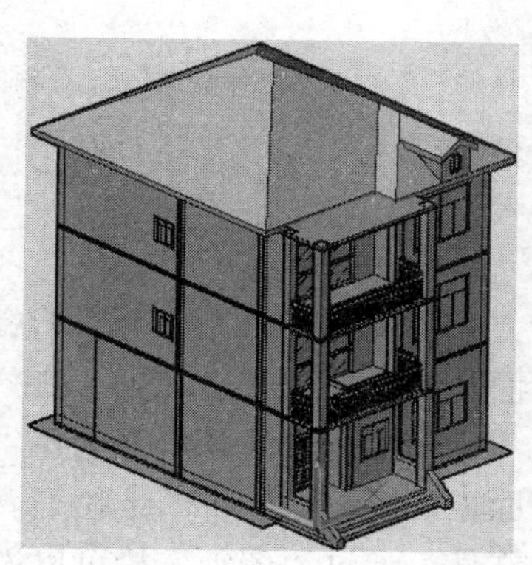

8.1 天正工程管理的概念

天正工程管理是把用户设计的大量图形文件按“工程”或者“项目”区别开来，首先要求用户把同属于一个工程的文件放在同一个文件夹下进行管理，这是符合用户日常工作习惯的，只是以前在天正建筑软件中没有强调这样一个操作要求。

工程管理允许用户使用一个 DWG 文件通过楼层范围（默认不显示）保存多个楼层平面，通过楼层范围定义自然层与标准层关系，也允许用一个 DWG 文件保存一个楼层平面，此时需要定义楼层范围，用于区分在 DWG 文件中属于工程的平面图部分，通过楼层范围中的对齐点把各楼层平面对齐并组装起来。

工程管理还支持部分楼层平面存储在一个 DWG 文件中，而另一部分楼层在其他 DWG 文件中这种混合保存方式，如图 8-1 所示为某项工程的一个天正图纸集，其中，一层和二层平面图都保存在一个 DWG 文件中，而平面 C 和 D 保存在各自的 DWG 文件中。由于楼层范围定义的存在，在 DWG 文件中的临时平面图 X 和 Y 不会影响工程的创建。

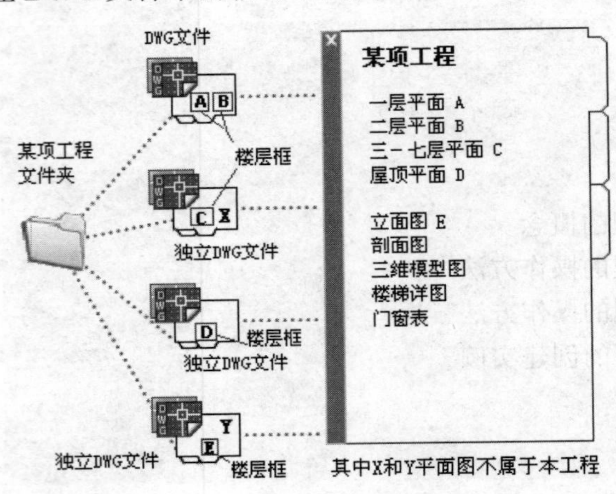

图 8-1　工程管理示意图

8.2 天正工程管理的操作

“工程管理”命令用于启动工程管理界面，建立由各楼层平面图组成的楼层表，在界面上方提供了创建立面、剖面、三维模型等图形的工具栏图标。

在天正建筑菜单中选择“文件布图”｜“工程管理”命令，系统将打开“工程管理”面板。单击面板中的下拉列表框，打开工程管理菜单，根据相关选项新建工程或打开工程文件，通过“图纸”栏可以添加管理同属一个工程的文件，通过“楼层”栏可以设置相关工程的楼层参数，如图 8-2 所示。

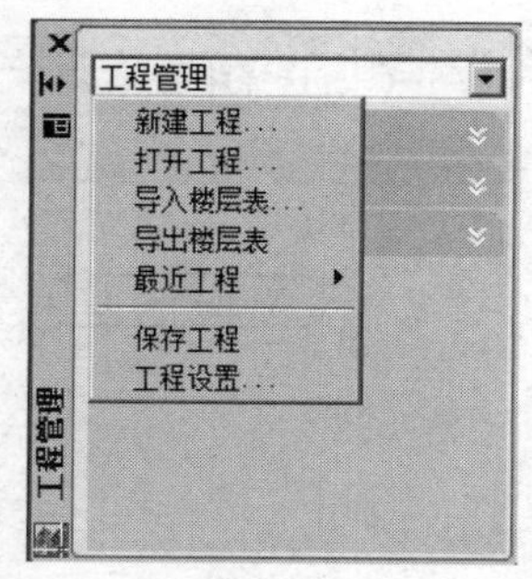

图 8-2　“工程管理”面板示意图

8.2.1　新建工程

用户在绘制工程施工图纸时，可以根据相关工程新建一个相应名称的工程，从而管理工程相关文件。

选择“新建工程”命令，系统将打开“另存为”对话框，设置需要放置工程图纸文件的路径，输入新建工程的名称（其扩展名为.tpr），然后单击“保存”按钮完成，如图 8-3 所示。

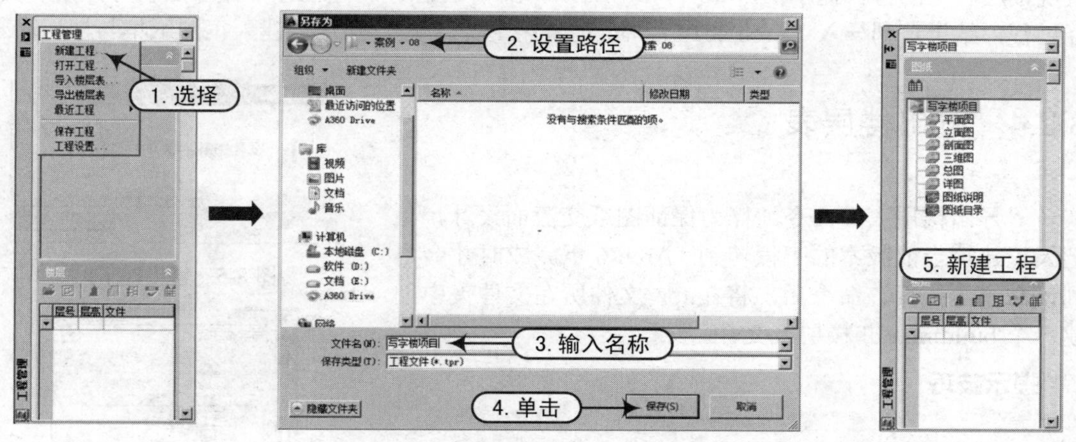

图 8-3　新建工程

8.2.2　打开工程

“打开工程”命令可打开已有工程，在图纸集中的树形列表中列出本工程的名称与该工程所属的图形文件名称，在楼层列表框中列出本工程的楼层定义。

选择“打开工程”命令，系统将弹出“打开”对话框，在该对话框中选择已有工程，然后单击“打开”按钮即可打开已有工程，如图 8-4 所示。

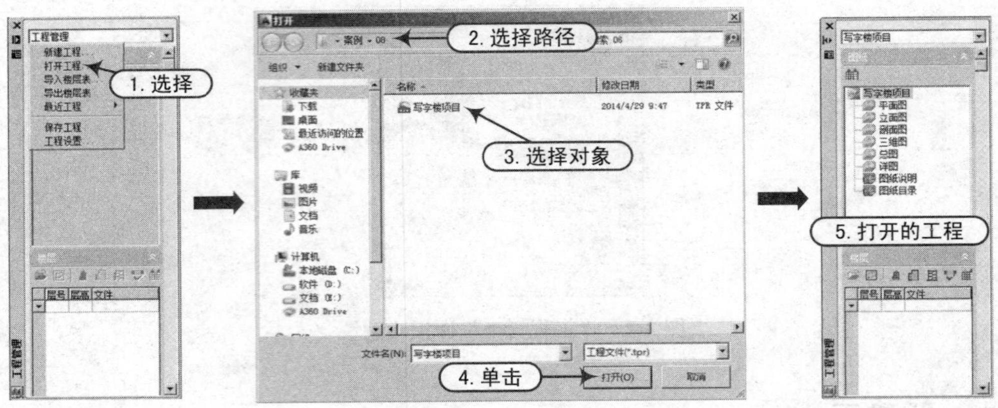

图 8-4　打开工程

8.2.3　导入楼层表

“导入楼层表”命令用于把以前采用楼层表的 TArch 5 和 TArch 6 版本工程升级为天正建筑的工程，命令要求该工程的文件夹下要存在 building.dbf 楼层表文件，否则会显示“没有发现楼层表”的警告提示框，如图 8-5 所示。该命令应在“新建工程”命令后执行，没有交互过程，结果自动导入 TArch 2014 版本创建的楼层表数据，自动创建天正图纸集与楼层表。

图 8-5　警告提示框

8.2.4　导出楼层表

“导出楼层表”命令纯粹为保证图纸交流而设计，当把天正建筑当前版本的工程转到 TArch 6 下完成时才会用到该命令，执行该命令后，将在.tpr 文件所在文件夹中创建一个 building.dbf 楼层表文件。

提示技巧

当本工程中一个 DWG 文件下保存多个楼层平面的局部楼层时，会显示“导出楼层表失败”的提示，因为此时无法做到与旧版本兼容。

8.2.5　“图纸”栏

“图纸”栏用于管理属于工程的各个图形文件，以树形列表添加图纸文件，创建图纸集，选择各选项，可以通过快捷菜单添加和编辑各选项中的文件，如图 8-6 所示。

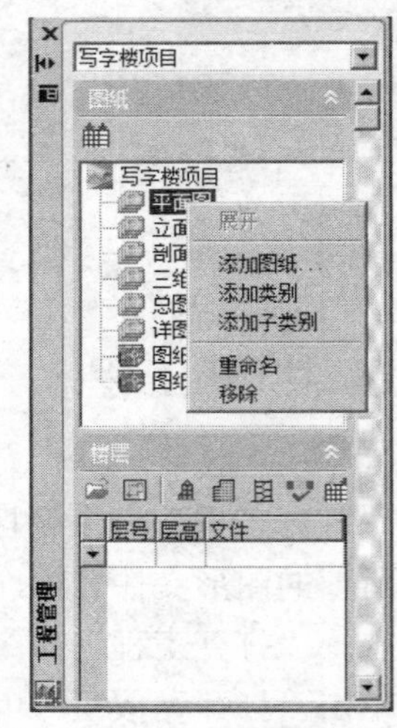

图 8-6　右键快捷菜单

在右键快捷菜单中，共有 6 种不同的选项，各选项的含义及功能如下。

- 收拢/展开：把当前光标选取的下层目录树结构收起来，单击“+”重新展开。
- 添加图纸：可以为当前的类别或工程添加图纸文件，从硬盘中选取已有 DWG 文件或者建立新图纸（双击该图纸时才新建 DWG 文件）。
- 添加类别：可以在当前的工程下添加新类别，如添加“门窗详图”类别。
- 添加子类别：在当前类别下一层添加子类别，如在“平面图”类别下添加“平面 0511 修订”类别。
- 重命名：把当前光标选取位置的类别或文件重新命名。
- 移除：把当前光标选取位置的类别或文件从树形目录中移除，但不会删除文件本身。

8.2.6　“楼层”栏

“楼层”栏是天正工程管理器的核心数据，用户对标准层平面图的保存常常有两种方法，一种是一个平面图文件以一个独立 DWG 文件保存，另一种是把整个工程的多个平面图保存在同一个 DWG 文件中，这两种保存方案可以独立使用，也可以混合使用，选择文件后，需要在每个平面图中定义楼层范围，如图 8-7 所示。

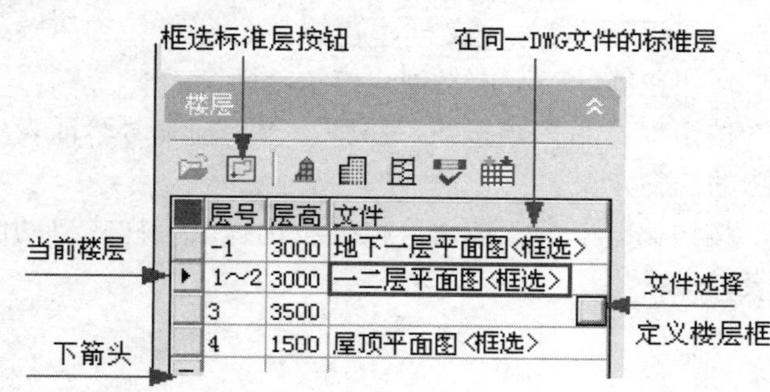

图 8-7　定义楼层范围

“楼层”栏的操作方法如下。

- 层号：用于设置一组自然层号顺序，简写格式为 1、2、3（表示层号为 1、2、3 层）或 2～6（表示 2～6 层），从第一行开始填写，允许多个自然层与一个标准层文件对应，但一个自然层号在一个工程中仅出现一次。
- 层高：用于填写标准层的层高（单位是毫米），层高不同的楼层属于不同的标准层，即使使用同一个平面图也需要各占一行。
- 文件：用于填写标准层的文件名，单击“选择层文件”按钮，浏览并选择文件，定义标准层。
- 行首按钮：单击该按钮表示选一整行；右击该按钮，将显示对本行可执行的操作；双击该按钮，将在本图中预览框选的标准层定义范围，并以红色虚线的方式显示。

- 下箭头按钮：单击可增加一行。

提示技巧

楼层表定义的方法：

（1）单击文件列的单元格，接着单击“文件选择”按钮打开文件对话框，选择楼层文件。

（2）打开图形或单击文件标签，切换到要定义楼层范围的楼层文件，使此楼层文件为当前图形文件。

（3）单击“框选标准层”按钮，框选当前标准层的区域范围。注意地下层层号用负值表示，如地下一层层号为-1，地下二层则为-2。

“楼层”栏上方 7 个按钮的含义及功能说明如下。

- “选择文件”按钮：用于为标准层选择一个 DWG 图形文件，并将其添加到“平面图”图纸集中。单击该按钮，将打开“选择标准层文件”对话框，为标准层选择一个图形文件。
- “框选楼层范围”按钮：单击该按钮，可以在视图中框选图形文件并指定对齐基点。
- “三维组合建筑模型”按钮：以楼层定义创建三维建筑模型。
- “建筑立面”按钮：以楼层定义创建建筑立面图。
- “建筑剖面”按钮：以楼层定义创建建筑剖面图。
- “门窗检查”按钮：单击该按钮，将弹出“门窗编号验证表”对话框，检查工程各层平面图的门窗定义。
- “门窗总表”按钮：单击该按钮，根据所选择表头样式自动创建工程各层平面图的门窗总表。

8.2.7 绑定参照

“绑定参照”命令把当前图形的所有外部参照绑定于本图后，当前图形成为不依赖外部参照的图形，避免在复制移交图形文件时因遗忘外部参照而丢失图内的内容。

选择“文件布图”|“绑定参照”命令，此时命令行提示如下。

```
请选择绑定方式[绑定(B)/插入(I)<退出>: I 根据要求选择“绑定”B 或者“插入”模式 I
外部参照 XXXX 绑定成功！……外部参照 YYYY 绑定成功！
```

如果没有需要绑定的外部参照，则退出命令。

8.2.8 重载参照

“重载参照”命令把当前图形中已卸载的外部参照重新恢复加载，也可以用来更新已

经修改的外部参照内容。

在屏幕菜单中选择“文件布图”|“重载参照”命令，此时命令行提示如下。

点取菜单命令后，如果图形中有已卸载的外部参照，命令行提示：
外部参照 XXXX 重新加载！ .....外部参照 YYYY 重新加载！

如果图形中没有外部参照或者所有外部参照都已经加载，此时退出命令，不出现提示。

8.3 实例——银行办公大楼工程的创建

素材 视频\08\银行办公大楼工程的创建.avi
案例\08\银行工程.tpr

下面以银行办公大楼工程为实例，创建“银行工程.tpr”文件。

（1）启动 TArch 2014 软件，系统自动创建一个新的文件。

（2）在天正建筑菜单中选择“文件布图”|“工程管理”命令，系统将打开 “工程管理”面板。

（3）单击“工程管理”下拉列表框，在弹出的菜单中选择“新建工程”命令，再根据如图 8-8 所示创建“案例\08\银行实例\银行工程.tpr”文件。

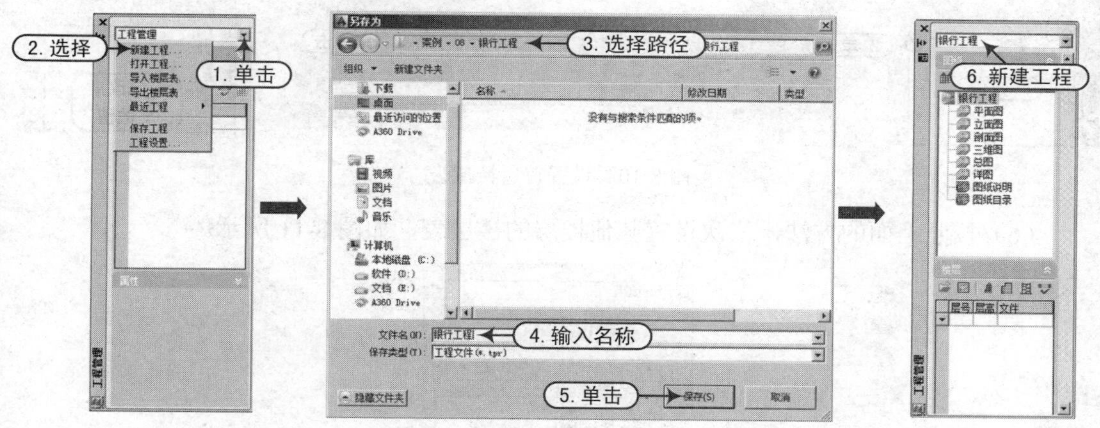

图 8-8 新建工程

（4）在“图纸”栏中右击“平面图”选项，在弹出的快捷菜单中选择“添加图纸”命令，弹出“选择图纸”对话框，在路径中选择“银行实例”文件夹，选择该文件夹中的所有“图纸”文件，再单击“打开”按钮，将这些平面图添加到“平面图”图纸集中，如图 8-9 所示。

（5）在“楼层”栏的表格中，将光标定位在“文件”列中，并单击其后的“选楼层文件”按钮，在弹出的对话框中选择“银行首层平面图”文件，系统自动填写层号 1，层高为当前层高，如图 8-10 所示。

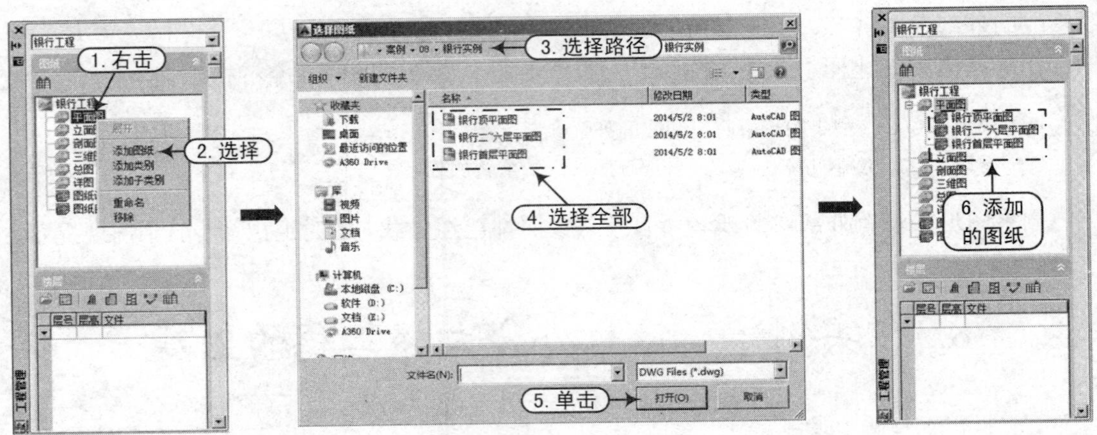

图 8-9　添加平面图

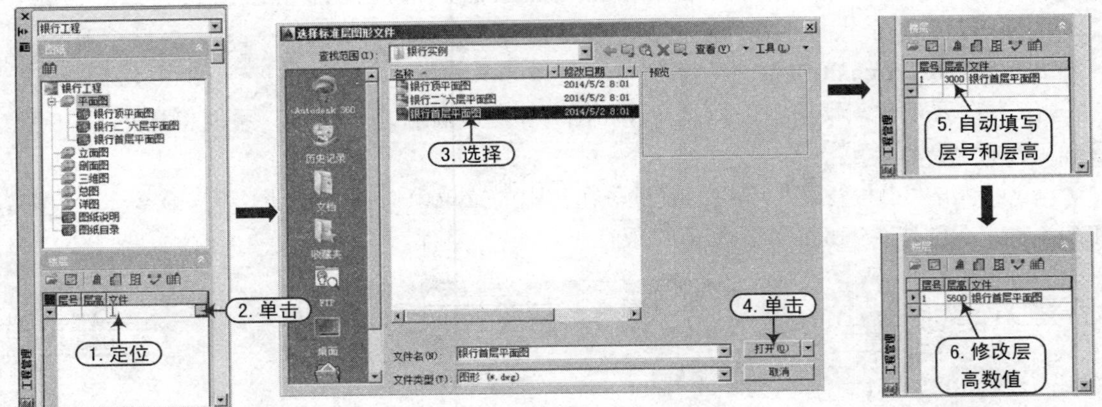

图 8-10　设置首层楼层表

（6）按照上面的方法，依次设置其他楼层的楼层表，如图 8-11 所示。

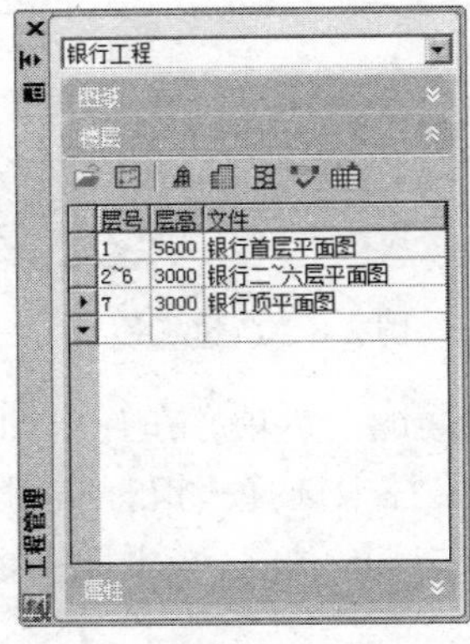

图 8-11　设置其他楼层表

（7）至此，该工程文件创建完成，单击“工程名称”下拉列表框，在弹出的菜单中选择“保存工程”命令，将工程文件进行保存。

8.4　天正三维造型对象的操作

天正根据建筑设计中常见的三维特征，专门定义了一些三维建筑构件对象，以满足常用建筑构件的建模。

在“三维建模”命令的子菜单中，提供了专用于创建三维图形的工具，如图 8-12 所示。

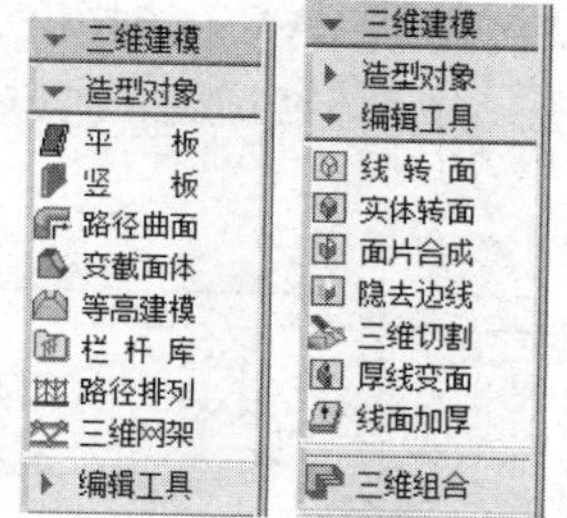

图 8-12　“造型对象”和“编辑工具”菜单命令

8.4.1　平板的操作

“平板”命令用于构造广义的板式构件，例如，实心和镂空的楼板、平屋顶、楼梯休息平台、装饰板和雨篷挑檐。只要发挥空间想象力，任何平板状和柱状的物体都可以用平板来构造。平板对象不仅支持水平方向的板式构件，只要事先设置好 UCS，还可以创建其他方向的斜向板式构件。

在屏幕菜单中选择“三维建模”|“造型对象”|“平板”命令，根据命令行提示，首先选择一段多段线，然后选择一条或多条不可见的边，再选择作为板内洞口的封闭的多段线或圆（平板上需要开洞口时选择此项），最后输入板的厚度，从而完成平板的创建，如图 8-13 所示。

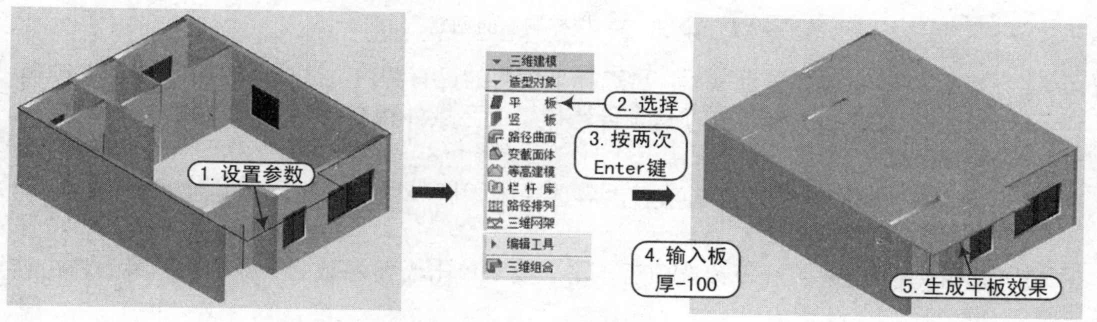

图 8-13　插入楼梯

8.4.2　楼梯洞口的创建

通过前面的学习，用户已经掌握了平板的创建，创建好楼板后，还可以根据需要对楼板进行编辑，例如，在楼梯间处添加洞口。下面通过实例讲解楼梯洞口的创建方法，具体操作步骤如下。

（1）将视图切换到“俯视图”和“二维线框”效果，执行 AutoCAD 的“矩形”命令，在楼梯间处绘制一个矩形对象；执行“移动”命令，将矩形移动到楼板面层同一平面，如

图 8-14 所示。

（2）双击前面创建的平板对象，在弹出的列表中，选择“加洞（A）”选项，再根据命令行提示，选择前面绘制的矩形对象，最后按 Enter 键结束，如图 8-15 所示。

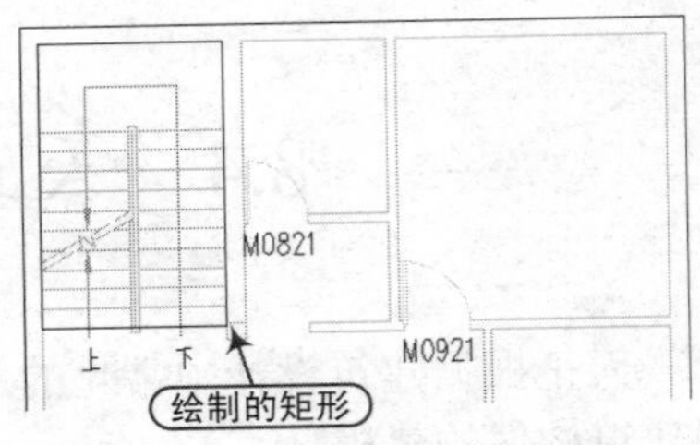

图 8-14　绘制矩形对象

弹出的列表中各选项的含义如下。

- ❑ 加洞（A）：选择该选项后，再选择平板内的闭合多段线或圆，被选择的对象将会成为洞口。

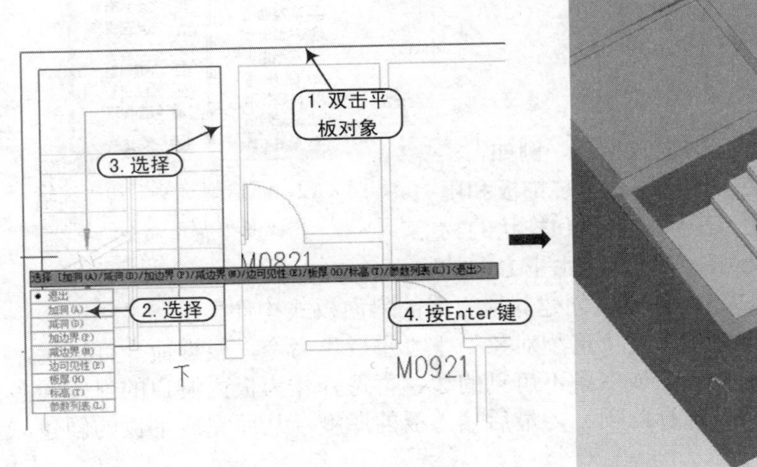

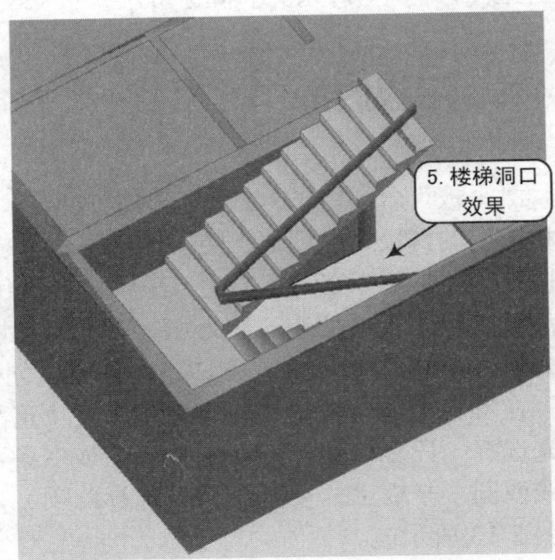

图 8-15　楼梯洞口的创建

- ❑ 减洞（D）：选择该选项后，再选择平板内的已有洞口，被选择的洞口将会被删除。
- ❑ 加边界（P）：选择该选项后，再选择平板区域外相交的其他闭合曲线，即可扩大平板范围。
- ❑ 减边界（M）：选择该选项后，再选择平板区域以内或相交的其他闭合曲线，即可减除平板范围。
- ❑ 边可见性（E）：选择该选项后，在平板上单击需要隐藏的平板边框，最后右击结束选择。
- ❑ 板厚（H）：选择该选项后，可重新设置平板的厚度。
- ❑ 标高（T）：选择该选项后，输入一个新的标高值，即可将平板沿 Z 轴方向移动到指定的标高位置。
- ❑ 参数列表（L）：选择该选项，相当于执行 LIST 命令，系统会提供该平板的一些基本参数属性，便于用户查看修改。

提示技巧

底层不需要创建楼板，在创建散水时，系统可自动生成底层的楼板，不需要再重新创建。但是标准层、屋顶层还是需要使用平板工具来创建楼板。

8.4.3　竖板的操作

“竖板”命令用于构造竖直方向的板式构件，常用于遮阳板、阳台隔断等。

在屏幕菜单中选择“三维建模”｜“造型对象”｜“竖板”命令，根据命令行提示，在平面图中确定竖板的起点和终点、起点标高（竖板起点的高度）和终点标高（竖板终点的高度）、起边高度和终边高度，最后确定竖板厚度，完成竖板的创建，如图 8-16 所示。

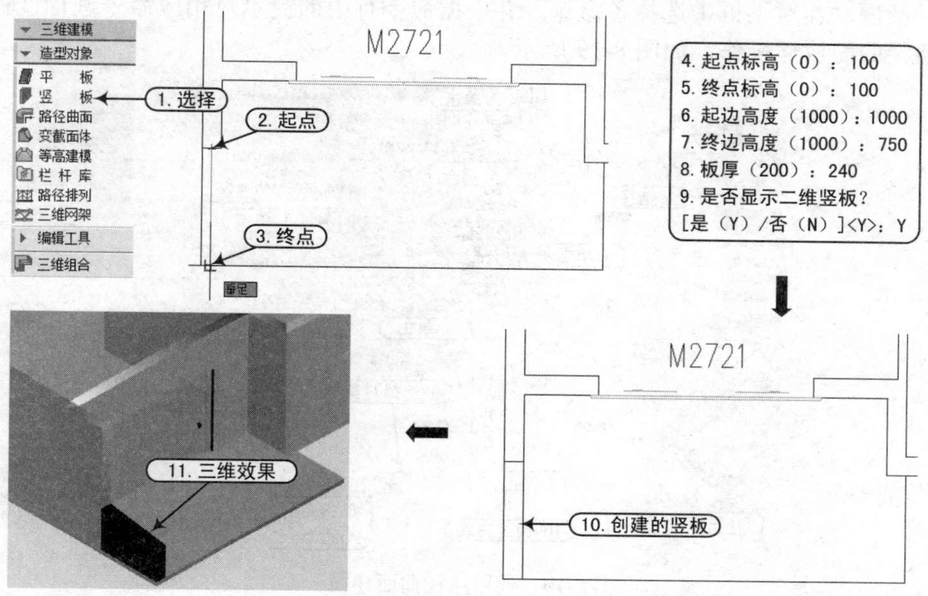

图 8-16　创建竖板

提示技巧

在创建竖板对象时，其板厚是以起点与终点为中心线向两边延伸，各参数的示意图如图 8-17 所示，当竖板创建完成后，用户可直接双击创建好的竖板，将弹出竖板参数选项列表，在该列表中选择相应的选项后，即可对相关的参数进行设置，如图 8-18 所示。

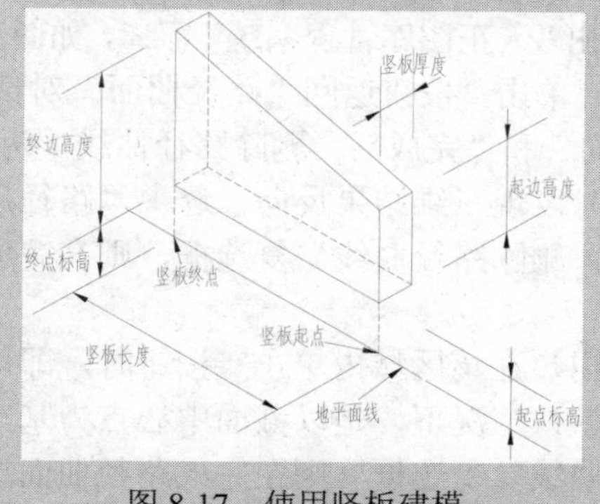

图 8-17　使用竖板建模

选择 [起点标高(A
● 退出
起点标高(A)
起边高度(S)
终点标高(D)
终边高度(F)
开关二维(G)
板厚(H)

图 8-18　竖板参数选项列表

8.4.4 路径曲面的操作

“路径曲面”命令采用沿路径等截面放样创建三维效果，是最常用的造型方法之一，路径可以是三维多段线、二维多段线和圆，多段线不要求封闭。生成后的路径曲面对象可以编辑，路径曲面对象支持 TRIM（裁剪）与 EXTEND（延伸）命令。

在屏幕菜单中选择“三维建模”｜“造型对象”｜“路径曲面”命令，将弹出“路径曲面”对话框，在对话框中选择各命令，并根据命令行中的提示对相应命令进行设置，从而完成路径曲面放样操作，如图 8-19 所示。

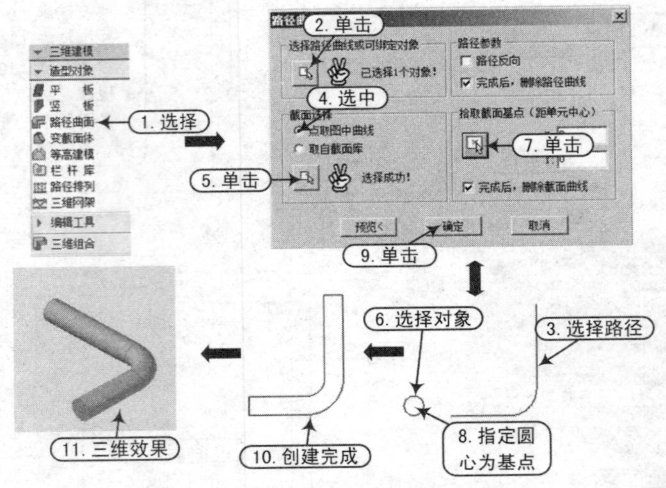

图 8-19　使用路径曲面建模

“路径曲面”对话框中各选项的含义如下。

- 选择路径曲线或可绑定对象：单击该区域中的按钮，根据命令行中的提示，在绘图区中选择作为路径的曲线，再按 Space 键结束选择。
- 截面选择：在该区域内有“点取图中曲线”和“取自截面库”两个单选按钮，若用户选中“点取图中曲线”单选按钮，系统要求用户事先利用多段线绘制截面的形状，单击按钮，选择截面图形后将自动返回“路径曲面”对话框；若用户选中“取自截面库”单选按钮，单击按钮将弹出“天正图库管理系统”窗口，如图 8-20 所示，在该窗口中选择相应的截面形状后，单击按钮返回“路径曲面”对话框。
- 路径参数：在该区域内有“路径反向”和“完成后，删除路径曲线”两个复选框，路径为有方向性的多段线，如预览时发现三维结果反向，选中“路径反向”复选框将使结果反转；若选中“完成后，删除路径曲线”复选框，则在完成路径曲面造型后删除原截面形状。
- 拾取截面基点（距单元中心）：当用户在该区域内单击按钮时，即可在绘图区内截面图形上指定一点作为基点，默认情况下，是以截面中心点为基点的；若用户同时选中了“完成后，删除路径曲线”复选框，则在完成路径曲面造型后删除原截面形状。

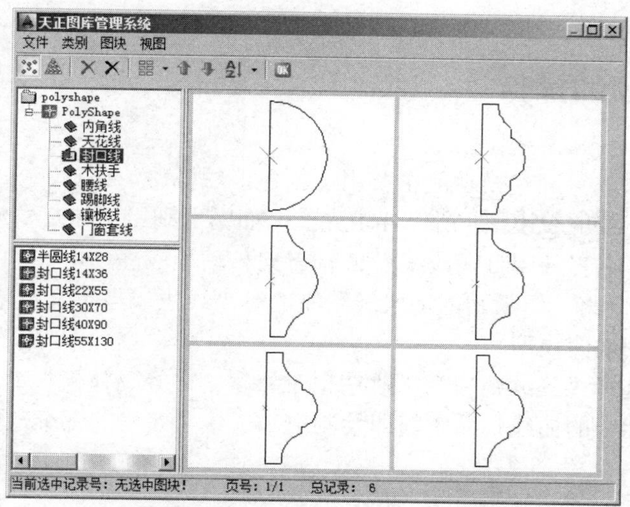

图 8-20 “天正图库管理系统”窗口

8.4.5 变截面体的操作

“变截面体”命令用 3 个不同截面沿着路径曲线放样，第 2 个截面在路径上的位置可选择。变截面体由路径曲面造型发展而来，路径曲面依据单个截面造型，而变截面体采用 3 个或 2 个不同形状截面，不同截面之间平滑过渡，可用于建筑装饰造型等。

在屏幕菜单中选择“三维建模” | “造型对象” | “变截面体”命令，根据命令行提示，选择路径曲面线、截面 1、截面 1 基点、截面 2、截面 2 基点、截面 3、截面 3 基点，最后知道截面 2 在路径上的位置，即可完成变截面体造型的创建，如图 8-21 所示。

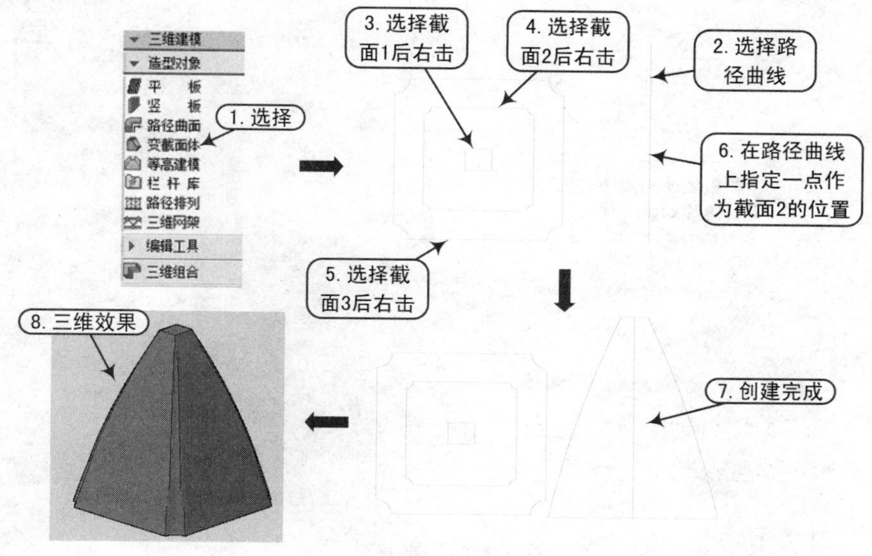

图 8-21 创建变截面体

8.4.6　等高建模的操作

TArch 2014 提供的等高建模功能主要用于创建地貌模型，该功能实现将一组闭合的多段线生成自定义的三维地貌模型，所以要求先在平面图上利用 AutoCAD 的“多段线”命令绘制出地形等高线，再将各闭合多段线沿 Z 轴方向移动相应高度。

“等高建模”命令将一组封闭的多段线绘制的等高线生成自定义对象的三维地面模型，用于创建规划设计的地面模型。

在屏幕菜单中选择“三维建模”｜“造型对象”｜“等高建模”命令，根据命令行提示，分别选择所要闭合的曲线，系统随即绘制出基于该等高线的三维地面模型，如图 8-22 所示。

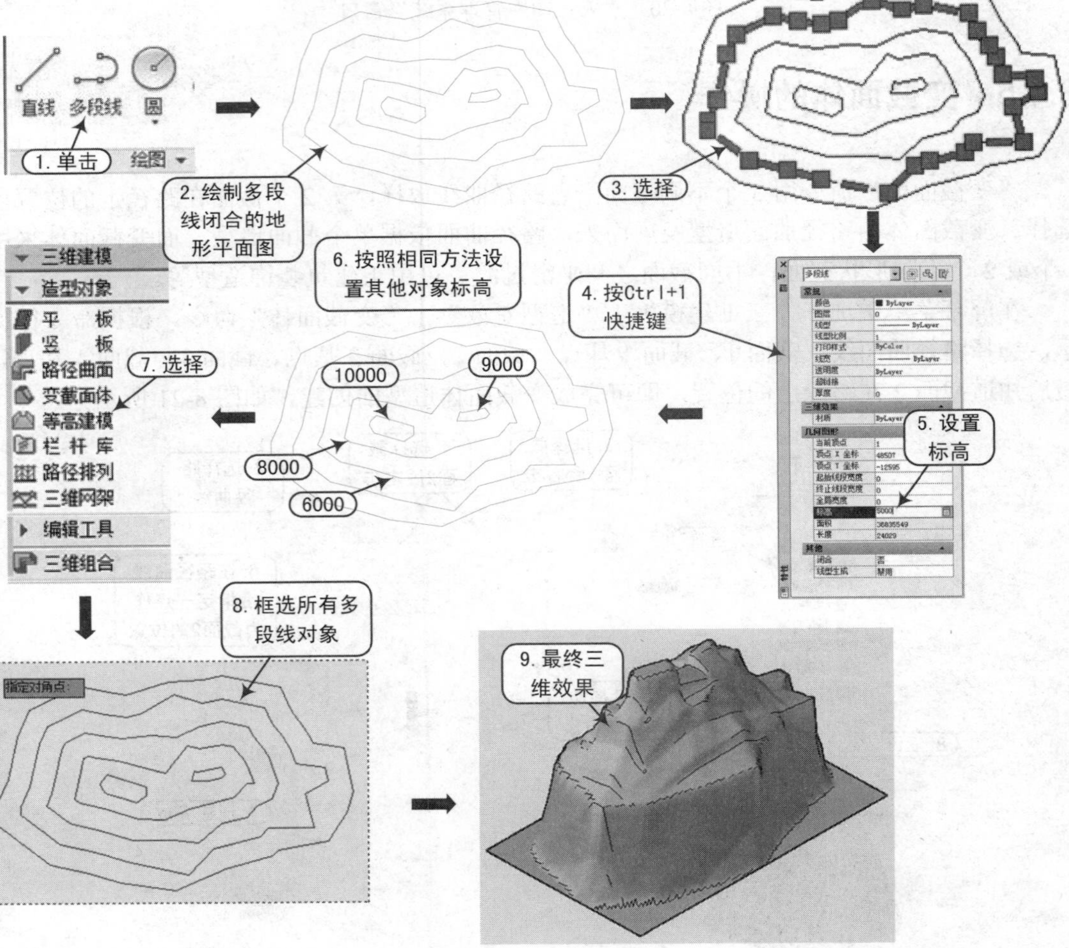

图 8-22　等高建模

8.4.7　三维网架的操作

在现代大型建筑设计中，网架设计的使用越来越频繁，因此 TArch 2014 提供了三维网架建模功能，其方法是先利用 AutoCAD 的“直线”、“多段线”和“三维多段线”命令绘制三维网架线框图，再通过在 TArch 2014 菜单中选择“三维建模”|“造型对象”|“三维网架”命令，选中所有已绘制的三维网架线框图，设置网架结点球体大小和杆半径后，即可生成三维网架模型图，如图 8-23 所示。

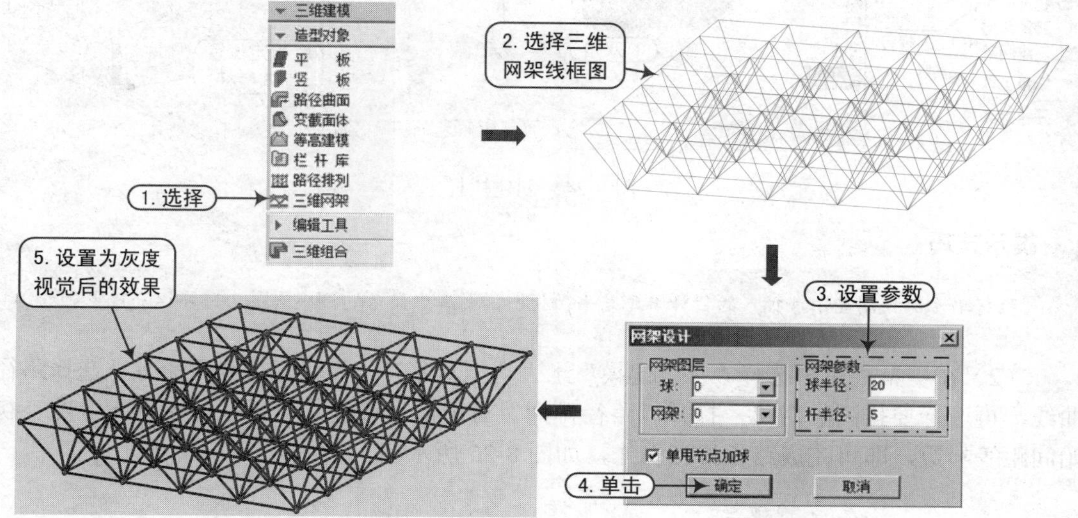

图 8-23　创建三维网架

“网架设计”对话框中各参数的含义如下。

- ❑ 网架图层：在该区域内的“球”和“网架”下拉列表框中可选择节点球体和网架分别创建到指定的图层。
- ❑ 网架参数：在该区域内的“球半径”和“杆半径”文本框中分别设置节点球和连接杆的半径值。
- ❑ 单甩节点加球：选中该复选框，则在直接的端点上也将产生球节点，若不选中该复选框，则只会在两条直线以上的相交位置生成球节点。

8.4.8　栏杆库和路径排列

使用“栏杆库”命令可从栏杆单元库中调出栏杆单元，对其编辑后可生成栏杆。

使用“路径排列”命令可沿着路径排列生成指定间距的图块对象。该命令常用于生成楼梯栏杆或其他位置的装饰栏杆。

下面通过具体实例的方式讲解栏杆库和路径排列的操作方法。

（1）在屏幕菜单中选择“三维建模”|“造型对象”|“栏杆库”命令，在弹出的“天正图库管理系统”窗口中选择栏杆单元，再设置栏杆单元的尺寸，然后指定放置栏杆的位置，即可完成栏杆单元的绘制，如图 8-24 所示。

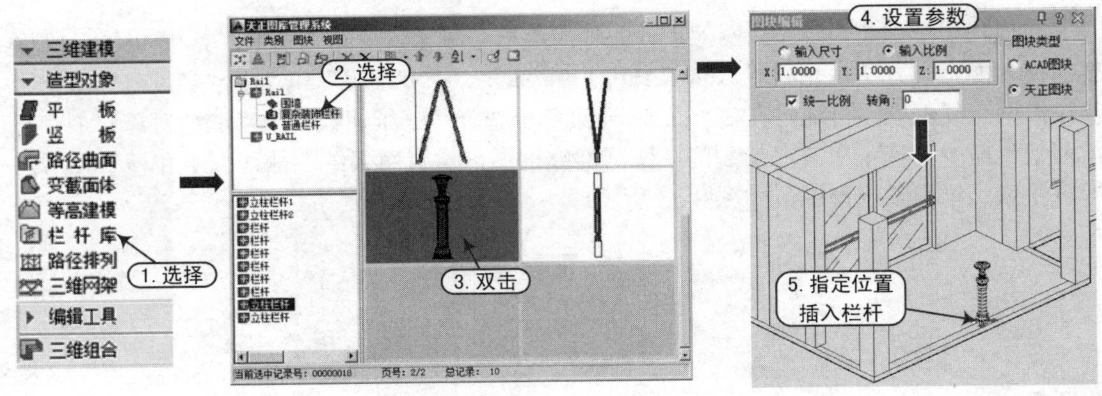

图 8-24　创建栏杆

提示技巧

栏杆单元的视图显示，插入的栏杆单元是平面视图，图库中显示的侧视图是为增强识别性重制的。

（2）在屏幕菜单中选择“三维建模”|“造型对象”|“路径排列”命令，选择路径曲线，再选择要排列的对象，打开“路径排列”对话框，通过此对话框设置单元宽度、初始间距等参数，即可完成路径排列操作，如图 8-25 所示。

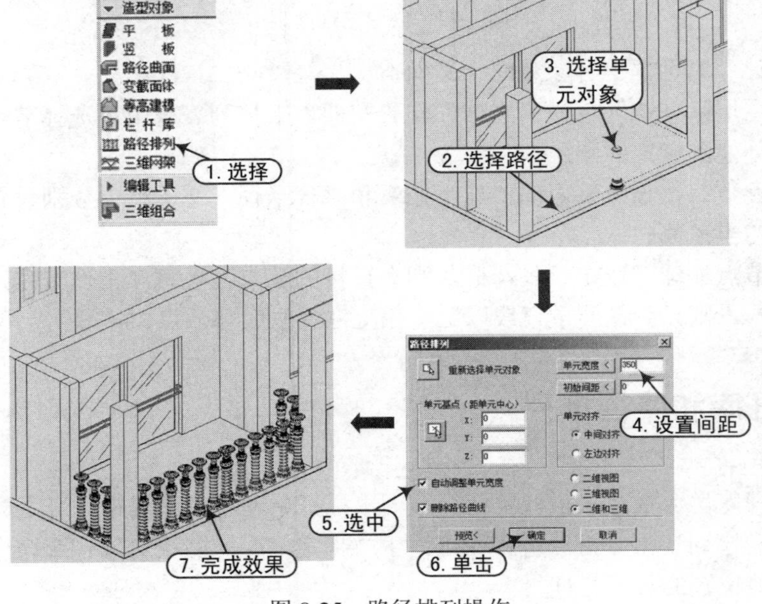

图 8-25　路径排列操作

提示技巧

绘制路径时一定要按照实际走向进行，如作为单跑楼梯扶手的路径就一定要在楼梯一侧从下而上绘制，这样栏杆单元的对齐功能才起作用。

（3）至此，创建栏杆单元和路径排列的操作完成，按 Ctrl+S 快捷键进行保存。

8.5　实例——别墅三维模型的创建

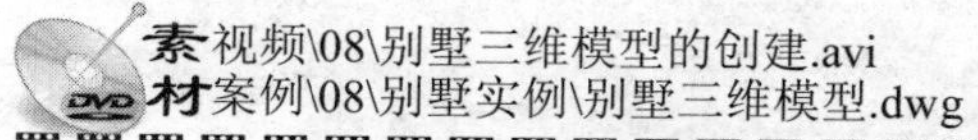

通过前面的学习，用户已经掌握了天正工程管理中创建“新建工程”文件及其相关功能的操作方法，前面学习的相关功能命令是为创建三维模型中必须掌握的基本操作，下面根据前面所学的内容创建别墅三维模型，当然在别墅创建三维模型时还应准备各楼层相关的“别墅平面图.dwg”文件，最终效果如图 8-26 所示。

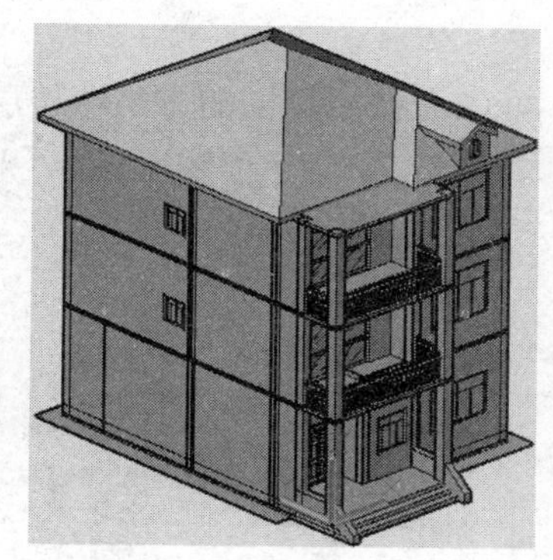

图 8-26　别墅三维模型效果图

（1）启动 TArch 2014，选择“文件布图”｜“工程管理”命令，将打开“工程管理”面板，在该面板中单击“工程管理”下拉列表框，在弹出的菜单中选择“新建工程”命令，在弹出的“另存为”对话框中，将其保存为“案例\08\别墅实例\别墅工程.tpr”文件，如图 8-27 所示。

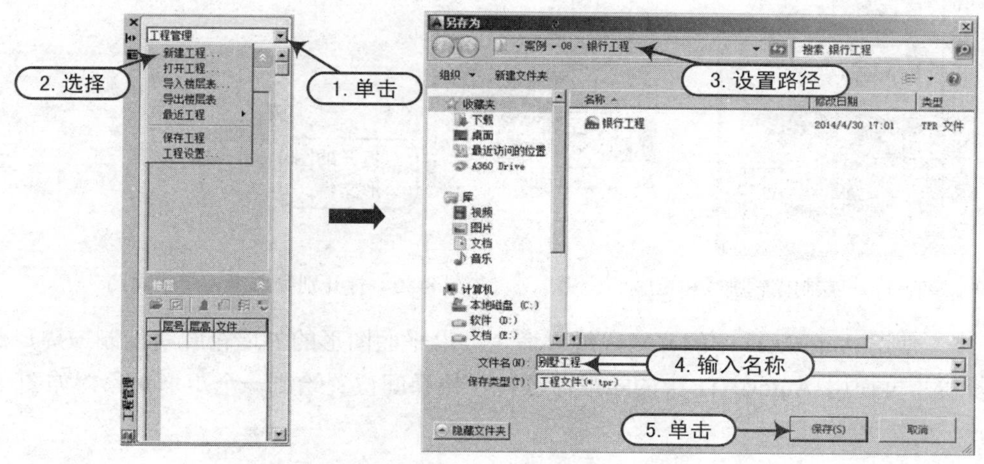

图 8-27　新建工程文件

（2）在“楼层”栏中，添加“案例\08\别墅实例\别墅首层平面图.dwg”文件，在楼层表中添加文件完成后，系统会自动填写层号和层高，并将图纸文件添加到“平面图”图纸集中，然后用户可以根据需要修改层号和层高，此处层号为1，层高为3600，如图8-28所示。

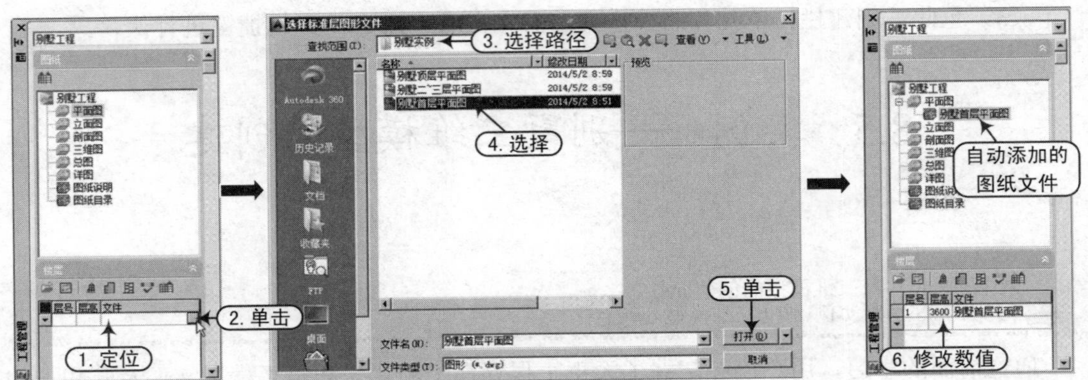

图 8-28　打开平面图形文件

（3）按照相同的方法在楼层表中添加其他楼层，如图8-29所示。

（4）双击“平面图”中的“别墅二～三层平面图.dwg”文件，将图形文件打开，如图8-30所示。

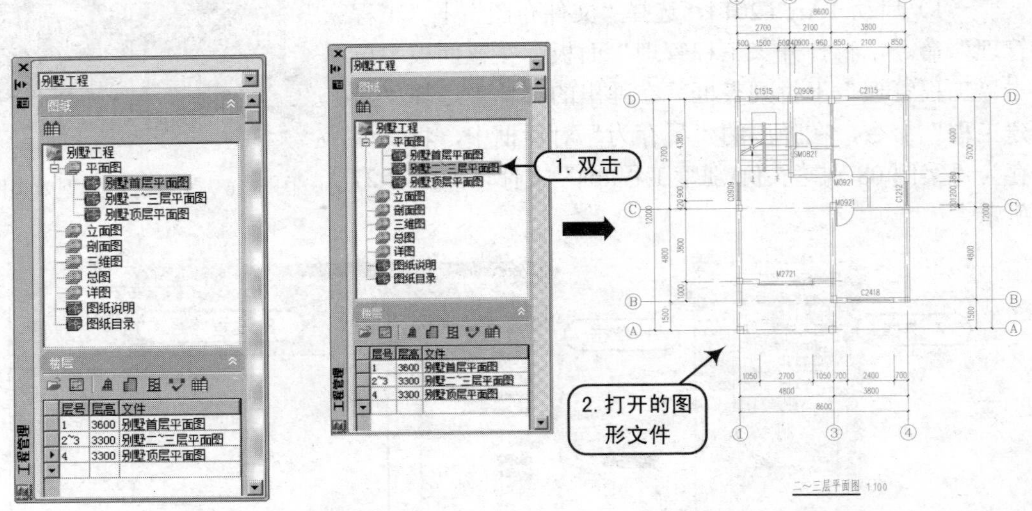

图 8-29　绘制二～三层封闭轮廓线和矩形

图 8-30　打开别墅二～三层平面图

（5）使用 AutoCAD 中的“多段线”命令，沿平面图形的外墙轮廓线绘制一周形成封闭多段线，再使用 AutoCAD 中的矩形命令，在楼梯间位置绘制一个矩形对象，如图 8-31所示。

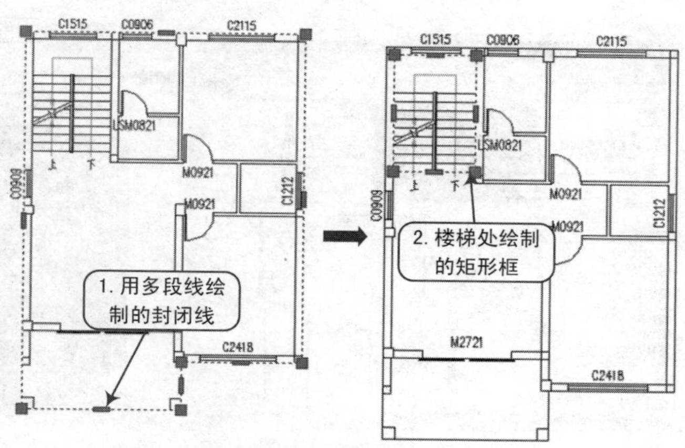

图 8-31　绘制二～三层封闭轮廓线和矩形

（6）在屏幕菜单中选择“三维建模”|“造型对象”|“平板”命令，根据命令行提示，选择前面绘制的封闭多段线外墙轮廓线对象，并按 Enter 键一次，再在命令行提示“选择作为板内洞口封闭多段线或圆”时选择楼梯处绘制的矩形，并按 Enter 键一次，输入板厚-100，最后按 Enter 键结束命令，完成楼板的创建，如图 8-32 所示。

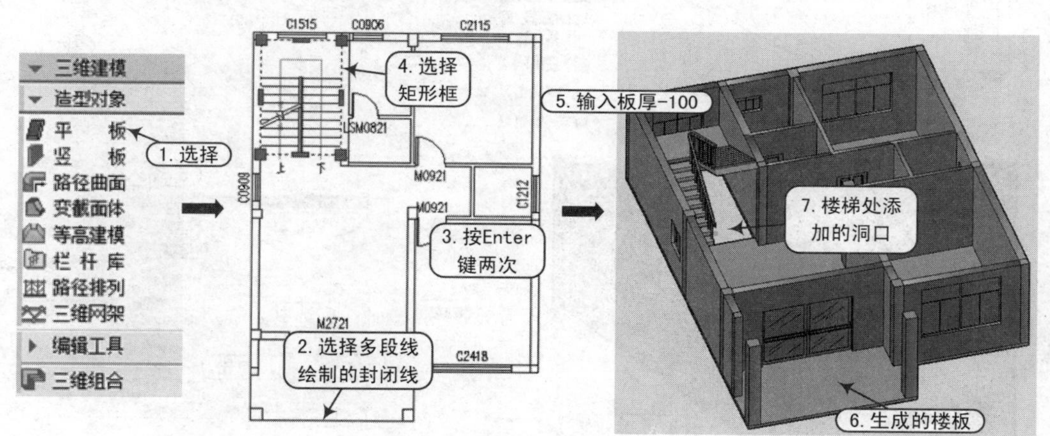

图 8-32　创建楼板对象

（7）按照相同的方法创建其他楼板。

（8）在屏幕菜单中选择“三维建模”|“造型对象”|“栏杆库”命令，在弹出的“天正图库管理系统”窗口中选择栏杆单元，再设置栏杆单元的尺寸，然后指定放置栏杆的位置，即可完成栏杆单元的绘制，如图 8-33 所示。

（9）使用 AutoCAD 中的“多段线”命令绘制路径；在屏幕菜单中选择“三维建模”|“造型对象”|“路径排列”命令，选择路径曲线，再选择要排列的对象，打开“路径排列”对话框。通过此对话框设置单元宽度、初始距离等参数，即可完成路径排列操作，如图 8-34 所示。

（10）使用 AutoCAD 中的“多段线”命令，在俯视图中绘制路径；选择路径对象，按 Ctrl+1 快捷键，在弹出的“特性”面板中将其标高设置为 772，如图 8-35 所示。

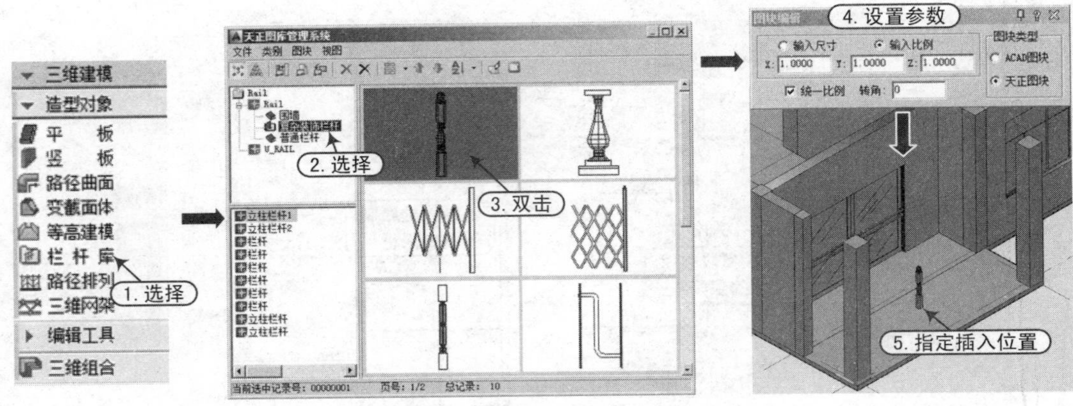

图 8-33　创建栏杆

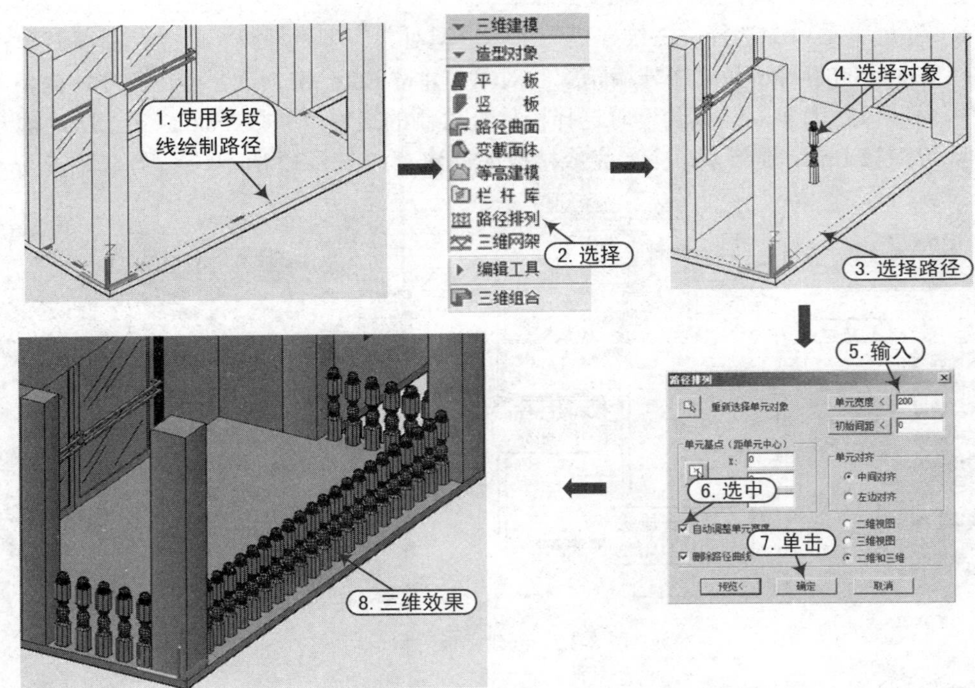

图 8-34　对栏杆做路径排列

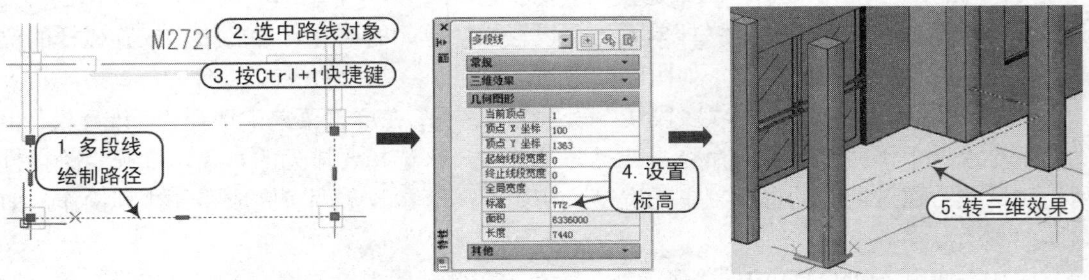

图 8-35　绘制多段线路径

（11）在屏幕菜单中选择“三维建模”｜“造型对象”｜“路径曲面”命令，将弹出“路径曲面”对话框，在该对话框中选择各命令，并根据命令行中的提示对相应命令进行设置，从而完成路径曲面放样操作，如图 8-36 所示。

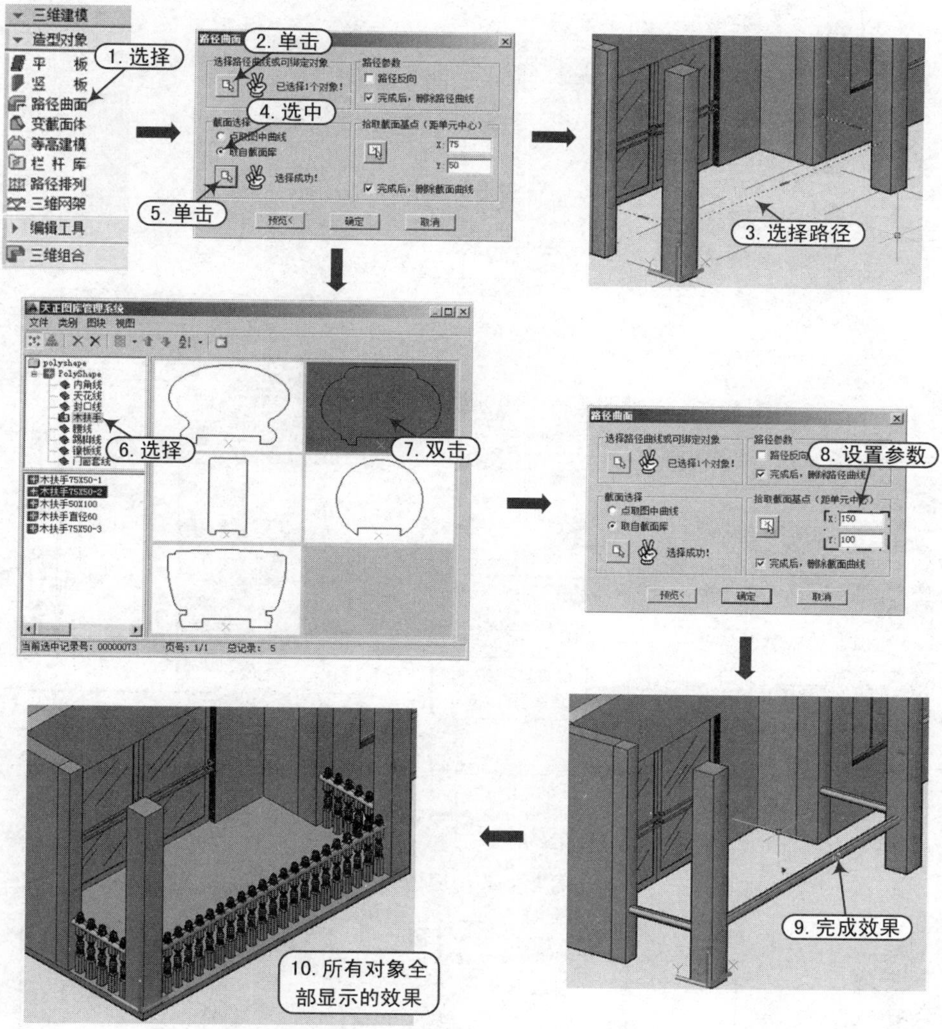

图 8-36 使用路径曲面建模

（12）在“工程管理”面板中双击“平面图”中的“别墅顶层平面图”文件，将图形文件打开，如图 8-37 所示。

（13）在屏幕菜单中选择“房间屋顶”｜“搜屋顶线”命令，根据命令行中的提示框选所有图形对象，并将偏移外皮距离设置为 600，最后按 Enter 键结束，如图 8-38 所示。

（14）在屏幕菜单中选择“房间屋顶”｜“任意坡顶”命令，根据命令行中的提示框选所有图形对象，并将偏移外皮距离设置为 600，最后按 Enter 键结束，如图 8-39 所示。

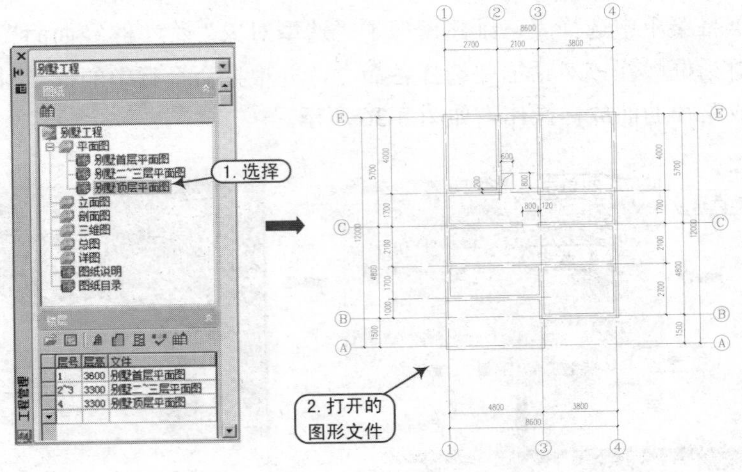

图 8-37 打开别墅顶层平面图

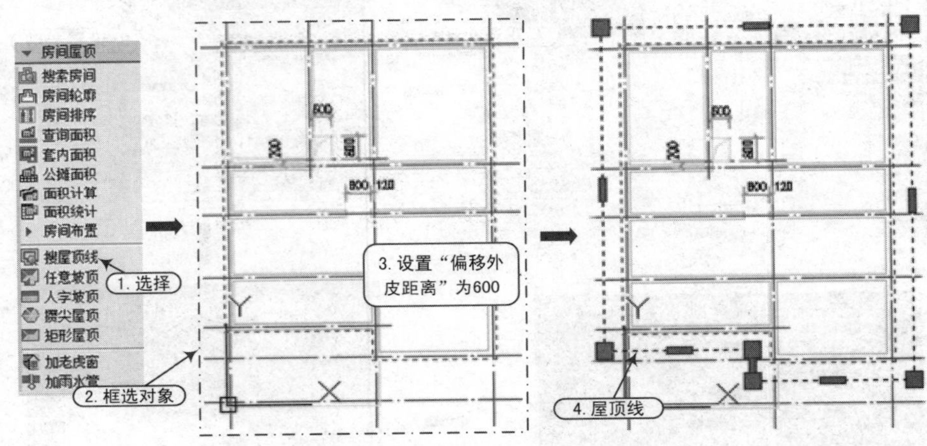

图 8-38 搜屋顶线

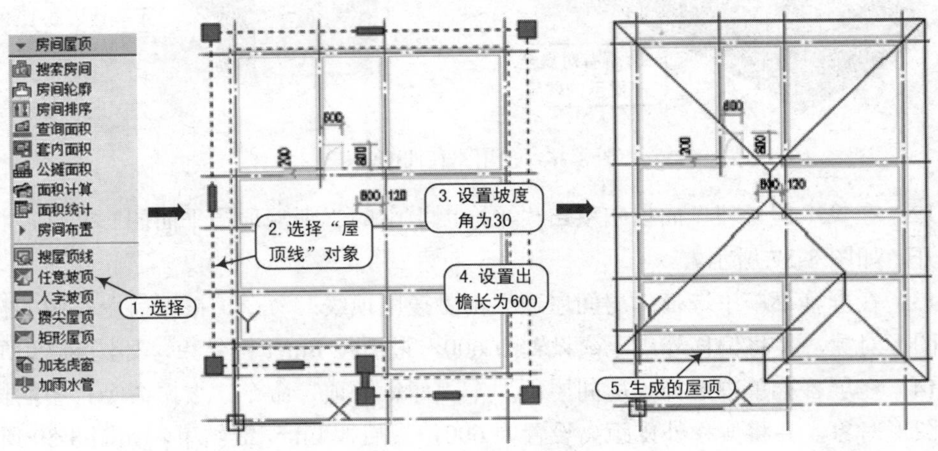

图 8-39 创建屋顶

（15）选择“屋顶”对象，在屏幕菜单中选择“工具”|“位移”命令，选择“竖移（Z）”选项，输入竖移值 300，按 Enter 键结束，如图 8-40 所示。

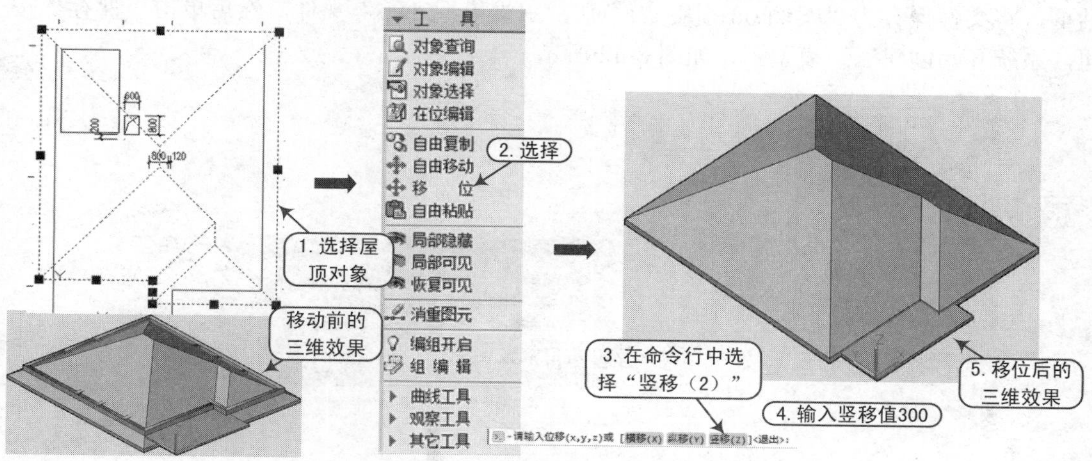

图 8-40 位移操作

（16）选择“屋顶”对象，在屏幕菜单中选择“房间屋顶”|“加老虎窗”命令，在弹出的“加老虎窗”对话框中设置相关参数，单击“确定”按钮，再指定一个插入位置，按 Enter 键结束，如图 8-41 所示。

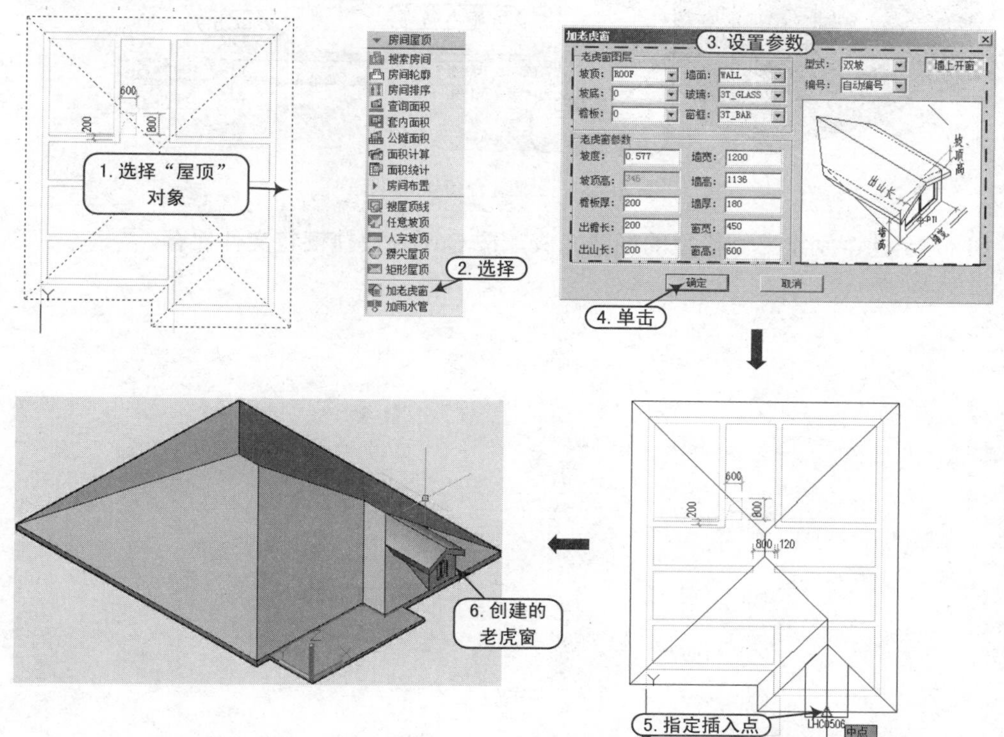

图 8-41 创建老虎窗

（17）单击“三维组合建筑模型”按钮，随后弹出“楼层组合”对话框，选中“分解成实体模型”单选按钮，然后单击“确定”按钮，随后弹出“输入要生成的三维文件”对话框，将文件保存为“案例\08\别墅实例\别墅三维模型.dwg”文件，然后单击“保存”按钮，系统开始创建三维模型图，如图 8-42 所示。

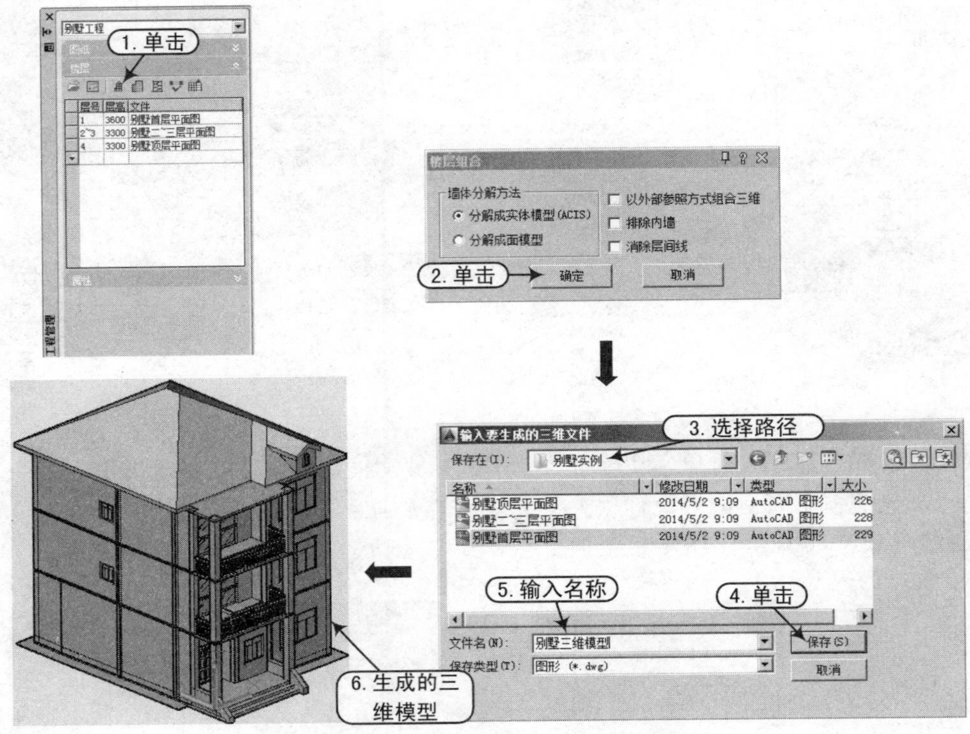

图 8-42　三维组合建筑模型

（18）至此，别墅三维模型的创建完成，按 Ctrl+S 快捷键将文件保存。

第9章 绘制建筑立面图

本章导读

一座建筑物是否美观，很大程度上取决于主要立面上的艺术处理，包括造型与装修是否优美。在设计阶段，立面图主要是用来研究这种艺术处理的。在施工图中，立面图主要反映房屋的外貌和立面装修的做法，表达建筑物的各种设计细节，使整个建筑图形表现得更加完善，对整个建筑物的创建起着至关重要的作用。

在本章的学习过程中，首先讲解了立面图的概念、立面图的创建以及编辑工具，最后以一个实例的讲解对前面所学的知识进行巩固练习。

主要内容

- ❑ 了解立面图的概念
- ❑ 掌握立面图的创建方法
- ❑ 熟悉并掌握立面图的编辑方法
- ❑ 别墅立面图的创建实例

效果预览

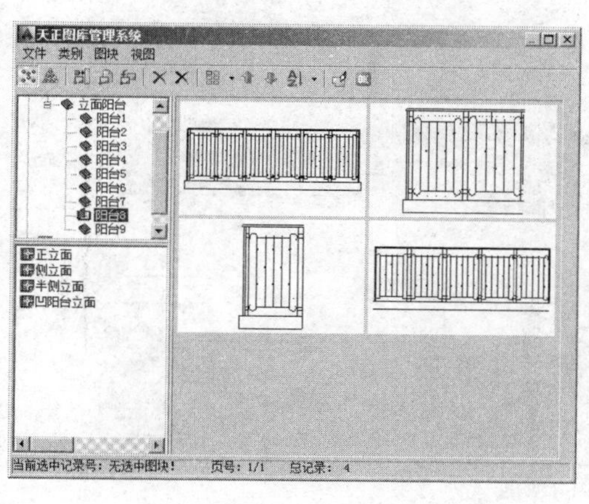

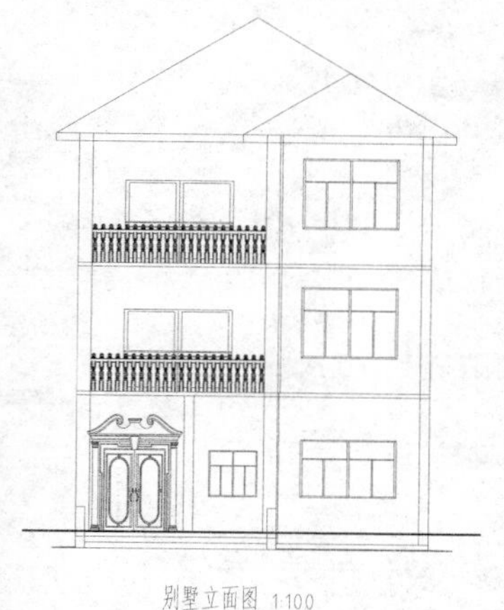

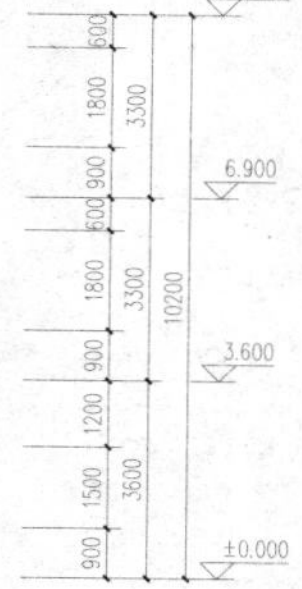

别墅立面图 1:100

9.1 立面图的创建

立面图是将建筑物的外立面向与其平行的投影面进行投射所得到的投影图，用于体现建筑物外观造型、风格特征，是二维视图。

立面图通常情况下是根据房屋的朝向命名的，例如，西立面、北立面、南立面、东南立面图等。本节将详细讲解立面图的创建（用户可打开“案例\08\别墅实例\别墅工程.tpr”文件作为参考）。

9.1.1 建筑立面

“建筑立面”命令是按照“工程管理”命令中的数据库楼层表格数据，一次生成多层建筑立面。

在“工程管理”面板中打开前面创建的“案例\08\别墅实例\别墅工程.tpr”文件后，在TArch 2014 中选择“立面”|“建筑立面”命令，在命令行提示下选择“正立面（F）”选项，命令行接着提示“请选择要出现在立面图上的轴线”时，按 Enter 键一次，然后按如图 9-1 所示操作可进行立面图的创建。

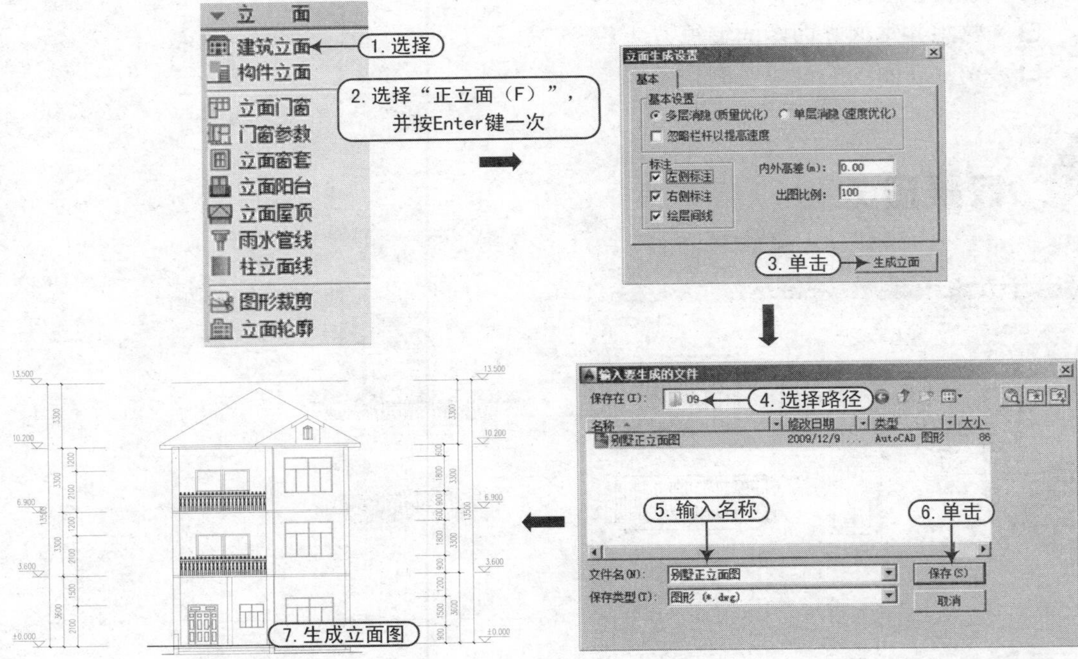

图 9-1 立面图的形成

提示技巧

在生成立面图前，用户必须先绘制好所有的平面图对象，然后创建一个工程管理才能实施立面图生成命令。具体的创建方法可参考后面章节的实例。在当前工程为空的情况下执行此命令时，会出现警告“请打开或新建一个工程管理项目，并在工程数据库中建立楼层表！”

“立面生成设置”对话框中各参数的含义如下。

- 多层消隐（质量优化）/单层消隐（速度优化）：前者考虑到两个相邻楼层的消隐，速度较慢，但可考虑楼梯扶手等伸入上层的情况，消隐精度比较好。
- 内外高差：室内地面与室外地坪的高差。
- 出图比例：立面图的打印出图比例。
- 左侧标注/右侧标注：是否标注立面图左右两侧的竖向标注，含楼层标高和尺寸。
- 绘层间线：楼层之间的水平横线是否绘制。
- 忽略栏杆以提高速度：选中此复选框，为了优化计算，忽略复杂栏杆的生成。

9.1.2　构件立面

“构件立面”命令用于生成当前标准层、局部构件或三维图块对象在选定方向上的立面图与顶视图。生成的立面图内容取决于选定对象的三维图形。

该命令按照三维视图对指定方向进行消隐计算，优化的算法使立面生成快速而准确，生成立面图的图层名为原构件图层名加“E-”前缀。

在屏幕菜单中选择“立面”|“构件立面”命令，在命令行提示下选择“左立面（L）”选项，然后选择某一构件，按如图 9-2 所示操作可进行立面图的创建。

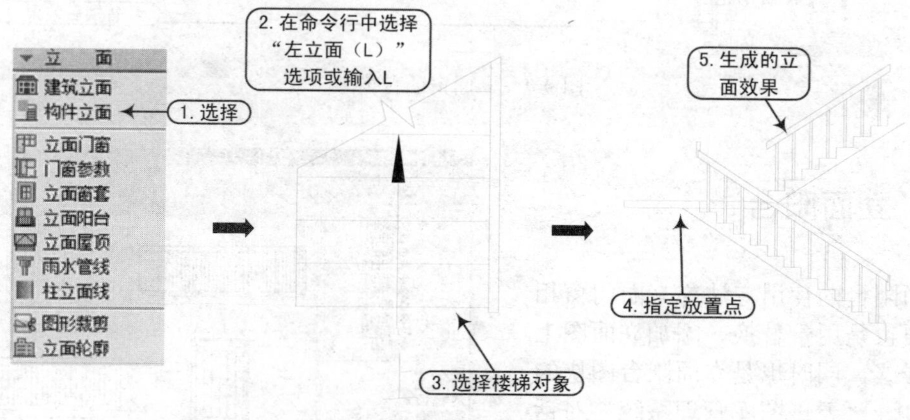

图 9-2　构件立面的形成

9.1.3　立面门窗

“立面门窗”命令主要用于替换、添加立面图上门窗，同时也是立剖面图的门窗图块

管理工具，可处理带装饰门窗套的立面门窗，并提供了与之配套的立面门窗图库。

在屏幕菜单中选择“立面”|“立面门窗”命令，将弹出“天正图库管理系统”对话框，双击门窗样式即可创建立面门窗效果，如图 9-3 所示。

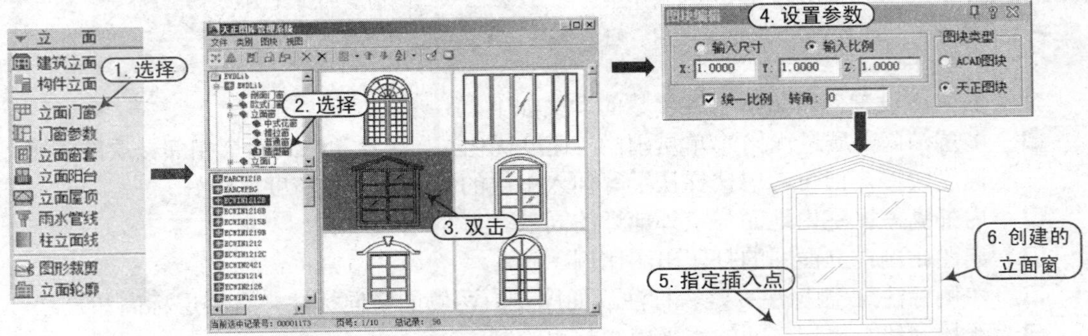

图 9-3　立面窗的形成

提示技巧

在天正软件中有两种方法来进行门窗立面的创建：一是对已有门窗进行替换操作，如图 9-4 所示；二是直接插入到立面图中。

图 9-4　立面窗的替换

9.1.4　立面阳台

立面阳台的使用方法与立面门窗相同，主要也是用于替换、添加立面图上阳台的样式，同时也是立面阳台图块的管理工具，“天正图库管理系统”对话框中的立面阳台样式如图 9-5 所示。

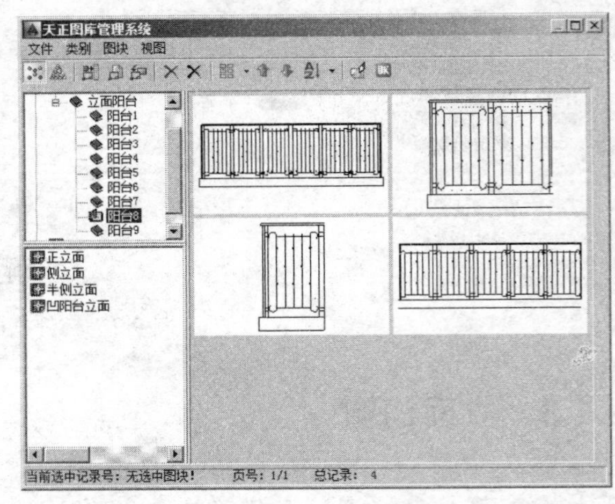

图 9-5　立面阳台样式

9.1.5　立面屋顶

“立面屋顶”命令是生成立面屋顶

的一个命令，生成的坡顶类型有 9 种：平屋顶立面、单双坡顶正立面、双坡顶侧立面、单坡顶左侧立面、单坡顶右侧立面、四坡屋顶正立面、四坡屋顶侧立面、歇山顶正立面、歇山顶侧立面。

对“立面屋顶”命令提供编组功能，将构成立面屋顶的多个对象进行组合，以便整体复制与移动。

在屏幕菜单中选择“立面”｜“立面屋顶”命令，将弹出“立面屋顶参数”对话框，再根据如图 9-6 所示的操作即可创建立面屋顶效果。

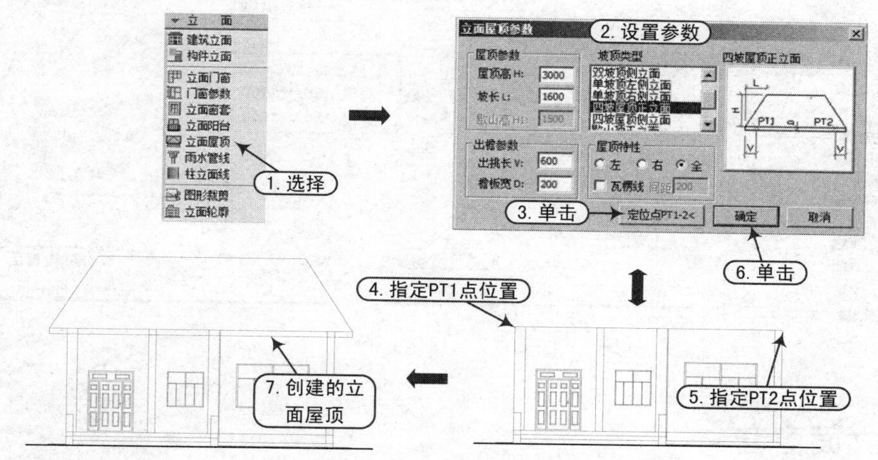

图 9-6　立面屋顶的创建

在弹出的“立面屋顶参数”对话框“坡顶类型”列表框中有如图 9-7 所示的几种类型。

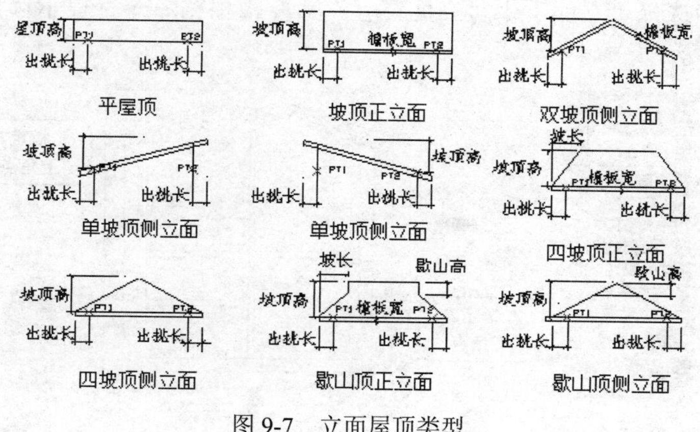

图 9-7　立面屋顶类型

9.2　立面的编辑

用户在创建好立面图块后，可根据需要对其进行编辑操作，直接双击或按 Ctrl+1 快捷键进行相应的编辑。天正软件也提供了立面编辑命令，本节将对这些编辑命令进行讲解。

9.2.1 门窗参数

“门窗参数”命令可以把已经生成的立面门窗尺寸以及门窗底标高作为默认值，用户修改立面门窗尺寸，系统按尺寸更新所选门窗。

在屏幕菜单中选择“立面”|“门窗参数”命令，根据命令行提示输入相应参数即可，如图 9-8 所示。

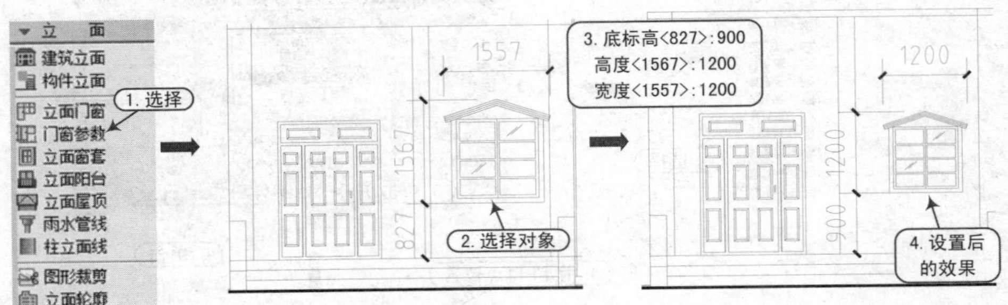

图 9-8 编辑窗对象

9.2.2 立面窗套

“立面窗套”命令为已有的立面窗创建全包的窗套或者窗楣线和窗台线。

在屏幕菜单中选择“立面”|“立面窗套”命令，根据命令行提示选择窗的两个角点即可，如图 9-9 所示。

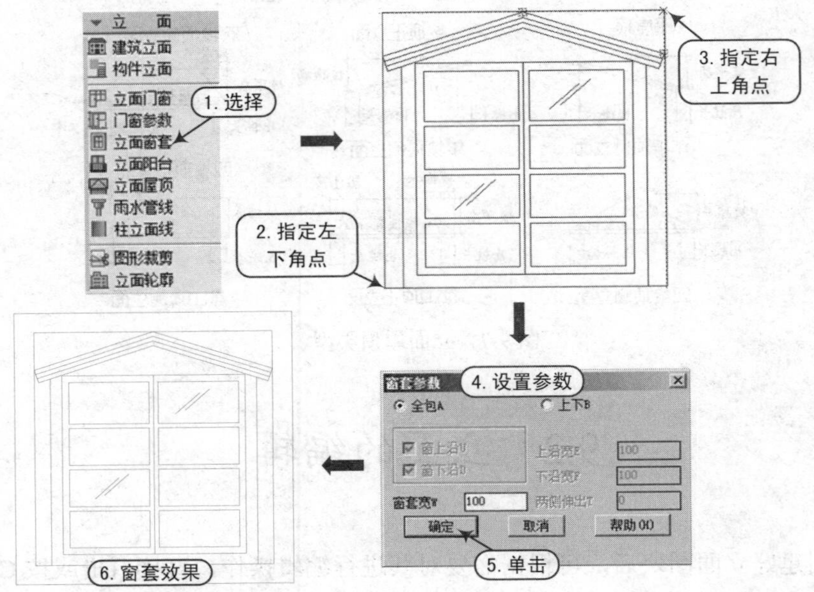

图 9-9 窗套的添加

提示技巧

“立面窗套”命令只针对平面图中插入立面门窗后，再对其进行窗套的添加，而在天正中插入的窗对象会自带窗套，不需要添加窗套。

“窗套参数”对话框中各选项的含义如下。

- 全包 A：环窗四周创建的矩形封闭窗套。
- 上下 B：在窗的上下方分别生成窗上沿与窗下沿。
- 窗上沿 U/窗下沿 B：仅在选中“上下 B”单选按钮时有效，分别表示仅要窗上沿或仅要窗下沿。
- 上沿宽 E/下沿宽 F：表示窗上沿线与窗下沿线的宽度。
- 两侧伸出 T：窗上、下沿两侧伸出的长度。
- 窗套宽 W：除窗上、下沿以外部分的窗套宽。

9.2.3　雨水管线

“雨水管线”命令在立面图中按给定的位置生成编组的雨水斗和雨水管，新改进的雨水管线可以转折绘制，自动遮挡立面上的各种装饰格线，移动和复制后可保持遮挡，必要时右击设置雨水管的“绘图次序”为“前置”，恢复遮挡特性，由于提供了编组特性，作为一个部件一次完成选择，便于复制和删除操作。

在屏幕菜单中选择“立面”|“雨水管线”命令，根据命令行提示选择雨水管线的起点和下一点即可创建，如图 9-10 所示。

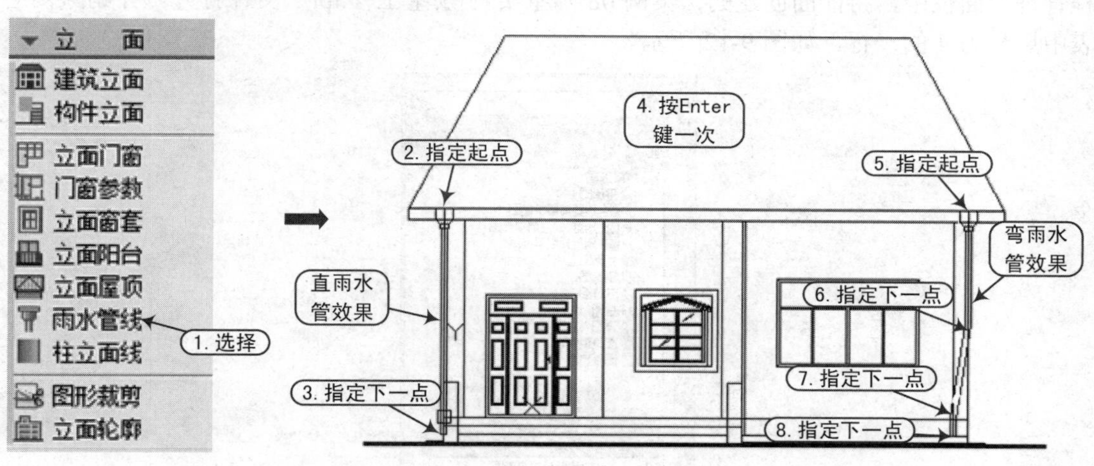

图 9-10　雨水管的添加

提示技巧

在创建雨水管时，根据命令行提示可设置水管的直径。

9.3 实例——别墅立面图的绘制

素材 视频\09\别墅立面图的创建方法.avi
案例\09\别墅立面图.dwg

在创建别墅立面图之前，先打开创建好的别墅一层平面原始图，根据相关提示再进行立面图的创建，再对生成的立面图进行修改与编辑操作，别墅立面图的最终效果如图 9-11 所示。

图 9-11　别墅立面效果

（1）启动 TArch 2014，在屏幕菜单中选择“文件布图”｜“工程管理”命令，在“工程管理”面板中，将前面创建的“案例\08\别墅实例\别墅工程.tpr”文件打开，并删除楼层表中层号为 4 的一行，如图 9-12 所示。

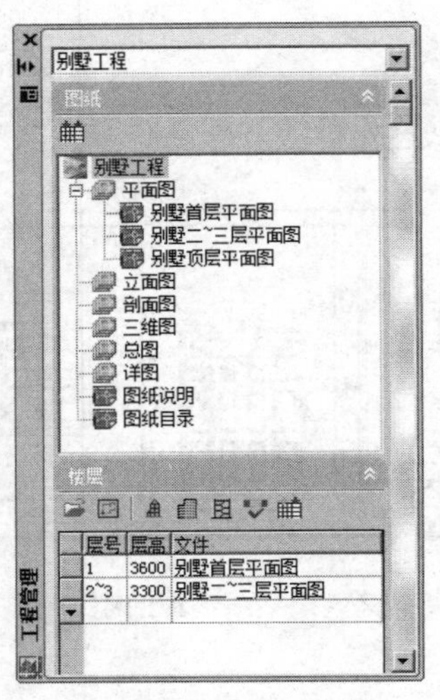

图 9-12　删除层号 4 后的效果

（2）在屏幕菜单中选择“立面”｜“建筑立面”命令，然后根据命令行提示选择相应

的选项即可创建，如图9-13所示。

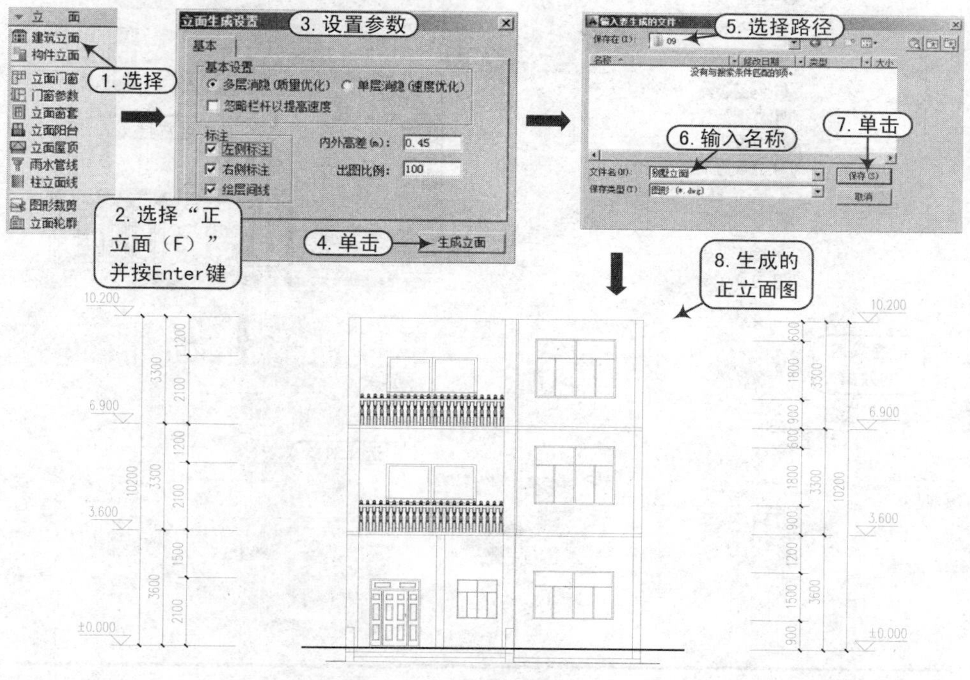

图 9-13 生成立面图

提示技巧

在对别墅进行立面图创建时，如果在创建平面图时没有进行基点设置，则在生成立面图时可能要将立面进行移动操作。

（3）在屏幕菜单中选择“立面”｜“立面屋顶”命令，在弹出的“立面屋顶参数”对话框中设置相应参数即可创建别墅立面屋顶效果，如图9-14所示。

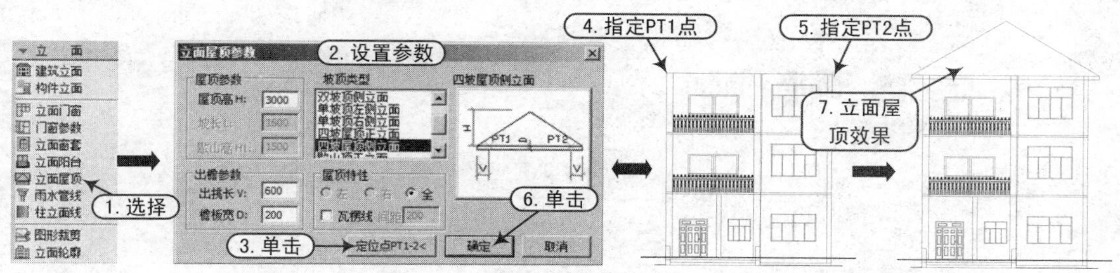

图 9-14 立面屋顶的创建

（4）选择“立面”｜“立面门窗”命令，在弹出的“天正图库管理系统”对话框中选择门样式，再进行替换即可创建立面门效果，如图9-15所示。

（5）选择“符号标注”｜“图名标注”命令，在立面图下侧正中位置处输入“别墅立面图”文字。

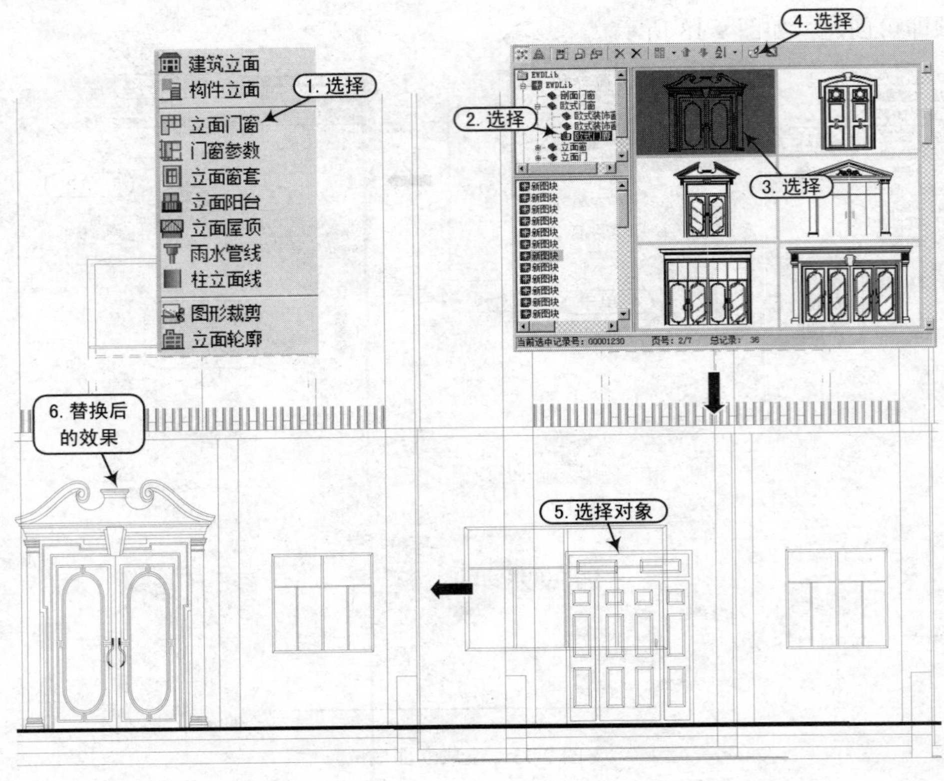

图 9-15　立面门的创建

（6）至此，别墅立面图创建完成，如图 9-16 所示，按 Ctrl+S 快捷键将其保存为“案例\09\别墅立面图.dwg”文件。

图 9-16　别墅立面图效果

第10章　绘制建筑剖面图

本章导读

设计好一套工程各楼层平面图后，需要绘制剖面图来表达建筑物的剖面设计细节时，可通过天正中的剖面工具进行创建。

立剖面的图形表达和平面图有很大区别，立剖面表现的是建筑三维模型的一个剖切与投影视图，同样受三维模型细节和视线方向建筑物遮挡的影响，天正剖面图形是通过平面图构件中的三维信息在指定剖切位置消隐获得的纯粹二维图形。

本章首先讲解剖面图的生成，然后通过对各剖面工具的讲解来对剖面图进行细节的绘制，最后综合各剖面工具的使用方法创建一个案例，让读者一边演练，一边熟练掌握各工具。

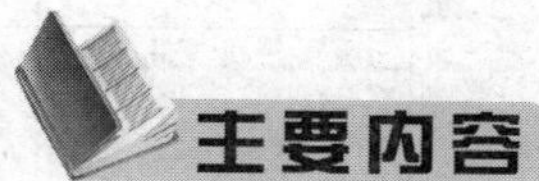

主要内容

- ❑ 了解并掌握剖面图的生成方法
- ❑ 掌握剖面楼梯与栏杆的创建方法
- ❑ 掌握其他各剖面工具的使用方法
- ❑ 能单独绘制给出的别墅剖面案例效果

效果预览

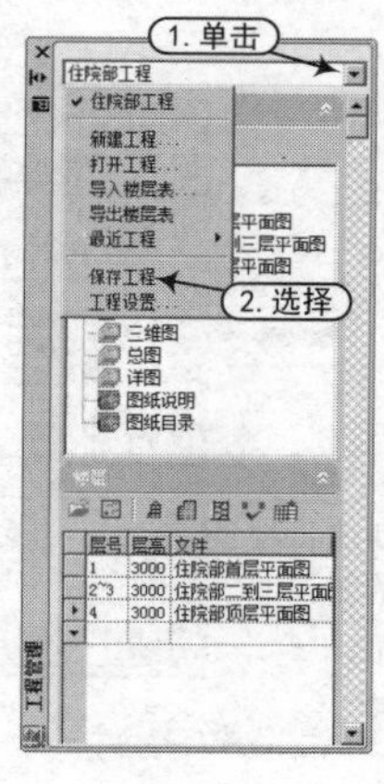

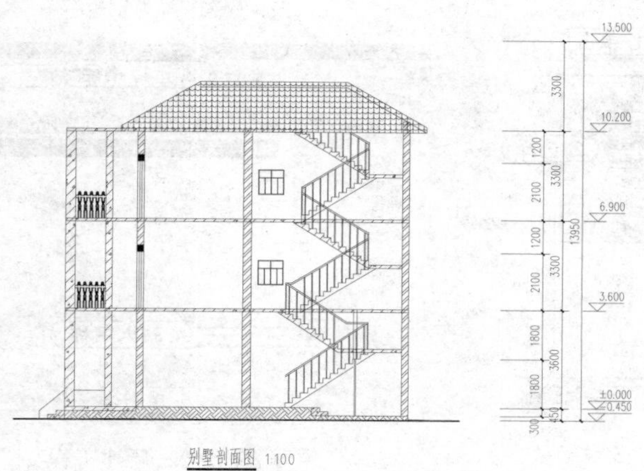

别墅剖面图 1:100

10.1 剖面图的生成

建筑剖面图一般是指建筑物的垂直剖面图，也就是假想用一个竖直平面去剖切房屋，移去靠近视线的部分后的正投影图，简称剖面图。

建筑剖面图表示建筑物内部垂直方向的高度、楼层分层、垂直空间的利用以及简要的结构形式和构造方式等情况的图样，例如，屋顶形式、屋顶坡度、檐口形式、楼板搁置方式、楼梯的形式及其简要的结构、构造等，是与平、立面图相互配合的不可缺少的重要图样之一。

10.1.1 创建楼层表

剖面图可以由天正软件中“工程管理”功能从平面图开始创建，在“工程管理”面板中，单击“工程管理”下拉列表框，通过“新建工程”｜“添加图纸”命令来建立工程，在工程的基础上定义平面图与楼层的关系，从而建立平面图与剖面楼层之间的关系。楼层的创建方法如下（用户可打开“案例\10\住院部的平面图”进行操作）。

（1）首先将一个工程中的所有平面图绘制完成后，在屏幕菜单中选择“文件布图”｜“工程管理”命令，将打开“工程管理”面板，如图10-1所示。

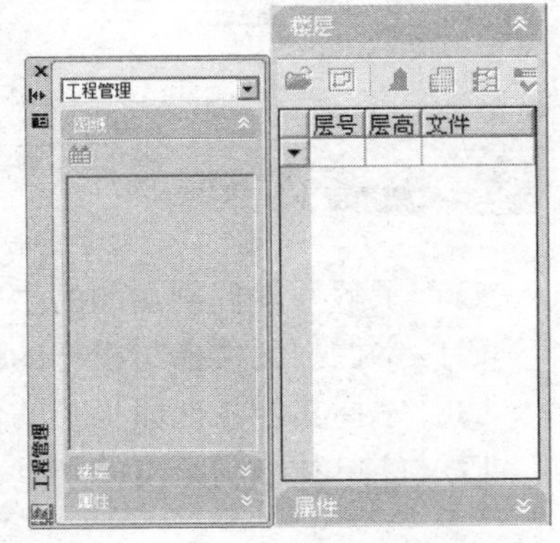

图10-1 “工程管理”面板

（2）单击“工程管理”下拉列表框，选择“新建工程”命令，这时可将工程的名称设为“案例\10\住院部工程.tpr”文件，然后进行保存即可，如图10-2所示。

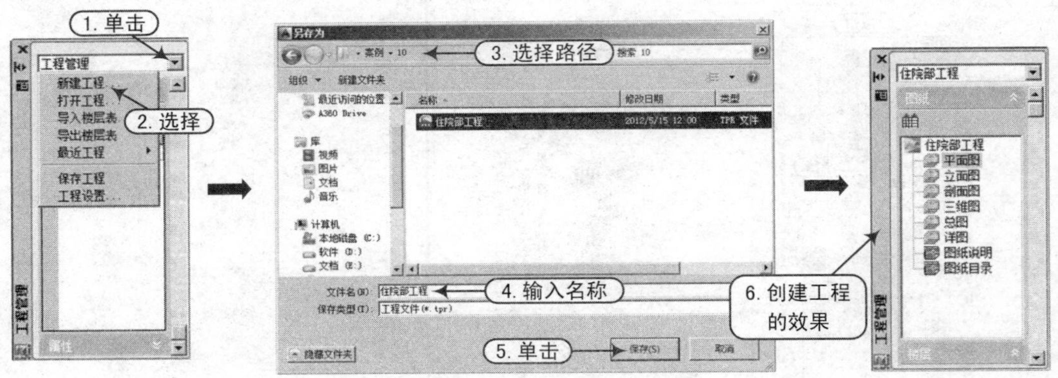

图10-2 新建工程

提示技巧

当用户创建了工程管理保存后，下次打开此工程时，应在“工程管理”下拉列表框中选择“打开工程”命令，而不能在 AutoCAD 的“文件”|“打开”菜单命令中打开工程管理文件。

（3）在创建好的“住院部工程”面板中，选择“平面图”子类别并右击，在弹出的快捷菜单中选择“添加图纸”命令，再在弹出的“选择图纸”对话框中按住 Ctrl 键，同时选“案例\10”文件夹中的所有平面图对象，然后单击“打开”按钮将其添加到“平面图”子类别中，如图 10-3 所示。

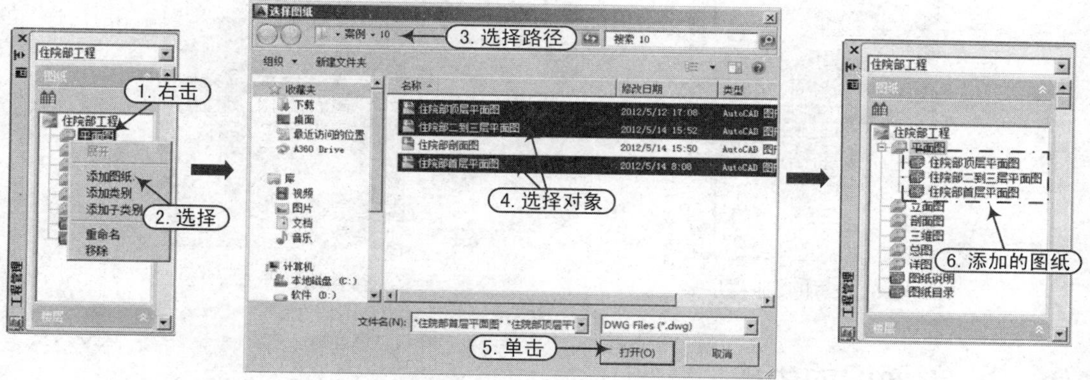

图 10-3　添加图纸

（4）将“工程管理”面板中的“楼层”栏展开，在该栏中将光标指定到最后一列单元格中，单击“选楼层文件”按钮，打开“选择标准层图形文件”对话框，再选择“住院部首层平面图”文件，单击“打开”按钮，设置其楼层号为 1、层高为 3000，如图 10-4 所示。

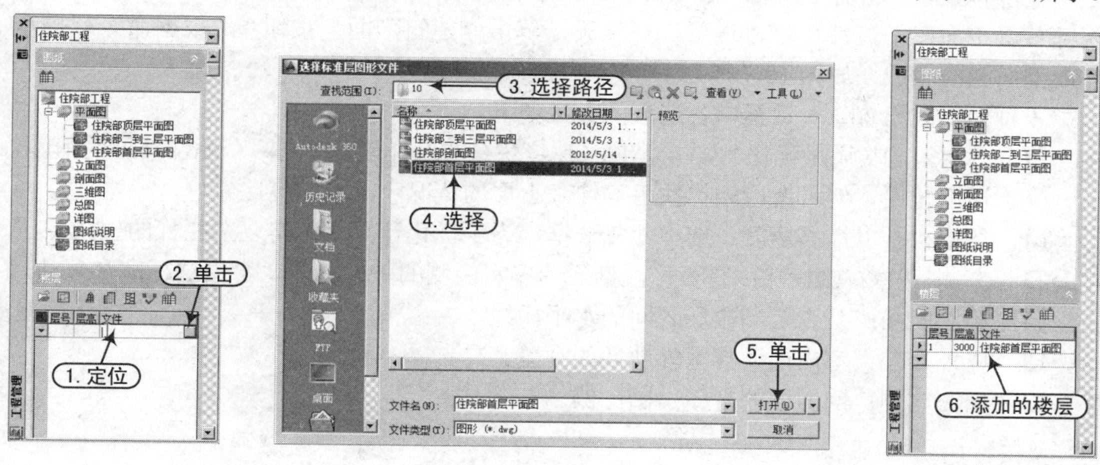

图 10-4　添加楼层表

（5）按照步骤（4）的方法，对其他平面图进行添加并设置层高与层号等，其结果如图 10-5 所示。

（6）在“住院部工程”创建完成后，再在“工程管理”面板中的下拉列表框中选择“保存工程”命令来保存该工程即可，如图 10-6 所示。

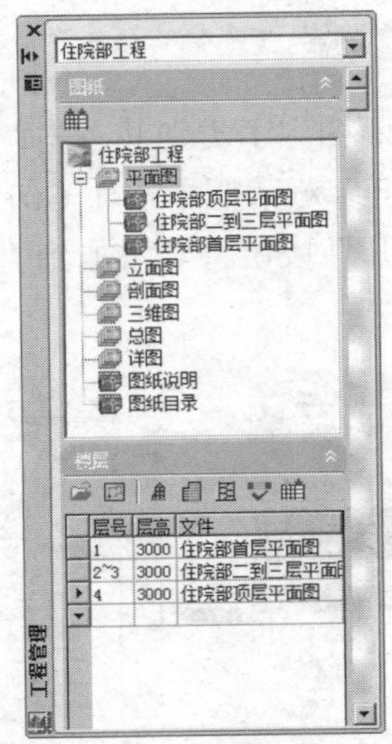

图 10-5　添加其他楼层表

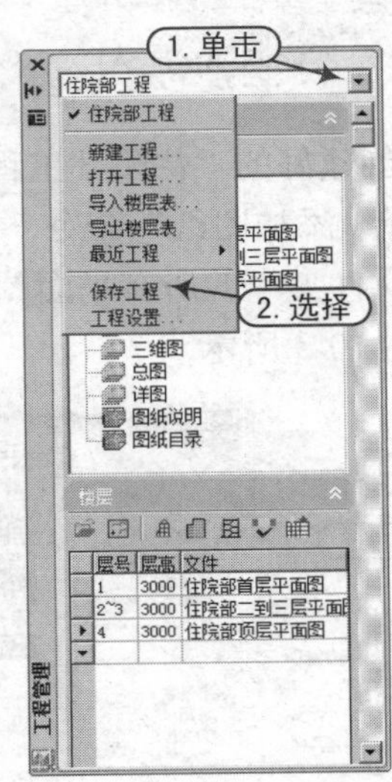

图 10-6　保存工程

10.1.2　剖面图的生成

根据 10.1.1 节的操作步骤，将创建好的“住院部工程”打开，展开“楼层”栏，直接单击“建筑剖面”按钮，即可生成剖面图效果，操作步骤如下。

在屏幕菜单中选择“文件布图”|“工程管理”命令，打开“住院部工程”，双击“住院部首层平面图”，然后将“楼层”栏展开，单击“建筑剖面”按钮，根据命令行提示完成剖面图的生成，如图 10-7 所示。

“剖面生成设置”对话框中各选项的含义如下。

- 多层消隐（质量优化）/单层消隐（速度优化）：前者考虑到两个相邻楼层的消隐，速度较慢，但可考虑楼梯扶手等伸入上层的情况，消隐精度比较好。
- 忽略栏杆以提高速度：选中此复选框，为了优化计算，忽略复杂栏杆的生成。
- 左侧标注/右侧标注：是否标注剖面图左右两侧的竖向标注，含楼层标高和尺寸。
- 绘层间线：是否绘制楼层之间的水平横线。
- 内外高差：室内地面与室外地坪的高差。
- 出图比例：剖面图的打印出图比例。

提示技巧

在创建工程管理文件（*.tpr）时，也可直接在屏幕菜单中选择“剖面”|“建筑剖面”命令来创建剖面图。

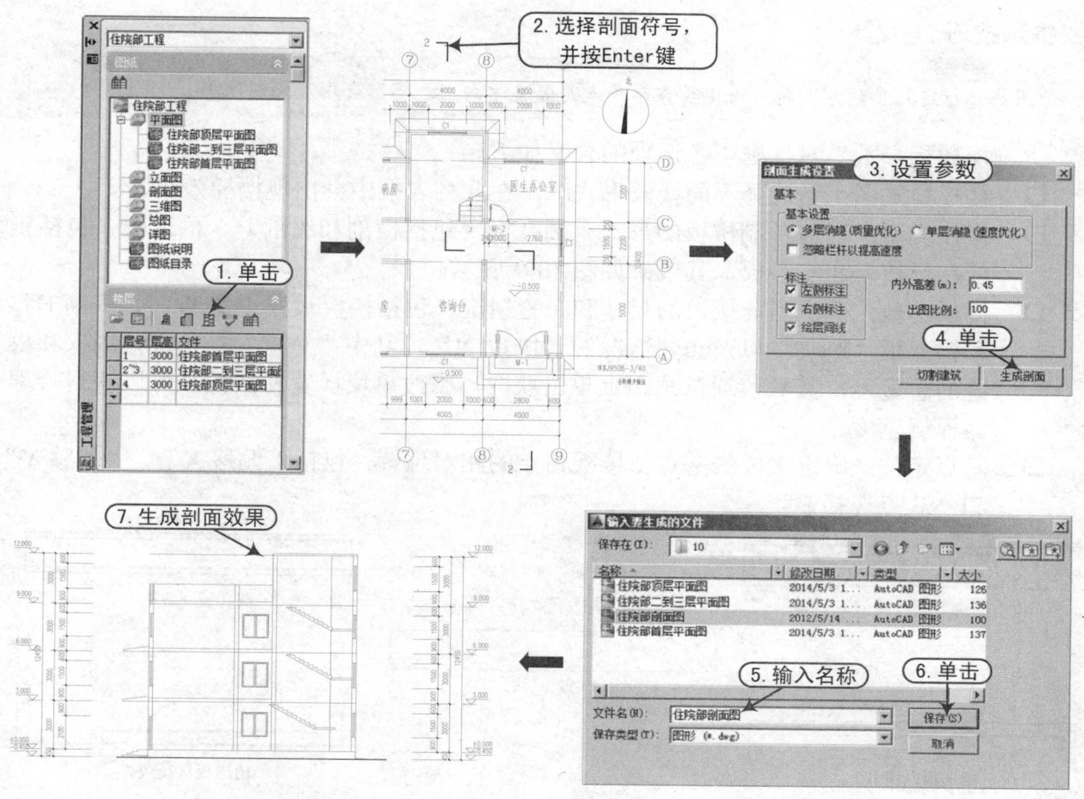

图 10-7　剖面图的生成

10.1.3　预制楼板的创建

创建预制楼板时，将用一系列预制楼板剖面的 AutoCAD 图块对象，在 S_FLOORL 图层中按要求尺寸插入一排剖面预制楼板。

在屏幕菜单中选择“剖面”｜“预制楼板”命令，将弹出“剖面楼板参数”对话框，再根据如图 10-8 所示操作即可创建楼板对象。

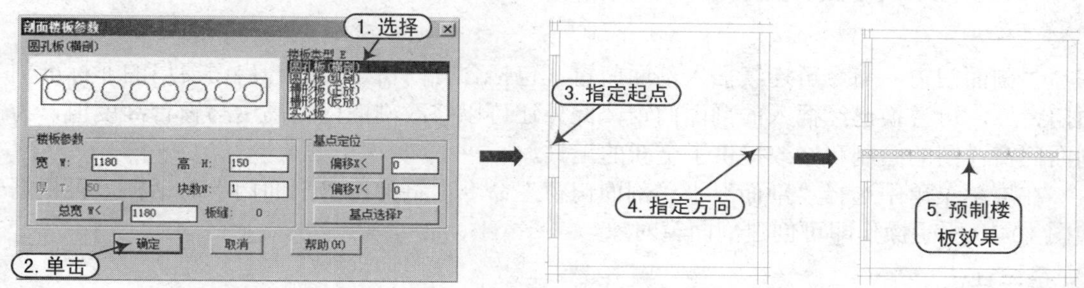

图 10-8　预制板的创建

提示技巧

用户在指定预制的方向时，一定要在水平或是竖直方向上，不然会出现倾斜状态。

“剖面楼板参数”对话框中各选项的含义如下。

- 楼板样式图：当选择不同楼板形式时，在此列表框中会出现楼梯效果图。
- 楼板类型：当前预制楼板的形式有圆孔板（包括横剖和纵剖）、槽形板（包括正放和反放）和实心板，其效果如图 10-9 所示。
- 楼板参数：确定当前楼板的尺寸和布置情况，包括楼板尺寸“宽 W”、“高 H”和槽形板“厚 T”以及布置情况的“块数 N”，其中“总宽”是全部预制板和板缝的总宽度，其数值通过从图上单击获取，修改单块板宽和块数，可以获得合理的板缝宽度。
- 基点定位：确定楼板的基点与楼板角点的相对位置，包括“偏移 X”、“偏移 Y”和“基点选择 P”。

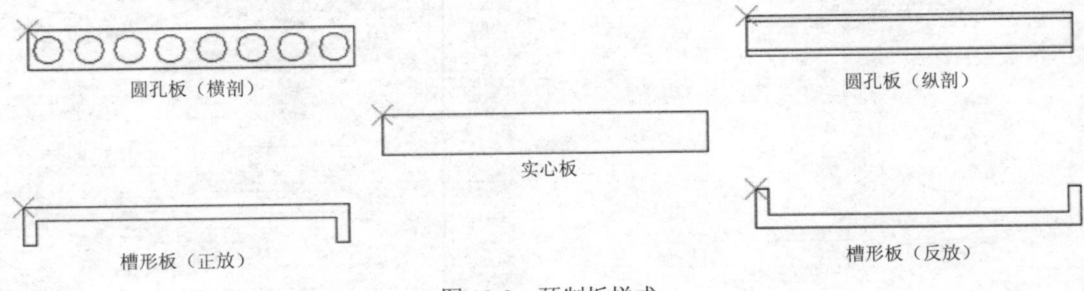

图 10-9　预制板样式

提示技巧

在现代建筑中常用的楼板类型有预制板和现浇板两种。

（1）预制板：先在预制工厂生产，再运至现场直接安装。

（2）现浇板：是在工地现场经支模、扎钢筋、现浇混凝土而成，经常和梁一起浇注，使房屋结构的整体性最好，能保证各构件受力状况最接近设计，有利于房屋抗震。

10.1.4　剖面门窗的创建

“剖面门窗”命令可连续插入剖面门窗（包括含有门窗过梁或开启门窗扇的非标准剖面门窗），可替换已经插入的剖面门窗，此外还可以修改剖面门窗高度与窗台高度值，为剖面门窗详图的绘制和修改提供了全新的工具。

在屏幕菜单中选择“剖面”｜“剖面门窗”命令，将弹出“剖面门”对话框，再根据如图 10-10 所示操作即可创建剖面窗对象。

提示技巧

剖面门窗必须创建在剖面墙体上，因此在之前要先绘制好剖面墙体对象。

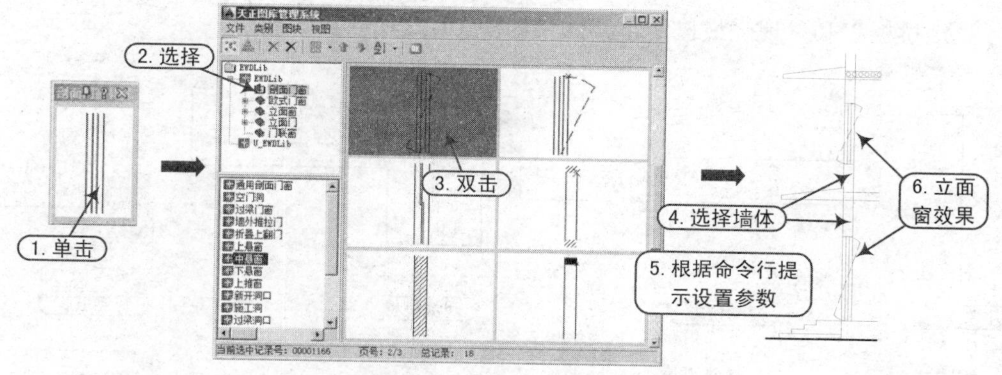

图 10-10　剖面窗的创建

在创建“剖面门窗”时，命令行给出如下提示：

[选择剖面门窗样式(S)/替换剖面门窗(R)/改窗台高(E)/改窗高(H)]<退出>:

各个选项的含义如下。

- ❑ 选择剖面门窗样式（S）：可进入剖面门窗图库，如图 10-10 所示，在此剖面门窗图库中双击选择所需的剖面门窗作为当前门窗样式，可供替换或者插入使用。
- ❑ 替换剖面门窗（R）：输入 R，替换剖面门窗选项。
- ❑ 改窗台高（E）/改窗高（H）：对已有的剖面窗进行参数的修改。

10.1.5　剖面檐口

“剖面檐口”命令用于绘制剖面图中的檐口剖面，包括女儿墙剖面、预制挑檐、现浇挑檐、现浇坡檐的剖面图。

在屏幕菜单中选择“剖面”｜“剖面檐口”命令，将弹出“剖面檐口”对话框，再根据如图 10-11 所示操作即可创建剖面窗对象。

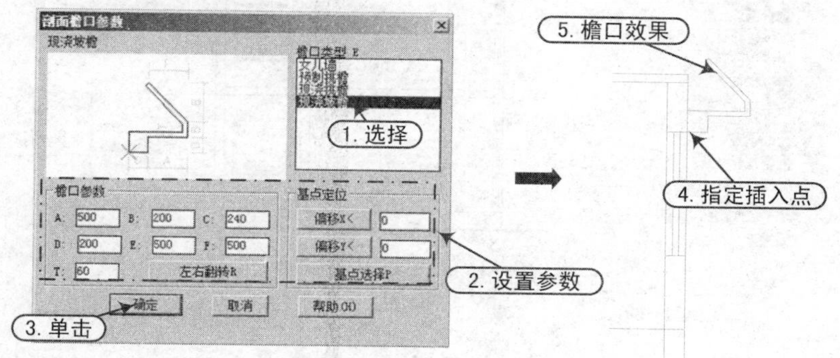

图 10-11　檐口的插入

“剖面檐口参数”对话框中各选项的含义如下。

- ❑ 檐口类型：当前檐口的形式有 4 种类型，分别是“女儿墙”、“预制挑檐”、“现浇挑檐”和“现浇坡檐”，其效果如图 10-12 所示。

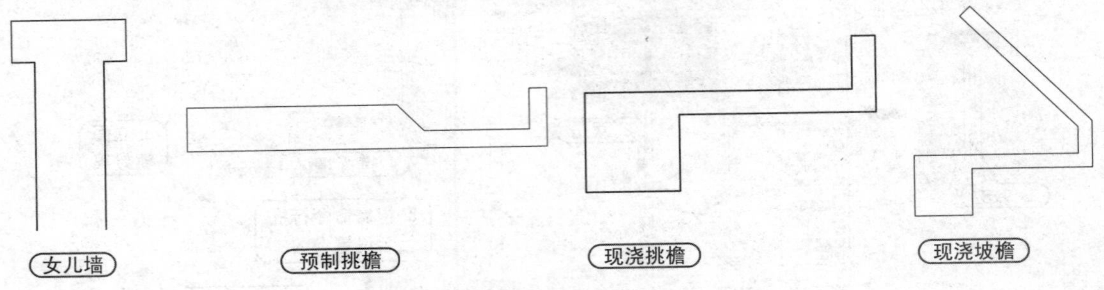

图 10-12　檐口类型

- ❑ 檐口参数：确定檐口的尺寸及相对位置。各参数的意义参见示意图，“左右翻转R”按钮可使檐口作整体翻转。
- ❑ 基点定位：用以选择屋顶的基点与屋顶角点的相对位置，包括“偏移 X”、“偏移 Y”和“基点选择 P”3 个按钮。

10.1.6　门窗过梁

“门窗过梁”命令可在剖面门窗上方画出给定梁高的矩形过梁剖面，并自带有灰度填充。

在屏幕菜单中选择“剖面”｜“门窗过梁”命令，再根据命令行提示选择剖面门窗对象即可，如图 10-13 所示。

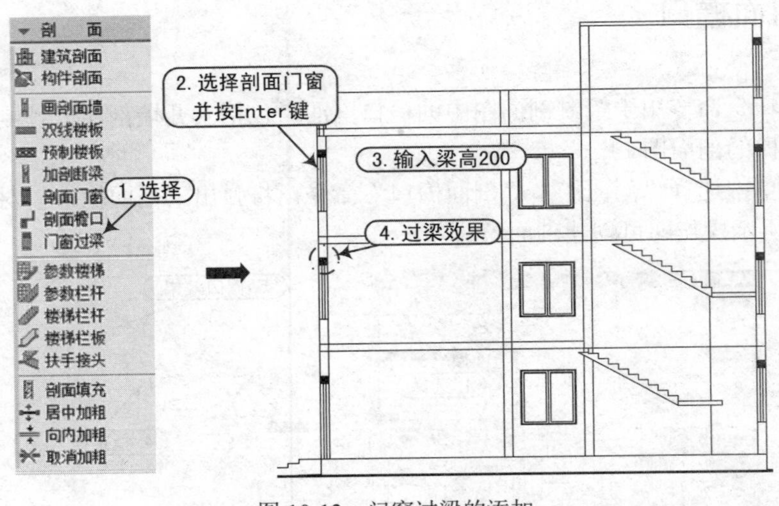

图 10-13　门窗过梁的添加

10.2　剖面楼梯和栏杆

在天正软件中，对楼梯的各剖面元素进行了多方面的命令设置，其中包括剖面楼梯和

剖面栏杆，本节将详细讲解其用法。

10.2.1　参数楼梯

“参数楼梯”命令中包括两种梁式楼梯和两种板式楼梯，并可从平面楼梯获取梯段参数，一次可以绘制超过一跑的双跑 U 形楼梯，条件是各跑步数相同，而且之间对齐（没有错步），此时参数中的梯段高是其中的分段高度而非总高度。

在屏幕菜单中选择“剖面”|“参数楼梯”命令，将弹出“参数楼梯”对话框，再放置到指定位置处即可，如图 10-14 所示。

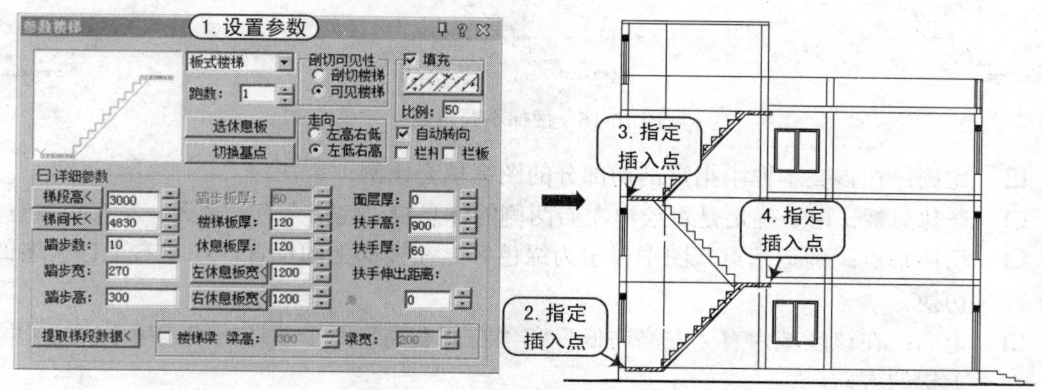

图 10-14　楼梯的插入

“参数楼梯”对话框中各选项的含义如下。

- 梯段类型列表：当前梯段的形式有 4 种可选，分别是板式楼梯、梁式现浇 L 形、梁式现浇△形和梁式预制，如图 10-15 所示。

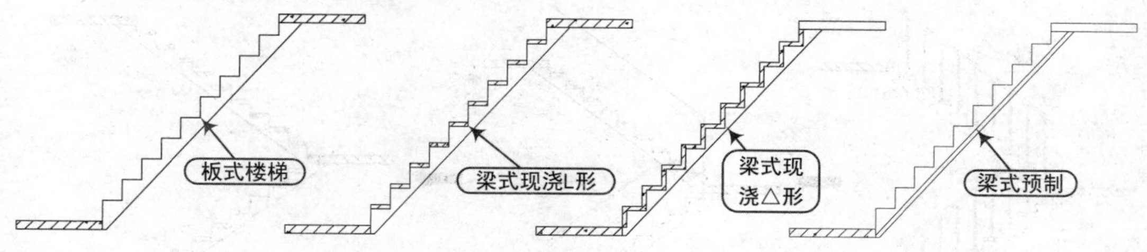

图 10-15　楼梯样式

- 跑数：默认跑数为 1，在无模式对话框下可以连续绘制，此时各跑之间不能自动遮挡，跑数大于 2 时各跑间按剖切与可见关系自动遮挡，如图 10-16 所示。
- 剖切可见性：用以选择画出的梯段是剖切部分还是可见部分，以图层 S_STAIR 或 S_E_STAIR 表示，颜色也有区别。
- 填充：选中后单击下面的图像框，可选取图案或颜色（SOLID）填充剖切部分的梯段和休息平台区域，可见部分不填充。

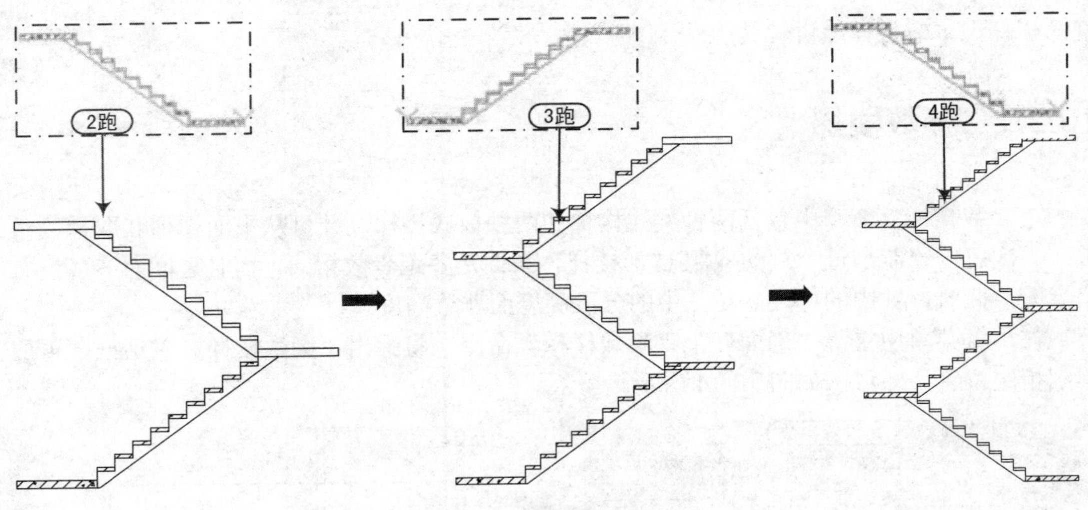

图 10-16　楼梯不同跑数

- 比例：在该文本框中指定剖切部分的图案填充比例。
- 选休息板：用于确定是否绘出左右两侧的休息板，包括全有、全无、左有和右有。
- 切换基点：确定基点（图中显示为绿色×）在楼梯上的位置，在左右平台板端部切换。
- 走向：在该区域内有“左高右低”和“左低右高”两个单选按钮，用于确定梯段上梯的方向。
- 自动转向：在每次执行单跑楼梯绘制后，如选中此复选框，楼梯走向会自动更换，便于绘制多层的双跑楼梯。
- 栏杆/栏板：一对互锁的复选框，切换栏杆或者栏板效果，如图 10-17 所示，也可两者都不选中。

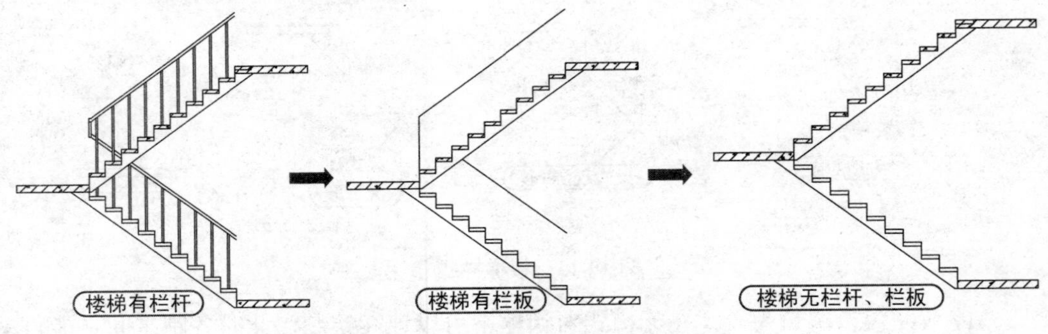

图 10-17　楼梯有无栏杆、栏板样式

- 梯段高：当前梯段左右平台面之间的高差。
- 梯间长：当前楼梯间总长度，用户可以单击该按钮从图上取两点获得，也可以直接输入，是等于梯段长度加左右休息平台宽的常数。
- 踏步数：当前梯段的踏步数量，用户可以单击调整。

- 踏步宽：当前梯段的踏步宽度，由用户输入或修改，改变该参数会同时影响左右休息平台宽度，需要适当调整。
- 踏步高：当前梯段的踏步高，通过梯段高/踏步数算得。
- 踏步板厚：梁式预制楼梯和现浇 L 形楼梯使用的踏步板厚度。
- 斜梁高：选择梁式楼梯后出现此参数，应大于楼梯板厚。
- 休息板厚：用于现浇楼梯板厚度。
- 左/右休息板宽：当前楼梯间的左/右休息平台（楼板）宽度，可由用户输入、从图上取得或者由系统算出。
- 面层厚：当前梯段的装饰面层厚度。
- 扶手高：当前梯段的扶手/栏板高度。
- 扶手厚：当前梯段的扶手厚度。
- 扶手伸出距离：从当前梯段起步和结束位置到扶手接头外边的距离（可以为 0）。
- 提取楼梯数据：从天正 5.0 版本开始，就可以对平面楼梯对象提取梯段数据，双跑楼梯时只提取第一跑数据。
- 楼梯梁：选中该复选框后，分别在编辑框中输入楼梯梁剖面高度和宽度。

各选项在楼梯中的具体位置如图 10-18 所示。

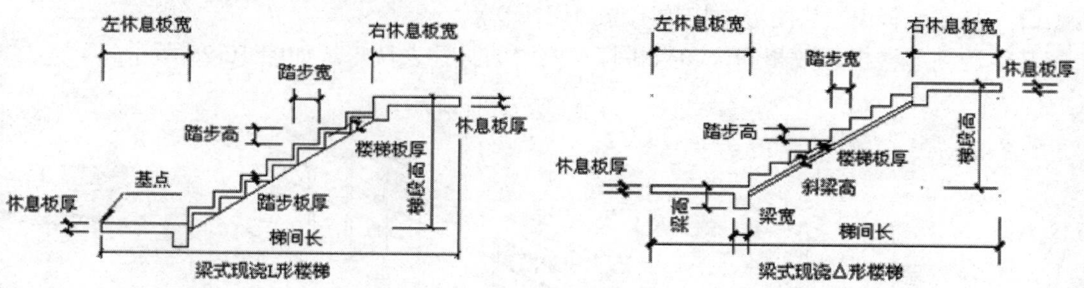

图 10-18　楼梯各元素名称

10.2.2　参数栏杆

在创建参数楼梯时，可能其中的栏杆并不复合需求，此时可在“参数楼梯”对话框中取消选中“栏杆”复选框，之后再使用“参数栏杆”命令按照参数交互方式生成楼梯栏杆。

在屏幕菜单中选择“剖面”|“参数栏杆”命令，将弹出“剖面楼梯栏杆参数”对话框，然后插入到指定点即可，如图 10-19 所示。

“剖面楼梯栏杆参数”对话框中部分选项的含义如下。

- 楼梯栏杆形式：该下拉列表框中有很多栏杆形式。
- 入库 I：用来扩充栏杆库。

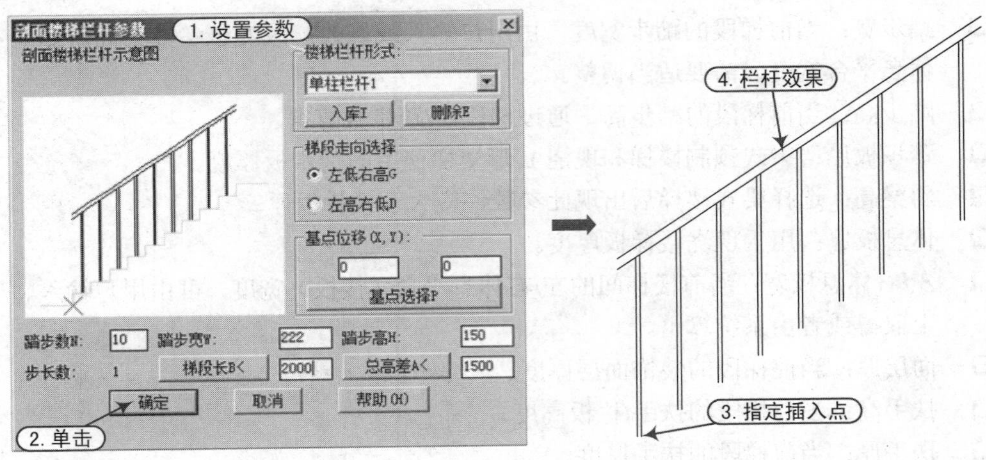

图 10-19　栏杆的插入

- ❑ 删除 E：用来删除栏杆库中由用户添加的某一栏杆形式。
- ❑ 步长数：指栏杆基本单元所跨越楼梯的踏步数。
- ❑ 梯段长 B：指梯段始末点的水平长度，通过给出的梯段两个端点得出。
- ❑ 总高差：指梯段始末点的垂直高度，通过给出的梯段两个端点得出。
- ❑ 基点选择 P：从图形中按预定位置切换基点。

其他选项与楼梯参数相同，参数栏杆在图中的具体表现形式如图 10-20 所示。

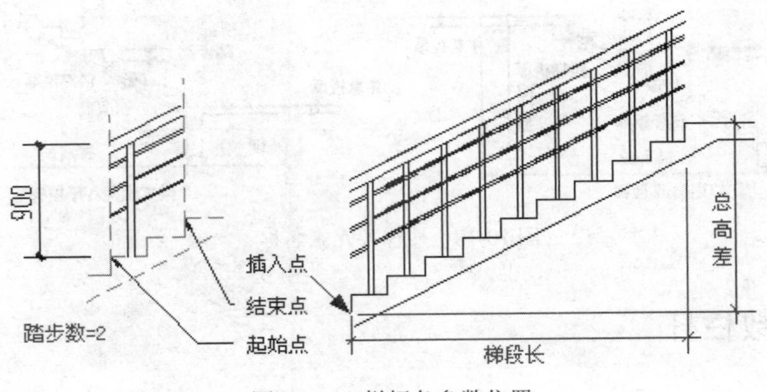

图 10-20　栏杆各参数位置

10.2.3　扶手接头

“扶手接头”命令与“参数楼梯”“参数栏杆”等命令均可配合使用，对楼梯扶手和楼梯栏板的接头作倒角与水平连接处理，水平伸出长度可以由用户输入。

在屏幕菜单中选择“剖面”|“扶手接头”命令，根据命令行提示输入相关参数值即可创建扶手接头效果，如图 10-21 所示。

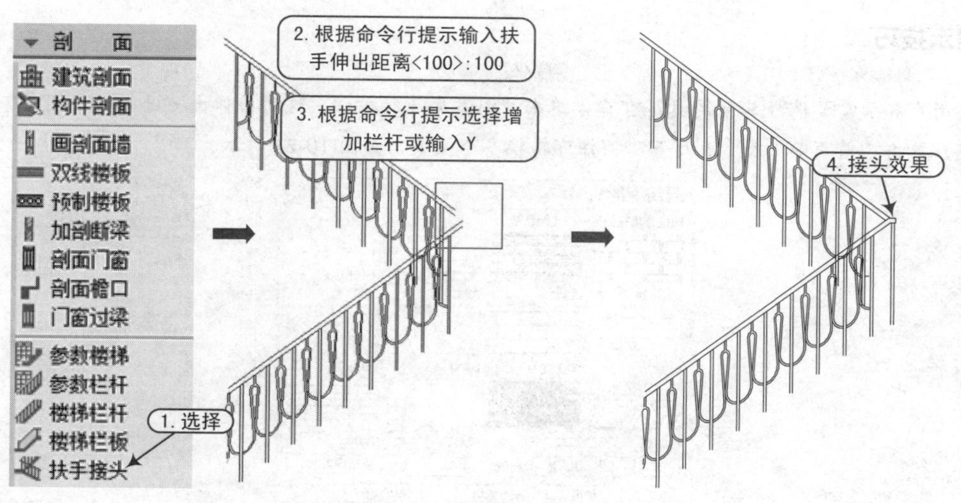

图 10-21　扶手接头连接

10.3　剖面加粗填充

在 TArch 2014 中提供了相关的剖面加粗与填充修饰命令，利用这些命令可对线框图形进行建筑标准的填充以及设置线宽等。

10.3.1　剖面填充

“剖面填充”命令可将剖面墙线与楼梯按指定的材料图例作图案填充，与 AutoCAD 的图案填充（Bhatch）使用条件不同，该命令不要求墙端封闭即可填充图案。

在屏幕菜单中选择“剖面”|“剖面填充”命令，再选择填充符号对指定区域进行图案填充，如图 10-22 所示。

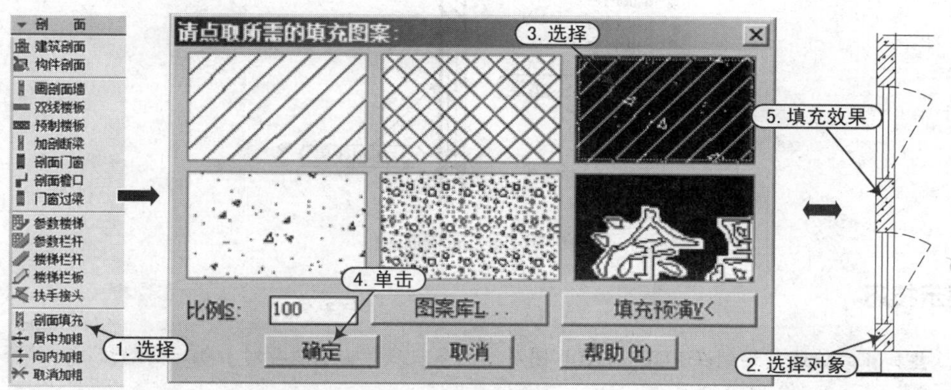

图 10-22　剖面填充

提示技巧

用户如果需要选择其他图案，可直接单击“图案库 L”按钮，这时将弹出“选择填充图案”对话框，单击“前页 P”或“次页 N”按钮可转换多个图案，如图 10-23 所示。

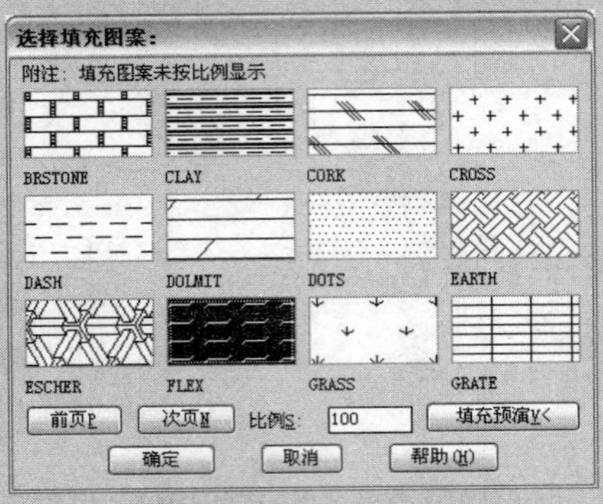

图 10-23　“选择填充图案”对话框

10.3.2　向内加粗

“向内加粗”命令是将剖面图中的墙线向内侧加粗，能做到窗墙平齐的出图效果。

在屏幕菜单中选择“剖面”|“向内加粗”命令，再选择填充符号对指定区域进行图案的填充，如图 10-24 所示。

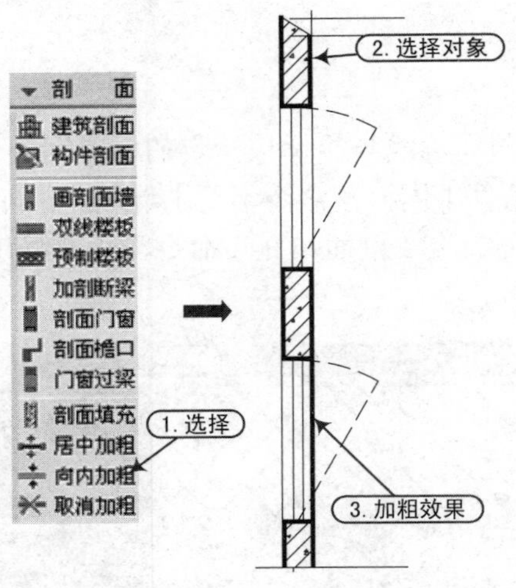

图 10-24　向内加粗

提示技巧

这些加粗的墙线是绘制在 PUB_WALL 图层上的多段线，如果需要对加粗后的墙线进行编辑，应该先执行“取消加粗”命令。

10.4 实例——绘制别墅剖面图

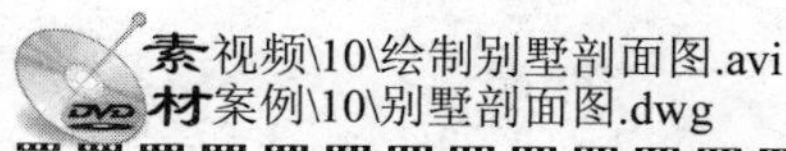

素材
视频\10\绘制别墅剖面图.avi
案例\10\别墅剖面图.dwg

在对别墅剖面图进行绘制时，可以将创建好的“别墅工程”文件打开，然后选择剖面符号自动生成剖面图效果即可，如图 10-25 所示。

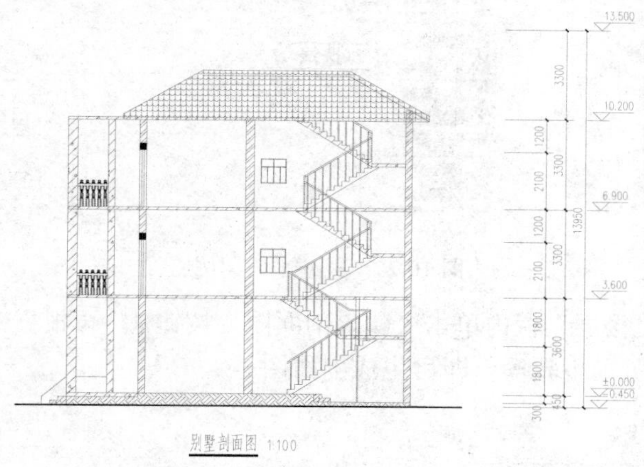

图 10-25 剖面图效果

（1）启动 TArch 2014，在屏幕菜单中选择“文件布图”|“工程管理”命令，在“工程管理”面板的下拉列表框中单击，在弹出的菜单中选择“打开工程”命令，将前面创建好的“案例\08\别墅实例\别墅工程.tpr”文件打开，如图 10-26 所示。

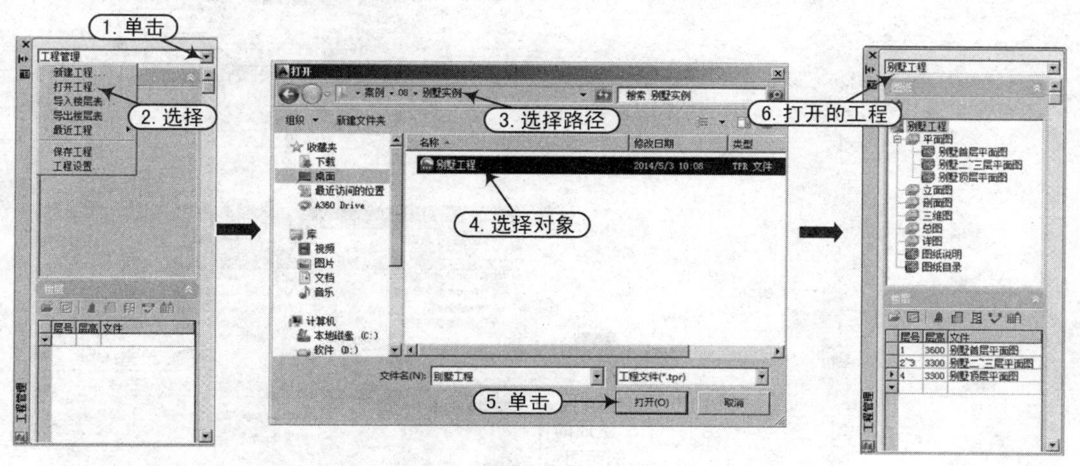

图 10-26 打开工程

（2）在“图纸”栏双击“别墅首层平面图”，将首层平面图打开；在菜单中选择“符

号标注”|“剖切符号”命令，绘制剖切符号，如图 10-27 所示。

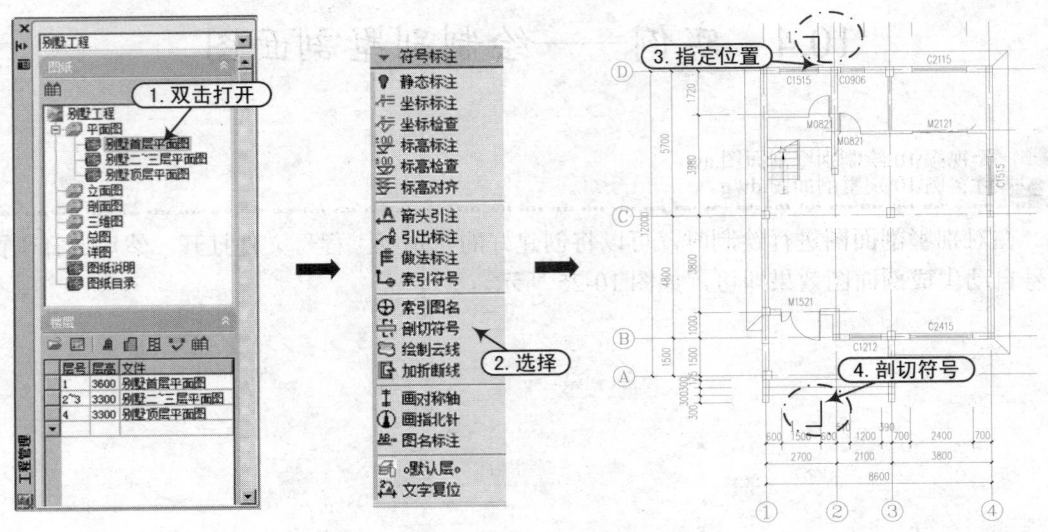

图 10-27　打开平面图例

（3）在展开的“楼层”栏内单击“建筑剖面图”按钮，再根据命令行提示选择剖面符号，按如图 10-28 所示步骤操作即可生成剖面图。

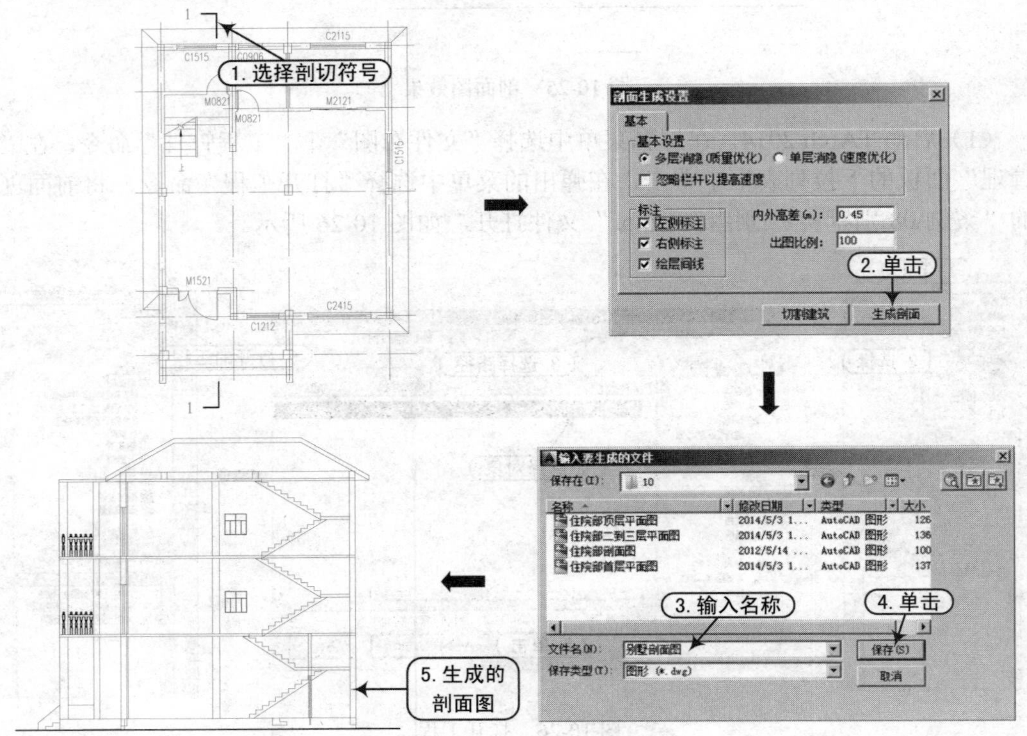

图 10-28　剖面图的生成

（4）在屏幕菜单中选择“剖面”｜“门窗过梁”命令，在剖面窗上添加过梁，如图 10-29 所示。

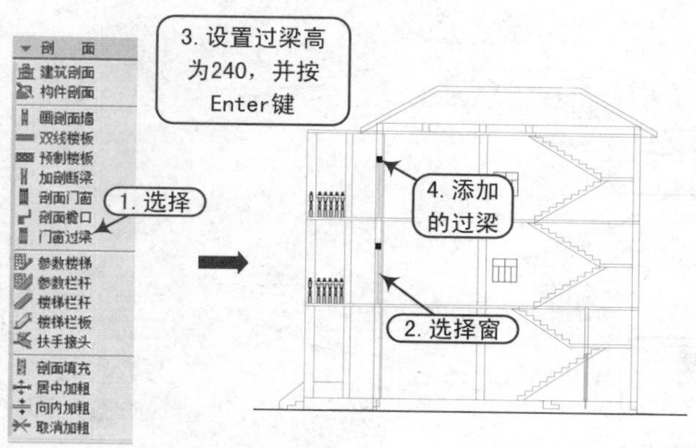

图 10-29　过梁的创建

（5）选择“双线楼板”命令，过一、二层楼板线起点和终点创建双线楼板效果。

（6）选择“剖面”｜“参数栏杆”命令，对楼梯进行栏杆的创建，并对交接位置进行连接，如图 10-30 所示。

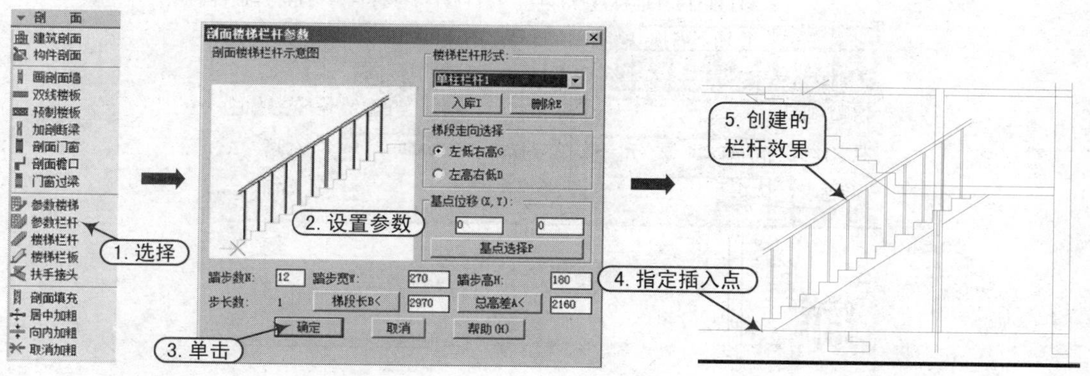

图 10-30　栏杆的创建

（7）在屏幕菜单中选择“剖面”｜“剖面填充”命令，选择不同的剖面图案对其进行填充，效果如图 10-31 所示。

提示技巧

如果用“剖面填充”命令对部分区域无法填充，可采用 AutoCAD 中的“填充（H）”命令进行填充。

（8）选择“符号标注”｜“图名标注”命令，弹出“图名标注”对话框，输入“别墅剖面图”文字，并放在剖面图的正中位置即可，如图 10-32 所示。

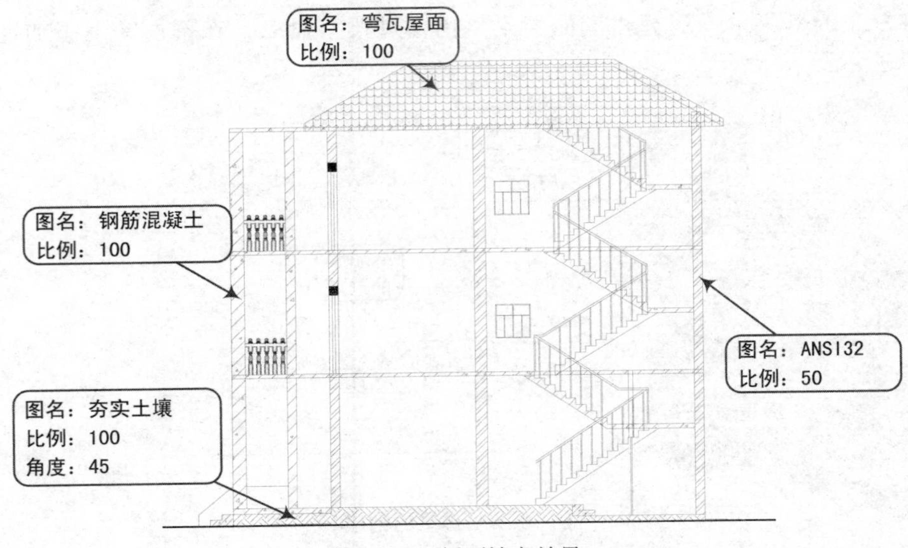

图 10-31　剖面填充效果

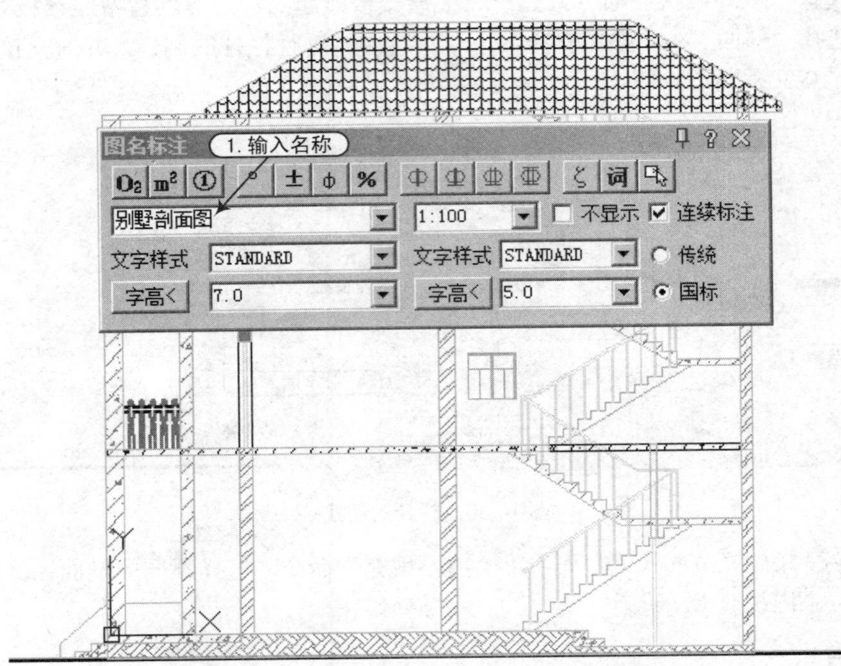

图 10-32　图名标注

（9）至此，别墅剖面图的绘制结束，用户直接按 Ctrl+S 快捷键进行保存即可。

第 11 章　天正 TArch 工具

本章导读

很多天正书籍基本没有对天正 TArch 工具进行讲解，用户发现的问题无法解决，因此，在本书中将对 TArch 工具着重进行讲解，让读者能轻松地掌握并使用这些工具。

本章首先讲解了常用工具、曲线工具、观察工具和其他工具的使用方法，在本章最后讲解了天正制图软件图层工具的设置与使用方法。由于本章的理论知识较为烦琐，为了增加用户的视觉效果，本章在个别命令的使用上象征性地增添了一些例图。

主要内容

- ❑ 掌握天正常用工具命令的使用方法
- ❑ 掌握天正曲线工具命令的使用方法
- ❑ 了解和观察其他工具命令的使用方法
- ❑ 别墅工程图的调整实例

效果预览

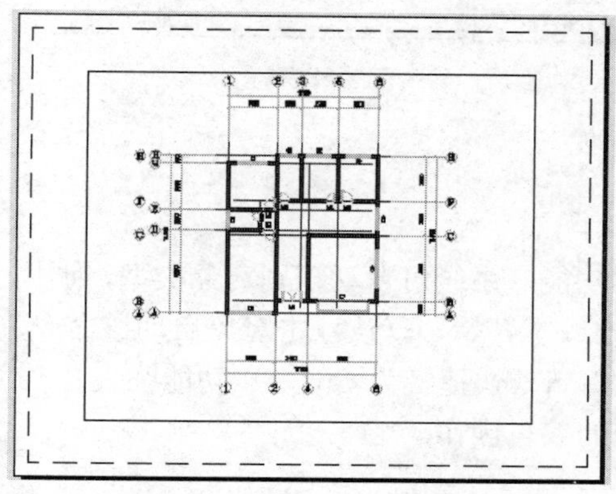

图层管理

图层标准：当前标准（TArch）　置为当前标准　新建标准

图层关键字	图层名	颜色	线型	备注
轴线	DOTE	[illegible]	CONTINUOUS	此图层的直线和弧认为是平面轴线
阳台	BALCONY	[illegible]	CONTINUOUS	存放阳台对象，利用阳台做的雨蓬
柱子	COLUMN	9	CONTINUOUS	存放各种材质构成的柱子对象
石柱	COLUMN	9	CONTINUOUS	存放石材构成的柱子对象
砖柱	COLUMN	9	CONTINUOUS	存放砖砌筑成的柱子对象
钢柱	COLUMN	9	CONTINUOUS	存放钢材构成的柱子对象
砼柱	COLUMN	9	CONTINUOUS	存放砼材料构成的柱子对象
门	WINDOW	4	CONTINUOUS	存放插入的门图块
窗	WINDOW	4	CONTINUOUS	存放插入的窗图块
墙洞	WINDOW	4	CONTINUOUS	存放插入的墙洞图块
防火门	DOOR_FIRE	4	CONTINUOUS	防火门
防火窗	DOOR_FIRE	4	CONTINUOUS	防火窗
防火卷帘	DOOR_FIRE	4	CONTINUOUS	防火卷帘
轴标	AXIS	3	CONTINUOUS	存放轴号对象，轴线尺寸标注
地面	GROUND	2	CONTINUOUS	地面与散水
道路	ROAD	2	CONTINUOUS	存放道路绘制命令所绘制的道路线
道路中线	ROAD_DOTE	[illegible]	CENTERX2	存放道路绘制命令所绘制的道路中心线
树木	TREE	74	CONTINUOUS	存放成片布树和任意布树命令生成的植物
停车位	PKNG-TSRP	83	CONTINUOUS	停车位及标注

图层转换　颜色恢复　关 闭

11.1 常用工具

TArch 2014 中包括“常用工具”、“曲线工具”、“观察工具”和“其他工具”命令，本节将对这些工具的使用方法进行讲解。

1. 对象查询

对象查询功能比 List 更加方便，不必选取，只要光标经过对象，即可出现文字窗口，动态查看该对象的有关数据。如选取对象，则自动进入对象编辑进行修改，修改完毕继续执行该命令。例如，查询墙体，屏幕出现详细信息，选择墙体则弹出“墙体编辑”对话框。

在屏幕菜单中选择“工具”|“对象查询”命令后，将光标在图上移动时会显示如图 11-1 所示的文字窗口，对于天正定义的专业对象，将列出反映该对象的详细的数据，对于 AutoCAD 的标准对象，只列出对象类型和通用的图层、颜色、线型等信息，选择标准对象也不能进行对象编辑。

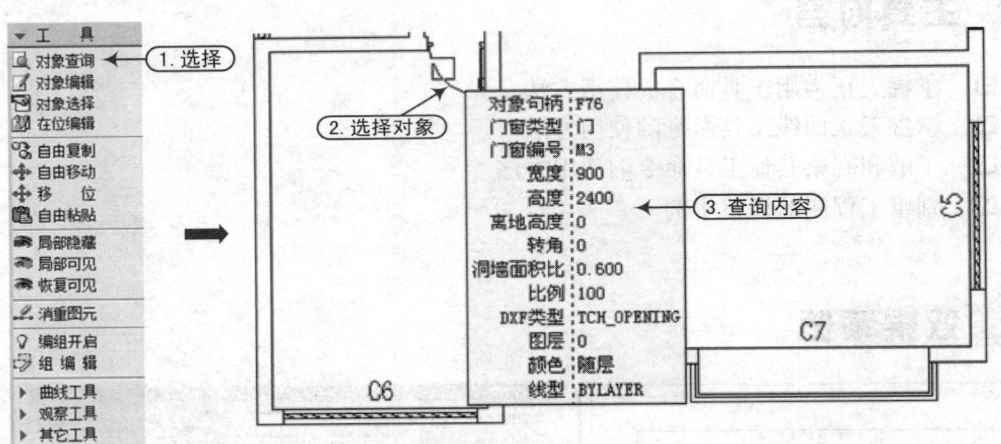

图 11-1 对象查询

2. 对象编辑

“对象编辑”命令提供了天正对象的专业编辑功能，系统可自动识别对象类型，调用相应的编辑界面对天正对象进行编辑，从 TArch 6.5 版本开始，默认双击对象启动该命令，在对多个同类对象进行编辑时，对象编辑不如特性编辑（快捷键为 Ctrl+1）功能强大。

直接选择菜单命令或双击对象即可进行该对象的编辑操作。

3. 对象选择

“对象选择”命令提供了过滤选择对象功能。选择该命令后，会弹出“匹配选项”对话框，如图 11-2 所示。

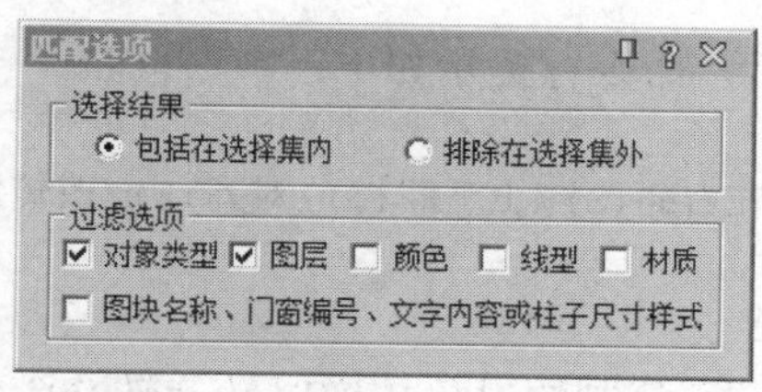

图 11-2　“匹配选项”对话框

使用该命令时先选择作为过滤条件的对象，再选择其他符合过滤条件的对象，在复杂的图形中筛选同类对象，建立需要批量操作的选择集，新提供构件材料的过滤，柱子和墙体可按材料过滤进行选择，默认匹配的结果保存在新选择集中，也可以从新选择集中排除匹配内容。

“匹配选项”对话框中各选项的含义如下。

- 包括在选择集内：使结果包含在选择集内。
- 排除在选择集外：结果从选择集中扣除。用户选取范围中可能包括某些不需要的匹配项，选中该单选按钮可以过滤掉这些内容。
- 对象类型：过滤选择条件为图元对象的类型，例如，选择所有的 PLINE。
- 图层：过滤选择条件为图层名，例如，过滤参考图元的图层为 A，则选取对象时只有 A 层的对象才能被选中。
- 颜色：过滤选择条件为图元对象的颜色，目的是选择颜色相同的对象。
- 线型：过滤选择条件为图元对象的线型，例如，删去虚线。
- 材质：过滤选择条件为柱子或者墙体的材料类型。
- 图块名称、门窗编号、文字内容或柱子尺寸样式：过滤选择条件为图块名称、门窗编号、文字属性和柱子类型与尺寸，快速选择同名图块或编号相同的门窗、相同的柱子。

4. 在位编辑

“在位编辑”命令适用于大多数天正注释对象（多行文字除外）的文字编辑，使用此命令，不需要进入对话框，即可直接在图形上以简洁的界面修改文字，如图 11-3 所示。

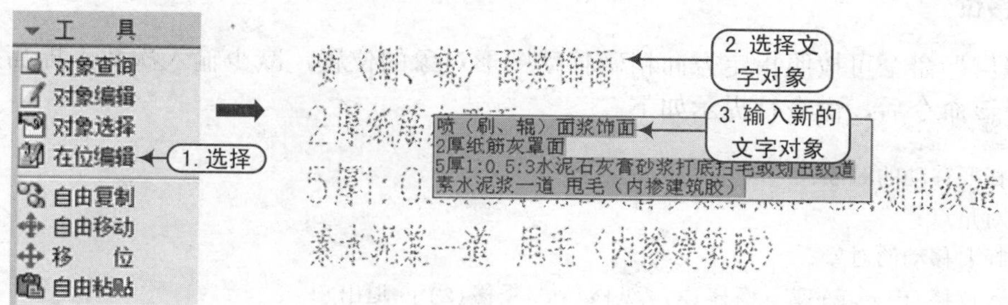

图 11-3　在位编辑

5. 自由复制

复制对 AutoCAD 对象与天正对象均起作用，能在复制对象之前对其进行旋转、镜像、改插入点等灵活处理，而且默认为多重复制，十分方便。

选择“自由复制”命令后，命令行提示如下：

```
点取位置或 [转 90 度(A)/左右翻(S)/上下翻(D)/对齐(F)/改转角(R)/改基点(T)]<退出>
```

各选项含义如下。

- ❑ 转 90 度（A）：表示所复制的对象按逆时针旋转 90°，如图 11-4 所示。

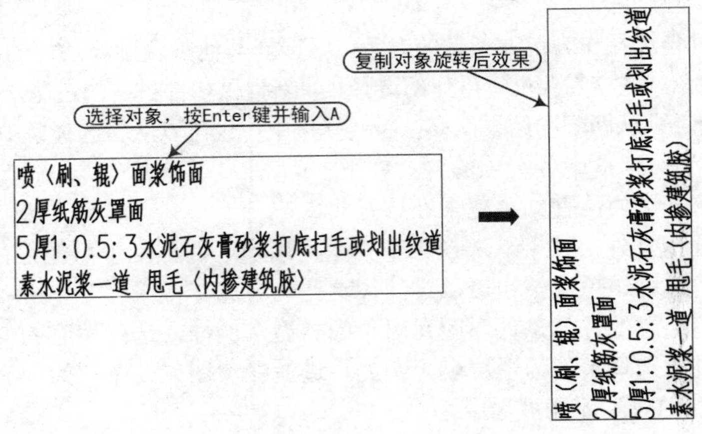

图 11-4　复制并旋转

- ❑ 左右翻（S）：所复制的对象向左右两个方向翻转。
- ❑ 对齐（F）：所复制的对象按某一基准对齐。
- ❑ 改转角（R）：对复制的对象角度进行改变。
- ❑ 改基点（T）：对复制的对象基点进行改变。

6. 自由移动

移动也可以对 AutoCAD 对象与天正对象起作用，能在移动对象之前对其进行旋转、镜像、改插入点等灵活处理，可随意放置。

7. 移位

“移位”命令可按照指定方向精确移动图形对象的位置，减少输入次数，提高效率。选择该命令后，命令行提示如下。

```
请选择要移动的对象：
指定对角点：
请选择要移动的对象：
请输入位移(x,y,z)或 [横移(X)/纵移(Y)/竖移(Z)]<退出>:
```

根据命令行提示，可按不同的轴向进行移动。

8. 自由粘贴

“自由粘贴”命令能在粘贴对象之前对其进行旋转、镜像、改插入点等灵活处理，对 AutoCAD 对象与天正对象均起作用。

9. 局部隐藏

“局部隐藏”命令可把妨碍观察和操作的对象临时隐藏起来；在三维操作中，经常会遇到前方的物体遮挡了想操作或观察的物体，这时可以把前方的物体临时隐藏，以方便观察或其他操作，如图 11-5 所示。

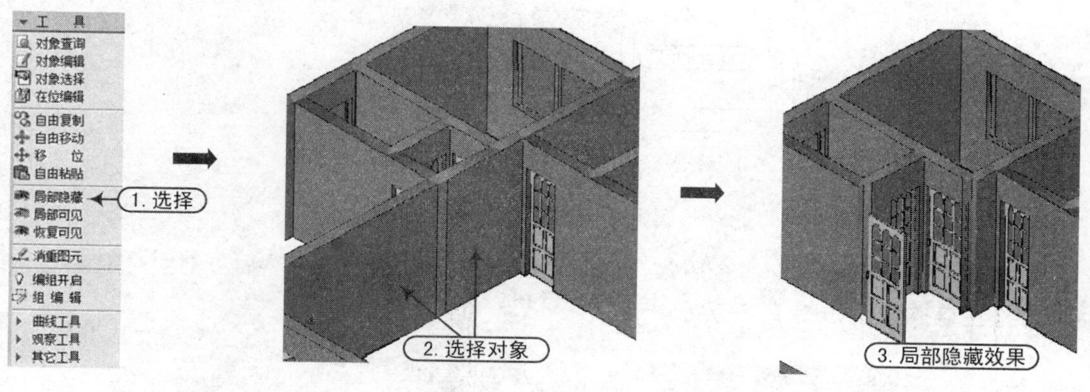

图 11-5　局部隐藏

10. 局部可见

“局部可见”命令用于选取需要被关注的对象进行显示，把其余对象临时隐藏，如图 11-6 所示。

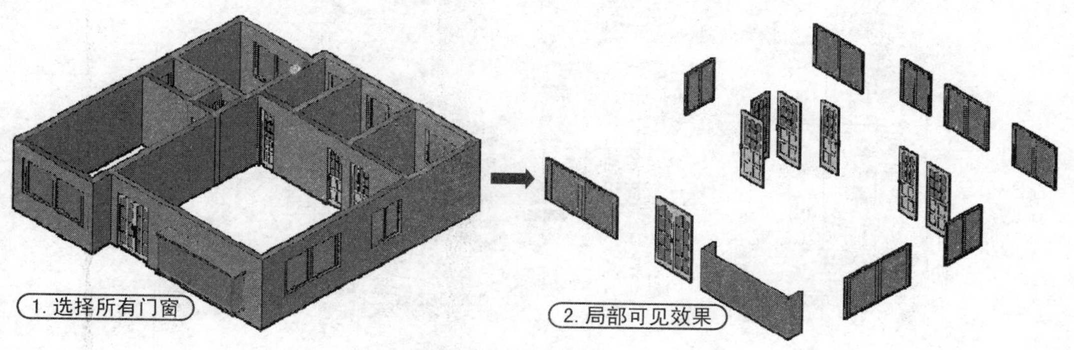

图 11-6　局部可见

11. 恢复可见

“恢复可见”命令将使局部隐藏的图形对象重新恢复为可见。被临时隐藏的物体，放置在名为_TCH_HIDE_GROUP 的编组中，用户不可以对该编组擅自进行任何操作。

提示技巧

若对隐藏的图形如无法进行恢复操作，可使用“还原（U）”命令还原。

12. 消重图元

就是将重合的天正对象以及普通对象，如线、圆和圆弧消除，消除的对象包括部分重合和完全重合的墙、柱对象和线条，当多段墙对象共线部分重合时也会给出需要清理的提示，如图 11-7 所示。

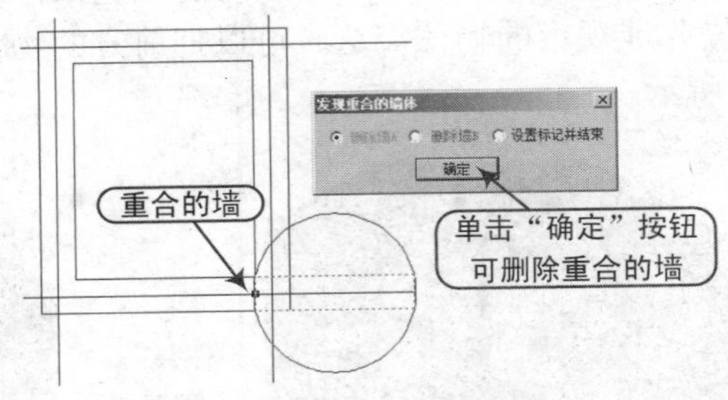

图 11-7　删除重合对象

直接选择“消重图元”命令后，会弹出“消重图元”对话框，然后可对重合对象进行搜索、检查等操作，如图 11-8 所示。

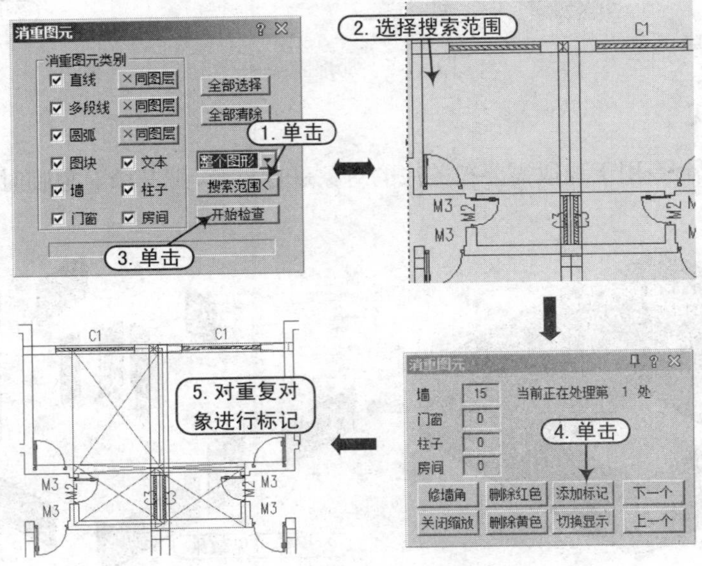

图 11-8　“消重图元”对话框

提示技巧

用户可以直接单击“删除红色”或“删除黄色”按钮对图中所显示的重复对象进行删除操作。对于墙、柱、房间（面积）对象，该命令提供了“全部清除”按钮，可以一次消除完全重合的这几类对象，不必依次逐个清理。

11.2　曲 线 工 具

曲线工具是天正系统的一项特殊工具项，除了“布尔运算”外，其他的曲线工具在建

筑绘图中一般用得比较少。下面将对这些工具进行简要介绍。

1. 线变复线

“线变复线”命令可将若干段彼此衔接的直线（L）、弧（A）、多段线（PL）连接成整段的多段线（PL），即复线，如图 11-9 所示。

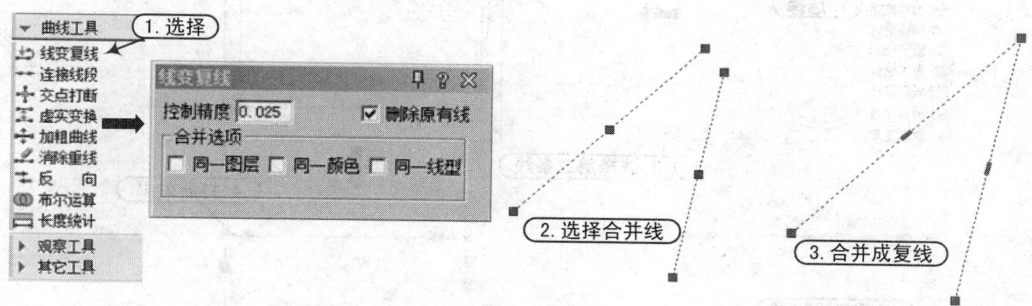

图 11-9　线变复线

提示技巧

在进行线变复线操作时，所选择的多条线型不能离得太远，要注意控制精度问题。用于控制在两线线端距离比较接近，希望通过倒角合并为一根时的可合并距离，即倒角顶点到其中一个端点的距离，如图 11-9 所示，用户通过精度控制倒角合并与否，单位为当前绘图单位。

2. 连接线段

“连接线段”命令可将共线的两条线段或两段弧、相切的直线段与弧相连接。

如果两线位于同一直线上，或两根弧线同圆心和半径、直线与圆弧有交点，便将它们连接起来，如图 11-10 所示。

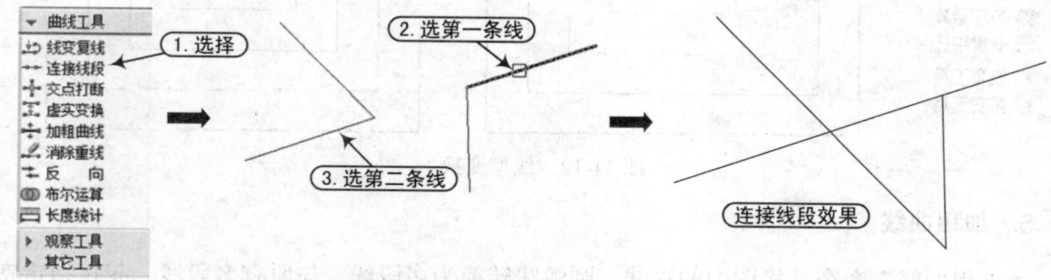

图 11-10　连接线段

3. 交点打断

“交点打断”命令可将通过交点并在同一平面上的线（包括线、多段线和圆、圆弧）打断，一次打断经过框选范围内交点的所有线段，如图 11-11 所示。

4. 虚实变换

“虚实变换”命令可使图形对象（包括天正对象）中的线型在虚线与实线之间进行切

换，如图 11-12 所示。

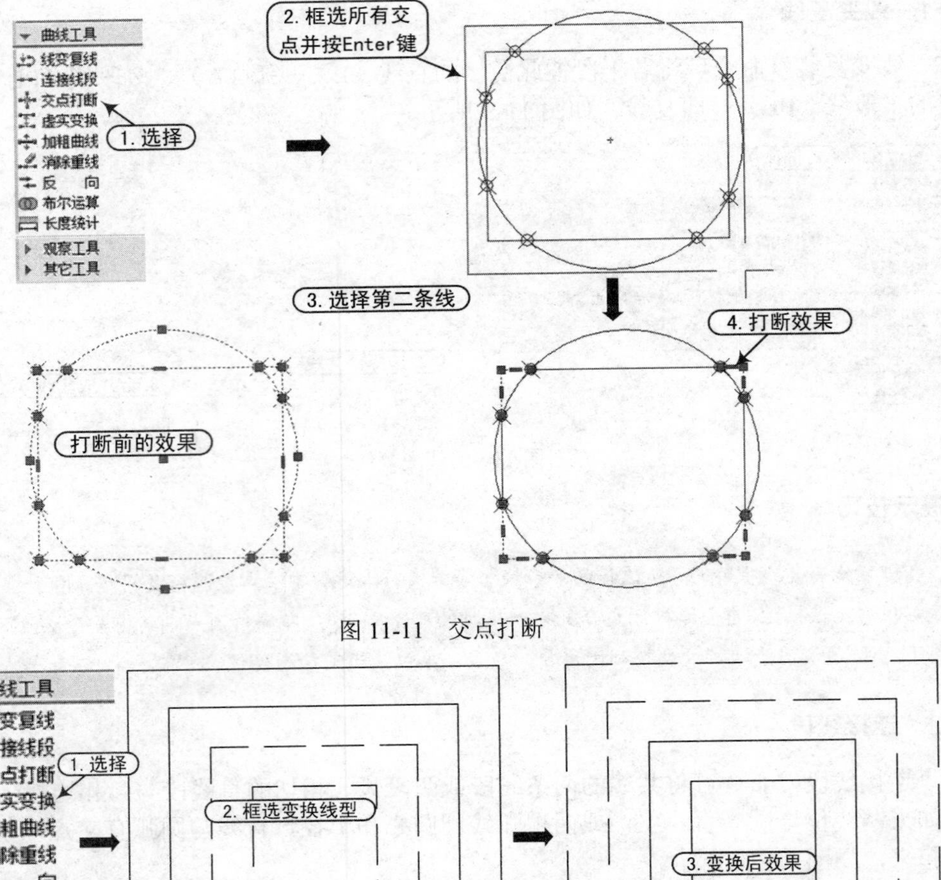

图 11-11　交点打断

图 11-12　线型变换

5. 加粗曲线

“加粗曲线”命令是将图中的直线、圆弧线转换为多段线，与原有多段线一起按指定宽度加粗，该命令还可用于直线、圆、弧、多段线和以多段线创建的椭圆，如图 11-13 所示。

6. 布尔运算

布尔运算和在位编辑一样，是新增的对象通用编辑方式，通过对象的右键快捷菜单可以方便启动，可以把布尔运算作为灵活方便的造型和图形裁剪功能使用，除了 AutoCAD 的多段线外，已经全面支持天正对象，包括墙体造型、柱子、平板、房间、屋顶、路径曲面等，不但多个对象可以同时运算，而且各类型对象之间还可以交叉运算。

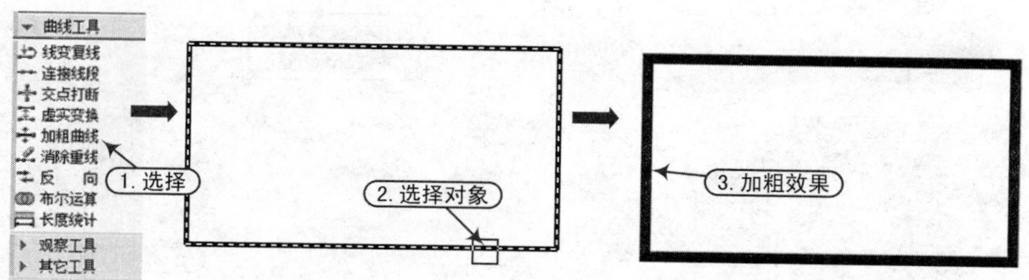

图 11-13　加粗线型

在屏幕菜单中选择“曲线工具”|“布尔运算”命令，将弹出“布尔运算选项”对话框，在该对话框中有 3 种不同的运算方式，分别为并集、交集和差集，如图 11-14 所示。

图 11-14　“布尔运算选项”对话框

3 种运算方式的选择及运算效果，如图 11-15～图 11-17 所示。

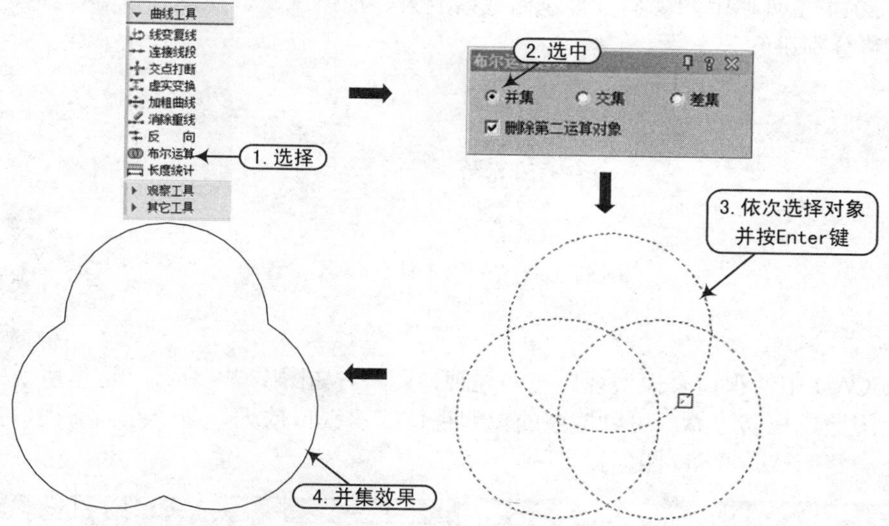

图 11-15　并集效果

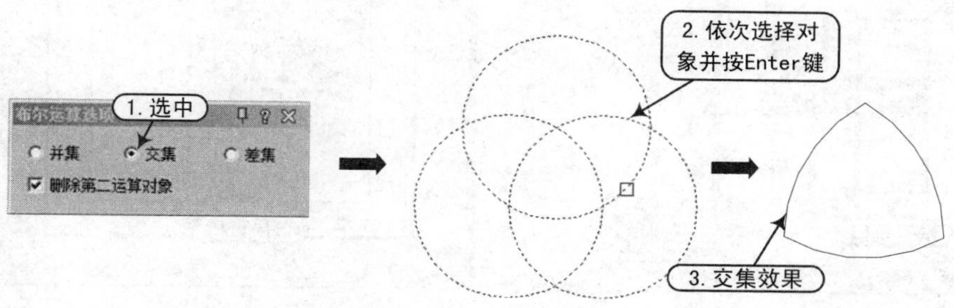

图 11-16　交集效果

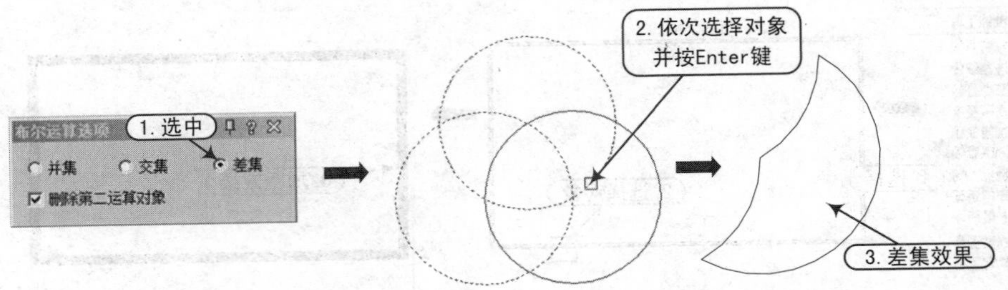

图 11-17　差集效果

提示技巧

用户进行布尔运算选择对象时，不能进行框选操作，只能逐一选择对象。

11.3　观 察 工 具

TArch 2014 工具栏中的观察工具包括视口放大、视口恢复、视图存盘等，如图 11-18 所示，本节将分别讲解。

图 11-18　“观察工具”命令

1. 视口放大

在 AutoCAD 中的视口有模型视口与布局视口两种，如图 11-19 所示，这里所说的视口专指模型空间通过拖动边界，可以增减的模型视口。“视口放大”命令在当前视口执行，使该视口充满整个 AutoCAD 图形显示区。

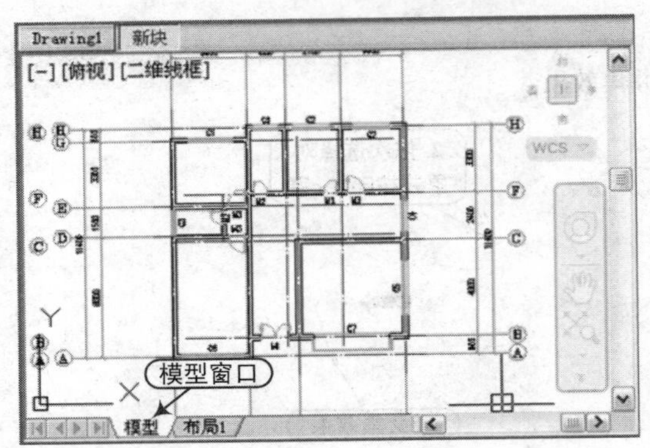

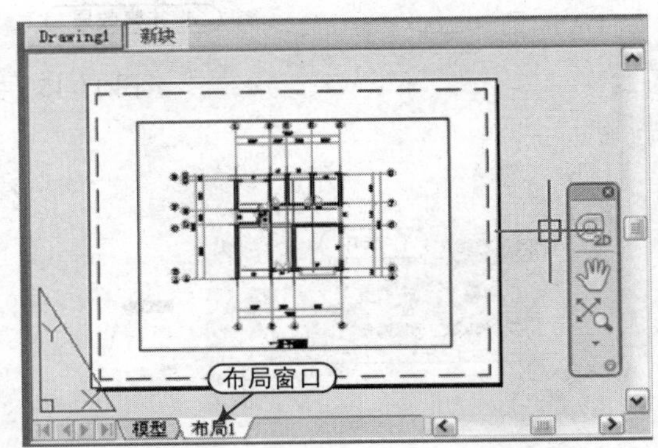

图 11-19　模型、布局窗口

提示技巧

在 AutoCAD 的“视口”工具栏中，单击“视口”按钮，将弹出“视口”对话框，如图 11-20 所示，可对绘图视口进行设置。

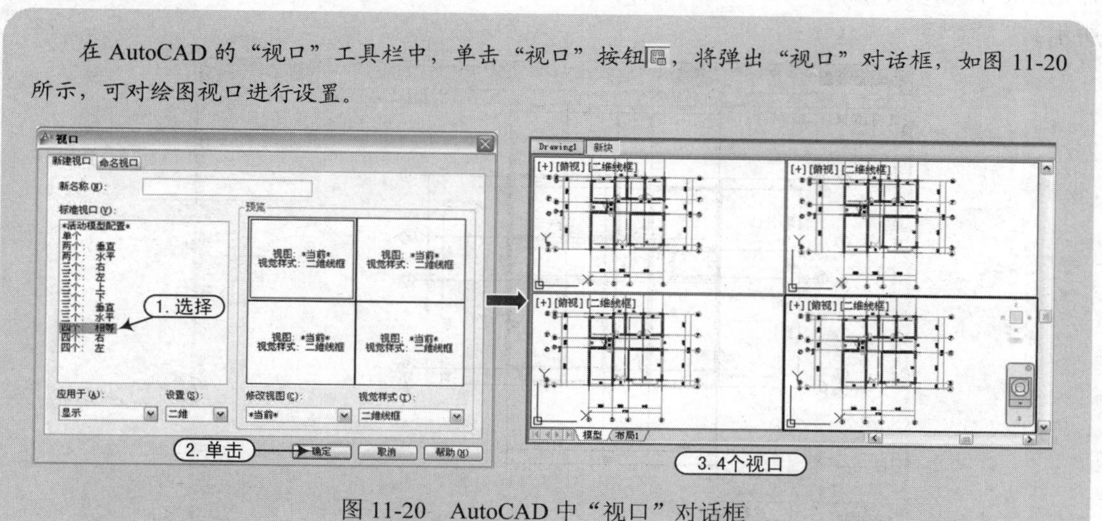

图 11-20　AutoCAD 中“视口”对话框

2. 视图满屏

“视图满屏”命令是临时将 AutoCAD 所有界面工具关闭，提供一个最大的显示视口，用于图形演示。

选择该菜单命令后，立刻放大当前视口，如图 11-21 所示，没有命令行提示，在满屏状态可以执行快捷菜单中的各项设置，按 Esc 键退出满屏状态。

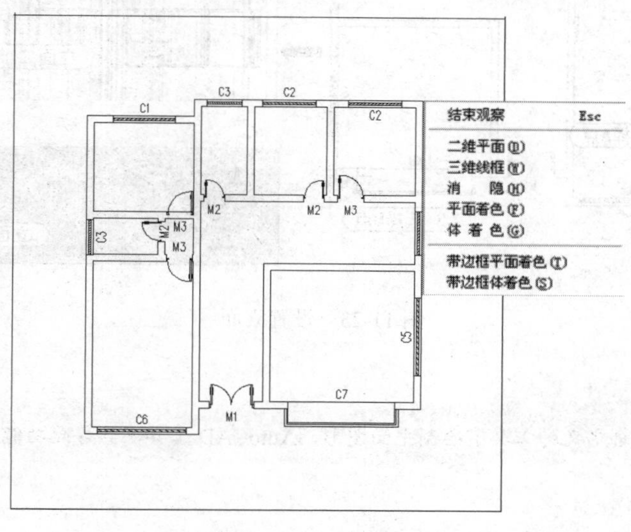

图 11-21　视图满屏

3. 视图存盘

“视图存盘”命令是把视图满屏命令的当前显示抓取保存为 BMP 或 JPG 格式图像文

件，当选择该命令后，单击“保存”按钮，可把当前的视图保存为图像文件，如图 11-22 所示。

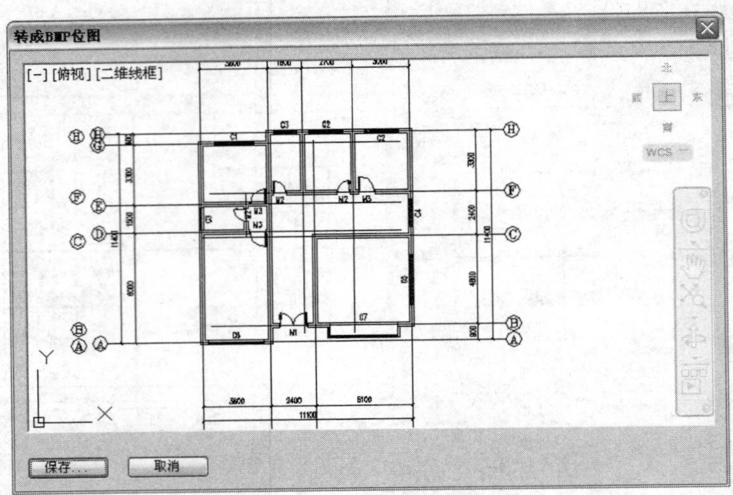

图 11-22 视图存盘

4. 设置立面

将用户坐标系（UCS）和观察视图设置到平面两点（A、B）所确定的立面上。

选择“设置立面”命令后，根据命令行提示，选取左墙角一点 A，右墙角一点 B，然后系统自动生成立面图效果，如图 11-23 所示。

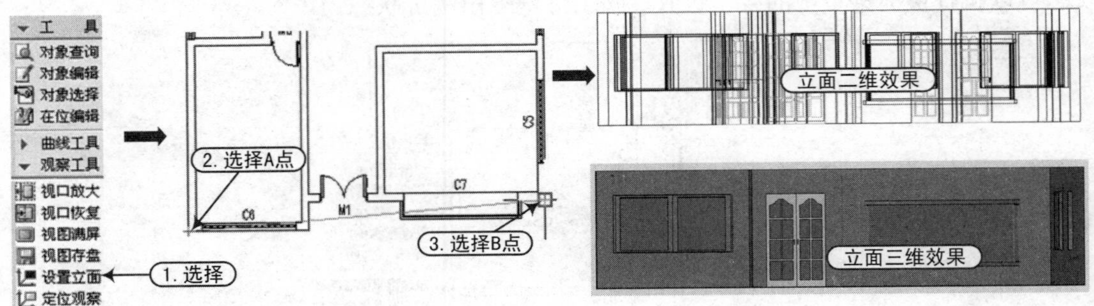

图 11-23 设置立面

提示技巧

用户必须在天正自定义的工具下绘制平面图形，AutoCAD 工具不具备此功能。

5. 定位观察

“定位观察”命令与“设置立面”类似，由两个点定义一个立面的视图，所不同的是每次执行该命令会新建一个相机，相机观察方向是平行投影，位置为立面视口的坐标原点。更改相机位置时，视图和坐标系可以联动，并且相机后面的物体自动从视图上裁剪掉，以

便排除干扰，如图 11-24 所示。

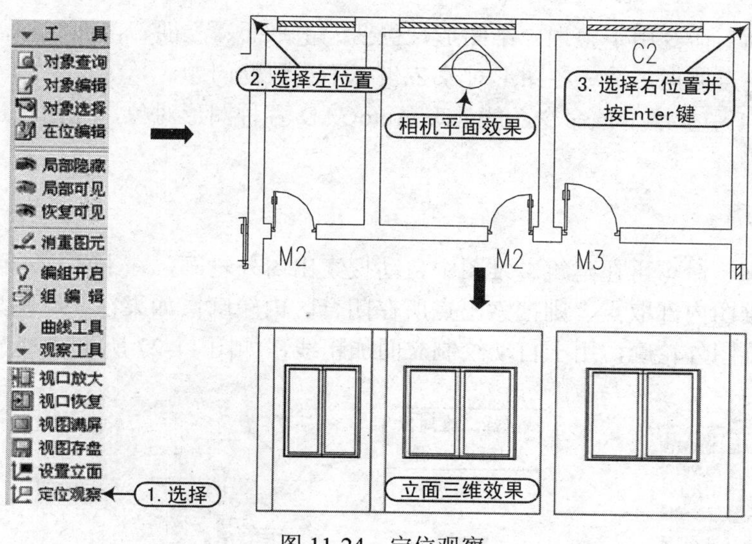

图 11-24　定位观察

11.4 其他工具

除了前面所讲的工具以外，本节将对“其他工具”命令进行详细介绍。

“其他工具”命令展开后如图 11-25 所示。

1. 测量边界

“测量边界”命令用于测量选定对象的外边界，显示所选择目标（包括图上的注释对象和标注对象在内）的最大边界的 X 值、Y 值和 Z 值，并以虚框表示对象最大边界，如图 11-26 所示。

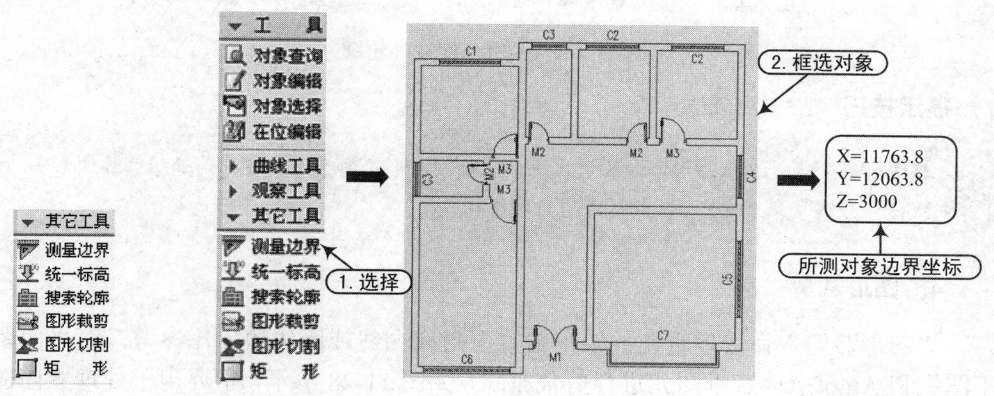

图 11-25　“其他工具”命令

图 11-26　边界测量

2. 统一标高

“统一标高”命令用于整理二维图形，包括天正平面、立面、剖面图形，避免绘图中出现因错误的取点捕捉，造成各图形对象 Z 坐标不一致的问题。

TArch 2014 中扩展了该命令，能处理 AutoCAD 各种图形对象，包括点、线、弧与多段线。

3. 搜索轮廓

“搜索轮廓”命令可在建筑二维图中自动搜索出内外轮廓，在上面加一圈闭合的粗实线。如果在二维图内部取点，则搜索出点所在闭合区内轮廓；如果在二维图外部取点，则搜索出整个二维图外轮廓，用于自动绘制立面加粗线，如图 11-27 所示。

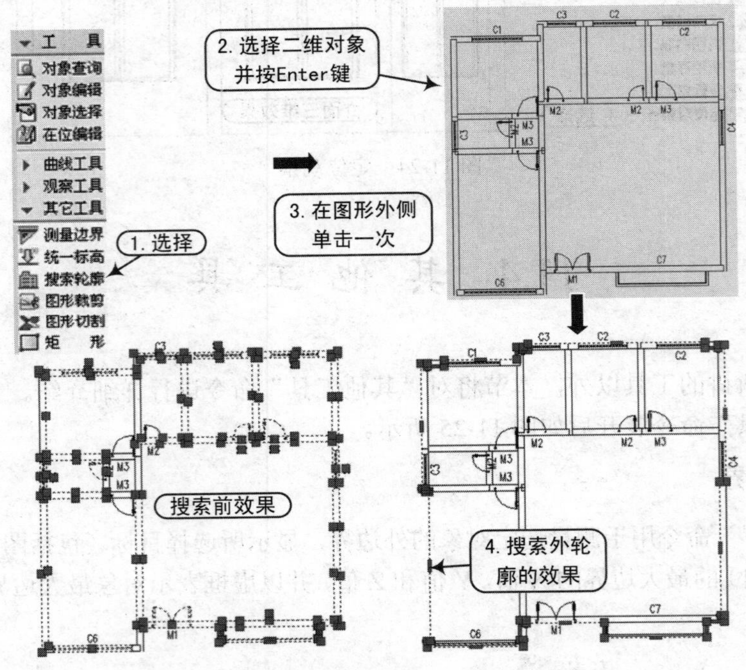

图 11-27 搜索外轮廓

提示技巧

搜索对象必须是二维图形，如果用户用天正绘制图形（由于天正对象是三维立体图形），这时可以先执行“分解”命令（X），然后再进行搜索操作。

4. 图形裁剪

“图形裁剪”命令以选定的矩形窗口、封闭曲线或图块边界作参考，对平面图内的天正图块和 AutoCAD 二维图元进行剪裁删除，如图 11-28 所示，主要用于处理立面图中构件的遮挡关系。

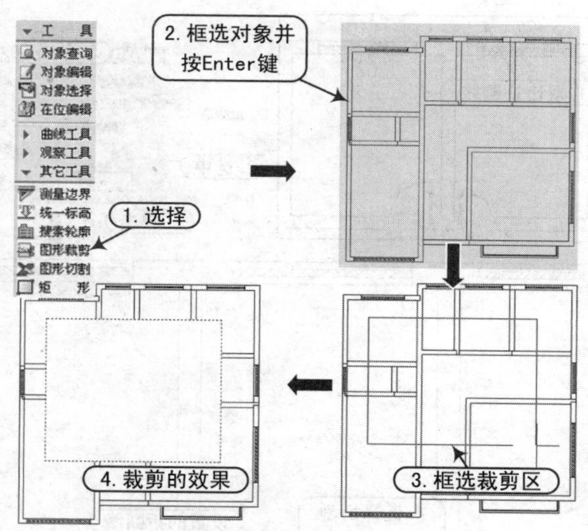

图 11-28　图形裁剪

5. 图形切割

“图形切割”命令以选定的矩形窗口、封闭曲线或图块作为边界，在平面图内切割并提取带有轴号和填充的局部区域用于详图；该命令使用了新定义的切割线对象，能在天正对象中间切割，遮挡范围随意调整，可把切割线设置为折断线或隐藏，如图 11-29 所示。

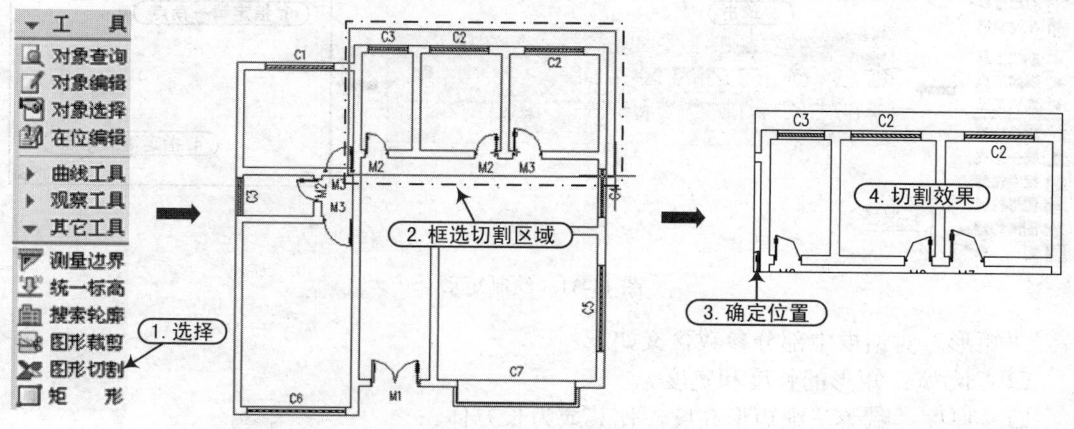

图 11-29　图形切割

当双击切割线时，可对切割区域进行编辑操作，如图 11-30 所示。

6. 矩形

“矩形”命令所创建的矩形是天正定义的三维通用对象，具有丰富的对角线样式，可以拖动其夹点改变平面尺寸，用于各种设备、家具的设计。

在屏幕菜单中选择“工具”|“其他工具”|“矩形”命令，将弹出“矩形”对话框，用户可选择不同绘制方式来创建矩形对象，如图 11-31 所示。

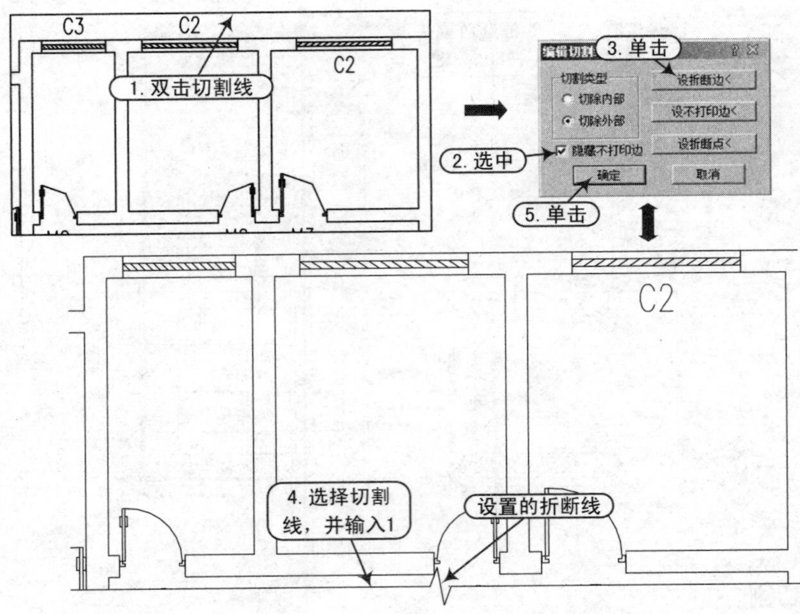

图 11-30　切割线编辑

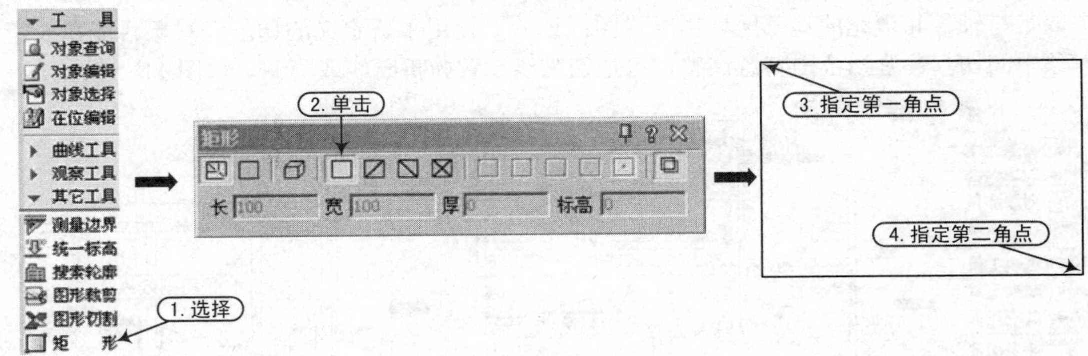

图 11-31　绘制矩形

“矩形”对话框中部分参数含义如下。

- 长/宽：矩形的长度和宽度。
- 厚度：赋予三维矩形高度，使其成为长方体。
- 标高：矩形在图中的相对高度。

根据“矩形”对话框中各按钮绘制矩形样式，如图 11-32 所示。

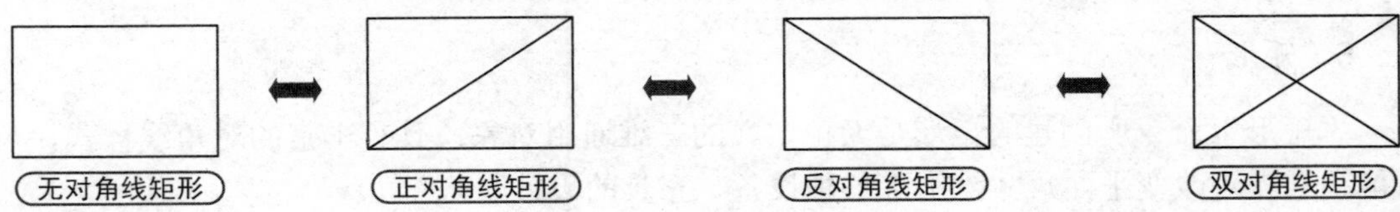

图 11-32　矩形样式

拖动夹点可以动态修改已有的天正矩形的平面尺寸。

11.5 图 层 工 具

TArch 2014 为用户提供了较为灵活的图层名称、颜色和线型管理工具，如图 11-33 所示，其中，线型是在 TArch 8 中新增的，同时也支持用户自己创建的图层标准，其特点如下。

- ❑ 通过外部数据库文件设置多个不同图层的标准。
- ❑ 可恢复用户不规范设置的颜色和线型。
- ❑ 对当前图的图层标准进行转换。

系统不会对用户定义的标准图层数量进行限制，用户可以新建图层标准，在图层管理器中修改标准中各图层的名称、颜色和线型，对当前图的图层按选定的标准进行转换。

1. 图层管理

用户可通过“图层管理”对话框进行图层名称、颜色和线型的设置。在屏幕菜单中选择“图层控制”|“图层管理”命令，将弹出“图层管理”对话框，如图 11-34 所示。

图 11-33 “图层控制”命令

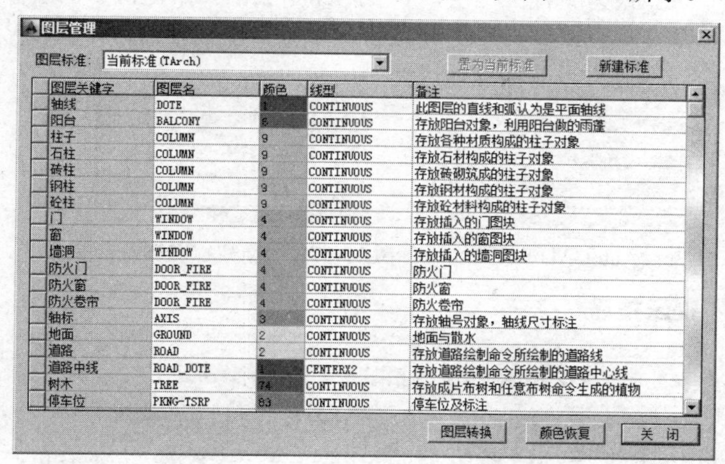

图 11-34 “图层管理”对话框

“图层管理”对话框中各参数的含义如下。

- ❑ 图层标准：默认在此下拉列表框中保存有 3 个图层标准，分别为当前标准、国标 GBT 18112—2000 推荐的中文图层标准和天正自己的图层标准。在界面下进行编辑。
- ❑ 置为当前标准：单击该按钮，新的图层标准开始生效，同时弹出如图 11-35 所示的对话框，单击“是”按钮，表示将当前使用中的 TArch 图层定义 LAYERDEF.DAT 数据覆盖到 TArch.lay 文件中，保存在 TArch 的新图层定义中。如果没有做新的图层定义，单击“否”按钮，不保存当前标准，TArch.lay 文件没有被覆盖，把新图层标准 GBT 18112—2000 改为当前图层定义的 LAYERDEF.DAT 数据执行。

图 11-35 AutoCAD 对话框

- 新建标准：单击该按钮，如果图层定义修改后没有保存，会显示如图 11-36 所示的对话框，提示是否保存当前修改，单击“是”按钮表示以旧标准名称保存当前定义。如对图层定义的修改不保存在旧图层标准中，而要新建一个标准名称时，则会弹出如图 11-37 所示的对话框，用户可在其中输入新的标准名称，这个名称代表图 11-34 中列表框中的图层定义。
- 图层关键字：图层关键字用于系统对图层进行识别，用户不能修改。
- 图层名：用户可以对提供的图层名称进行修改或者使当前图层名与图层关键字对应。
- 颜色：用户可以修改选择的图层颜色，单击此处可输入颜色号或单击■按钮进入界面选取颜色。
- 线型：用户可以修改选择的图层线型，单击此处可输入线型名称或单击列表内容选取当前图形已经加载的线型。
- 备注：用户可自己输入对本图层的描述。
- 图层转换：单击“置为当前标准”按钮后，新对象将会按新图层标准绘制，但是已有的旧标准图层还存在，已有的对象还是在旧标准图层中，单击“图层转换”按钮后会显示“图层转换”对话框，如图 11-38 所示，可把已有的旧标准图层转换为新标准图层。自 TArch 8 版本开始提供了图层冲突的处理功能。
- 颜色恢复：单击该按钮，系统自动把当前打开的 DWG 文件中所有图层的颜色恢复为当前标准使用的图层颜色。

图 11-36 AutoCAD 对话框

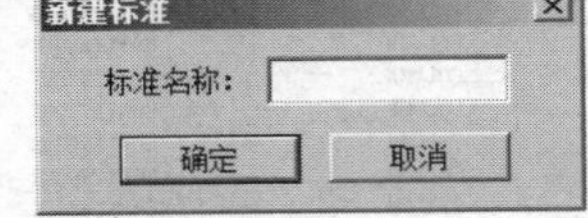

图 11-37 “新建标准”对话框

图 11-38 “图层转换”对话框

提示技巧

用户可根据需要创建标准图层，具体的创建方法如下。

（1）复制默认的图层标准文件作为自定义图层的模板，用英文标准的可以复制 TArch.lay 文件，用中文标准的可以复制 GBT18112—2000.lay 文件。

（2）确认自定义的图层标准文件保存在天正安装文件夹下的 sys 文件夹中。

（3）使用文本编辑程序编辑自定义图层标准文件 Mylayer.lay，注意在更改柱和墙图层时，要按材质修改各自图层，例如，砖墙、砼墙等都要改，只改墙线图层不起作用。

（4）改好图层标准后，选择“图层管理”命令，在“图层标准”下拉列表框中能看到 Mylayer 这个新标准，选择 Mylayer.lay，然后单击“置为当前标准”按钮即可。

图层转换命令的转换方法是图层名全名匹配转换，图层标准中的组合用图层名（如 3T_、S_、E_等前缀）是不进行转换的。

2. 关闭图层

通过选取要关闭图层所在的一个对象，关闭该对象所在的图层，2014 以上版本可支持关闭在块或内部参照内的图层。

在屏幕菜单中选择“图层控制” | “关闭图层”命令，根据命令行提示选择要关闭的图层对象并按 Enter 键即可，如图 11-39 所示。

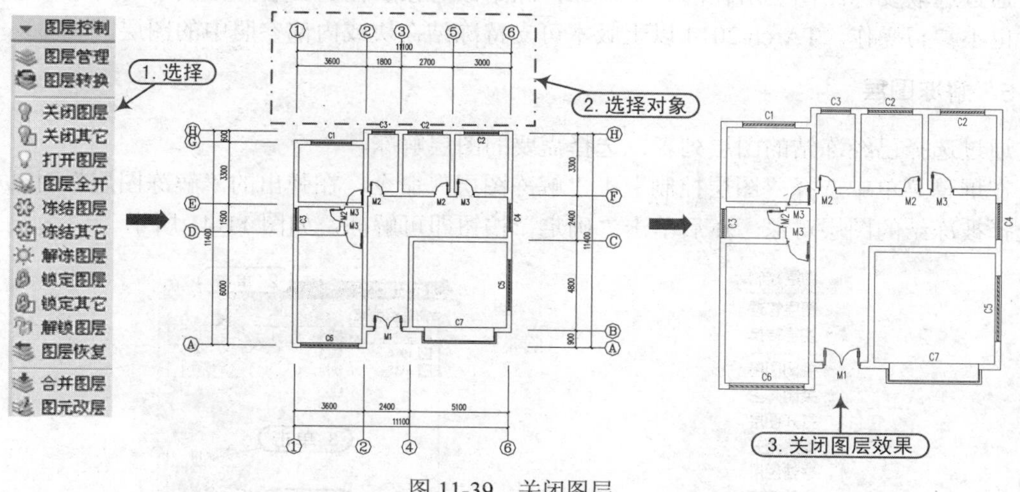

图 11-39 关闭图层

3. 打开图层

在“打开图层”对话框中分别对本图和外部参照列出被关闭的图层，由用户选择并打开这些图层，如图 11-40 所示。对不用天正图层相关命令和用 AutoCAD 的图层相关命令关闭的图层均起作用。

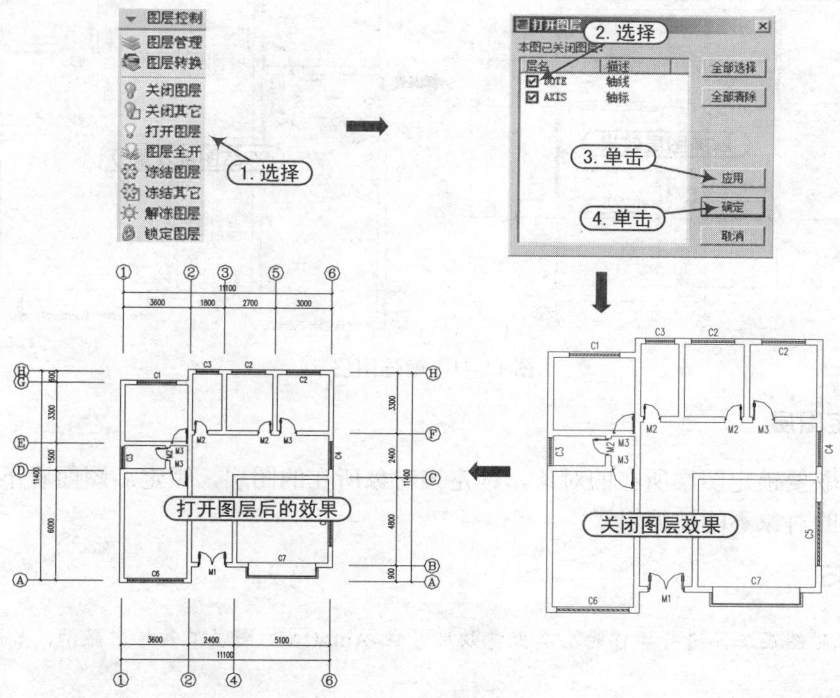

图 11-40 打开图层

4. 冻结图层

通过选取要冻结图层所在的一个对象，冻结该对象所在的图层，该图层的对象不能显示，也不参与操作。TArch 2014 以上版本可支持冻结在块或内部参照中的图层。

5. 解冻图层

通过选择已经冻结的图层列表，选择需要的图层解冻。

在屏幕菜单中选择“图层控制”｜“解冻图层”命令，在弹出的“解冻图层”对话框中选择被冻结的图层对象，然后单击“确定”按钮即可解冻，如图 11-41 所示。

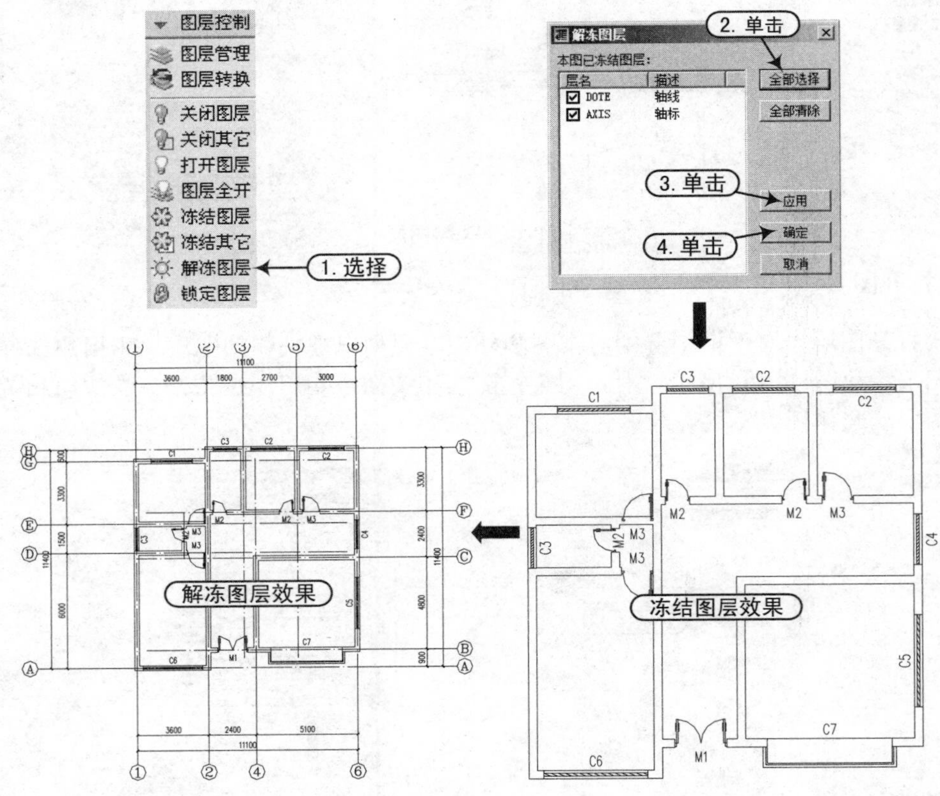

图 11-41　解冻图层

6. 锁定图层

通过选取要锁定图层所在的对象，锁定该对象所在的图层，锁定后图面看不出变化，只是该图层的对象不能被编辑了。

提示技巧

用户在对图层工具进行操作时，其视觉效果可在 AutoCAD 图层工具栏中显示，如图 11-42 所示。

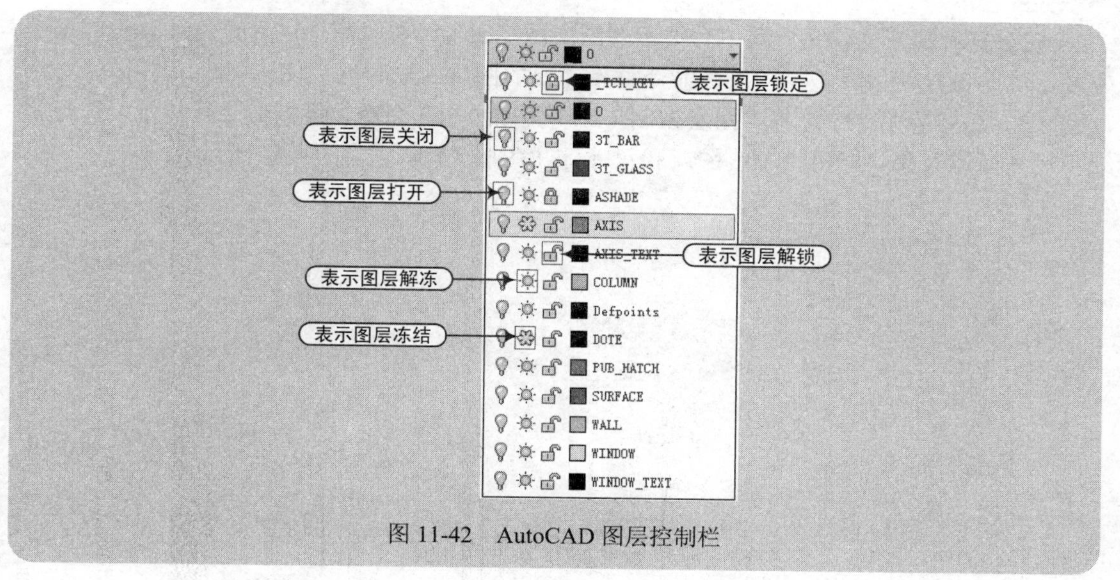

图 11-42　AutoCAD 图层控制栏

11.6　实例——别墅工程图的调整

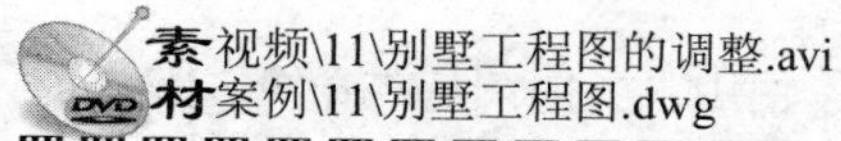

素材 视频\11\别墅工程图的调整.avi
案例\11\别墅工程图.dwg

通过前面的学习，用户已经了解了天正建筑软件工具菜单中的一些命令及其相应的操作方法，下面使用前面学习的一些命令来完成本实例，包括“对象查询”“对象编辑”等命令的运用。

（1）启动 TArch 2014，选择“文件”|“打开”命令，将“案例\11\别墅工程图.dwg”文件打开，从中可以看到有各楼层平面、楼梯平面、楼梯剖面图、立面图与剖平图等，如图 11-43 所示。

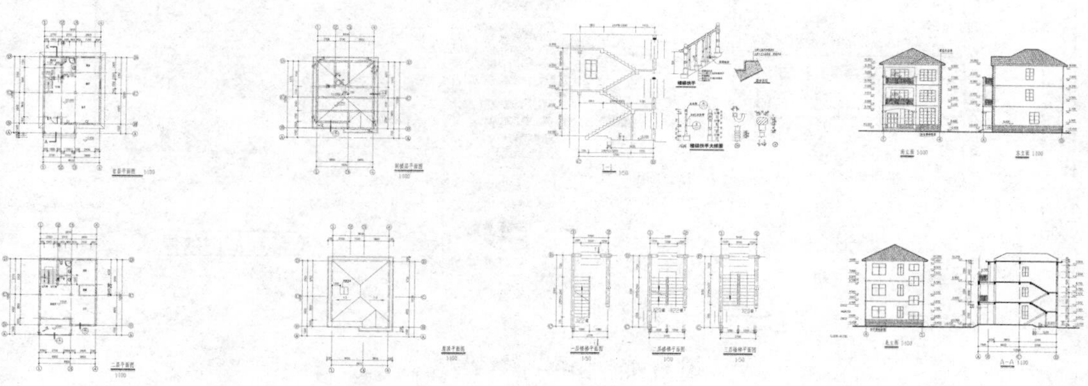

图 11-43　打开图形文件

（2）打开图形文件后，图中有很多的图层图形对象，在对图形进行查看或编辑时很不方便，因此可以使用“关闭图层”命令将不需要的图层对象暂时关闭。

（3）在屏幕菜单中选择“图层控制”|“关闭图层”命令，根据命令行提示，选择轴线和尺寸标注对象，即可将轴线图层和尺寸标注图层关闭，如图 11-44 所示。

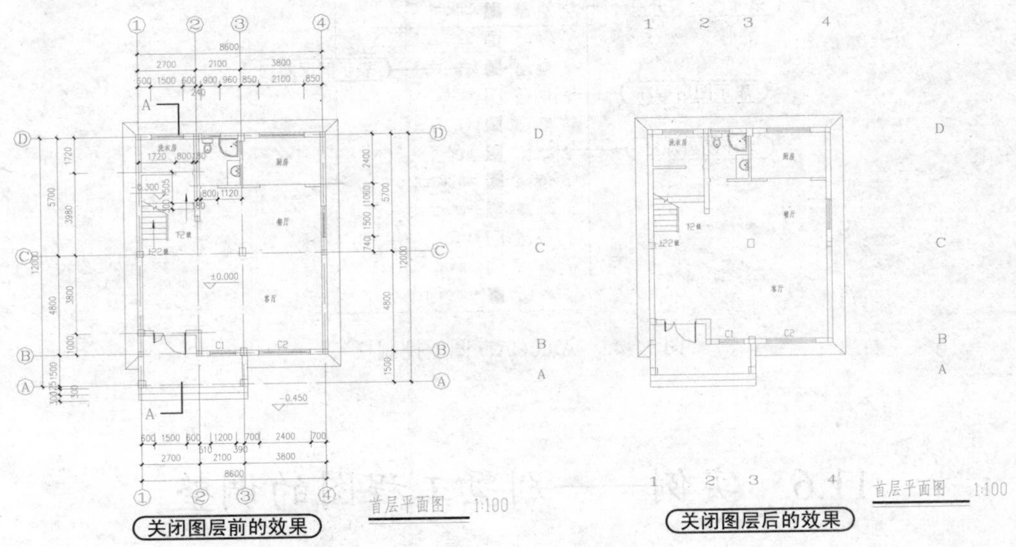

图 11-44　关闭图层

（4）通过图 11-44 可看出，在图层中对轴线编号对象使用“关闭图层”命令，并不能将其关闭，此时用户可使用“局部隐藏”命令将其暂时隐藏。

（5）在屏幕菜单中选择“工具”|“局部隐藏”命令，根据命令行提示，选择编号和数字对象，即可将其隐藏，如图 11-45 所示。

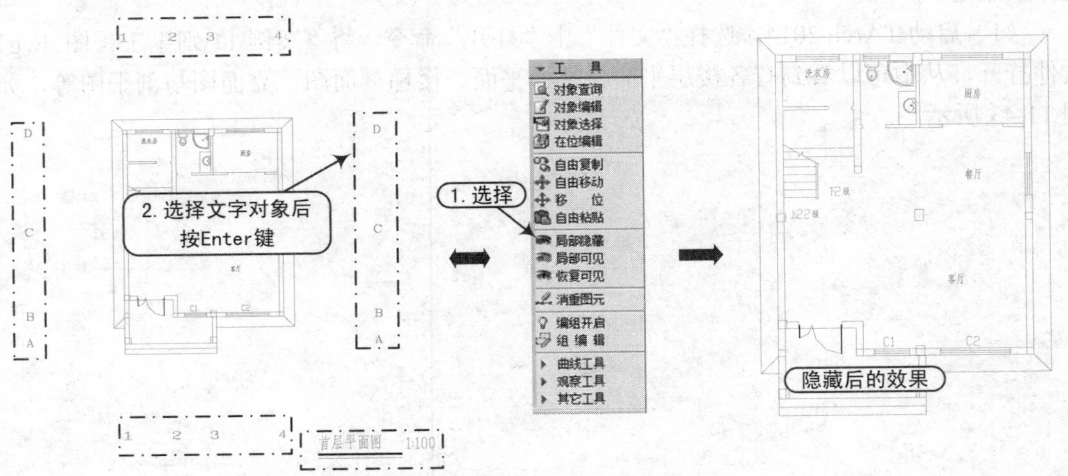

图 11-45　隐藏轴线编号文字

（6）在屏幕菜单中选择“工具”|“对象查询”命令，将光标移动到“首层平面图”

中的墙体对象上，将弹出墙体对象的各项参数数据，如图 11-46 所示。

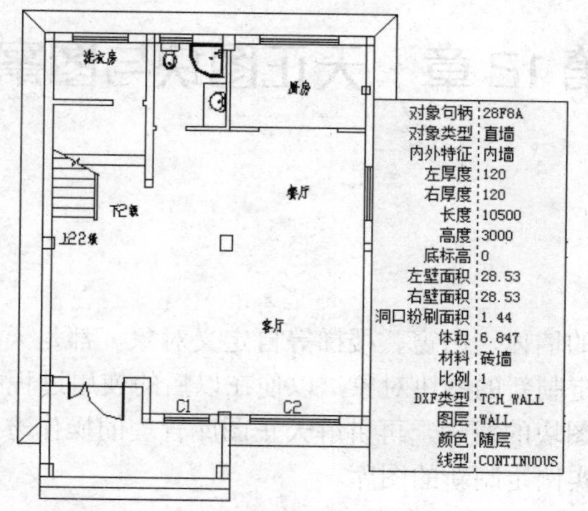

图 11-46　解冻图层

（7）从图 11-46 所示的数据中可看出，墙的高度为 3000，通过立面图看出首层墙的高度应为 3600，因此应对墙高进行编辑。选择“工具”|“对象编辑”命令，根据命令行提示选择需要编辑的墙体对象，将弹出“墙体编辑”对话框，再在该对话框中将墙高改为 3600，如图 11-47 所示。

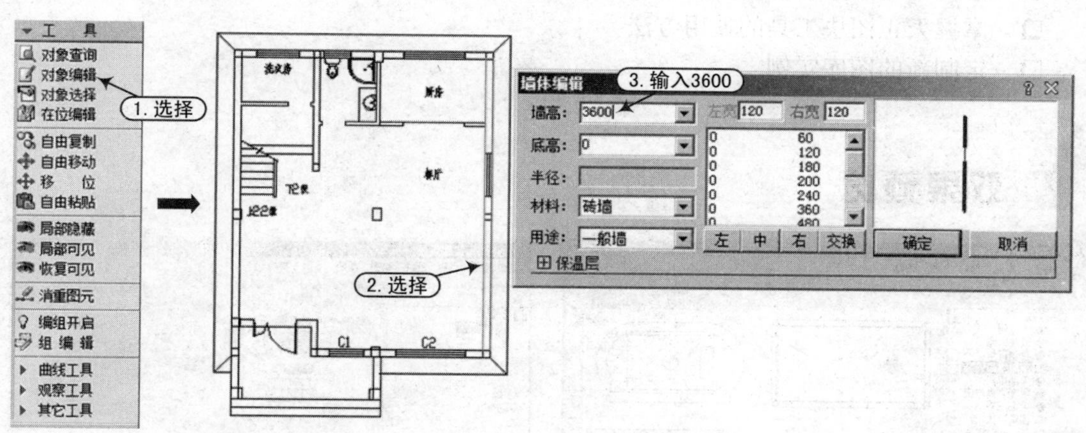

图 11-47　墙体对象编辑

（8）在编辑或查看完成后，用户可以通过选择“打开图层”“恢复可见”命令将前面暂时关闭的图层和隐藏的对象显示出来。

以上步骤中讲解了“关闭图层”、“局部隐藏”、“对象查询”、“对象编辑”、“打开图层”和“恢复可见”等命令，其他命令将在本实例视频中详细讲解，用户可通过随书盘中本章的实例进行学习。

第12章　天正图块与图案

本章导读

天正建筑中所涉及的墙体、门窗、楼梯等自定义对象，都是天正建筑软件提供的图块图案，用户可以添加、定制新的图块对象，以便在以后的使用过程中直接调用。

本章首先讲解天正图块的概念，再讲解天正图库管理的操作方法以及天正图块工具的使用方法等，最后通过实例定制新的图库。

主要内容

- 掌握天正图块的概念
- 掌握天正图库管理的操作方法
- 掌握天正图块工具的使用方法
- 定制新的图库实例

效果预览

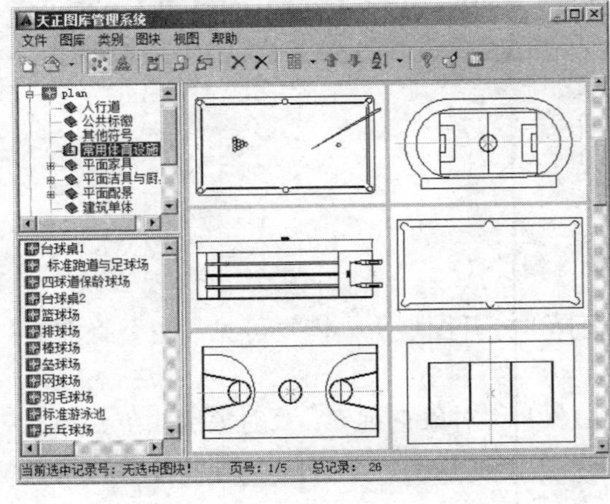

12.1　天正图块的概念

天正图块是基于 AutoCAD 普通图块的自定义对象，普通天正图块的表现形式依然是块定义与块参照。“块定义”是插入到 DWG 文件中，可以被多次使用的一个被“包装”过的图形组合。块定义可以有名字（有名块），也可以没有名字（匿名块）。块参照是使用引号用“块定义”，重新指定了尺寸和位置的图块又称为“块参照”。

12.1.1　图块与图库的概念

块定义可以在一个图形文件内有效（简称内部图块），也可以对全部文件都有效（简称外部图块）。如非特别声明，块定义一般指内部图块。外部图块就是 DWG 文件，通常把分类保存的一批 DWG 文件称为图库。图库里面的外部图块通过命令插入图内作为块定义，才可以被参照使用；内部图块可以通过 WBLOCK 命令导出为外部图块，通过图库管理程序保存称为“入库”。

天正图库以使用方式划分，可以分为专用图库和通用图库；以物理存储和维护划分，可以分为系统图库和用户图库。多个图块文件经过压缩打包保存为 DWB 格式文件。

（1）专用图库：用于特定目的的图库，采用有针对性的方法来制作和使用图块素材，如门窗库、多视图库。

（2）通用图库：即常规图块组成的图库，代表含义和使用目的完全取决于用户，系统并不了解这些图块的内涵。

（3）系统图库：软件自带的图库，由天正公司负责扩充和修改。

（4）用户图库：由用户制作和收集的图库。对于用户扩充的专用图库（多视图库除外），系统给定了一个以“U_”开头的名称，这些图块和专用的系统图块一起放在 DWB 文件夹下，用户图库在更新软件、重新安装时不会被覆盖，但是为方便起见，用户一般会把图库的内容拖到通用库中，此时如果重装软件，就应该事先备份图库。

12.1.2　块参照与外部参照

块参照有多种方式，最常见的就是块插入，如非特别声明，块参照就是指块插入。此外，还有外部参照，外部参照自动依赖于外部图块，即外部文件变化了，外部参照可以自动更新。块参照还有其他更多的形式，例如，门窗对象也是一种块参照，而且参照两个块定义（一个二维块定义和一个三维块的定义）。与其他图块不同，门窗图块有自己的名称 TCH_OPENING，而且插入时门窗的尺寸受到墙对象的约束。

从 TArch 8.5 版本开始，天正图库提供了插入 AutoCAD 图块的选项，可以选择按 AutoCAD 图块的形式插入图库中保存的内容，包括 AutoCAD 的动态图块和属性图块。在插入图块时，要在对话框中选择是按天正图块插入还是按 AutoCAD 图块插入，如图 12-1 所示。

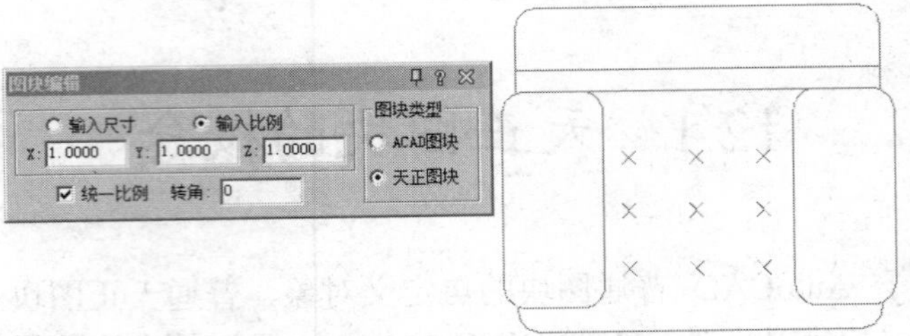

图 12-1　插入图块的类型

12.1.3　图块的夹点与对象编辑

天正图块有 5 个夹点，四角的夹点用于改变图块的大小，中间的夹点用于实现图块的旋转，如图 12-2 所示。单击任何一个夹点后，都可以通过按 Ctrl 键切换夹点的操作方式，把相应的拉伸、移动操作变成以此夹点为基点的移动操作。

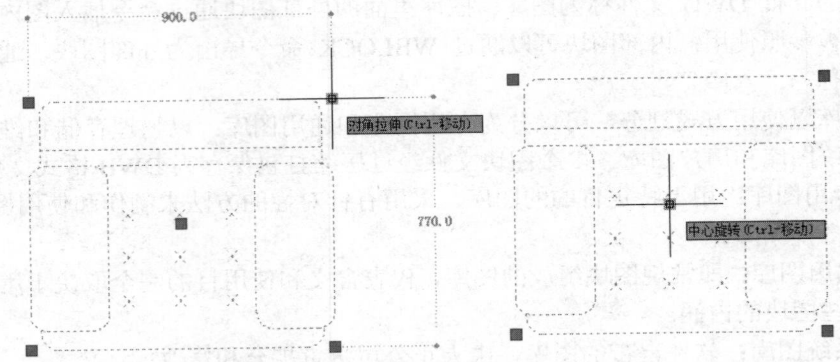

图 12-2　天正图块的夹点

无论是天正图块还是 AutoCAD 块参照，都可以通过“对象编辑”功能准确地修改尺寸大小。选中图块并右击，从弹出的快捷菜单中选择“对象编辑”命令，即可调出“图块编辑”对话框，在对话框中对图块进行编辑和修改，可先按“输入比例”或“输入尺寸”修改，单击“确定”按钮完成修改，如图 12-3 所示。

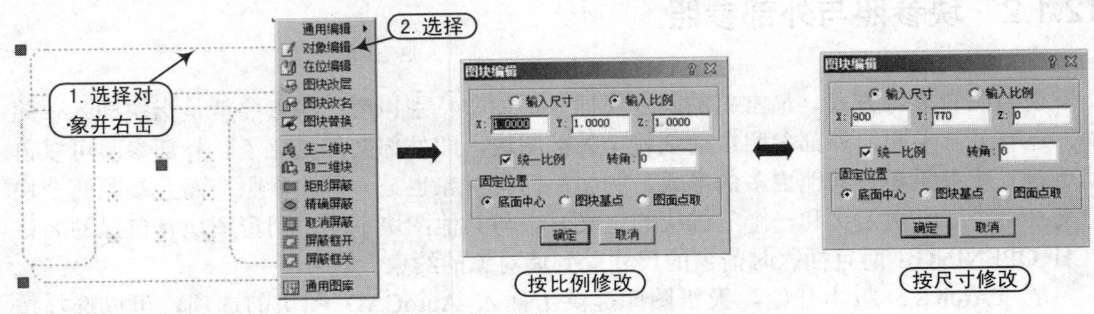

图 12-3　天正图块的夹点

12.1.4　天正图库的安装方法

在默认的安装情况下，天正建筑软件系统往往缺少一些建筑图库，因此需重新安装图库。在安装前需要用户有“天正完整图库”的安装文件，本节以 TArch 2014 版本为例，进行安装和使用方法的讲解。

（1）双击“天正建筑完整图库.exe”，在打开的“天正建筑完整图库”对话框中单击“下一步”按钮，再单击“浏览”按钮，此处设置安装路径为 D:\Tangent\TArch2014，设置好路径后，单击“确定”按钮，再单击“下一步”按钮，最后单击“完成”按钮完成安装，如图 12-4 所示。

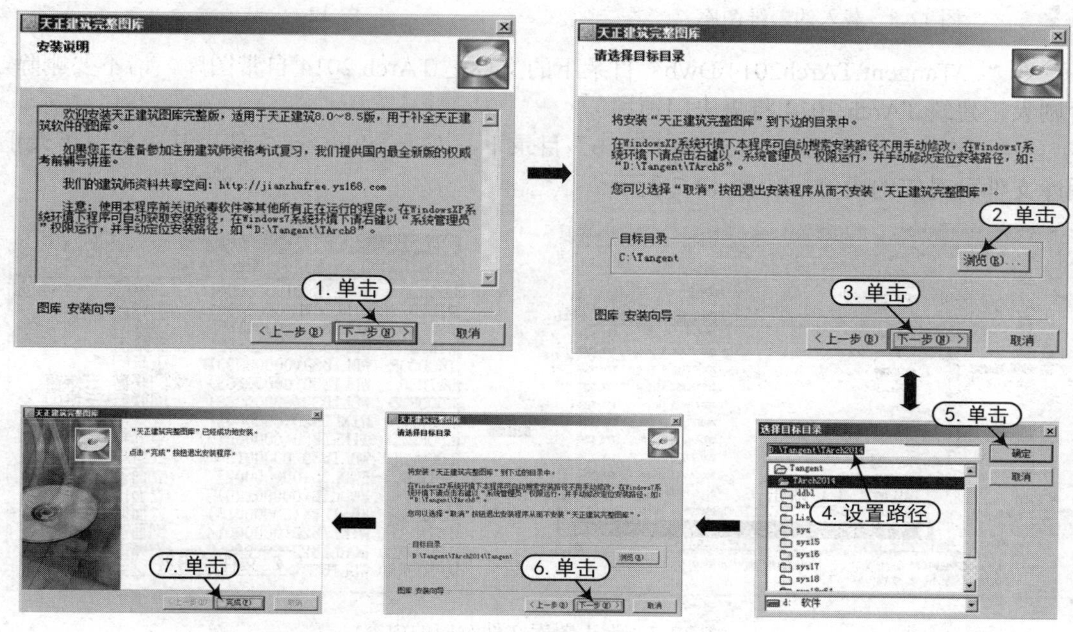

图 12-4　安装天正图库

提示技巧

> 在 Windows 7（64 位）系统下安装图库时应注意以下几点。
>
> （1）如果弹出“这个程序可能安装不正确！”的提示，则使用推荐的设置重新安装。
>
> （2）安装路径同步骤（1）。
>
> （3）提示文件是否覆盖时，全部选“是”，直至安装完成。

（2）启动 TArch 2014，在屏幕菜单中选择“图块图案”｜“通用图库”命令，将弹出“天正图库管理系统”窗口，选择“图库”｜“二维图库”命令即可看到所载入的二维图库，如图 12-5 所示。

（3）在屏幕菜单中选择“图块图案”｜“通用图库”命令时，如果出现“TKW 文字不存在”提示，用户可在“天正自定义”对话框中按照图 12-6 所示将其加入到通用图库。

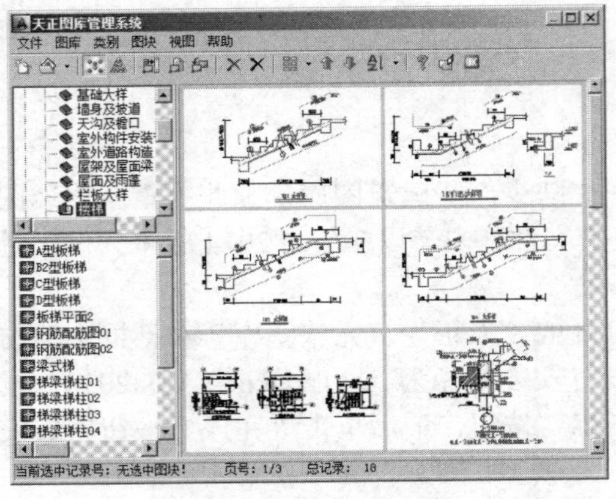

图 12-5 载入的二维图库

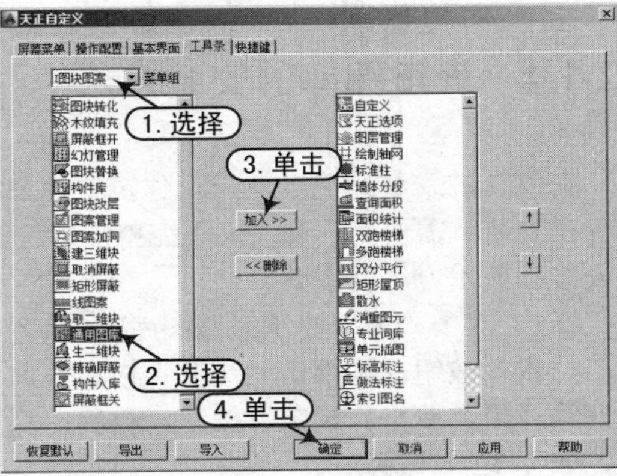

图 12-6 载入命令

在“...\Tangent\TArch2014\Dwb”目录下的文件是 TArch 2014 自带图库，请不要删除，否则天正建筑 TArch 2014 将失去门窗库。

（4）在“...\Tangent\TArch2014\Dwb”目录下，双击 tchlib.txt 文件，其中列出了天正图库文件所对应的内容，如图 12-7 所示。

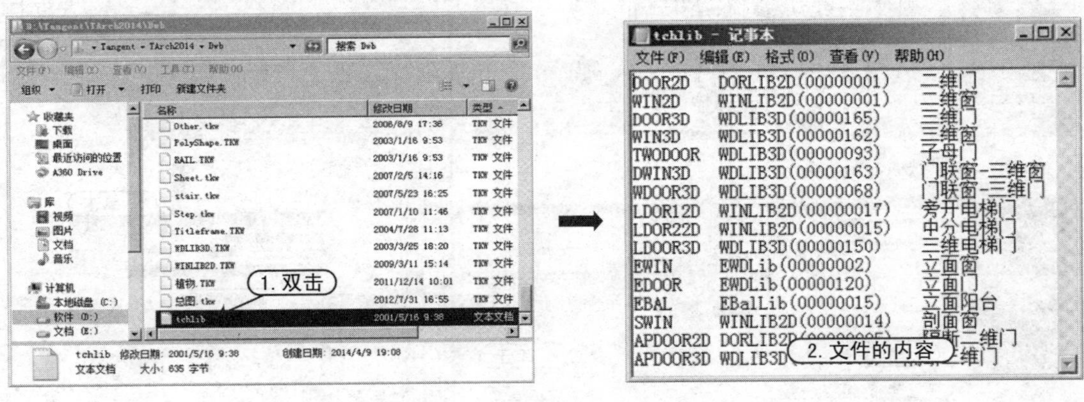

图 12-7 天正图库文件对应的内容

（5）至此，天正图库就已经安装完成，在后面的学习中，用户可以根据需要插入其他的天正图库对象。

12.2 天正图库管理

天正图库的逻辑组织层次为图库组→图库/多视图库→类别→图块。图库的使用涉及如下术语。

（1）图库：由文件主名相同的 TK、DWB 和 SLB 这 3 种类型文件组成，必须位于同一目录下才能正确调用。其中，DWB 文件由许多外部图块打包压缩而成；SLB 文件为界面显示幻灯片库，存放图块包内容的各个图块对应的幻灯片；TK 文件为外部图块的索引文

件，包括分类和图块描述信息。

（2）多视图库：其文件组成与普通图库有所不同，由 TK、*2D.DWB、*_3D.DWB 和 JPB 组成。其中，*2D.DWB 保存二维视图；*_3D.DWB 保存三维视图；JPB 为界面显示三维图片，存放图块对应的着色图像 JPG 文件；TK 为这些外部图块的索引文件，包括分类和图块描述信息。

（3）图库组（TKW）：是多个图库的组合索引文件，即指出图库组由哪些 TK 文件组成。

12.2.1　通用图库的操作

"通用图库"命令是调用图库管理系统的菜单命令。除该命令外，其他很多命令也调用图库中的有关部分进行工作，如插入图框时就调用了其中的图框库内容。图块名称表提供了人工拖动排序操作和保存当前排序功能，方便了用户对大量图块的管理。图库的内容既可以按天正图库插入，也可以按 AutoCAD 图块插入，满足了用户插入 AutoCAD 属性块和动态块的需求。

在屏幕菜单中选择"图块图案"|"通用图库"命令，将会弹出"天正图库管理系统"窗口。在其中找到需要的图库对象（足球场），并单击 OK 按钮，随后弹出"图块编辑"对话框。在其中可以根据要求设置输入比例或输入尺寸，如图 12-8 所示，再在视图中选择图块的插入位置即可。

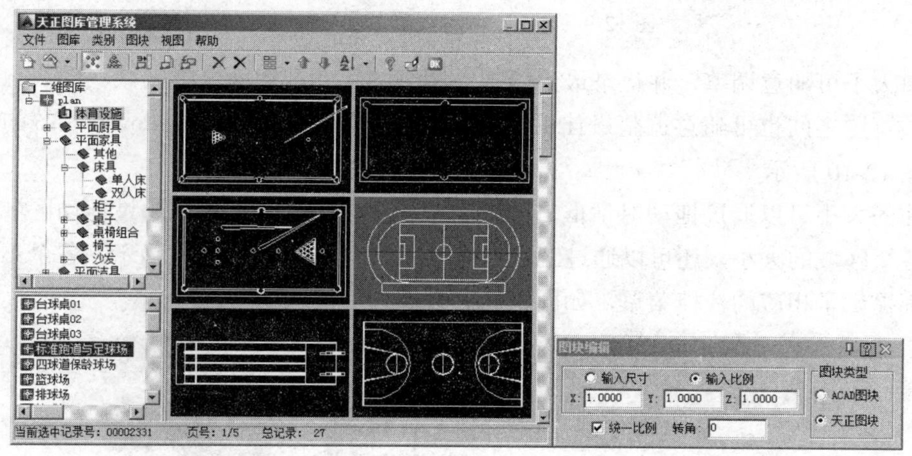

图 12-8　通用图库操作

提示技巧

当选择了图块对象并单击 OK 按钮后，命令行显示如下提示信息：

单击选取插入点[转 90(A)/左右(S)/上下(D)/对齐(F)/外框(E)/转角(R)/基点(T)/更换(C)]<退出>:

这时，用户可以像前面插入门窗对象那样对图块对象进行旋转、翻转、改基点等操作。

12.2.2 天正图库管理系统界面

在选择“图块图案”｜“通用图库”命令后，将弹出“天正图库管理系统”窗口，其中包括 6 大部分：菜单栏、图库工具栏、状态栏、图库分类区域、图块名称列表和图块预览区，如图 12-9 所示。

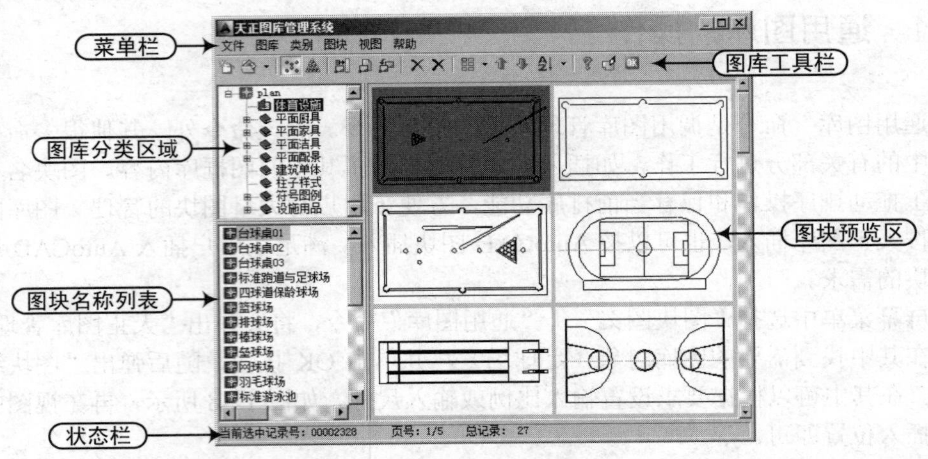

图 12-9 “天正图库管理系统”窗口

窗口大小可随意调整，并记录最后一次关闭时的尺寸。图库分类区域、图块名称列表和图块预览区之间也可随意调整最佳可视大小及相对位置，符合 Windows 系统的使用风格，如图 12-10 所示。

界面的大小可以通过拖动对话框右下角的控制柄来调整，也可以通过拖动区域的界线来调整各个区域的大小，还可以通过工具栏的“布局”按钮来调整显示。各个不同功能的区域都提供了相应的快捷菜单，如图 12-11 所示。

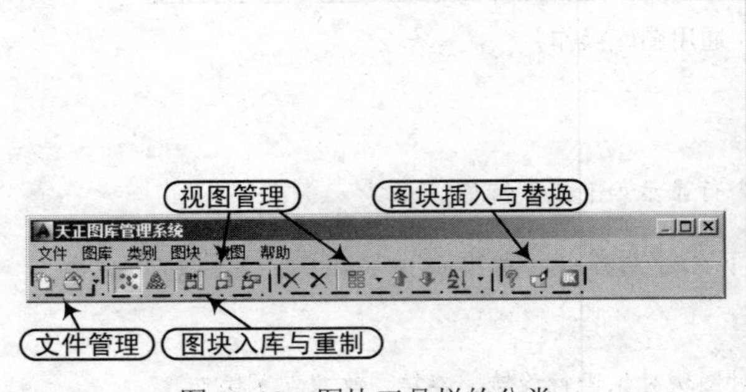

图 12-10 图块工具栏的分类

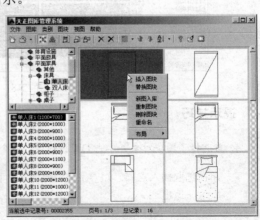

图 12-11 图块预览区的调整

12.2.3 新图入库的操作

在“天正图库管理系统”窗口中，通过“图块”菜单所提供的命令，可以对图块进行入库、删除、重命名、替换等操作，如图 12-12 所示。

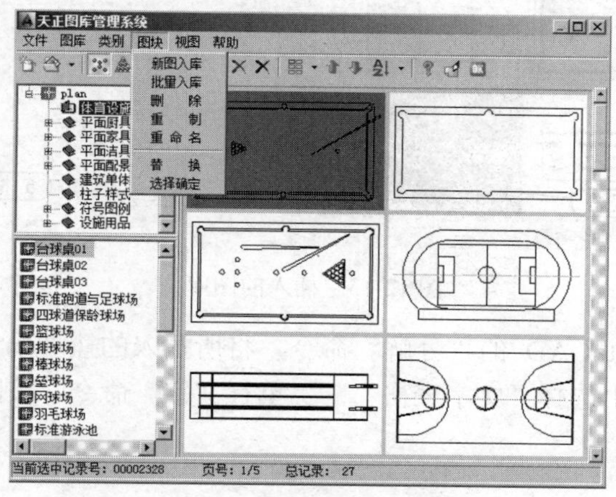

图 12-12 “图块”菜单命令

“新图入库”命令可用来把当前图中的局部图形转为外部图块并加入到图库。其操作步骤如下。

（1）选择“图块” | “新图入库”命令，根据命令行提示选择构成图块的图元。

（2）根据命令行提示输入图块基点（默认为选择集中心点）。

（3）命令行提示制作幻灯片，三维对象最好选输入 H 进行消隐：

```
制作幻灯片（请用 zoom 调整合适）或[消隐（H）/不制作返回（X）]<制作>:
```

调整视图后按 Enter 键完成幻灯片制作；输入 X 表示取消入库。

（4）新建图块并命名为“长度×宽度”，长度和宽度由命令实测入库图块得到，用户可以右击并选择“重命名”命令修改为自己需要的图块名。

“批量入库”命令可用来把磁盘上已有的外部图块按文件夹批量加入图库。其操作步骤如下。

（1）在屏幕菜单中选择“图块” | “批量入库”命令。

（2）确定是否自动消隐制作幻灯片。为了使视觉效果良好，应当对三维图块进行消隐。

（3）在文件选择对话框中按 Ctrl 和 Shift 键进行多选，单击“打开”按钮完成批量入库。

“重制”命令利用新图替换图库中的已有图块或仅修改当前图块的幻灯片或图片，而不修改图库内容，也可以仅更新构件库内容而不修改幻灯片或图片。

例如，要将一个定制的冰箱图块对象添加到图库管理系统中，其操作步骤如下。

（1）启动 TArch 2014，系统自动新建一个空白文档，按 Ctrl+Shift+S 组合键，将该文件另存为“新图入库.dwg”文件。

（2）在屏幕菜单中选择“图块” | “通用图库”命令，按图 12-13 所示插入图库。

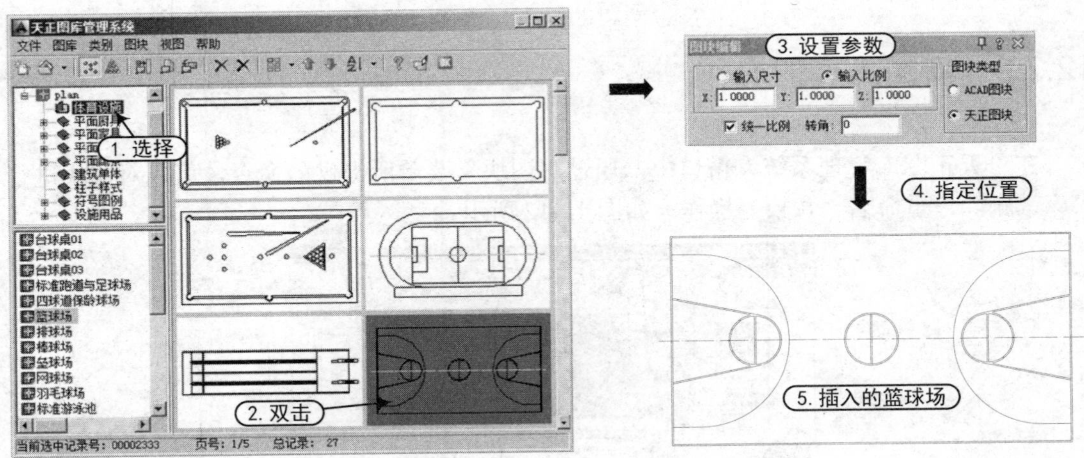

图 12-13　插入的图库

（3）执行两次 AutoCAD 的“分解”命令，将所插入的篮球场连续打散两次。

（4）在屏幕菜单中选择“文字表格”｜“单行文字”命令，按图 12-14 所示输入单行文字。

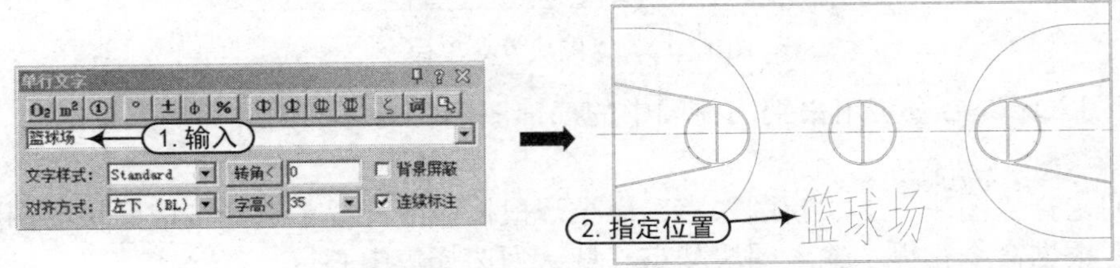

图 12-14　插入单行文字

（5）在屏幕菜单中选择“图块图案”｜“通用图库”命令，在打开的窗口中选择“图块”｜“新图入库”命令，根据命令行提示框选整个图形对象，再选择图块的新基点，并选择“制作”命令，如图 12-15 所示。

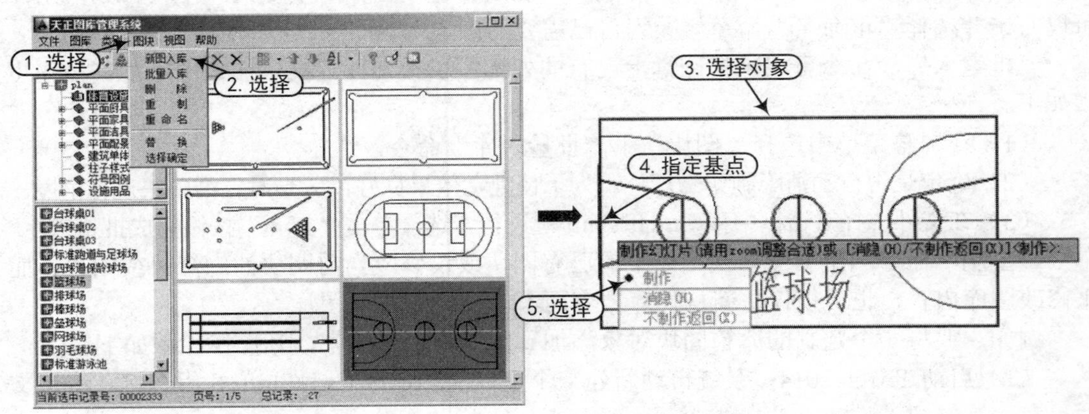

图 12-15　新图入库操作

（6）这时，在“天正图库管理系统”窗口中，即可看到新图入库的效果以及名称，可以对新入库的图块进行重命名操作，如图 12-16 所示。

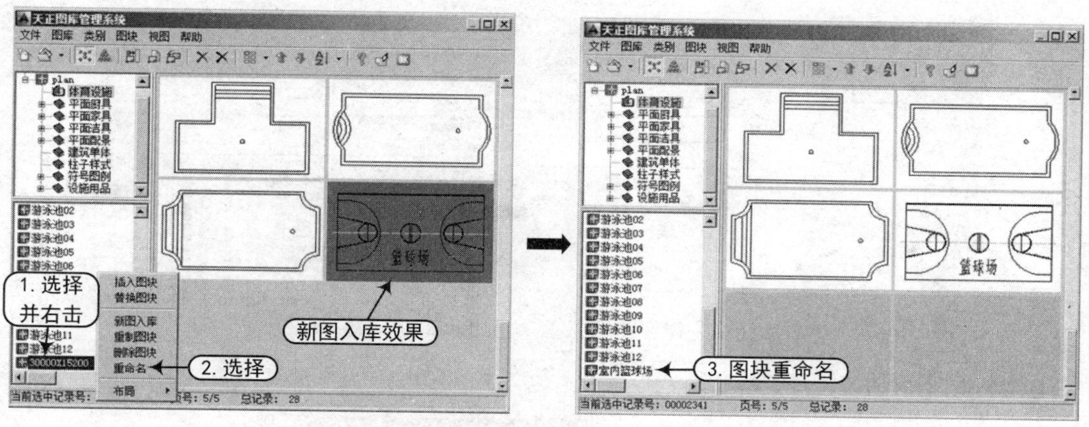

图 12-16　新图入库的效果

（7）至此，新图入库操作已经完成，按 Ctrl+S 快捷键保存文件。

12.3　天正图块工具

TArch 2014 中提供了多种图块工具。在“图块图案”菜单中，即可看到相应的图块工具，如图 12-17 所示。

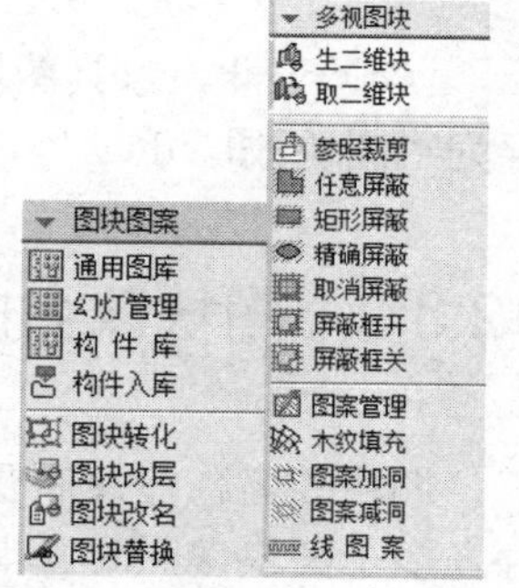

图 12-17　“图块图案”菜单

12.3.1　图块改层的操作

图块内部往往包含不同的图层，在分解图块的情况下无法更改这些图层，而“图块改层”命令则可以用于修改块定义的内部图层，以便能够区分图块不同部位的性质。

提示技巧

在插入图块时，系统默认图块在“0”图层上，在对相应图块执行“图块改层”命令后，改层后的图块颜色将随着被改后的图层一起修改。

（1）启动 TArch 2014，选择“文件”｜“打开”命令，打开本书配套光盘中的“案例\12\室内平面图.dwg”文件，如图 12-18 所示。

（2）在“图层”面板中单击“图层特性”按钮，在弹出的“图层特性管理器”面板中新建“家具层”图层，且设置图层的颜色为蓝色，如图 12-19 所示。

（3）在屏幕菜单中选择“图块图案”｜“图块改层”命令，根据命令行提示选择要编辑的图块对象，随后弹出“图块图层编辑”对话框，在对话框中选择原图层名 0，再选择

“系统层名列表”中的“家具层”图层，单击“更改”按钮，这时就会发现视图中该图块对象的颜色已经发生了变化，如图 12-20 所示。

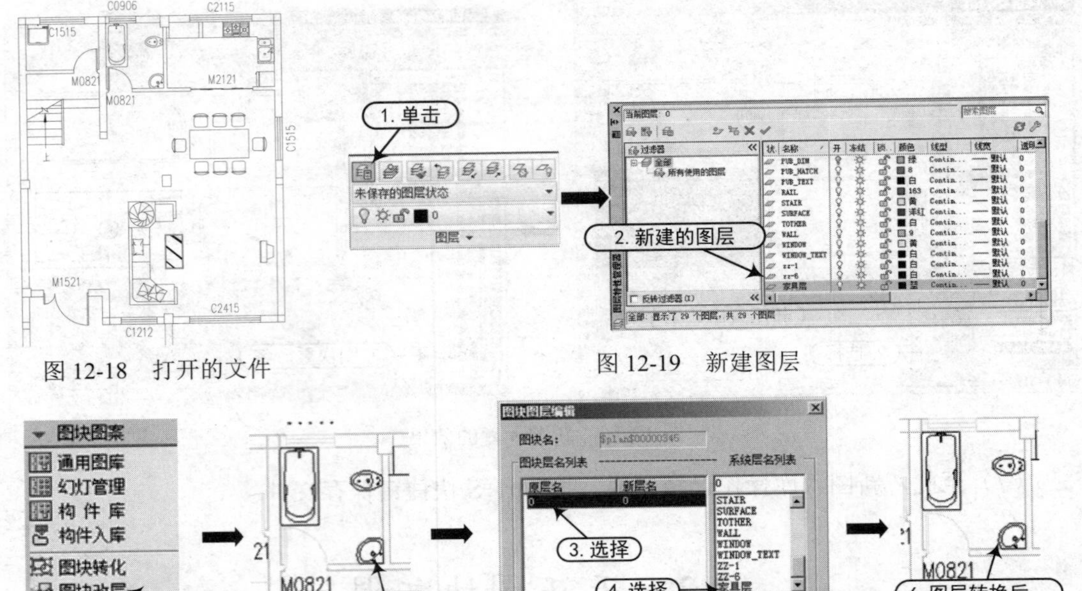

图 12-18　打开的文件

图 12-19　新建图层

图 12-20　打开的文件

（4）至此，家具图块对象的改层操作已经完成，按 Ctrl+Shift+S 组合键，将该文件另存为“图块改层.dwg”文件。

12.3.2　图块改名的操作

图块的名称往往需要更改，从 TArch 2013 版本开始新增加了灵活更改图块名称的命令，存在多个图块参照时可指定全部修改或者仅修改指定的图块参照。

在屏幕菜单中选择“图块图案”|“图块改名”命令，随后提示选择要改名的图块对象，即选择组合沙发对象，然后系统提示输入新的图块名称，输入“组合沙发”即可，如图 12-21 所示。

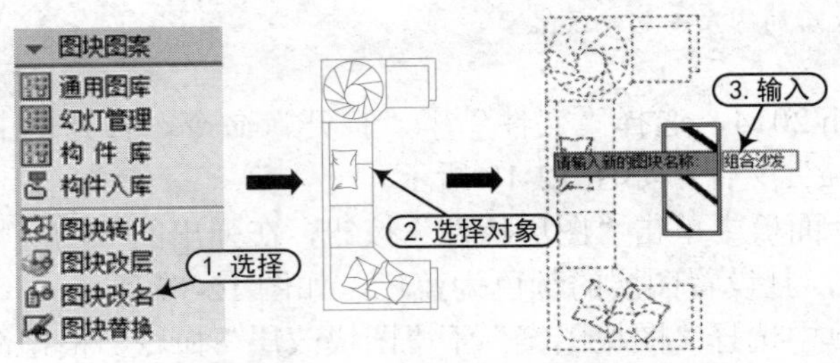

图 12-21　图块改名操作

这时用户可以通过“特性”面板观察，未改名的图块对象的名称为随机的，修改过的图块名称即为修改的图块名称，如图 12-22 所示。

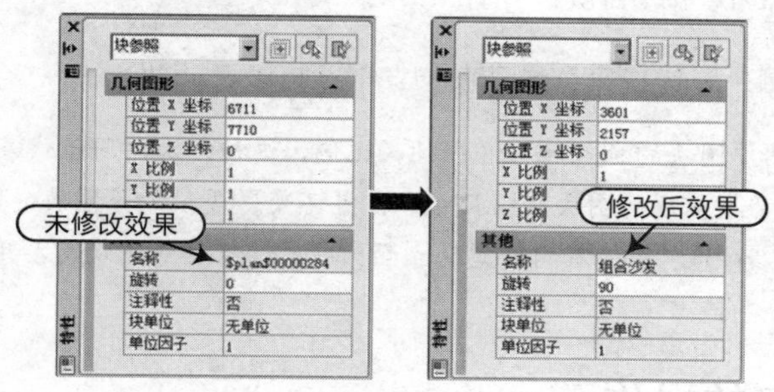

图 12-22　图块改名操作

12.3.3　图块替换的操作

选择“图块替换”菜单命令后，先选择已经插入图中的图块，然后进入图库选择其他图块对该图块进行替换。在图块管理界面中也有类似的图块替换功能，例如，打开“室内平面图.dwg”文件，在屏幕菜单中选择“图块图案”｜“图块替换”命令，再根据命令行提示选择图形要替换的图块，随后弹出“天正图库管理系统”窗口，在其中选择替换的图块对象，单击 OK 按钮，根据命令行提示选择相应的选项即可，如图 12-23 所示。

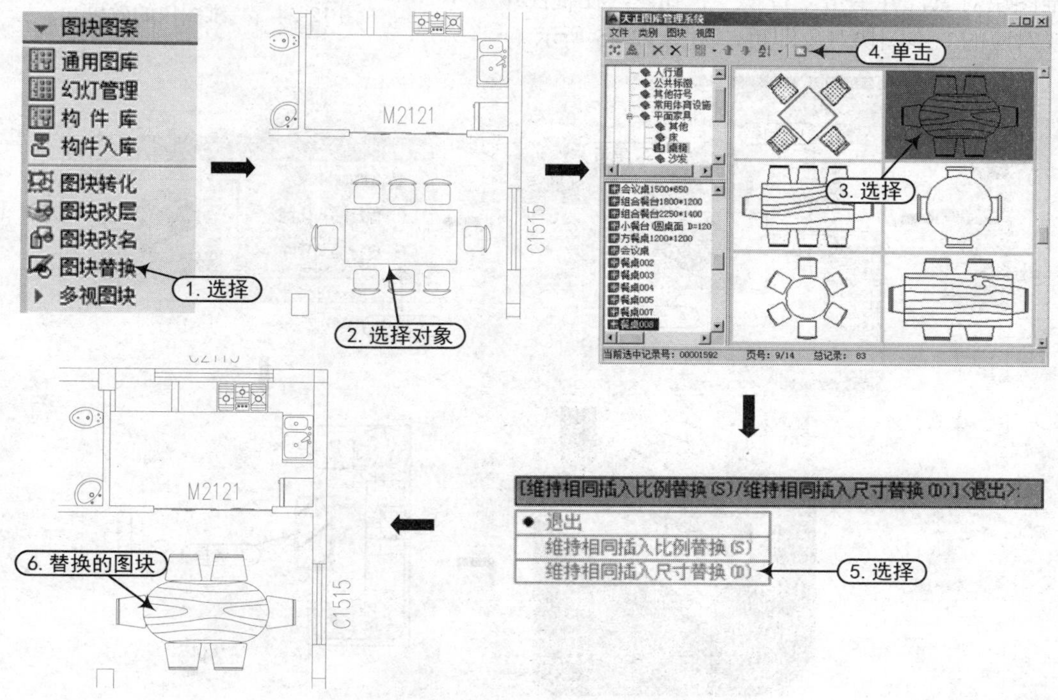

图 12-23　图块替换操作

提示技巧

选择替换的图块对象后，命令行提示如下。

[维持相同插入比例替换(S)/维持相同插入尺寸替换(D)]<退出>：

若选择 S，则维持图中图块的插入点位置和插入比例，这种方式适用于代表标注符号的图块。

若选择 D，则维持替换前后的图块外框尺寸和位置不变，更换的是图块的类型，这种方式适用于代表实物模型的图块，例如，替换不同造型的立面门洁具、家具等图块需要用这种替换类型。

12.3.4 多视图库的操作

在前面的图块操作过程中，都是以二维图块的方式操作的，将插入的图块对象置入“西南等轴测”视图中即可看出，如图 12-24 所示。

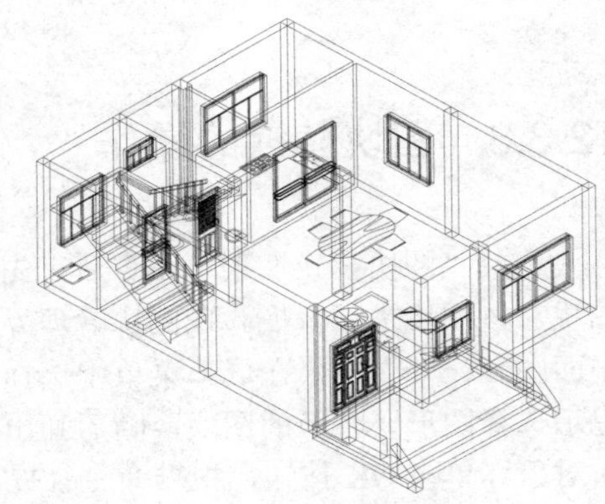

图 12-24　二维图块的效果

当用户安装天正图库后，即可通过多视图库的方式来布置三维图块对象。

在屏幕菜单中选择“图块图案”|“通用图库”命令，将弹出“天正图库管理系统”窗口，选择“图库”|“多视图库”命令，然后选择相应的三维图块对象，并单击“替换”按钮，在视图中选择对应的二维图块对象即可，如图 12-25 所示。

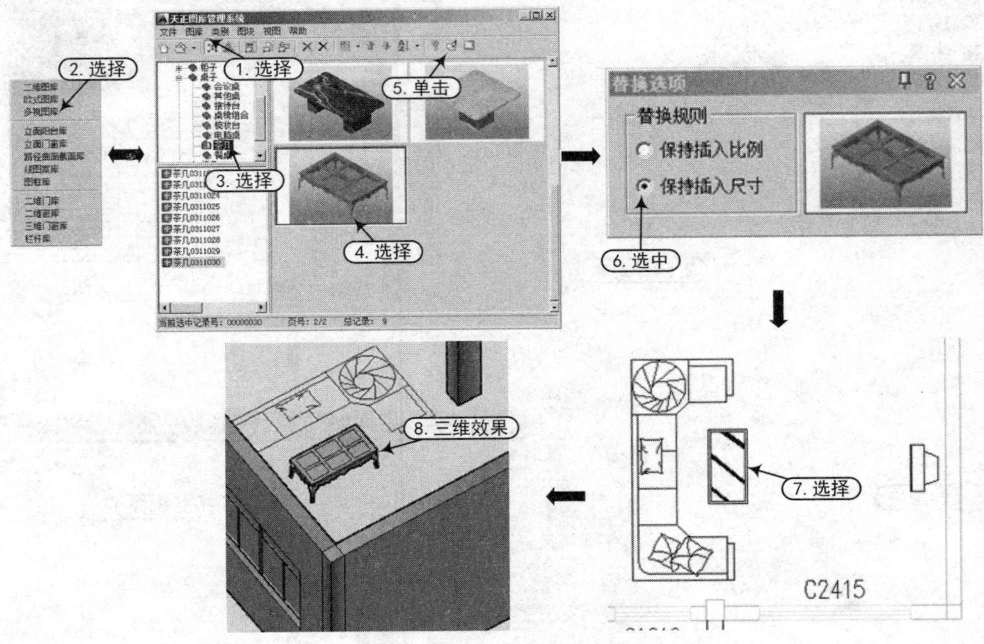

图 12-25　多视图库的操作

提示技巧

对于已经替换为三视图库的对象，用户也可以通过夹点的方式对图块对象进行旋转、移动等操作，使之与布置的效果相吻合。

12.3.5　生二维块的操作

“生二维块”命令利用天正建筑图中已插入的普通三维图块，生成含有二维图块的同名多视图图块，以便用于室内设计等领域。

在屏幕菜单中选择“图块图案”｜“多视图块”｜“生二维块”命令，再根据命令行提示选择已有的三维图块对象，并按 Enter 键结束选择，则该三维图块对象便生成二维图块，但三维模型并没有改变，如图 12-26 所示。

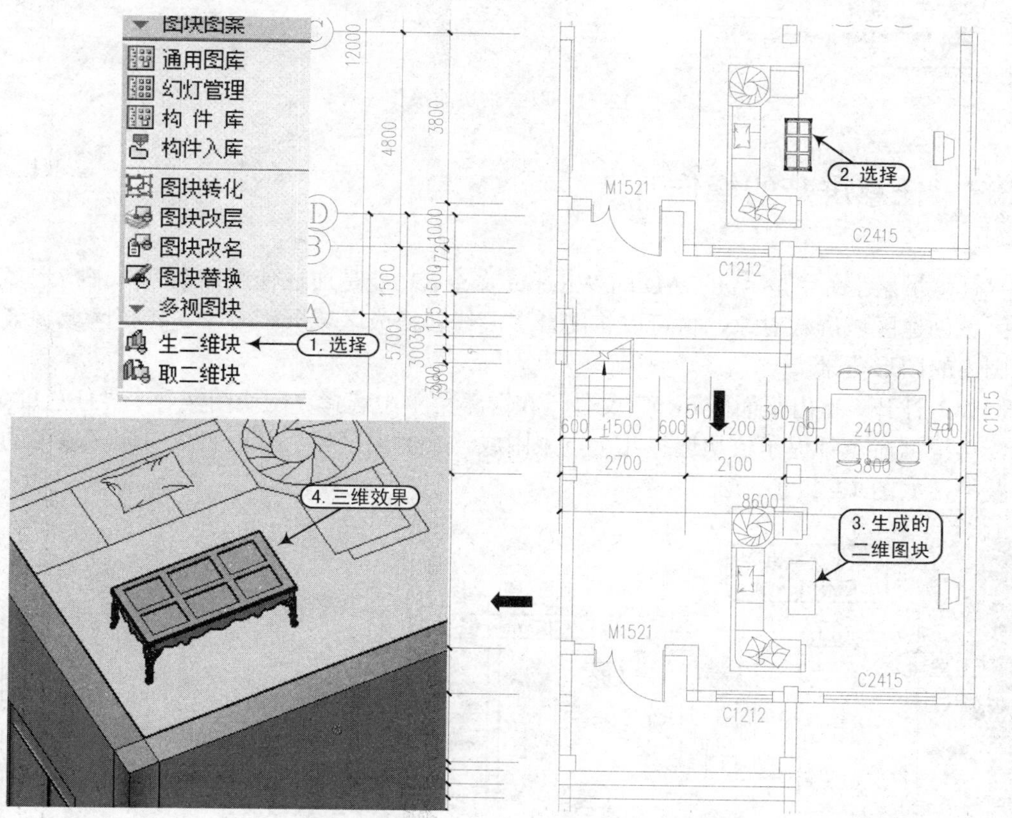

图 12-26　生二维块的操作

12.3.6　取二维块的操作

“取二维块”命令将天正多视图块中含有的二维图块提取出来，转化为纯二维的天正图块，以便于利用 AutoCAD 的在位编辑来修改二维图块的定义。

在屏幕菜单中选择“图块图案”｜“多视图块”｜“取二维块”命令，根据命令行提示选择图中已经插入的多视图块，再拖动平面图块到空白位置即可，如图 12-27 所示。

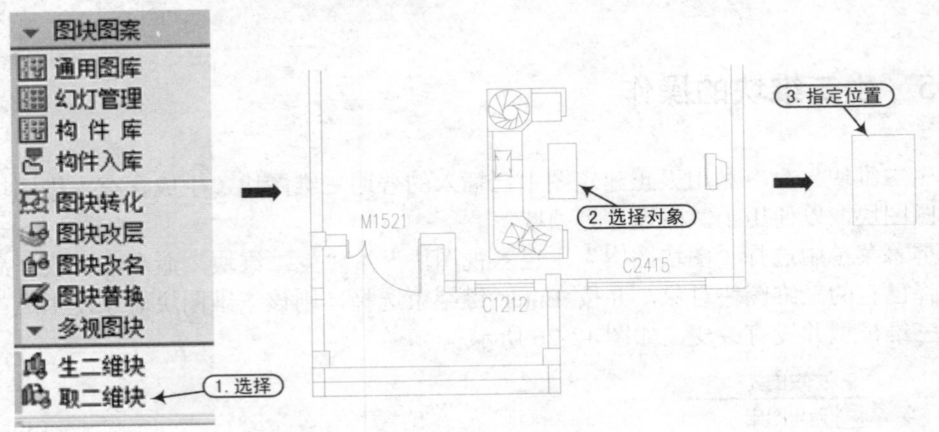

图 12-27　取二维块的操作

12.3.7　任意屏蔽的操作

“任意屏蔽”命令是 AutoCAD 的 Wipeout 命令，功能是通过使用一系列点来指定多边形的区域创建区域屏蔽对象，也可以将闭合多段线转换成区域屏蔽对象，遮挡区域屏蔽对象范围内的图形背景。

例如，打开“室内平面图.dwg”文件，在屏幕菜单中选择“图块图案”｜“任意屏蔽”命令，再根据命令行提示依次选择几个点来围成一个封闭区域，从而将该封闭区域内的对象屏蔽掉，如图 12-28 所示。

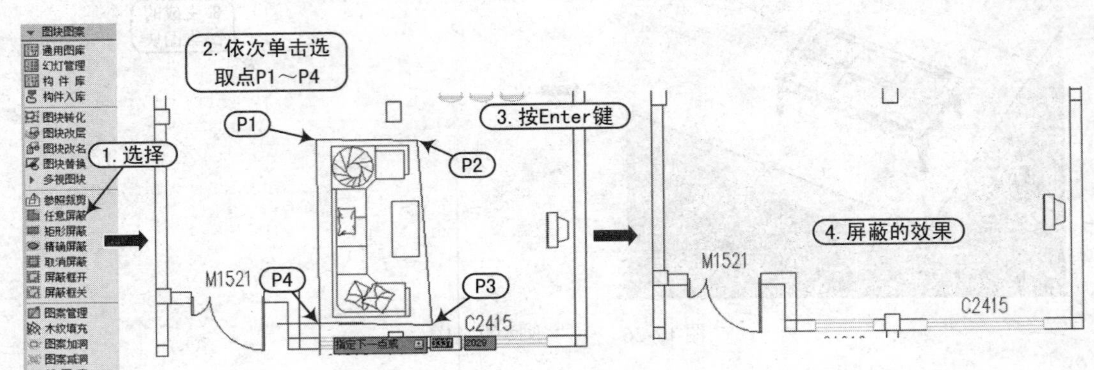

图 12-28　任意屏蔽的操作

在执行“任意屏蔽”命令时，命令行提示“边框（F）”选项，如果选择“多段线（P）”选项，即可选择绘制好的封闭多段线内的区域将其屏蔽，如图 12-29 所示。

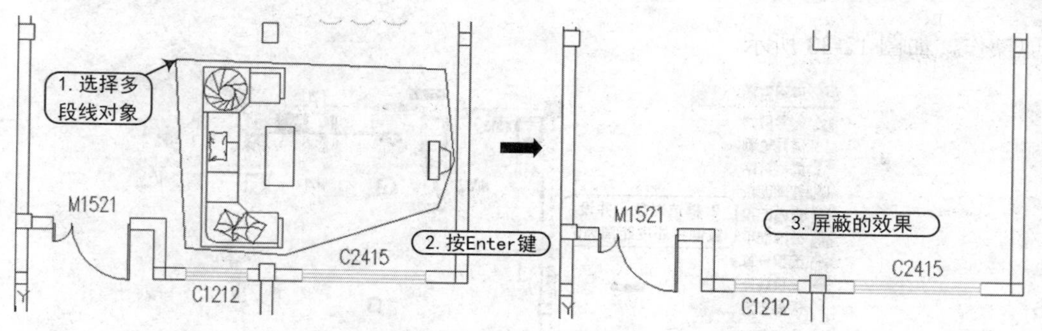

图 12-29　以“多段线”屏蔽的操作

提示技巧

如果选择“边框（F）”选项，可通过“开（ON）/关（OFF）”来确定是否显示所有区域覆盖对象的边，如果输入 ON，将显示屏蔽边框，输入 OFF，将禁止显示屏蔽边框，如图 12-30 所示。

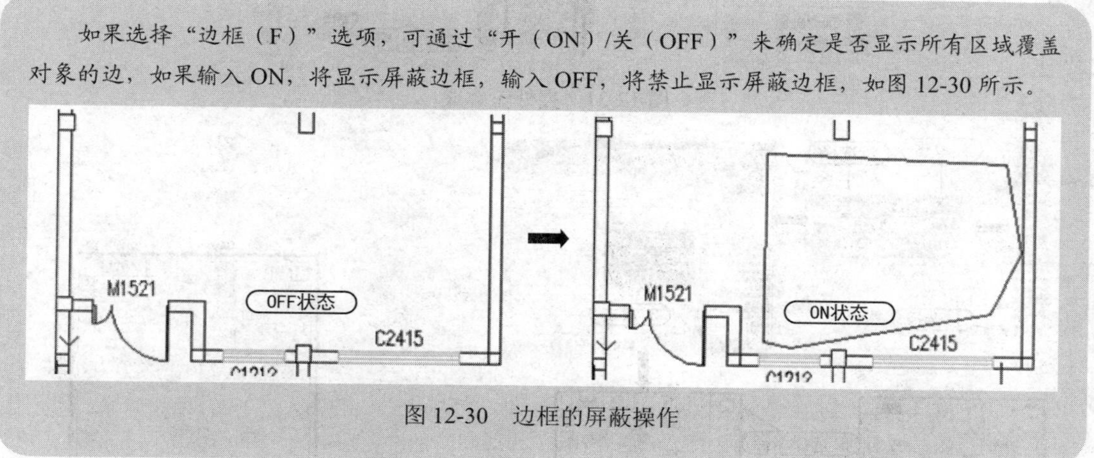

图 12-30　边框的屏蔽操作

12.3.8　线图案的操作

“线图案”命令用于生成连续的图案填充的新增对象，支持夹点拉伸与宽度参数修改，与 AutoCAD 的 Hatch（图案）填充不同，天正线图案允许用户定义一条开口的线图案填充轨迹线，图案以该线为基准沿线生成，可调整图案宽度，设置对齐方式、方向与填充比例，也可以被 AutoCAD 命令剪裁、延伸或打断，闭合的线团还可以参与布尔运算。

下面讲解具体操作步骤。

（1）启动 TArch 2014，选择“文件”｜“打开”命令，打开“案例\12\室内平面图.dwg”文件。

（2）在屏幕菜单中选择“房间屋顶”｜“搜屋顶线”命令，框选整个平面图对象，并设置偏移的外皮距离为 0，从而创建该室内平面图的外轮廓线，如图 12-31 所示。

（3）在屏幕菜单中选择“图块图案”｜“线图案”命令，将弹出“线图案”对话框，设置好参数，单击图线预览框，从弹出的对话框中选择素土夯实图案后返回，单击“选择路径”按钮，选择步骤（2）中所生成的外轮廓线，以此来创建素土夯实效果，如图 12-32 所示。

（4）执行 AutoCAD 的“修剪”命令，将布置的“素土夯实”图案与门窗口位置进行修剪操作，如图 12-33 所示。

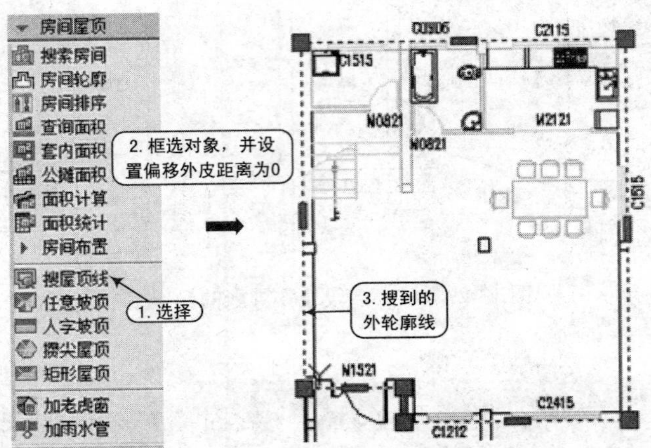

图 12-31　搜外轮廓线

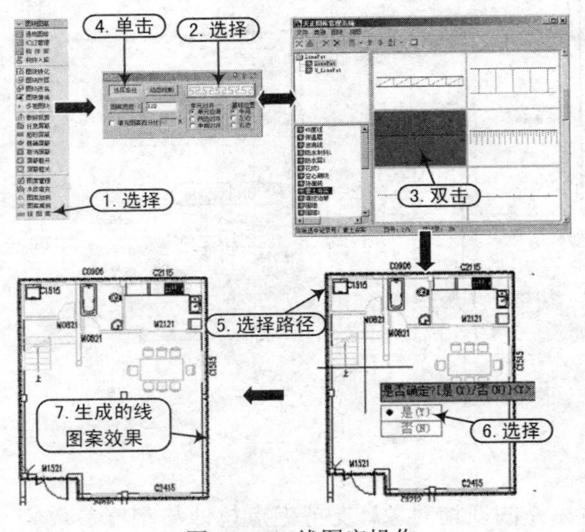

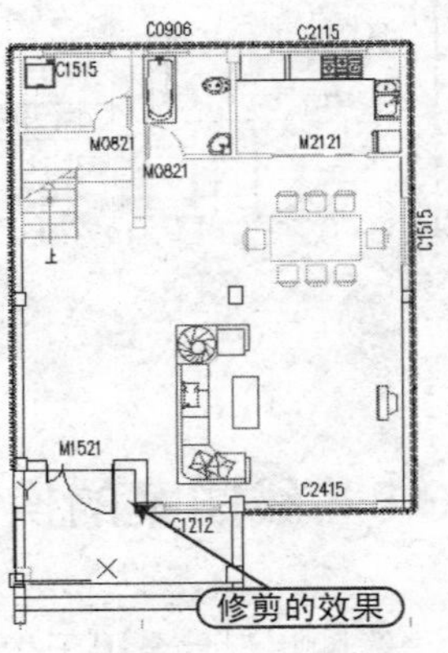

图 12-32　线图案操作　　　　图 12-33　修剪线图案

（5）至此，其线团操作已经完成，按 Ctrl+Shift+S 组合键将该文件另存为“案例\12\线图案.dwg”文件。

12.4　实例——定制新的图库

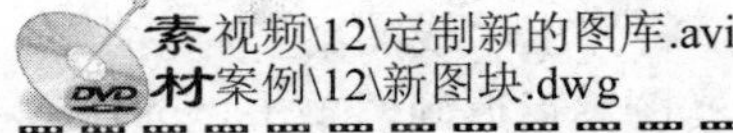

素 视频\12\定制新的图库.avi
材 案例\12\新图块.dwg

通过前面的学习，用户已经掌握了天正图库中定制新图库中图案图块及其相关功能的操作方法，下面根据前面所学的内容定制新的图库。定制新的图库前需要绘制定制的图块

图形对象，最终效果如图 12-34 所示。

（1）启动 TArch 2014，在 AutoCAD 中选择“文件”|“打开”菜单命令，将“案例\12\新图块.dwg”文件打开，如图 12-35 所示。

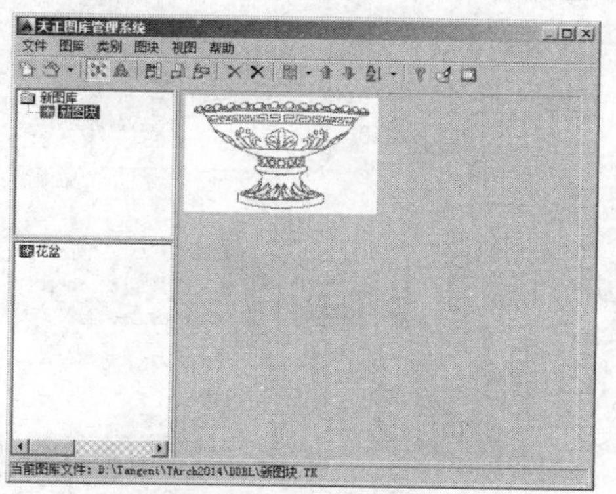

图 12-34　定制新的图库效果

图 12-35　打开的“新图块.dwg”文件

（2）在屏幕菜单中选择“图块图案”|“通用图库”命令，在打开的对话框中选择“文件”|“新建”命令，在弹出的“新建”对话框中设置相应的路径和新图库的名称，然后单击“新建”按钮完成新图库的创建，如图 12-36 所示。

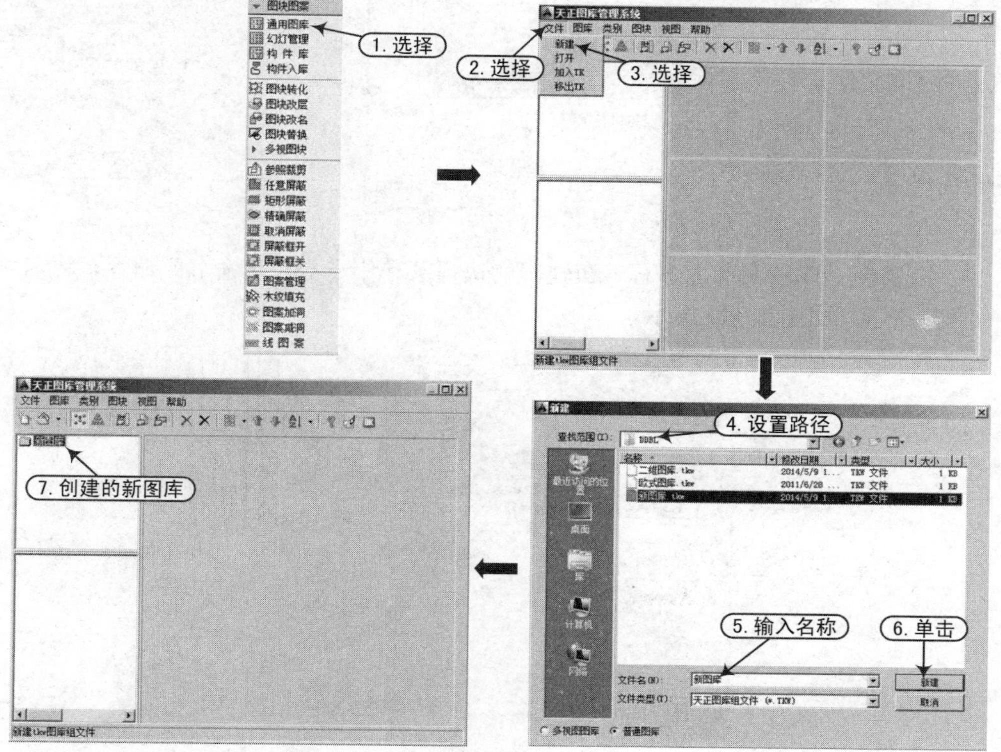

图 12-36　创建新图库

（3）在“天正图库管理系统”窗口中，右击“新图库”选项，在弹出的快捷菜单中选择“新建 TK”选项，在弹出的对话框中设置相应的文件路径和名称，然后单击“打开”按钮，如图 12-37 所示。

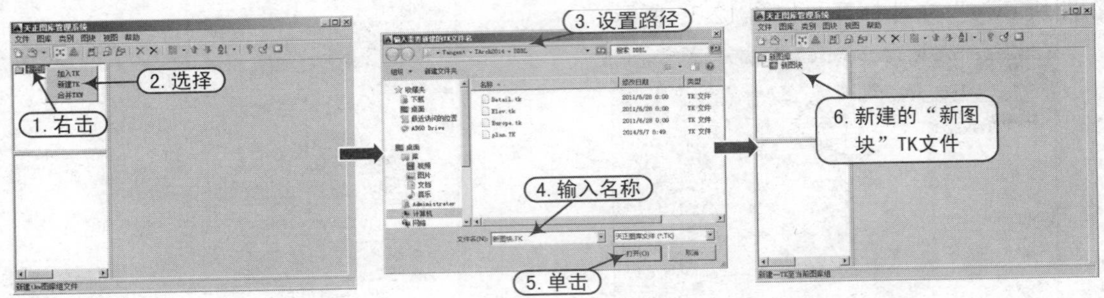

图 12-37 “新建 TK”文件

（4）选择“新图块”TK 文件，再选择“图块”|“新图入库”命令，根据命令行提示选择图元对象和指定基点，然后在快捷菜单中选择“制作”命令完成新图入库，如图 12-38 所示。

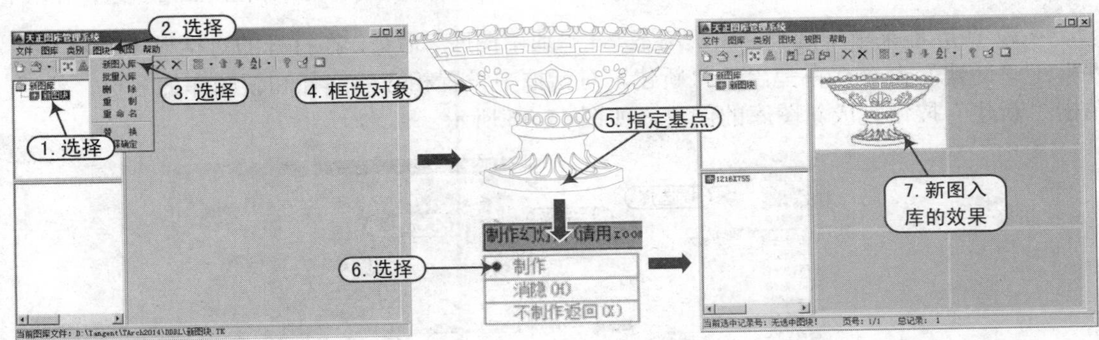

图 12-38 新图入库

（5）右击新入库图案的原名称，在弹出的快捷菜单中选择“重命名”命令，将名称重命名为“花盆”，如图 12-39 所示。

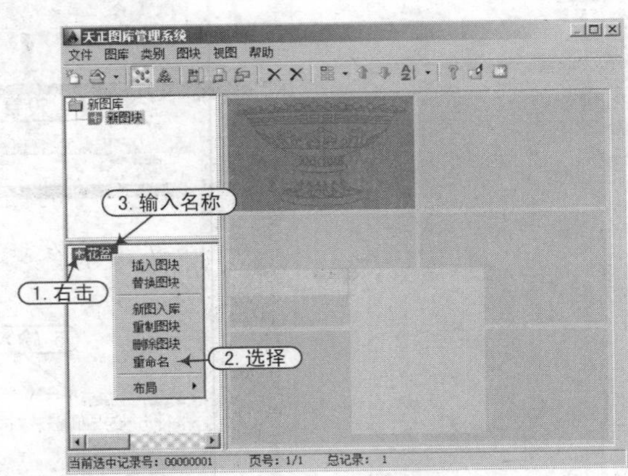

图 12-39 重命名

（6）至此，新图库的定制完成，按 Ctrl+S 快捷键保存文件。

第13章　图纸布局与格式转换

本章导读

一套完整的建筑施工图绘制完成之后，都应对其进行文件布图和打印输出，包括进行插入或定制图框、定义或改变视口的比例等，还可以转换图形，以便用低版本软件打开，包括旧图转换、批量转旧、图变单色等。

本章首先讲解图纸布局的相关命令，然后讲解天正图形与格式转换等相关操作命令，最后通过一个别墅工程图进行布局与转换操作。

主要内容

- ❑ 掌握天正图纸布局命令
- ❑ 掌握天正图形与格式转换操作
- ❑ 掌握图纸的布局与输出
- ❑ 别墅工程图的布局与转换输出实例

效果预览

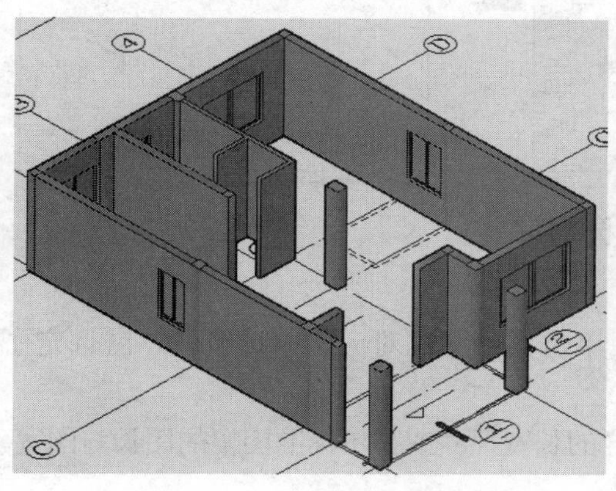

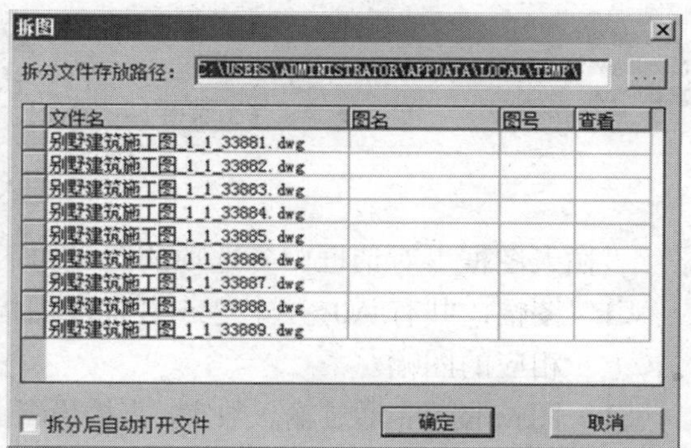

13.1 图纸布局命令

TArch 2014 中为用户提供了图样布局的多个命令。在“文件布图”菜单下选择相应命令，即可对所绘制或生成的图样对象进行图样布局、格式转换、图形转换、图框定制等，如图 13-1 所示。

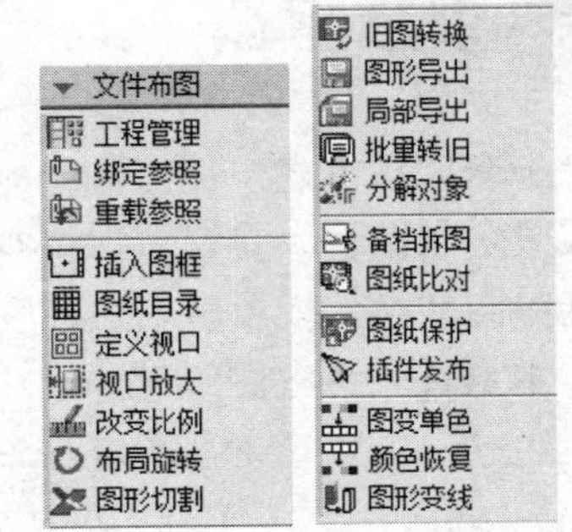

图 13-1　天正“文件布图”相关命令

13.1.1　插入图框的操作

“插入图框”命令用于在当前模型空间的图样空间插入图框，新增通长标题栏功能以及图框直接插入功能，预览图像框提供鼠标滚轮缩放与平移功能，插入图框前按当前参数拖动图框，用于测试图幅是否合适。图框和标题栏均统一由图框库管理，能使用的标题栏和图框样式不受限制，新的带属性标题栏支持图样目录生成。

例如，打开“案例\12\室内平面图.dwg”文件，在屏幕菜单中选择“文件布图”｜“插入图框”命令，在弹出的“插入图框”对话框中设置好图框参数，然后单击“插入”按钮，将该图框插入到室内平面图上，如图 13-2 所示。

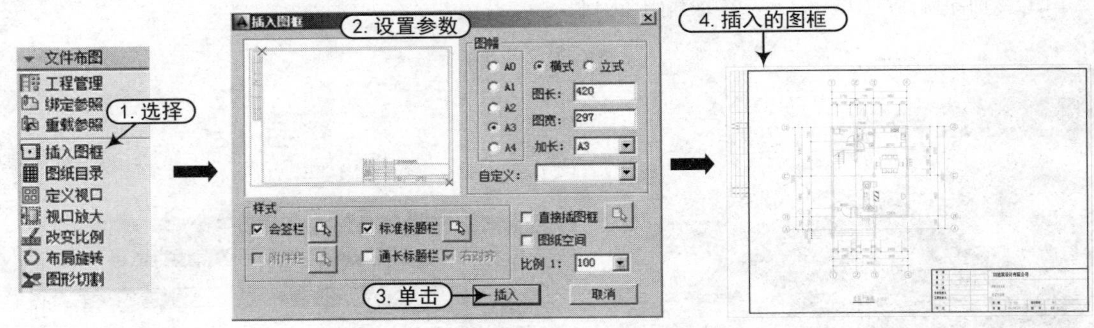

图 13-2　插入图框的操作

“插入图框”对话框中各选项的含义如下。

- 图幅：共有 A0～A4 这 5 种标准图幅，单击某一图幅对应的单选按钮，就选定了相应的图幅。
- 图长/图宽：通过输入数字，直接设置图样的长宽尺寸或显示标准图幅的图长与图宽。
- 横式/立式：选定图纸格式为立式或横式。
- 加长：选定加长型的标准图幅，单击右边的下拉按钮，列出国标加长图幅供选择。
- 自定义：如果使用过在图长和图宽栏中输入的非标准图框尺寸，则会把该尺寸作为自定义尺寸保存在此下拉列表框中，单击右边的下拉按钮可以从中选择已保存

的自定义尺寸。

- "比例 1:"：设置图框的出图比例，此数字应与"打印"对话框的"出图比例"一致。此比例也可以从下拉列表中选取，如果下拉列表中没有，也可直接输入。选中"图纸空间"复选框后，该项不可用，比例自动设置为 1:1。
- 图纸空间：选中此复选框后，当前视图切换为图纸空间（布局），"比例 1:"选项自动设置为 1:1。
- 会签栏：选中此复选框后，允许在图框左上角加入会签栏，单击右边的按钮可以在图框库中选择预选入库的会签栏。
- 标注标题栏：选中此复选框后，允许在图框右下角加入国标样式的标题栏，单击右边的按钮可以从图框库中选取预先入库的标题栏。
- 通长标题栏：选中此复选框后，允许在图框右方或者下方加入自定义样式的标题栏，单击右边的按钮可以从图框库中选取预先入库的标题栏，系统自动从用户所选中的标题栏尺寸判断插入的是竖向还是横向的标题栏，采取合理的插入方式并添加通栏线。
- 右对齐：在图框下方插入横向通长标题栏时，选中"右对齐"复选框可使标题栏右对齐，左边插入附件。
- 附件栏：选中"通长标题栏"复选框后，"附件栏"复选框可选。选中"附件栏"复选框后，允许图框一端加入附件栏，单击右边的按钮可以从图框库中选取预先入库的附件栏，可以是设计单位徽标或者会签栏。
- 直接插图框：选中此复选框后，允许在当前图形中直接插入带有标题栏与会签栏的完整图框，而不必选择图幅尺寸和图纸格式，单击右边的按钮可从图框中选取预先入库的完整图框。

提示技巧

图框由线框、标题栏、会签栏和设计单位标识组成，如图 13-3 所示。当采用标题栏插入图框时，框线由系统按钮图框尺寸绘制，用户不必定义，其他部分都可以由用户根据自己单位的图标样式加以定制。

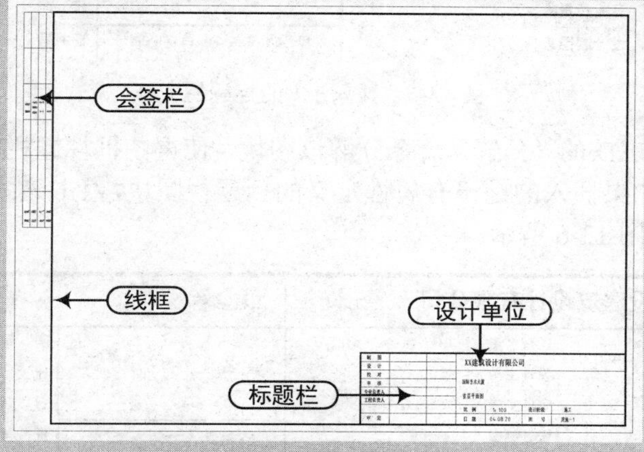

图 13-3　图框的组成

13.1.2 标题栏的定制实例

为了使用新的“图样目录”功能，用户必须使用 AutoCAD 的属性定义命令，把图号和图样名称属性写入图框中的标题栏，再把带有属性的标题栏加入图框库（图框库中提供了类似的实例，但不一定符合每个单位的需要），并且在插入图框后把属性值改写为实际内容才能实现图样目录的生成。

（1）使用“当前比例”命令设置当前比例为 1:1，此比例能保证文字高度正确（这十分重要），如图 13-4 所示。

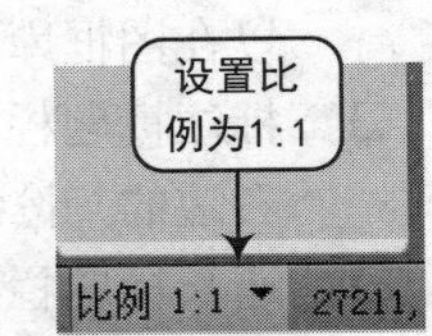

图 13-4　设置当前比例

（2）在屏幕菜单中选择“文件布图”｜“插入图框”命令，在弹出的“插入图框”对话框中选中“直接插图框”复选框，并用 1:1 的比例插入图框库中需要修改或添加属性定义的标题栏图块，如图 13-5 所示。

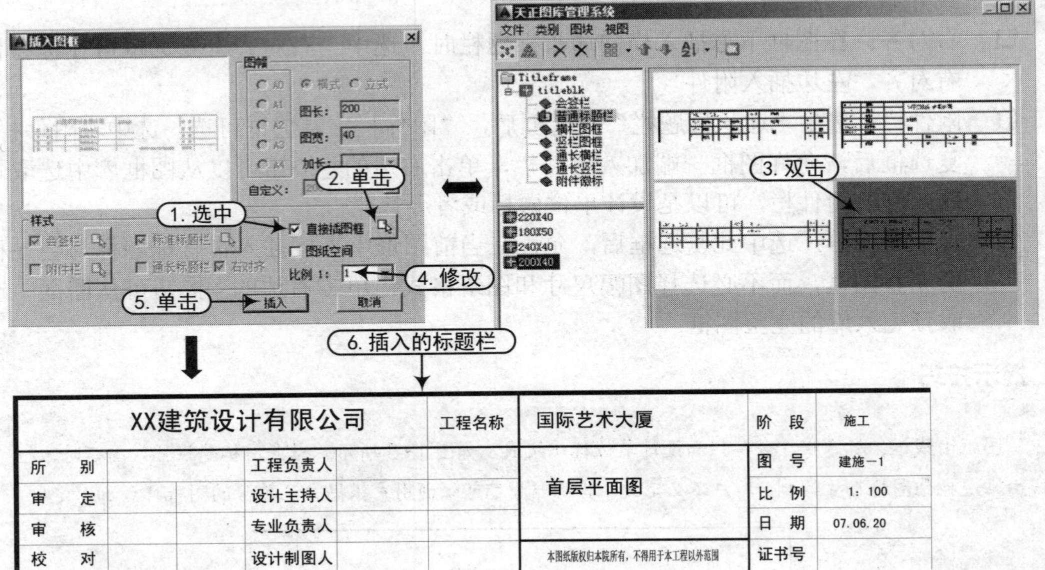

图 13-5　插入 1:1 的标题栏

（3）使用 AutoCAD 的“分解”命令分解该图块，使得图框标题栏的分割线为单根线，即可进行属性定义（如果插入的是已有属性定义的标题栏图块，双击该图块即可修改属性），并修改设计单位，如图 13-6 所示。

城市建设建筑设计有限公司				工程名称	工程名称	阶　段	阶段
所　别		工程负责人	工程负责		图名	图　号	图号
审　定	审定人	设计主持人	设计人			比　例	比例
审　核	审核人	专业负责人	专业负责			日　期	日期
校　对	校对人	设计制图人	制图人		本图纸版权归本院所有，不得用于本工程以外范围	证书号	

图 13-6　分解标题栏并修改单位

（4）双击“图名”字样，将弹出“编辑属性定义”对话框，显示已经定义的“标记”、“提示”和“默认”参数，如图 13-7 所示。如果没有定义，应使用 AutoCAD 的“属性定义”命令，通过弹出的“属性定义”对话框重新定义，如图 13-8 所示。

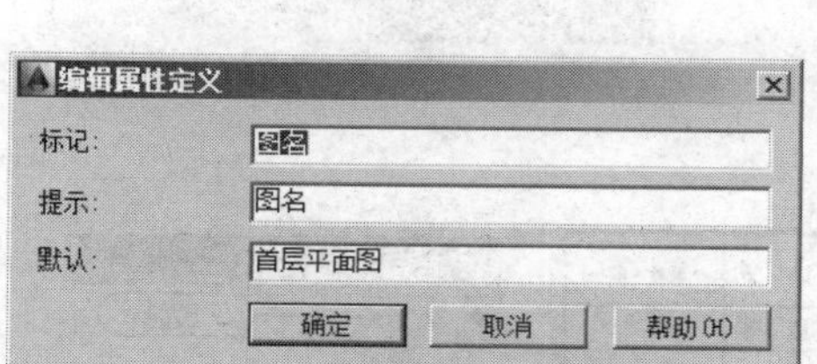

图 13-7 “编辑属性定义”对话框

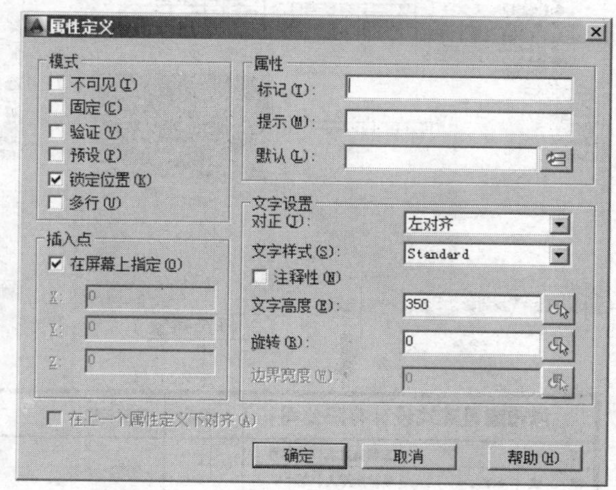

图 13-8 “属性定义”对话框

（5）在该标题栏中，其审定、审核、校对、工程名称、图号、比例、日期、证书号等都是已定义过属性的，所以不再进行属性设置。

（6）在屏幕菜单中选择“图块图案”|“通用图库”命令，在弹出的“天正图库管理系统”窗口中，选择“图库”|“图框库”命令，并选择“普通标题栏”选项，如图 13-9 所示。

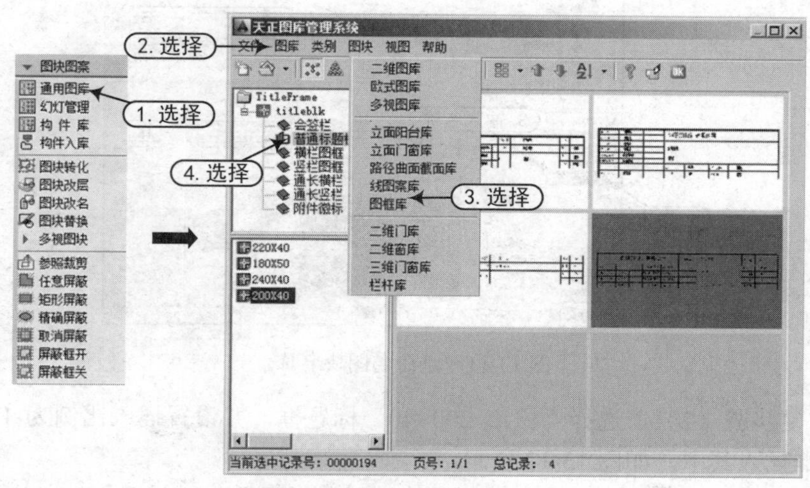

图 13-9 “图库”|“图框库”命令

（7）选择“图块”|“新图入库”命令，随后框选整个标题框，并选择图形的右下角点作为基点，然后选择“制作”命令，即可看到入库的新图块，如图 13-10 所示。

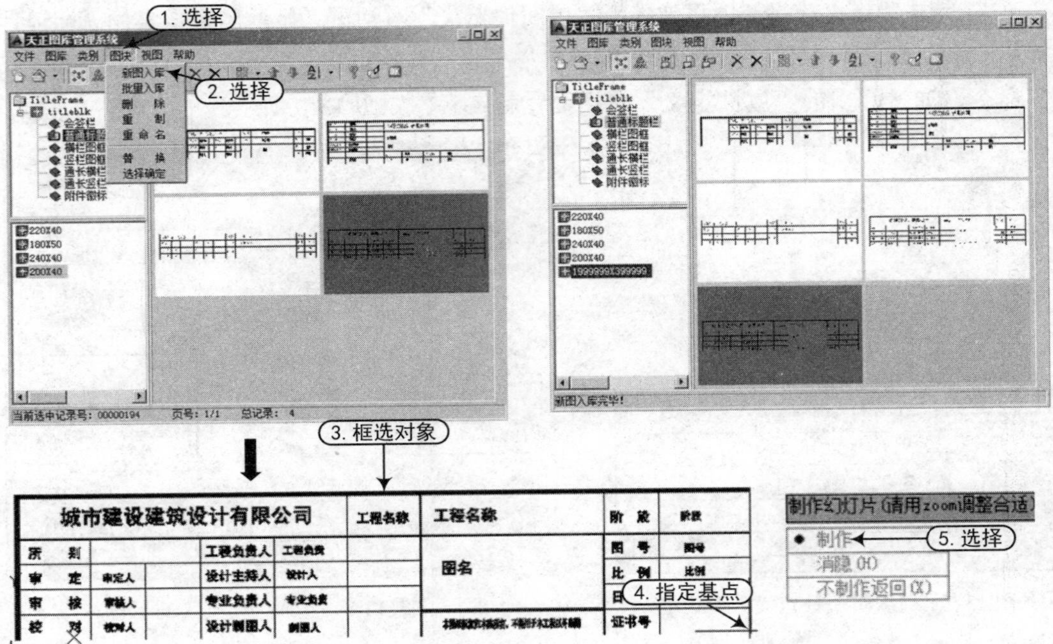

图 13-10　将标题栏入库

（8）对于入库的标题框，用户可以将其重命名为“城市 200×40”，如图 13-11 所示。

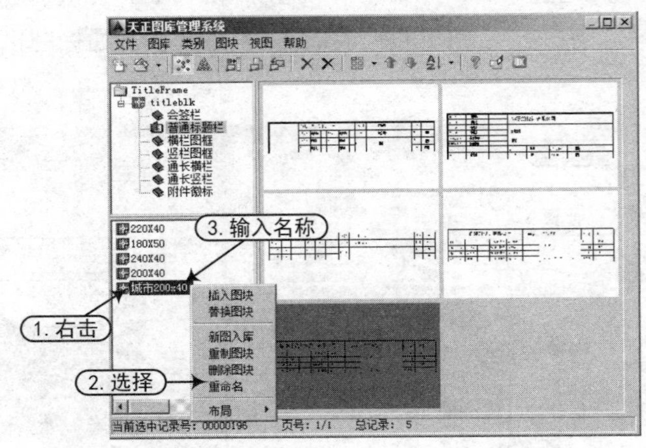

图 13-11　重命名图块名称

（9）重复步骤（2），选择“城市 200×40”标题框，并设置插入比例为 1:100，然后将定制的图框插入其中，如图 13-12 所示。

（10）双击标题框，将弹出“增强属性编辑器”对话框，这时用户可以将其中的属性值进行修改，然后单击“确定”按钮，即可看到当前标题框的属性值被修改，如图 13-13 所示。

（11）至此，该标题框的定制已经完成，按 Ctrl+S 快捷键将该文件保存为“标题栏.dwg”。

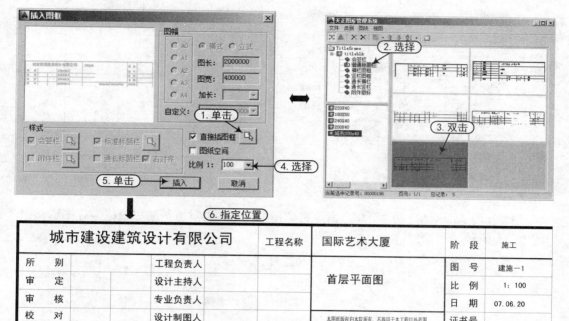

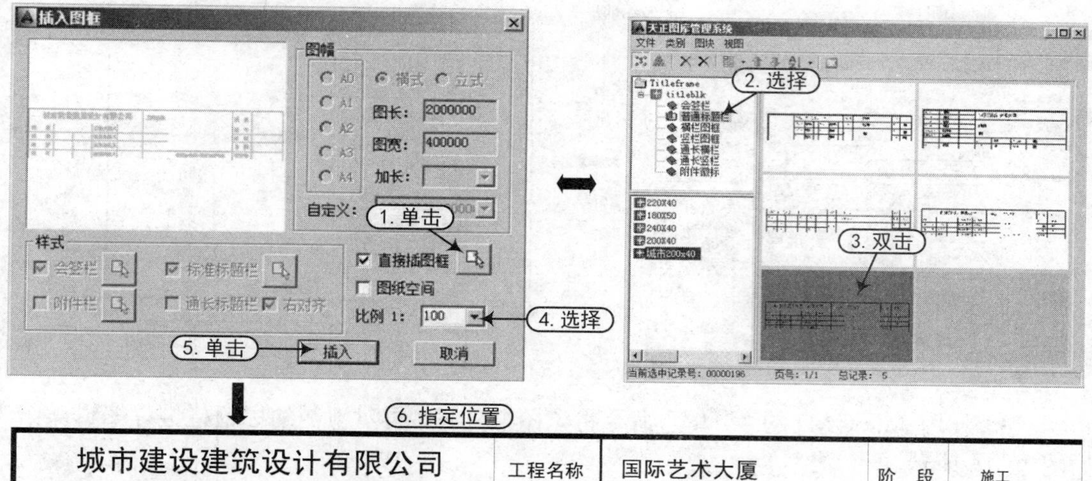

城市建设建筑设计有限公司		工程名称		国际艺术大厦	阶　段	施工
所　　别		工程负责人		首层平面图	图　号	建施—1
审　　定		设计主持人			比　例	1：100
审　　核		专业负责人			日　期	07.06.20
校　　对		设计制图人		本图纸版权归本院所有，不得用于本工程以外范围	证书号	

图 13-12　插入定制的标题栏

1. 双击　2. 设置参数　3. 单击　4. 修改后效果

城市建设建筑设计有限公司		工程名称		文化艺术中心	阶　段	施工
所　　别		工程负责人	杨波	首层平面图	图　号	建施—1
审　　定	周萍	设计主持人	程程		比　例	1：100
审　　核	陈芳	专业负责人	吴昊		日　期	14.05.20
校　　对	李建	设计制图人	成功	本图纸版权归本院所有，不得用于本工程以外范围	证书号	

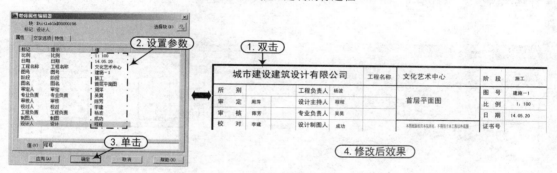

图 13-13　修改标题栏中的文字

13.1.3　工程图框的定制实例

定制工程图框的方法与定制标题栏的方法一样，只是在插入图框时选择整个图框即可，其操作步骤如下。

（1）使用“当前比例”命令设置当前比例为 1:1，此比例能保证文字高度正确，如图 13-14 所示。

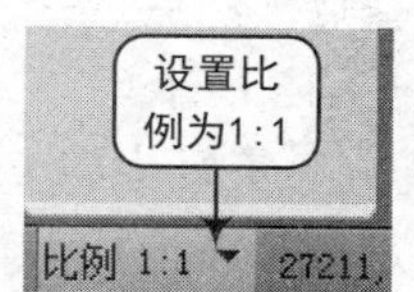

图 13-14　设置当前比例

（2）在屏幕菜单中选择“文件布图”｜“插入图库”命令，在弹出的“插入图库”对话框中选择 A4 图幅，并用 1:1 的比例插入图框库中需要修改或添加属性定义的标题栏图块，如图 13-15 所示。

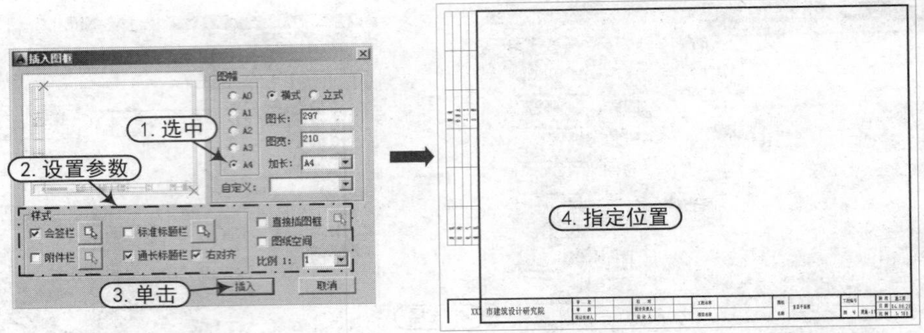

图 13-15　插入 A4 图框

（3）使用 AutoCAD 的“分解”命令将该图框分解，再对下侧的标题栏进行编辑操作，如图 13-16 所示。

城市建筑设计研究院	审　定	审定人	校　对	校对	工程名称	工程名称	图纸名称	图名	工程编号		阶 段	阶段
	审　核	审核人	设计负责人	设计负责人							日 期	日期
	项目负责人	项目负责人	设 计 人	设计人	项目名称	项目名称			图　号	图号	比 例	比例

图 13-16　分解图框并修改名称

（4）同样，在屏幕菜单中选择“图块图案”｜“通用图库”命令，在弹出的“天正图库管理系统”窗口中选择“图库”｜“图框库”命令，并选择“横栏图框”选项，如图 13-17 所示。

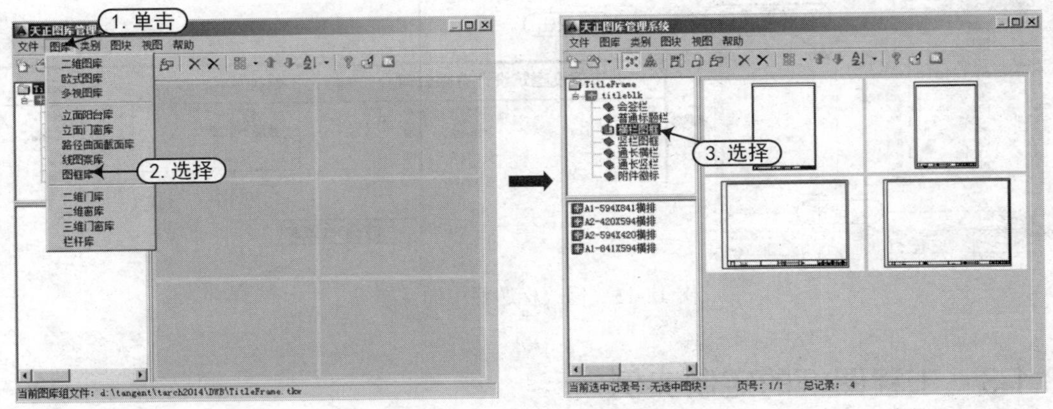

图 13-17　横栏图框

（5）选择“图块”｜“新图入库”命令，随后框选整个图框，并选择图形的右下角点作为基点，然后选择“制作”命令，即可看到入库的新图块，重命名为“城市 297×210”，如图 13-18 所示。

（6）重复步骤（2），选择新定制的“城市 297×210”图框，并设置插入比例为 1:100，将所定制的图框插入其中，如图 13-19 所示。

（7）双击标题框，将弹出“增强属性编辑器”对话框，这时用户可以将其中的属性值进行修改，然后单击“确定”按钮，即可看到当前标题框的属性值被修改。

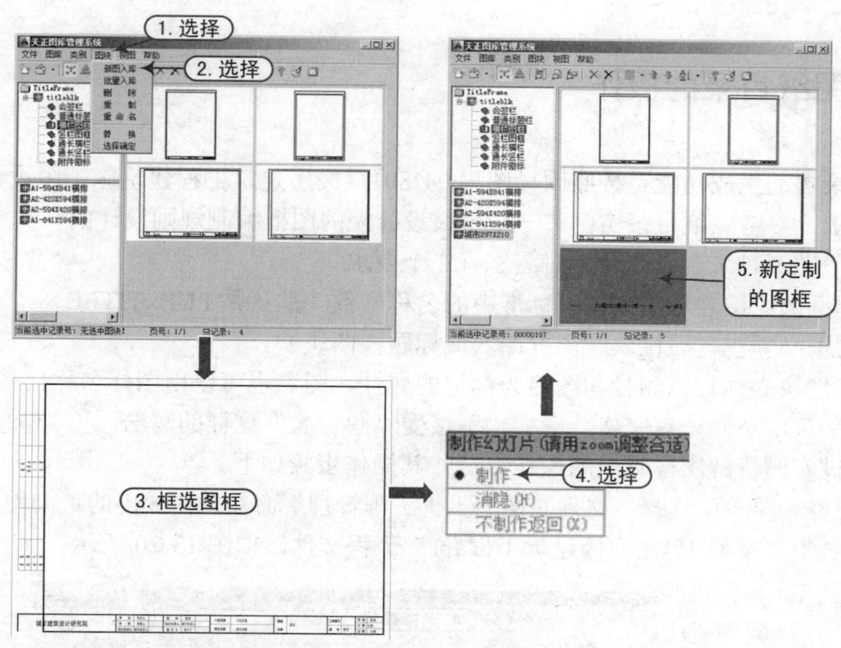

图 13-18　定制图框入库

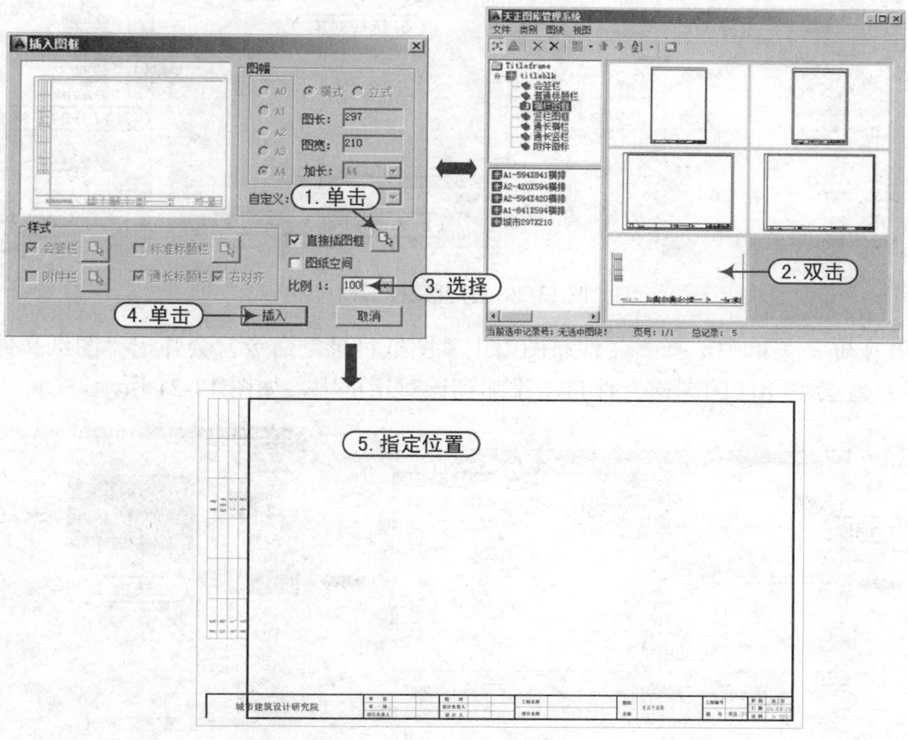

图 13-19　插入图框

（8）至此，该图框的定制已经完成，按 Ctrl+S 快捷键将该文件保存为“工程图框.dwg”。

13.1.4 图纸目录的操作

图纸目录自动生成功能是按照国标图集 04J801《民用建筑工程建筑施工图设计深度图样》中的要求，参考图纸目录实例和一些甲级设计院的图框编制规则设计的。

在使用"图纸目录"命令时，对图框有 3 个要求。

（1）图框的图层名与当前图层标准中的名称一致（默认是 PUB_TITLE）。

（2）图框必须包含属性块（图框图块或标题栏图块）。

（3）属性块必须有以图号和图名为标记的属性，图名也可以用图样名称代替，其中，图号和图名字符串不允许有空格，例如，不接受"图　名"这样的写法。

下面通过实例讲解图样目录的操作方法，其操作步骤如下。

（1）在屏幕菜单中选择"文件布图"｜"工程管理"命令，在弹出的"工程管理"面板中打开光盘中"案例\13\住宅楼建筑工程.tpr"工程文件，如图 13-20 所示。

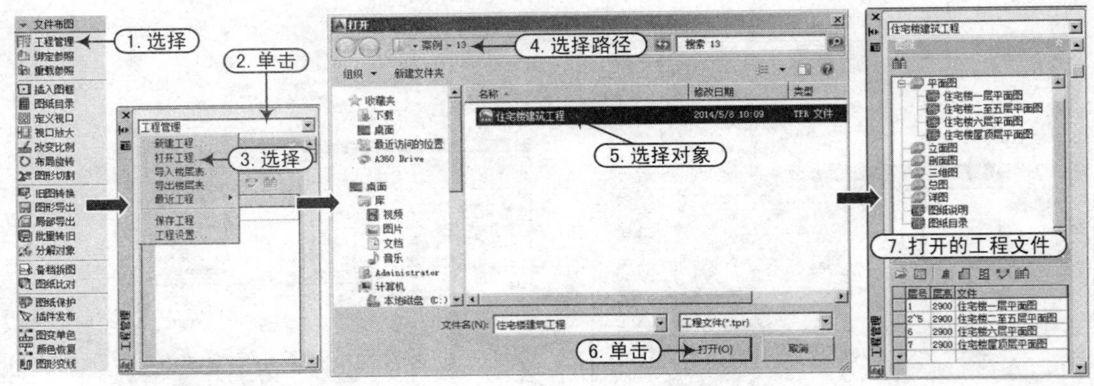

图 13-20　打开工程文件

（2）在屏幕菜单中选择"文件布图"｜"图纸目录"命令，会弹出"图纸文件选择"对话框，系统会将相应的图样文件自动添加到该对话框中，如图 13-21 所示。

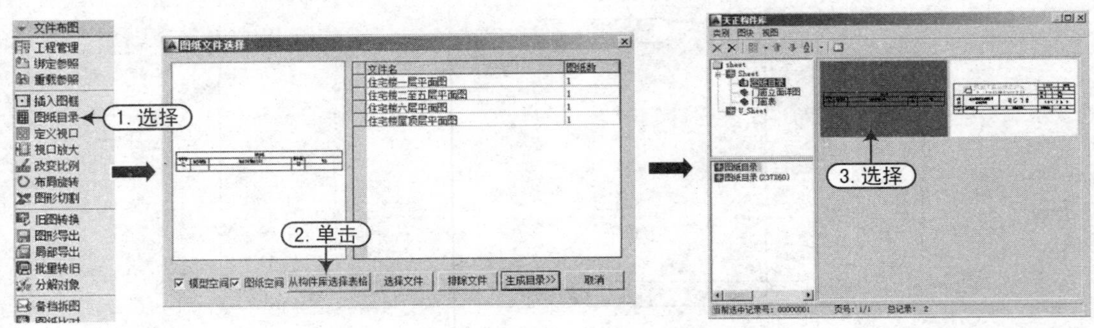

图 13-21　图样目录中的文件

（3）在系统添加完所有文件后，选择相应的图样表格，最后单击对话框中的生成目录>>按

钮，再在视图中选择插入点即可，生成的图纸目录如图 13-22 所示。

图纸目录				
序号	图号	图纸名称	图幅	备注
1	建施－1	首层平面图	A2	
2	建施－2	二至五层平面图	A2	
3	建施－3	六层平面图	A2	
4	建施－3	顶层平面图	A2	

图 13-22　生成图纸目录

（4）至此，给一个工程创建图纸目录的操作已完成，按 Ctrl+S 快捷键进行保存。

提示技巧

“图纸文件选择”对话框中各项选项的含义如下。

（1）模型空间：默认为选中状态，表示已经选择的图形文件中包括模型空间里插入的图框，不选中则表示只保留图样空间图框。

（2）图纸空间：默认为选中状态，表示在已经选择的图形文件中包括图样空间里插入的图样，不选中则表示只保留模型空间图框。

（3）从构件库选择表格：通过“构件库”命令打开表格库，选择图样目录表格样板，所选的表格显示在左边图像框中。

（4）选择文件：单击该按钮进入“选择文件”对话框，选择添加到图样目录列表的图形文件（可按 Shift 或 Ctrl 键选择多个文件）。

（5）排除文件：选择要从图样目录列表中去除的文件后（可按 Shift 或 Ctrl 键选择多个文件），单击该按钮把这些文件从列表中去除。

（6）生成目录：单击该按钮将关闭对话框，并在图上插入图纸目录。

13.1.5　定义视口的操作

“定义视口”命令用于将模型空间指定区域的图形以给定的比例布置到图样空间，从而创建多比例不同的视口。

下面通过一个完整的实例讲解视口的定义与布置，其操作步骤如下。

（1）启动 TArch 2014，按 Ctrl+O 快捷键，打开“案例\13\住宅楼一层平面图.dwg”文件；再按 Ctrl+Shift+S 组合键，将该文件另存为“案例\13\定义视口.dwg”。

（2）在视图的左下角，切换至“布局 1”选项卡，即可看到初始的布局情况，使用鼠标选择其中的视口对象，并按 Delete 键将其删除，从而该“布局 1”中无任何图像显示，如图 13-23 所示。

（3）右击“布局 1”选项卡，从弹出的快捷菜单中选择“页面设置管理器”命令，将弹出“页面设置管理器”对话框，选择“布局 1”后单击“修改”按钮，如图 13-24 所示。

（4）此时弹出“页面设置-布局 1”对话框，设置当前计算机上所安装的打印机，并设置图纸尺寸为 A4，打印比例为 1:1，然后单击“确定”按钮，如图 13-25 所示，即可看到

"布局 1" 大小有所改变。

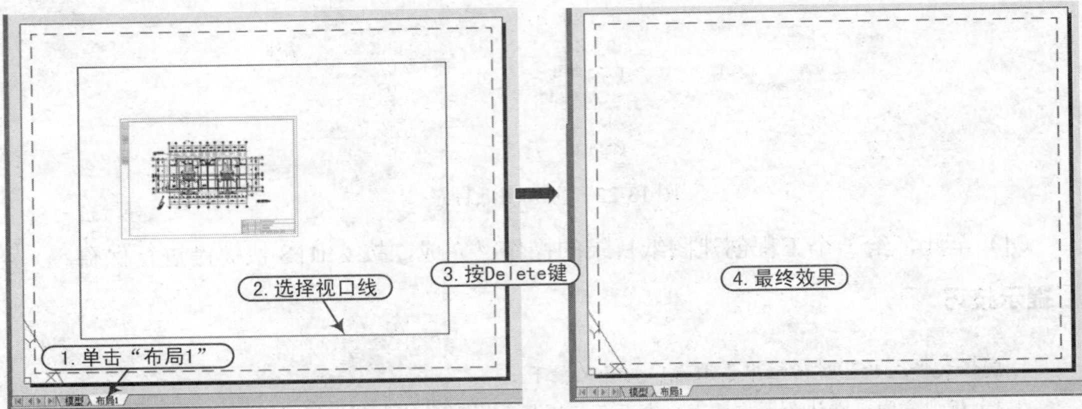

图 13-23　删除初始视口

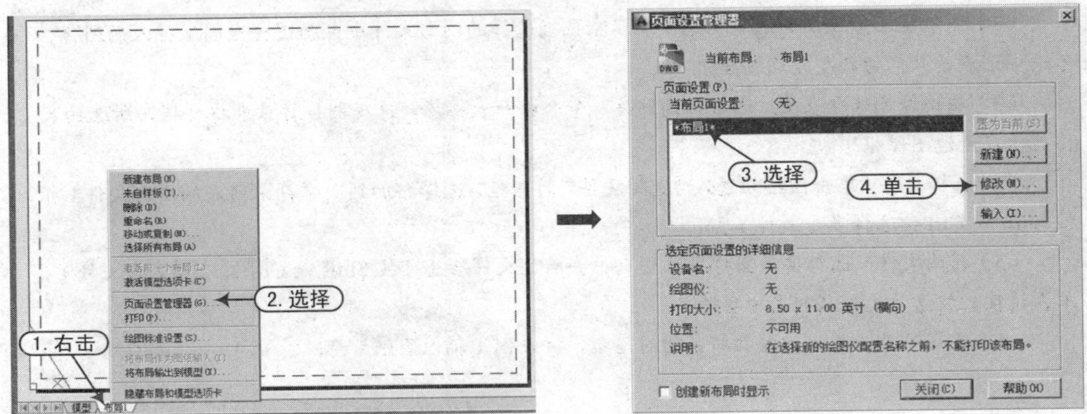

图 13-24　"页面设置管理器"对话框

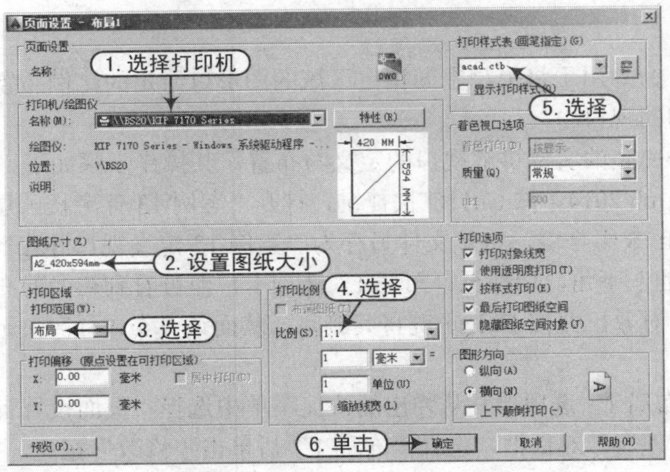

图 13-25　页面布置的设置

提示技巧

用户在设置页面时,图纸尺寸的设置会受到打印特性的限制(如打印机M7400的最大幅面为A4);图纸尺寸的大小最好和所插入的图框大小一致,如果插入的是A4大小的图框,那么在布局中也应将图纸尺寸设置为A4。

(5)在屏幕菜单中选择“文件布图”|“定义视口”命令,将切换到“模型”选项卡中,指定两个对角点来确定视口区域(左上角点和右下角点),再根据提示设置出图比例为1:200,然后确定在“布局1”选项卡中的视口位置,如图13-26所示。

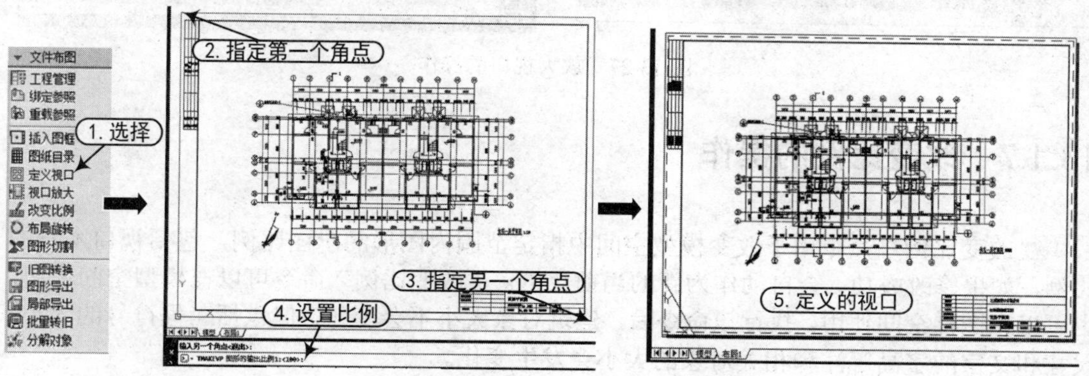

图 13-26 定义视口的操作

提示技巧

由于这里定义的视口出图比例为1:200,因此,如果插入图框时其中的比例为1:100,用户可以双击该图框来修改相应的比例以及其他属性值。

(6)至此,视口的布置已经完成,按Ctrl+S快捷键进行保存即可。

13.1.6 视口放大的操作

“视口放大”命令用于把当前工作区从图样空间切换到模型空间,并提示选择视口按中心位置放大到全屏,如果原来某视口已被激活,则不出现提示,而是直接放大该视口到全屏。

有时布局中会有多个定义视口,在用户需要对某一个定义视口中的图形对象进行观察或编辑时,可以通过“视口放大”命令将该定义视口放大到全屏,以便于观看和编辑。

在屏幕菜单中选择“文件布图”|“视口放大”命令,根据命令行提示选择要放大的视口,则视口区域放大到全屏,如图13-27所示。

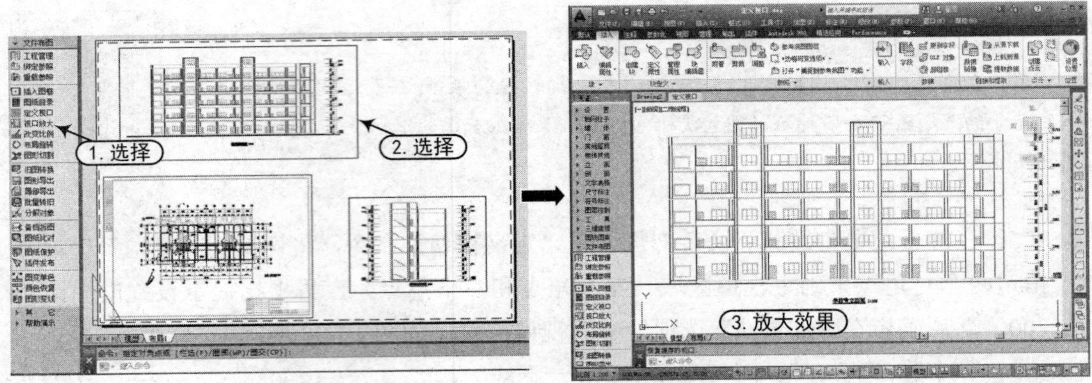

图 13-27　放大视口的操作

13.1.7　改变比例的操作

“改变比例”命令用于改变模型空间中指定范围内图形的出图比例，包括视口本身的比例，如果修改成功，会自动作为新的当前比例。“改变比例”命令可以在模型空间使用，也可以在图样空间使用。执行该命令后，建筑对象大小不会变化，但包括工程符号的大小、尺寸和文字的字高等注释相关对象的大小会发生变化。

将图形切换至“模型”选项卡，在屏幕菜单中选择“文件布图”｜“改变比例”命令，根据命令行提示输入50，将出图比例设置为1:50，再框选要改变比例的图元对象，并按Enter键结束，再输入原有的出图比例100，如图13-28所示。

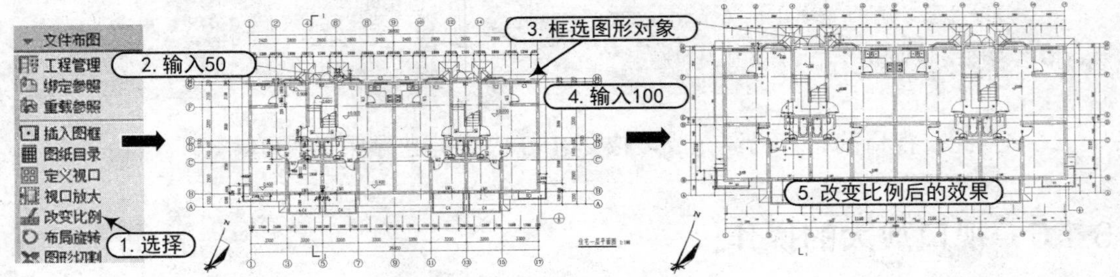

图 13-28　改变比例的操作

13.1.8　图形切割的操作

“图形切割”命令用于已选定的矩形窗口、封闭曲线或图块边界在平面图内切割，并提取带有轴号和填充的局部区域用于详图。该命令使用了新定义的切割线对象，能在天正对象中切割，遮挡范围可随意调整，可把切割线设置为折断线或隐藏。

例如，打开“案例\13\住宅楼一层平面图.dwg”文件，在屏幕菜单中选择“文件布图”｜“图形切割”命令，根据命令行提示框选一个矩形区域作为图形切割的对象，此时程序已经把刚才定义的裁剪矩形内的图形完成切割并提取出来，拖动并置于新的插入位置即可，

如图 13-29 所示。

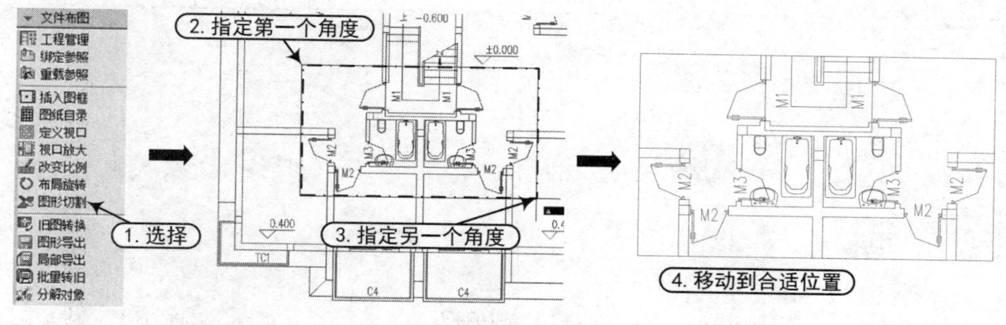

图 13-29　图形切割

这时用户可以双击切割线，将弹出“编辑切割线”对话框，单击“设折断边”按钮，然后分别在切割图形的上下、左右设置折断边，如图 13-30 所示。

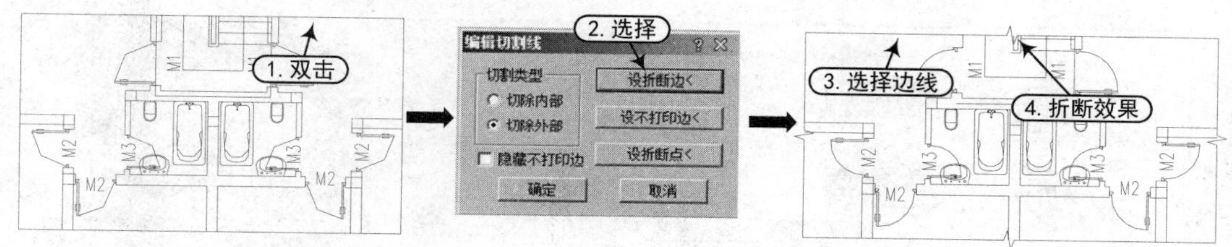

图 13-30　设置折断边

13.2　图形与格式转换操作

由于 TArch 天正建筑软件是在 AutoCAD 平台的基础上运行的，因此它们的文件扩展名均为.dwg，但在 AutoCAD 软件上无法打开天正的.dwg 文件。对此，天正提供了图形转换工具，包括旧图转换、图形导出、批量转旧、图变单色等。

13.2.1　旧图转换的操作

由于天正建筑软件升级后图形格式变化较大，为了在升级软件后可以重复利用旧图资源继续设计，用户可采用“旧图转换”命令对 TArch 3 格式的平面图进行转换，将原来用 AutoCAD 图形对象表示的内容升级为新版的自定义专业对象格式。

（1）打开“案例\13\别墅建筑施工图.dwg”文件，转换为“西南等轴测”视图和“概念”视觉模式来观察，看出该施工图二维的 AutoCAD 图，用户可以将视口分成左右两个来进行对比观察，如图 13-31 所示。

（2）在屏幕菜单中选择“文件布图”｜“旧图转换”命令，然后在弹出的“旧图转换”对话框中设置相应的参数，再单击“确定”按钮，即可将 AutoCAD 的二维图形转换为天正的自定义对象（部分为三维模型图），如图 13-32 所示。

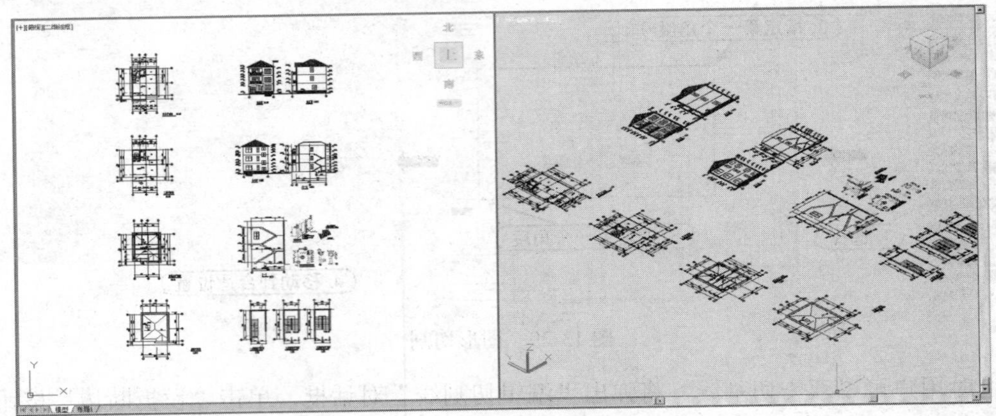

图 13-31　打开 AutoCAD 图形文件

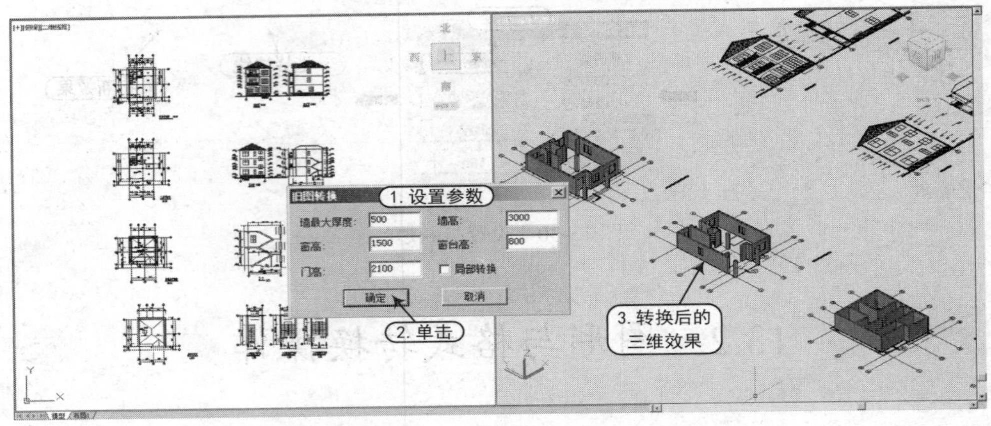

图 13-32　旧图转换操作

提示技巧

对于旧图转换后的图形对象，其尺寸标注对象虽说已是天正自定义对象，但并没有将几个相邻的对象连接在一起，还是分段的，这时用户可以选择“尺寸标注”｜“尺寸编辑”｜“连接尺寸”命令，将其加以连接，从而使其成为真正意义上的天正标注对象，如图 13-33 所示。

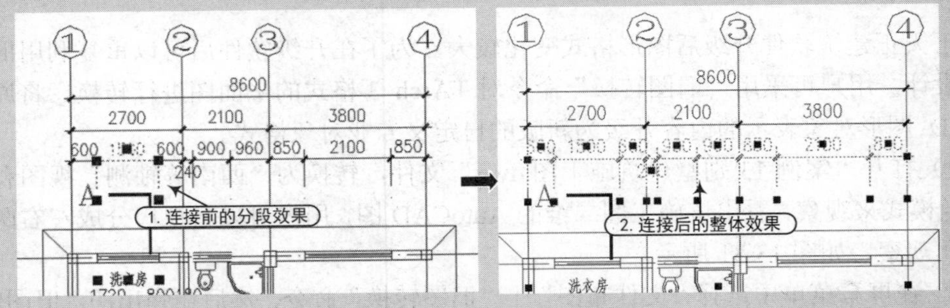

图 13-33　连接尺寸标注

（3）用户可以为当前工程设置统一的三维参数，在转换完成后再对不同的对象进行编辑。放大转换后的三维图形效果，即可发现一些门窗的墙体并不符合要求，如图 13-34 所示。

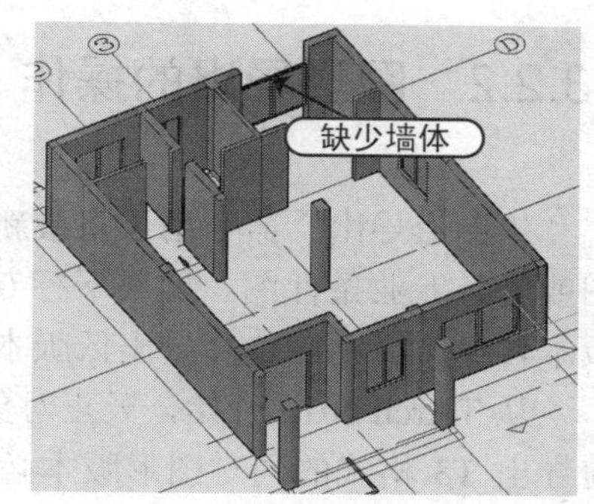

图 13-34　转换后的墙体

（4）将视图转换到俯视图，使用夹点编辑完善墙体，即可看出该段墙体为一整体，且在右侧的是三维效果图中看不到的推拉门窗，如图 13-35 所示。

（5）双击该墙体上的门窗对象，将弹出“窗”对话框，设置相应的参数（默认情况下不修改），单击“确定”按钮，则在右侧的三维效果图中可以看见推拉门窗，如图 13-36 所示。

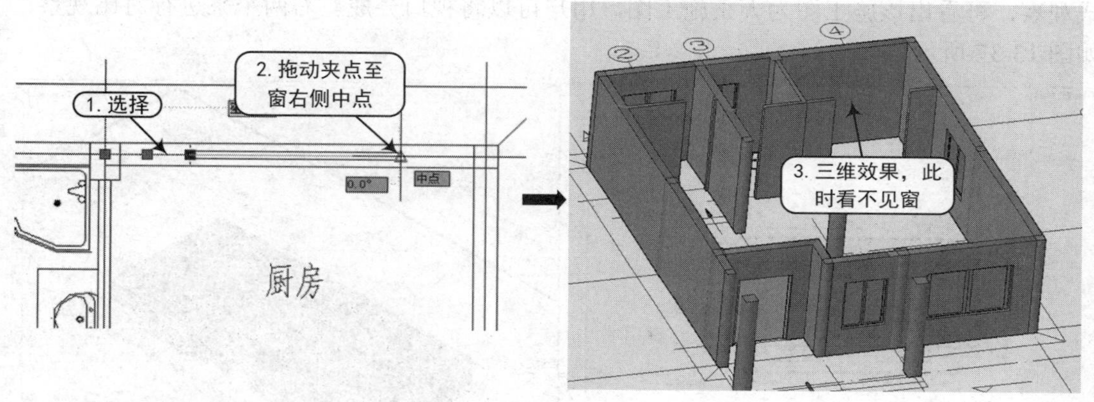

图 13-35　调整墙体

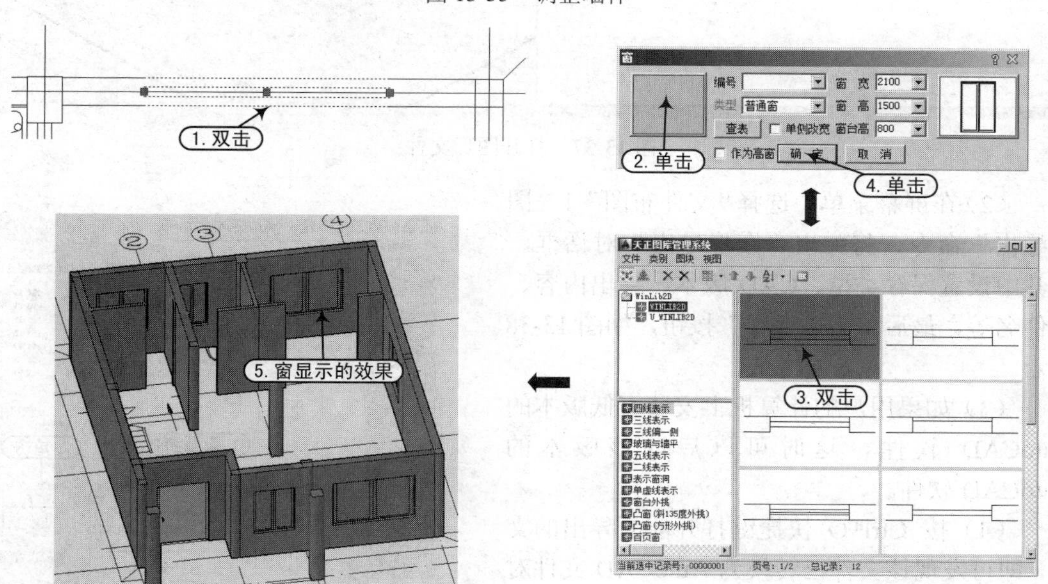

图 13-36　调整窗

13.2.2 图形导出的操作

“图形导出”命令用于将最新的天正格式 DWG 文件导出为天正各版本支持的 DWG 图或者各专业条件图。如果下行专业使用天正同版本号的给排水、电气软件时，不必进行版本转换，否则应选择导出低版本号，达到与低版本兼容的目的。

从 TArch 2013 开始，天正对象的导出格式不再与 AutoCAD 图形版本关联，解决了以前导出 T3 格式的同时图形版本必须转为 R14 的问题，用户可以根据需要单独选择转换后的 AutoCAD 图形版本。

（1）打开“住宅楼二至五层平面图.dwg”文件，转换为西南等轴测视图和概念视觉模式观察，可看出该施工图为天正施工图，用户可以将视口分成左右两个来进行对比观察，如图 13-37 所示。

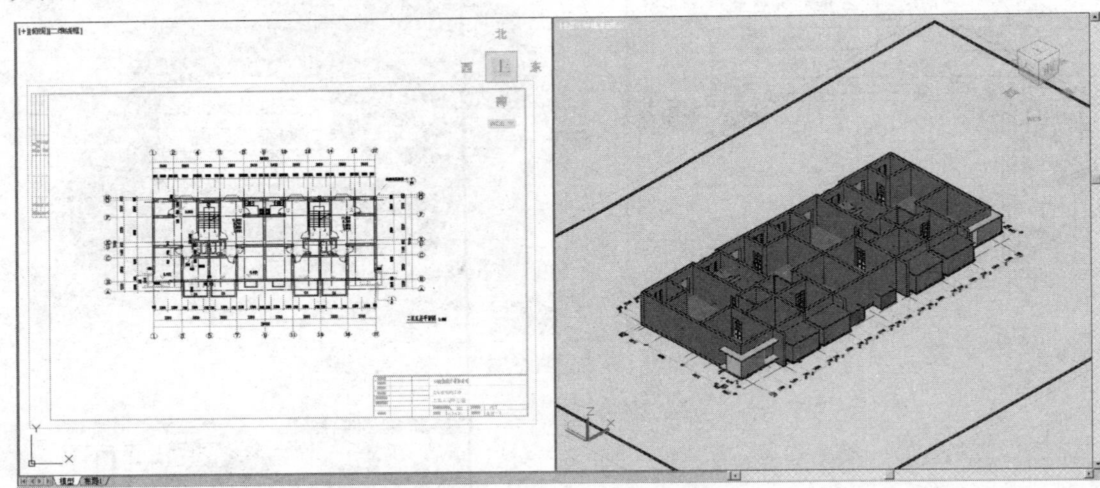

图 13-37 打开图形文件

（2）在屏幕菜单中选择“文件布图”|“图形导出”命令，将弹出“图形导出”对话框，在其中设置保存类型、CAD 版本、导出内容、文件名等，最后单击“保存”按钮，如图 13-38 所示。

（3）如果用户的计算机上安装有低版本的 AutoCAD 软件，这时可以启动该版本的 AutoCAD 软件。

（4）按 Ctrl+O 快捷键打开前面导出的文件，即可发现该文件已转换为 AutoCAD 文件对象，如图 13-39 所示。

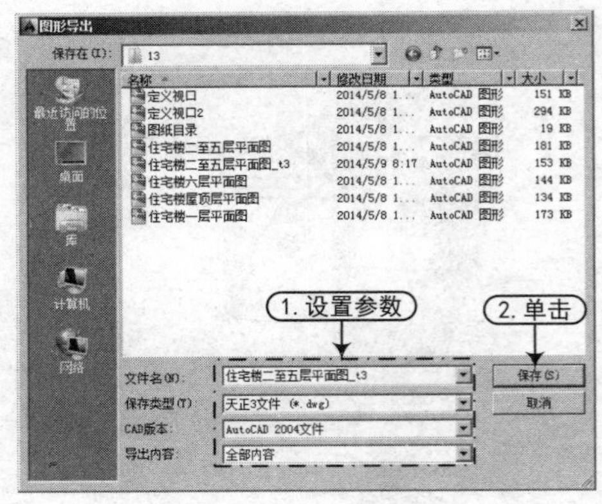

图 13-38 图形导出操作

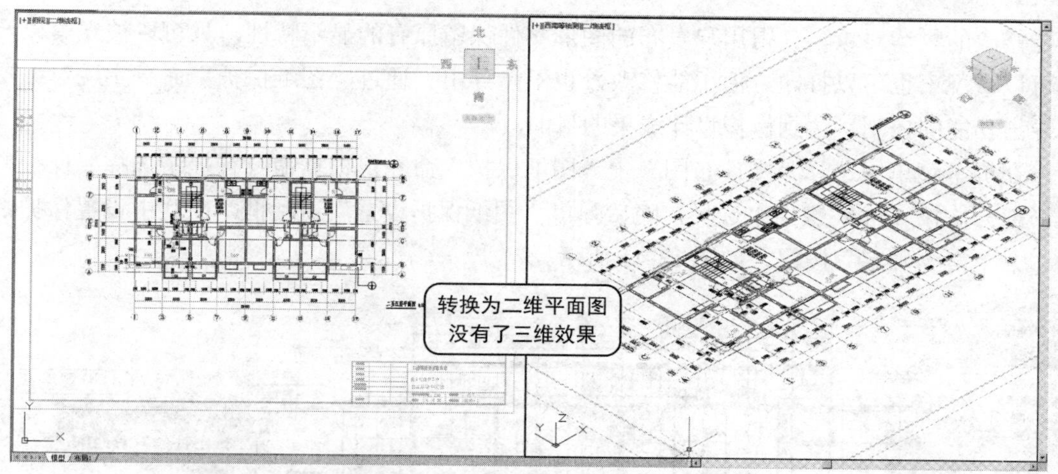

图 13-39　打开转换后的图形文件

13.2.3　批量转旧的操作

“批量转旧”命令用于将当前版本的文件批量转换为天正旧版本的 DWG 格式，同样支持图样空间布局的转换。在转换 R14 版本时只转换第一个图样空间布局，用户可以自定义文件的扩展名；同样，从 TArch 2013 开始，天正对象的导出格式不再与 AutoCAD 图形版本关联。

在屏幕菜单中选择“文件布图”｜“批量转旧”命令，在弹出的“请选择待转换的文件”对话框中，使用 Ctrl 和 Shift 键选择多个文件，选择天正版本和 CAD 版本，并确定是否添加 T3、T7 等文件名后缀，然后单击“打开”按钮。随后在弹出的“浏览文件夹”对话框中选择转换后的文件夹，进入目标文件夹后单击“确定”按钮即开始转换，如图 13-40 所示，命令行会提示转换后的结果。

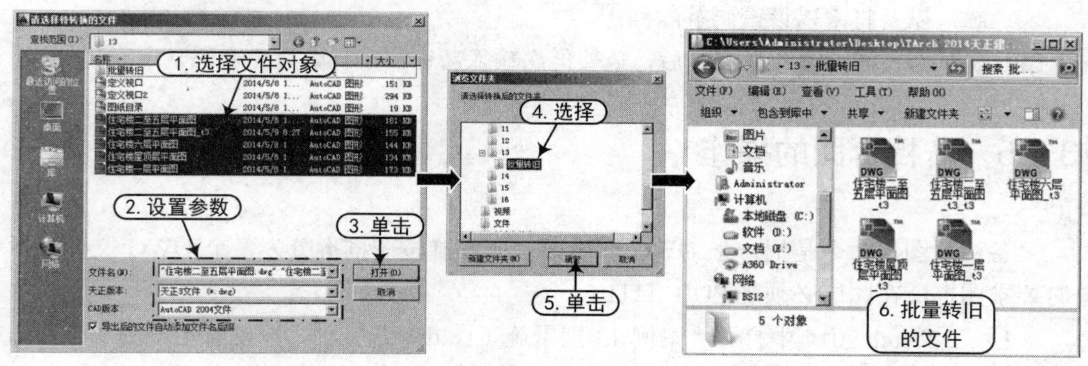

图 13-40　批量转旧操作

13.2.4　图纸保护的操作

“图纸保护”命令通过对用户指定的天正对象和 AutoCAD 基本对象的合并处理，创建不能修改的只读对象，使得用户发布的图形文件保留原有的显示特性，只可以被观察以及既可以被观察也可以打印，但不能修改，也不能导出。通过“图纸保护”命令实现对编辑与导出功能的控制，达到保护设计成果的目的。

在屏幕菜单中选择“文件布图”|“图纸保护”命令，根据命令行提示选择要保护的图形部分，按 Enter 键结束选择，随后弹出“图纸保护设置”对话框，在其中设置保护密码，并单击“确定”按钮，如图 13-41 所示。

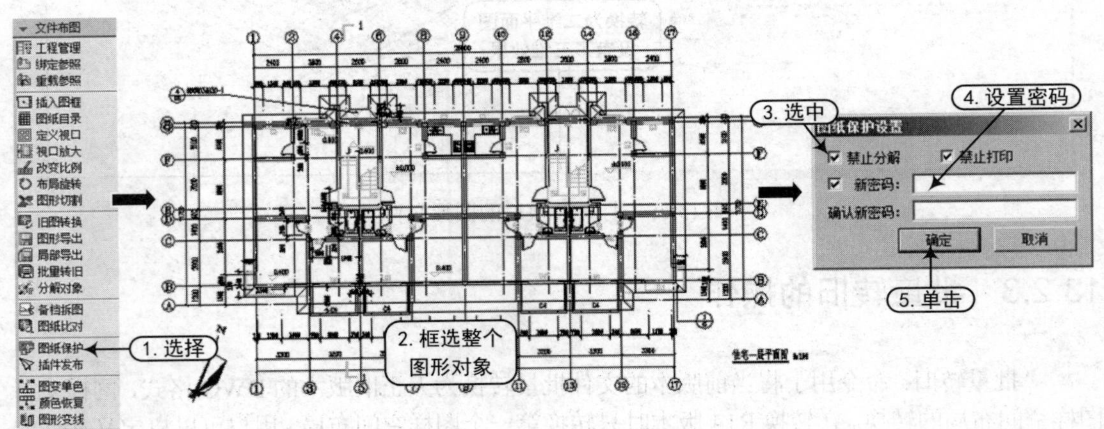

图 13-41　图纸保护操作

“图纸保护设置”对话框中各选项的含义如下。

- 禁止分解：选中此复选框，使当前图形不能被 EXPLODE 命令分解。
- 禁止打印：选中此复选框，使当前图形不能被 PLOT、PRINT 命令打印。
- 新密码：首次执行图样保护，并且选中“禁止分解”复选框时，应输入一个新密码，以备将来以该密码解除保护。
- 确认新密码：输入新密码后，必须再次输入新密码确认，避免密码输入发生错误。

13.2.5　备档拆图的操作

“备档拆图”命令是把一张 DWG 图中的多张图样按图框拆分为多个 DWG 文件，拆分时要求图框所在图层必须是 PUB_TITLE。

（1）在 TArch 2014 中打开“案例\13\别墅施工图.dwg”文件，可以看出该图形当前的布置是将施工图的平面图、立面图、剖面图等放在一个文件之中，如图 13-42 所示。

（2）“备档插图”命令在图形插入图框的前提下才能对图形文件进行拆分，因此在执行该命令前应先插入图框，在屏幕菜单中选择“文件布图”|“插入图框”命令，根据需要插入相应大小的图框，并修改标题栏相关参数，如图 13-43 所示。

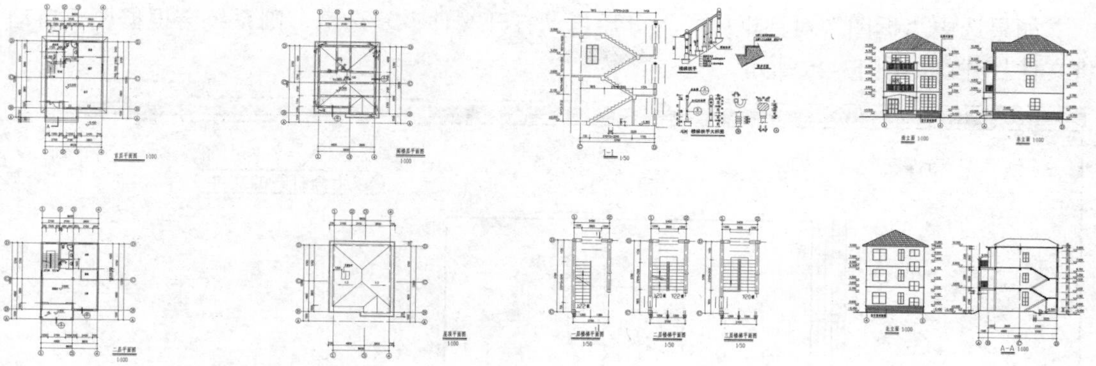

图 13-42 打开的“别墅施工图文件”

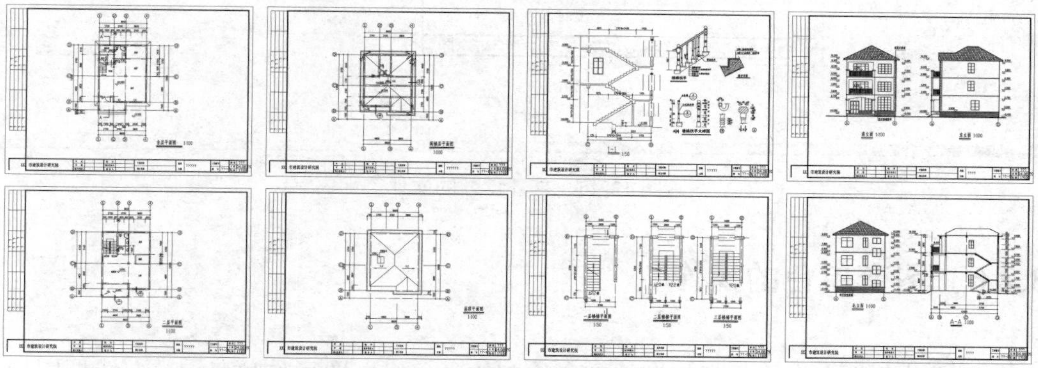

图 13-43 插入图框及修改参数

（3）在屏幕菜单中选择“文件布图”|“备档拆图”命令，直接按 Enter 键（表示将当前视图中图框内的所有对象都作为选择对象），将弹出“拆图”对话框，系统会自动对其进行命名，以及搜索图名、图号（用户可以手工输入图名与图号），并指定存放的路径，然后单击“确定”按钮，如图 13-44 所示。

图 13-44 备档拆图

如果选中“拆图”对话框中“拆分后自动打开文件”复选框，则系统会根据要求自动将文件打开，如图 13-45 所示。

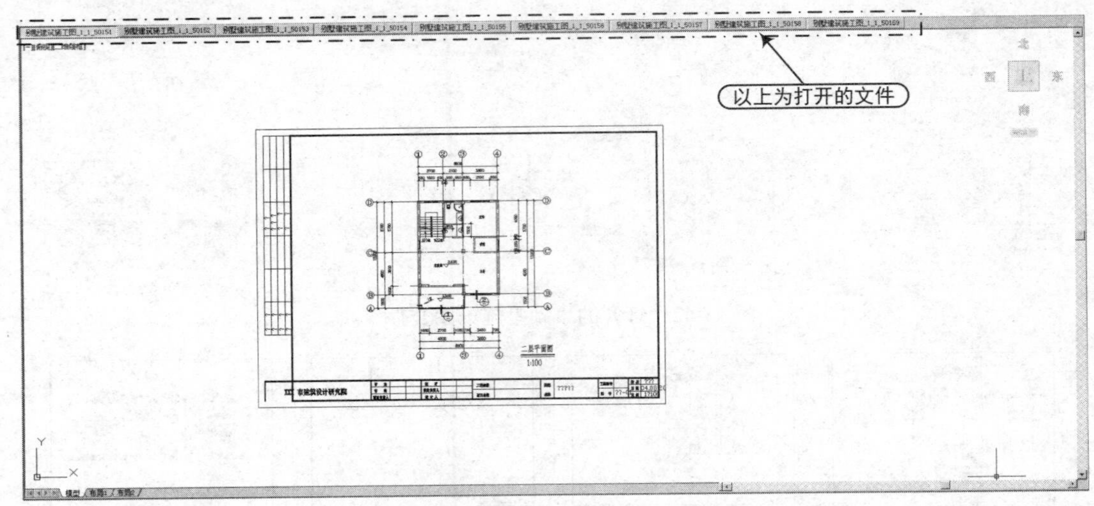

图 13-45　打开拆分的文件

13.2.6　图变单色的操作

“图变单色”命令用于把按图层定义绘制的彩色线框图形临时变为黑白线框图形，该命令适用于编制印刷文档前对图形进行处理。由于彩色的线框图形在黑白输出的照片系统命令中输出时色调偏淡，所以“图变单色”命令将不同的图层颜色临时统一改为指定单一颜色，为抓图做好准备。下次执行该命令时会将用户上次使用的颜色作为默认颜色。

例如，打开“住宅楼一层平面图.dwg”文件，在屏幕菜单中选择“文件布图”|“图变单色”命令，然后根据命令行提示选择要变换的一种颜色，如图 13-46 所示。

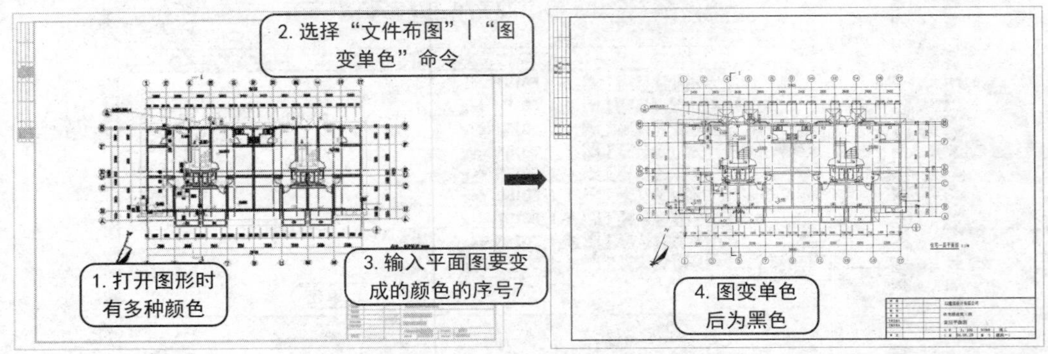

图 13-46　图变单色操作

提示技巧

选择“颜色恢复”命令，可将图层颜色恢复为系统默认的颜色，即在当前图层标准中设置的颜色。

13.3 实例——别墅工程图的布局与转换输出

素材 视频\13\别墅工程图的布局与转换输出.avi
案例\13\别墅工程图.dwg

通过前面的学习，用户已经掌握了天正软件中图纸布局命令和图形转换的相关功能及操作方法，下面根据之前介绍的知识完成“别墅工程图的布局与转换输出”的实例。

（1）启动 TArch 2014，选择“文件”|“打开”命令，将“案例\13\别墅建筑施工图.dwg”文件打开。

（2）在屏幕菜单中选择“文件布图”|“插入图框”命令，在弹出的“插入图框”对话框中设置图框参数，然后单击“插入”按钮，在空白处插入图框，如图 13-47 所示。

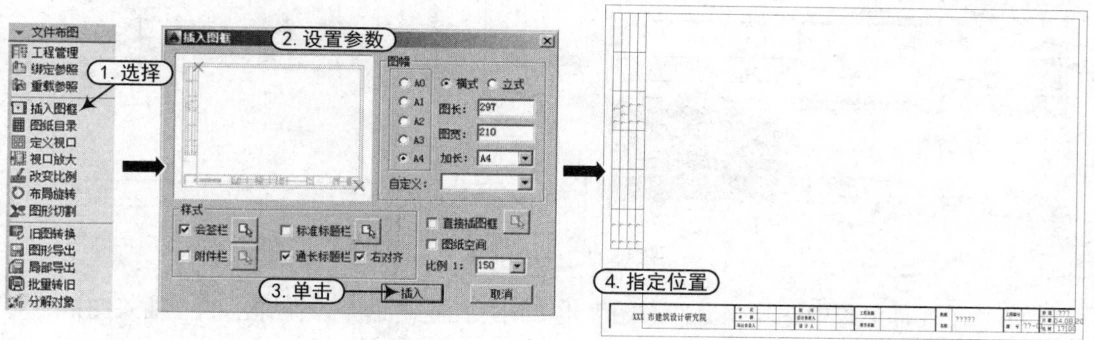

图 13-47 空白处插入图框

（3）从图 13-47 可以看出，在“标题栏”中有不符合的一些参数设置对象，还有部分“属性定义”文字对象显示为“?”（显示“?”是缺少字体的原因）。

（4）此时用户可以使用 AutoCAD 的“分解”命令将“标题栏”对象进行分解，并删除原属性定义对象；再对相应的参数（如设计单位、设计相关人员、图名、图号等内容）重新设置新的属性定义，如图 13-48 所示。

城市建筑设计研究院	审 定	审定	校 对	校对	工程名称	工程名称	图纸	图名	工程编号	编号	阶 段	阶段
	审 核	审核	设计负责人	设计负责人							日 期	日期
	项目负责人	项目负责人	设 计 人	设计人	项目名称	项目名称	名称		图 号	图号	比 例	1:100

图 13-48 分解和设置新的“属性定义”

（5）在屏幕菜单中选择“图块图案”|“通用图库”命令，在弹出的对话框中选择“图库”|“图框库”命令，选择“横栏图框”选项；再选择“图块”|“新图入库”命令，

根据命令行提示选择图元对象和基点，然后选择“制作”命令完成新图框的入库，如图 13-49 所示。

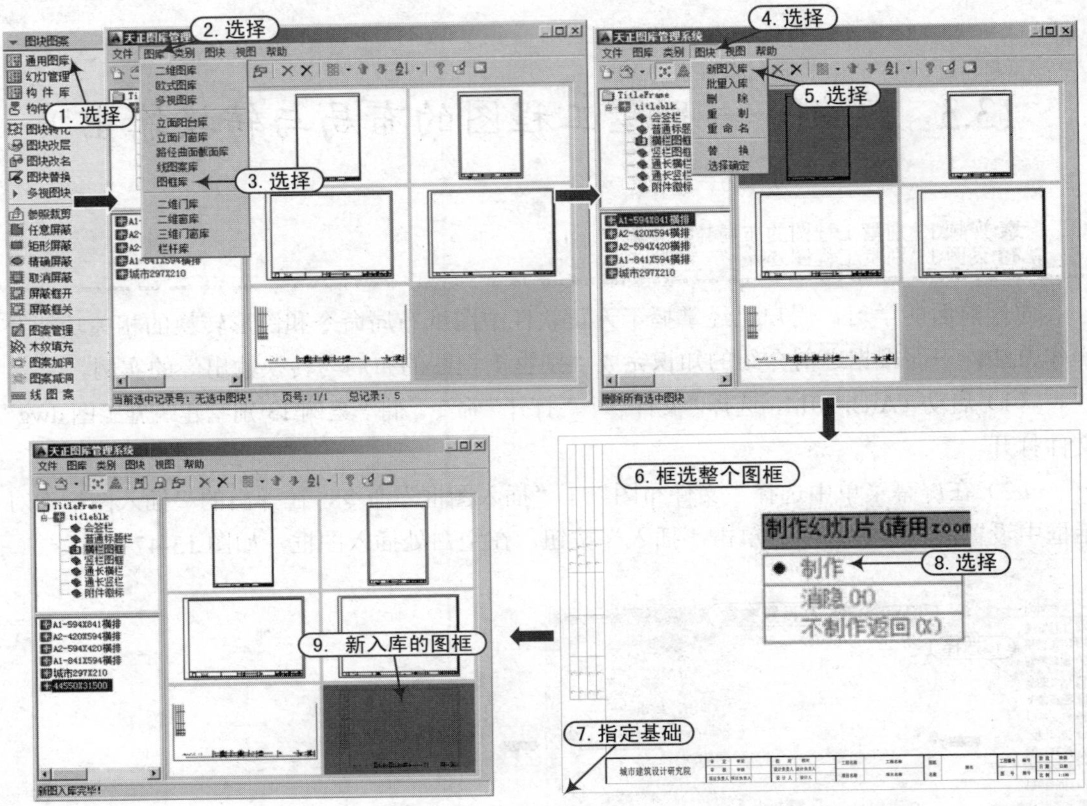

图 13-49　新图框入库

（6）在屏幕菜单中选择“文件布图”｜“插入图框”命令，在弹出的“插入图框”对话框中选中“直接插入图框”复选框，选择前面定制的图框，然后单击“插入”按钮，给“首层平面图”图形对象插入图框，如图 13-50 所示。

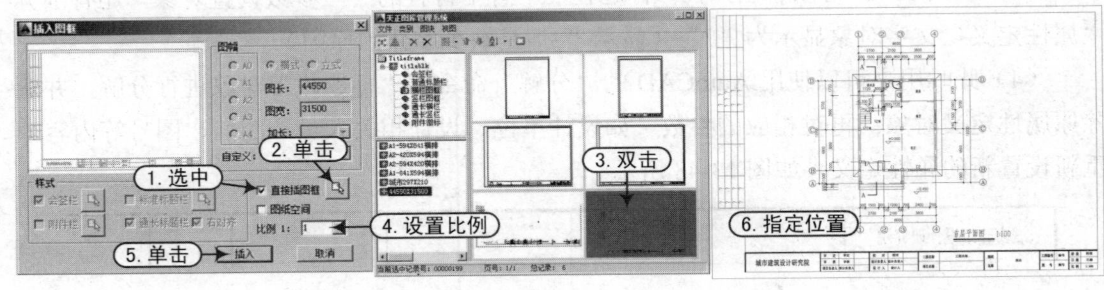

图 13-50　给“首层平面图”插入图框

（7）双击“标题栏”对象，在弹出的“增强属性编辑器”对话框中修改相应的参数，如图 13-51 所示。

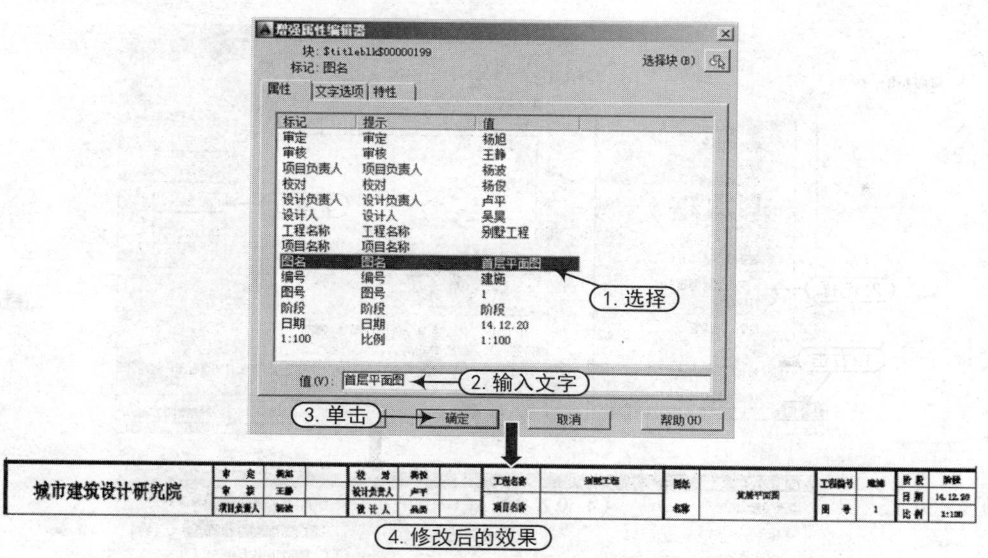

图 13-51 修改标题栏参数

（8）按照相同方法对其他图形对象插入图框，并修改标题栏中的参数，如图 13-52 所示。

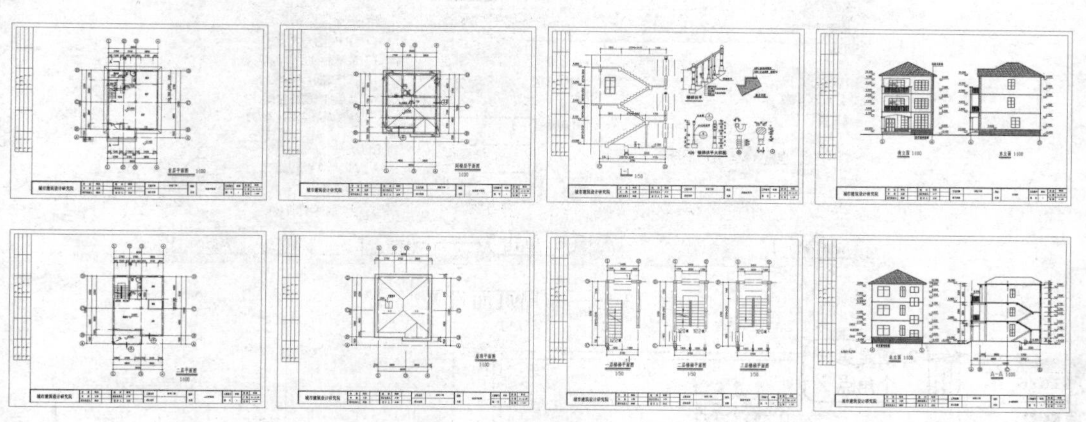

图 13-52 给其他图形对象插入图框

（9）将窗口切换到“布局”，右击“布局 1”，在弹出的快捷菜单中选择“页面设置管理器”命令，根据图 13-53 所示进行相关设置。

（10）在布局界面，选中原有的“视口”对象，按 Delete 键将其删除掉，再在屏幕菜单中选择“文件布图”|“定义视口”命令，根据命令行提示，选择“角点”并设置比例为 1:150，如图 13-54 所示。

（11）其他图形对象的布局方法与“首层平面图”的布局方法相同，这里不一一讲解。

（12）至此，别墅工程图的布局完成，按 Ctrl+S 快捷键将图形保存为“案例\13\实例\别墅工程图.dwg”，即可打印出图了。

（13）上述别墅工程图的所有图形文件保存在一个 DWG 文件中，用户如需要将其分开，可选择屏幕菜单中的“文件布图”|“备档拆图”命令，如图 13-55 所示。

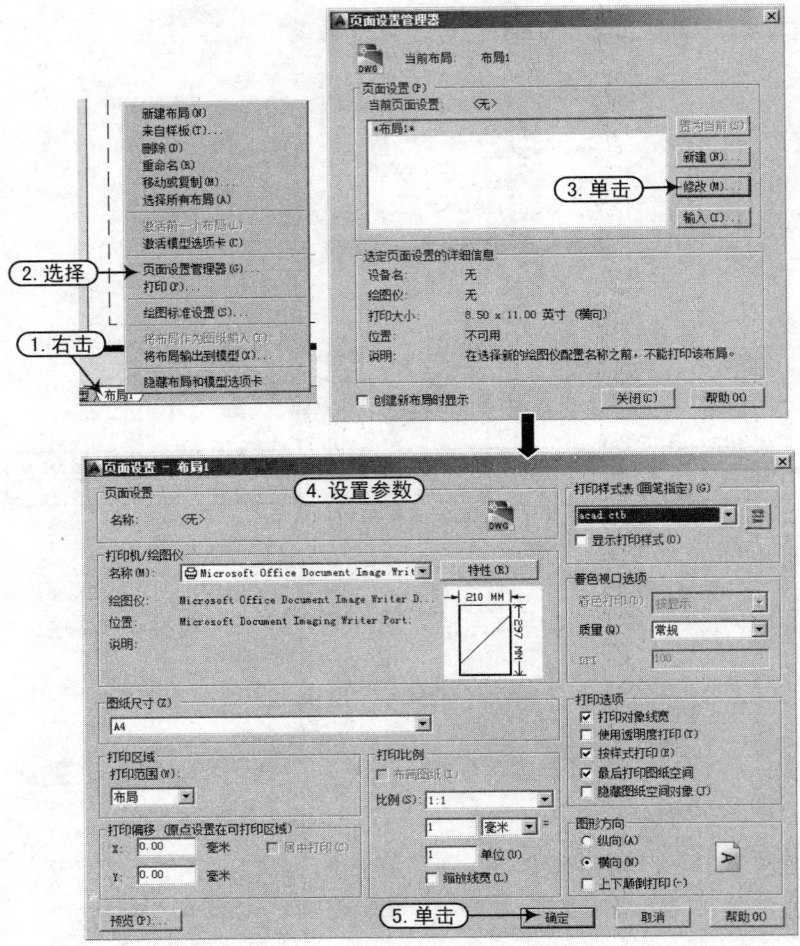

图 13-53　布局页面设置

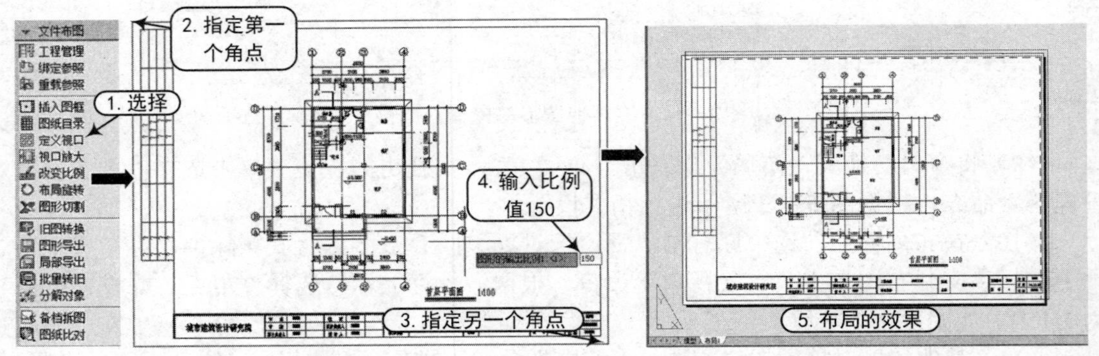

图 13-54　首层平面图的布局

（14）在三维视觉模式下，可看出前面所有的图形对象都为天正建筑图形文件，如图 13-56 所示。

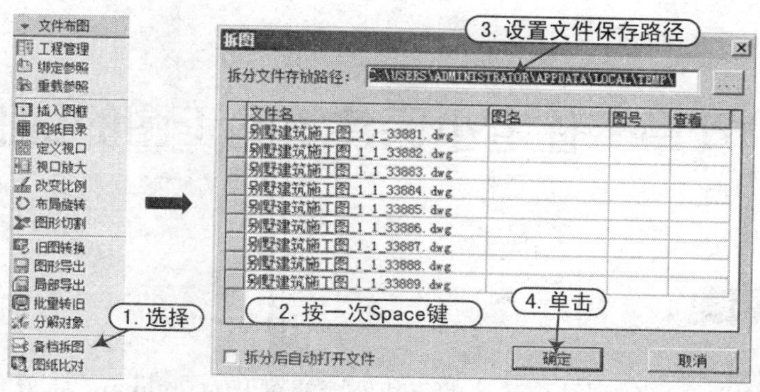

图 13-55　备档拆图

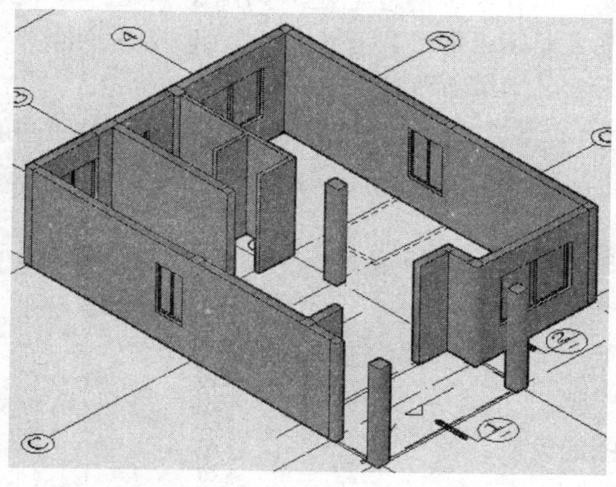

图 13-56　三维视觉模式效果

（15）如果用户需要将图形对象转换为 AutoCAD 图形文件，可在屏幕菜单中选择“文件布图” | “批量转旧”命令，在弹出的对话框中选择前面拆分的图形文件，将其进行转旧处理，如图 13-57 所示。至此，本实例绘制完成。

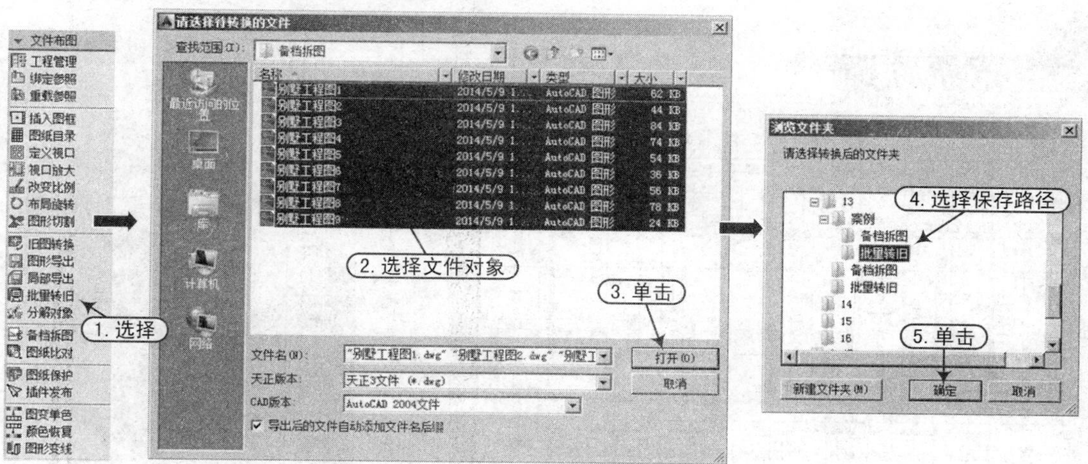

图 13-57　批量转旧处理

第14章　住宅小区建筑施工图的绘制

本章导读

住宅楼小区主要是以砖混结构建造的，其外墙的厚度为240mm，柱子的尺寸与墙体宽度是相同大小的矩形对象。本章绘制的住宅楼分为两个单元，每单元有两个户型结构，从整个建筑看，总共有四个平面图，即一层平面图、二至五层平面图、六层平面图和屋顶层平面图，其高度均为2.900m，在屋顶层处，少部分为1.200m。

通过前面对TArch 2014的学习，用户可以对本建筑进行平面图的创建，然后再创建本建筑的工程管理，从而生成所需要的立面图、剖面图和三维模型图等文件。

主要内容

- 一层平面图的绘制
- 二至五层平面图的绘制
- 六层平面图的绘制
- 屋顶层的绘制
- 掌握工程管理的创建方法
- 掌握图纸的布局与输出

效果预览

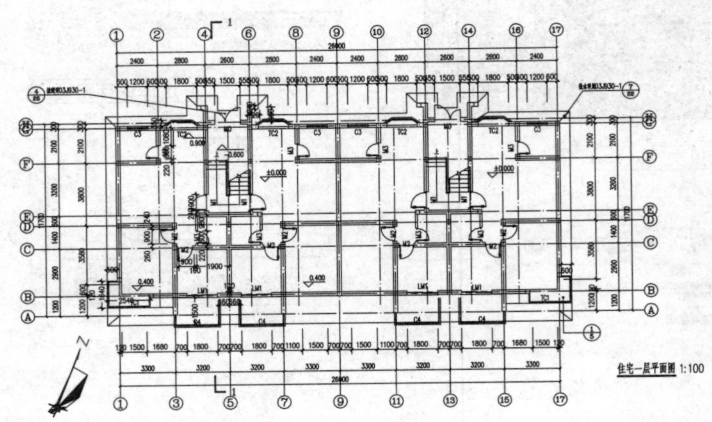

住宅一层平面图 1:100

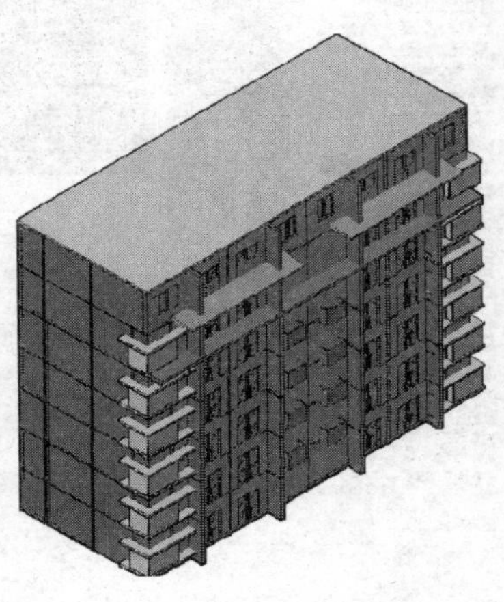

14.1　住宅楼一层平面图的绘制

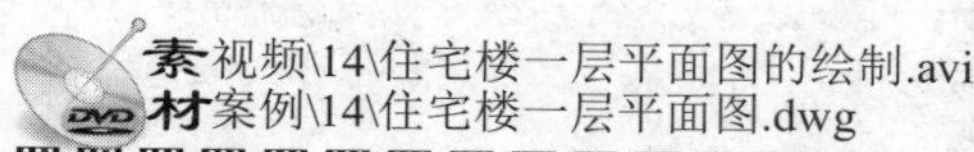

素材 视频\14\住宅楼一层平面图的绘制.avi
案例\14\住宅楼一层平面图.dwg

在绘制住宅楼平面图前，可看出此平面图有两个单元。因此，在绘制时可以先绘制左侧的一个单元住房结构的轴网、墙体、柱子、门窗等对象，然后进行水平镜像，即可完成一层平面图的两套住房结构的绘制，再进行地板的创建，最后进行平面尺寸以及其他文字的标注，完成后的最终效果如图 14-1 所示。

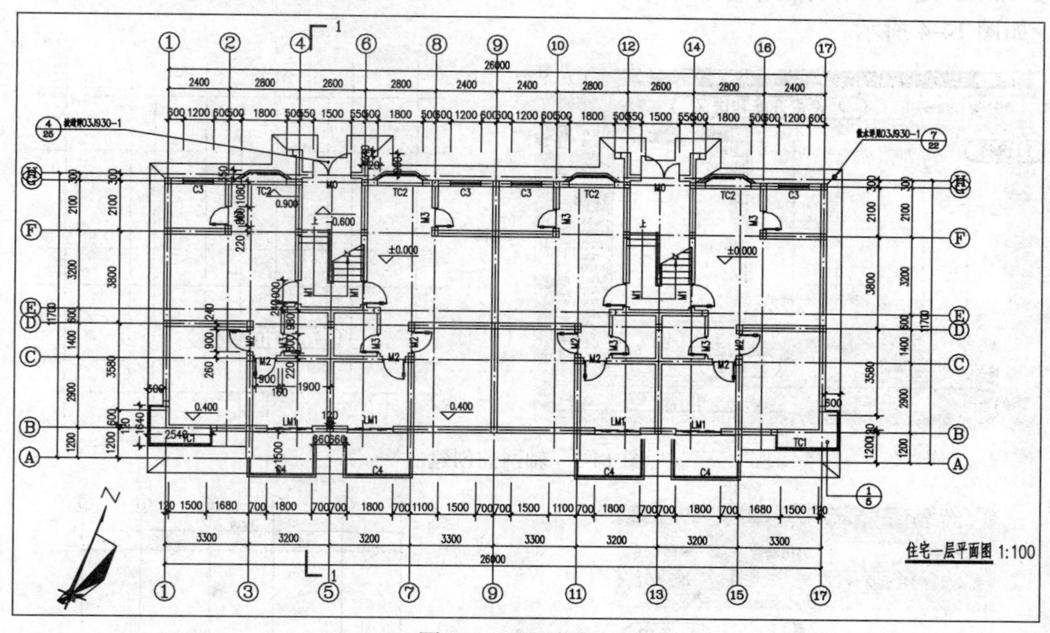

图 14-1　平面图效果

14.1.1　轴网、墙体的创建

用户在绘制住宅楼一层平面图时，可根据绘图的先后顺序，按照表 14-1 所示的轴网数据要求进行轴网的创建。

表 14-1　轴网数据表

上　开　间	2400、2800、2600、2800、2400
下　开　间	3300、3200、3200、3300
左、右进深	1200、2900、1400、600、3200、2100、300

（1）启动 TArch 2014，系统将自动创建一个空白文档。选择“文件”｜“另存为”命

令，将该空白文档另存为“案例\14\住宅楼一层平面图.dwg”，如图 14-2 所示。

（2）在屏幕菜单中选择“轴网柱子”|“绘制轴网”命令，在弹出的“绘制轴网”对话框中根据表 14-1 所示的数据进行创建，如图 14-3 所示。

（3）选择“轴网柱子”|“轴网标注”命令，在弹出的“轴网标注”对话框中选中“双侧标注”单选按钮，并在水平方向上指定起始轴和终止轴并按 Enter 键，即可标注水平轴线对象，如图 14-4 所示。

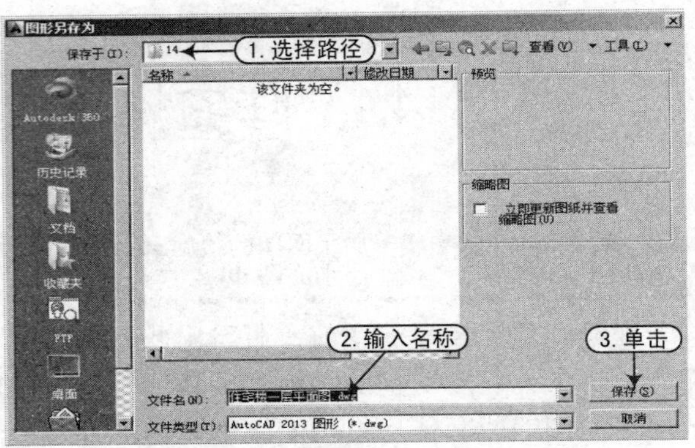

图 14-2　保存文件

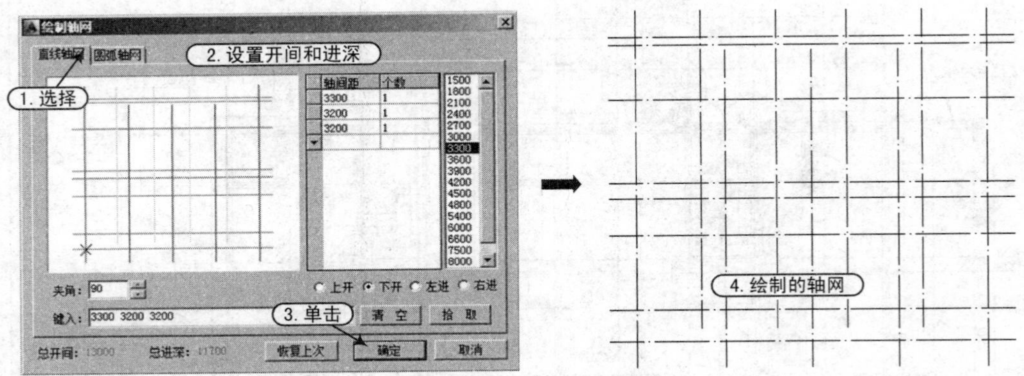

图 14-3　轴网的创建

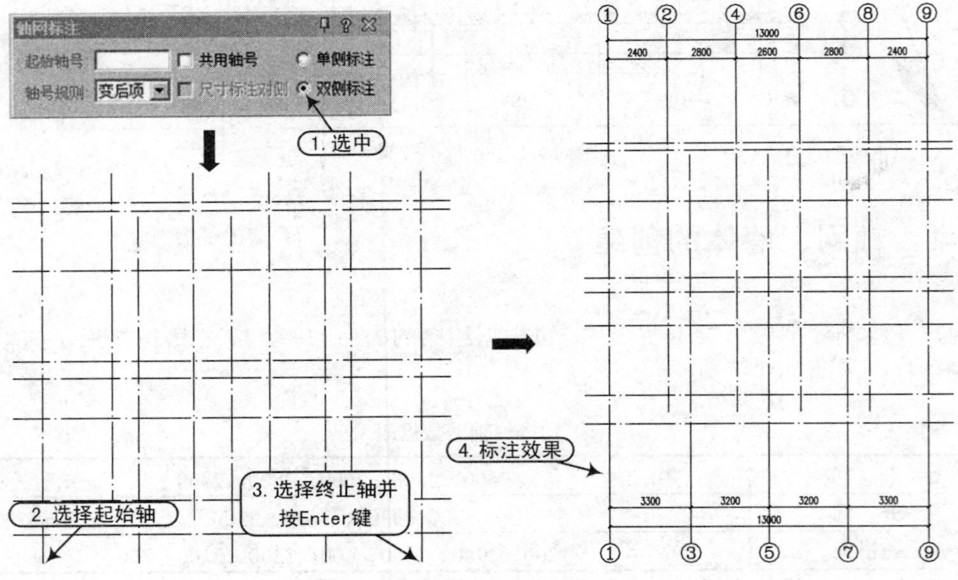

图 14-4　水平轴网标注

（4）采用相同方法标注左侧纵向尺寸与轴号，但应选中“单侧标注”单选按钮，如图 14-5 所示。

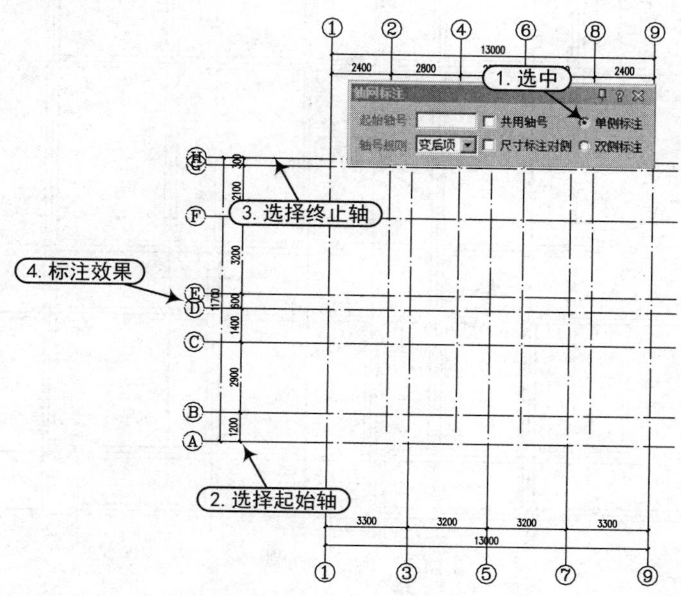

图 14-5　纵向轴线标注

（5）在屏幕菜单中选择“墙体”|“绘制墙体”命令，打开正交模式（快捷键为 F8），在轴网中依次指定交点进行外墙体的创建，如图 14-6 所示。

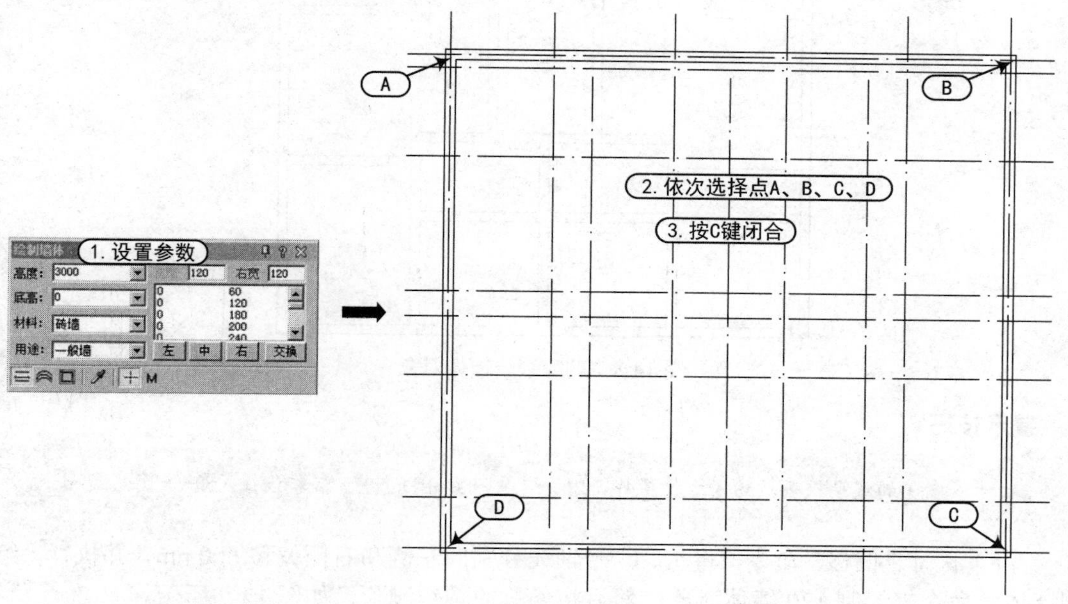

图 14-6　外墙的创建

（6）使用相同方法对内部墙体进行创建，创建的最终效果如图 14-7 所示。

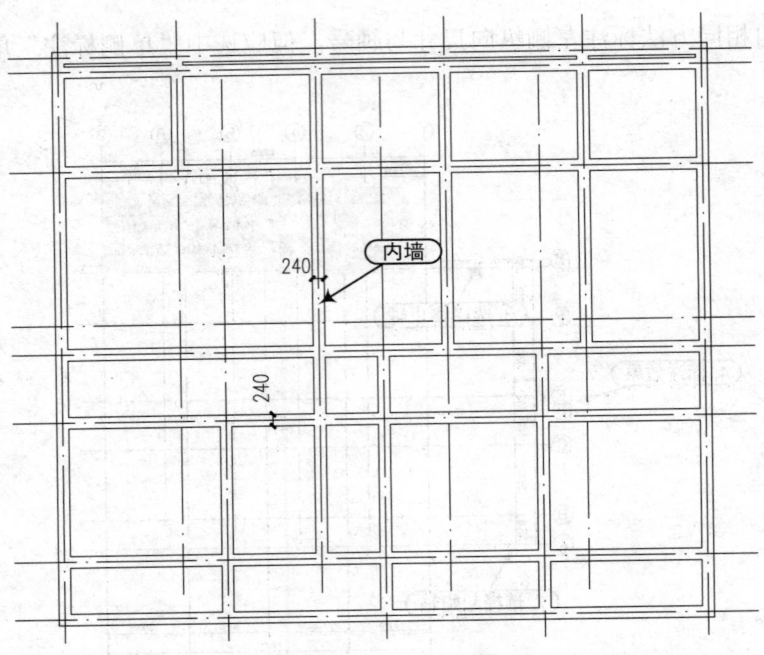

图 14-7 内墙的创建

（7）执行 AutoCAD 中的“删除”命令，将多余的墙体对象删除，如图 14-8 所示。

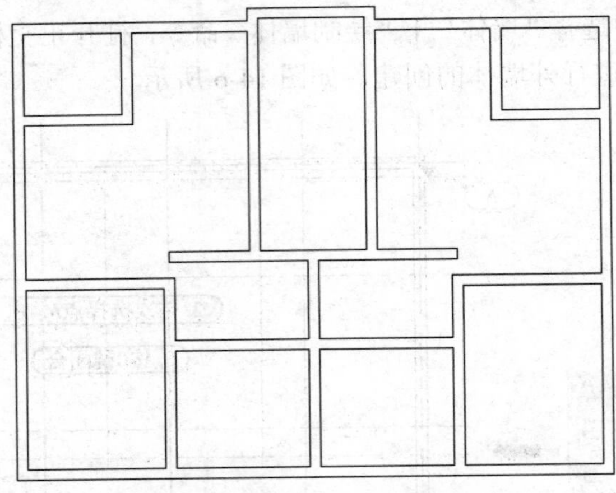

图 14-8 删除多余墙体对象

提示技巧

由于本图例的线型较多，为了方便操作，用户可将轴线（DOTE）和标注（AXIS）图层关闭。

（8）执行“偏移”命令，将④、⑥号轴线分别向左侧和右侧偏移 600mm，并执行“绘制墙体”命令来绘制 120 墙体对象，然后将偏移的轴线删除，如图 14-9 所示。

（9）继续执行“偏移”命令，将最上侧水平轴线向上偏移 900mm，将④、⑥号轴线向外侧偏移 500mm，然后用“绘制墙体”命令绘制轴线外围墙体，如图 14-10 所示。

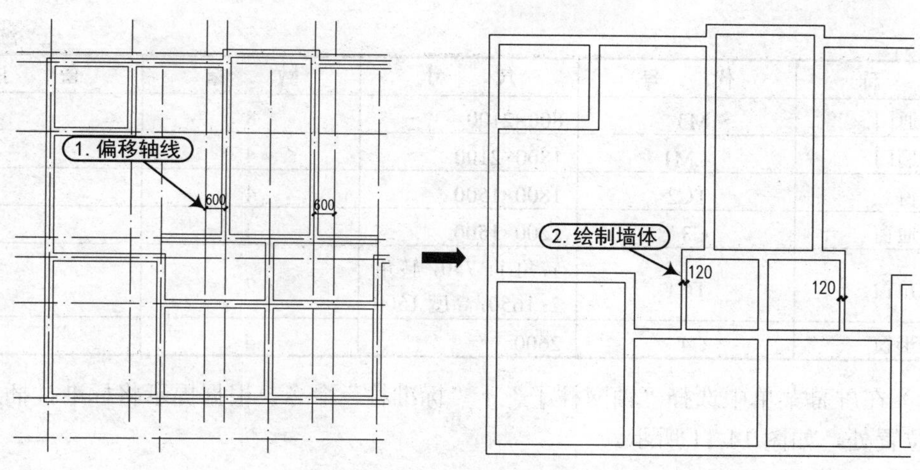

图 14-9　“120”墙的创建

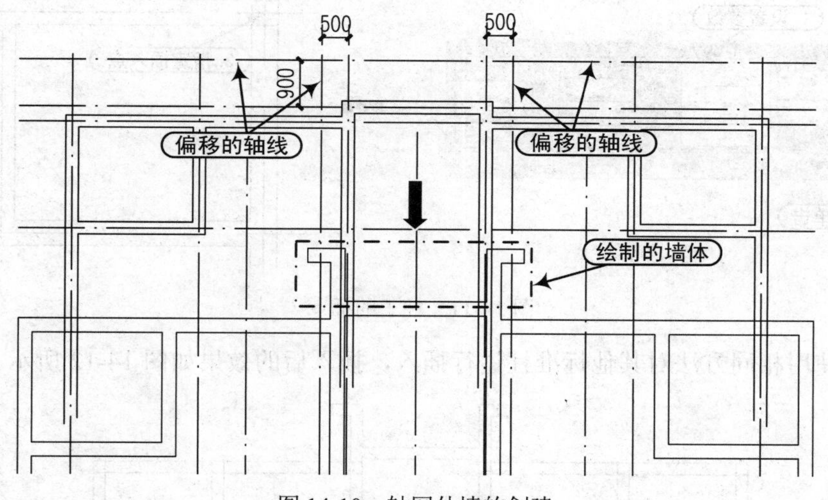

图 14-10　轴网外墙的创建

（10）至此，住宅楼的轴网和墙体对象创建完毕，按 Ctrl+S 快捷键进行保存。

14.1.2　柱子与门窗的创建

在墙体创建完成后，接下来将对柱子和门窗进行创建。可直接在墙体的基础上插入柱子，然后按表 14-2 所示尺寸插入门窗到墙体的相应位置处即可，具体操作步骤如下。

表 14-2　门窗表

名　　称	代　　号	尺　　寸	数　　量	备　　注
子母门	M0	1500×2100	1	
大门	M1	1000×2100	4	
普通门	M2	900×2100	8	

续表

名　称	代　号	尺　寸	数　量	备　注
普通门	M3	800×2100	8	
玻璃门	LM1	1800×2100	4	
凸窗	TC2	1800×1500	4	
普通窗	C3	1200×1500	4	
转角窗	TC1	转角 1：750，转角 2：1650，高度 1500	2	
矩形窗	C4	2600	4	

（1）在屏幕菜单中选择“轴网柱子”｜“标准柱”命令，根据提示将标准柱插入到轴线交点位置处，如图 14-11 所示。

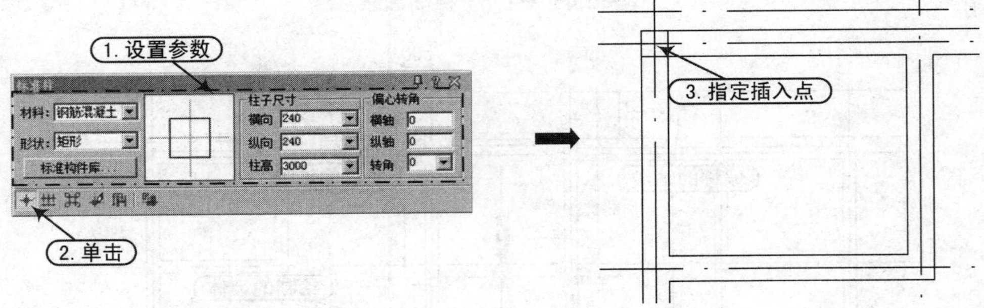

图 14-11　柱子的插入

（2）使用相同方法对其他标准柱进行插入，插入后的效果如图 14-12 所示。

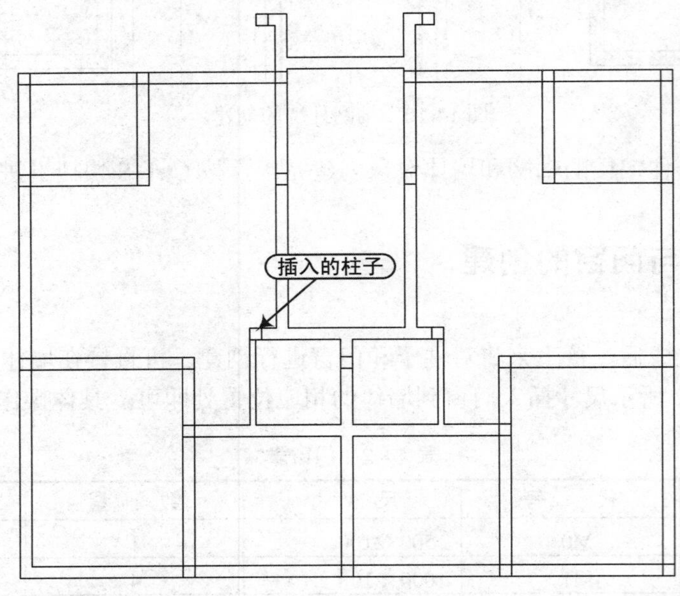

图 14-12　其他柱子的插入

提示技巧

在插入柱子时，为了捕捉到相应的交点，用户可以将轴网图层打开。

在下侧墙体内还有几根柱子没有插入，用户可以在门窗创建好后按门窗边线插入较为方便。

（3）在屏幕菜单中选择“门窗”｜“门窗”命令，在弹出的“门窗”对话框中选择子母门样式，然后将子母门放置到指定位置即可，如图 14-13 所示。

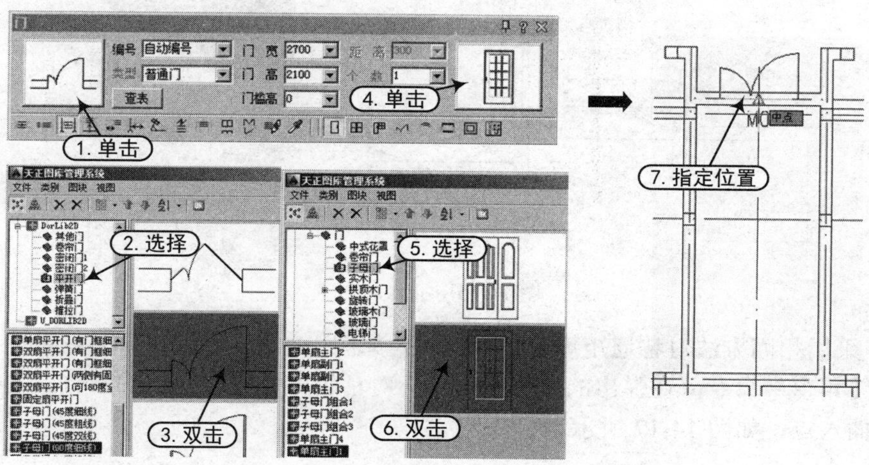

图 14-13　插入子母门

（4）按照相同方法，插入表 14-2 所示的其他门对象，如图 14-14 所示。

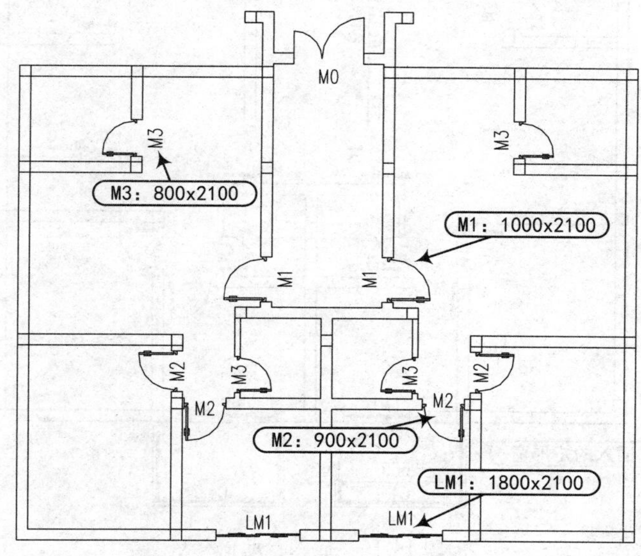

图 14-14　插入其他门对象

（5）继续选择“门窗”｜“门窗”命令，在弹出的对话框中单击“插凸窗”按钮，

然后设置相应的参数并插入到指定位置即可，如图 14-15 所示。

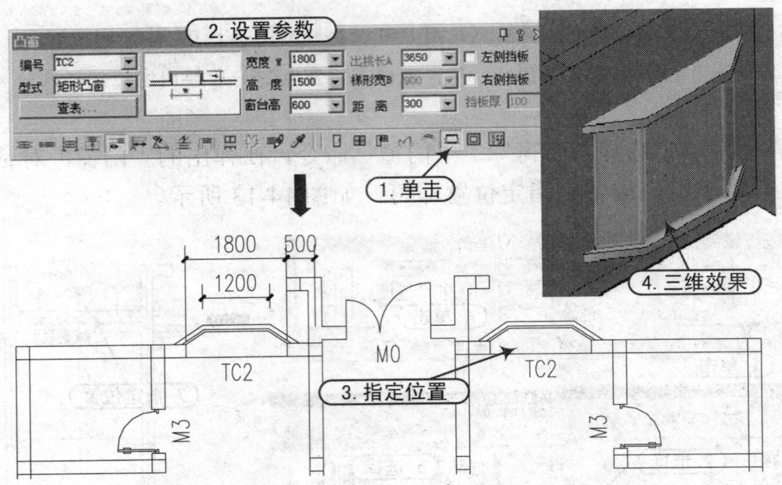

图 14-15　插入凸窗

（6）采用相同方法对普通矩形窗进行插入，如图 14-16 所示。在屏幕菜单中选择“门窗”｜“转角窗”命令，在弹出的“绘制角窗”对话框中设置转角窗的参数，并按命令行提示指定插入点，如图 14-17 所示。

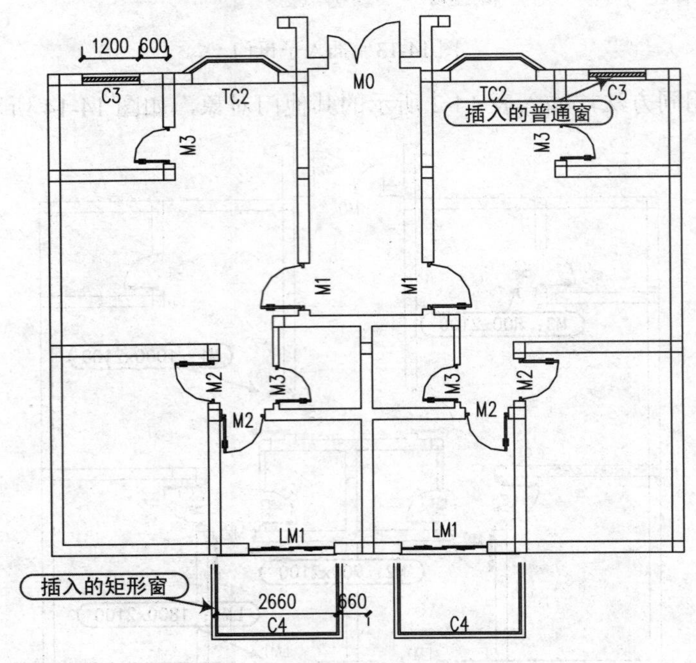

图 14-16　插入普通窗

（7）执行“复制”命令，在转角窗的两端处插入标准柱对象，然后按 Ctrl+S 快捷键进行保存。

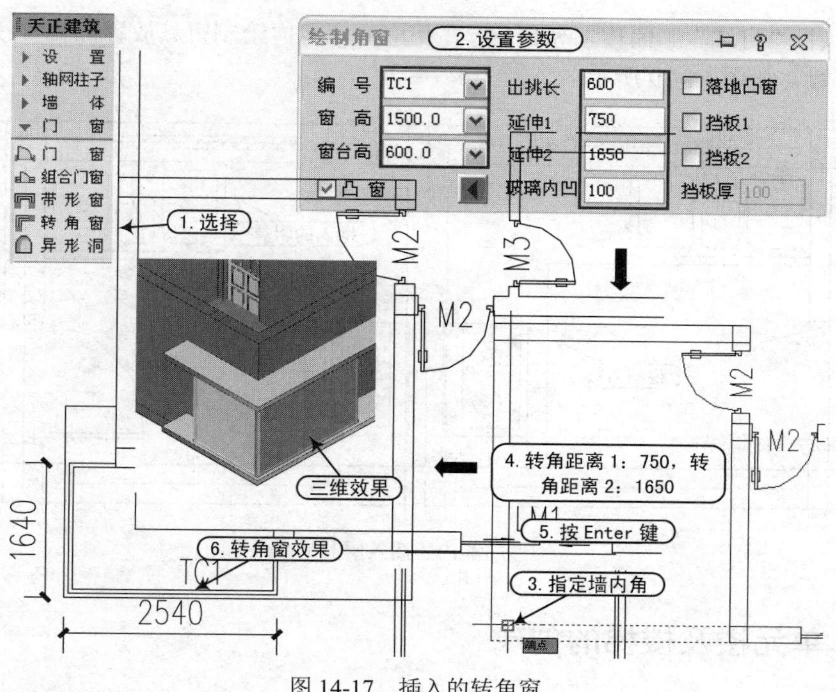

图 14-17　插入的转角窗

14.1.3　洁具与厨具的布置

在门窗创建好后，用户可布置相应的洁具和厨具对象，在天正软件中可直接插入相应的图块对象。

（1）在屏幕菜单中选择“图块图案”｜“通用图库”命令，在弹出的“天正图库管理系统”对话框中选择相应的洁具，并插入到指定位置，如图 14-18 所示。

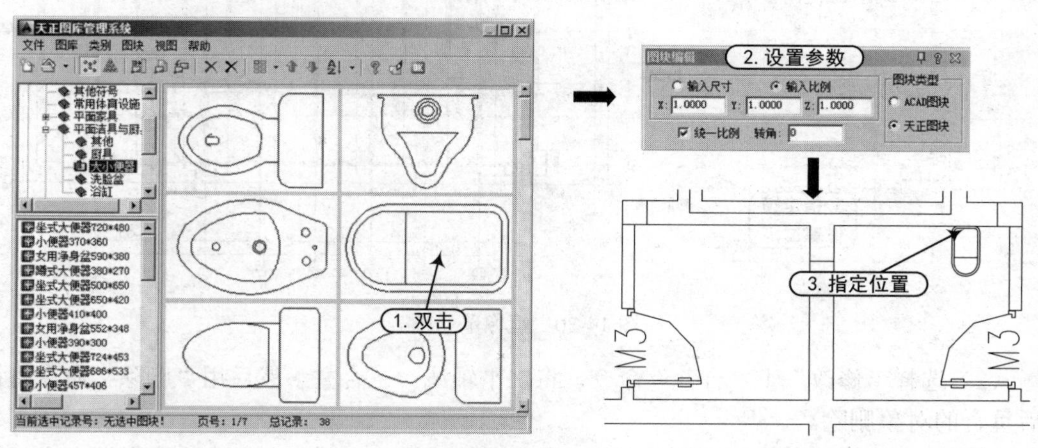

图 14-18　布置洁具

（2）使用相同方法插入其他洁具。

（3）执行“直线”“偏移”等命令，在相应的房间内绘制厨具放置位置直线，从而完成厨具的布置，如图 14-19 所示。

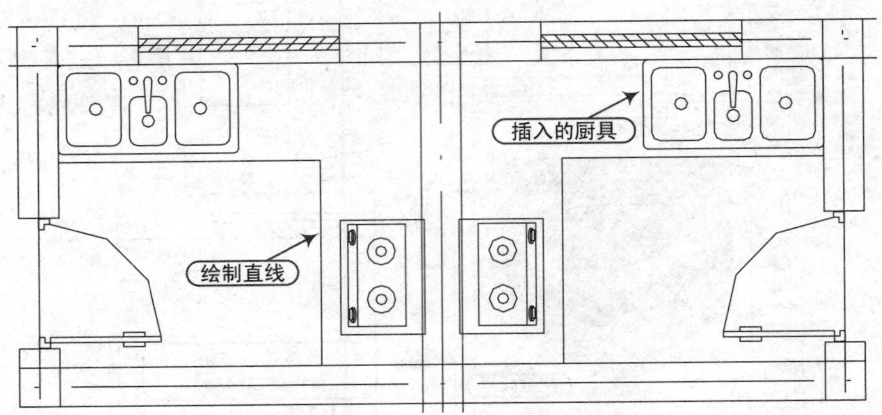

图 14-19　插入厨具

14.1.4　单元楼及楼梯的创建

在左侧单元楼创建好之后，接下来可用 AutoCAD 的“镜像”命令创建右侧单元楼，再对两单元楼的楼梯对象进行创建，操作步骤如下。

（1）打开当前关闭的图层对象，然后执行“镜像”命令，以纵向⑨号轴作为镜像基线来创建水平右侧单元楼对象，如图 14-20 所示。

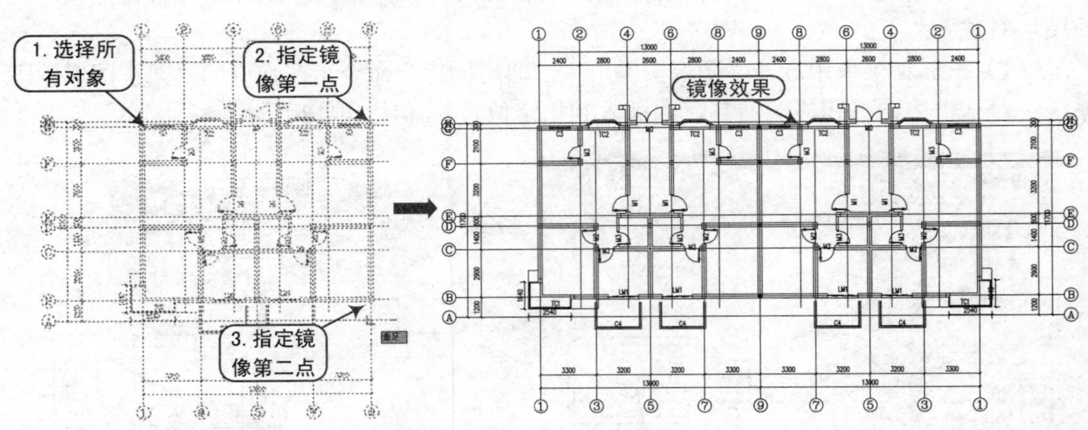

图 14-20　镜像单元楼

（2）选择“修改”｜“合并”命令，将水平轴线一一合并，然后用“删除”命令将镜像后重合的对象删除。

（3）右击镜像后的轴号对象，在弹出的菜单中选择“重排轴号”命令，根据命令行提示将轴号进行重新排号，最终效果如图 14-21 所示。

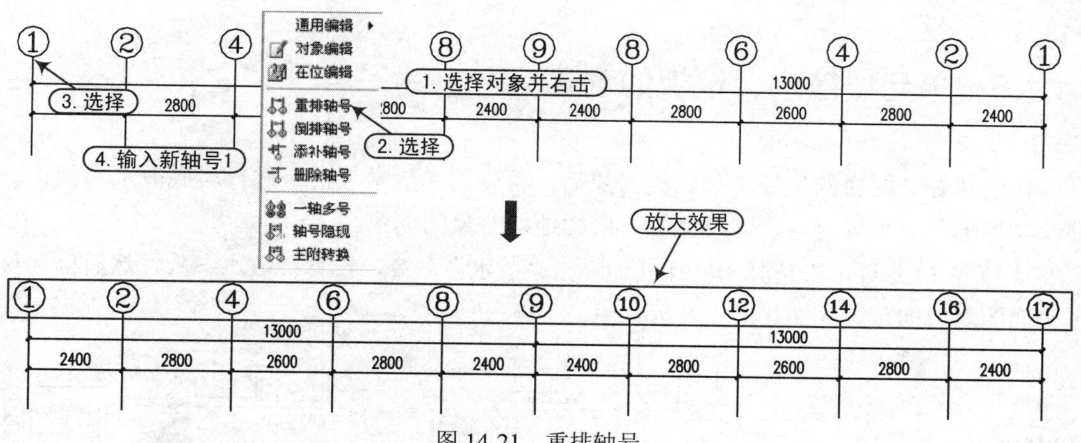

图 14-21　重排轴号

（4）在屏幕菜单中选择“尺寸标注”｜“尺寸编辑”｜“合并区间”命令，根据命令行提示框选需合并的尺寸界线即可，如图 14-22 所示。

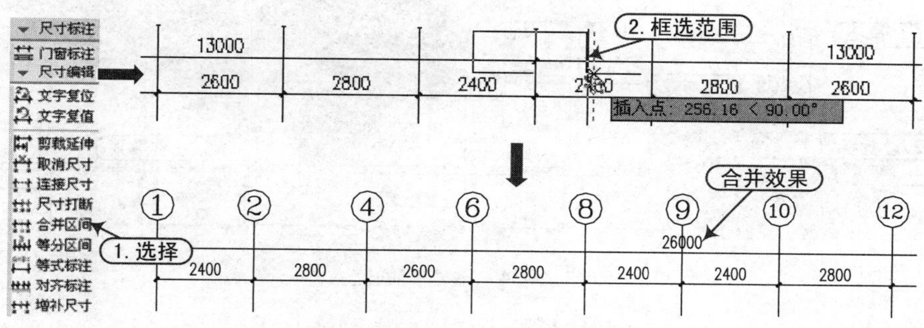

图 14-22　合并尺寸

提示技巧

在使用“合并区间”命令前，必须先将待合并的尺寸进行连接，否则系统将不予以合并。

（5）选择“楼梯其他”｜“双跑楼梯”命令，在弹出的“双跑楼梯”对话框中设置参数并插入到空白位置处，然后使用“旋转”“移动”“复制”等方法，将左右侧单元楼的楼梯对象进行放置，如图 14-23 所示。

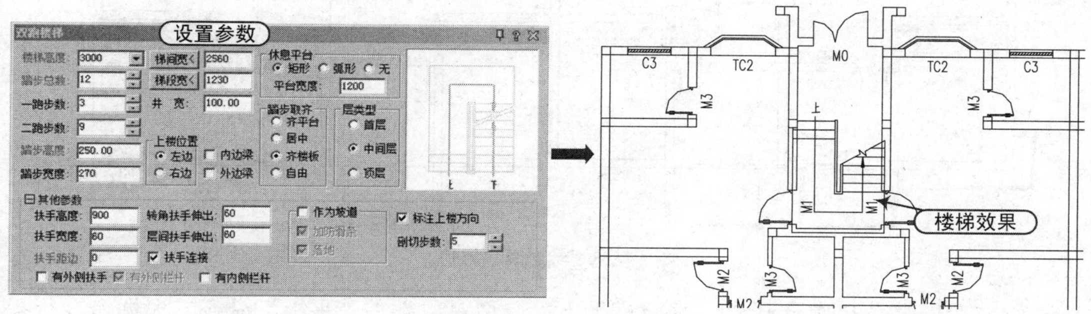

图 14-23　楼梯插入

14.1.5 单元楼散水、地板的创建

在创建好一层楼的房屋主体结构对象后，再使用“散水”命令进行楼底散水的创建，并绘制矩形创建平板对象，即可完成一层楼地板对象的创建。

（1）在屏幕菜单中选择“楼梯其他”｜“散水”命令，设置好散水参数，然后框选整个平面图对象即可，如图 14-24 所示。

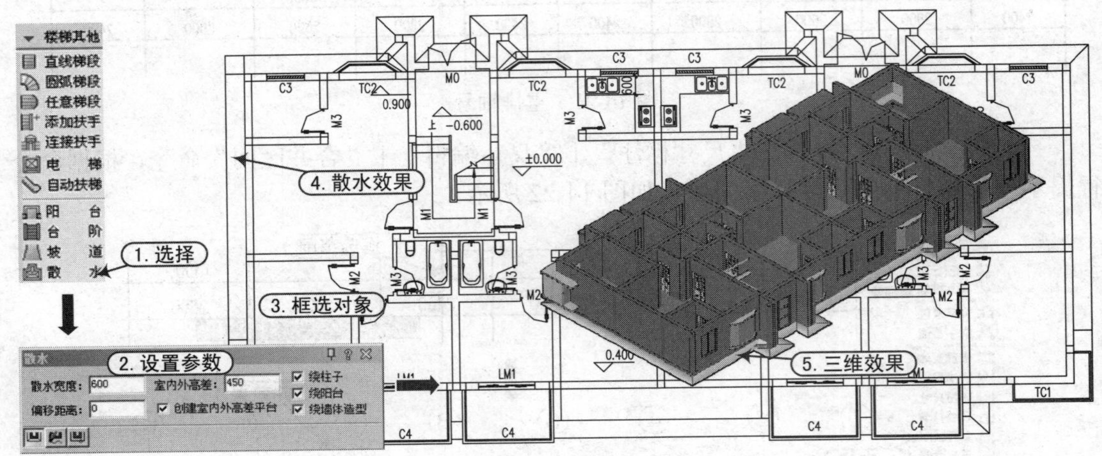

图 14-24　散水的创建

（2）执行 AutoCAD 的“矩形”命令，过房屋主体的外围结构绘制一个矩形对象，如图 14-25 所示。

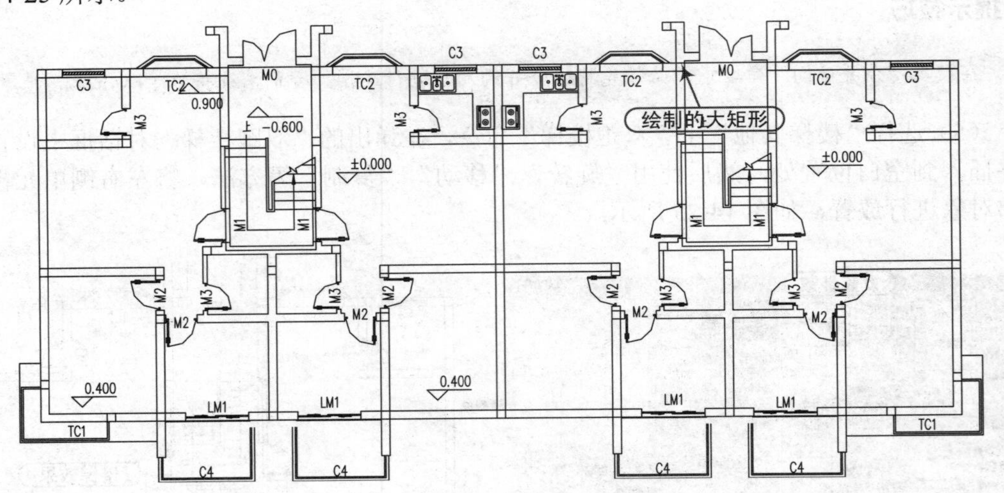

图 14-25　绘制矩形对象

（3）在屏幕菜单中选择“三维建模”｜“造型对象”｜“平板”命令，根据命令行提

示选择外侧大矩形，并依次按 Enter 键结束，再输入平板的厚度为 100，即可创建平板对象，如图 14-26 所示。

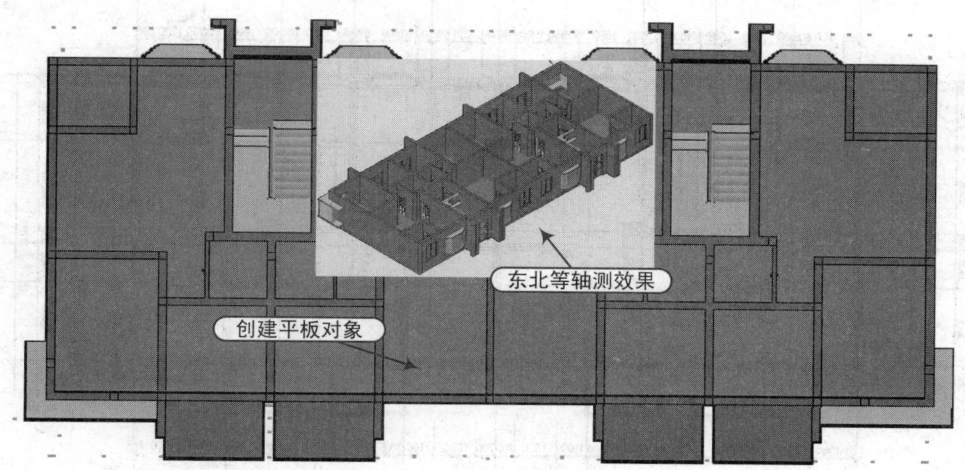

图 14-26　创建的楼地板对象

提示技巧

用户可打开视觉样式，从不同的轴测投影方向来观察所创建的房屋结构。

14.1.6　尺寸、文字及其他标注

住宅楼平面图附件基本创建完毕，接下来将对其进行尺寸以及其他标注。

（1）将当前所关闭的图层打开，然后在屏幕菜单中选择“尺寸标注”|“门窗标注”命令，在命令行提示下选择门对象的内外侧进行尺寸的标注，如图 14-27 所示。

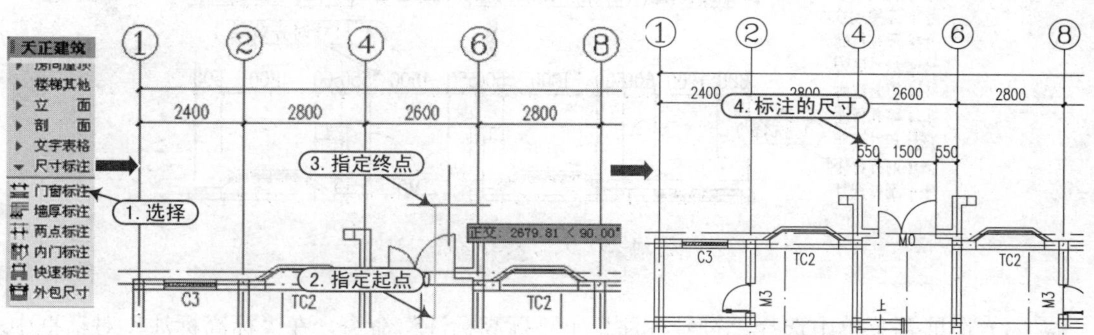

图 14-27　门的尺寸标注

（2）使用相同的方法对其他门窗对象进行相应的尺寸标注，其标注的最终效果如图 14-28 所示。

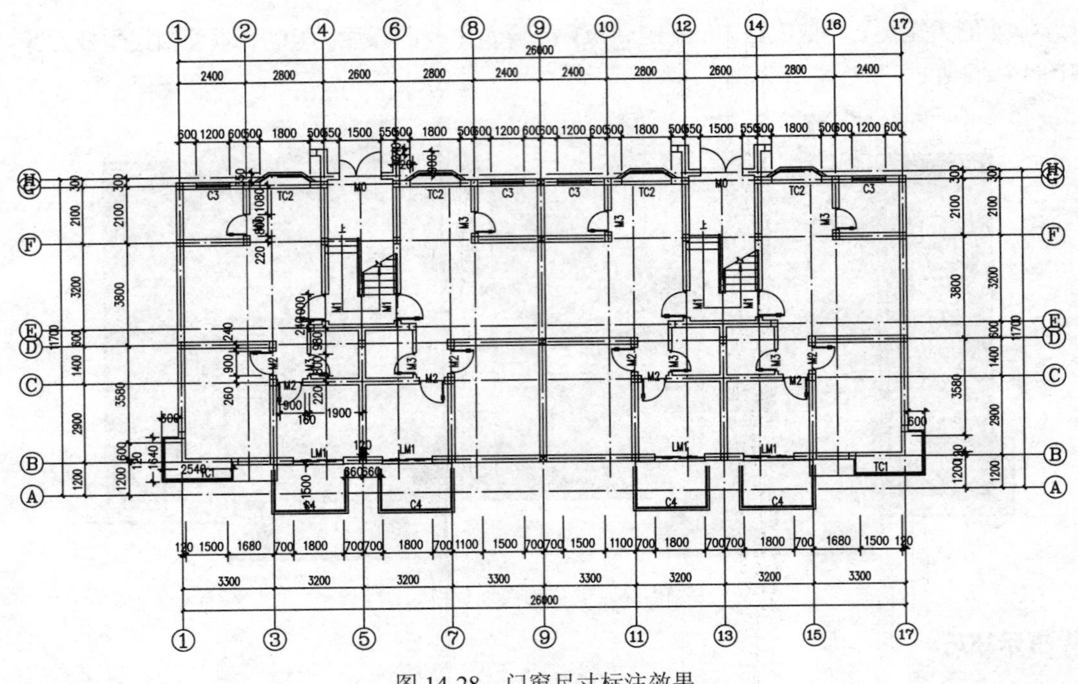

图 14-28　门窗尺寸标注效果

提示技巧

用户在进行门窗尺寸标注时，可能会发现门窗尺寸不在同一条直线上，这时可以在屏幕菜单中选择“尺寸编辑”｜“对齐标注”命令，将同一方向上的尺寸进行对齐标注，如图 14-29 所示。

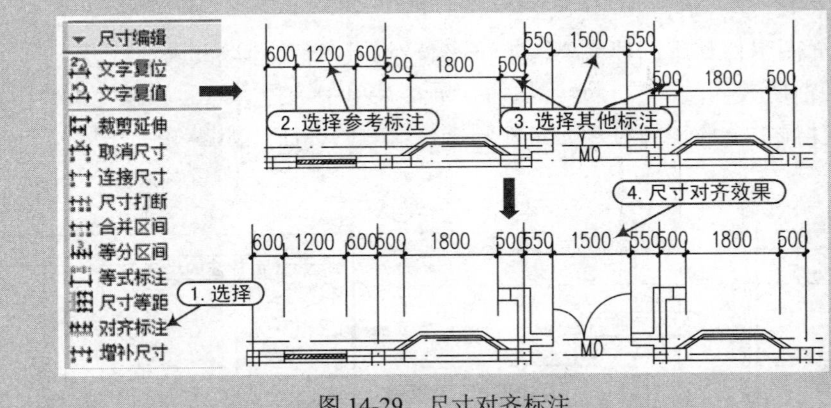

图 14-29　尺寸对齐标注

（3）在屏幕菜单中选择“符号标注”｜“标高标注”命令，在“标高标注”对话框中选中“手工输入”复选框，然后输入标高值，再插入到指定位置即可，如图 14-30 所示。

（4）继续选择“符号标注”｜“剖面剖切”命令，在命令行提示下在④、⑥号轴之间指定剖切起点和终点，再指定剖切的方向即可，如图 14-31 所示。

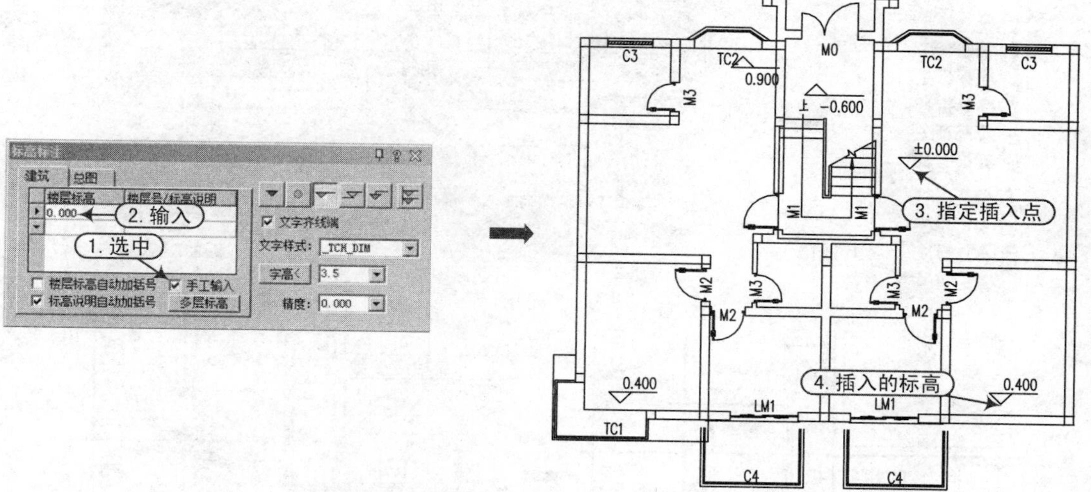

图 14-30　标高标注

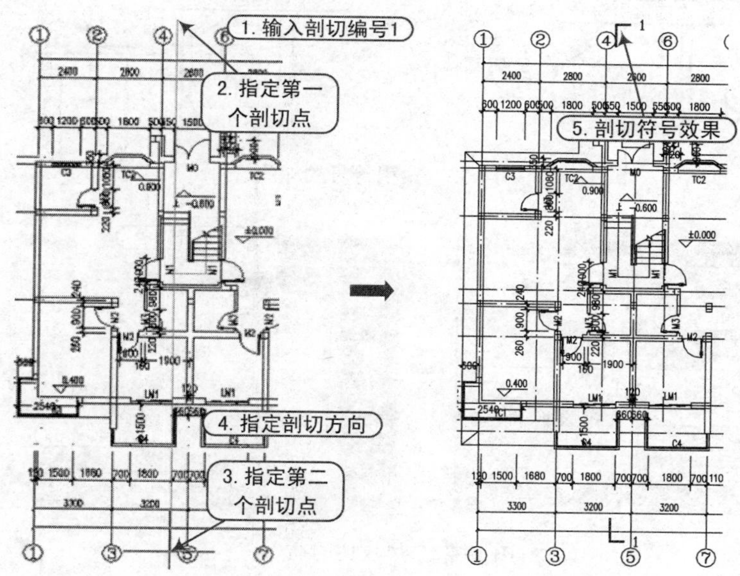

图 14-31　剖切符号的创建

（5）选择“符号标注”|“索引符号”命令，对转角窗进行索引标注，如图 14-32 所示。

（6）继续使用相同方法对坡道进行索引标注。

（7）选择“插入”命令，将“案例\14\风玫瑰.dwg”图块插入到平面图的左下角位置处，如图 14-33 所示。

（8）选择“符号标注”|“图名标注”命令，在“图名标注”对话框中输入名称并放置到平面图形的右下角即可，如图 14-34 所示。

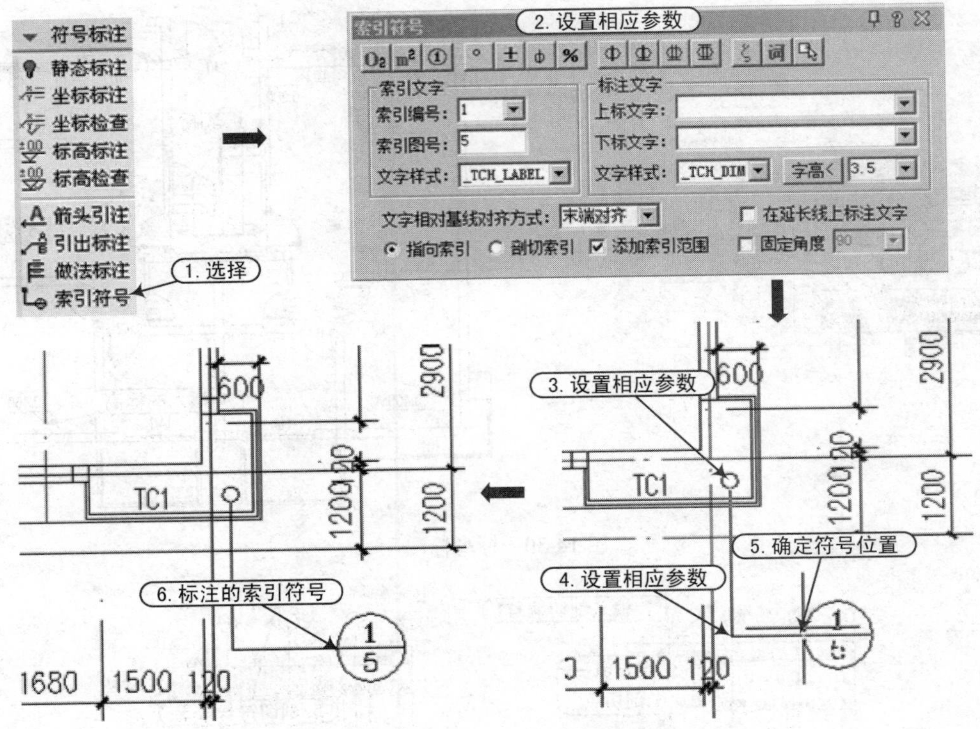

图 14-32　索引符号的标注

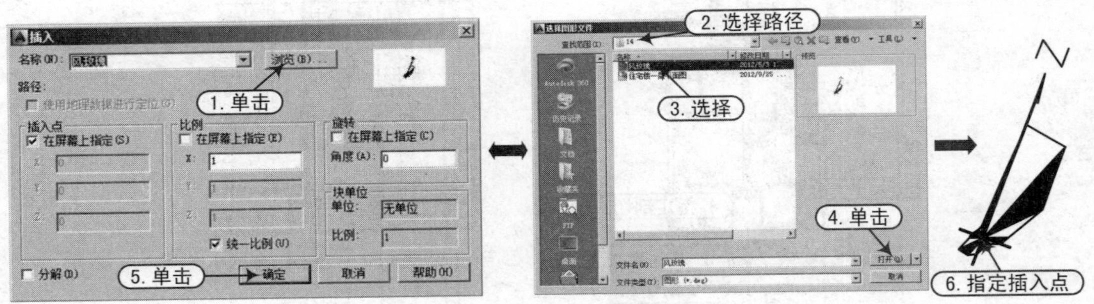

图 14-33　风玫瑰的插入

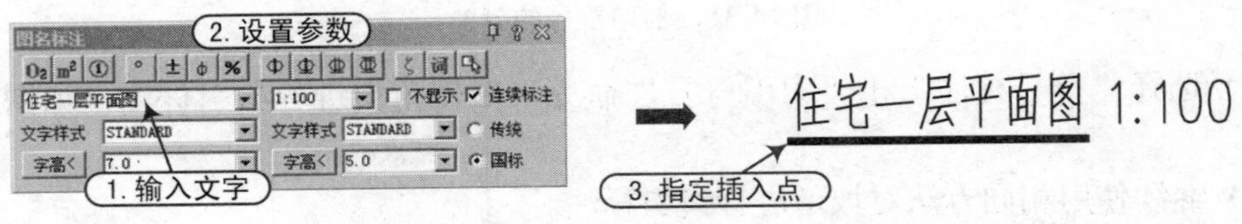

图 14-34　图名的标注

（9）至此，住宅楼一层平面图绘制完成，如图 14-35 所示，用户可直接按 Ctrl+S 快捷键进行保存。

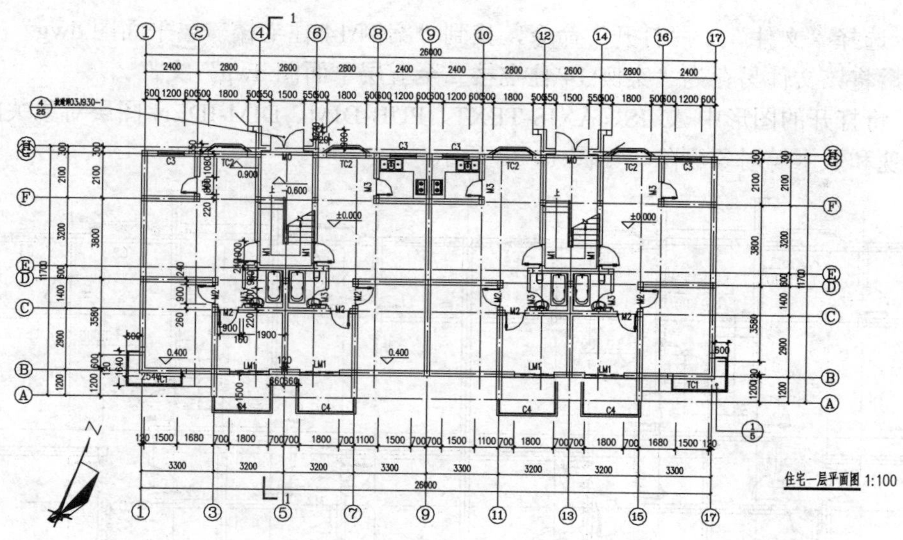

图 14-35　住宅楼一层平面图效果

14.2　住宅楼二至五层平面图的绘制

素材　视频\14\住宅楼二至五层平面图的绘制.avi
案例\14\住宅楼二至五层平面图.dwg

在绘制住宅楼二至五层平面图时，由于都是同一住宅楼对象，其结构基本是相同的。因此，在绘制时只需要打开前面的一层平面图，然后在此基础上进行部分修改，从而完成二至五层平面图效果，如图 14-36 所示。

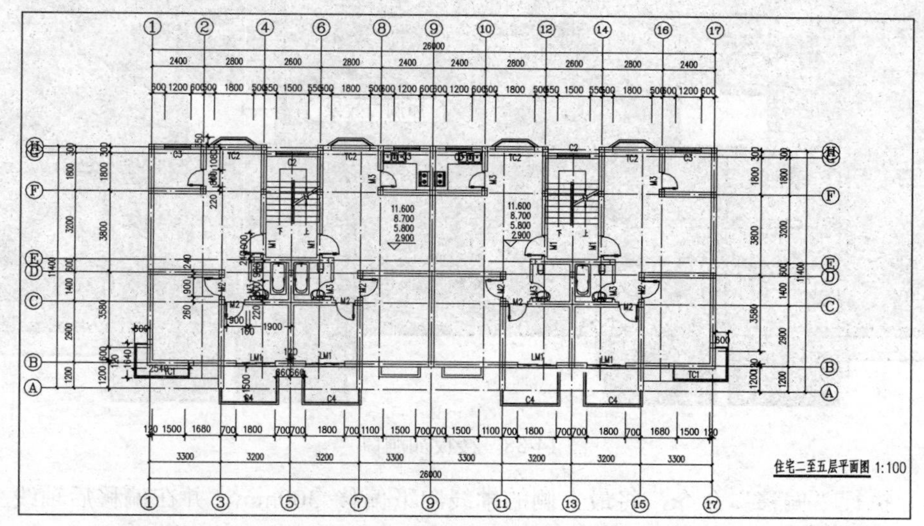

图 14-36　二至五层平面效果图

（1）选择“文件”｜“打开”命令，找到“案例\14\住宅楼一层平面图.dwg”文件并打开，然后将该文件另存为“案例\14\住宅楼二至五层平面图.dwg”文件。

（2）将打开的图形中 AXIS、AXIS-TEXT、PUB-DIM、DIM-IDEN 图层对象关闭，然后将风玫瑰和散水等对象删除，如图 14-37 所示。

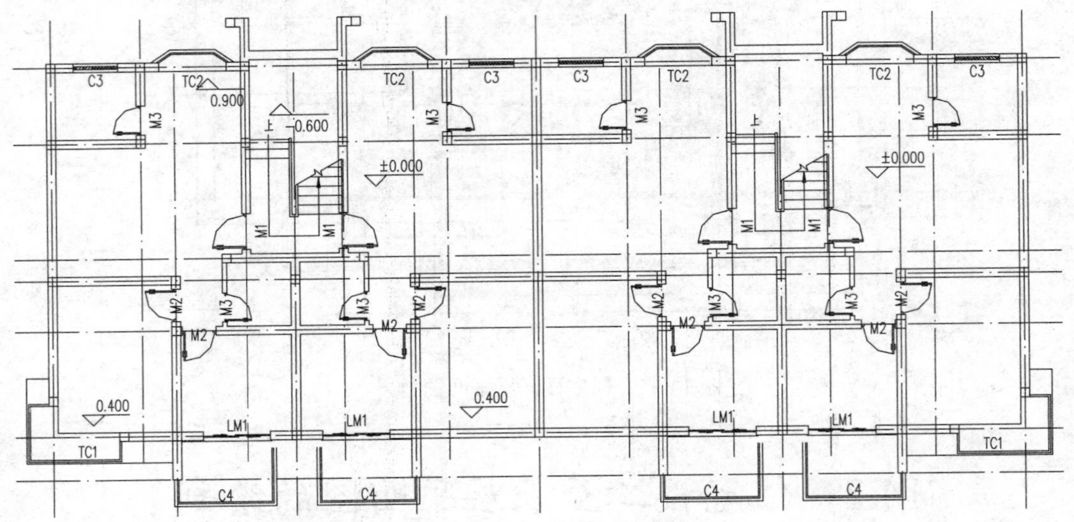

图 14-37　关闭并删除线

（3）选择“矩形”命令，在两楼梯位置处绘制两个矩形对象，并双击楼板对象，在命令行提示下选择“加洞（A）”选项，再选择楼梯处的矩形对象，从而对楼梯进行加洞口操作，如图 14-38 所示。

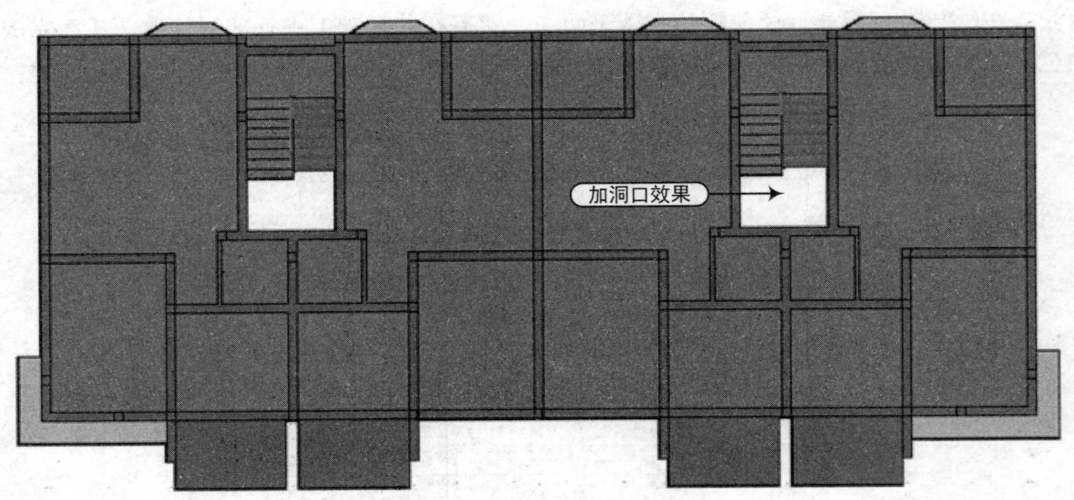

图 14-38　楼板加洞口

（4）执行“偏移”命令，将最上侧的轴线向下偏移 300mm，并在偏移后轴线上的楼梯间位置处绘制墙体，如图 14-39 所示。

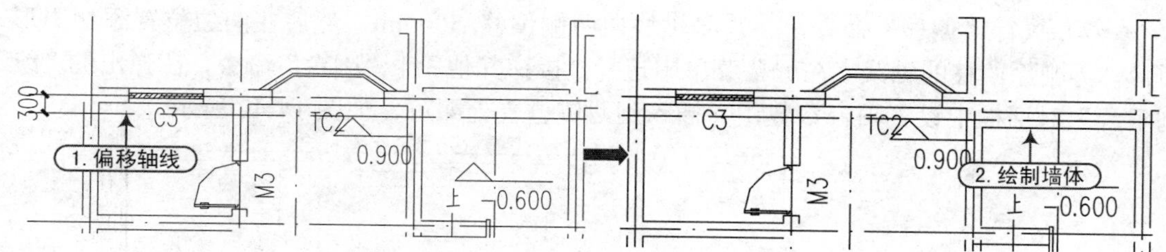

图 14-39 偏移轴线并绘制墙体

提示技巧

这里所偏移的轴线与一层平面图上侧的轴线有些区别，用户可打开轴号对象查看。

（5）将单元楼的楼梯进行删除操作，再在屏幕菜单中选择“楼梯其他”|“双跑楼梯”命令，然后设置中间楼梯参数并放置到空白位置处，用“镜像”命令将楼梯对象水平向右镜像一次，再将镜像的楼梯对象插入到指定位置，如图 14-40 所示。

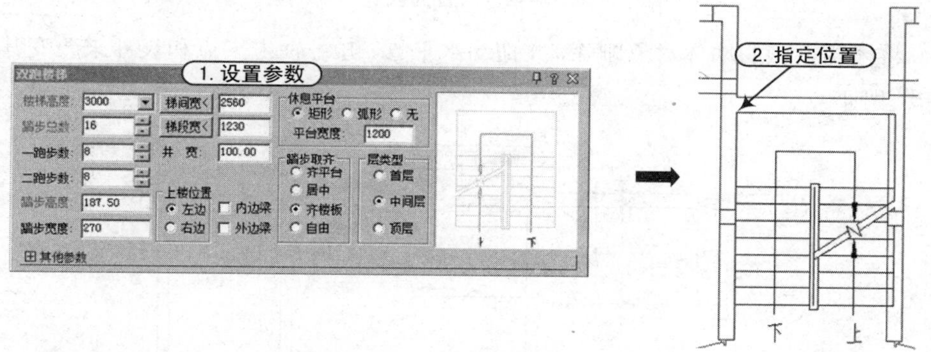

图 14-40 楼梯的插入

（6）选择“门窗”|“门窗”命令，在楼梯处进行窗户的安装，尺寸为 1500mm×1500mm，如图 14-41 所示。

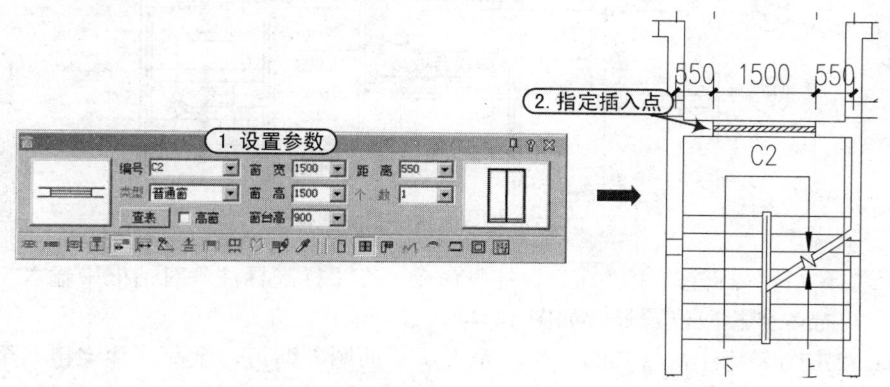

图 14-41 插入窗对象

（7）执行“偏移”命令，将⑨号轴线向两侧偏移 500mm，然后在两边位置添加矩形阳台，再删除偏移的轴线。在屏幕菜单中选择“楼梯其他”|“阳台”命令，在弹出的“绘制阳台”对话框中设置阳台参数，并插入到两侧位置处即可，如图 14-42 所示。

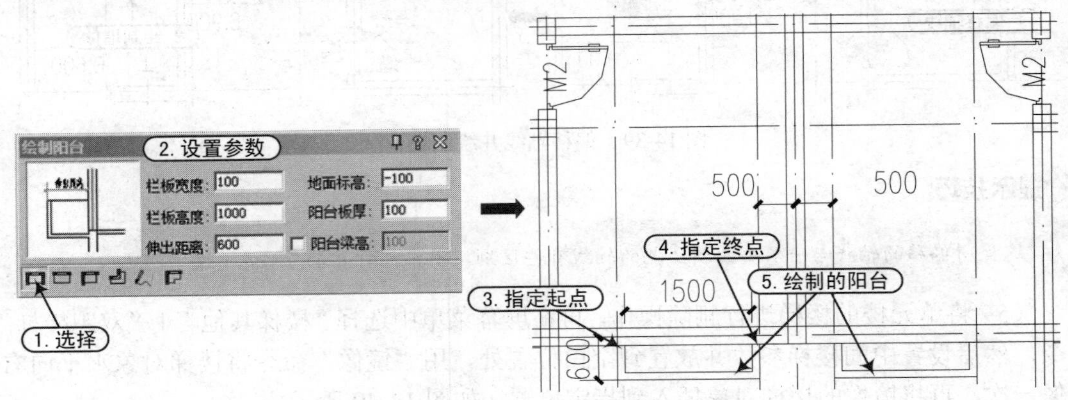

图 14-42　阳台的创建

（8）将楼梯上侧的墙体对象删除，并拖动水平Ⓖ、Ⓗ号轴上夹点和尺寸来改变其位置，如图 14-43 所示。

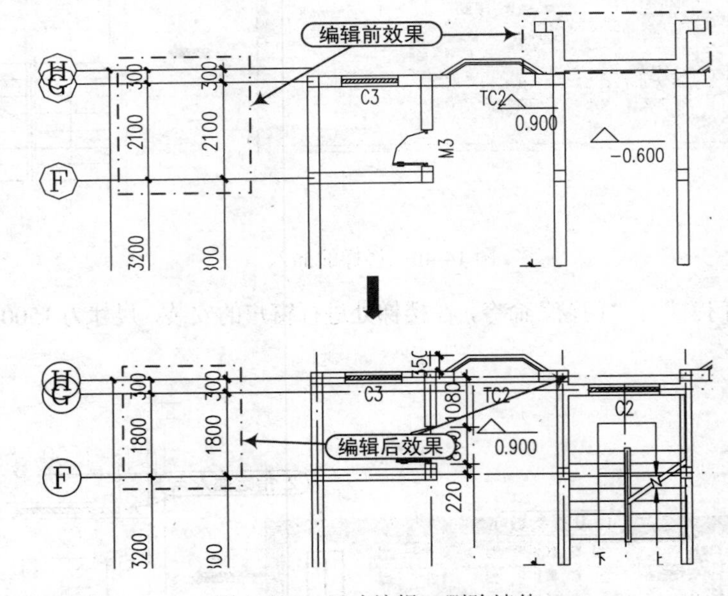

图 14-43　尺寸编辑、删除墙体

（9）选择“符号标注”|“标高标注”命令，在“标高标注”对话框中输入二至五层标高数值，再插入到相应位置处，如图 14-44 所示。

（10）双击图名标注，将其改为“二至五层平面图”即可，至此，住宅楼二至五层平面图的绘制已完成，如图 14-45 所示，单击“保存”按钮或是按 Ctrl+S 快捷键保存图形。

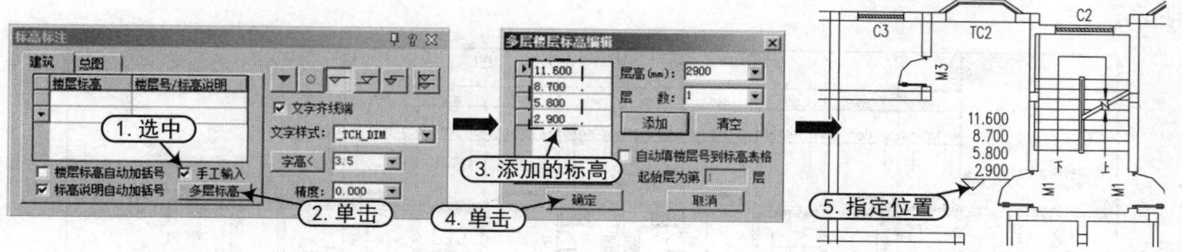

图 14-44　标高标注

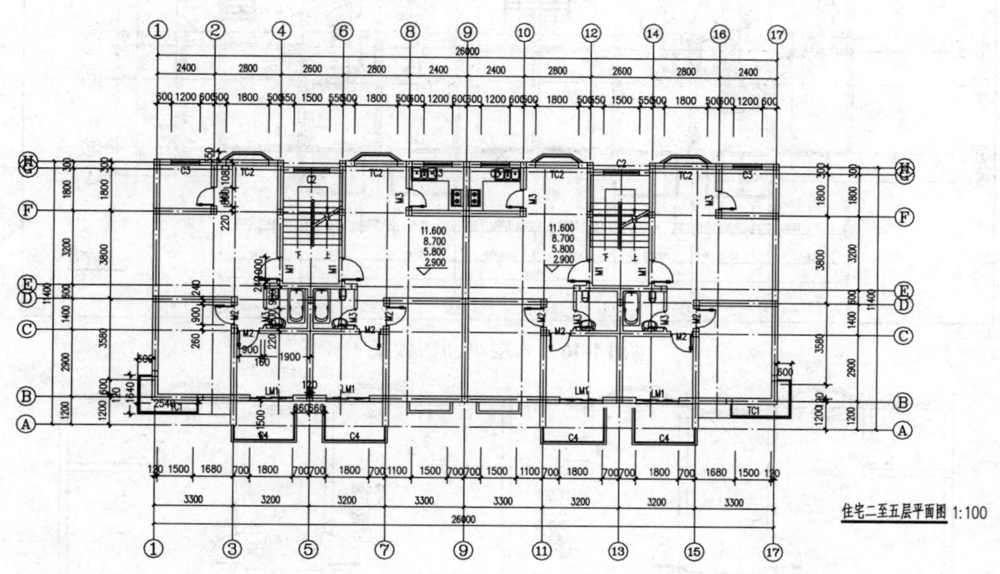

图 14-45　二至五层平面图效果

14.3　住宅楼六层平面图的绘制

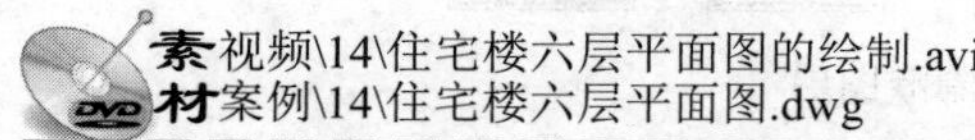

素材 视频\14\住宅楼六层平面图的绘制.avi
案例\14\住宅楼六层平面图.dwg

在绘制六层平面时，与绘制二至五层的方法基本相同，只需要在前面绘制的二至五层平面图的基础上进行个别的修改与添加即可。打开前面绘制的二至五层平面图，删除多余部分，然后再添加楼内楼梯等结构，六层平面图的效果如图 14-46 所示。

（1）在天正 TArch 2014 环境中，打开前面绘制好的“案例\14\住宅楼二至五层平面图.dwg”文件，然后将该文件另存为“案例\14\住宅楼六层平面图.dwg”即可。

（2）执行“删除”命令，将图中的楼梯、转角窗和部分阳台删除，然后将 DOTE、AXIS、AXIS-TEXT、PUB-DIM 图层关闭，如图 14-47 所示。

（3）在屏幕菜单中选择“楼梯其他”|“双跑楼梯”命令，设置好六层中的楼梯参数并放置于空白绘图区域，然后使用“镜像”“移动”等命令将楼梯放置于对应处，如图 14-48

所示。

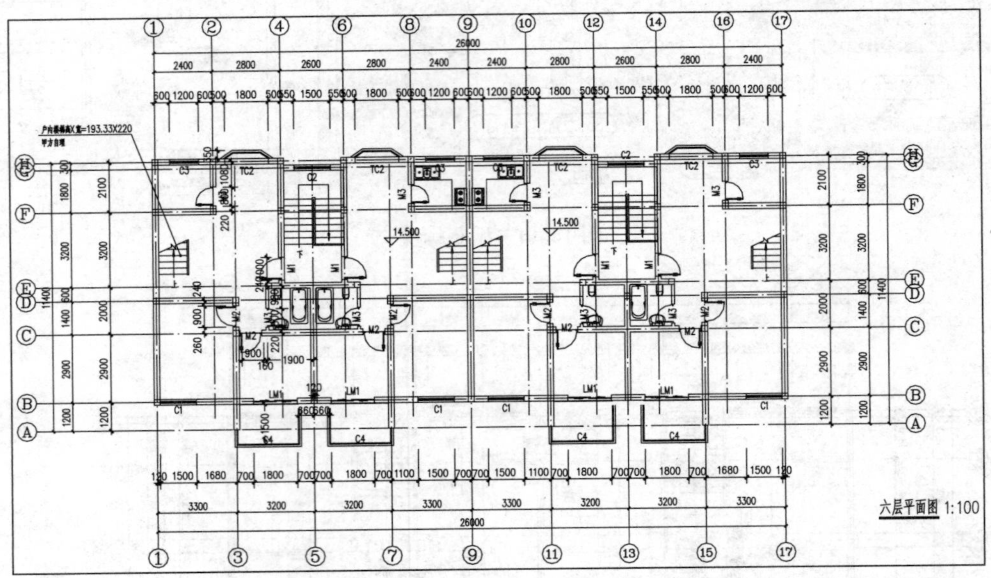

图 14-46　六层平面图效果

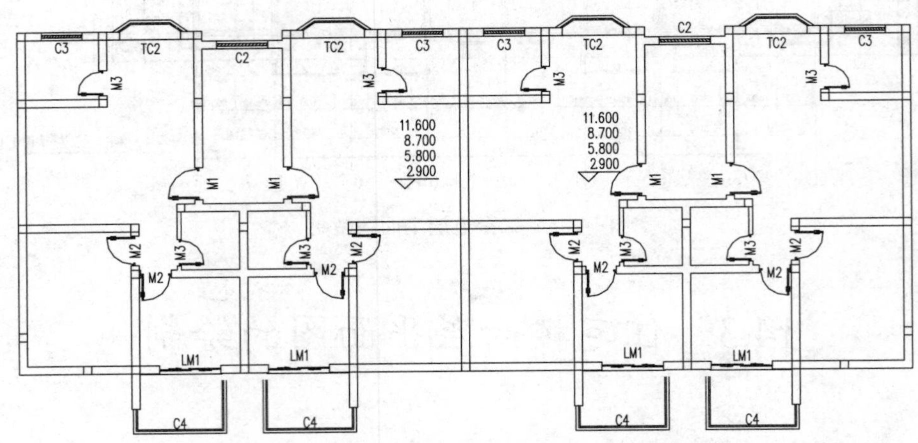

图 14-47　删除对象并隐藏图层

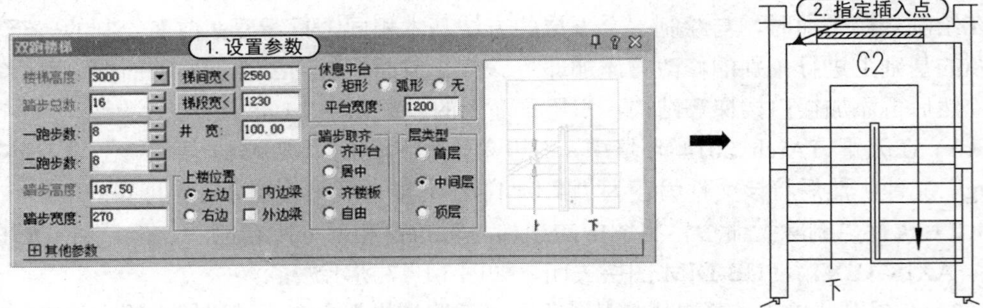

图 14-48　楼梯的插入

（4）继续使用相同方法对户内楼梯进行创建，如图 14-49 所示。

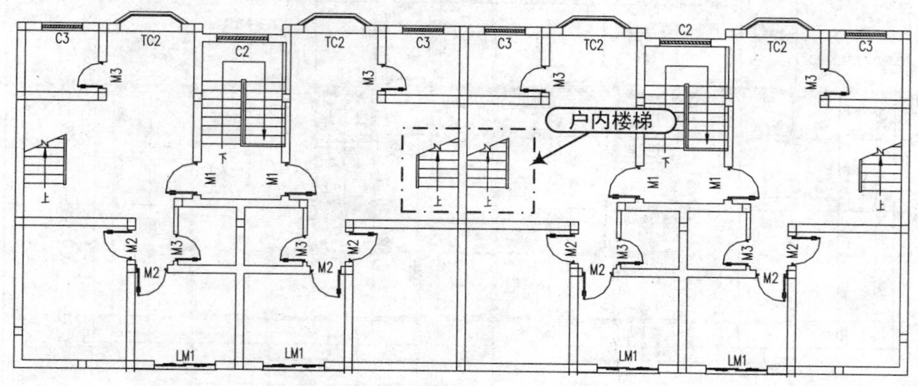

图 14-49　户内楼梯的创建

（5）将前面删除的转角窗位置处的柱子移动到角点位置处，并进行普通窗的创建，选择“门窗”｜“门窗”命令，在指定位置处插入窗对象，如图 14-50 所示。

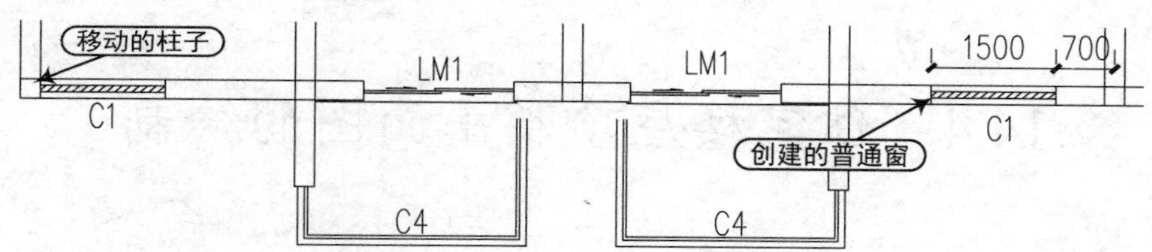

图 14-50　插入普通窗

（6）选择“符号标注”｜“引出标注”命令，对户内楼梯进行文字说明，如图 14-51 所示。

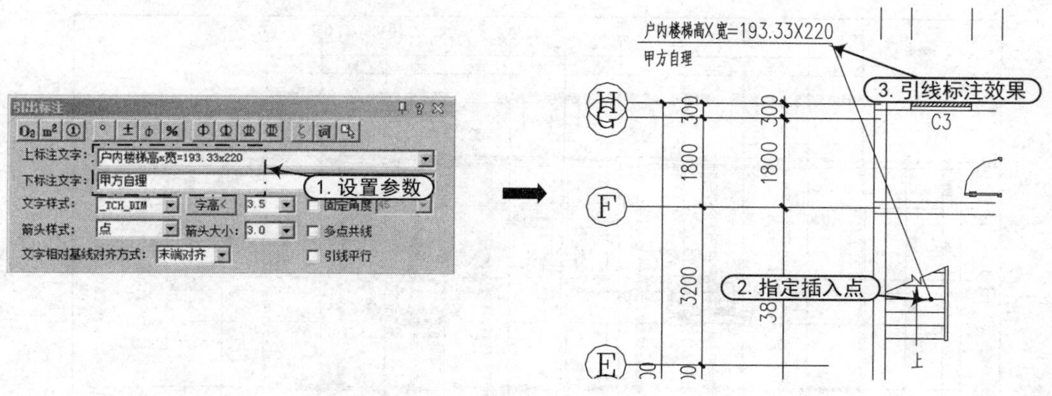

图 14-51　引出标注

（7）继续使用“符号标注”命令，对标高进行标注。

（8）将关闭的图层打开，对水平方向上左右尺寸进行相应的修改、调整。然后双击图名进行修改。至此，住宅楼六层平面图绘制完毕，如图 14-52 所示，直接按 Ctrl+S 快捷键进行保存。

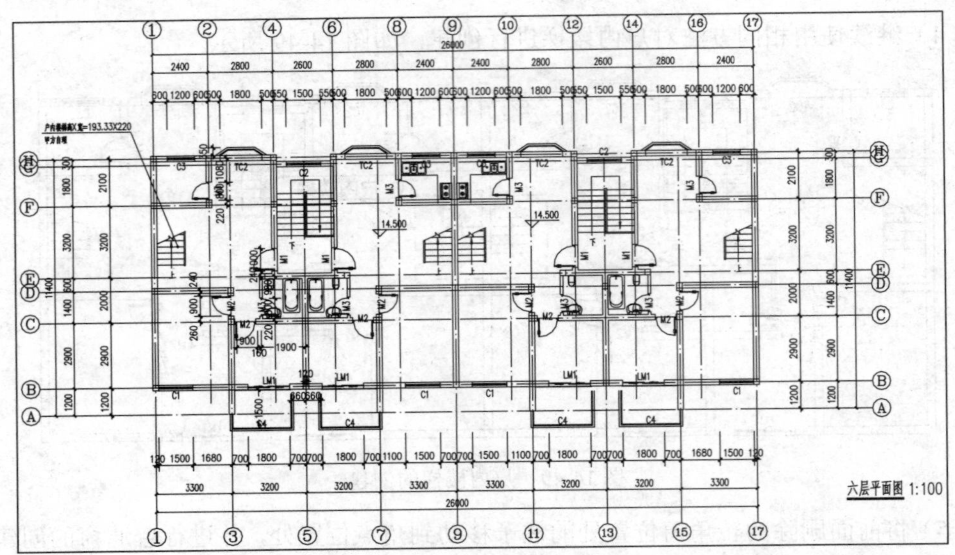

图 14-52　住宅楼六层平面图效果

14.4　住宅楼屋顶层平面图的绘制

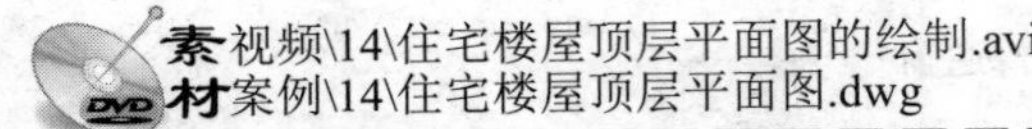
素 视频\14\住宅楼屋顶层平面图的绘制.avi
材 案例\14\住宅楼屋顶层平面图.dwg

在绘制屋顶层平面图时，可将前面的六层平面图进行打开，然后在六层平面图的基础上添加或删除一些图形元素即可，从而形成屋顶层平面图的效果，如图 14-53 所示。

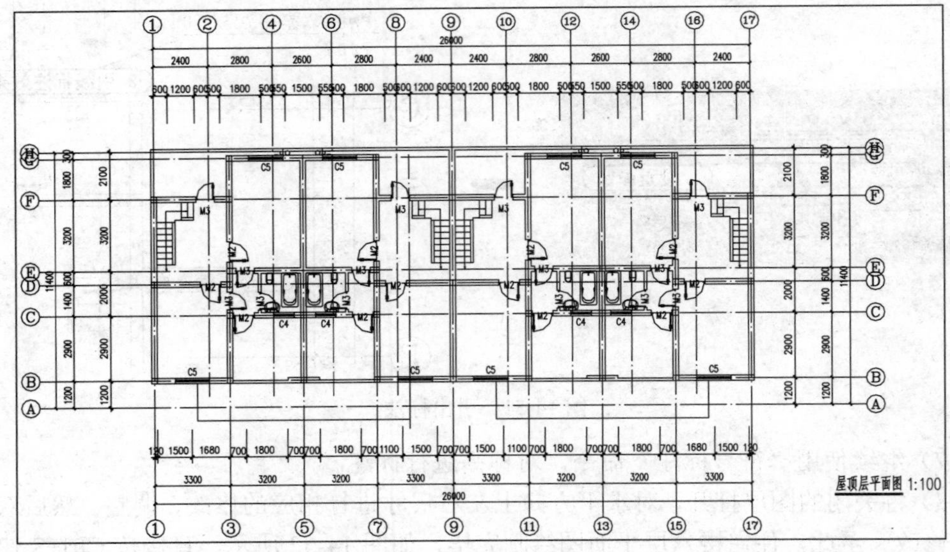

图 14-53　屋顶层平面图效果

（1）打开 TArch 2014，将前面绘制的“案例\14\住宅楼六层平面图.dwg”文件打开，再将其另存为“案例\14\住宅楼屋顶层平面图.dwg”。

（2）将打开图形的 DOTE、AXIS、AXIS-TEXT、PUB-DIM 图层关闭，执行“删除”命令，将图中的楼梯、阳台、部分门窗对象删除，如图 14-54 所示。

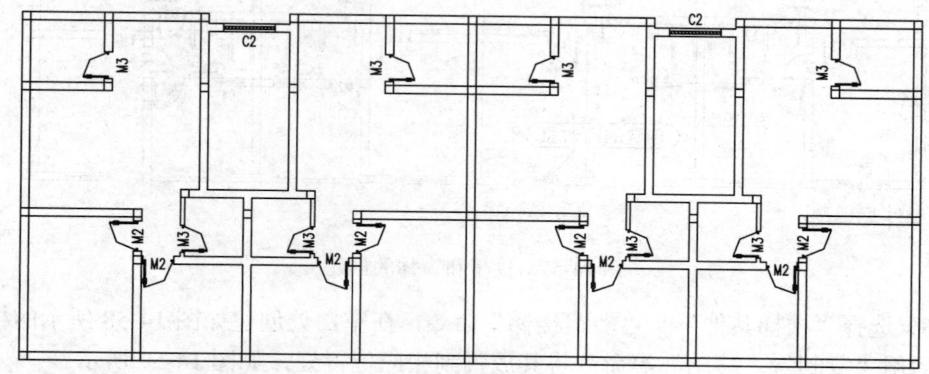

图 14-54 删除图中部分元素

（3）将图中部分墙体删除，然后拖动一些墙体夹点进行连接操作，改变后的墙体框架如图 14-55 所示。

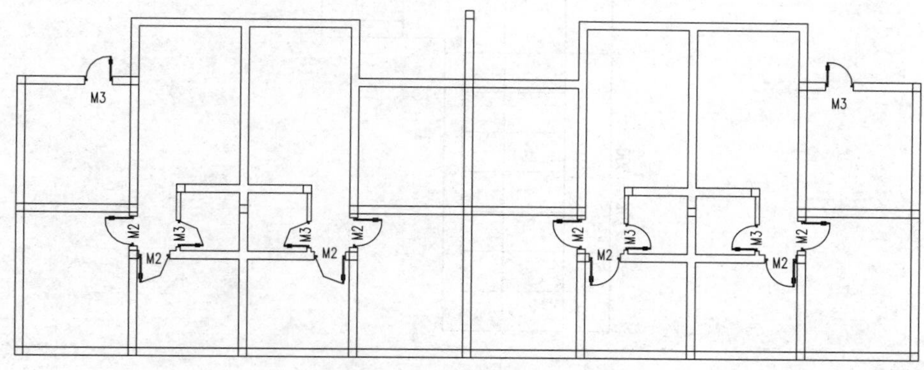

图 14-55 墙体编辑效果

（4）打开“轴网”图层（DOTE），选择“墙体”|“绘制墙体”命令，以左侧Ⓕ轴与①轴的交点位置处作为起点来绘制 120 墙体，其高度为 1200mm，绘制出的效果如图 14-56 所示。

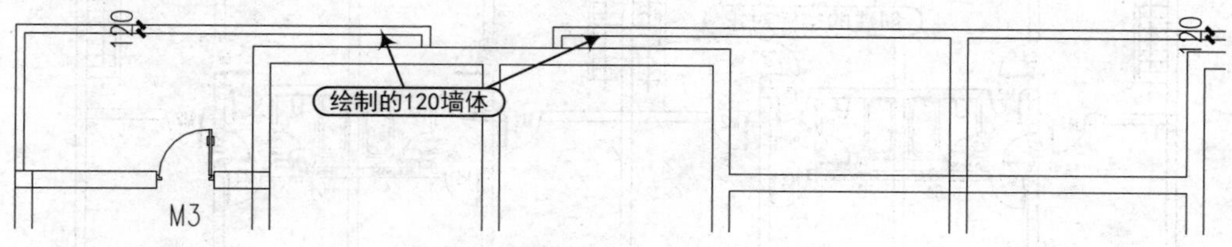

图 14-56 120 墙体的创建

（5）对改变后的图形对象进行柱子、门窗的重新创建，如图 14-57 所示。

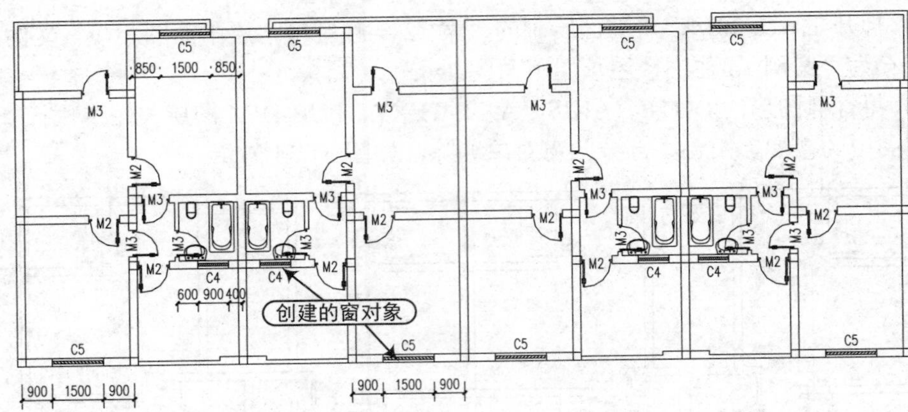

图 14-57　柱子和窗体的创建

（6）选择“楼梯其他”｜“多跑楼梯”命令，在空白处创建如图 14-58 所示的楼梯对象，然后用“复制”“移动”等命令将其放置到相应位置处，如图 14-59 所示。

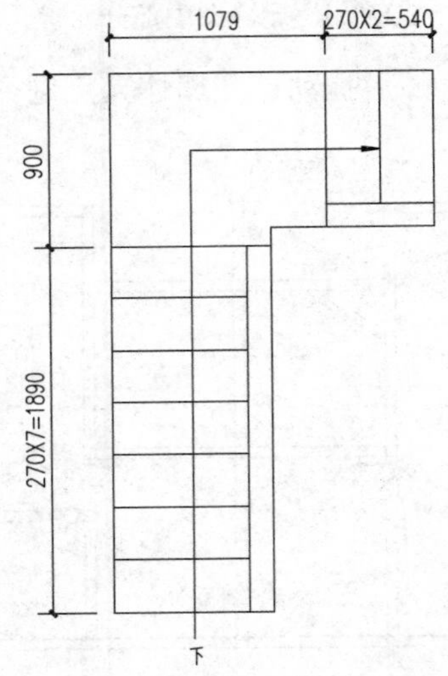

图 14-58　楼梯样式

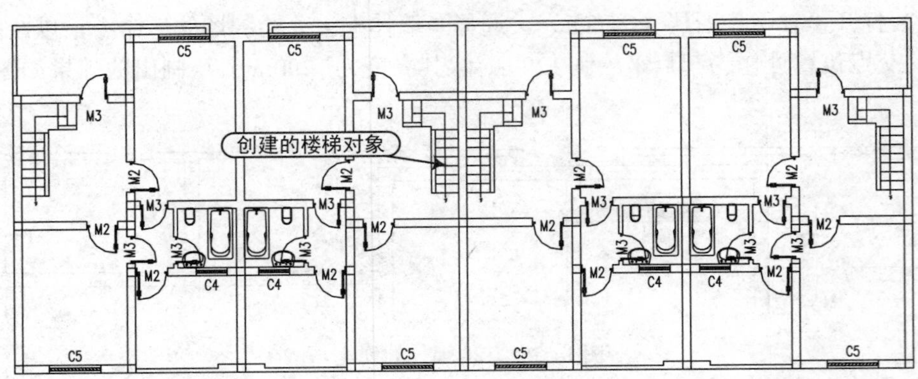

图 14-59　楼梯创建

（7）执行“偏移”命令，将③号和⑦号轴线分别向左、右两侧偏移 1420，然后在屏幕菜单中选择“三维建模”｜“造型对象”｜“竖板”命令，在命令行提示下指定起点和终点，再设置起边高度为 100 和终边高度为 300，板厚为 9240，如图 14-60 所示。

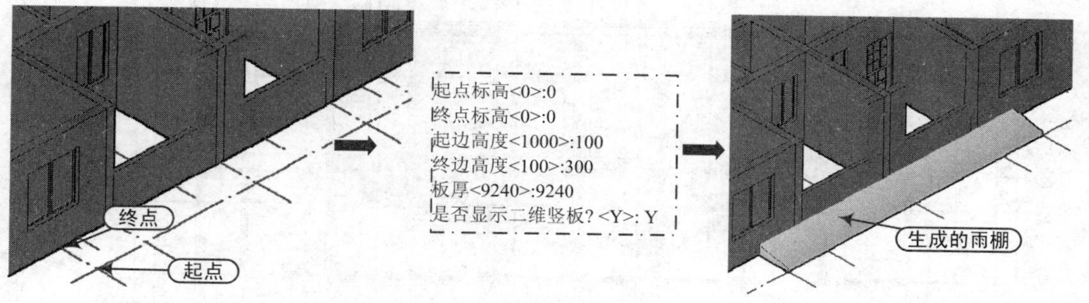

图 14-60　创建的雨棚效果

（8）选择“房间屋顶”｜“加雨水管”命令，在平面图上下侧添加雨水管对象，如图 14-61 所示。

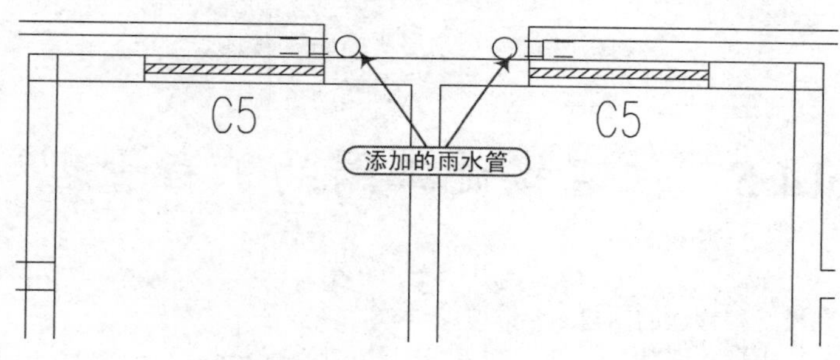

图 14-61　创建雨水管

（9）执行“矩形”命令，经过外墙轮廓绘制一矩形对象，然后进行平板的创建，再将楼板对象向上复制一份，从而创建屋顶层效果，如图 14-62 所示。

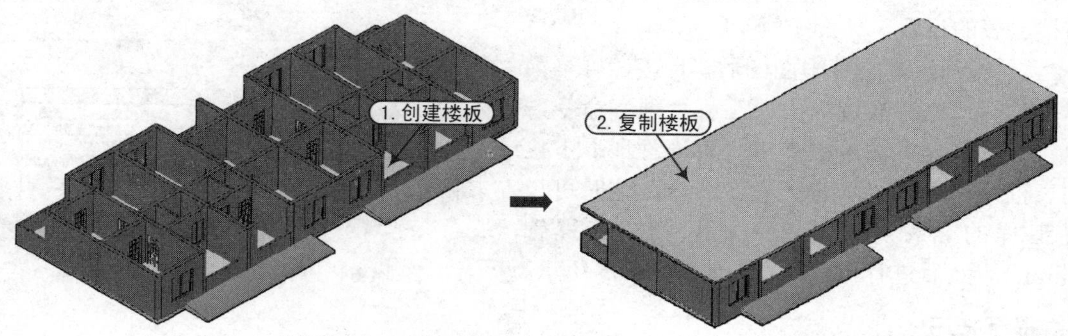

图 14-62　屋顶层楼板的创建

（10）最后进行标高标注以及图名的修改。

（11）创建完成的屋顶层效果如图 14-63 所示，按 Ctrl+S 快捷键直接保存即可。

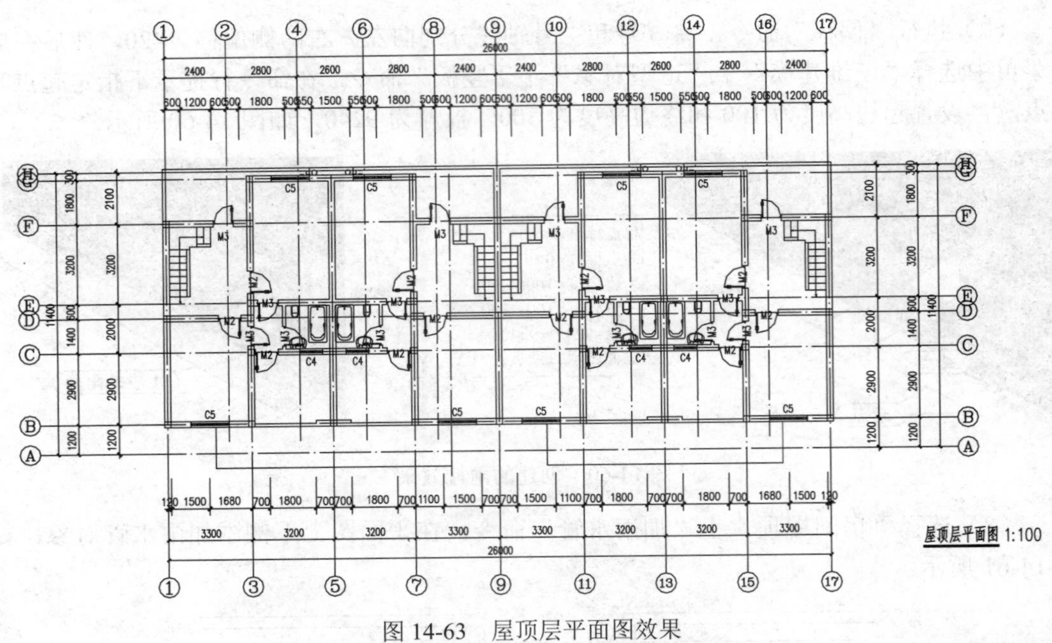

图 14-63　屋顶层平面图效果

14.5　住宅楼施工图的工程管理

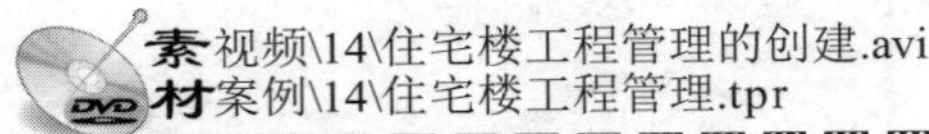
素材 视频\14\住宅楼工程管理的创建.avi
案例\14\住宅楼工程管理.tpr

通过前面的操作步骤，已将住宅楼的所有平面图绘制完毕，为了方便系统自动生成立面与剖面图和三维模型，TArch 2014 提供了比较方便的工程管理面板，可进行平面图的添加与楼层表的设置，如图 14-64 所示。

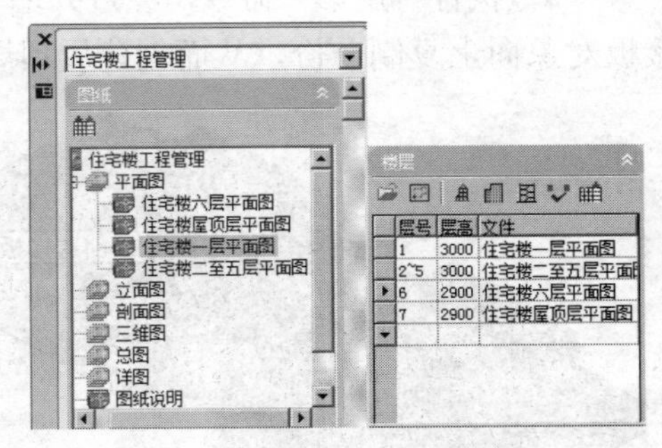

图 14-64　平面图添加与楼层表设置

（1）创建好所有平面图后，直接在屏幕菜单中选择“文件布图”｜“工程管理”命令，在“工程管理”面板中单击“工程管理”下拉列表框，再选择“新建工程”命令，这时可设置工程的名称为“案例\14\住宅楼工程管理.tpr”，然后进行保存即可，如图 14-65 所示。

提示技巧

执行上述操作后，下次打开此工程时，应单击“工程管理”下拉列表框后选择“打开工程”命令，而不能使用 AutoCAD 的“文件”｜“打开”命令来打开工程管理文件。

（2）在创建好的“住宅楼工程管理”面板中“平面图”子类别上右击，在弹出的快捷

菜单中选择“添加图纸”命令，再在弹出的“选择图纸”对话框中按住 Ctrl 键，同时选择“案例\14”下的所有平面图对象，然后单击“打开”按钮将其添加到“平面图”子类别中，如图 14-66 所示。

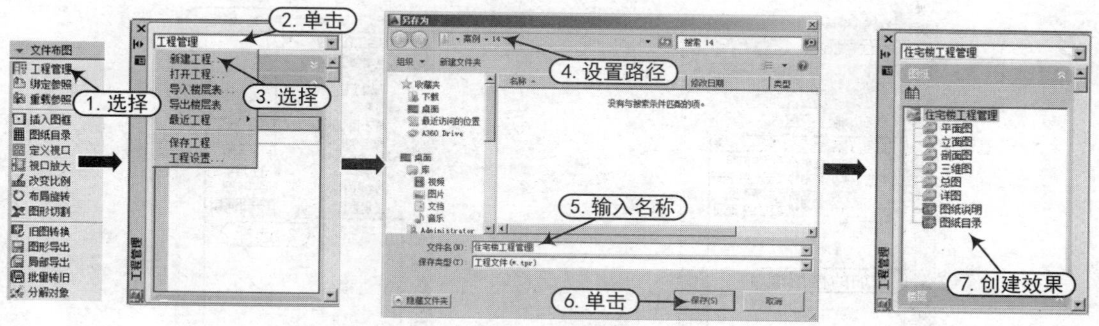

图 14-65 新建工程

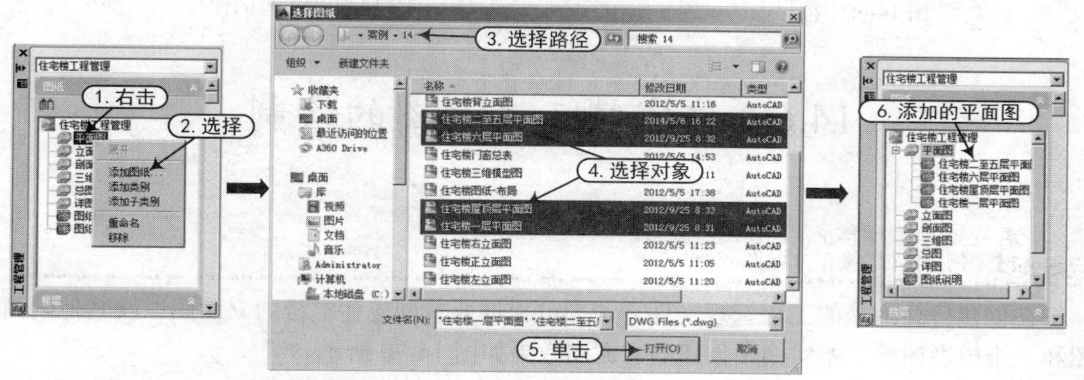

图 14-66 添加平面图

（3）将“工程管理”面板中的“楼层”栏展开，在该栏中将光标指定到最后一列单元格中，单击“选择标准层”按钮，打开“选择标准层图形文件”对话框，选择查找范围，再选择“住宅楼一层平面图”，单击“打开”按钮，设置其楼层号为 1，层高为 2900，如图 14-67 所示。

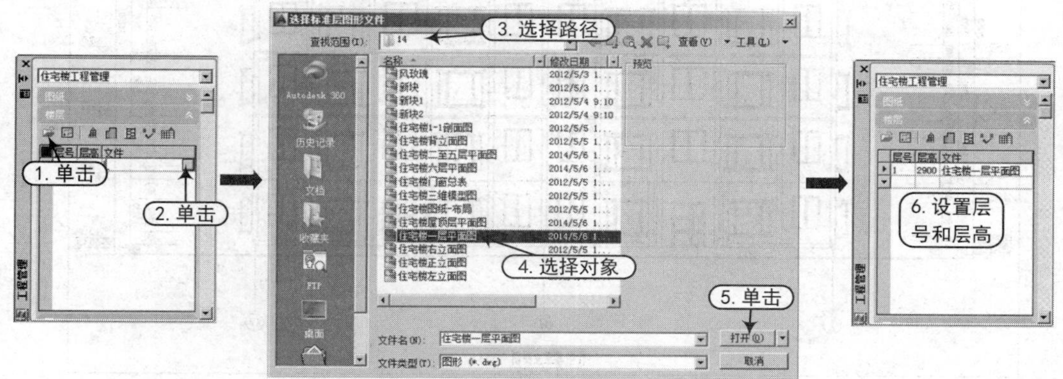

图 14-67 设置楼层参数

（4）按照相同的方法对其他平面图进行添加并设置层高与层号等，如图 14-68 所示。

（5）至此，住宅楼的工程管理已完成，用户可单击“工程管理”面板中的下拉列表框，选择“保存工程”命令来保存该工程，如图 14-69 所示。

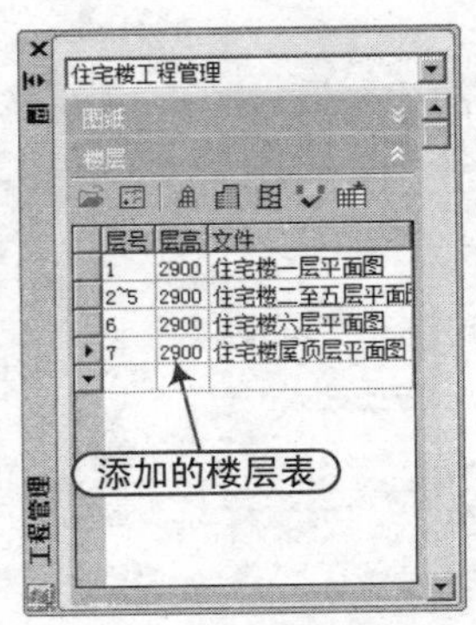

图 14-68　楼层表的设置

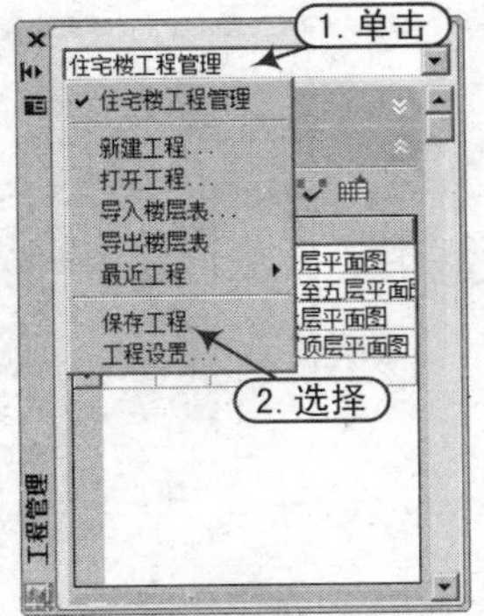

图 14-69　工程的保存

14.6　住宅楼正立面图的绘制

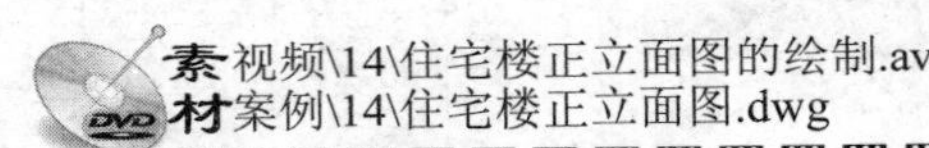

素材　视频\14\住宅楼正立面图的绘制.avi
案例\14\住宅楼正立面图.dwg

在创建好住宅楼的工程管理文件后，即可根据要求创建住宅楼的立面图以及其他剖面图和三维模型图等，本实例中创建的立面图效果如图 14-70 所示。

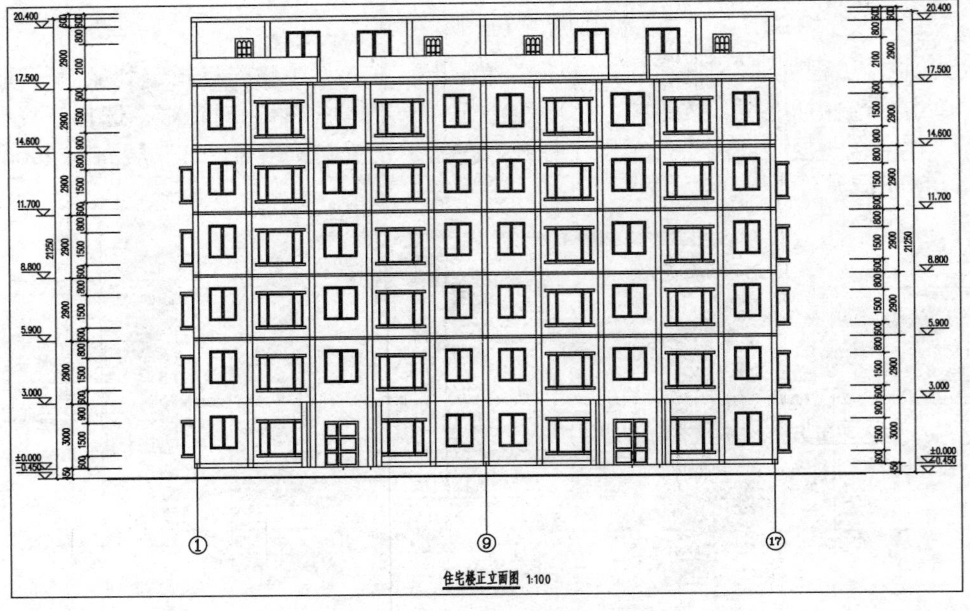

图 14-70　住宅楼正立面图效果

（1）在 TArch 2014 操作界面中，将“工程管理”面板中的“住宅楼一层平面图”文件打开，如图 14-71 所示。

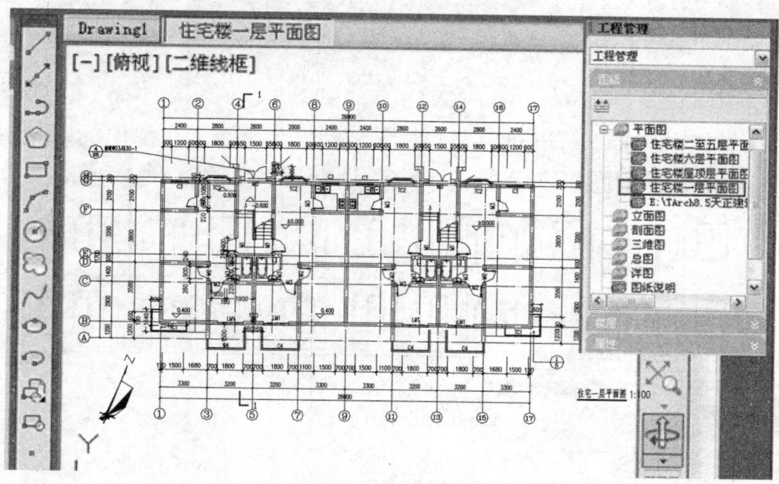

图 14-71 打开一层平面图

（2）在“工程管理”面板的“楼层”栏中单击“建筑立面”按钮，选择“正立面（F）”选项，同时选择平面图中的①、⑨、⑰号轴线，弹出“立面生成设置”对话框，根据要求设置相应的参数，并单击“生成立面”按钮，此时弹出“输入要生成的文件”对话框，将正立面图保存为“案例\14\住宅楼正立面图.dwg”文件，然后单击“保存”按钮，系统将会自动生成立面图，如图 14-72 所示。

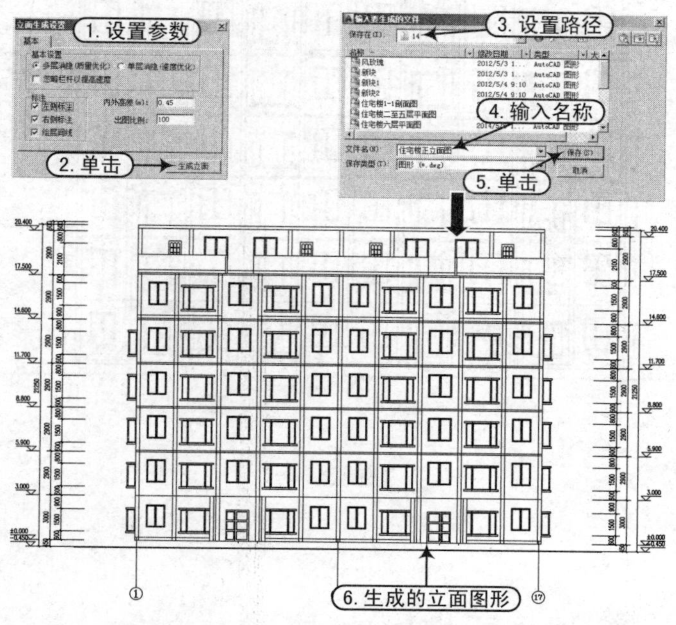

图 14-72 生成的立面图

提示技巧

如果用户在绘制平面图时没有采用基准点进行绘制，在生成立面布置图时可能会出现错位现象，这时可以用“移动”命令将重合的交点移到一起从而进行立面图的完善。

生成的立面图是纯二维效果。对生成后的立面图的标高标注可进行修改。

（3）在屏幕菜单中选择“符号标注”|“图名标注”命令，在弹出的对话框中输入“住宅楼正立面图”，并放置于图形下侧的正中位置处即可，如图 14-73 所示。

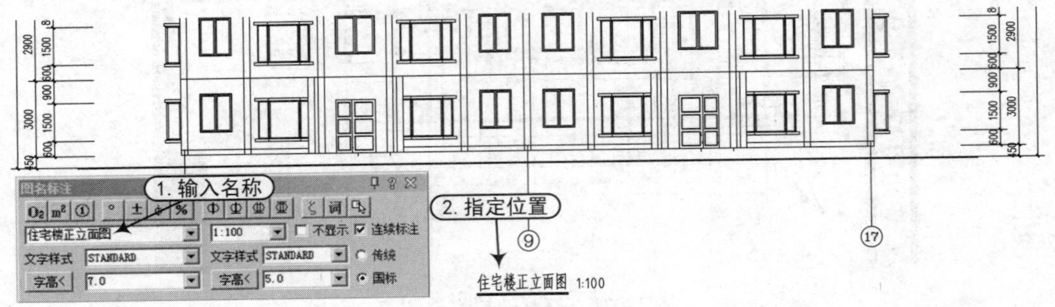

图 14-73　图名标注

（4）至此，住宅楼正立面图已经创建完成，如图 14-74 所示，这时可按 Ctrl+S 快捷键进行保存。

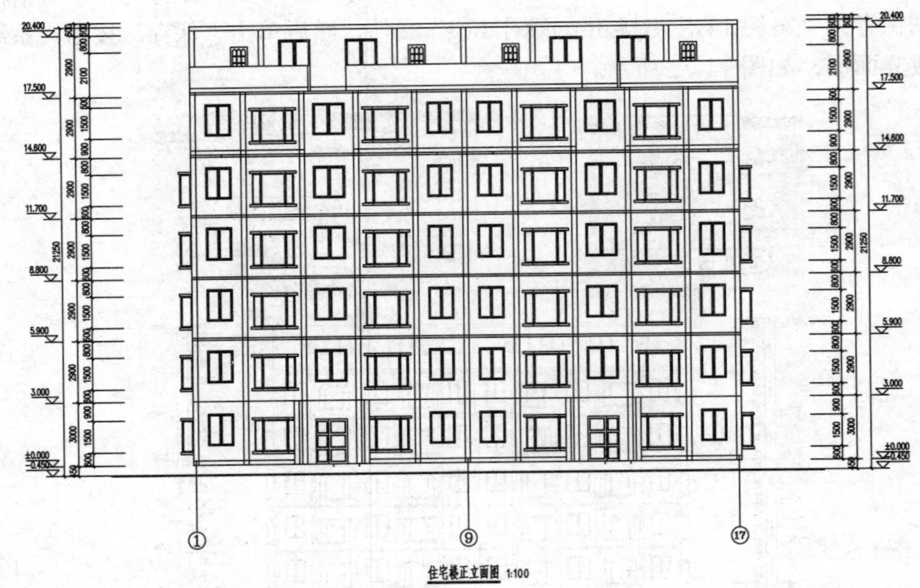

图 14-74　正立面图效果

提示技巧

用户如果还需要对其他立面图进行创建，可按照前面相同的方法进行背立面图（如图 14-75 所示）、左立面图（如图 14-76 所示）、右立面图（如图 14-77 所示）的创建。

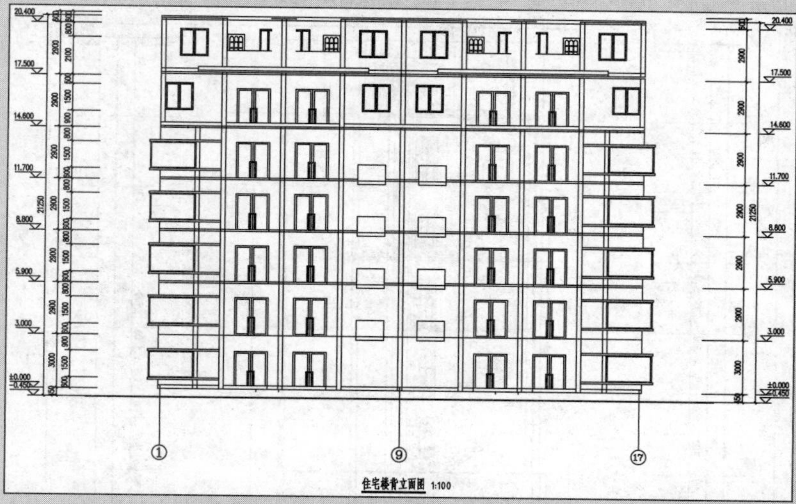

图 14-75　背立面图效果

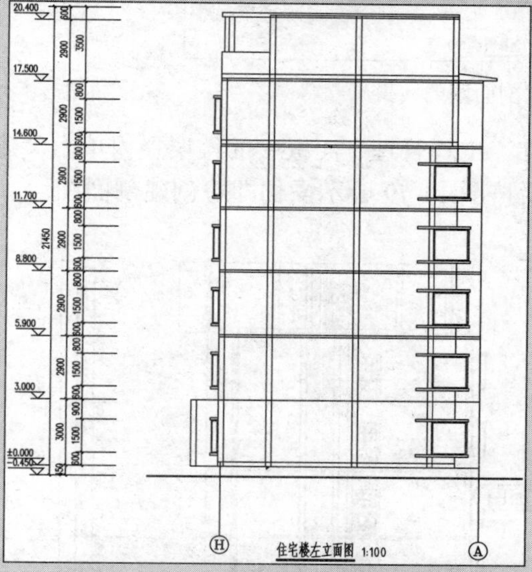

图 14-76　左立面图效果

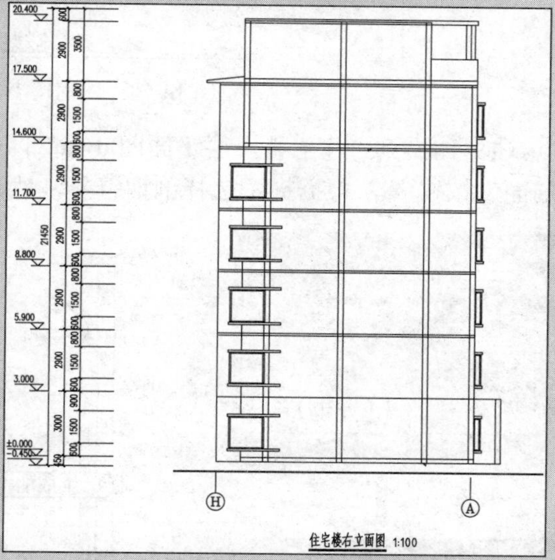

图 14-77　右立面图效果

14.7　住宅楼 1-1 剖面图的绘制

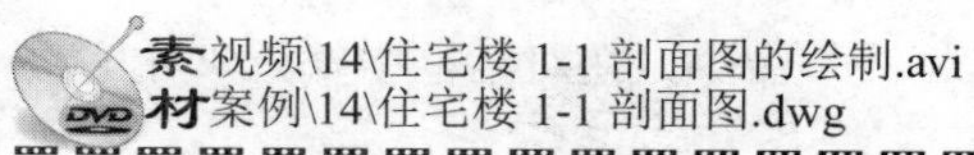

素材 视频\14\住宅楼 1-1 剖面图的绘制.avi
案例\14\住宅楼 1-1 剖面图.dwg

创建剖面图，需要先在指定的平面层上创建剖切符号，再根据前面创建好的工程管理

文件及剖切符号来创建剖面图文件。本实例中住宅楼 1-1 剖面图的效果如图 14-78 所示。

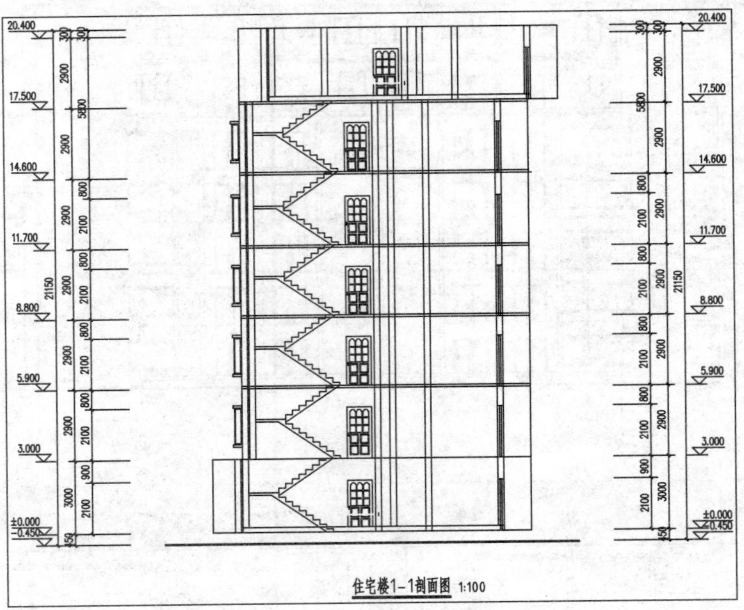

图 14-78　住宅楼 1-1 剖面图的效果

（1）切换到“住宅楼一层平面图.dwg”，在“工程管理”面板中的楼层栏内单击“建筑剖面”按钮，根据提示选择剖切符号，然后按图 14-79 所示操作即可创建剖面图。

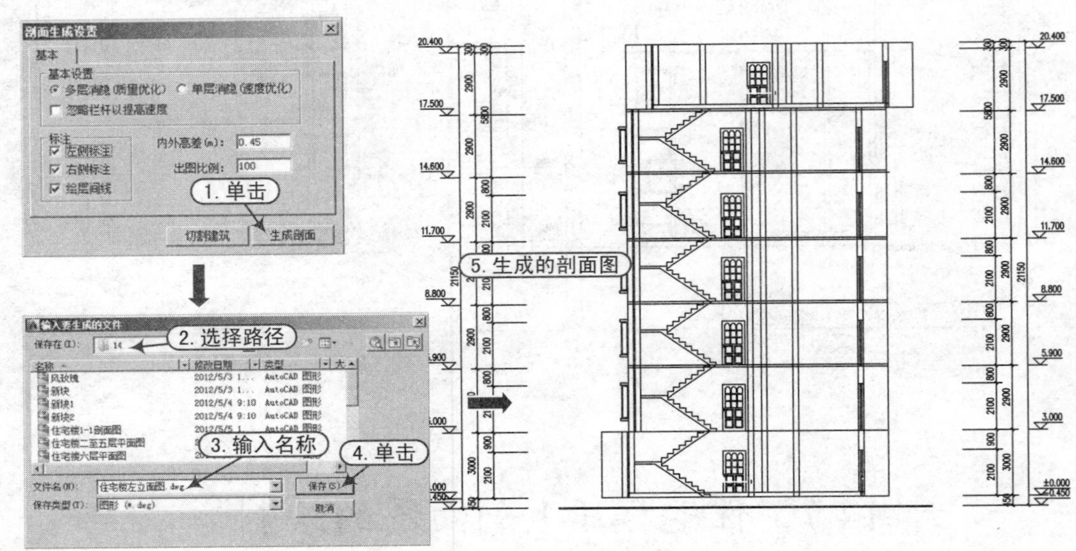

图 14-79　剖面图的生成

（2）在屏幕菜单中选择“符号标注”｜“图名标注”命令，在对话框中输入“住宅楼 1-1 剖面图”，并放置于图形下侧的正中位置处即可。

（3）至此，住宅楼剖面图已经创建完成，如图 14-80 所示，这时可按 Ctrl+S 快捷键进

行保存。

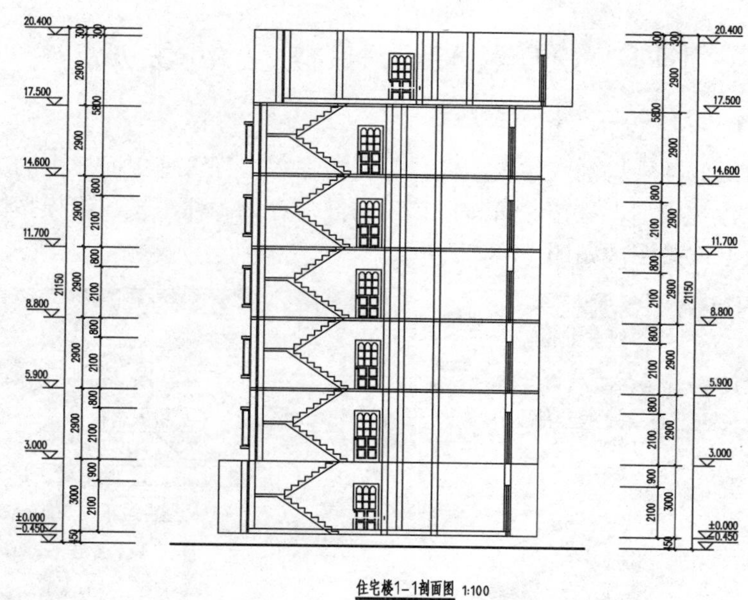

图 14-80　剖面图的效果

14.8　住宅楼门窗表的生成

创建好住宅楼工程后，为了对住宅楼的门窗附件进行统一管理与查询，可在天正“工程管理”面板中的“楼层”栏单击“门窗总表”按钮，系统自动搜索该工程的所有门窗参数并放入表格中，再将该表保存为“案例\14\住宅楼门窗总表.dwg”文件，如图 14-81 所示。

门窗表

类型	设计编号	洞口尺寸(mm)	数量								图集选用			备注
			1	2	3	4	5	6	7	合计	图集名称	页次	选用型号	
普通门	LM1	1800X2100	4	4	4	4	4	4		24				
	M1	1000X2100	4	4	4	4	4	4		24				
	M2	900X2100	8	8	8	8	8	8	12	60				
	M3	800X2100	8	8	8	8	8	8	14	62				
子母门	M0	1500X2100	2							2				
普通窗	C1	1500X1500						4		4				
	C2	1500X1500		2	2	2	2	2		10				
	C3	1200X1500	4	4	4	4	4	4		24				
	C4	900X1500							4	4				
	C5	1500X1500							8	8				
凸窗	C4	2500X1500	4	4	4	4	4	4		24				
	TC2	1800X1500	4	4	4	4	4	4		24				
转角窗	TC1	(750+1650)X1500	2	2	2	2	2			10				

图 14-81　门窗总表的搜索

14.9 住宅楼三维模型的生成

如果需要生成此住宅楼的三维模型图，可直接在“工程管理”面板中的“楼层”栏中单击“三维组合建筑模型”按钮。再按照提示将其保存为“住宅楼三维模型图.dwg”，系统会自动生成模型效果图，如图 14-82 所示。

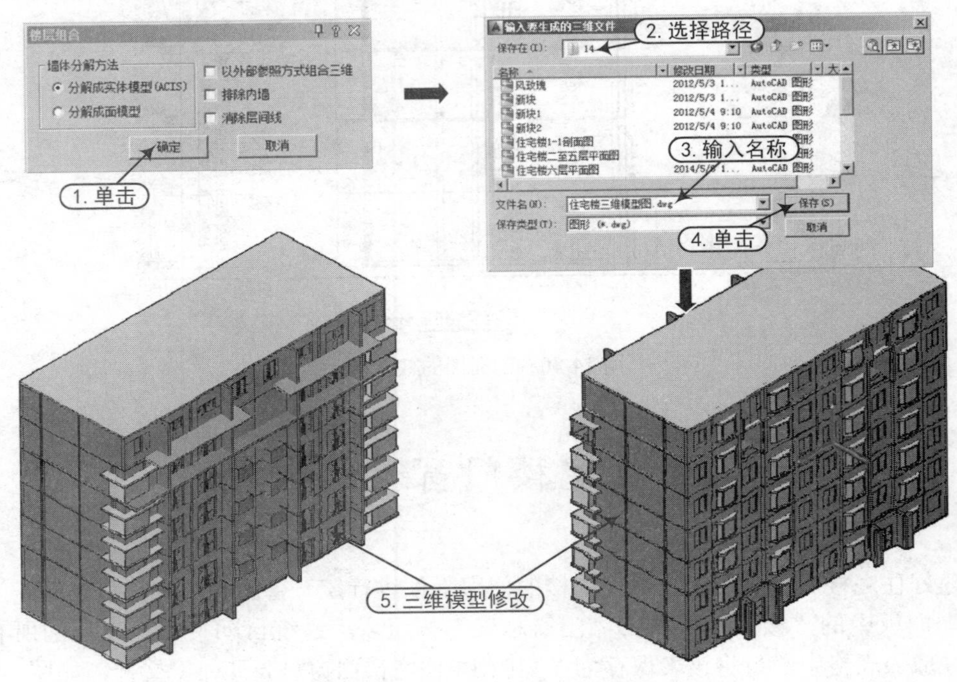

图 14-82　住宅楼三维模型效果

14.10 住宅楼图纸的布局与输出

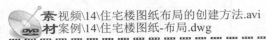

素 视频\14\住宅楼图纸布局的创建方法.avi
材 案例\14\住宅楼图纸-布局.dwg

由于住宅楼的每个图纸文件都分别保存在单一的文件中，为了使该图纸能够布局在同一个文件中，将创建一个新的文件，将工程中的所有图形对象复制到新文件中，再分别插入图框，设置图框中的属性并进行布局，其布局效果如图 14-83 所示。

（1）启动 TArch 2014，系统将自动创建一个空白文件，这时可以直接将该文件另存为“案例\14\住宅楼图纸-布局.dwg”文件。

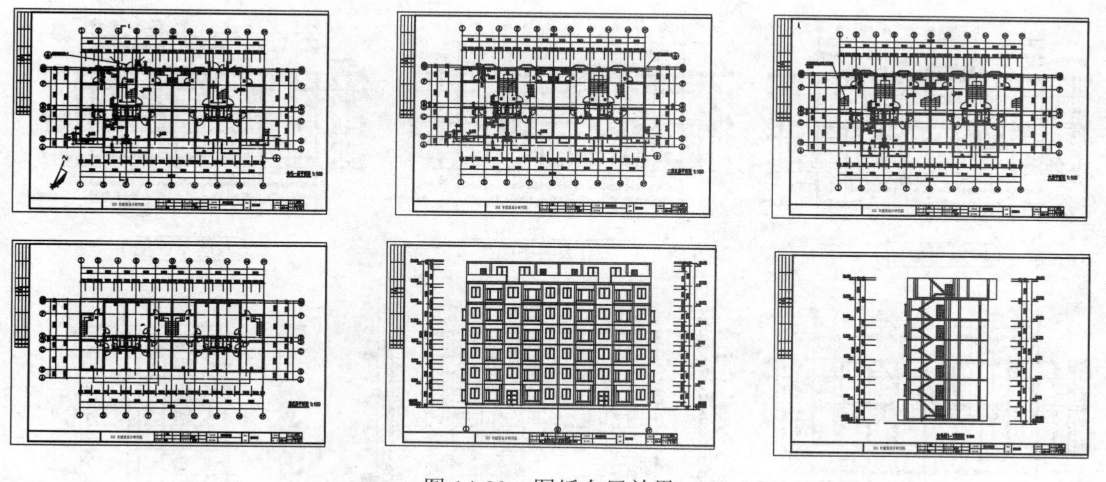

图 14-83　图纸布局效果

（2）在 AutoCAD 菜单中选择“插入”｜“DWG 参照”命令，在弹出的“选择参照文件”对话框中选择“案例\14\住宅楼一层平面图.dwg”文件，单击“打开”按钮，按照如图 14-84 所示的方法进行操作即可。

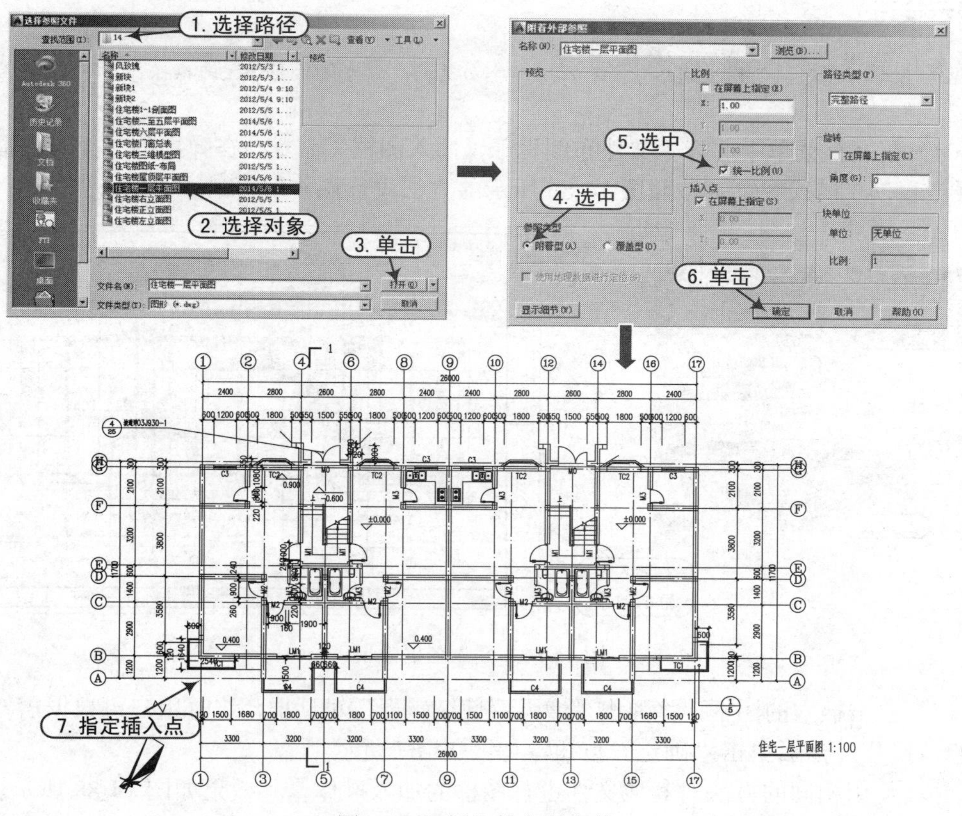

图 14-84　插入的参照文件

（3）按照步骤（2）的方法插入其他参照文件，如图 14-85 所示。

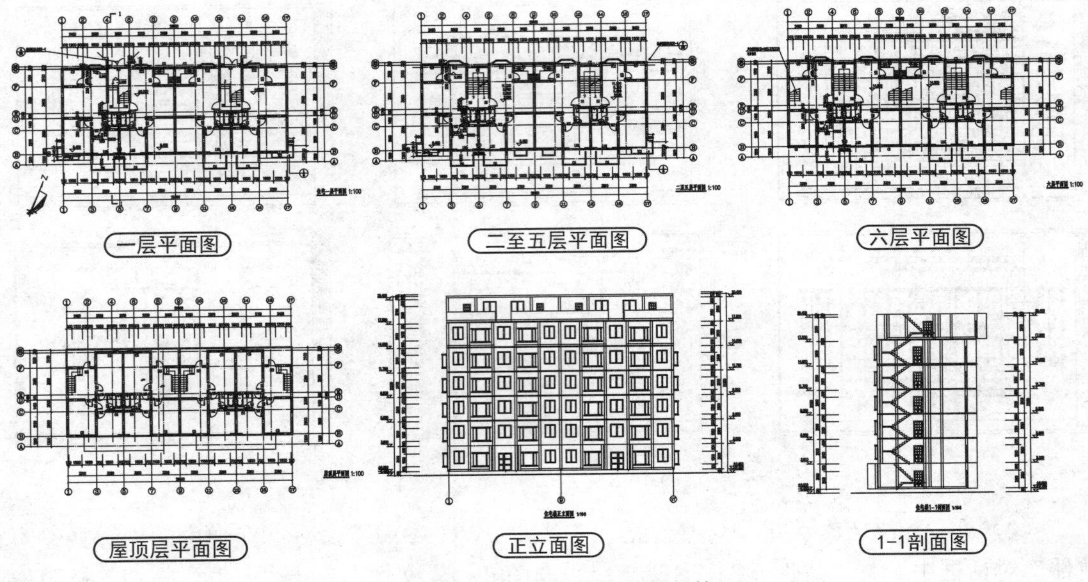

图 14-85　插入的其他参照文件

提示技巧

在插入参照图时，两图之间尽量留有足够的空白区间，以方便后面插入图框操作。

（4）在屏幕菜单中选择“文件布图”｜“插入图框”命令，在弹出的“插入图框”对话框中选择 A3 横式图幅，按照图 14-86 所示的方法进行操作即可。

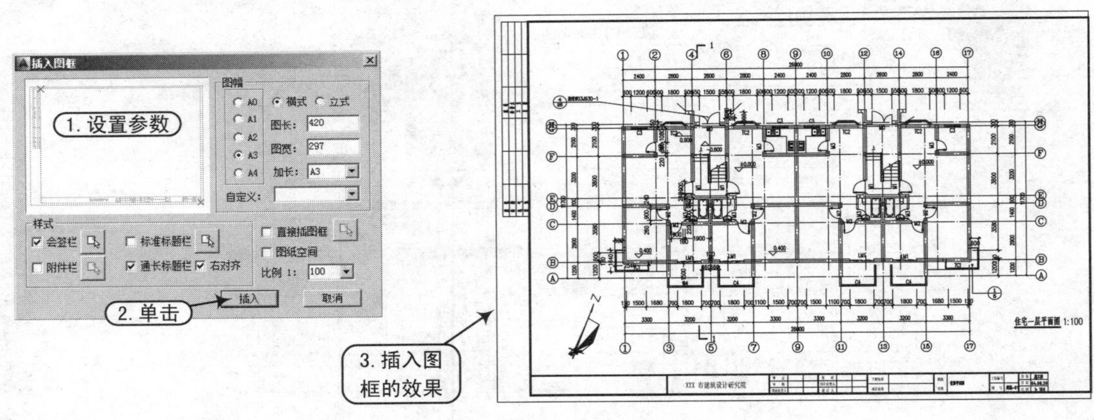

图 14-86　插入图框效果

（5）双击插入的图框，将弹出“增强特性编辑器”对话框，这时用户可根据需要对其进行修改操作，然后单击“确定”按钮，如图 14-87 所示。

（6）使用相同的方法对其他文件进行图框的加入操作，其效果如图 14-88 所示。

（7）在屏幕菜单中选择“插入”｜“布局”｜“创建布局向导”命令，按照提示依次选择 A3 图纸、无标题栏、无视口，如图 14-89 所示。

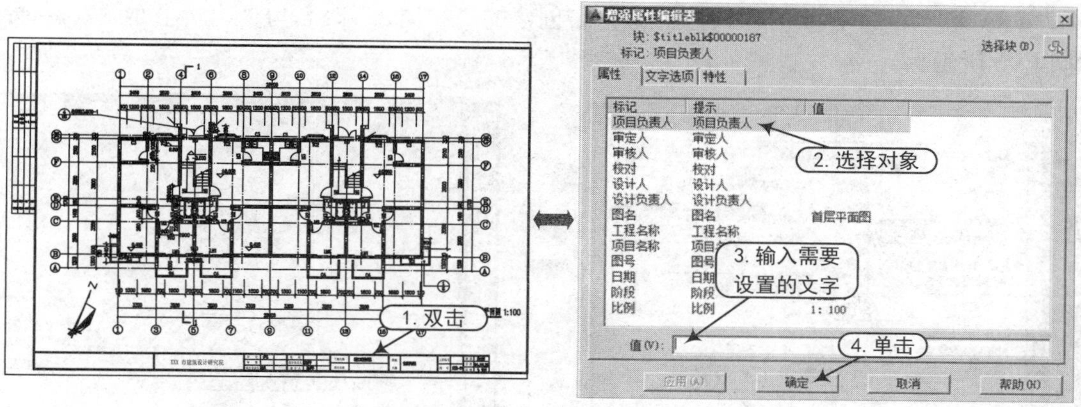

图 14-87　标题栏的编辑

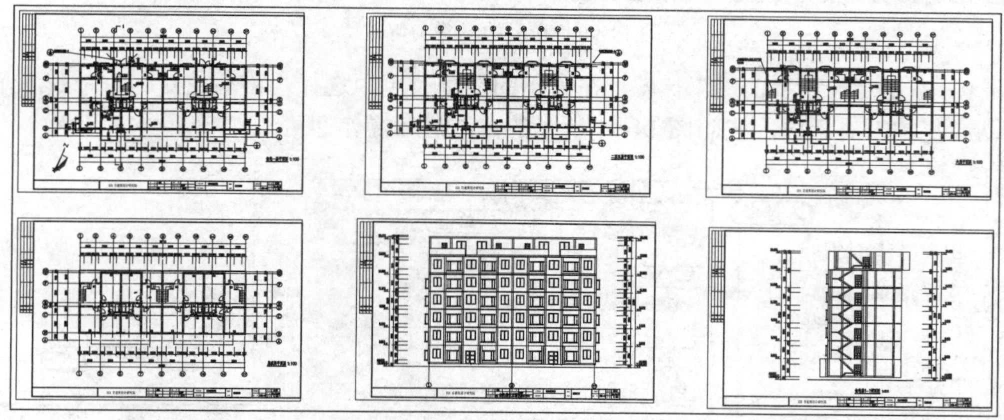

图 14-88　插入的图框

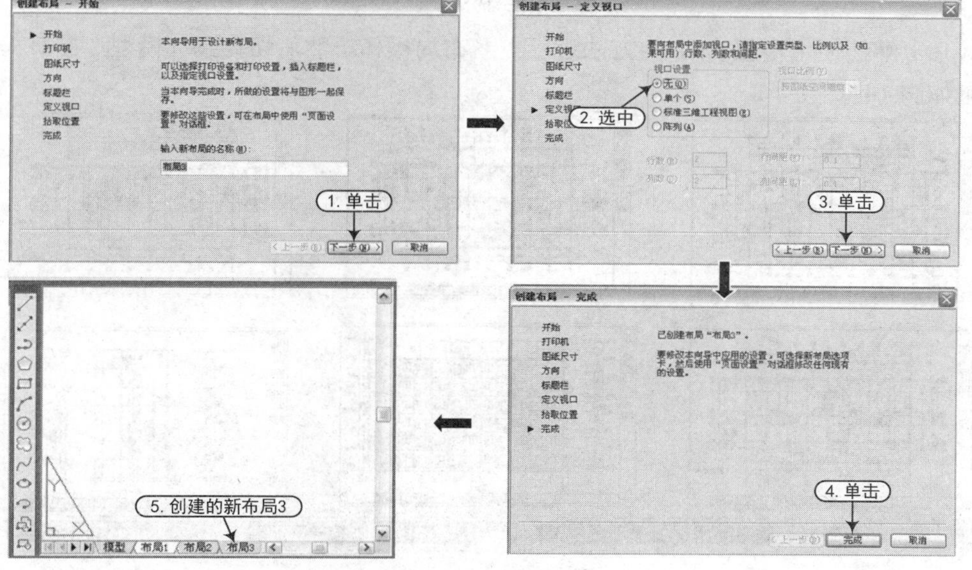

图 14-89　创建新布局

（8）将“布局1”“布局2”删除，将创建的“布局3”改名为“一层平面图”，如图14-90所示。

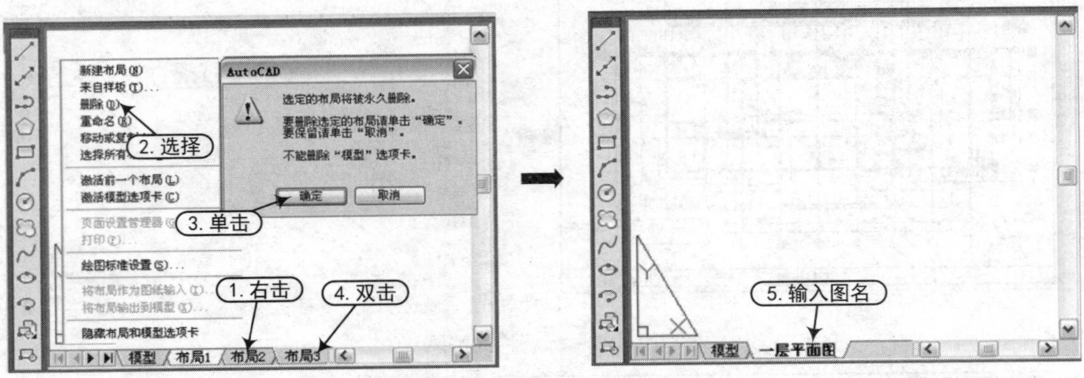

图14-90　布局的删除与修改

（9）右击“一层平面图”标签，在弹出的快捷菜单中选择“移动或复制”命令，弹出“移动或复制”对话框，按照图14-91所示的方法进行操作即可。

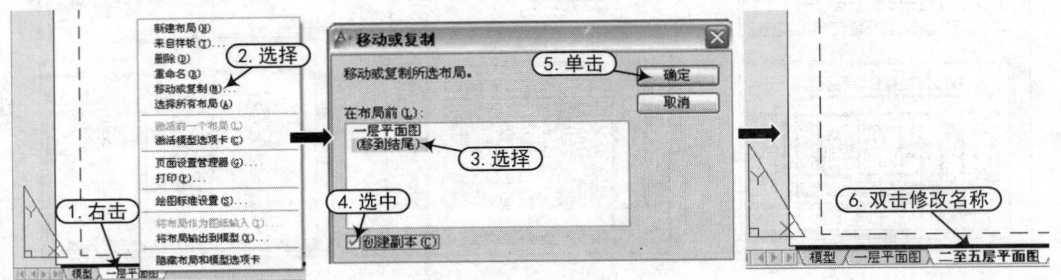

图14-91　布局的复制与修改

（10）继续使用步骤（9）的方法进行更名布局操作，然后切换到“模型”窗口，其最终效果如图14-92所示。

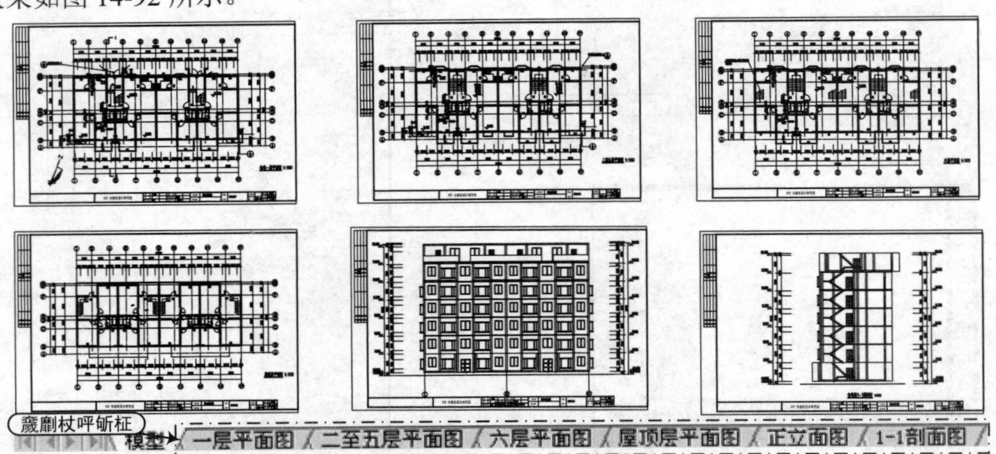

图14-92　复制并修改布局标签

（11）切换到“一层平面图”布局，在空白处右击，在弹出的快捷菜单中选择“定义视口”命令，此时系统自动切换到“模型”窗口，通过捕捉一层平面图的对角点对其进行布局操作，如图 14-93 所示。

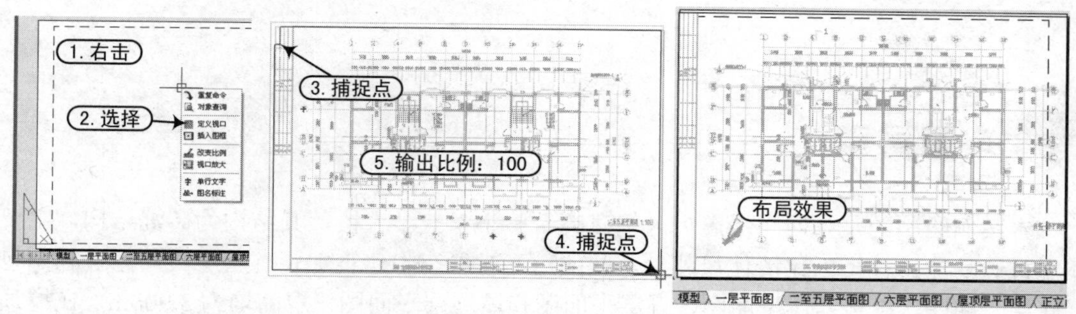

图 14-93　一层平面图的布局

（12）采用相同方法对其他平面布置图进行布局。

（13）至此，住宅楼的工程图纸布局已完成，按 Ctrl+S 快捷键进行保存。

第15章　学校建筑施工图的绘制

本章导读

本案例绘制的是为四川地震灾区捐建的希望小学教学大楼，其结构为砖混结构，主要体现抗震功能，柱子为比墙体尺寸大一些的矩形对象。本建筑主要有六层，其建筑制图包括底层平面图、二至四层平面图、五层平面图和屋顶层平面图，层高均为3.900m，在屋顶层处四周墙体为1.200m高的矮墙。

通过前面对天正软件的学习，用户可以先创建本建筑的平面图，然后创建本建筑的工程管理，生成所需立面图、剖面图和三维模型图等文件，完成本建筑施工图的创建。

主要内容

- ❑　底层平面图的绘制方法
- ❑　二至四层平面图的绘制技巧
- ❑　五层平面图的绘制技巧
- ❑　屋顶层的绘制方法
- ❑　掌握工程管理的创建方法
- ❑　掌握图纸的布局与输出方法

效果预览

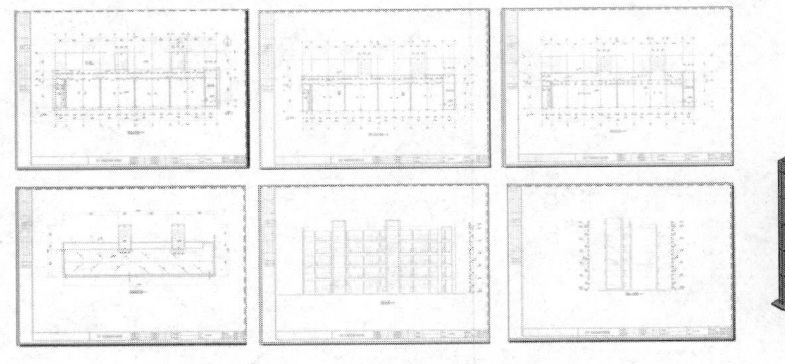

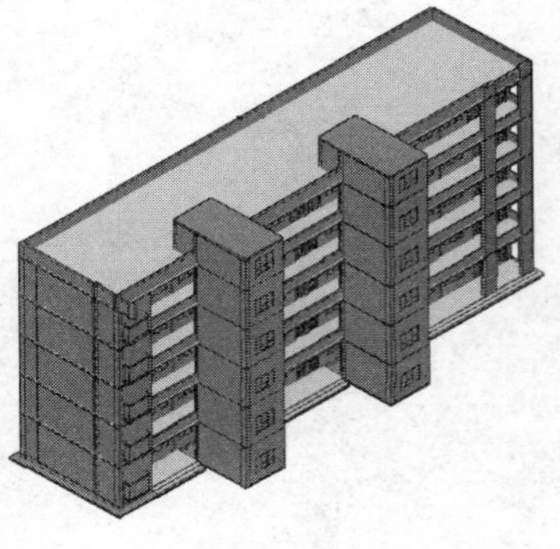

15.1　学校底层平面图的绘制

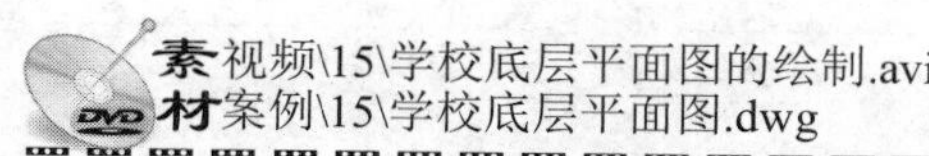

素材 视频\15\学校底层平面图的绘制.avi
案例\15\学校底层平面图.dwg

根据绘图的先后顺序，首先创建教学楼的轴网结构，然后在此基础上进行墙体的创建操作，再进行其他附属构件的创建，最后进行楼板的创建并进行尺寸、图名文字的标注等，最终完成教学楼的效果图，如图 15-1 所示。

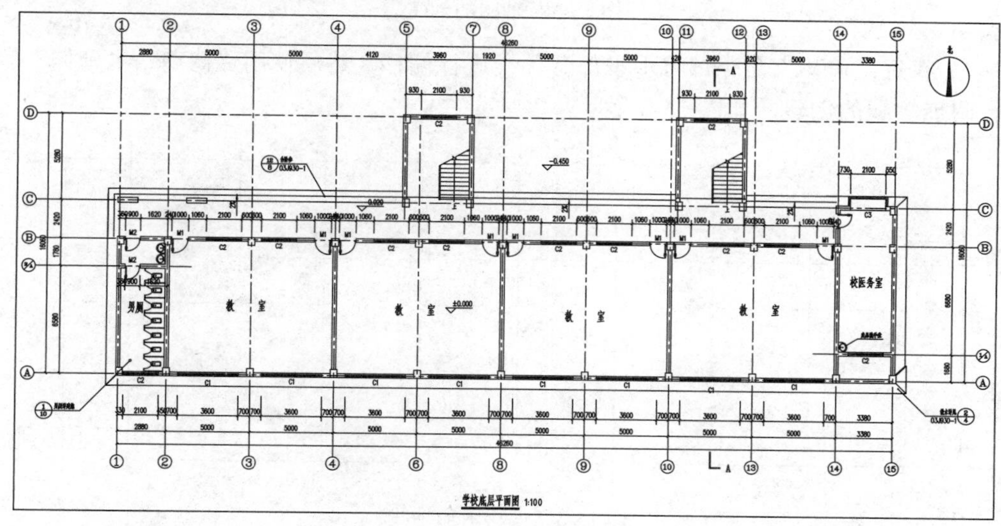

图 15-1　学校底层平面图

15.1.1　轴网、墙体和柱子的创建

打开 TArch 2014，将自动创建的空白文档另存为一个新的文件对象，并对轴网进行创建与编辑，然后进行轴网的标注。

（1）正常启动 TArch 2014，将系统生成的空白文件另存为“案例\15\学校底层平面图.dwg”文件。

（2）在屏幕菜单中选择“轴网柱子”|“绘制轴网”命令，在弹出的“绘制轴网”对话框中根据表 15-1 所示的轴网数据进行创建，插入轴网时，在命令行输入“0，0”使插入的基点位于坐标原点，如图 15-2 所示。

表 15-1　轴网数据表

上　开　间	2880、5000、5000、4120、3960、1920、5000、5000、420、3960、620、5000、3380
下　开　间	2880、8×5000、3380
左、右进深	8360、2420、5280

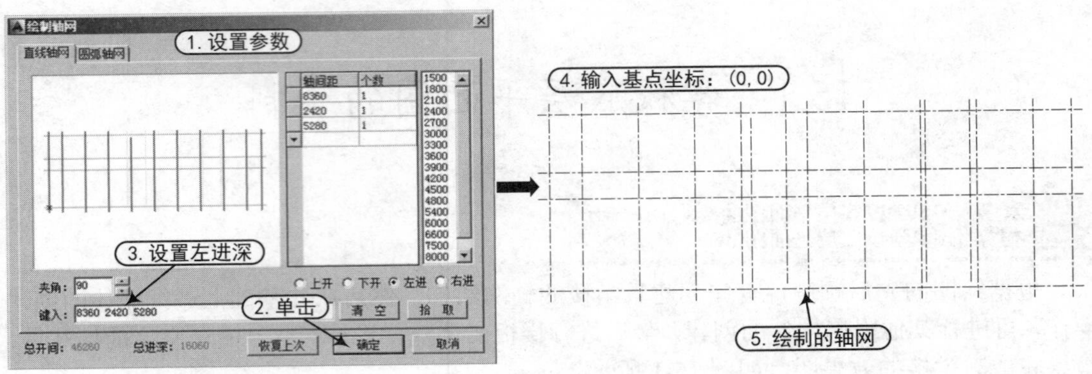

图 15-2　轴网的创建

（3）执行“偏移”命令，将水平部分轴线进行偏移，然后使用“修剪”“延伸”等命令进行附加轴线的创建，如图 15-3 所示。

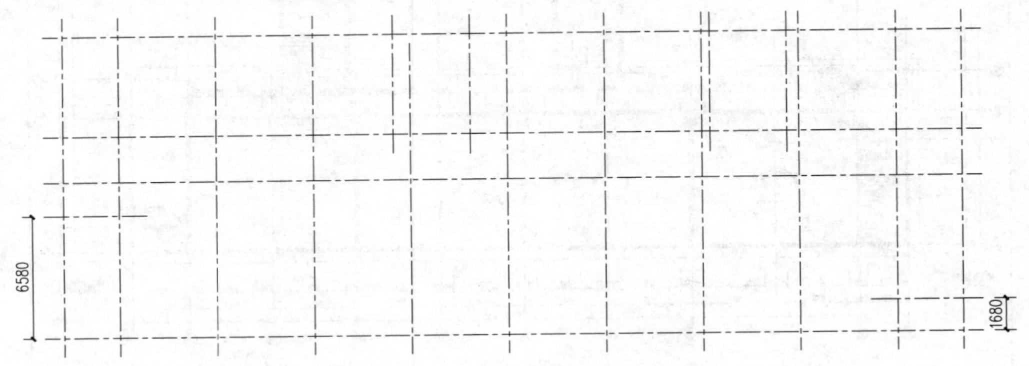

图 15-3　偏移附加轴线

（4）在屏幕菜单中选择“轴网柱子”｜“轴网标注”命令，在弹出的“轴网标注”对话框中选中“双侧标注”单选按钮并在水平方向上指定起始轴和终止轴，按 Enter 键即可标注水平轴线对象，如图 15-4 所示。

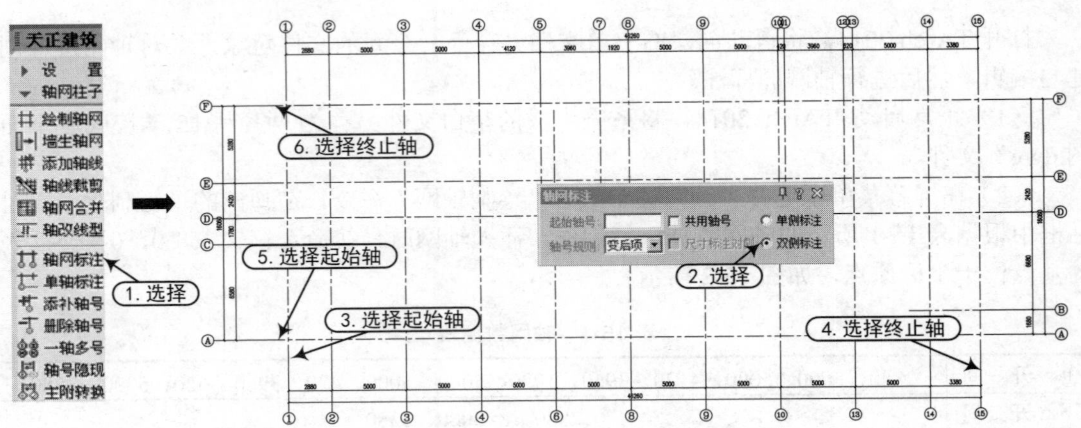

图 15-4　轴网标注

（5）在平面图中双击Ⓑ、Ⓒ号轴文字，将其分别改为1/A、2/A附加轴号，然后指定Ⓐ号轴并右击，在弹出的快捷菜单中选择“重排轴号”命令，如图 15-5 所示。

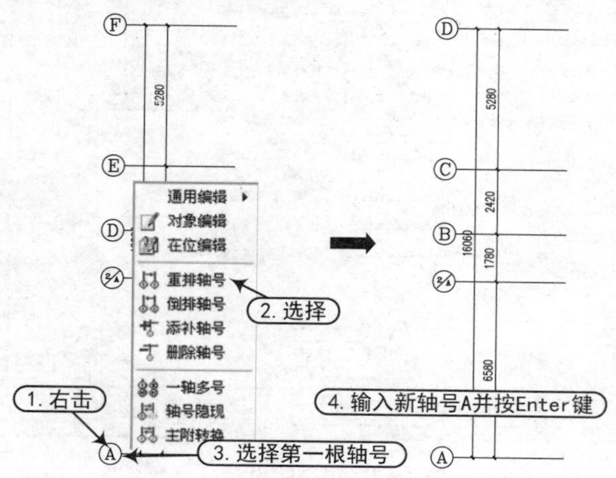

图 15-5　重排轴号

提示技巧

由于平面图中个别轴号离得太近，用户可使用鼠标拖动⑩和⑪、⑫和⑬号轴的夹点来改变轴号距离，如图 15-6 所示。

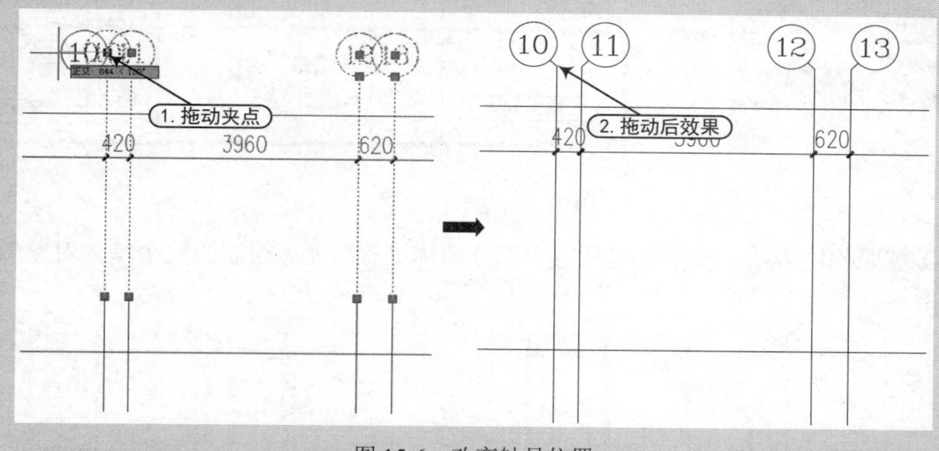

图 15-6　改变轴号位置

提示技巧

用户在每完成一个步骤后不要忘记按 Ctrl+S 快捷键进行保存，后文不再提示。

（6）在屏幕菜单中选择“设置”|“天正选项”命令，在弹出的“天正选项”对话框中设置当前层高为 3900mm，然后单击“确定”按钮即可，如图 15-7 所示。

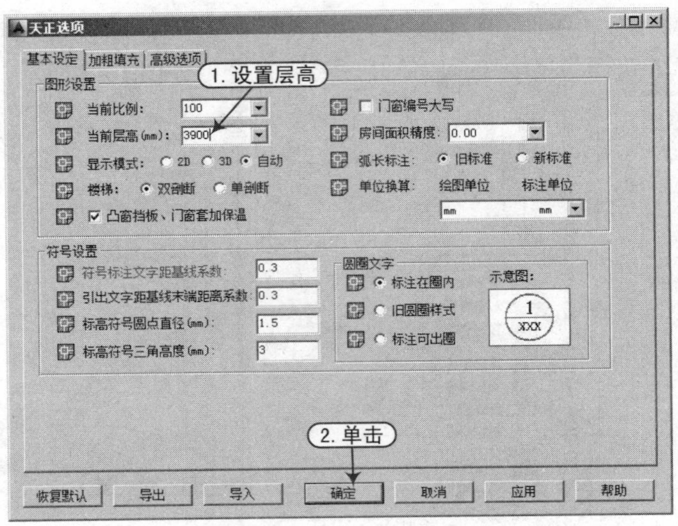

图 15-7　层高的设置

（7）在屏幕菜单中选择“墙体”｜“绘制墙体”命令，设置好墙体参数，在轴网中依次单击交点位置处即可完成外墙体的创建，如图 15-8 所示。

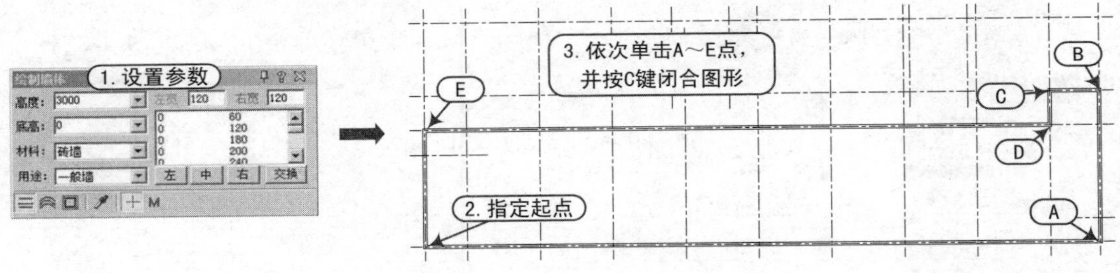

图 15-8　绘制的外墙

（8）按照相同方法，对内墙和其他少部分墙体进行绘制，绘制的整个墙体对象效果如图 15-9 所示。

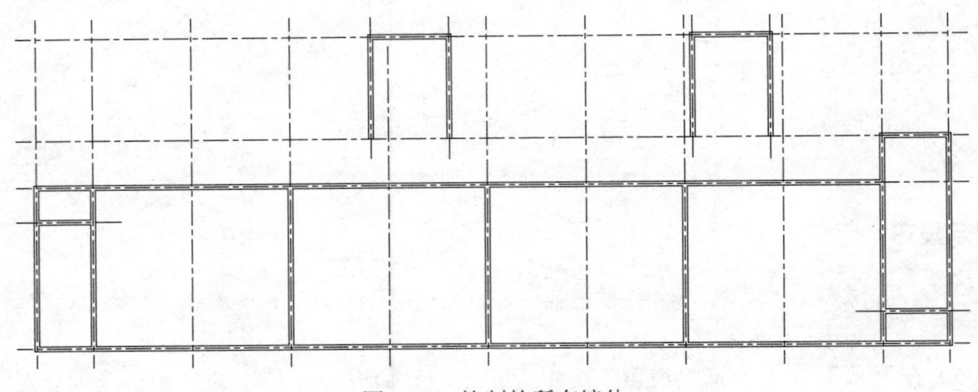

图 15-9　绘制的所有墙体

（9）选择“轴网柱子”|“标准柱”命令，在“标准柱”对话框中设置柱子大小，然后将柱子对象放置于空白位置处，再使用“复制”“移动”等命令将柱子安装在相应位置处，其效果如图 15-10 所示。

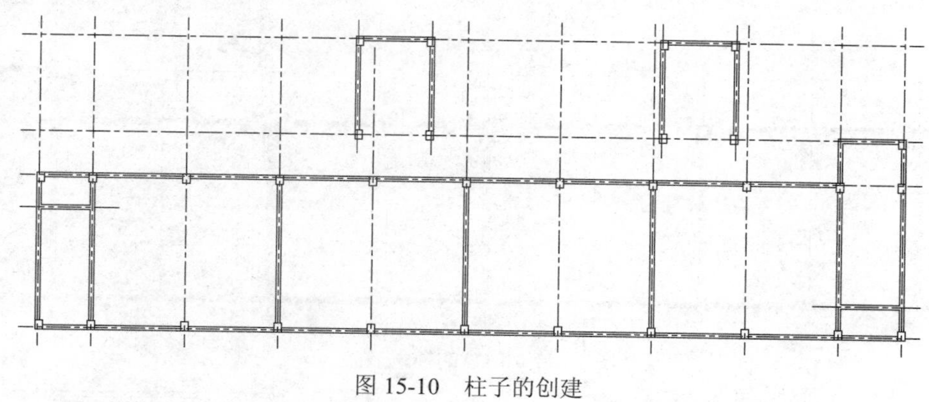

图 15-10　柱子的创建

15.1.2　其他附属构件的创建

在墙体、柱子创建完成后，接下来将对门窗、楼梯等附属构件进行创建。

（1）在屏幕菜单中选择“门窗”|“门窗”命令，选择合适的门窗样式图，再插入指定位置即可，如图 15-11 所示。

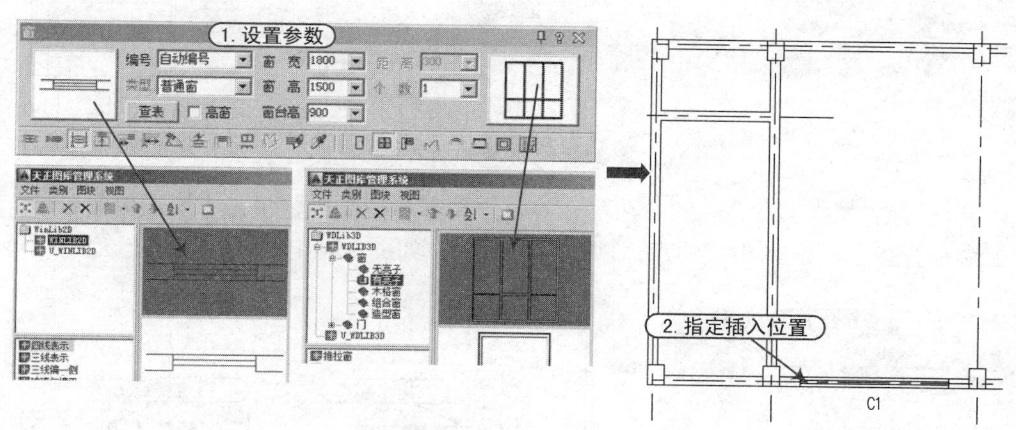

图 15-11　门窗的创建

（2）按照步骤（1）中方法依次插入其他门窗对象，如图 15-12 所示。

提示技巧

在⑭、⑮号轴与Ⓒ轴相交位置处是插入的凸窗。

（3）在屏幕菜单中选择“楼梯其他”|“双跑楼梯”命令，在弹出的“双跑楼梯”对话框中设置参数并插入到空白位置处，然后使用“移动”命令将楼梯对象进行放置即可，

如图 15-13 所示。

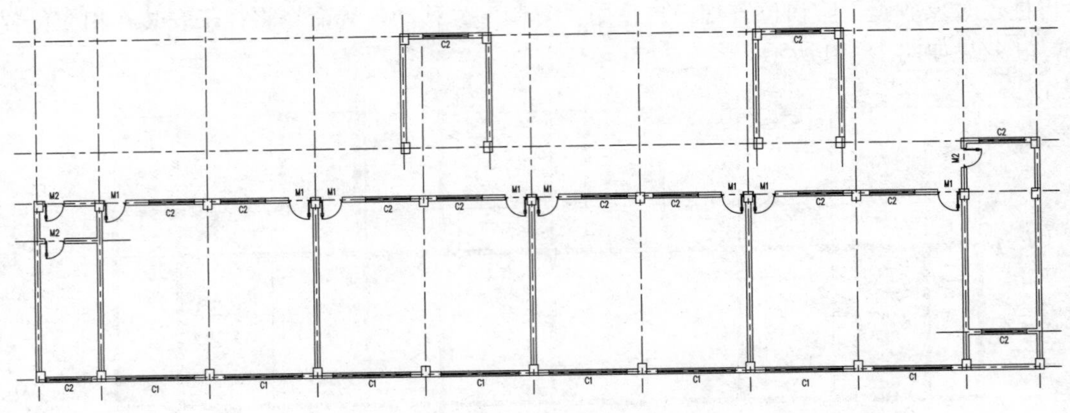

图 15-12　门窗的插入效果

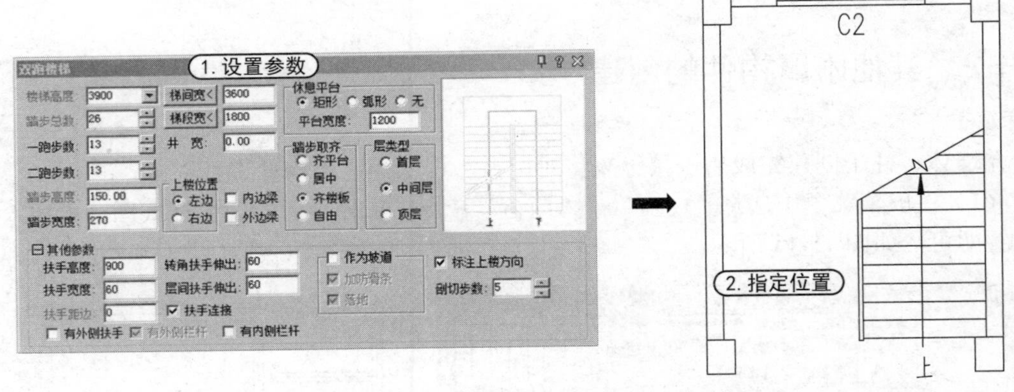

图 15-13　楼梯的插入

（4）选择“楼梯其他”｜“台阶”命令，设置好相应参数，单击“矩形单面台阶”按钮，在命令行提示下选择相应的点，创建台阶效果，如图 15-14 所示。

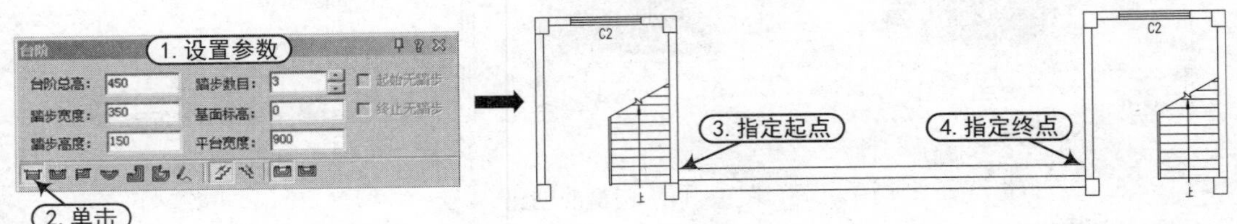

图 15-14　台阶的创建

（5）按相同方法对其他台阶进行创建，最终效果如图 15-15 所示。

提示技巧

用户在创建台阶时，由于所选择的起点不一样，因此台阶的梯步朝向也不一样，所以必须打开视觉样式效果进行查看。

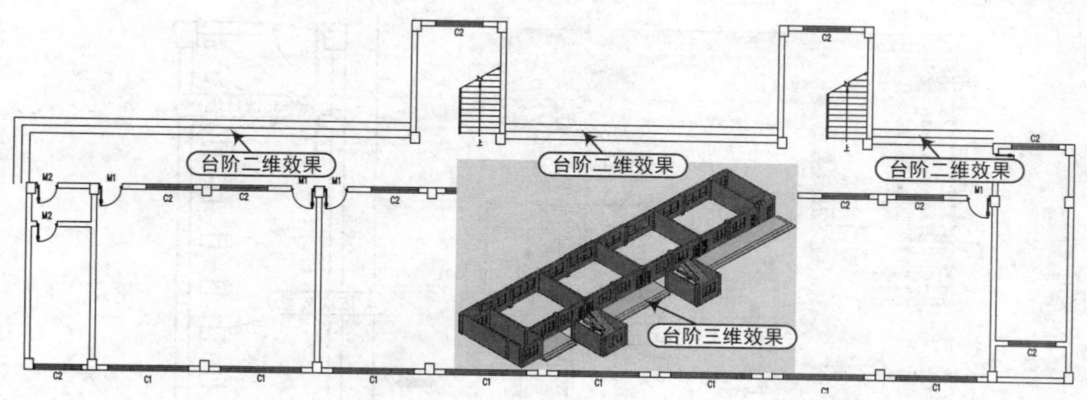

图 15-15　台阶的创建

（6）选择“楼梯其他”｜“散水”命令，在“散水”对话框中设置散水参数，并按命令行提示进行操作即可，如图 15-16 所示。

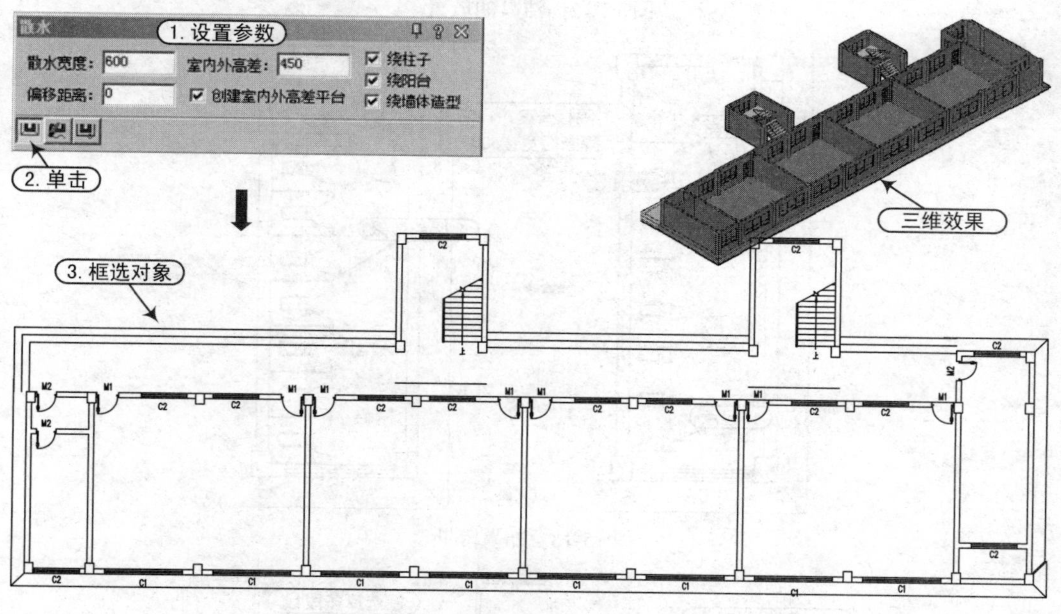

图 15-17　散水的创建

（7）对卫生间进行布置，在屏幕菜单中选择“房间屋顶”｜“房间布置”｜“布置洁具”命令，选择洁具样式并插入到指定墙边，如图 15-17 所示。

（8）选择“房间屋顶”｜“布置隔断”命令，根据命令行提示选择洁具点并输入相应值即可，如图 15-18 所示。

（9）采用同样的方法对其他洁具进行相应布置，执行“圆”命令，在相应位置处创建一直径为 200mm 的地漏。

（10）在 AutoCAD 中执行“矩形”命令，过底层平面图的墙角或柱子角点绘制一个大的矩形对象，再在楼梯处绘制两个小的矩形对象，然后选择“三维建模”｜“造型对象”｜“平板”命令，根据提示进行楼板的创建，如图 15-19 所示。

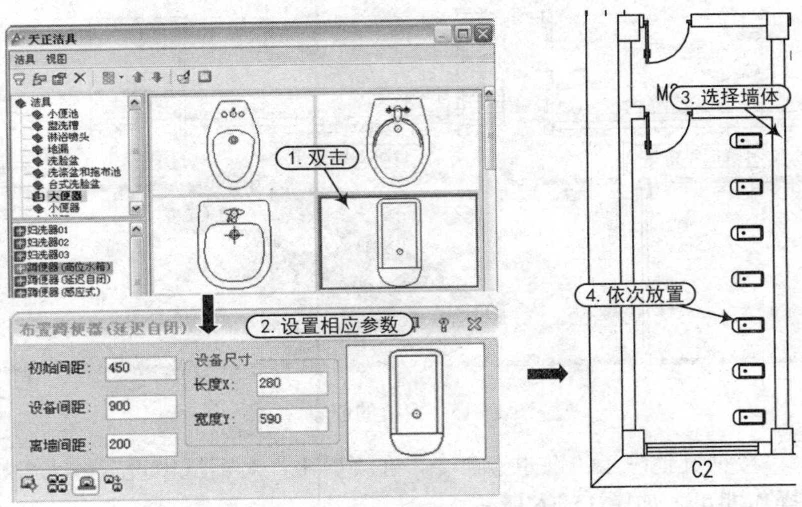

图 15-17　洁具的放置

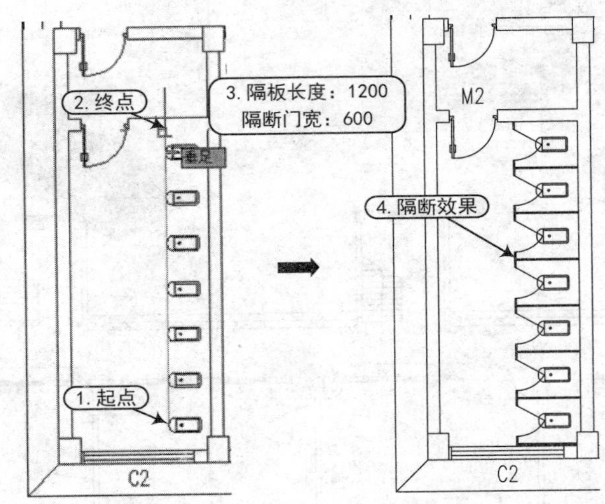

图 15-18　布置隔断

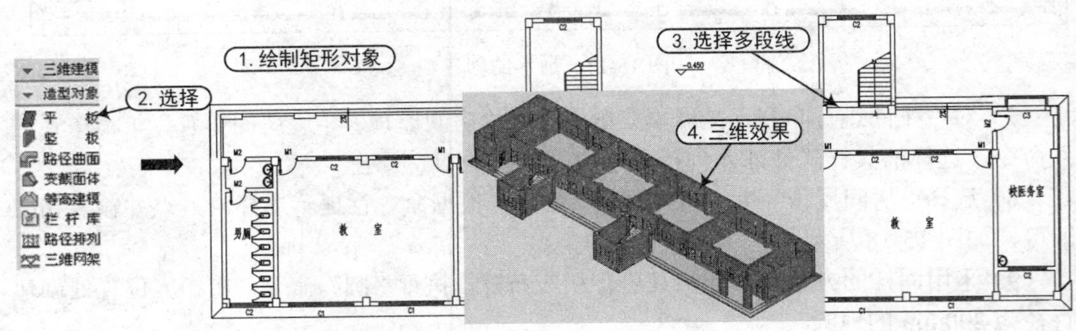

图 15-19　楼板的创建

（11）双击所创建的楼板对象，在命令行中选择“加洞（A）”选项，根据命令行提示选择楼梯处绘制的矩形对象，可得到加洞效果，这时将楼板对象选中，向 Z 轴方向移动

3900，使之成为一层楼板对象，如图 15-20 所示。

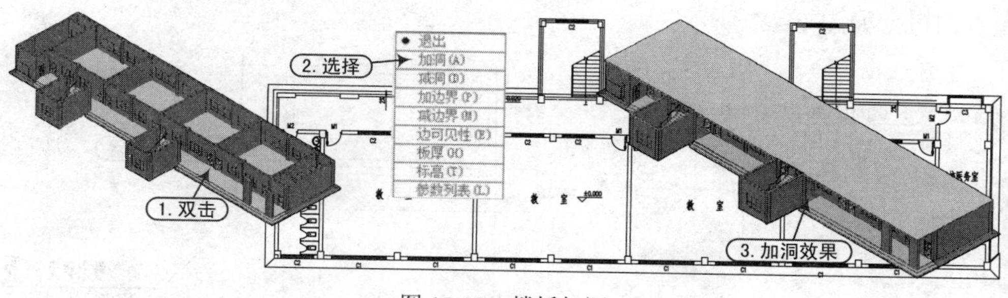

图 15-20　楼板加洞

15.1.3　文字、尺寸等标注

通过前面的操作，教学楼的大致框架结构已绘制完成，接下来将对其尺寸、图名以及其他文字说明进行标注。

（1）在屏幕菜单中选择“文字表格”｜“单行文字”命令，在弹出的对话框中输入文字内容并插入到指定位置即可，如图 15-21 所示。

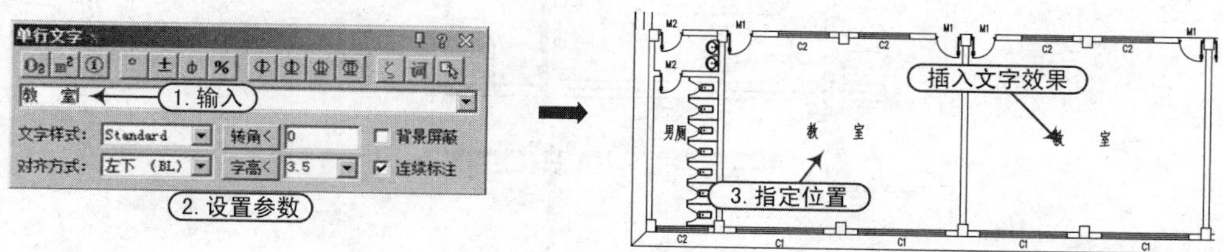

图 15-21　文字的插入

（2）选择“尺寸标注”｜“门窗标注”命令，根据命令行提示对平面图中所有门窗对象进行尺寸标注，如图 15-22 所示。

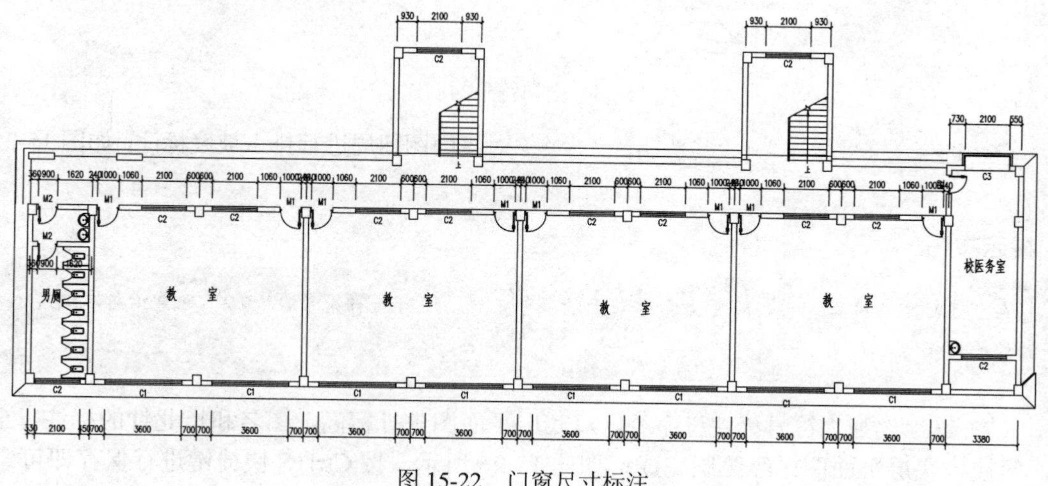

图 15-22　门窗尺寸标注

（3）选择“符号标注” | “索引符号”命令，在弹出的对话框中输入内容，然后指定引出位置即可，如图 15-23 所示。

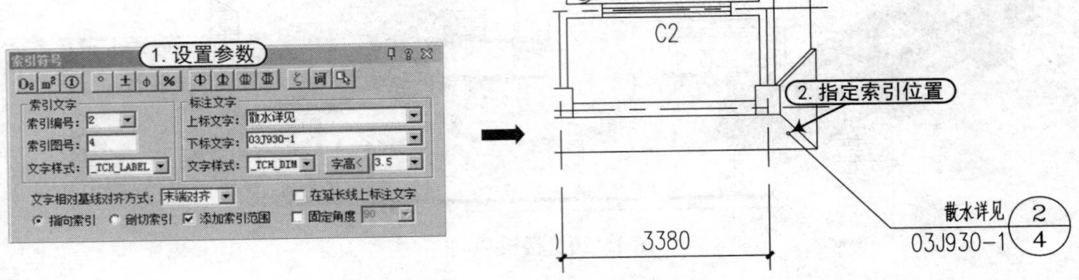

图 15-23　索引符号的创建

（4）用相同方法对其他索引符号进行相应的标注。

（5）选择“符号标注” | “剖面剖切”命令，过⑪、⑫号轴之间，创建剖切符号，如图 15-24 所示。

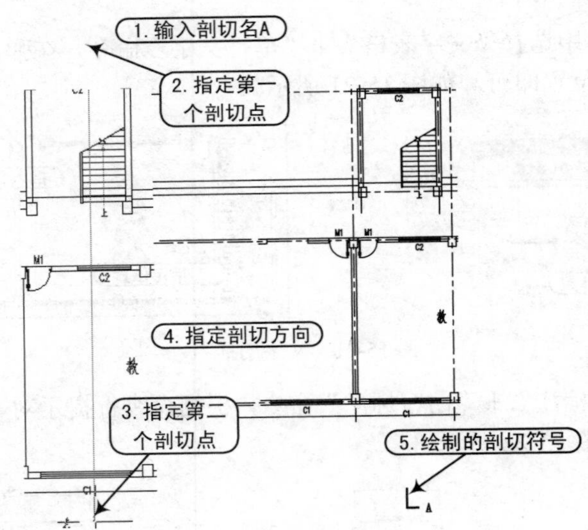

图 15-24　剖切符号的创建

（6）选择“符号标注” | “箭头引注”命令，对平面图四周进行排水坡度标注，如图 15-25 所示。

提示技巧

在创建排水坡度符号时，除了上面所表示的符号之外，还有一种符号“i=0.2”也表示排水坡度，后面的坡度值可以改变。

（7）继续选择“符号标注”命令，对底层平面图进行标高、图名和指北针的标注。至此，学校楼底层平面图已经绘制完成，如图 15-26 所示，按 Ctrl+S 快捷键进行保存即可。

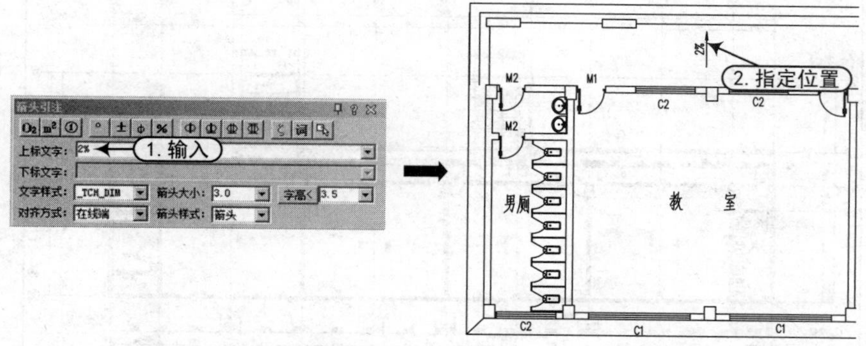

图 15-25　排水坡度符号的创建

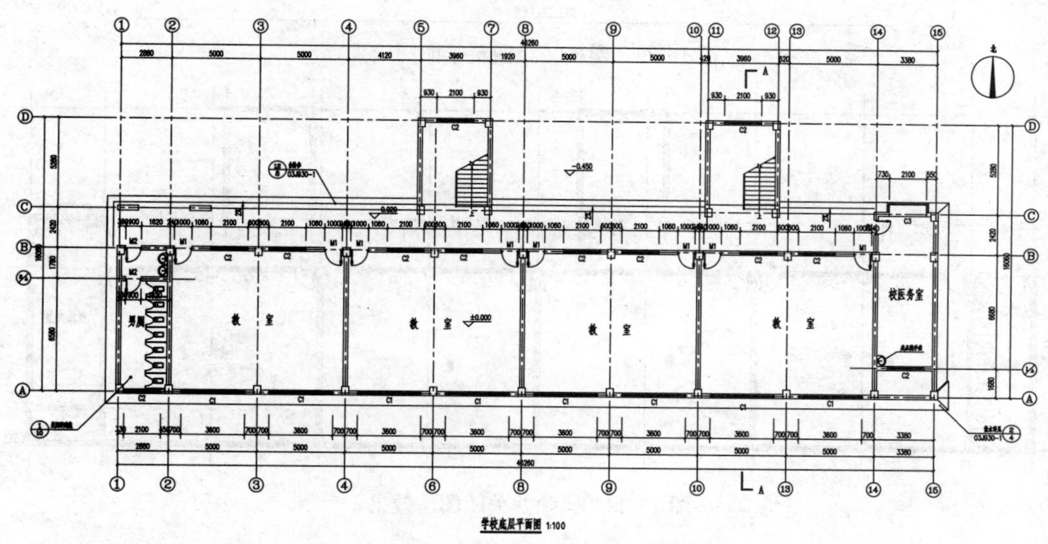

图 15-26　学校底层平面图效果

15.2　学校二至四层平面图的绘制

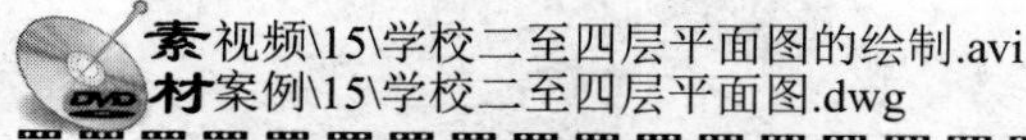
素材视频\15\学校二至四层平面图的绘制.avi
案例\15\学校二至四层平面图.dwg

在绘制学校二至四层平面图时，可直接在前面所绘制的底层平面图的基础上进行操作。将前面所绘制的“底层平面图”打开，另存为一个新的文件，再进行一些元素的增加与修改即可，从而完成二至四层平面图的绘制，绘制完成后的效果如图 15-27 所示。

（1）启动 TArch 2014，打开前面所绘制的“案例\15\学校底层平面图.dwg”文件，再将该文件另存为当前文件夹下“学校二至四层平面图.dwg”文件。

（2）将打开的图形中 AXIS、AXIS-TEXT 图层对象关闭，再使用“删除”命令，将散水、剖切符号等删除，如图 15-28 所示。

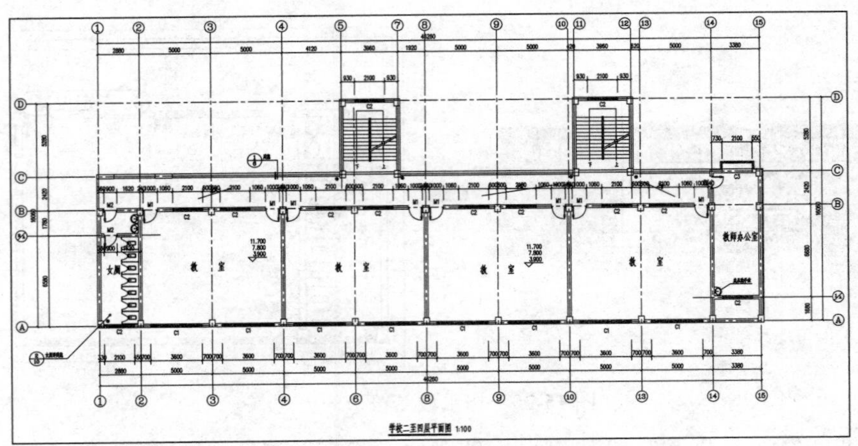

图 15-27　学校二至四层平面图效果

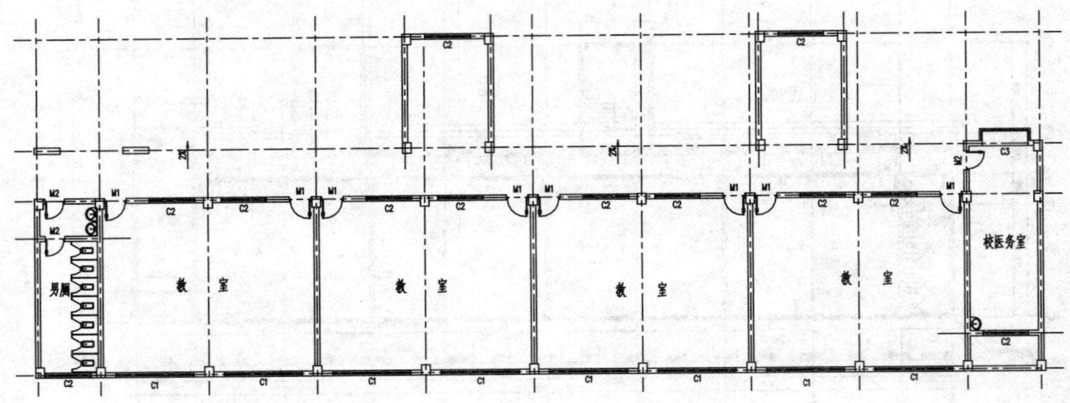

图 15-28　删除并关闭图层效果

（3）在屏幕菜单中选择“墙体”｜“绘制墙体”命令，在墙体上侧位置处绘制 120 墙体，高度为 900，从而形成教学楼阳台栏杆效果，如图 15-29 所示。

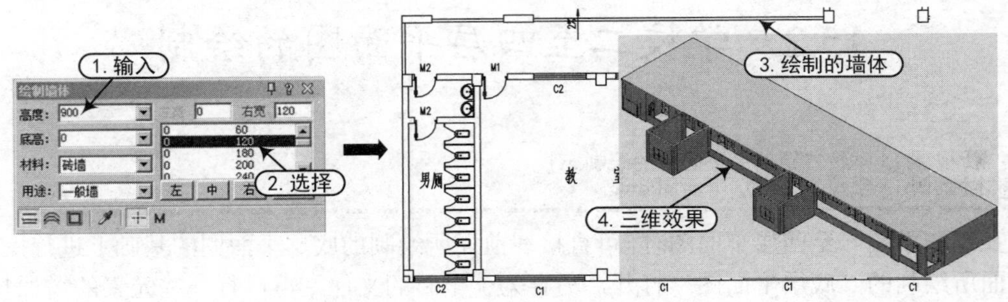

图 15-29　绘制的阳台栏杆

（4）选择“楼梯其他”｜“双跑楼梯”命令，根据要求设置楼梯参数，并插入到相应位置处即可，如图 15-30 所示。

（5）双击“校医务室”“男厕”等文字，将其改为“教师办公室”和“女厕”等。

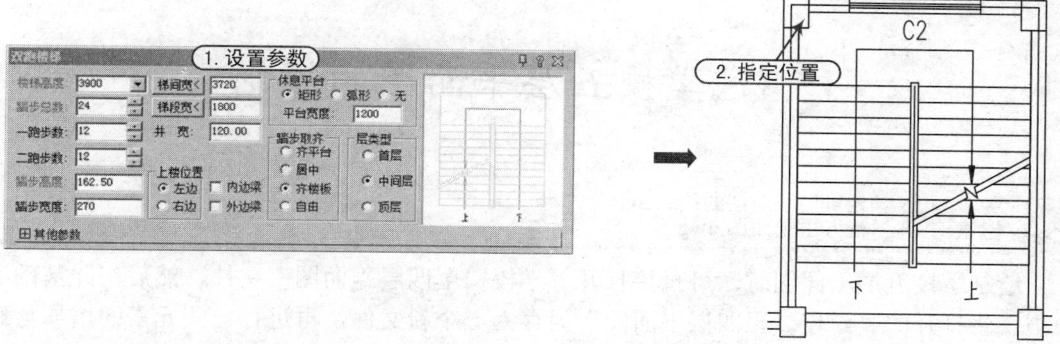

图 15-30　楼梯的插入

（6）选择“符号标注”|“标高标注”命令，对“学校二至四层平面图”进行标高标注，如图 15-31 所示。

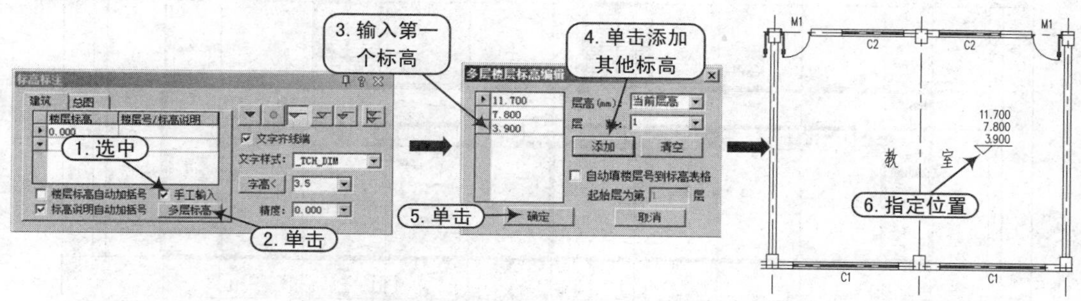

图 15-31　标高标注

（7）双击图名，将其改为“学校二至四层平面图”。至此，该平面图创建完毕，如图 15-32 所示，直接按 Ctrl+S 快捷键进行保存即可。

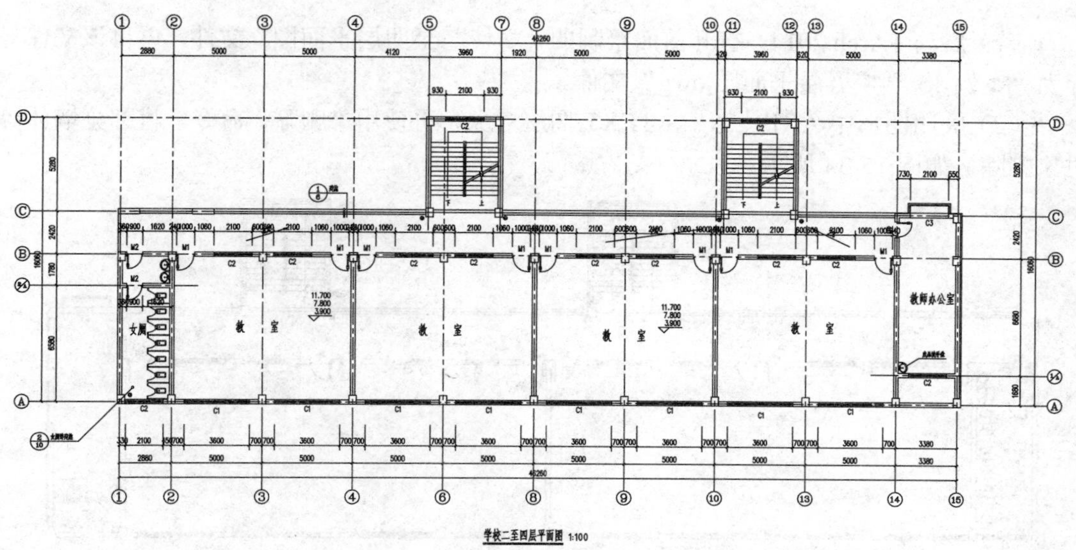

图 15-32　二至四层平面图

15.3 学校五层平面图的绘制

素材 视频\15\学校五层平面图的绘制.avi
案例\15\学校五层平面图.dwg

绘制学校五层平面图时，可直接打开“学校二至四层平面图”文件，然后在此基础上绘制。将打开的“学校二至四层平面图”另存为一个新文件，再进行一些元素的增加与修改即可，从而完成五层平面图的绘制，绘制完成的效果如图 15-33 所示。

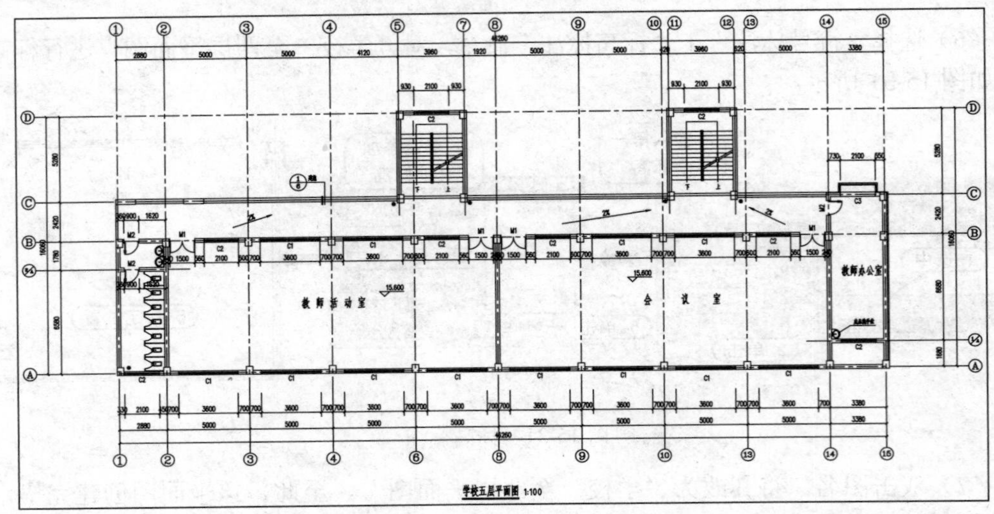

图 15-33　学校五层平面图效果

（1）启动 TArch 2014，打开前面绘制的“学校二至四层平面图”文件，再将该文件另存为“案例\15\学校五层平面图.dwg”文件。

（2）关闭图形中 AXIS、AXIS-TEXT 图层对象，再使用“删除”命令，将部分墙体等对象删除，如图 15-34 所示。

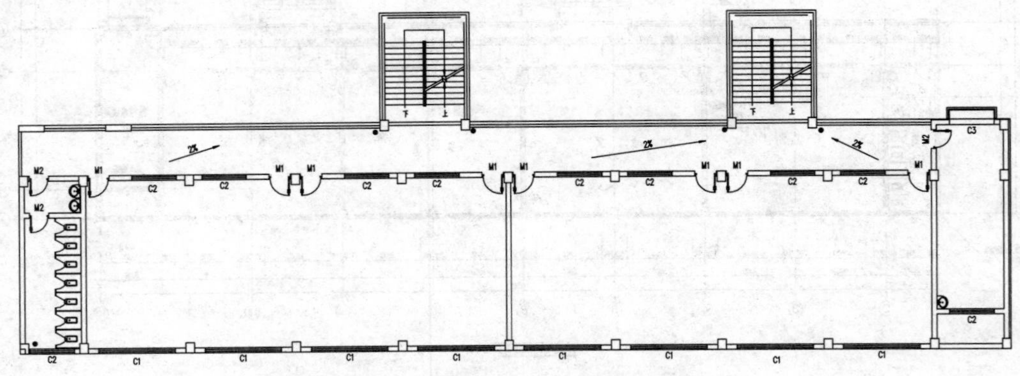

图 15-34　关闭图层并删除部分墙体

（3）双击“教室”文字对象，并将其更改为“会议室”和“教师活动室”，将多余文字删除。

（4）将图中的部分门窗删除，然后选择“门窗” | “门窗”命令，对部分门窗进行重新布置，如图 15-35 所示。

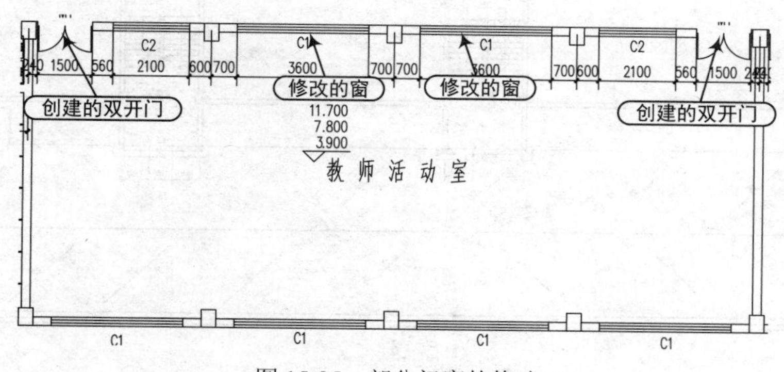

图 15-35　部分门窗的修改

（5）将标高和图名进行修改即可，至此，“学校五层平面图”文件已创建完成，如图 15-36 所示，按 Ctrl+S 快捷键进行保存。

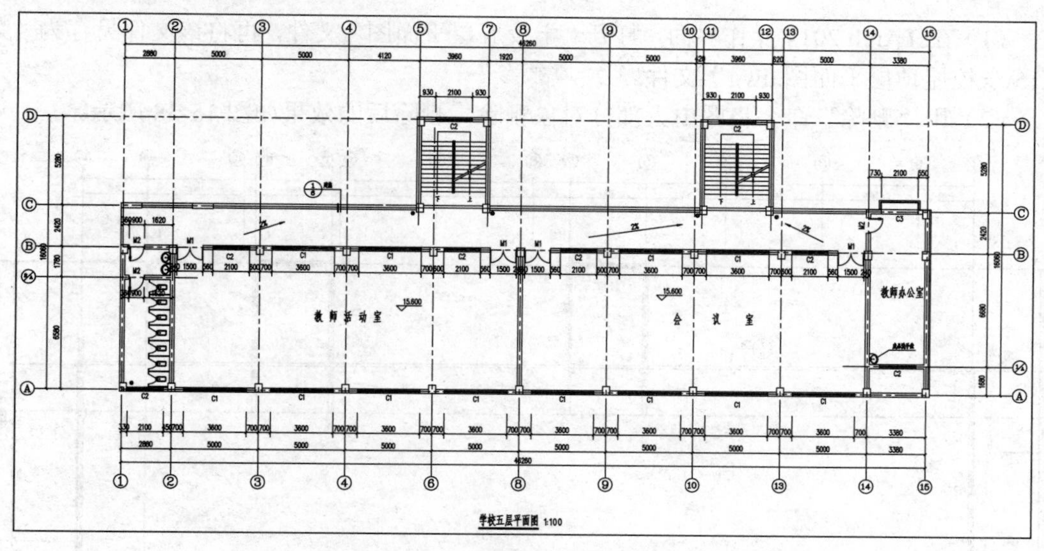

图 15-36　学校五层平面图效果

15.4　学校屋顶层平面图的绘制

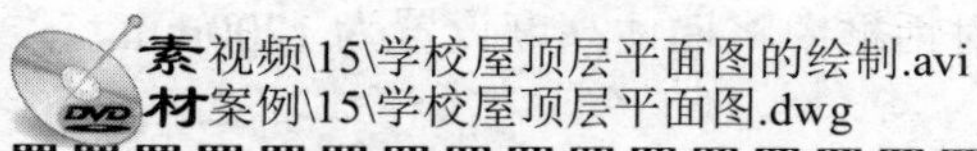

素材　视频\15\学校屋顶层平面图的绘制.avi
　　　案例\15\学校屋顶层平面图.dwg

绘制学校屋顶层平面图的方法同前面一样，可直接将“学校五层平面图”打开，在此基础上进行修改创建，从而完成屋顶层平面图的绘制，绘制完成的效果如图 15-37 所示。

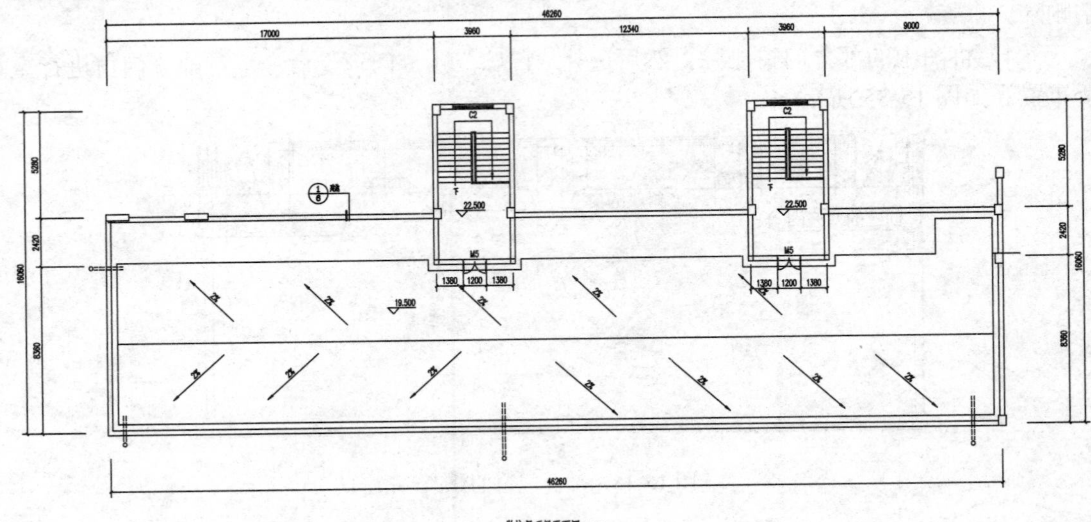

图 15-37　顶层效果

（1）在 TArch 2014 操作界面，打开“学校五层平面图”文件，再将该文件另存为“案例\15\学校屋顶层平面图.dwg”文件。

（2）用“删除”命令将图中大部分对象删除，删除后的效果如图 15-38 所示。

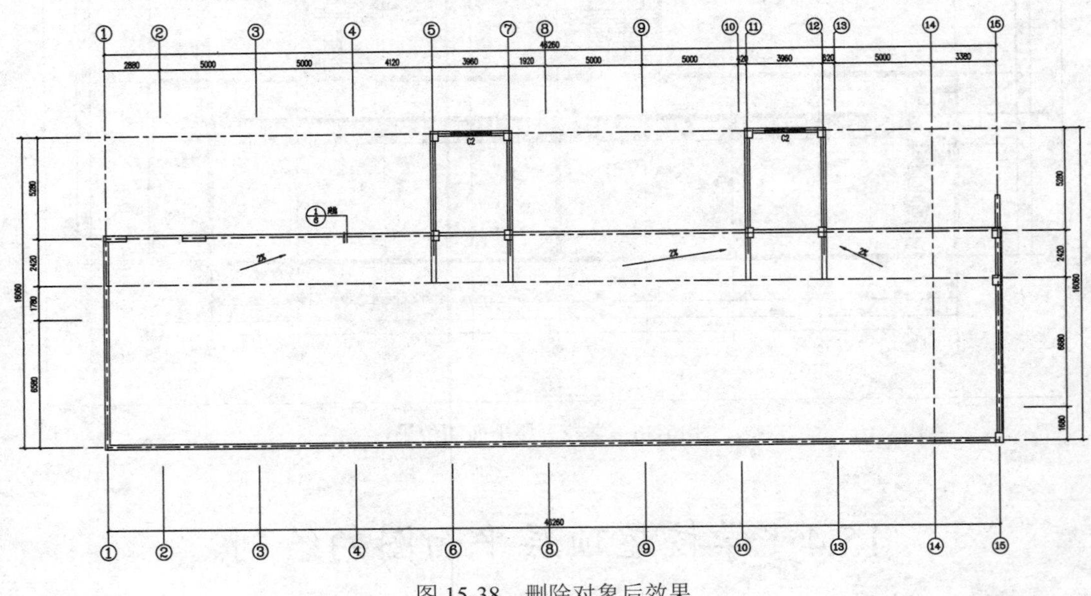

图 15-38　删除对象后效果

（3）双击墙体对象，在弹出的“编辑墙体”对话框中将墙体高度设置为 1200mm，楼梯四周位置处墙体高度为 3000mm。

（4）用鼠标拖动个别墙体夹点，然后选择“墙体”｜“绘制墙体”命令，再在经过两

楼梯轴线位置处绘制墙体对象，并在拖动后的两个楼梯位置处连接墙体对象，在墙角位置处插入 240×240 的柱子对象，如图 15-39 所示。

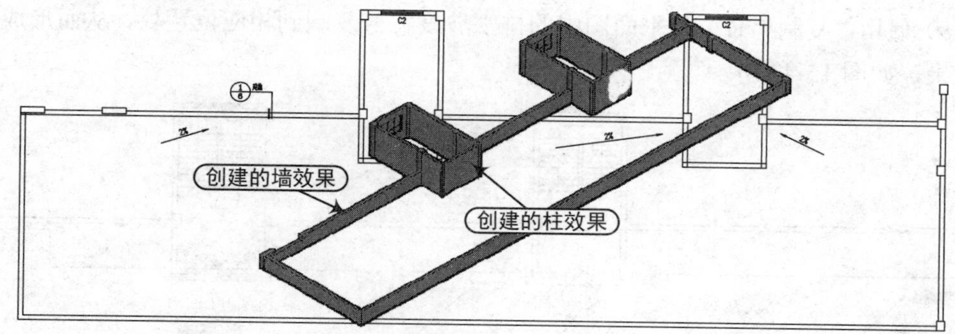

图 15-39　墙、柱的创建

（5）使用“直线”“偏移”“修剪”等命令，对楼顶排水坡度进行创建，如图 15-40 所示。

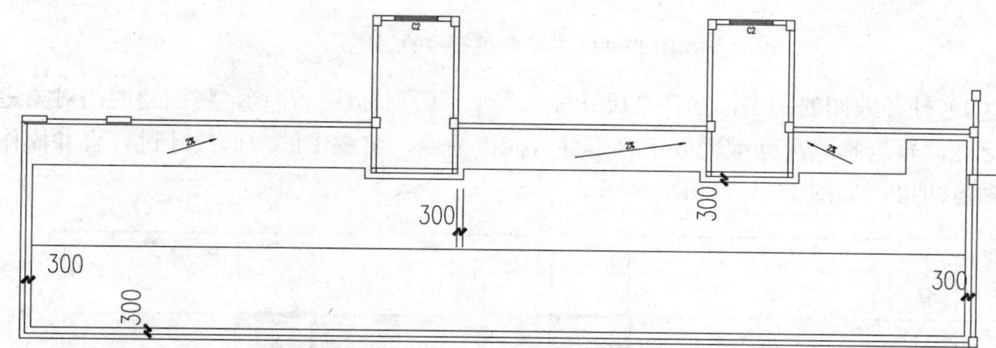

图 15-40　排水坡度的创建

（6）选择“楼梯其他”|“双跑楼梯”命令，对顶楼楼梯进行创建，再在楼梯位置处创建双扇门对象，如图 15-41 所示。

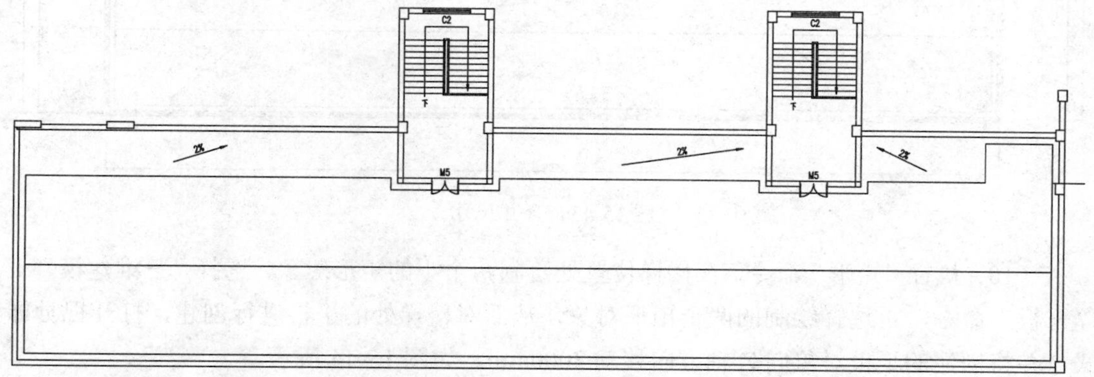

图 15-41　楼梯的创建

（7）在屏幕菜单中选择“房间屋顶”|“加雨水管”命令，在屋顶处创建平面雨水管对象。

（8）使用“复制”命令将平面图中的排水坡度符号复制到相应位置处，从而形成排水坡度效果，如图15-42所示。

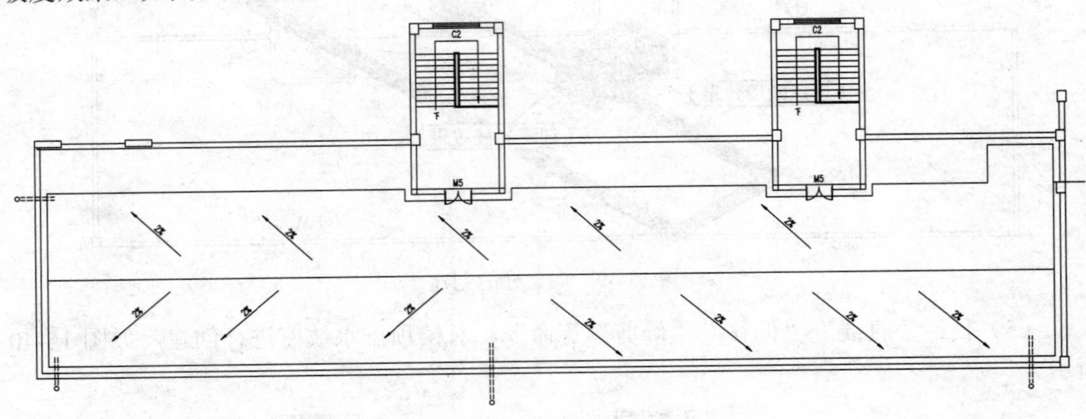

图15-42　排水坡度符号的创建

（9）打开关闭的图层，选择“尺寸标注”|“门窗标注”命令，将创建的门对象进行尺寸标注。再选择“尺寸编辑”|“合并区间”命令，将图中的二道尺寸进行合并操作，删除轴号即可，如图15-43所示。

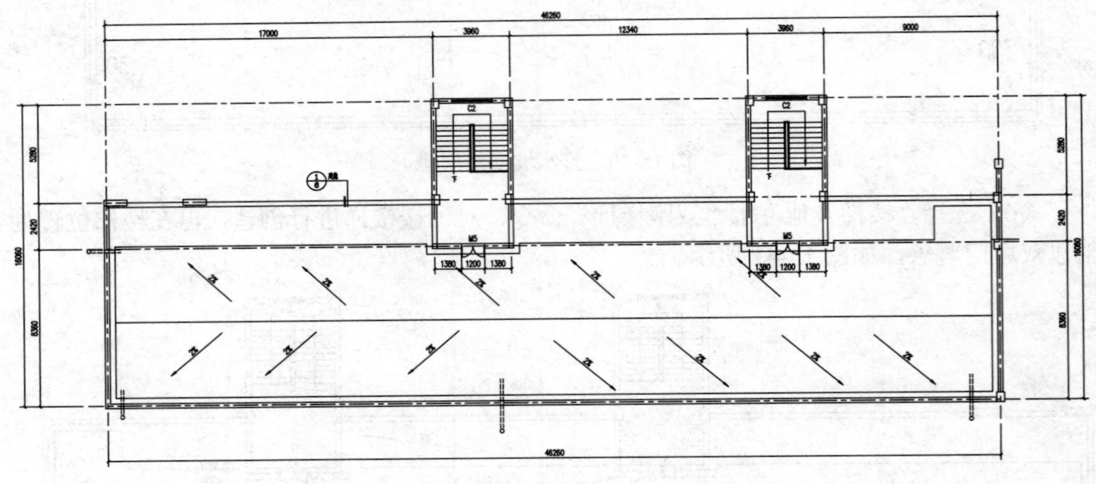

图15-43　合并尺寸

（10）执行“矩形”命令，在楼梯位置处绘制两个小的矩形对象，选择“三维建模”|“平板”命令，再选择绘制的两个矩形对象，从面对楼梯处的平板进行创建，打开视觉样式，并将创建的平板对象向Z轴方向移动3000mm，如图15-44所示。

（11）对屋顶进行标高和图名的标注，学校屋顶层效果至此创建完成，如图15-45所示，然后按Ctrl+S快捷键进行保存。

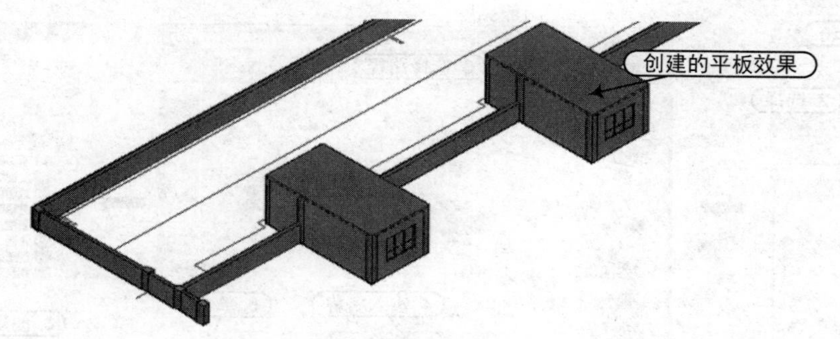

图 15-44　平板的创建

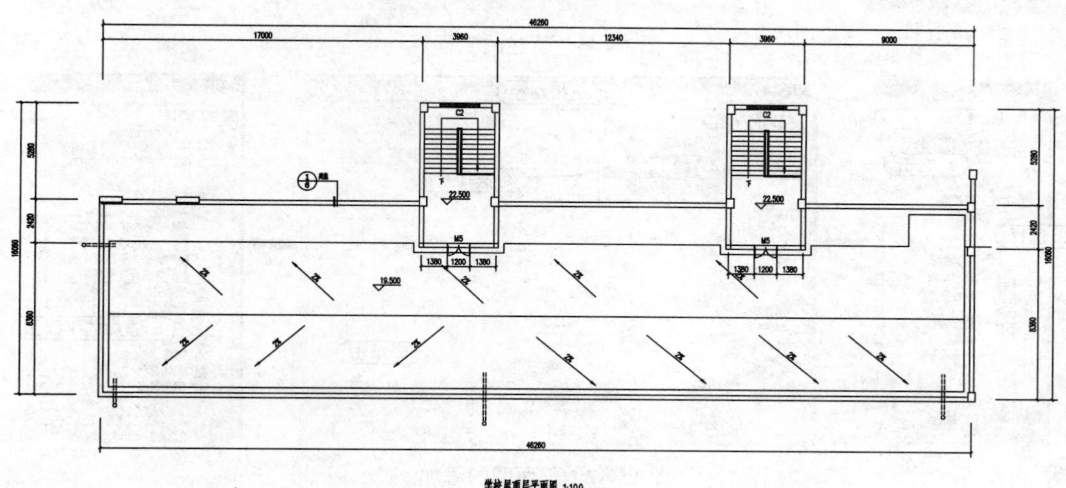

图 15-45　学校屋顶层效果

15.5　学校施工图的工程管理

素材 视频\15\学校施工图纸管理的创建.avi
案例\15\学校工程管理.tpr

通过前面的讲解，已将学校的建筑平面图绘制完毕，为了使系统能够自动生成立面图、剖面图和三维模型图，需要建立好工程管理文件，并设置好相应的层高等。

（1）在创建好所有平面后，直接在屏幕菜单中选择“文件布图”｜“工程管理”命令，在“工程管理”面板中单击“工程管理”下拉列表框，选择“新建工程”命令，设置工程的名称为“案例\15\学校工程管理.tpr”，然后进行保存即可，如图 15-46 所示。

（2）在创建好的“学校工程管理”中“平面图”子类别上右击，在弹出的快捷菜单中选择“添加图纸”命令，再在弹出的“选择图纸”对话框中按住 Ctrl 键，同时选择“案例\15”中的所有平面图对象，单击“打开”按钮将其添加到“平面图”子类别中，如图 15-47 所示。

图 15-46　新建的工程

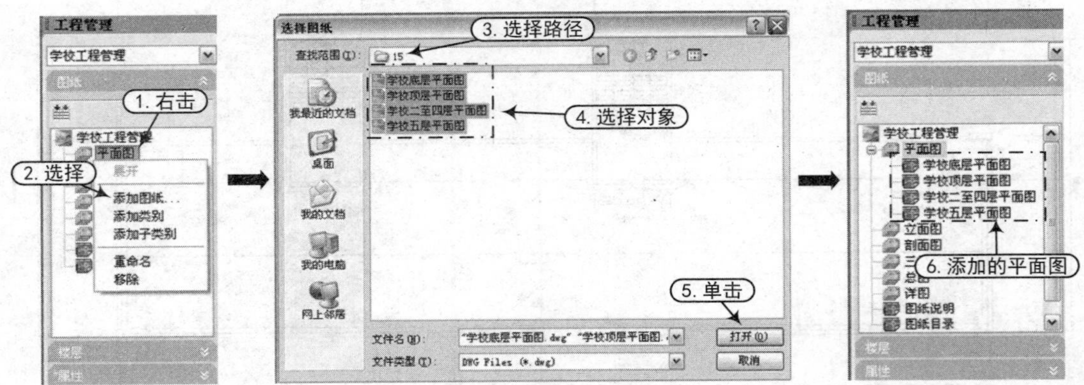

图 15-47　平面图的添加

（3）将“工程管理”面板中的“楼层”栏展开，在该栏中将光标指定到最后一列单元格中，单击“选择标准层”按钮，打开“选择标准层图形文件”对话框，选择“学校底层平面图.dwg”文件后单击“打开”按钮，设置其楼层号为 1，层高为 3900，如图 15-48 所示。

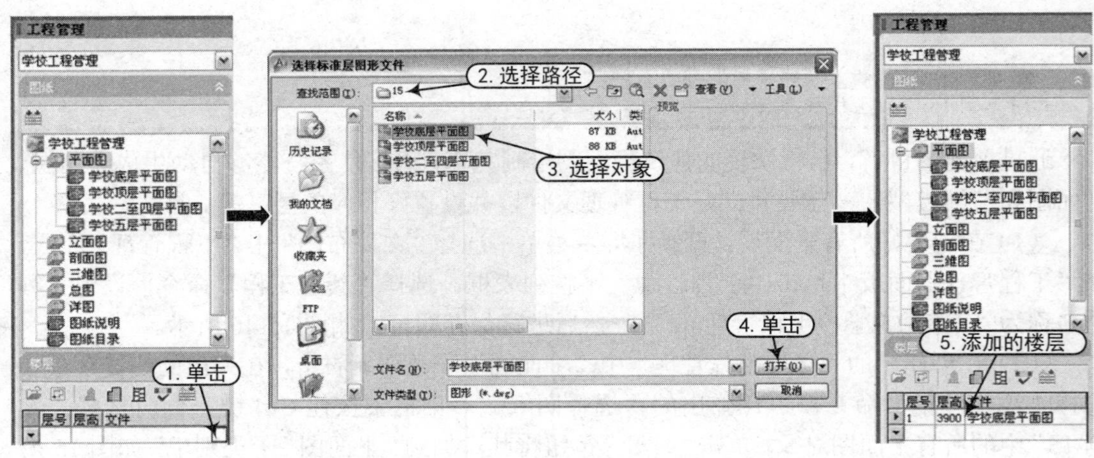

图 15-48　设置楼层参数

（4）按照相同的方法对其他平面图进行添加并设置层高与层号等，如图 15-49 所示。

（5）至此，教学楼的工程管理已完成，用户可在“工程管理”面板中单击下拉列表框并选择“保存工程”命令来保存该工程，如图 15-50 所示。

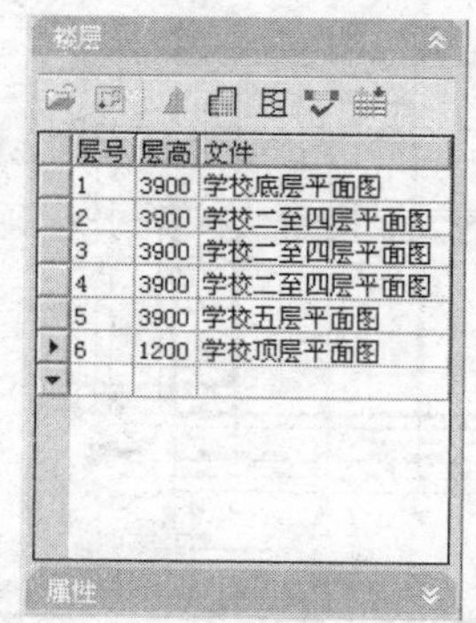

图 15-49　设置好的楼层表

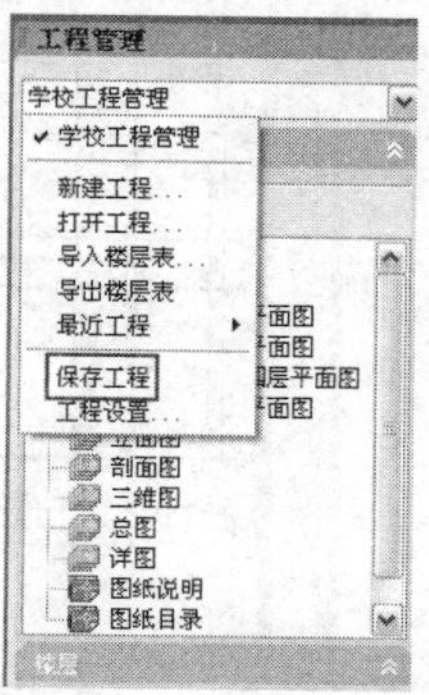

图 15-50　工程保存

15.6　学校背立面图的创建

素材　视频\15\学校背立面图的创建.avi
案例\15\学校背立面图.dwg

根据前面创建的学校工程管理文件，创建学校立面图、剖面图和三维模型图。在本实例中，选择“建筑立面”命令后，根据命令行提示选择“背立面（B）”选项，再按照要求进行相应的设置即可，学校背立面图效果如图 15-51 所示。

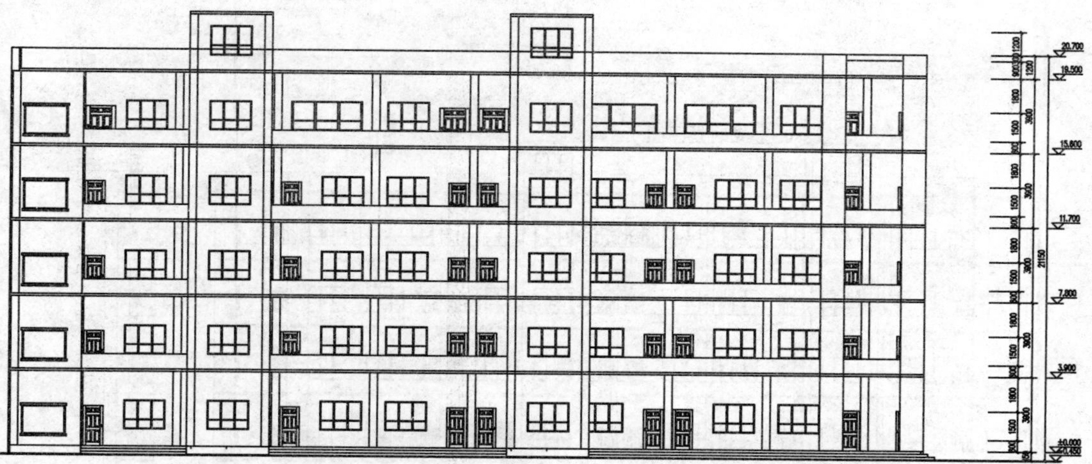

图 15-51　学校背立面图效果

（1）在屏幕菜单中，将“工程管理”面板中的“学校底层平面图”文件打开，如图 15-52 所示。

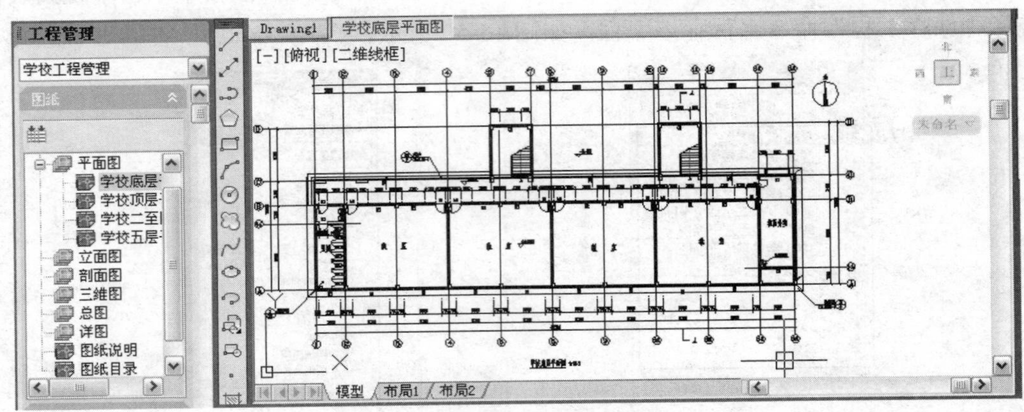

图 15-52　打开文件

（2）在“工程管理”面板的“楼层”栏中单击“建筑立面”按钮，选择“背立面（B）”选项，同时按 Enter 键，弹出“立面生成设置”对话框，设置相应的参数，并单击“生成立面”按钮，弹出“输入要生成的文件”对话框，将正立面图保存为“案例\15\学校背立面图.dwg”，然后单击“保存”按钮，系统将会自动生成立面图，如图 15-53 所示。

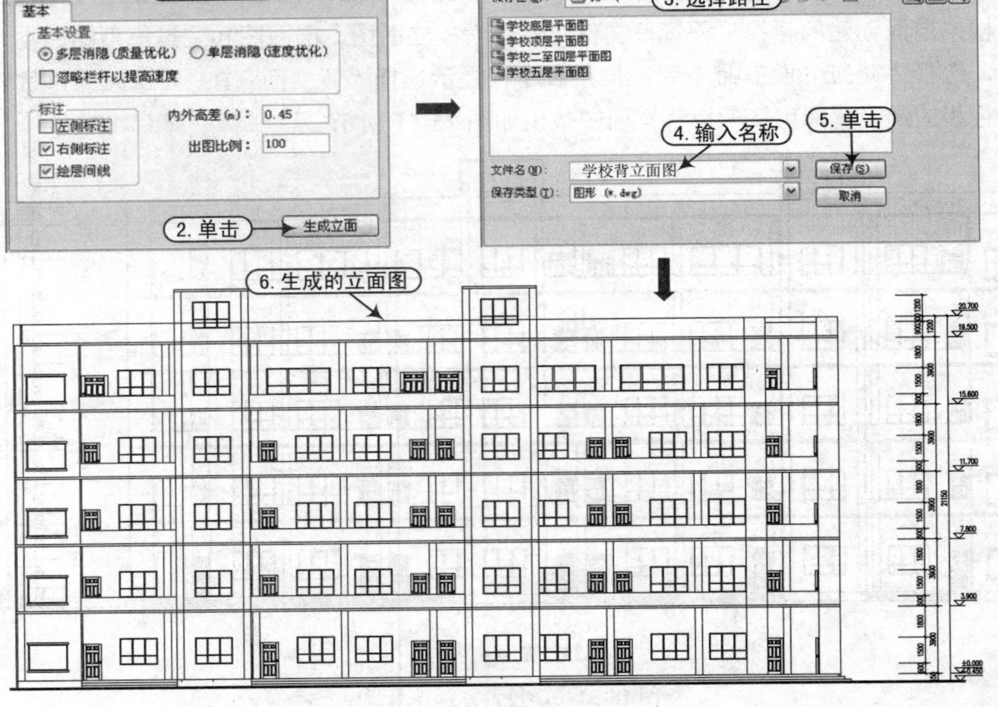

图 15-53　立面图的生成

（3）在屏幕菜单中选择“符号标注”|“图名标注”命令，在弹出的对话框中输入“学校背立面图”，并放置于图形下侧的正中位置即可，学校背立面图创建完成，如图 15-54 所示。

图 15-54 学校背立面图效果

提示技巧

用户如果需要对其他立面图进行创建，可采用相同的方法操作，其他立面图效果如图 15-55～图 15-57 所示。

学校正立面图 1:100

图 15-55 学校正立面图效果

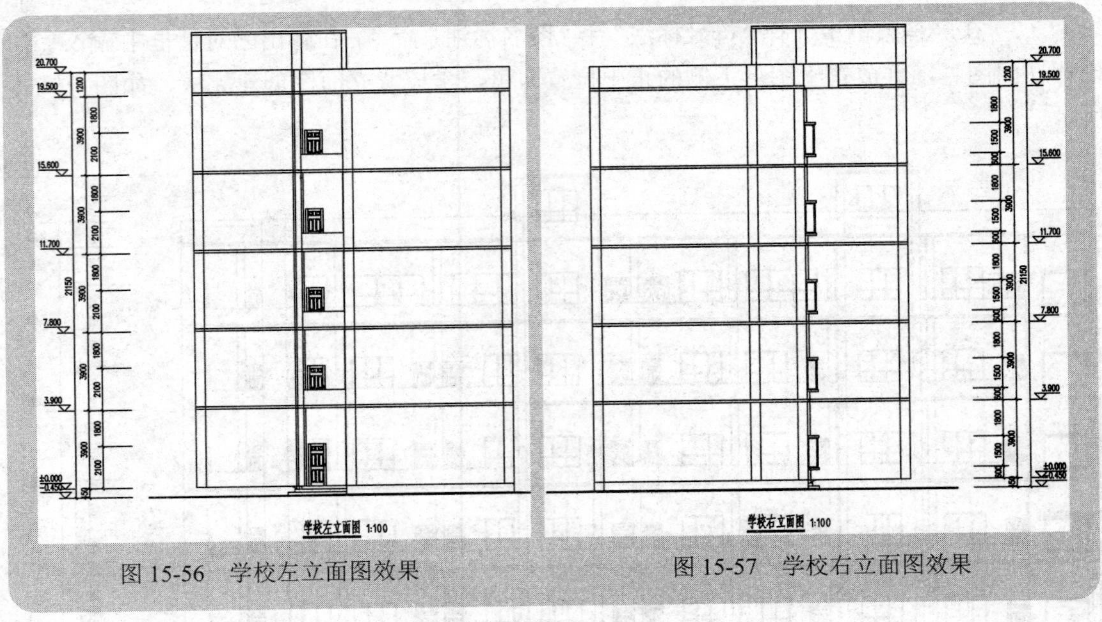

图 15-56　学校左立面图效果

图 15-57　学校右立面图效果

15.7　学校 A-A 剖面图的创建

素材 视频\15\学校 A-A 剖面图的创建.avi
案例\15\学校 A-A 剖面图.dwg

创建工程管理文件后，只需在“工程管理”面板中的“楼层”栏选择“建筑剖面”命令，即可根据要求进行剖面图的创建，所创建的剖面效果如图 15-58 所示。

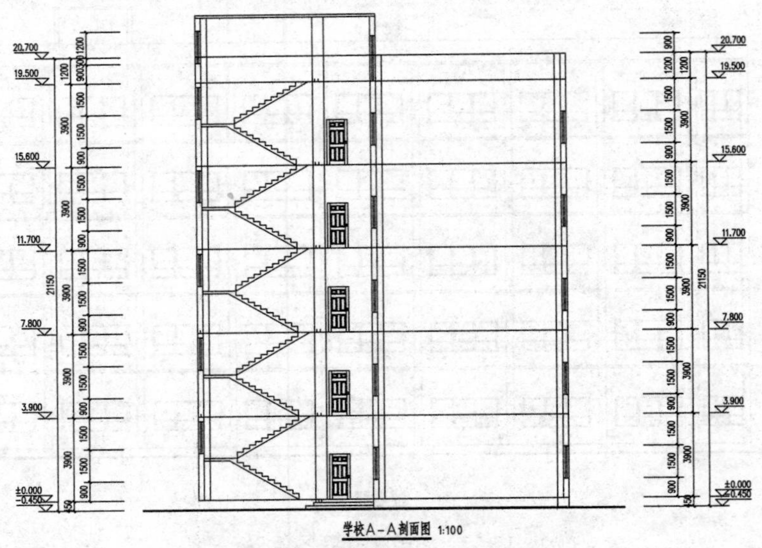

图 15-58　学校 A-A 剖面图效果

（1）在 TArch 2014 中打开"学校底层平面图.dwg"文件，在"工程管理"面板中的楼层栏内单击"建筑剖面"按钮，根据提示选择 A-A 剖切符号，然后按图 15-59 所示进行操作即可创建剖面图。

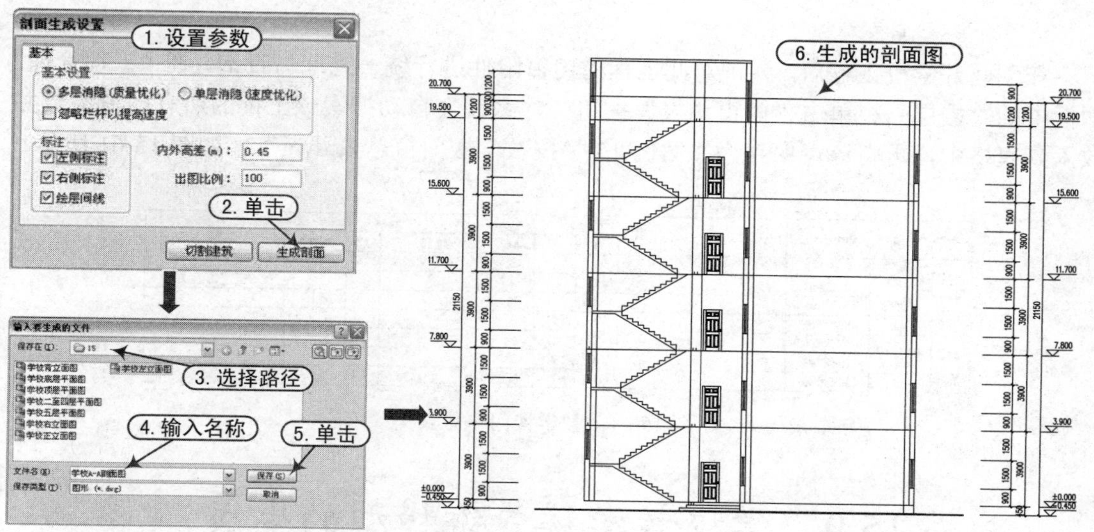

图 15-59　A-A 剖面图的生成

（2）在屏幕菜单中选择"符号标注"｜"图名标注"命令，在弹出的对话框中输入图名"学校 A-A 剖面图"，并放置于图形下侧的正中位置处即可。

（3）至此，住宅楼剖面图创建完成，如图 15-60 所示。

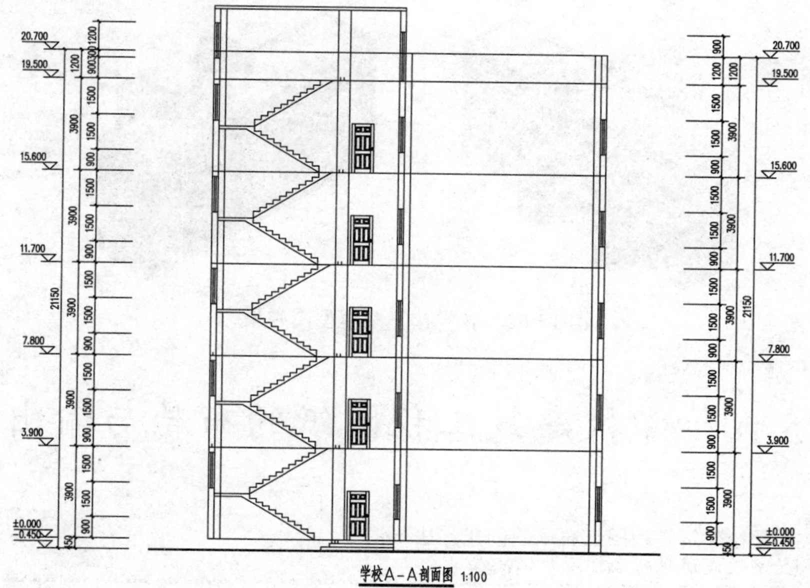

图 15-60　A-A 剖面图效果

15.8　学校教学楼门窗表的生成

在创建好学校工程后，为了对此工程的门窗附件进行统一管理与查询，在“工程管理”面板中的“楼层”栏单击“门窗总表”按钮，系统会自动搜索该工程的所有门窗参数并放入到表格中，再将该表保存为“案例\15\学校教学楼门窗总表.dwg”，如图 15-61 所示。

门窗表

类型	设计编号	洞口尺寸(mm)	数量							图集选用			备注
			1	2	3	4	5	6	合计	图集名称	页次	选用型号	
普通门	M1	1000X2100	8	8	8	8			32				
	M1	1500X2100					4		4				
	M2	900X2100	3	3	3	3	3		15				
	M5	1200X2100						2	2				
普通窗	C1	3600X1500	8	8	8	8	12		44				
	C2	2100X1500	12	12	12	12	8	2	58				
凸窗	C3	2100X1500	1	1	1	1	1		5				

图 15-61　教学楼门窗总表

15.9　学校教学楼三维模型的生成

用户如果需要对教学楼进行三维模型图的生成，可直接在“工程管理”面板中的“楼层”栏中单击“三维组合建筑模型”按钮，再按照提示将其保存为“学校教学楼三维模型图.dwg”，系统会自动生成模型效果图，如图 15-62 所示。

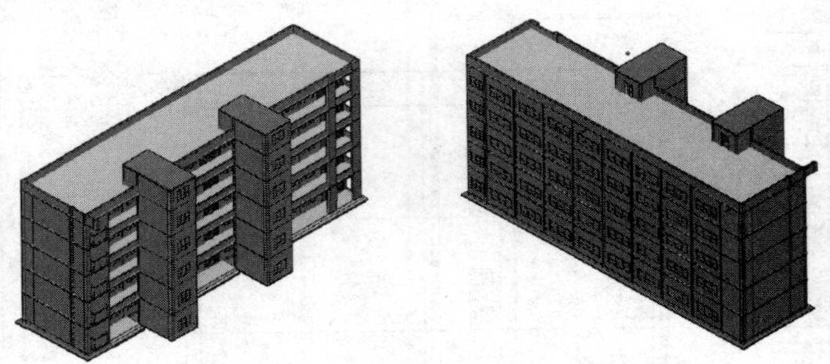

图 15-62　教学楼三维模型图效果

15.10　学校建筑工程图纸的布局与输出

素材 视频\15\学校建筑工程图纸布局的创建方法.avi
案例\15\学校建筑工程图纸布局.dwg

前面所绘制的学校平面图的每个图纸文件都分别保存在单一的文件中，为了使各图纸文件能够布局在同一个文件中，需要在文件夹中创建一个新的文件，将其工程中的所有的

图形对象复制到新文件夹中，再分别插入图框，设置图框中的属性并进行布局，布局的最终效果如图 15-63 所示。

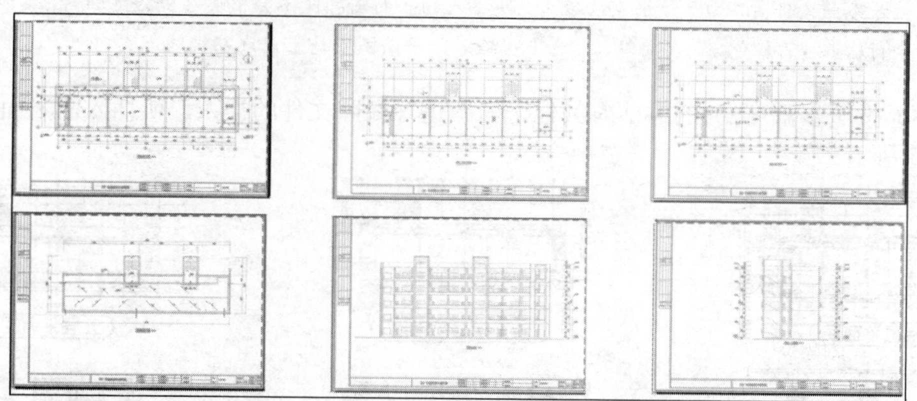

图 15-63　学校建筑施工平面图布局效果

（1）正常启动 TArch 2014，系统将自动创建一个新的空白文件，这时可以直接将该文档保存为“案例\15\学校建筑工程图纸布局.dwg”。

（2）在 AutoCAD 菜单中选择“插入”｜“DWG 参照”命令，在弹出的“选择参照文件”对话框中选择“案例\15\学校底层平面图.dwg”文件，单击“打开”按钮，操作步骤如图 15-64 所示。

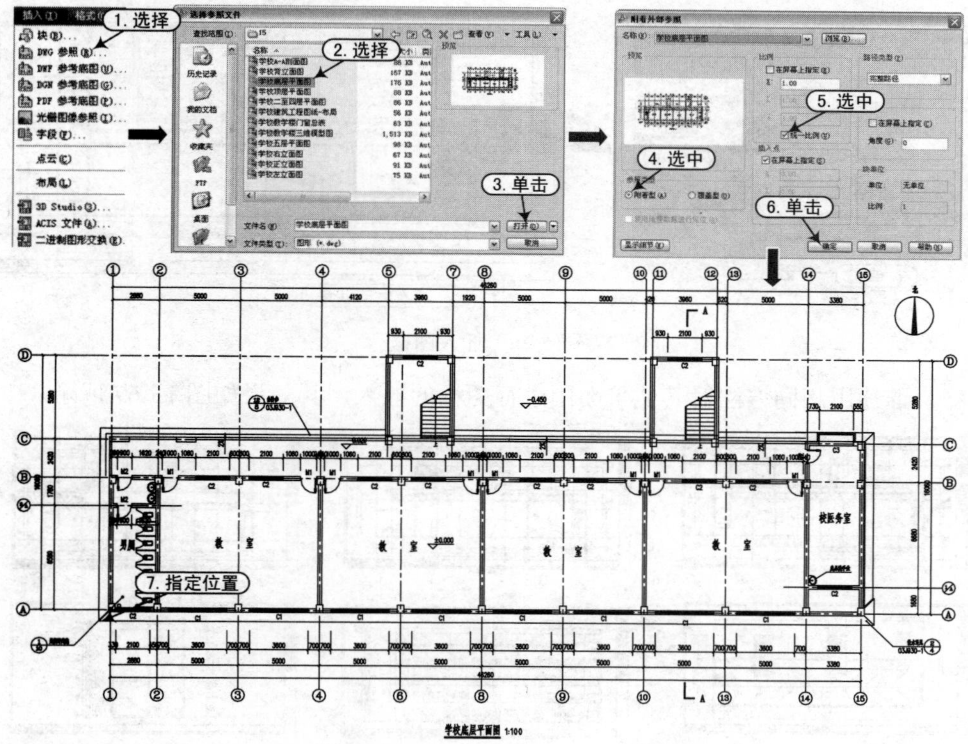

图 15-64　插入参照文件

提示技巧

在插入参照文件时，由于绘图空间较大，所插入的平面图可能不会出现在视线范围内，这时用户可在命令行输入“Z丨空格”，再输入“A丨空格”，平面图会马上出现在视线范围内。

（3）按照步骤（2）的方法对其他平面图进行参照文件的插入，所插入的平面效果如图 15-65 所示。

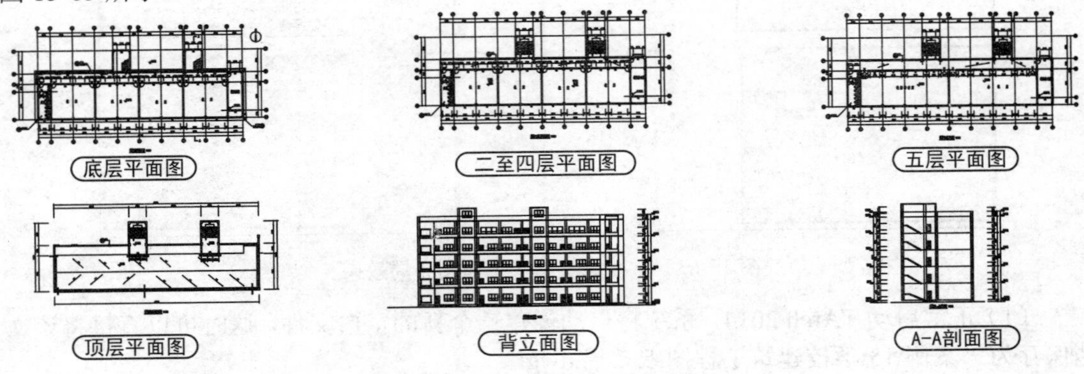

图 15-65　插入其他参照文件

（4）在屏幕菜单中选择“文件布图”｜“插入图框”命令，在弹出的“插入图框”对话框中选择 A3 横式图幅，再将图框覆着在图例上，如图 15-66 所示。

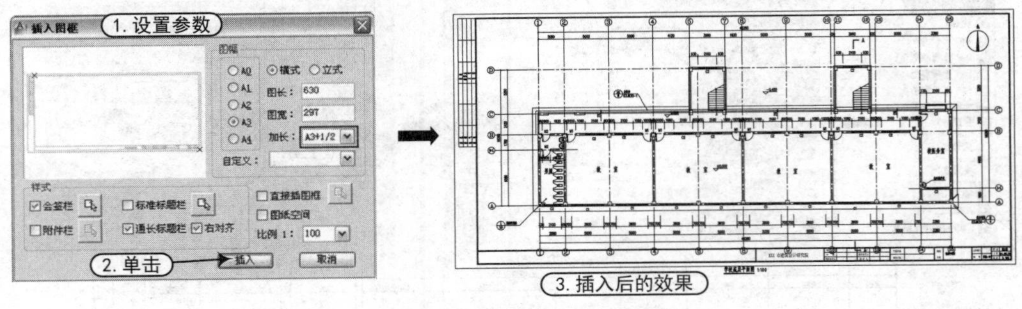

图 15-66　插入图框

（5）继续用相同方法对其他平面图进行图框的插入，其效果如图 15-67 所示。

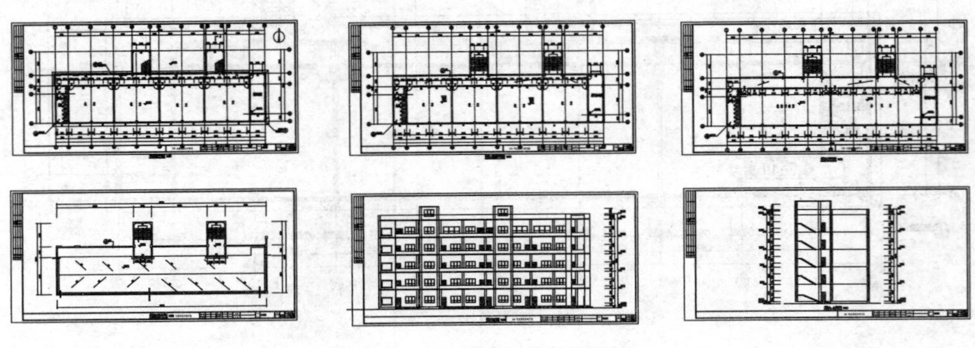

图 15-67　插入其他图框

提示技巧

如果插入的图框小于图例，可用“缩放”命令将平面图进行缩放。

（6）在屏幕菜单中选择“插入”｜“布局”｜“创建布局向导”命令，按照提示依次选择 A3 图纸、无标题栏、无视口，平面图布局的创建过程如图 15-68 所示。

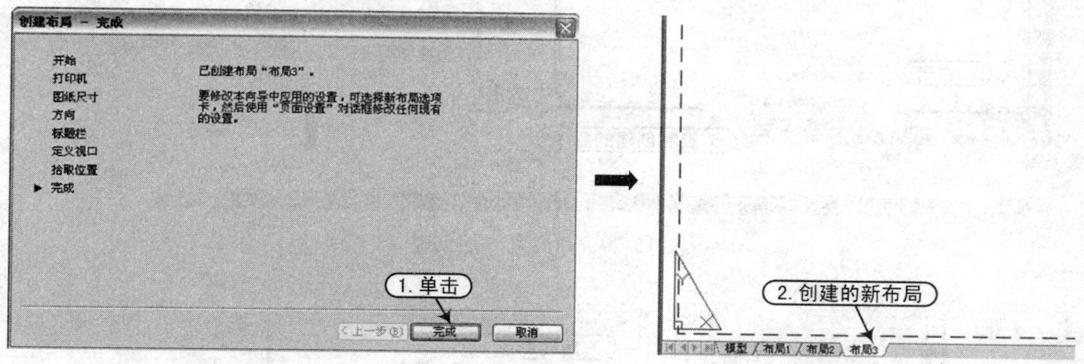

图 15-68　创建的新布局

（7）双击创建的“布局 3”，重命名为“学校底层平面图”，然后删除“布局 1”“布局 2”，如图 15-69 所示。

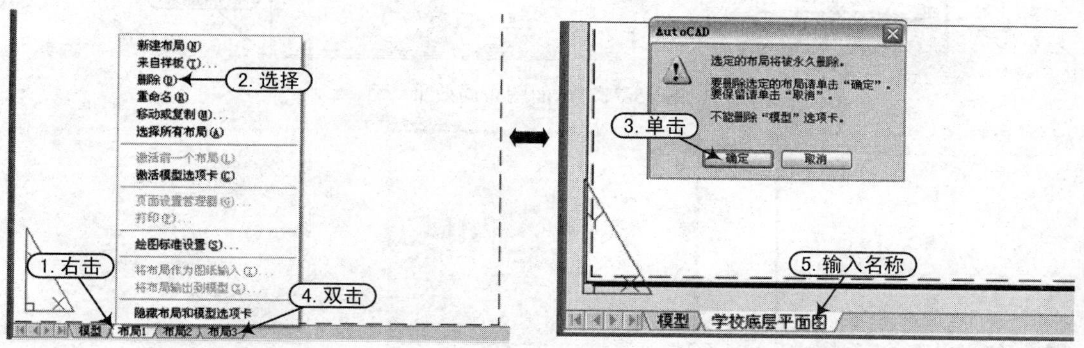

图 15-69　布局的删除与修改

（8）右击“学校底层平面图”标签，在弹出的快捷菜单中选择“移动或复制”命令，弹出“移动或复制”对话框，按照图 15-70 所示的方法进行操作即可。

（9）逐一双击复制的副本对象进行名称的修改，再切换到“首层平面图”布局窗口，在空白处右击，在弹出的快捷菜单中选择“定义视口”命令，此时系统自动切换到“模型”界面，通过捕捉底层平面图的对角点对其进行布局操作，如图 15-71 所示。

（10）采用相同方法对其他平面图进行布局。至此，住宅楼的工程图纸布局已完成，如图 15-72 所示，按 Ctrl+S 快捷键进行保存。

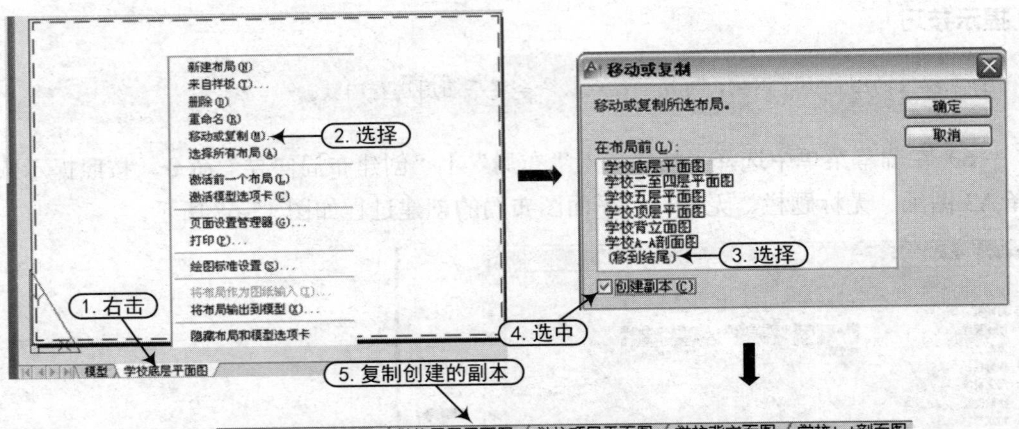

图 15-70　布局副本的创建

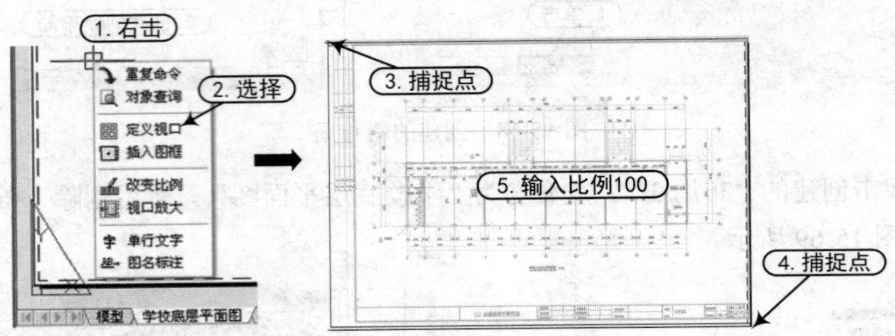

图 15-71　平面图布局效果

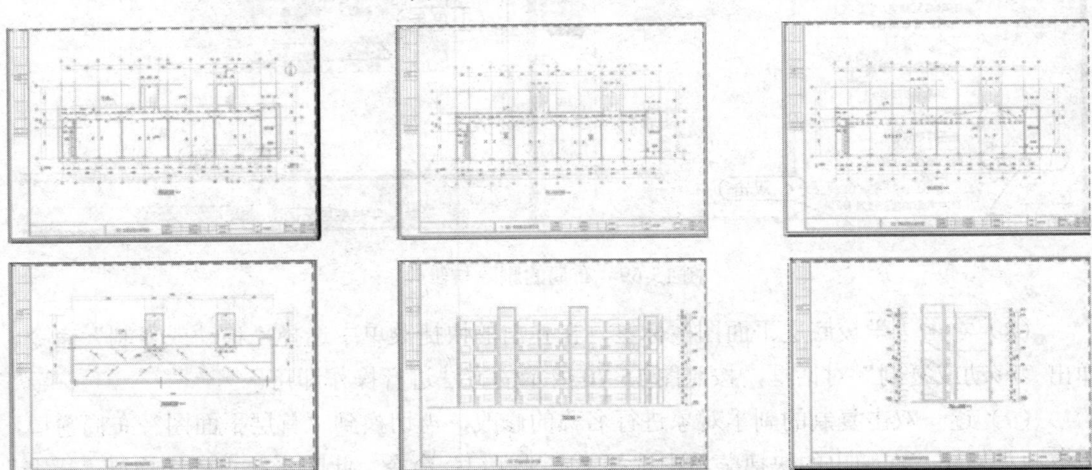

图 15-72　其他平面图布局效果

第 16 章　室内装潢施工图的绘制

本章导读

本章主要采用 TArch 2014 来绘制室内装潢施工图。用户在使用本软件绘制时一定要遵循装潢施工图的绘制顺序，首先绘制建筑的原始结构平面图，在此基础上绘制地面、天花和各立面图效果。

本章首先讲解了原始平面图的创建，然后对其各平面图进行布置，重点是在每个房间布置三维对象。用户在绘制装潢施工图时，一定要与建筑施工图区分开来，多留意文中的提示或注意，望读者从中掌握使用天正系统软件绘制室内装潢施工图的方法与技巧。

主要内容

- ❑ 掌握住宅室内建筑平面图的绘制方法
- ❑ 掌握室内家具平面布置图的绘制方法
- ❑ 掌握室内地面和顶棚布置图的绘制方法
- ❑ 掌握室内各个立面图的绘制方法

效果预览

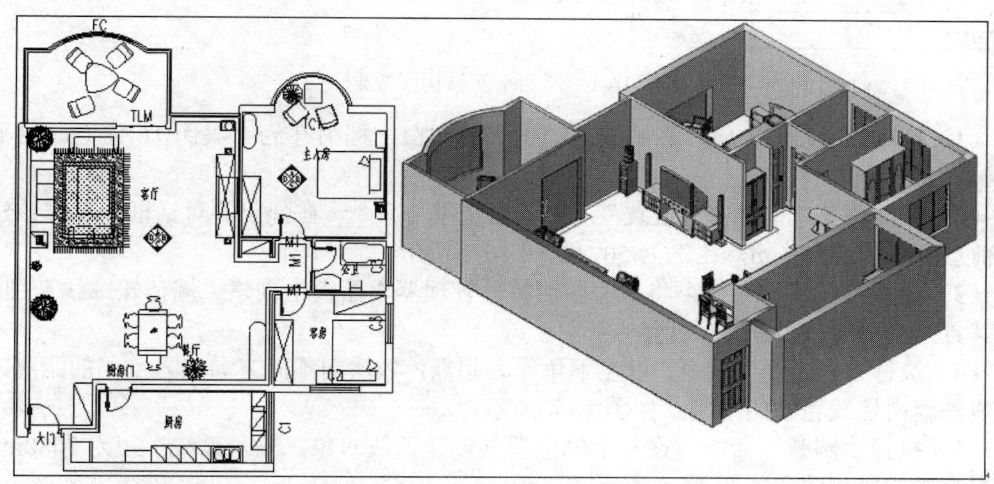

16.1 建筑原始平面结构图的绘制

素材 视频\16\建筑原始平面图的绘制.avi
案例\16\住宅原始平面图.dwg

本章中的案例较为特殊，是在 TArch 2014 中绘制装饰施工图，因此在绘制装潢施工图前了解其绘制的先后顺序是有必要的，本节主要对原始结构图进行绘制。

根据装潢施工图要求，首先应绘制出外墙的内墙轮廓线，然后使用“单线生墙”命令向外侧生成三维的外墙双墙线，最后设置外墙厚度。在绘制内墙的横墙（与 X 轴平行的墙体）时，应绘制双墙线下侧的墙体轮廓线；在绘制内墙的竖墙（与 Y 轴平行的墙体）时，应绘制双墙线右侧的墙体轮廓线，再使用“单线变墙”命令，将前面绘制的内墙轮廓线变成三维的双墙线，其墙厚为内墙厚，从而完成原始平面结构图的绘制，如图 16-1 所示。

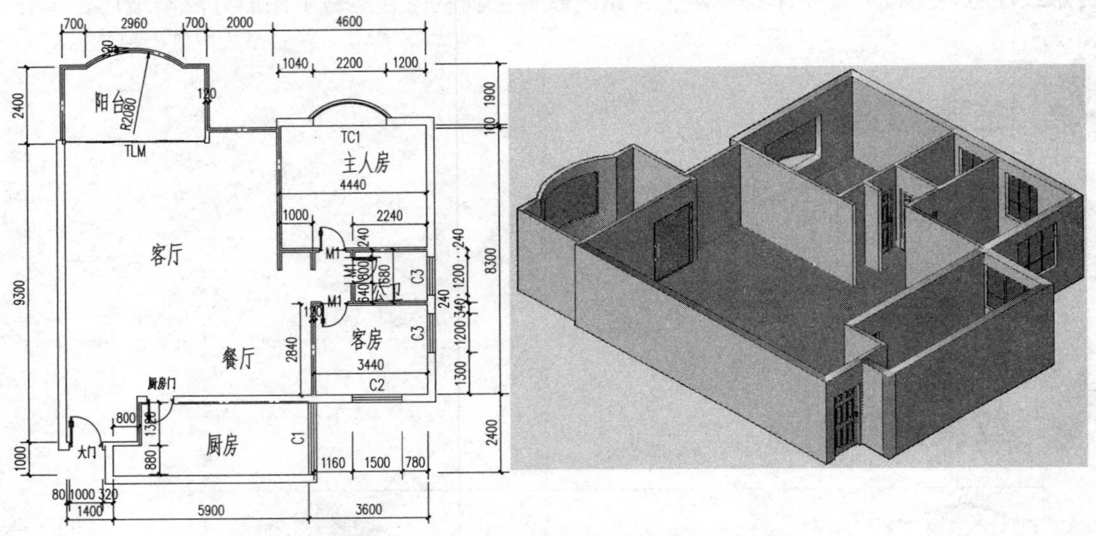

图 16-1　原始平面结构图效果

（1）启动 TArch 2014，将系统自动生成的空白文档另存为“案例\16\住宅原始平面图.dwg”文件。

（2）在屏幕菜单中选择“设置”｜“天正选项”命令，在弹出的对话框中设置该建筑的当前层高度为 2800mm，比例为 50，如图 16-2 所示。

（3）执行“图层”命令，将在“图层特性管理器”面板中创建“墙体轮廓线”图层，并将其置为当前层，如图 16-3 所示。

（4）执行“多段线”命令，以左下角作为起点，依次向不同方向输入不同的距离，从而完成外墙内墙线轮廓的绘制，如图 16-4 所示。

（5）执行“圆弧”命令，在左上侧位置处创建弧线对象，输入弧线半径为 2080mm，并将多余的线段删除，如图 16-5 所示。

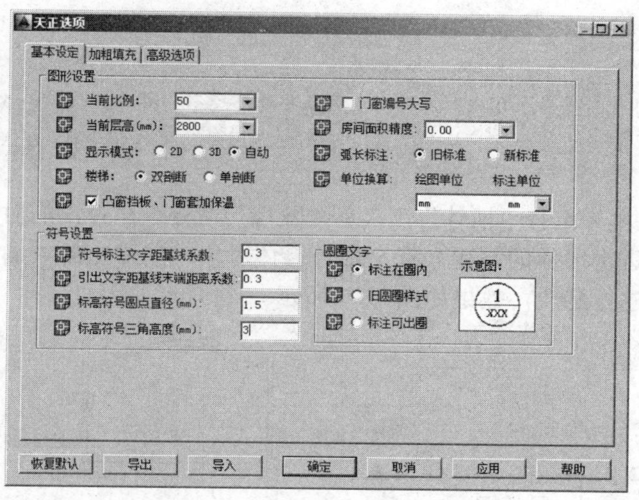

图 16-2　设置当前层高和比例

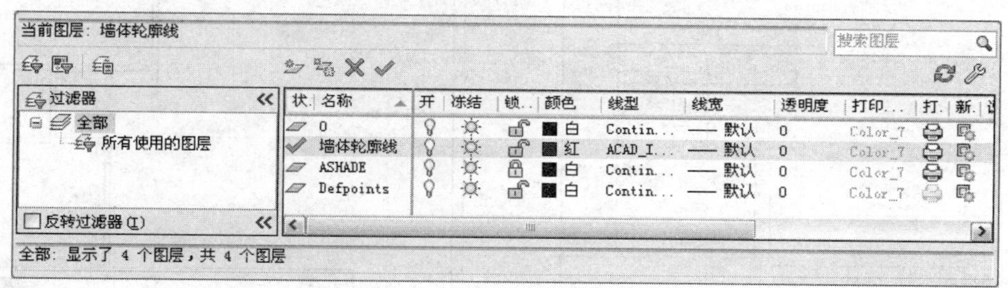

图 16-3　新建“墙体轮廓线”图层

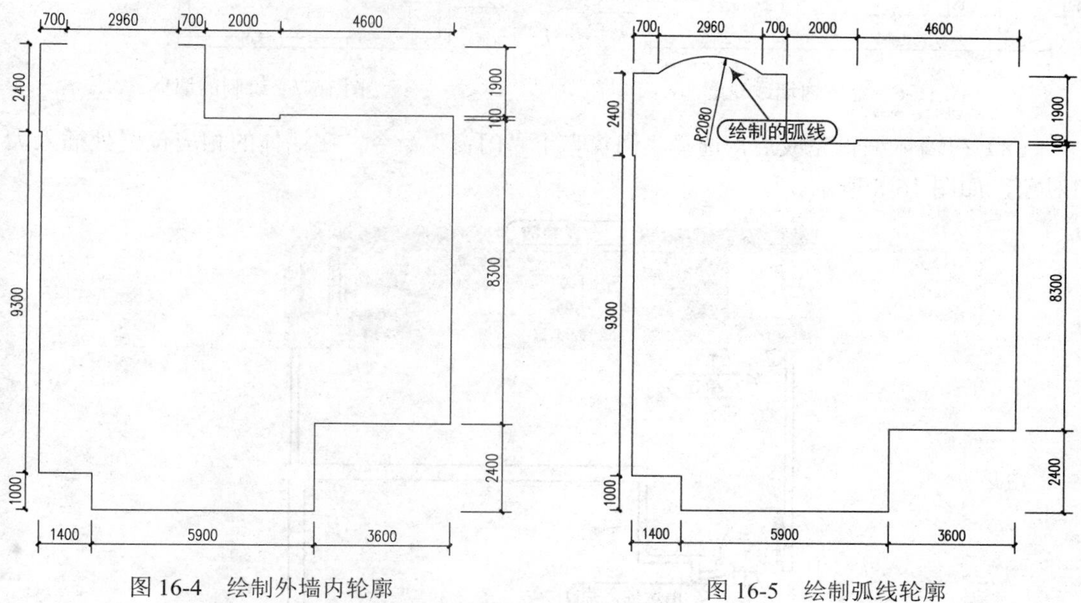

图 16-4　绘制外墙内轮廓　　　　图 16-5　绘制弧线轮廓

（6）执行“分解”命令，将多段线进行分解，再使用“直线”“偏移”“修剪”等命令绘制平面内墙轮廓，如图 16-6 所示。

提示技巧

为了使所绘制的轮廓线为点划线效果，用户在菜单栏中选择“格式”|“线型”命令，在“线形管理器”对话框中单击“隐藏细节”按钮，在“全局比例因子”文本框中输入比例为50即可。

（7）在屏幕菜单中选择“墙体”|“单线变墙”命令，在弹出的对话框中设置墙体参数并选择墙线轮廓进行墙体的创建。双击部分墙体对象，在弹出的“墙体编辑”对话框中修改其参数对墙体进行修改，效果如图16-7所示。

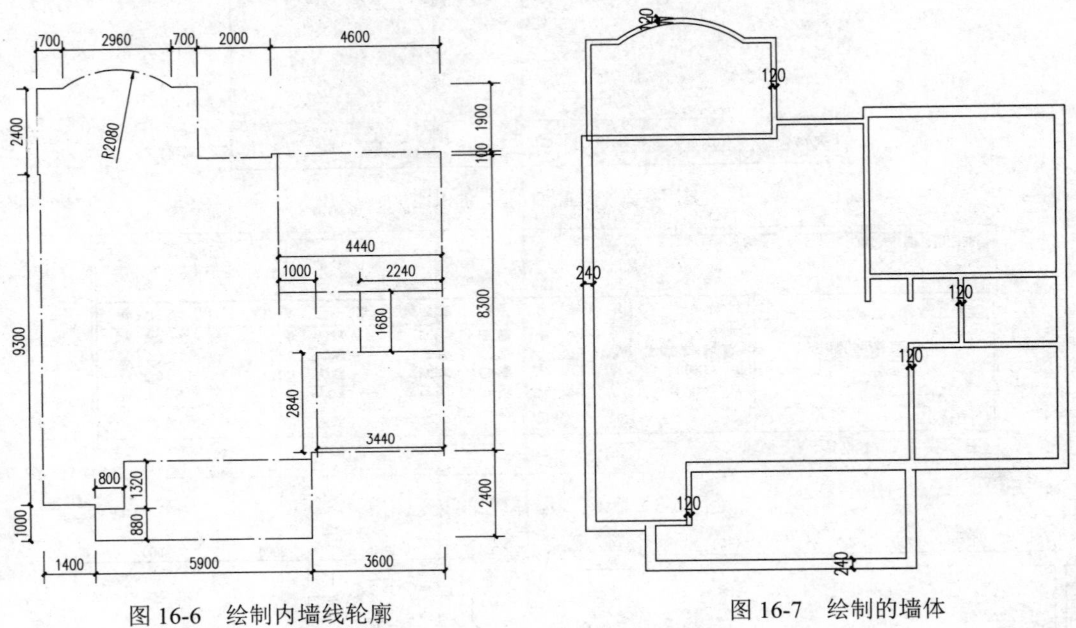

图16-6　绘制内墙线轮廓　　　　图16-7　绘制的墙体

（8）在墙体编辑完成后，选择“门窗”|“门窗”命令，在墙体的相应位置处插入大门对象，如图16-8所示。

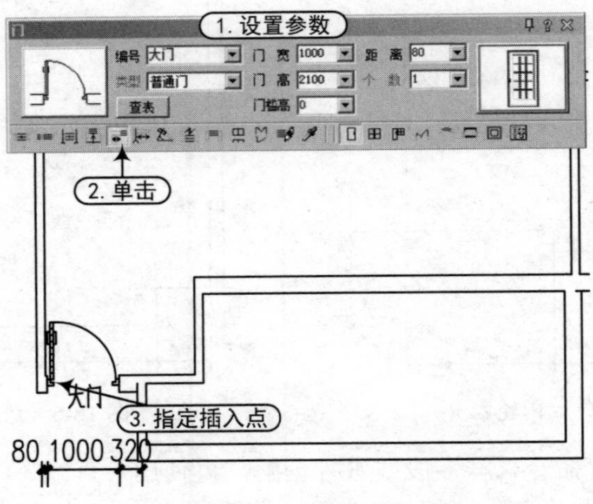

图16-8　大门的插入

（9）采用相同的方法对其他门对象进行插入操作，如图 16-9 所示。

（10）继续使用“门窗”｜“门窗”命令对窗户进行创建，如图 16-10 所示。

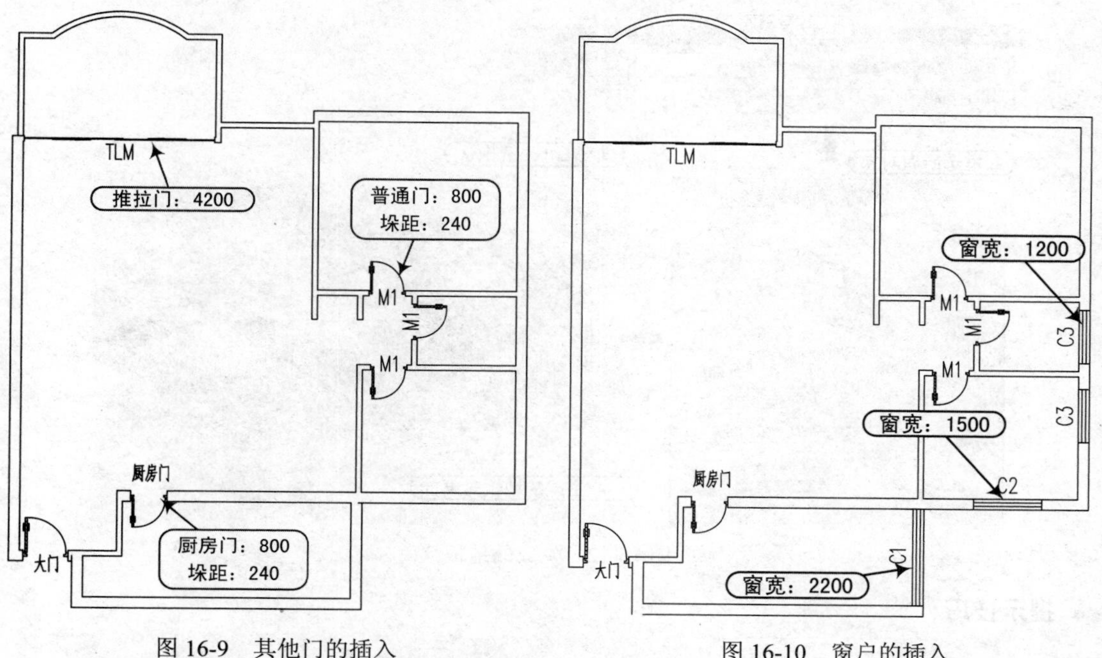

图 16-9　其他门的插入　　图 16-10　窗户的插入

（11）使用相同方法对弧窗进行插入，如图 16-11 所示。

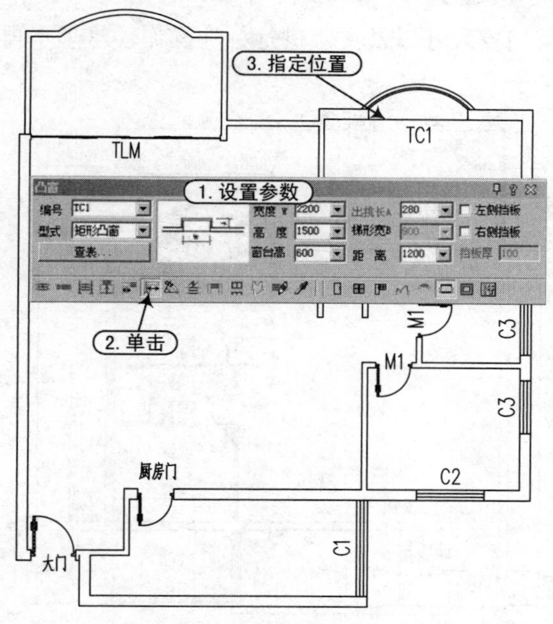

图 16-11　弧窗的插入

（12）在屏幕菜单中选择“房间屋顶”｜“搜索房间”命令，将弹出“搜索房间”对话框，在其中选中“三维地面”复选框，并输入板厚为 120，再使用鼠标框选当前视图中的所有对象，从而生成该建筑的地板对象，如图 16-12 所示。

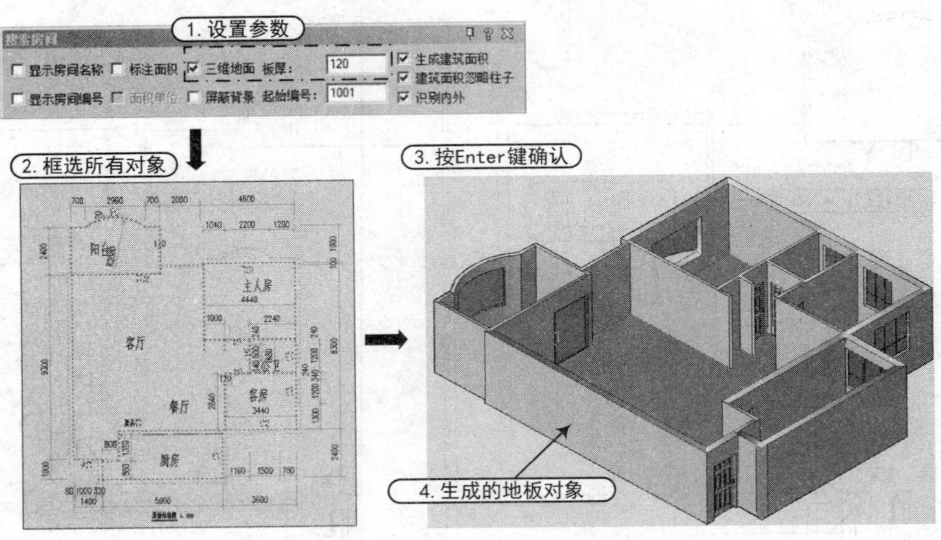

图 16-12 生成的地板

提示技巧

在生成地板对象后，用户可以将当前视图切换到“西南等轴测视图”和“概念”视觉模式，以便观察所生成的地板效果。

（13）接下来将对其门窗尺寸以及文字进行标注操作，这里不再详细讲解，标注的效果如图 16-13 所示。

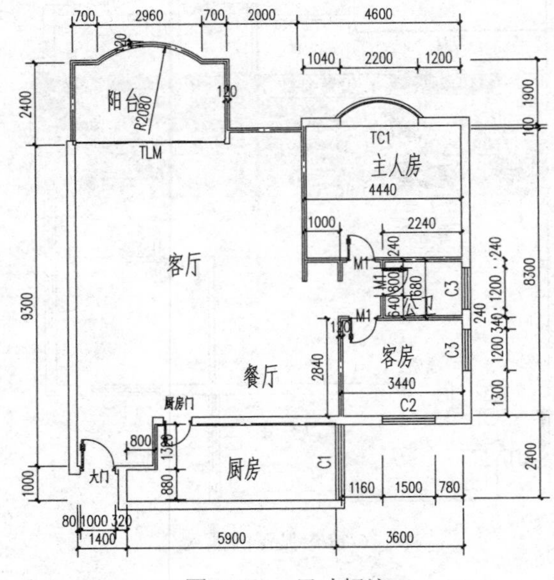

图 16-13 尺寸标注

（14）至此，建筑的原始结构平面图创建完成，按 Ctrl+S 快捷键进行保存。用户可打开“视觉样式”效果进行查看，如图 16-14 所示。

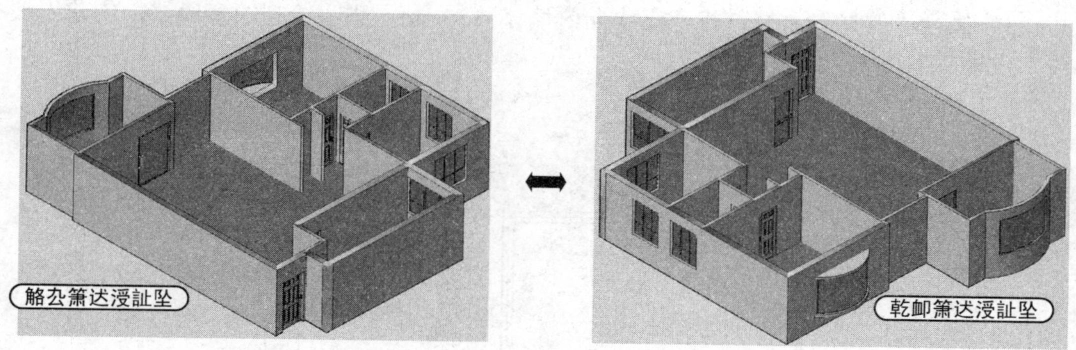

图 16-14　视觉样式效果

16.2　家具平面布置图的创建

素材 视频\16\室内家具平面布置图的创建.avi
案例\16\家具平面布置图.dwg

根据装饰图的设计要求，在创建好平面图结构后，首先对地面的家具进行布置，然后对地面进行布置，在 TArch 系统图库中可调用三维模型图进行放置，本节将重点进行讲解。平面布置图完成后的效果如图 16-15 所示。

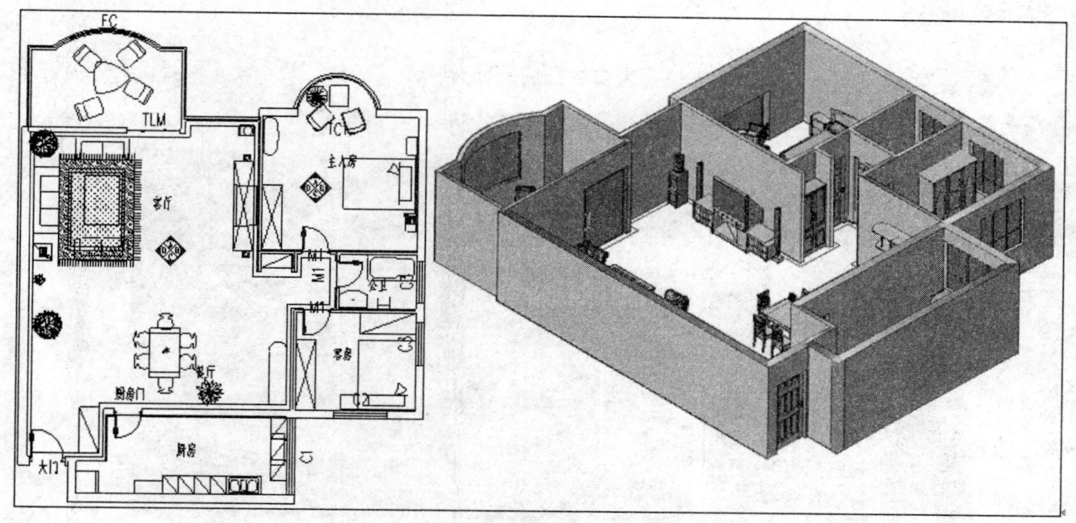

图 16-15　家具布置效果

（1）在 TArch 2014 中将前面所创建好的“案例\16\住宅原始平面图.dwg”文件打开，并将该文件另存为当前文件夹下，命名为“家具平面布置图”文件。

（2）将打开的文件中的标注图层关闭，执行“多段线”命令，过客厅和餐厅四周墙角处绘制一封闭的多段线对象。

（3）执行“偏移”命令，将多段线向内偏移 120mm，删除绘制的多段线，创建“波导线”效果，如图 16-16 所示。

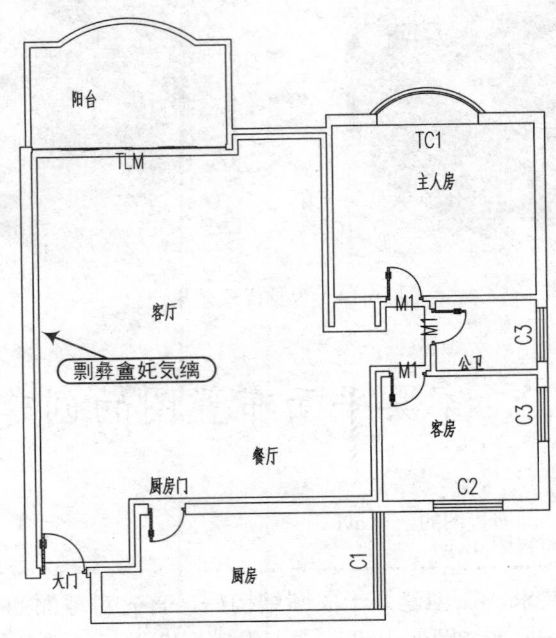

图 16-16　波导线的创建

提示技巧

波导线一般为块料楼（地）面沿墙边四周所做的装饰线，宽度不等。也就是在两块地砖之间起分隔和装饰作用的长方形地砖，类似于墙砖腰线，室内的效果如图 16-17 所示。

图 16-17　波导线应用实例

（4）在屏幕菜单中选择“图块图案”|“通用图库”命令，在弹出的“天正图库管理

系统”对话框中选择“图库”|“多视图库”命令，将出现三维立体图块效果，选择“地柜”图块，并放置于“波导线”交点位置处，操作步骤如图 16-18 所示。

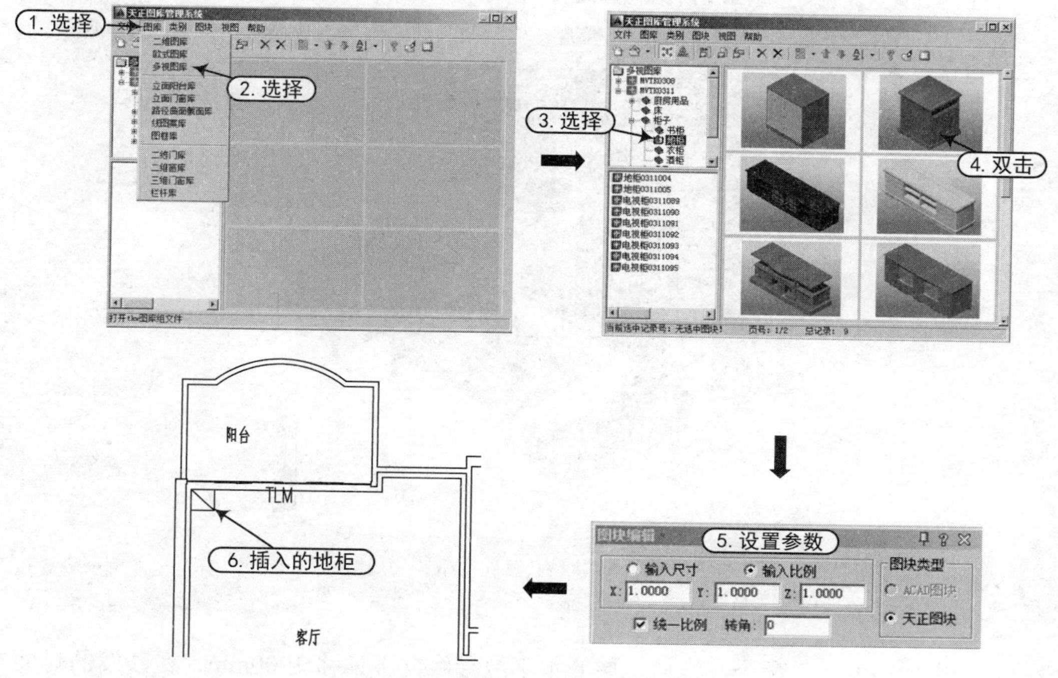

图 16-18　插入“多视”图块

（5）使用相同方法，对客厅其他图块进行相应的插入，效果如图 16-19 所示。

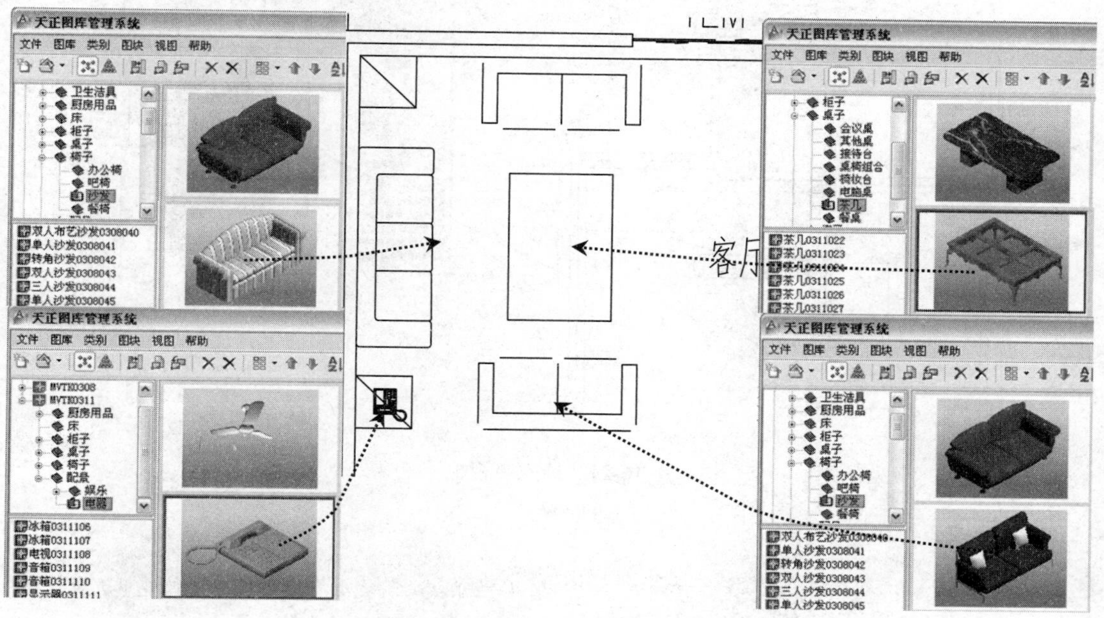

图 16-19　沙发、茶几、电话的布置

提示技巧

天正的多视图库有两个图库（MVTK0308、MVTK0311），不同的图库内三维对象效果不同。另外，用户可打开视觉样式，从不同的角度查看所插入的三维视图块效果，如图 16-20 所示。

图 16-20　东南视觉效果

（6）执行“偏移”命令，将最上层的水平波导线向下偏移 1000mm，在沙发的对面布置电视柜图块，如图 16-21 所示。

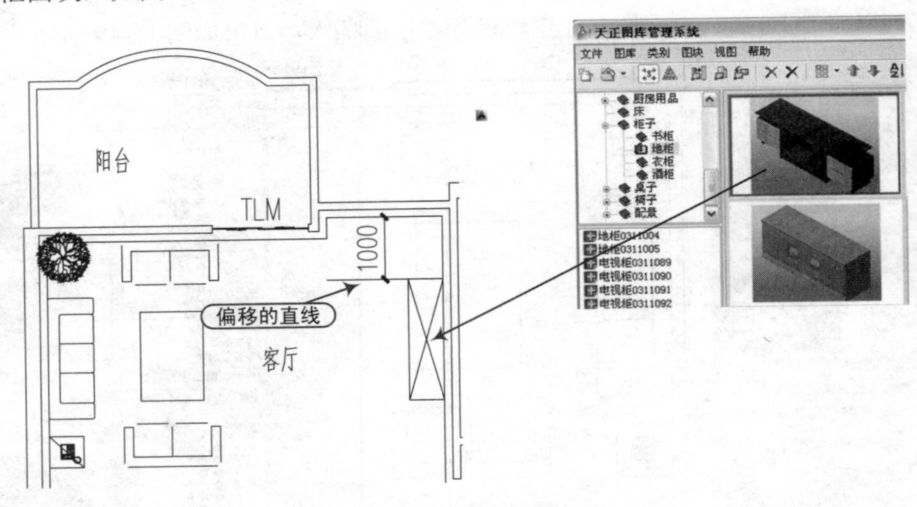

图 16-21　插入电视柜

提示技巧

由于插入的电视柜长度尺寸不是理想尺寸，这时用户可以对图块夹点进行拖动来改变其尺寸，如图 16-22 所示。

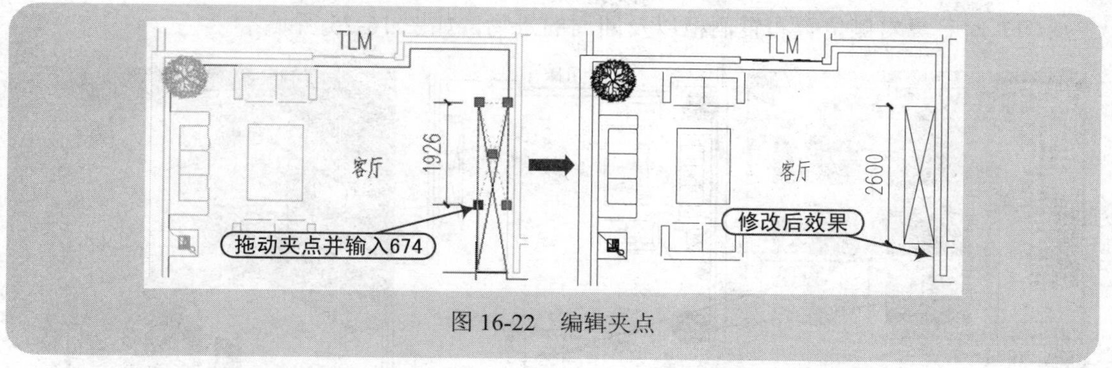

图 16-22　编辑夹点

（7）继续在电视柜上插入“电视”“音箱”图块，如图 16-23 所示。

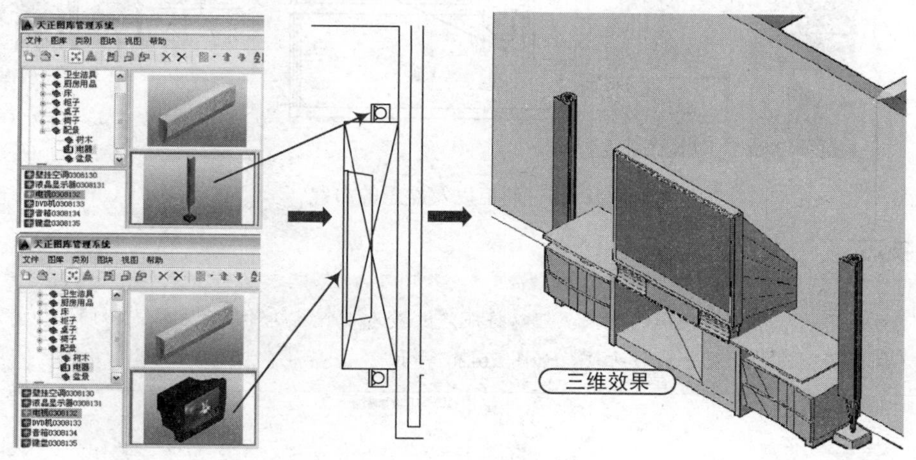

图 16-23　插入电视及音箱

提示技巧

由于插入的电视在地坪面，这时需要用户切换到视觉样式的二维效果，使用“移动”命令，将电视向 Z 轴方向移动 600mm，即可将其放到柜的上表面。

（8）执行“偏移”命令，将波导线进行偏移，形成一交点位置，作为餐桌放置基点，使用相同方法对餐厅桌椅进行布置，再删除偏移的线，如图 16-24 所示。

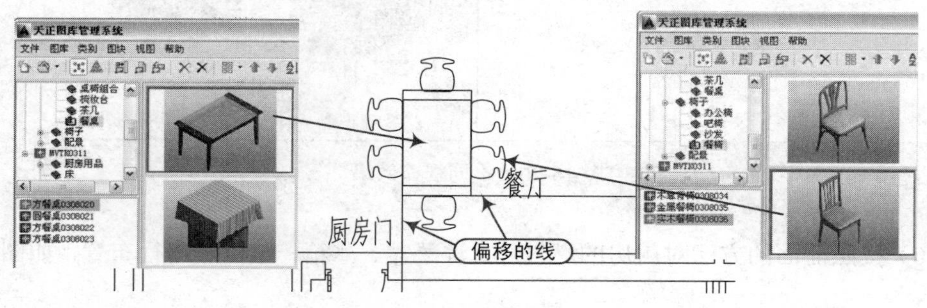

图 16-24　布置餐桌椅

（9）对餐桌右侧位置布置酒柜以及四周的景物，如图 16-25 所示。

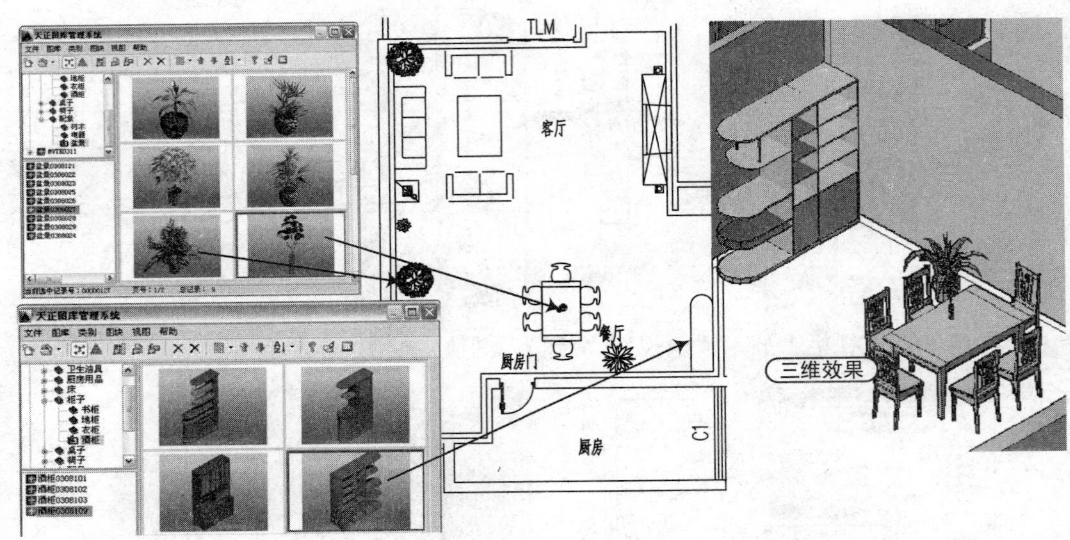

图 16-25　酒柜以及盆景的布置

提示技巧

为了方便用户观察不同视图的效果，可以将视口设置为 4 个视口对象，在插入不同图块时，可以根据不同的视图进行观察，比较方便，如图 16-26 所示。

图 16-26　不同视口效果

（10）按照前面的方法对厨房的燃气灶、洗菜盆、冰箱、地柜等进行布置，如图 16-27 所示。

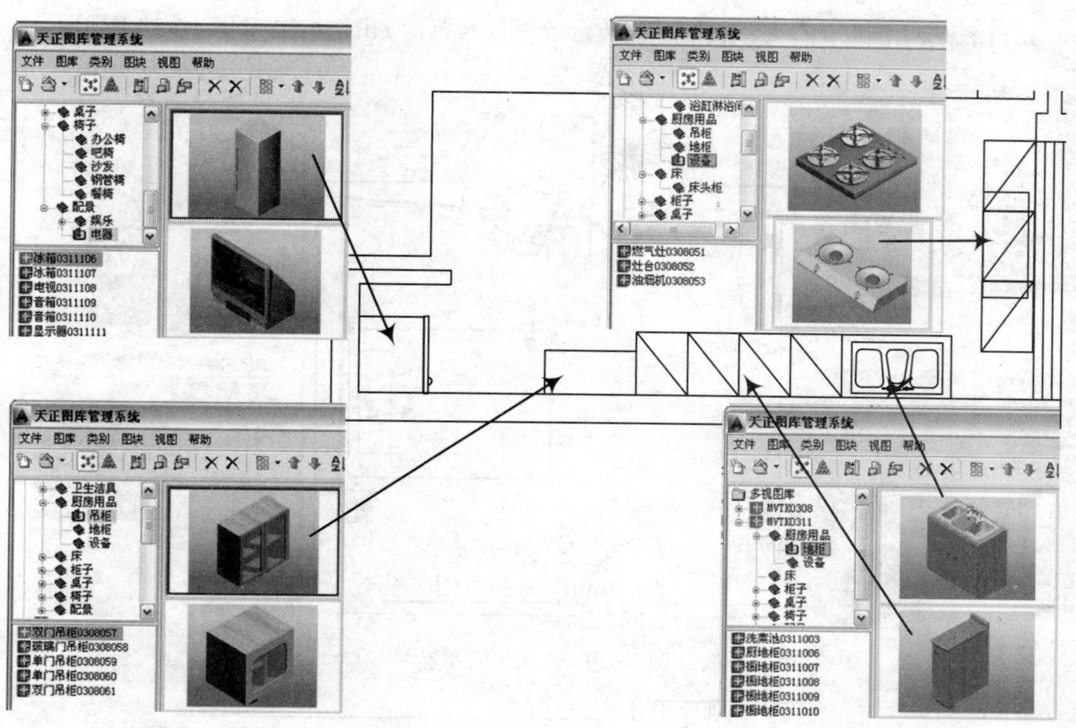

图 16-27　厨房布置

提示技巧

为了更好地体现厨房布置效果，用户可以将厨房的两段墙体暂时删除进行观察，如图 16-28 所示。

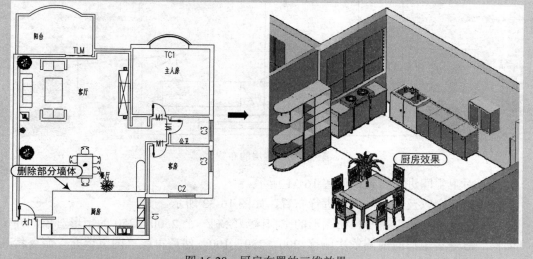

图 16-28　厨房布置的三维效果

（11）对两个卧室的床、衣柜、梳妆台等进行布置，如图 16-29 和图 16-30 所示。

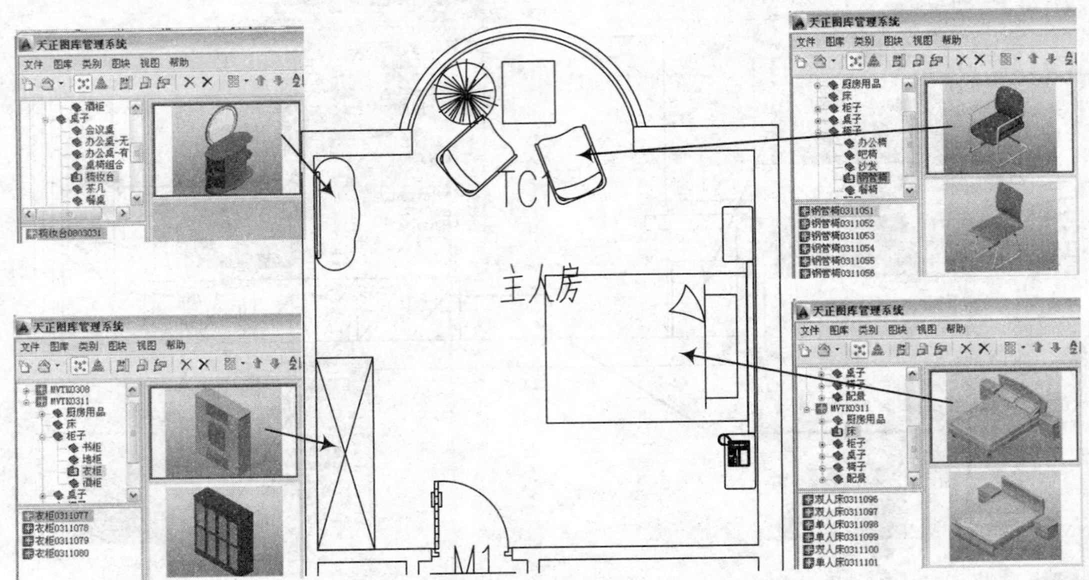

图 16-29　主人房的布置

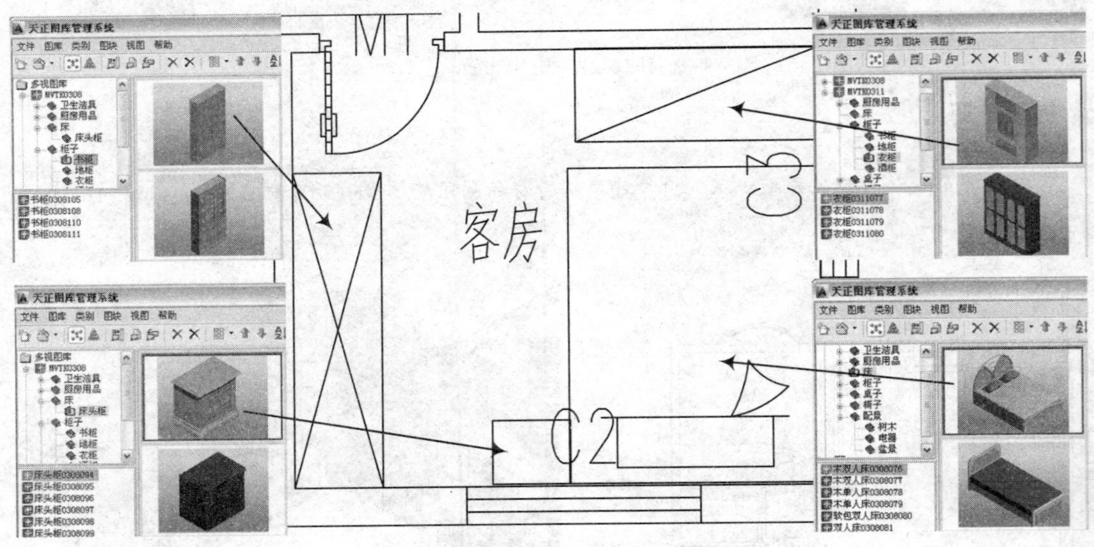

图 16-30　客房的布置

（12）对卫生间进行布置，如图 16-31 所示。

（13）对阳台以及玄关位置处进行布置，如图 16-32 所示。

（14）执行“矩形”命令，在图形的空白区域绘制一个 2500×3250 的矩形对象，并使用“偏移”命令将矩形向内侧依次偏移 200、250、100，然后再用“图案填充”命令将其形成地毯效果，如图 16-33 所示。

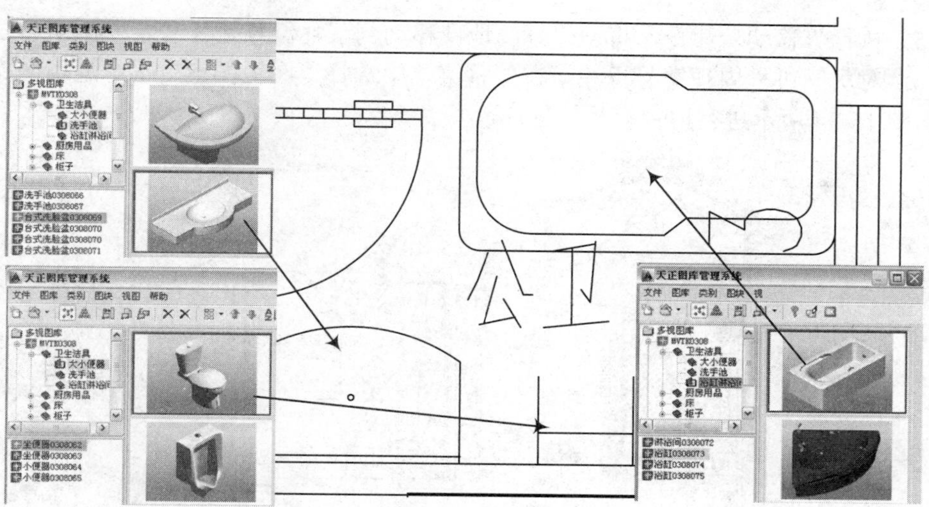

图 16-31　卫生间的布置

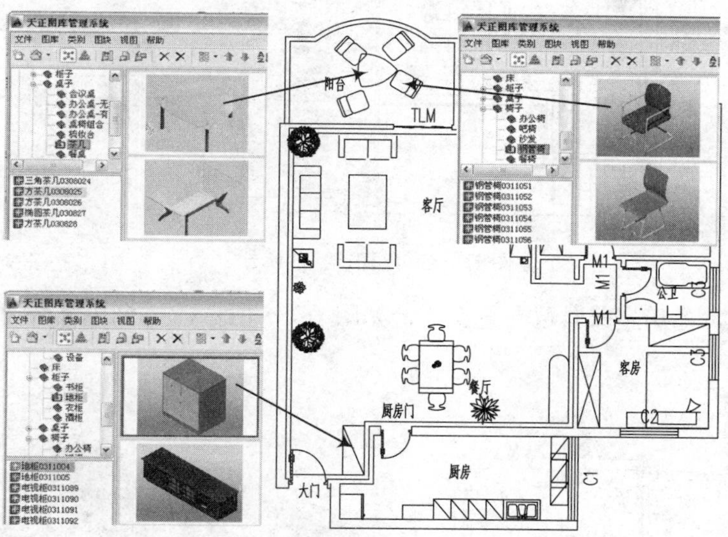

图 16-32　阳台、玄关的布置

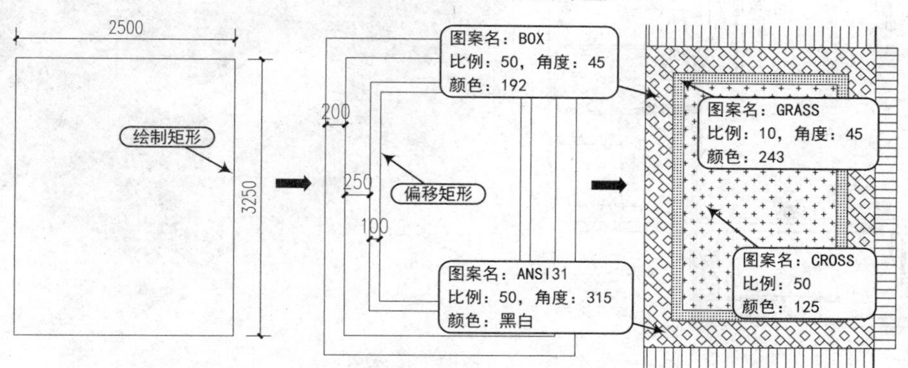

图 16-33　绘制的地毯效果

（15）执行“移动”命令，将创建好的地毯移动到茶几位置处。

（16）对房间进行内视符号标注。在屏幕菜单中选择“图块图案”|“通用图库”命令，根据图16-34所示进行内视符号的标注。

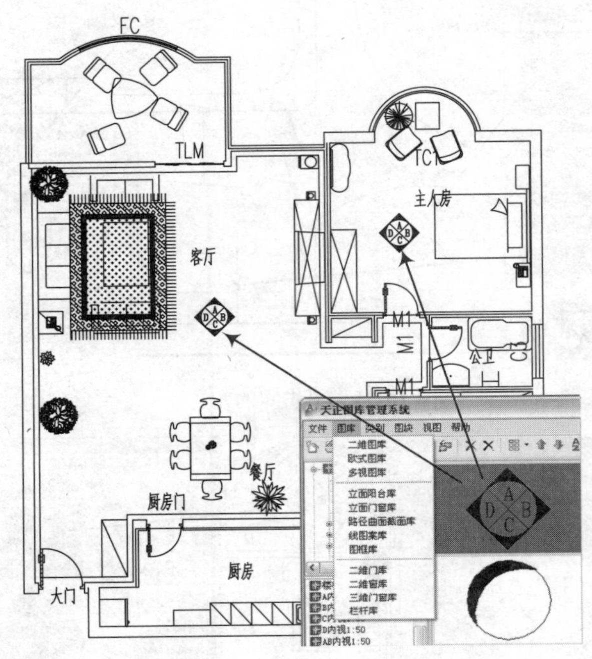

图16-34　内视符号的标注

（17）至此，各房屋家具已布置完成，如图16-35所示，按Ctrl+S快捷键进行保存。

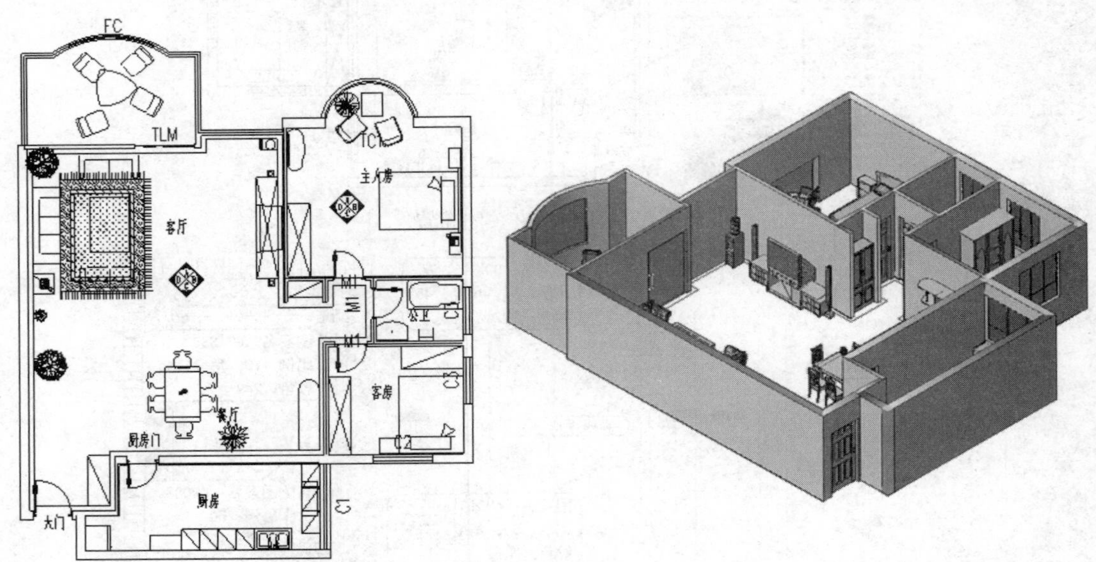

图16-35　家具布置效果

16.3　室内地面材质图的创建

素 视频\16\室内地面材质平面布置图的创建.avi
材 案例\16\室内地面材质图.dwg

创建好家具布置图后，需要对各室内的地板进行材质的布置操作。由于各房间的使用功能不一样，因此在进行地面布置时，要尽量多考虑安全问题，各地面材质的最终布置效果如图 16-36 所示。

（1）将前面布置好的“家具平面布置图”文件打开，再将该文件另存为“室内地面材质图.dwg”文件，并将平面图中插入的多视图块图层 3T-WOOD 关闭，如图 16-37 所示。

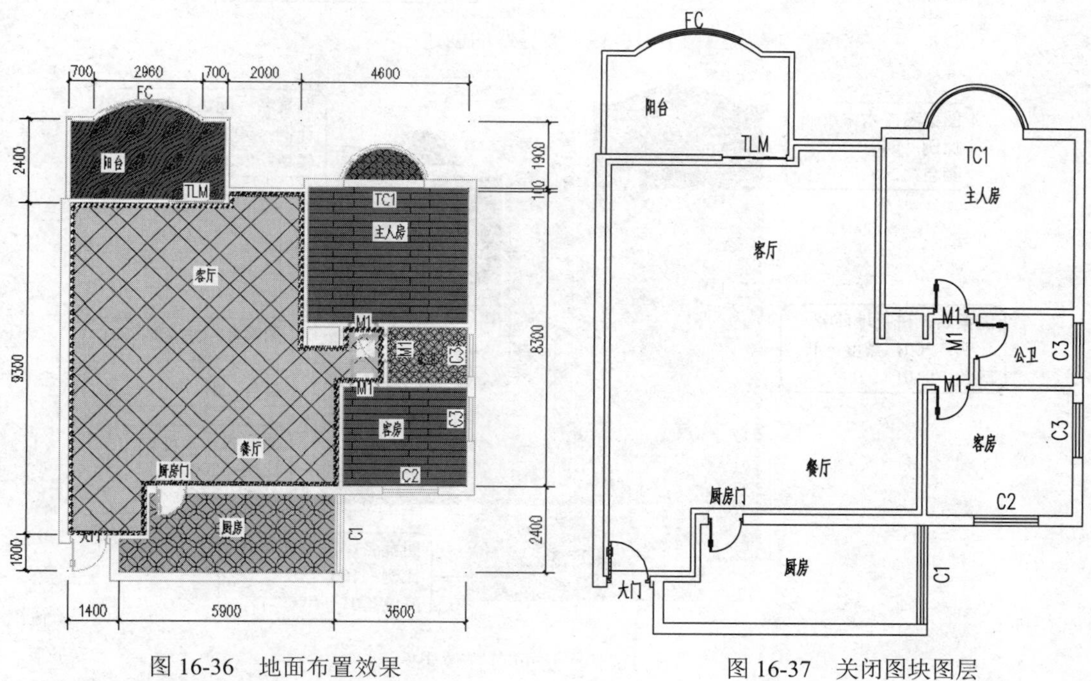

图 16-36　地面布置效果　　　　图 16-37　关闭图块图层

（2）执行 AutoCAD 中的“图案填充”命令，在弹出的“图案填充和渐变色”对话框的“图案”下拉列表框中选择“大理石”选项，然后按图 16-38 所示操作对波导线进行填充。

（3）继续使用相同的方法对其他室内地板进行材质的布置，最终效果如图 16-39 所示。

（4）地面布置至此结束，直接按 Ctrl+S 快捷键进行保存。

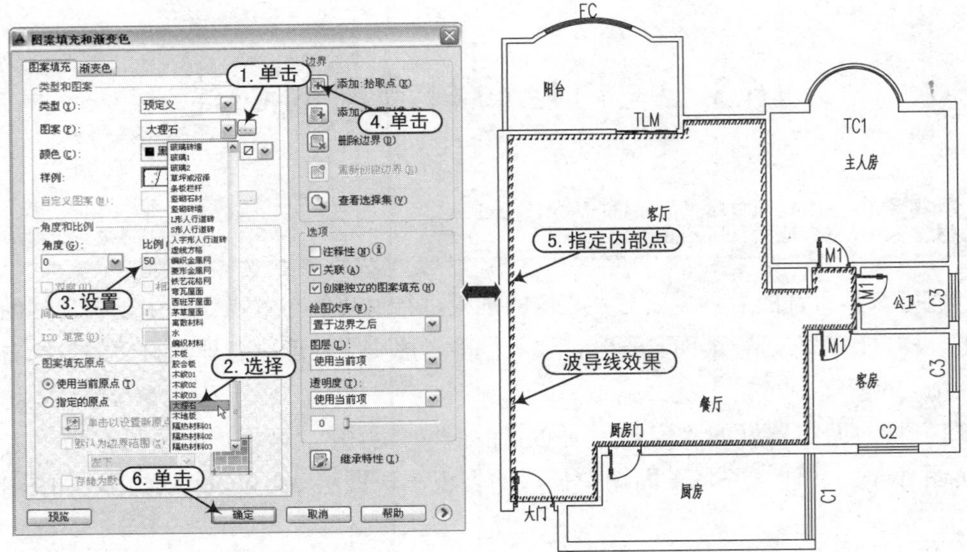

图 16-38　波导线的创建

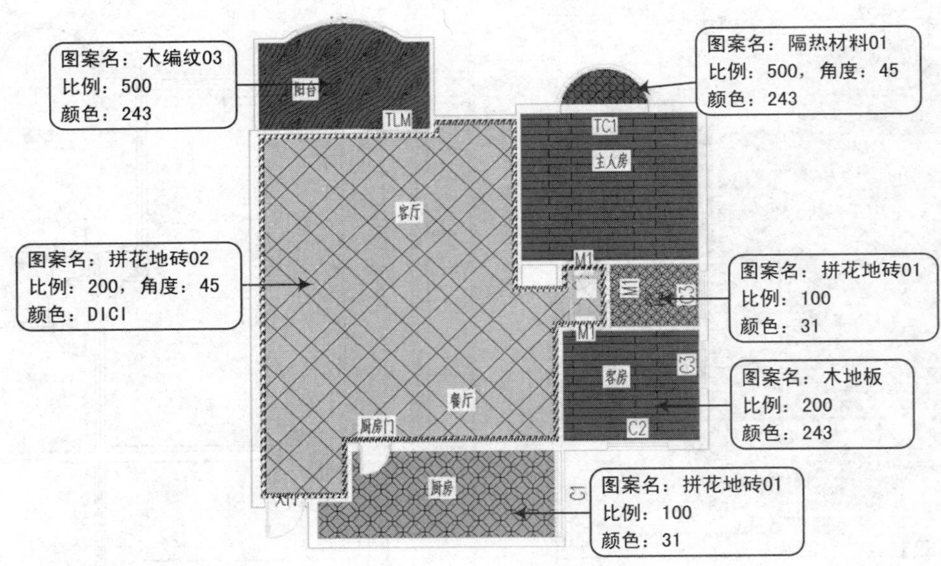

图 16-39　房间布置效果

16.4　室内天棚吊顶图的绘制

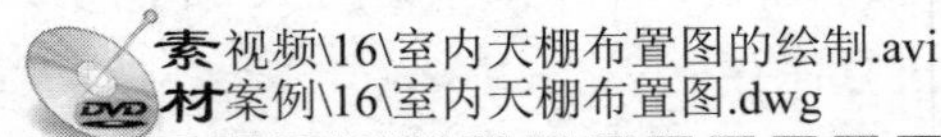
素材 视频\16\室内天棚布置图的绘制.avi
案例\16\室内天棚布置图.dwg

根据前面绘制的家具平面布置图可以看出各房间的灯光要求以及是否需要进行龙骨架

的吊顶等，直接打开之前创建的原始平面结构图，在此基础上进行创建，天棚的最终效果如图 16-40 所示。

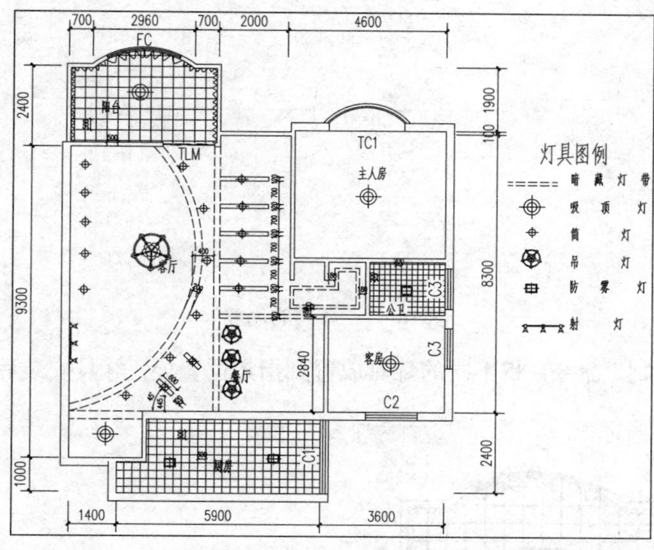

图 16-40　室内天棚布置效果

（1）在 TArch 2014 中打开文件“住宅原始平面图.dwg”，再将其另存为“室内天棚布置图.dwg”。

（2）将打开后文件中的标注图层关闭，然后将门对象删除。再使用“直线”“弧线”“偏移”等命令进行天棚灯带的创建，如图 16-41 所示。

（3）继续使用相同的方法对屋顶部分造型对象进行创建，如图 16-42 所示。

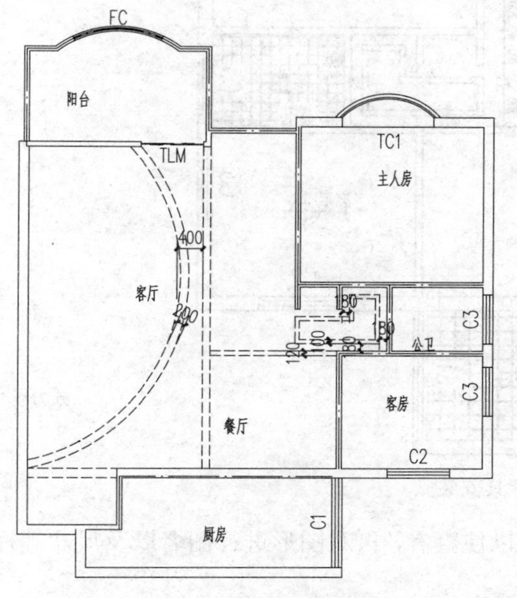

图 16-41　屋顶灯带的创建

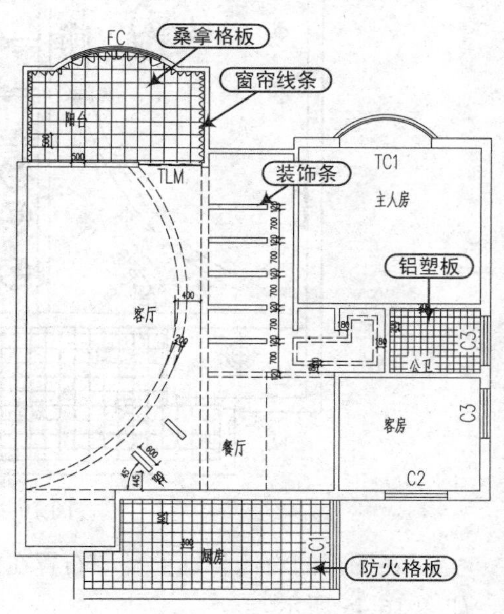

图 16-42　屋顶装饰创建

（4）使用“直线”“圆”等命令创建如图 16-43 所示的灯具。

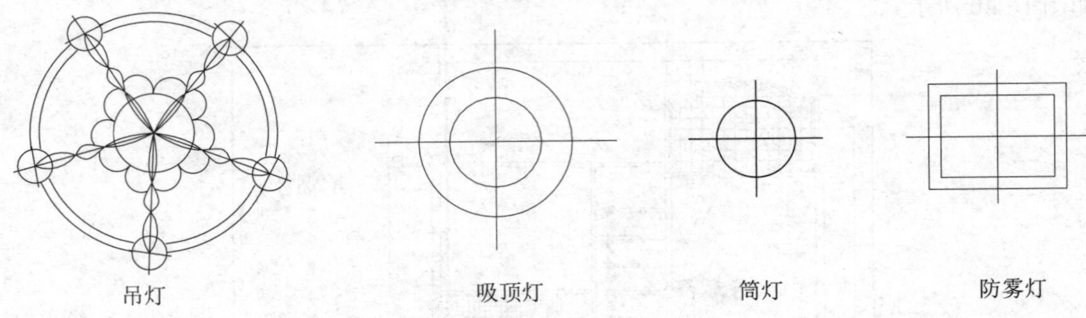

图 16-43 灯具的创建

（5）执行“复制”命令，将不同的灯具放置到指定位置处，灯具安装后的效果如图 16-44 所示。

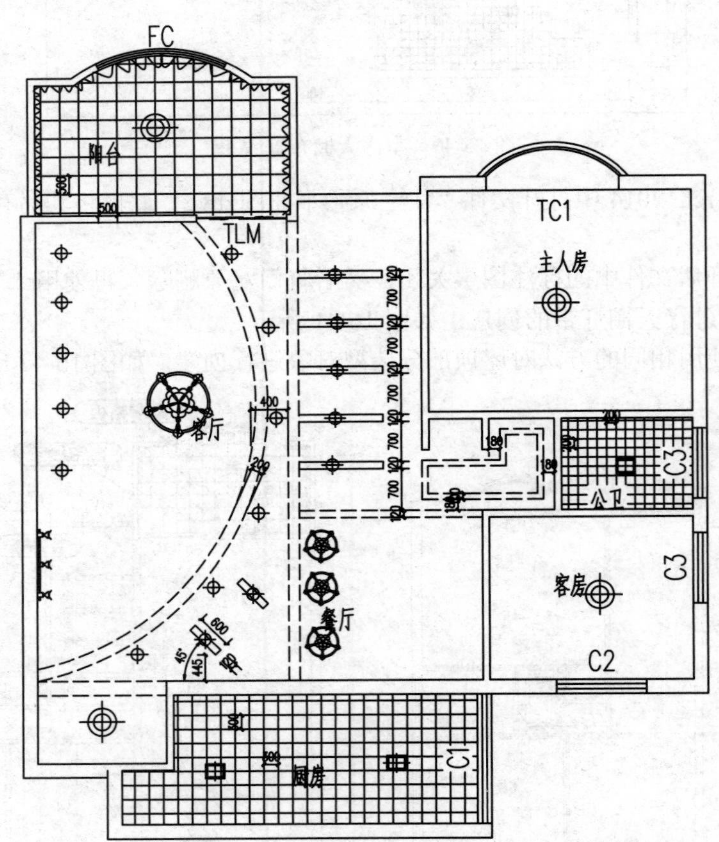

图 16-44 灯具安装

（6）在图形的右侧将灯的类型布置在一起以便查看，再对图形进行图名以及尺寸等标注，如图 16-45 所示。

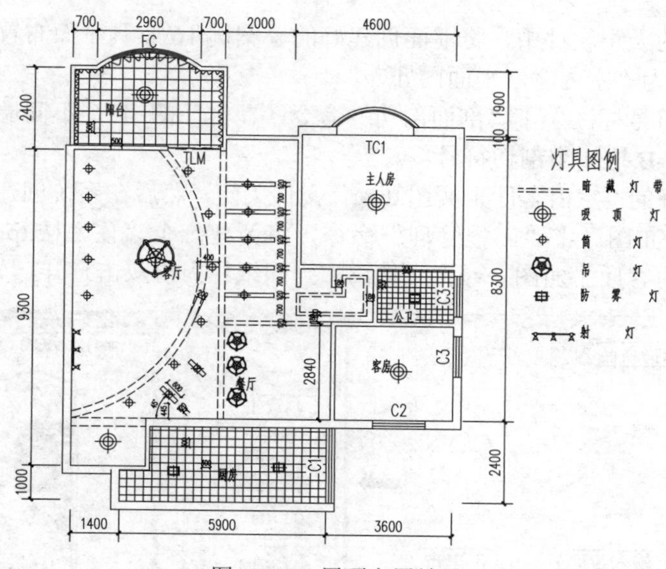

图 16-45 屋顶布置效果

16.5 室内客厅 B 立面图的绘制

素视频\16\客厅 B 立面图的绘制.avi
材案例\16\客厅 B 立面图.dwg

根据创建好的家具布置图，为了方便地生成立面图，可以对前面绘制的家具平面图进行剖切符号的创建，然后创建平面图的工程管理，生成需要的室内立面图效果，如图 16-46 所示。

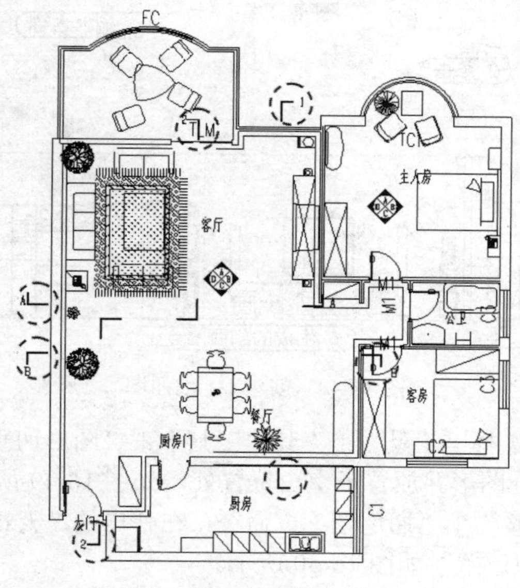

图 16-46 创建剖切符号

（1）在打开的天正软件中，将前面创建好的“案例\16\家具平面布置图.dwg”文件打开，然后将其另存为“室内客厅平面图.dwg”。

（2）选择“符号标注”｜“剖面剖切”命令，在客厅的 4 个不同墙面方向分别建立 1-1、2-2、A-A、B-B 这 4 个剖切符号。

（3）将创建好的“室内客厅平面图.dwg”文件关闭，然后在系统创建的空白文件屏幕菜单中选择“文件布图”｜“工程管理”命令，将新建一个“住宅楼.tpr”工程，并将步骤（1）中的“室内客厅平面图.dwg”文件添加到图纸栏内再双击打开，如图 16-47 所示。

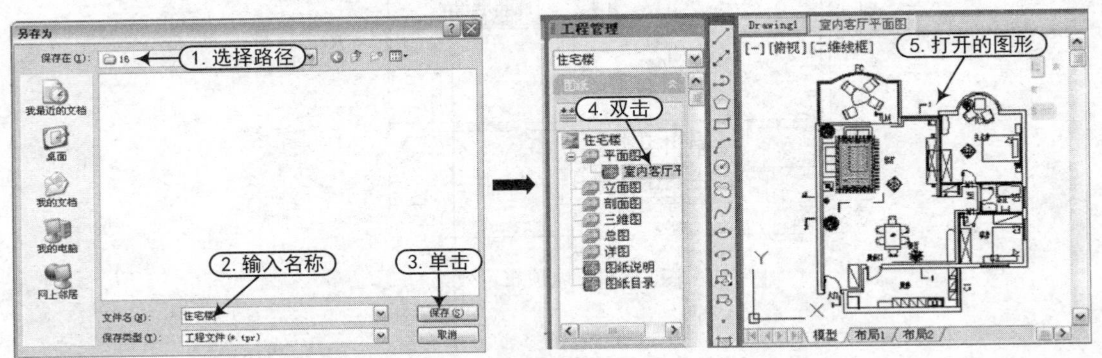

图 16-47　新建工程

（4）展开“楼层”栏，将室内客厅平面图添加到“楼层”栏内，并在“楼层”栏单击“建筑剖面”按钮，然后根据图 16-48 所示创建 1-1 剖面图，即客厅 B 立面图。

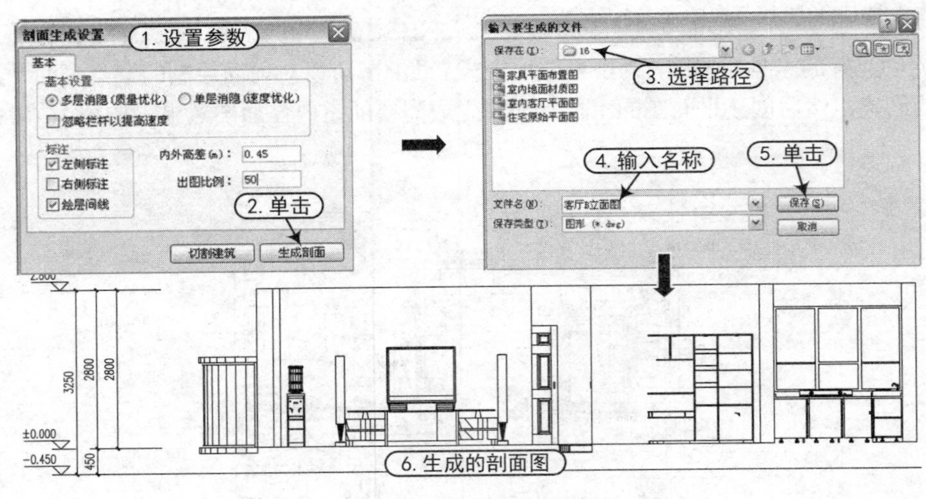

图 16-48　创建 1-1 剖面图

（5）在屏幕菜单中选择“工具”｜“其他工具”｜“图形切割”命令，根据平面图的客厅 B 向所视，切取部分图形并放置于空白位置处，如图 16-49 所示。

（6）选择“图块图案”｜“通用图库”命令，在弹出的“天正图库管理系统”窗口中选择所需图块放置于酒柜位置，如图 16-50 所示。

（7）按照相同的方法对电视背景墙进行图块的布置，如图 16-51 所示。

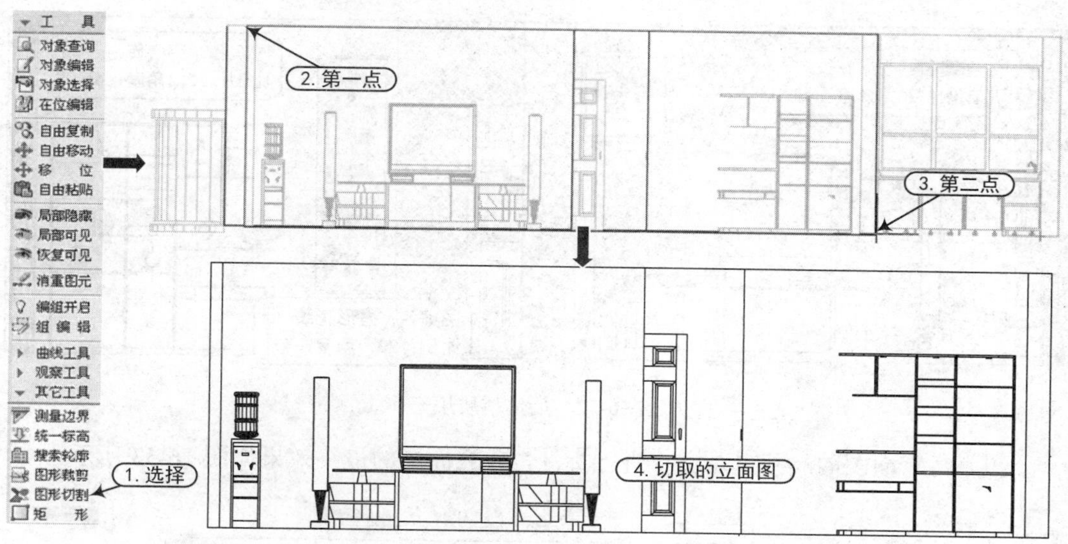

图 16-49　切取立面图

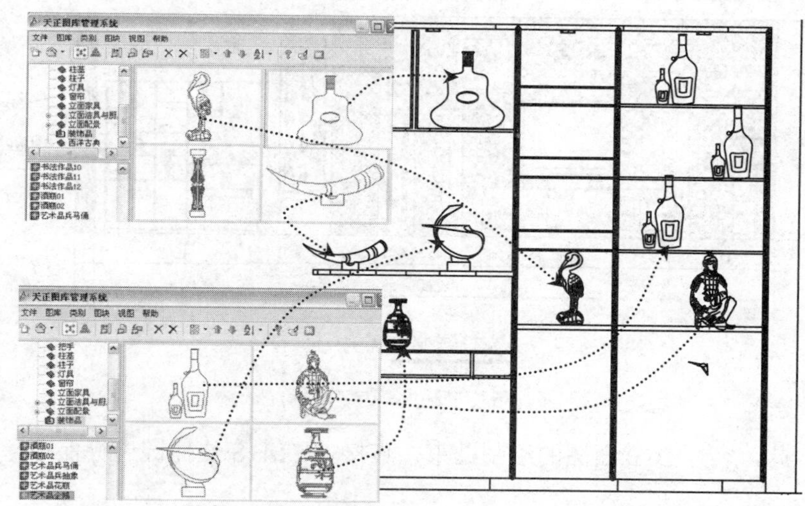

图 16-50　插入酒柜装饰品

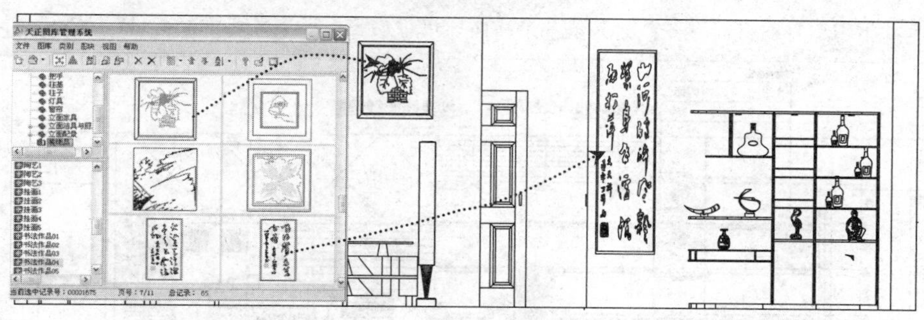

图 16-51　装饰书画的布置

（8）执行“图案填充”命令，对背景墙进行材质填充，其效果如图 16-52 所示。

图 16-52　墙体材质填充

（9）对立面图的尺寸以及文字进行标注，B 立面图的最终效果如图 16-53 所示。

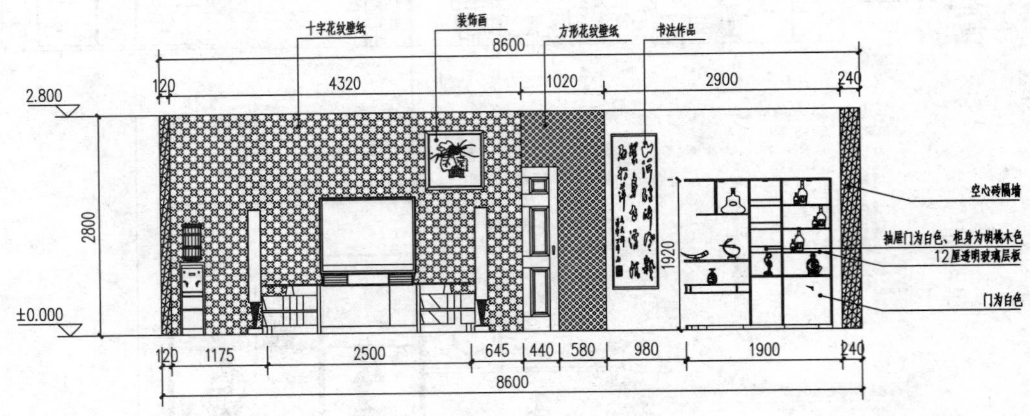

图 16-53　尺寸、文字等标注

（10）至此，客厅 B 立面图的绘制结束，直接按 Ctrl+S 快捷键进行保存。

提示技巧

用户可采用同样的方法对客厅的其他 3 个立面图进行创建，可参考图 16-54～图 16-56。

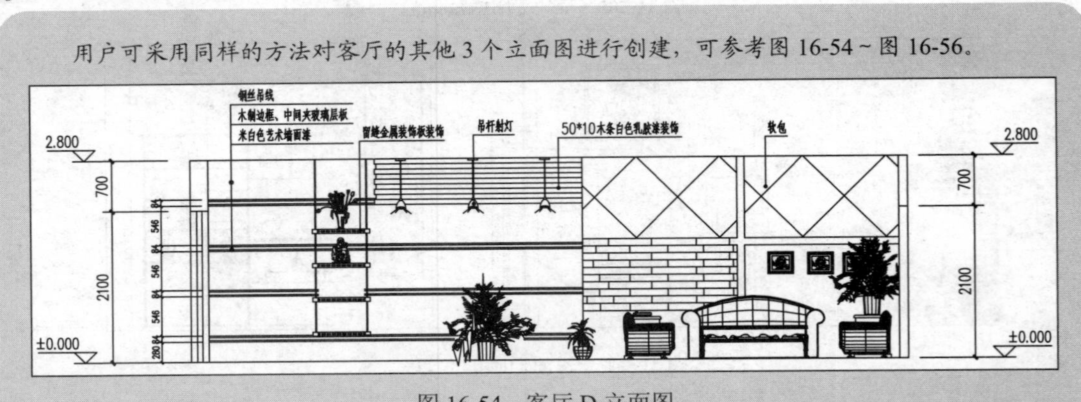

图 16-54　客厅 D 立面图

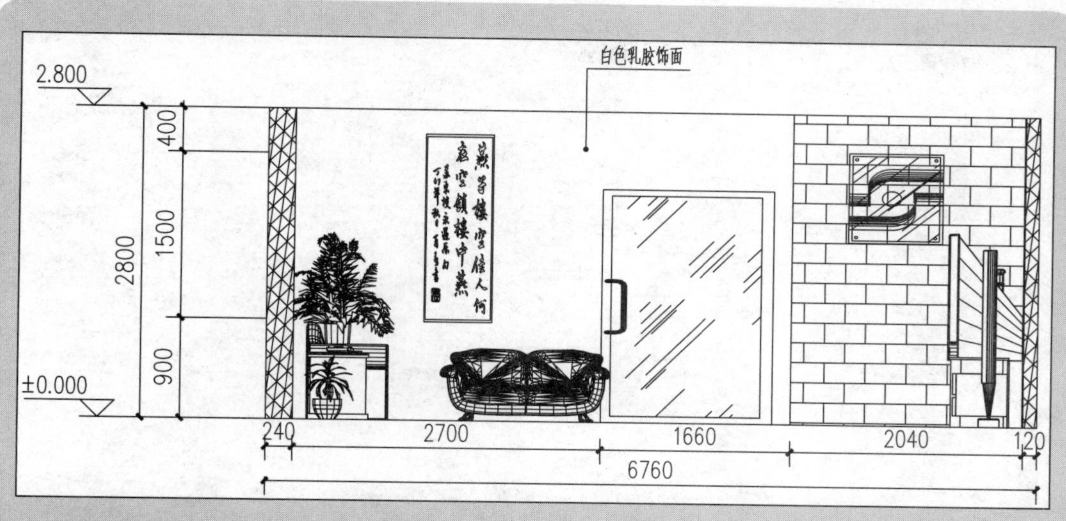

图 16-55　客厅 A 立面图

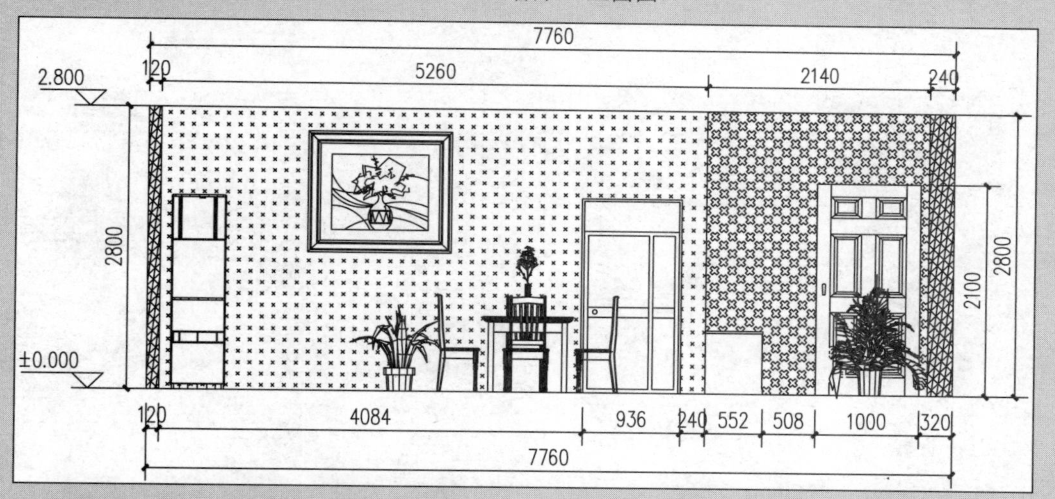

图 16-56　客厅 C 立面图